# Periodic Table of the Elements

| 1<br>**H**<br>1.01<br>hydrogen | |
|---|---|
| 1 | Atomic number |
| H | Element symbol |
| 1.01 | Atomic mass* |
| hydrogen | Element name |

| PERIOD | GROUP<br>1<br>IA | 2<br>IIA | 3<br>IIIB | 4<br>IVB | 5<br>VB | 6<br>VIB | 7<br>VIIB | 8B<br>8<br>VIII | 8B<br>9<br>VIII |
|---|---|---|---|---|---|---|---|---|---|
| 1 | 1<br>**H**<br>1.01<br>hydrogen | | | | | | | | |
| 2 | 3<br>**Li**<br>6.94<br>lithium | 4<br>**Be**<br>9.01<br>beryllium | | | | | | | |
| 3 | 11<br>**Na**<br>22.99<br>sodium | 12<br>**Mg**<br>24.31<br>magnesium | | | | | | | |
| 4 | 19<br>**K**<br>39.10<br>potassium | 20<br>**Ca**<br>40.08<br>calcium | 21<br>**Sc**<br>44.96<br>scandium | 22<br>**Ti**<br>47.88<br>titanium | 23<br>**V**<br>50.94<br>vanadium | 24<br>**Cr**<br>52.00<br>chromium | 25<br>**Mn**<br>54.94<br>manganese | 26<br>**Fe**<br>55.85<br>iron | 27<br>**Co**<br>58.93<br>cobalt |
| 5 | 37<br>**Rb**<br>85.47<br>rubidium | 38<br>**Sr**<br>87.62<br>strontium | 39<br>**Y**<br>88.91<br>yttrium | 40<br>**Zr**<br>91.22<br>zirconium | 41<br>**Nb**<br>92.91<br>niobium | 42<br>**Mo**<br>95.94<br>molybdenum | 43<br>**Tc**<br>(99)<br>technetium | 44<br>**Ru**<br>101.07<br>ruthenium | 45<br>**Rh**<br>102.91<br>rhodium |
| 6 | 55<br>**Cs**<br>132.91<br>cesium | 56<br>**Ba**<br>137.33<br>barium | 57<br>**La**<br>138.91<br>lanthanum | 72<br>**Hf**<br>178.49<br>hafnium | 73<br>**Ta**<br>180.95<br>tantalum | 74<br>**W**<br>183.85<br>tungsten | 75<br>**Re**<br>186.21<br>rhenium | 76<br>**Os**<br>190.2<br>osmium | 77<br>**Ir**<br>192.22<br>iridium |
| 7 | 87<br>**Fr**<br>(223)<br>francium | 88<br>**Ra**<br>(226)<br>radium | 89<br>**Ac**<br>(227)<br>actinium | 104<br>**Rf**<br>(261)<br>rutherfordium | 105<br>**Db**<br>(262)<br>dubnium | 106<br>**Sg**<br>(263)<br>seaborgium | 107<br>**Bh**<br>(262)<br>bohrium | 108<br>**Hs**<br>(265)<br>hassium | 109<br>**Mt**<br>(266)<br>meitnerium |

| | | | | | | |
|---|---|---|---|---|---|---|
| Lanthanide series | 58<br>**Ce**<br>140.12<br>cerium | 59<br>**Pr**<br>140.91<br>praseodymium | 60<br>**Nd**<br>144.24<br>neodymium | 61<br>**Pm**<br>(147)<br>promethium | 62<br>**Sm**<br>150.36<br>samarium | 63<br>**Eu**<br>151.97<br>europium |
| Actinide series | 90<br>**Th**<br>(232)<br>thorium | 91<br>**Pa**<br>(231)<br>protactinium | 92<br>**U**<br>(238)<br>uranium | 93<br>**Np**<br>(237)<br>neptunium | 94<br>**Pu**<br>(244)<br>plutonium | 95<br>**Am**<br>(243)<br>americium |

*The mass number of an important radioactive isotope—not the atomic mass—is shown in parenthesis for an element with no stable isotopes.

Metals

Semimetals

Nonmetals

| 10<br>VIII | 11<br>IB | 12<br>IIB | 13<br>IIIA | 14<br>IVA | 15<br>VA | 16<br>VIA | 17<br>VIIA | 18<br>VIIIA |
|---|---|---|---|---|---|---|---|---|
| | | | | | | | | 2<br>**He**<br>4.00<br>helium |
| | | | 5<br>**B**<br>10.81<br>boron | 6<br>**C**<br>12.01<br>carbon | 7<br>**N**<br>14.01<br>nitrogen | 8<br>**O**<br>16.00<br>oxygen | 9<br>**F**<br>19.00<br>fluorine | 10<br>**Ne**<br>20.18<br>neon |
| | | | 13<br>**Al**<br>26.98<br>aluminum | 14<br>**Si**<br>28.09<br>silicon | 15<br>**P**<br>30.97<br>phosphorus | 16<br>**S**<br>32.07<br>sulfur | 17<br>**Cl**<br>35.45<br>chlorine | 18<br>**Ar**<br>39.95<br>argon |
| 28<br>**Ni**<br>58.69<br>nickel | 29<br>**Cu**<br>63.55<br>copper | 30<br>**Zn**<br>65.39<br>zinc | 31<br>**Ga**<br>69.72<br>gallium | 32<br>**Ge**<br>72.61<br>germanium | 33<br>**As**<br>74.92<br>arsenic | 34<br>**Se**<br>78.96<br>selenium | 35<br>**Br**<br>79.90<br>bromine | 36<br>**Kr**<br>83.80<br>krypton |
| 46<br>**Pd**<br>106.42<br>palladium | 47<br>**Ag**<br>107.87<br>silver | 48<br>**Cd**<br>112.41<br>cadmium | 49<br>**In**<br>114.82<br>indium | 50<br>**Sn**<br>118.71<br>tin | 51<br>**Sb**<br>121.75<br>antimony | 52<br>**Te**<br>127.60<br>tellurium | 53<br>**I**<br>126.90<br>iodine | 54<br>**Xe**<br>131.29<br>xenon |
| 78<br>**Pt**<br>195.08<br>platinum | 79<br>**Au**<br>196.97<br>gold | 80<br>**Hg**<br>200.59<br>mercury | 81<br>**Tl**<br>204.38<br>thallium | 82<br>**Pb**<br>207.2<br>lead | 83<br>**Bi**<br>208.98<br>bismuth | 84<br>**Po**<br>(209)<br>polonium | 85<br>**At**<br>(210)<br>astatine | 86<br>**Rn**<br>(222)<br>radon |
| 110<br>**Ds**<br>(271)<br>darmstadtium | 111<br>—<br>(272) | 112<br>—<br>(277) | | 114<br>—<br>(285) | | 116<br>—<br>(289) | | |

| | | | | | | | |
|---|---|---|---|---|---|---|---|
| 64<br>**Gd**<br>157.25<br>gadolinium | 65<br>**Tb**<br>158.93<br>terbium | 66<br>**Dy**<br>162.50<br>dysprosium | 67<br>**Ho**<br>164.93<br>holmium | 68<br>**Er**<br>167.26<br>erbium | 69<br>**Tm**<br>168.93<br>thulium | 70<br>**Yb**<br>173.04<br>ytterbium | 71<br>**Lu**<br>174.97<br>lutetium |
| 96<br>**Cm**<br>(247)<br>curium | 97<br>**Bk**<br>(247)<br>berkelium | 98<br>**Cf**<br>(251)<br>californium | 99<br>**Es**<br>(252)<br>einsteinium | 100<br>**Fm**<br>(257)<br>fermium | 101<br>**Md**<br>(258)<br>mendelevium | 102<br>**No**<br>(259)<br>nobelium | 103<br>**Lr**<br>(260)<br>lawrencium |

# 기초일반화학

Charles H. Corwin 저
화학교재편찬회 역

PEARSON
탐 구 당

Authorized Translation from the English language edition, entitled INTRODUCTORY CHEMISTRY: CONCEPTS AND CONNECTIONS, 4th Edition by CORWIN, CHARLES H, published by Pearson Education, Inc, publishing as Prentice Hall, Copyright © 2005



KOREAN language edition published by PEARSON EDUCATION KOREA LTD and TAMGUDANG PUBLISHING CO, Copyright © 2009

**Prentice Hall**
is an imprint of
PEARSON

# 머리말

화학은 비록 자연과학의 한 분야이지만 다른 자연과학 분야와 대단히 많이 연관되어 있는 중심 학문 분야이므로 매우 중요하다. 다방면의 전공을 추구하는 학생들이 화학을 배워야 하기 때문에  학문적 배경이 서로 다른 학생들도 쉽게 접근할 수 있도록 하여야 한다. 일반화학은 화학에 대한 전체 분야를 다 다루어야 하기 때문에 그 분량이 매우 방대하다. 대학 1 년 동안 그 많은 분량을 소화시키기에는 시간적으로 모자라고 특히 요즈음에는 고등학교에서 이과반을 이수하지 않고 입학하는 학생들도 있어 이러한 학생들에게 화학에 흥미를 느끼게 하고 화학의 핵심을 선별적으로 발췌하여 가르치는 것이 매우 중요하게 되었다.

기존의 일반화학 책들은 내용이 심오하고 그 분량이 방대하여 화학의 기초가 부족하거나 주어진 학점이 적은 경우에는 분량의 반도 배우지 못하는 경우가 많았다. 최근에는 각 대학마다 공학인증제 도입으로 자연과학 및 공학 계열 학생들은 모두 이수해야 하는 기초 과목의 하나이므로 화학에 쉽게 접근할 수 있고 다른 전공을 하는 학생들에게 그들의 전공 공부에 도움이 되는 핵심적 내용으로 교육하는 것이 매우 강조되고 있다. 그러므로 이 책의 내용을 설명할 때 일상생활과 연계하여 내용을 쉽게 이해될 수 있도록 하였고 교과 내용 순서를 선별적으로 선택하여도 무리가 없으며 흥미있게 접근할 수 있도록  하였다.

이 책의 특징은

첫째, 전공에 따라 교재의 내용을 선별적으로 선택하여 가르쳐도 무리가 없으므로 대학의 사정에 따라 1 학기 또는 2 학기 동안에 사용할 수 있도록 하였다.

둘째, 학생들에게 쉽게 이해할 수 있도록 좋은 그림 자료들을 수록 하였다.

셋째, 기초가 부족한 학생들을 위하여 예제 풀이를 많이 소개하고 자세히 설명하도록 하였다. 화학계산을 단계적이고 체계적으로 설명하여 누구나 쉽게 풀이할 수 있도록 하였다.

넷째, 화학 원리를 일상생활과 관련시켜 쉽게 이해하고 흥미를 가지도록 하였다.

다섯째, 알기 쉬운 표현과 적절한 비유의 예를 들어 화학 개념을 흥미있게 설명하였다.

이 책에 나오는 화학 용어는 최신 화학사전 (탐구당 발행 2000년), 이화학사전 (대광서림 1996년) 대한 화학회 화학술어집(제5판)을 참고로 하였다. 끝으로 이 책을 출판하도록 도와주신 탐구당 홍석우 사장님을 비롯하여 관계자 여러분께 감사를 드린다.

2007년 7월

저자 일동

# 목 차

## chapter 1 화학과 측정



## chapter 2 물질과 에너지

## chapter 3 원자 모형



## chapter 4 주기율표

## chapter 10 액체와 고체



## chapter 11 산과 염기

**화학의 세계**

chapter 1

# 화학과 측정

## 1-1 | 화학의 소개

우리는 과학과 기술의 혁명 덕분에 안락하고 쾌적한 빌딩에서 생활하며, 자동차와 비행기로 세계를 여행하며, 질병으로부터 해방되어 자유롭게 생활하면서 수명을 연장하게 되었다.

기술의 발전으로 지루한 일들이 기계나 기구들로 대체 되면서, 우리는 더 많은 시간을 즐기는 일에 사용할 수 있게 되었다. 컴퓨터로 보다 편리하고 재미있는 오락을 할 수 있게 되었고, 오디오나 비디오에서 수정같이 맑은 소리나 우아한 색깔들을 선택할 수 있게 되었다. 정보의 초 고속도로에 접근할 수 있게 되어 이제 백과사전의 전 분량을 한 장의 CD에 저장할 수 있게 되었다.

직접 또는 간접적으로 높아진 생활수준 때문에 화학 분야에서 잘 교육받은 과학자나 기술자를 요구하게 되었다. 화학의 원리를 이해하여야 생명 과학 뿐 아니라 보건 과학, 물리학, 지구 과학을 이해할 수 있다. 사실 화학은 생물, 물리, 지질학, 의학의 교차로에 놓여있기 때문에 때때로 과학의 중심이라고 불려진다(그림 1.1). 우리의 일상에서 개인용 컴퓨터가 반드시 필요한 것처럼 화학도 우리의 생활에서 필수적이라고 할 수 있다.

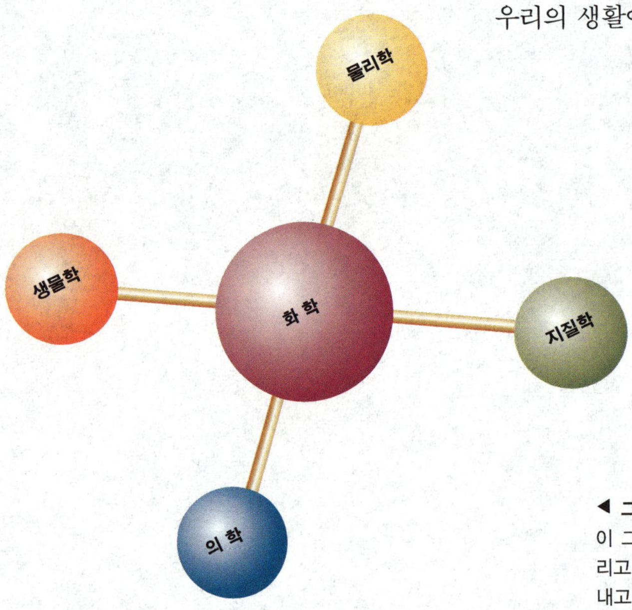


◀ **그림 1.1 화학-과학의 중심**
이 그림은 화학의 원리가 생물학, 물리학, 지구 과학 그리고 보건학 등의 의학을 이해하는데 기본이 됨을 나타내고 있다.

## 화학의 발전

과학에 대한 초기의 개념은 고대 중국, 이집트 그리고 그리스의 문명으로부터 시작되었다. 중국인들은 우주가 두 가지 힘의 상호 작용으로부터 생성되었다고 믿었다. 음은 어둠, 냉기 그리고 습함을 나타내고 양은 밝음, 열기 그리고 건조함을 나타낸다. 따라서 음과 양의 힘이 서로 작용하여 물질들이 자연에 존재하게 되었고, 모든 일이 음과 양의 작용에 의하여 일어난다고 생각하였다.

B.C. 600년대에 그리스 사람들은 우주는 하나의 원소로 구성되어 있다고 생각하였다. 그리스의 과학, 수학 그리고 철학의 창시자인 탈레스(Thales)는 물이 우주를 이루고 있는 하나의 원소라고 제안하였다. 지구는 우주에 떠있는 납작한 원판의 물이므로 흙은 단단한 물의 형태이고 대기와 공간은 덜 단단한 물의 형태라고 설명하였다.

B.C. 450년경에 그리스의 철학자 엠페도클레스(Empedocles)는 나무가 탈 때 연기가 나오고(공기), 불꽃(불)이 생기는 것을 관찰하였다. 그는 불이 꺼진 후 차가운 표면에는 습기가 모여 있고(물), 남은 것은 재(흙)라는 것을 주목하였다. 이 관찰을 통하여 공기, 불, 물, 그리고 흙 네 원소가 기본원소라고 하였다. 그는 더 나아가 다른 물질들은 이 네 가지 원소가 서로 다른 비율로 섞여서 만들어진 것이라고 생각하였다.

## 과학적 방법

1661년, 영국의 과학자 보일(Boyle)은 그의 책에서 실험적 증거의 뒷받침이 없는 과학적 고찰은 가치가 없다고 언급하였다. 이 원칙은 한 전환점이 되어 현대 과학의 시작을 의미하는 과학적 방법을 이끌었다. 우리는 **과학**(science)을 논리적인 설명이 뒤따르는 자연에 대한 질서 정연한 탐구라고 정의할 수 있다. 과학의 실행은 연구 계획, 주의 깊은 관찰과 기록, 자료의 수집, 결과의 분석을 수반하고 있다. **실험**(experiment)에서 과학자들은 계획된 전략으로 자연을 탐구하고 조건을 조절하면서 관찰한다.

**과학적 방법**(scientific method)은 자연에 대한 체계적인 조사이며, 실험결과에 대하여는 일반적인 원리의 형태로 설명을 필요로 한다. 초기의 시험적인 과학적 원리의 제안을 **가설**(hypothesis)이라고 부른다. 더 많은 실험을 통하여 초기의 가설은 거부, 수정되거나 과학적 원리의 형태로 발전된다. 그러나 가정이 과학적 원리가 되기 위해서는 더 많은 실험들이 원래의 가정을 지원하고 수정되어져야 한다. 충분한 증거가 뒷받침되어야만 하나의 가정이 과학적 **이론**(theory)에 이르게 된다. 우리는 과학적 방법의 세 단계를 다음과 같이 요약할 수 있다.

**과학적 방법에 이르기**

**1단계** : 계획된 실험을 수행하고 관찰하며 자료를 기록한다.
**2단계** : 자료를 분석하고 실험 결과를 설명하는 시험적인 가설을 제안한다.
**3단계** : 가설을 시험해보기 위한 추가적인 실험을 수행한다. 초기 가설을 뒷받침할 수 있는 증거가 있다면 가설은 이론이 될 수 있다.

과학자들이 한 이론을 받아들이기 전에 많은 주의를 기울인다는 것을 주목해야한다. 예를 들어, 1803년 돌턴(John Dalton)은 모든 물질은 원자라고 불리는 아주 작고 더 이상 나누어지지 않는 입자들로 구성되어 있다고 제안하였다. 그러나 그의 제안이 널리 받아 들여져서 원자론의 형태까지 이르는데 약 100년간에 걸쳐 추가적인 증거가 요구되었다.

## 현대 화학

A.D. 8세기에, 아랍인들은 **연금술**(alchemy)이라는 유사과학(pseudo-science)을 창안했다. 연금술사들은 간단한 실험을 하였고, 실험을 통하여 기적적인 치료 효과를 내거나 납을 금으로 변화시킬 수 있는 마술약(magic potion)을 만들 수 있다고 믿고 있었다. 연금술은 시간이 흐름에 따라 사라졌지만, 그 실행 방식은 계획적, 체계적, 과학적 실험으로 연결되어 현대 화학 연구의 초석이 되었다.

18세기 후반에, 프랑스의 화학자 라부아제는 화학을 체계화하는데 기여하였으며 두 권의 중요한 교과서를 저술했다. 또한, 그는 훌륭한 연구소를 설립하여 세계 각지의 과학자들을 견학하도록 초청했다. 많은 방문자들 중에는 프랭클린과 제퍼슨도 포함되어 있었다. 라부아제는 실험을 많이 했으며, 연구 결과를 여러 언어로 출판했다. 그의 무수한 공헌 때문에 흔히 그를 현대 화학의 창시자라고 말한다.

오늘날, 화학은 물질의 조성과 성질을 연구하는 과학으로 정의할 수 있다. 지난 2세기간에 걸쳐 화학자들은 화학에 대한 아주 많은 정보를 축적하여서, 화학을 몇 개의 분야로 나누었다. 탄소를 포함하는 물질을 연구하는 화학의 분야는 **유기화학**(organic chemistry)이라고 부르며 탄소를 포함하지 않는, 그 외 물질에 대한 연구는 **무기화학**(inorganic chemistry)이라 부른다.

식물이나 동물로부터 유도된 물질을 연구하는 화학의 분야는 생화학(biochemistry)이라고 불리며, 분석 화학이라는 분야는 시료의 정성적, 정량적 분석을 포함하는 전공을 말한다. 물리화학은 화학적 현상에 대하여 이론적, 수학적으로 설명하는 전공을 말한다. 최근에는 환경화학이 중요한 전공으로 대두되고 있는데, 여기서는 화학 폐기물의 안전한 처리에 중점을 둔다.

화학은, 전문 의료진의 훈련부터 약 처방전의 조제에 이르기까지, 의학에서도 중요한 역할을 한다. 화학자들은 효능이 좋은 비료를 개발하고 인체에 해롭지 않은 살충제를 제조하여 농업 생산량을 증가시키는데도 도움을 준다. 자동차, 전자제품, 알루미늄, 강철, 종이, 그리고 플라스틱 생산을 포함하는 여러 산업에서도 화학은 필수 불가결하다. 가장 규모가 큰 산업 중의 하나는 석유화학 산업이다. 석유화학 물질들은 원유와 천연 가스로부터 유도된 화학 물질들이다. 페인트, 플라스틱, 고무, 섬유, 염료, 세제, 에어로졸, 폭약, 그리고 살충제를 포함하는 많은 종류의 소비재 제조에도 석유화학 물질들이 사용되고 있다.

## 1-2 | 측정의 불확정성

**측정값**(measurement)은 기기를 이용하여 어떤 양을 측정한 수치로서 단위를 가지고 있다고 말할 수 있다. 예를 들어, 질량이 2.005 g인 화학시료가 있다고 하자. 우리는 시료의 질량을 저울(balance)이라고 불리는 기기(instrument)를 사용하여 측정한다. 측정이 얼마나 정확한가 하는 것은 사용한 저울의 정확도에 달려 있다. 예를 들어, 전자저울은 시료의 질량을 1/1000 g까지 측정하는 것이 보통이다.

과학자들은 1 L의 백만분의 일까지 부피를 측정할 수 있고, 전자 스톱워치는 $10^{-9}$초까지 시간을 측정할 수 있다. 그럼에도 불구하고 정확한 측정을 하는 것이 불가능하다. 왜냐하면, 어떠한 기구도 100% 정확할 수 없으며 오차를 정확하게 검정(calibration)할 수 없기 때문이다. 그리고 오차는 기기가 설치되어 있는 환경이나 사람에 의해서도 발생한다. 저울의 경우 진동이나 바람의 영향을 많이 받으므로 오차가 발생할 수 있다. 매우 높은 감도의 측정은 가능하나, 정확도 면에서 모든 측정은 불확정성을 가지고 있다.

## 길이측정

미터법에서 cm는 길이 단위로, g는 질량의 단위로, mL는 부피의 단위로 사용한다. 5센트 동전이 약 2 cm의 지름과 약 5 g의 질량을 가지고 있다는 것은 흥미 있는 사실이다. 점안기(eyedropper)로부터 떨어지는 액체 20 방울의 부피는 약 1 mL이다. 그림 1.2은 대략적인 길이, 질량, 그리고 부피 측정에 참고할 수 있는 정보를 제공한다.

과자통의 길이를 측정한다고 가정하자. 그림 1.3에서 보여주는 것과 같이 서로 다른 두 개의 미터자를 가지고 있다고 할 때, 둘 다 길이 측정하는데 이용될 수 있으나 B자가 더 정확한 측정을 제공한다.

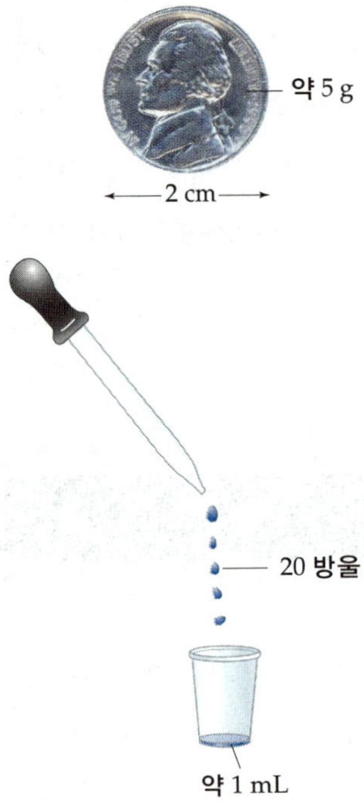


◀ **그림 1.2 길이, 질량 및 부피추정을 위한 대략적 기준**
5센트 짜리 주화의 지름은 약 2 cm이고, 질량은 약 5 g이다. 점안기(eyedropper)로부터 떨어지는 액체 20 방울의 부피는 약 1 mL이다.

A자는 1 cm의 간격이 크기 때문에 마음속으로 1 cm 당 10개의 세밀한 간격을 상상할 수 있다. 즉, 0.1 cm 간격을 상상할(어림잡을)수 있다. 그러면 A자에서 우리는 과자통의 길이가 약 4.2 cm로 추정할 때 4.1 cm나 4.3 cm로 읽은 수치 또한 수용될 수 있다.

오차의 범위가 4.2 cm 를 중심으로 ±0.1 cm 이므로 불확정성 또는 오차가 ±0.1 cm 이라고 한다.

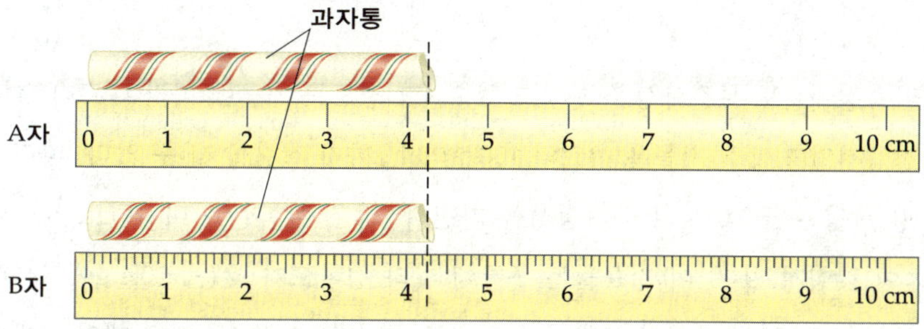


▲ **그림 1.3 길이 측정용 미터자**
A자의 눈금 간격은 1 cm인 반면, B자에서는 큰 눈금 간격이 1 cm이고 작은 눈금 간격은 0.1 cm이다.

B자는 1 cm 눈금이 열 개이고 1 cm는 다시 열 개의 0.1 cm 눈금으로 분할되어 있다. 그러므로 우리는 눈으로 0.05 cm 간격을 어림잡을 수 있다고 하면 불확정성은 ±0.05 cm이다. 그러면 B에서 우리는 과자통의 길이가 약 4.25 cm로 추정할 때 불확정성이 ±0.05 cm이므로 4.20 cm나 4.30 cm로 읽는 것 또한 수용될 수 있다.
요약하면, A자는 B보다 불확정성이 더 크므로 정확도가 떨어지고 반대로 B자는 불확정성이 더 작으므로 A보다 정확도가 높다.

A자 : 4.2±0.1 cm　　　　B자 : 4.25±0.05 cm

### 예제 1-1

그림 1.3에서 보여준 미터자를 사용할 때, 유효한 측정치는 어떤 것인가?
(a) A자 : 2 cm, 2.0 cm, 2.05 cm, 2.5 cm, 2.50 cm.
(b) B자 : 3 cm, 3.3 cm, 3.33 cm, 3.35 cm, 3.50 cm.

**해답** 자 A는 ±0.1 cm의 불확정성을 가지며, B자는 ±0.05 cm의 불확정성을 가진다.
(a) A자는 2.0 cm와 2.5 cm의 측정값이 유효하다.
(b) B자는 3.33 cm, 3.35 cm, 3.50 cm의 측정값이 유효하다.

## 질량 측정

**질량**(mss)은 물질이 가지고 있는 고유의 양으로서 중력이 서로 다른 위치에서도 그 값은 항상 일정하다. 예를 들면 달에서의 우주 비행사의 질량은 지구에서의 질량과 같다.

질량의 측정에서도 부정확성을 가지고 있고, 그 정도는 저울에 따라 다르다. 실험실에 있는 전형적인 기계식 저울은 시료의 100분의 1 g까지 질량을 잴 수 있다. 따라서 이것의 질량 측정은 ±0.01 g의 불확정성을 가진다. 많은 실험실은 디지털로 표시되는 전자저울이 갖춰져 있다. 이 저울들은 종류에 따라 정확도가 낮은 ±0.1 g에서부터 정확도가 높은 ±0.0001 g까지의 불확정성 한계를 가진다. 그림 1.4는 세 개의 일반적인 저울을 보여주고 있다.

무게라는 단어가 종종 질량의 의미로 사용되지만 엄밀히 말하면, 두 단어는 바꾸어 사용할 수 없다. **무게**(weight)는 물체가 중력에 의해 받은 힘을 뜻한다. 지구가 달보다 더 무거우므로 지구의 중력이 더 크고, 물체는 달에서보다 지구에서 더 무겁다. 비슷하게, 같은 물체라도 지구에서보다 거대한 목성에서 훨씬 더 무겁다.

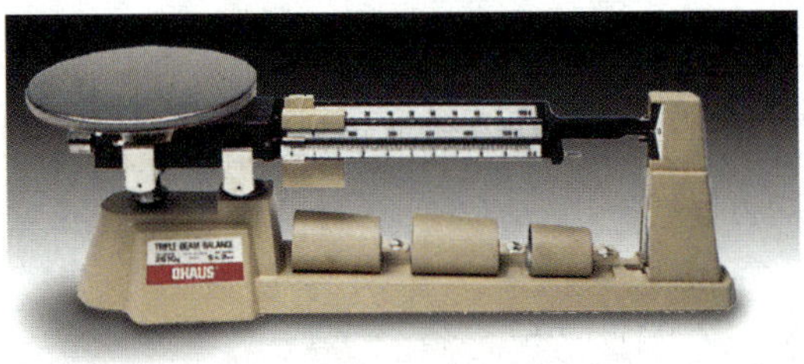


(a)

◀ **그림 1.4 질량을 측정하는 저울들**
(a) ±0.1 g의 오차를 갖는 접시 저울(platform balance), (b) ±0.01 g의 오차를 갖는 저울대 저울(beam balance), (c) ±0.001 g의 오차를 갖는 전자 저울(electronic balance)

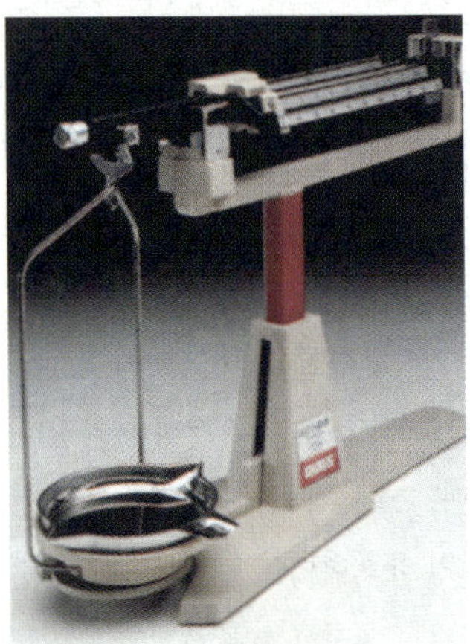

(b)

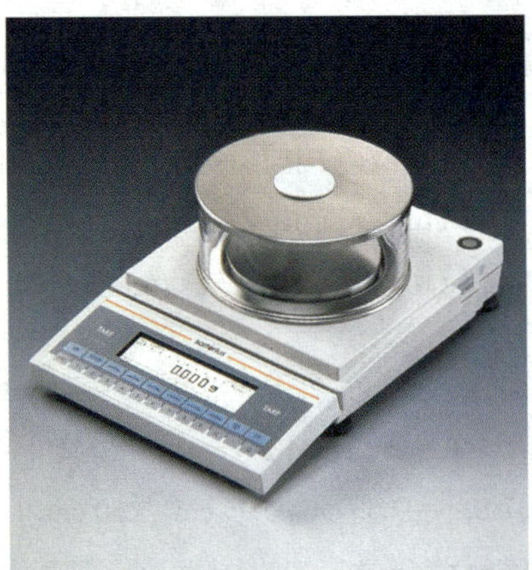

(c)

## 부피 측정

물질이 차지하는 공간의 양을 **부피**(volume)라 한다. 액체의 부피를 측정하는데 사용할 수 있는 실험 장치에는 여러 가지가 있다. 가장 흔히 사용되는 세 가지는 눈금실린더(graduated cylinder), 피펫 및 뷰렛이다. 그림 1.5는 부피를 측정하는데 주로 사용되는 실험 장치를 보여준다.

눈금 실린더는 액체의 부피를 측정하는 데 주로 사용된다. 가장 일반적인 크기의 눈금 실린더는 10 mL, 50 mL, 및 100 mL 용량이다. 눈금 실린더의 불확실성(오차)은 가변적이지만, 대개 ±0.1∼±0.5 mL의 범위에 있다.

피펫에는 세 가지 형태가 있다. 그림 1.5에서 보이는 부피 피펫(volumetric pipet)은 일정한 부피의 액체를 덜어내는 데 사용된다. 사용하는 피펫의 종류에 따라 오차는 대개 ±0.1 ∼±0.01 mL의 범위에 있다. 예를 들어, 10 mL짜리 피펫은 종류에 따라 오차가 다르기는 하지만 10.0 mL(±0.1 mL) 또는 10.00 mL(±0.01 mL) 부피를 나타낸다.

뷰렛은 눈금이 새겨진 길고 좁은 유리관이다. 뷰렛은 두 용액을 혼합할 때 적정한 양을 측정하는 기구이다. 뷰렛은 대개 ±0.1에서 ±0.01 mL 범위의 오차를 갖는다. 예를 들어, 뷰렛 의 종류에 따라 22.5 mL(±0.1 mL)로도 읽을 수 있고 22.55 mL(±0.01 mL)로도 읽을 수 있다. 22.55 mL(±0.01 mL)의 뜻은 측정값이 22.54 mL, 22.55 mL, 22.56 mL 3가지로 나타낼 수 있다는 의미이다.

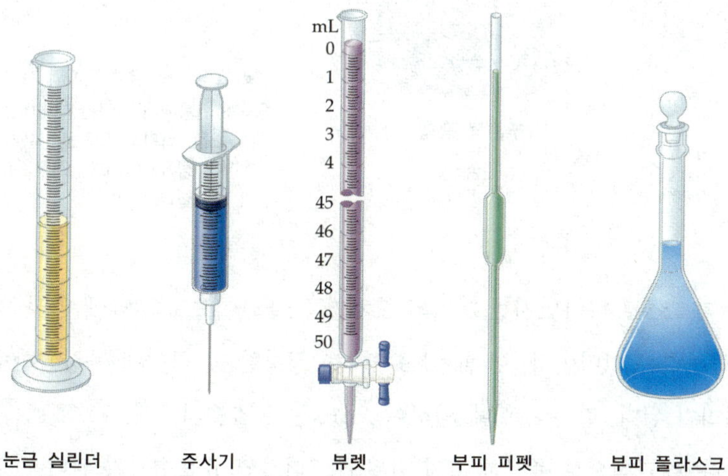


**▲ 그림 1.5 부피 측정 기구**
눈금 실린더, 주사기 및 뷰렛은 다양한 양으로 액체의 양을 측정하도록 보정되는 반면에, 부피 피펫과 플라스크는 예를 들면 10 mL와 250 mL와 같이, 단지 일정한 양만을 측정할 수 있다.

## 1-3 | 유효숫자의 자리수

**유효숫자**(significant figure)란 무엇인가? 앞 절의 길이 측정에서 22.55 mL(±0.01 mL)는 22.54 mL, 22.55 mL, 22.56 mL 3가지 모두 측정치로 인정하므로 유효숫자라 할 수 있다. 22.5까지는 정확한 수이지만 끝의 수 4, 5, 6은 부정확한 수이다. 따라서 유효숫자는 정확한 수의 자릿수에 부정확한 자릿수 하나를 더한 것이다. 따라서 22.54 mL, 22.55 mL, 22.56 mL 모두 유효숫자는 4자리가 된다.

기기의 종류에 따라 유효숫자 자리수가 달라진다. 예를 들어, 그림 1.6의 화학 반응을 생각해 보자. 이것은 "시계 반응"이라 불리는 화학 반응으로, 용액이 약 35초 후에 무색에서 푸른색으로 변화하는 것이 관찰된다. 세 가지 다른 종류의 시계를 사용하여 반응 시간을 재보자. 스톱워치의 오차범위가 ±1 s, ±0.1 s, 또는 ±0.01 s 이므로, 서로 다른 오차를 갖는 반응 시간을 잴 수 있다. 스톱워치 A는 35 s, 스톱워치 B는 35.1 s, 스톱워치 C는 35.08 s로 표시되었다.

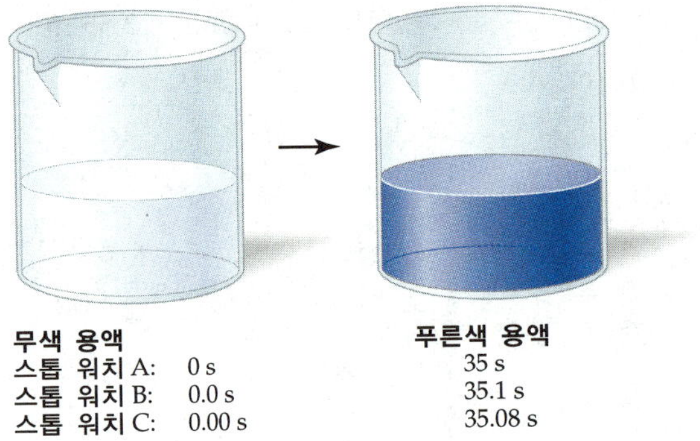


◀ **그림 1.6 유효 숫자와 시계 반응**
시계 반응에서 얻어진 데이터는 세 가지 다른 스톱 워치의 오차를 설명한다. 각각의 측정이 정확하다해도, 스톱 워치 C가 최소의 오차를 갖는다.

스톱워치 A가 35 s로 나타났지만 기기의 오차가 (±1 s)이므로 상태에 따라 34 s, 35 s, 36 s 도 가능하다는 의미이다. 이 때 유효숫자는 정확한 수 하나에 부정확한수 하나를 더하여 2자리가 된다. 같은 방법에 의하여 35.1 s는 유효숫자 3개, 35.08 s는 유효숫자 4개를 갖는다. 결과적으로 측정한 값의 자릿수를 더하면 유효숫자가 된다.

**예제 1-2**

다음 측정에서 유효숫자 자리수를 말하라.

(a) 12,345 cm (b) 0.123 g (c) 0.5 mL (d) 102.0 s

**해답** (a) 5 (b) 3 (c) 1 (d) 4

(b)와 (c)에서 소수점 앞자리의 0은 측정의 결과가 아니고 소수점을 넣기 위해 삽입된 것이므로 유효숫자에 들어가지 않는다.

## 유효숫자 인정 규칙

0이 아닌 모든 수는 유효숫자로 인정한다. 그러나 0은 유효숫자일수도 있고 아닐 수도 있다. 측정값이 아니고 단지 자리수를 나타내는 0은 유효숫자로 인정하지 않는다.

**1** 자리수를 나타내는 0은 유효숫자가 아니다.

❶ 1보다 적은 숫자에서 정수 앞의 0들은 유효숫자가 아니다.

예 0.5 cm, 0.05 cm, 및 0.005 cm는 모두 유효숫자가 한 개이다.

❷ 1보다 큰 숫자에서 정수 뒤에 나오는 0들은 유효숫자 일수도 있고 아닐 수도 있다.

예 측정값의 결과가 50,000 cm가 되는 과정을 살펴보자. 결과는 모두 50000이지만 어떤 값을 반올림 한 것인지 알 수 없다.

46000을 위에서 둘째 자리에서 반올림한 경우 ➡ 50,000 ➡ 유효숫자 1자리

49600을 위에서 셋째 자리에서 반올림한 경우 ➡ 50,000 ➡ 유효숫자 2자리

49960을 위에서 네째 자리에서 반올림한 경우 ➡ 50,000 ➡ 유효숫자 3자리

49996을 위에서 다섯째 자리에서 반올림한 경우 ➡ 50,000 ➡ 유효숫자 4자리

49999.6을 위에서 여섯째 자리에서 반올림한 경우 ➡ 50,000 ➡ 유효숫자 5자리

이 책에서는 예제와 연습문제를 풀 때 정수 뒤의 0들은 유효숫자가 아니라고 가정하고 문제를 푼다.

**2** 측정값으로 인정되는 0들은 유효숫자로 인정한다.

❶ 정수 사이에 있는 모든 0 은 유효하다.

예 207.08 ➡ 유효숫자 5 개,  0.0401 ➡ 유효숫자 3 개

❷ 소수점을 갖는 어떤 측정값의 끝에 있는 모든 0은 유효하다.

예 34.070 ➡ 유효숫자 5 개,  0.0670 ➡ 유효숫자 3 개

**예제 1-3**

다음 측정에서 유효숫자 자리수를 말하라.

(a) 0.025 cm  (b) 0.2050 g

(c) 25.0 mL  (d) 2500 s

**해답** (a) 2  (b) 4  (c) 3  (d) 2

(a) 0.050 cm  (b) 0.0250 g

(c) 50.00 mL  (d) 1000 s

**해답** (a) 2  (b) 3  (c) 4  (d) 1

## 유효숫자와 정확한 수

모든 측정이 오차를 가지므로, 정확한 수를 표현할 수는 없다. 그렇지만, 단순히 물체의 개수를 세는 것이라면, 정확한 수다. 예를 들어, 어떤 실험실에 의자가 30개, 저울이 3개, 피펫이 24개 있다. 오차의 여지가 없으므로 30, 3, 24는 모두 정확한 수이다. 돈의 경우에도 지폐나 동전의 수를 세서 금액을 정하므로 정확한 수이다. 예를 들면 50000 cm와 50000원이 주어졌을 때 50000 cm의 유효숫자 자리수는 알 수 없지만 50000원의 유효숫자는 5자리다. 정확한 수는 주어진 모든 숫자가 유효숫자 이므로 유효숫자의 규칙을 적용할 필요가 없다. 따라서 사칙계산을 할 때 정확한 값은 유효숫자 자리수 계산에 참여시키지 않는다.

## 1-4 | 비 유효숫자 자리수의 반올림

유효숫자에 포함되지 않는 숫자를 비유효숫자라 한다. 비유효숫자는 쓸모없는 숫자이기 때문에 제거해야 한다. 비유효숫자를 없애려면 반올림법을 이용한다. 비유효숫자의 반올림은 첫 번째 비유효숫자를 반올림 하여야 하며 다음과 같은 2가지 규칙에 의하여 수행한다.

만약 계산기에 나타난 값이 12.846239이고 세 자리만 유효숫자라고 한다면 이 숫자는 4번째 숫자를 반올림하여야 한다. 12.846239에서 4번째 비유효숫자는 4이므로 아래의 규칙1에 따라서 모든 비유효숫자를 버리면 12.8이 된다.

만약 계산기에 나타난 값이 12.856239이고 세자리만 유효숫자라고 한다면 아래의 규칙 2에 따른다. 12.856239에서 첫 번째 비 유효숫자가 5이기 때문에 반올림하여 12.9가 된다.

### 비 유효숫자의 반올림

**규칙 1** : 첫 번째 비유효숫자가 5 미만일 경우에는 모든 비 유효숫자를 버린다.

**규칙 2** : 첫 번째 비유효숫자가 5 이상일 경우에는, 마지막 유효숫자에 1을 더해주고 나머지 비 유효숫자는 버린다.

**규칙 3** : 2번 이상 연속으로 계산을 할 경우에는 비유효숫자를 마지막 계산까지 유지한다. 이것이 훨씬 편리할 뿐만 아니라, 마지막 답에서 반올림하는 것이 더 정확하다.

**예제 1-4**

다음의 숫자를 유효숫자 자리수가 세 개가 되도록 반올림하여라.

(a) 22.250 (b) 0.34548 (c) 0.072038 (d) 12267

**해답** (a) 22.3 (b) 0.345 (c) 0.0720 (d) 12,300

(d)에서, 123에 자릿수를 나타내는 0 두개를 더해서 12,300을 얻는 것을 볼 수 있다.

**물음** 다음의 숫자를 유효숫자 자리수가 세 개가 되도록 반올림하여라.

(a) 12.514748 (b) 0.6015261 (c) 192.49032 (d) 14652.832

**해답** (a) 12.5 (b) 0.602 (c) 192 (d) 14,700

## 1-5 | 측정값의 덧셈과 뺄셈

측정값의 덧셈과 뺄셈을 할 때, 답은 불확실성이 가장 큰 값(소수점 자리수가 제일 작은 것)에 의하여 결정된다. 다음 무게의 측정값을 더해보자.
주어진 값 중에서 5 g의 불확실성(오차)이 가장 크다. 계산의 결과는 15.00 g로 나타났지만 불확실성이 가장 큰 수의 자릿수에 맞추면 15 g이 된다.

$$
\begin{array}{rl}
5 & \text{g} \\
5.0 & \text{g} \\
+\ 5.00 & \text{g} \\
\hline
15.00 & \text{g}
\end{array}
$$

### 예제 1-5

다음 측정값을 계산하여라.

(a) 106.7 g + 0.25 g + 0.195 g (b) 35.45 mL − 30.5 mL

(c) 1067 g + 25 g + 195 g

**해답** (a) 소수점 자리를 맞추고 덧셈을 하면

$$
\begin{array}{rl}
106.7\phantom{00} & \text{g} \\
0.25\phantom{0} & \text{g} \\
+\ \ 0.195 & \text{g} \\
\hline
107.145 & \text{g}
\end{array}
$$

주어진 값 중에서 106.7의 불확실성이 가장 크므로 답은 소수점이하 한 자리수로 반올림해야 된다. 정답은 107.1 g이다.

(b) 소수점 자리를 맞추고 빼셈을 하면

$$\begin{array}{r} 35.45\ \text{mL} \\ -\ 30.5\ \ \ \text{mL} \\ \hline 4.95\ \text{mL} \end{array}$$

주어진 값 중에서 30.5 mL가 불확실성이 가장 큰 값이므로 답은 소수점이하 한 자리로 반올림해야 된다. 정답은 5.0 mL이다.

(c) 자리수를 맞추어서 더하기를 하면

$$\begin{array}{r} 1067\ \text{g} \\ 25\ \text{g} \\ +\ \ 195\ \text{g} \\ \hline 1287\ \text{g} \end{array}$$

주어진 값 3개 모두 불확실성이 정수 첫 자리이므로 답도 정수 첫 자리로 나타내면 1287 g 가 된다.

**물음** 다음 측정값을 계산하여라.

(a) 8.6 cm + 50.05 cm　　　　(b) 34.1 s − 0.55 s

**해답** (a) 58.7 cm　　(b) 33.6 s

## 1-6 | 측정값의 곱셈과 나눗셈

곱셈과 나눗셈에서의 유효숫자 자리수 처리는 덧셈과 빼셈에서 취급하는 방법과 다르다. 곱셈과 나눗셈을 할 때, 답은 측정값 중에서 유효숫자 자리수가 가장 적은 값에 의해 결정된다. 다음은 길이의 측정값들을 곱할 경우의 예이다.

$$(5.15\ \text{cm})(2.3\ \text{cm}) = 11.845\ \text{cm}^2$$

측정값 5.15 cm는 세 개의 유효숫자 자리수를 갖고, 2.3 cm는 두 개의 유효숫자 자리수를 갖는다. 그러므로 그 곱한 값이 두 자리의 유효숫자를 갖도록 반올림하면, 답은 12 $\text{cm}^2$이 된다.

### 예제 1-6

다음 측정값을 계산하여라.

(a) 50.5 cm×12 cm (b) 103.37 g/20.5 mL

**해답** (a) 50.5 cm는 유효숫자 자리수가 세 개, 12 cm는 유효숫자 자리수가 두 개이다. 따라서 (50.5 cm)(12 cm) = 606 $cm^2$에서 답은 두 개의 유효숫자 자리수를 갖도록 3째 자리에서 반올림 하면 610 $cm^2$이 된다.

(b) 103.37 g는 다섯 개가 유효숫자 자리수이고, 20.5 mL는 세 개가 유효숫자 자리수이다. 따라서 103.37 g/20.5 mL=5.0424 g / mL에서 답은 세 개의 유효숫자 자리수를 갖도록 반올림하면 5.04 g / mL가 된다.

**물음** 다음 측정치들을 계산하여라.

(a) (359 cm)(0.20 cm) (b) 73.950 g / 25.5 mL

**해답** (a) 72 $cm^2$ (b) 2.90 g / mL

## 1-7 | 과학적 표기법

과학에서는 아주 크거나 아주 작은 수를 종종 다루게 된다. 이러한 숫자들은 많은 0을 가지고 있어서 쉽게 이해되지 않거나 불편할 때가 있다. 예를 들어, 철원자의 무게는 0.000 000 000 000 000 000 000 093g이다. 그리고 1.3절에서 어떤 길이의 측정값을 50000 cm로 나타내면 유효숫자 자리수를 알 수 없다고 하였다. 이러한 경우에도 아래와 같이 10의 지수로 표시하여 유효숫자 자리수를 확실하게 나타낼 수 있다.

유효숫자가 1 자리일 경우 : 50,000 ➡ $5 \times 10^4$

유효숫자가 2 자리일 경우 : 50,000 ➡ $5.0 \times 10^4$

유효숫자가 3 자리일 경우 : 50,000 ➡ $5.00 \times 10^4$

유효숫자가 4 자리일 경우 : 50,000 ➡ $5.000 \times 10^4$

이러한 문제점을 극복하기 위하여 유효숫자의 첫 번째 숫자 뒤에 소수점을 찍고, 10의 지수로 나타내는 표준 표기법이 제안되었는데 이러한 방법을 과학적 표기법이라고 한다. 과학적 표기 식은 다음과 같다.

10의 지수

$$D.DD \times 10^n$$

유효숫자

과학적 표기를 사용하기 위해서는 모든 유효숫자를 쓰고, 0이 아닌 첫째자리 숫자 다음에 소수점을 찍는다. 소수점이 이동한 칸 수 만큼을 10의 지수로 나타낸다. 예를 들어, 555,000을 과학적 표기로 나타내면 $5.55 \times 10^5$로 쓸 수 있다. 1보다 작은 수도 과학적 표기로 나타낼 수 있다. 예를 들어, 0.000888을 과학적 표기로 나타내면 $8.88 \times 10^{-4}$가 된다.

과학적 표기로 숫자를 나타낼 때는 다음과 같은 두 단계과정을 거친다.

## 과학적 표기법의 적용

**1 단계** : 0이 아닌 첫째 유효숫자 다음에 소수점을 찍고 나머지 유효숫자를 그대로 적는다.

**2 단계** : 소수점이 몇 칸 이동했는지를 10의 지수로 나타낸다. 소수점이 왼쪽으로 이동하면 10의 지수는 양의 지수가 되고, 소수점이 오른쪽으로 이동하면 10의 지수는 음의 지수가 된다.

**예제 1-7**

다음 값들을 과학적 표기로 나타내어라.

(a) 표준 상태에서 1.00 L의 헬륨 기체에는 26,800,000,000,000,000,000,000개의 헬륨 원자가 있다.

(b) 헬륨 원자의 무게는 0.000 000 000 000 000 000 000 006 65 g이다.

**해답** (a) 헬륨 원자수는 $2.68 \times 10^{22}$ 개 이다.

(b) 헬륨원자의 질량은 $6.65 \times 10^{-24}$ g이다.

**물음** 다음의 값을 지수를 없애고 일반수로 나타내어라.

(a) 수은 원자의 질량은 $3.33 \times 10^{-22}$ g이다.

(b) 액체 수은 1 mL속에는 원자가 $4.08 \times 10^{22}$ 개 있다.

**해답** (a) 0.000 000 000 000 000 000 000 333 g

(b) 40,800,000,000,000,000,000,000 개

## 1-8 | 단위식과 단위인자

다음 절에서 단위 분석이라는 간단하면서도 유용한 방법을 배울 것이다. 문제를 풀 때 단위 분석법을 사용하기 위해서는 동치 관계를 이해해야 한다.

동치 관계라는 것은 두 양 사이의 관계가 같다는 것을 의미한다. 예를 들어, 1달러는 10다임이고 1다임은 10페니이다. 식으로 쓰면 다음과 같다.

$$1 \text{ 달러} = 10 \text{ 다임} \qquad 1 \text{ 다임} = 10 \text{ 페니}$$

이러한 동치 관계를 위와 같이 등식으로 나타낸 것을 단위식이라고 한다. **단위식**(unit equation)은 동일한 두 양의 간단한 표현이다.

**단위인자**(unit factor)는 두 개의 동일한 양 사이의 비를 의미하는데 예를 들어, 1달러/10다임이다. 분자와 분모가 같기 때문에 역의 비 10다임/1달러도 같은 단위인자이다. 단위식 1다임 = 10페니에 대해서도 단위인자와 그 역은 다음과 같다.

$$\frac{1\ \text{달러}}{10\ \text{페니}} \quad \text{와} \quad \frac{10\ \text{페니}}{1\ \text{다임}}$$

인치와 야드의 관계에 대한 단위 인자를 써보자. 1야드는 36인치이므로 단위식은 1야드=36인치이다. 관련된 단위인자와 그 역은 다음과 같다.

$$\frac{1\ \text{야드}}{36\ \text{인치}} \quad \text{와} \quad \frac{36\ \text{인치}}{1\ \text{다임}}$$

## 정확한 동치 관계

1야드는 영국식 단위로 36인치와 같은 길이 단위다. 정의에 의해 1야드는 정확히 36인치와 같다. 따라서 1 야드=36 인치라고 쓸 수 있는데, 이것은 정확한 동치 관계를 의미하며 간단히 완전 동치(exact equivalent)라 한다.

### (1) 완전동치 단위인자

완전동치에서 유도된 단위인자는 유효숫자를 따질 때 계산에 포함시키지 않는다. 왜냐하면 완전동치 단위인자의 값은 정확한 수이기 때문이다. 1.3절에서 정확한 수는 유효숫자 계산에 포함시키지 않는다고 이미 언급하였다. 완전 동치 단위인자의 예로 1 ft/12 inch, 1 lb/16 ounce, 그리고 1 gallon/4 qt 등과 같이 분모 분자가 모두 영국 단위로 되어 있거나 1 m/100 cm, 1 kg/1000 g와 1 L/1000 mL등과 같이 분모 분자가 모두 미터 단위로 되어있을 때 이다.

### (2) 완전동치가 아닌 단위인자

완전동치가 아닌 단위인자는 계산에서 유효숫자를 따질 때 포함시킨다. 영국 단위와 미터 단위로 만들어진 단위인자는 완전 동치가 아니다. 예를 들면 1 kg/2.20 lb,

1 ft/30.48 cm와 같은 경우에는 완전동치가 아니므로 유효숫자를 따질 때 계산에 포함시킨다.

단, 1 inch/2.54 cm 는 예외로 완전동치 단위인자이다.

**예제 1-8**

다음의 단위식과 서로 관련되는 두 단위 인자를 써라.

(a) 파운드와 온스　　　　(b) 쿼트와 갤런

**해답** (a) 1 파운드=16 온스이다. 관련되는 두 단위인자는 다음과 같다.

(b) 1 갤런=4 쿼트이다.

$$\frac{1\ \text{파운드}}{16\ \text{온스}}\ \text{와}\ \frac{16\ \text{온스}}{1\ \text{파운드}},\quad \frac{1\ \text{갤런}}{4\ \text{쿼트}}\ \text{와}\ \frac{4\ \text{쿼트}}{1\ \text{갤런}}$$

## 1-9 | 단위분석 문제풀이

과학은 어려운 문제들을 잘 다루어 왔다. 다행히 여러분들은 어려운 문제들을 푸는 좋은 방법을 배우게 될 것이다. 이 방법은 문제를 푸는 **단위분석법**(unit analysis method)이라고 한다. 단위분석이 모든 문제를 풀 수 있게 해 주는 것은 아니지만 화학을 시작하면서 부딪치는 문제들을 효과적으로 처리할 수 있게 해준다.

**단위 분석법의 적용**

**1 단계** : 해답에서 필요한 단위를 찾는다.

**2 단계** : 문제에서 주어진 값과 단위를 기록한다.

**3 단계** : 단위인자를 사용하여 주어진 단위를 해답에 필요한 단위로 바꾼다.

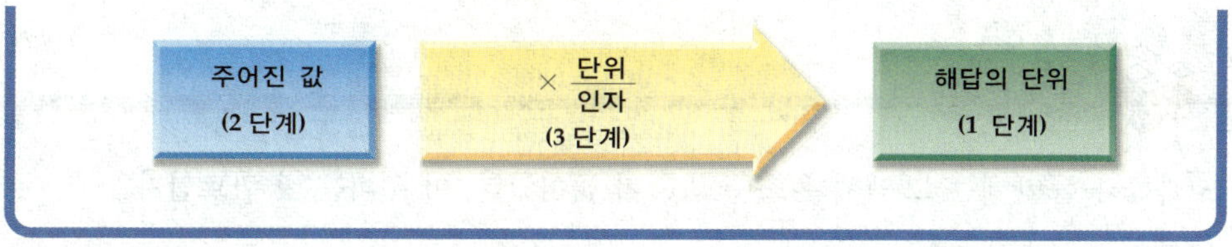


단위 분석으로 문제를 푸는 것은 1, 2, 3 단계처럼 간단하다. 문제 풀이에서 단위 분석법을 사용하기 위해서는 위의 세 단계를 체계적으로 행하여야 한다.

2.5년이 며칠인지를 알고자 한다면 첫 번째, 문제를 읽고 필요한 단위를 정한다. 두 번째, 주어진 정보를 분석하여 날짜와 관련된 값을 택한다. 세 번째, 다음 식에 따라 단위인자를 곱한다.

$$\underset{(2)}{2.5\text{년}} \times \underset{(3)}{\text{단위인자}} = \underset{(1)}{\text{일}}$$

1단계와 2단계에 관련된 단위식은 1년=365일이다. 따라서 두 개의 관련된 단위인자는 다음과 같다.

$$\frac{1\text{년}}{365\text{일}} \text{ 과 } \frac{365\text{일}}{1\text{년}}$$

단위인자의 분모가 주어진 값(년)의 단위와 같은 단위를 갖는 단위인자를 택해야 한다. 약분하면 문제에서 요구한 단위 "일"만 남는다. 따라서 365일/1년의 단위인자를 선택한다.

$$2.5\text{년} \times \frac{365\text{일}}{1\text{년}} = 912.5\text{일}$$

답은 유효숫자 2자리로 하여야 한다. 3째 자리에서 반올림하면 답은 910일이 된다.

## 예제 1-9

코카콜라 한 캔에는 12 액체 온스(ounce)가 들어있다. 이 부피는 몇 쿼트인가?
(1 쿼트 = 32 액체 온스)

**전략** 1 단계 : 해답에서 어떤 단위를 요구하는가? **1 단계:** 쿼트

2 단계 : 문제에서 주어진 단위는 무엇인가? **2 단계:** 12 액체 온스

3 단계 : 어떤 단위 인자가 적용되어야하는가? **3 단계:** $\frac{1\ \text{쿼트}}{32\ \text{액체 온스}}$ 또는 $\frac{32\ \text{액체 온스}}{1\ \text{쿼트}}$

1 쿼트 = 32 액체 온스이고 단위인자는 1 쿼트/32 액체 온스와 32 액체 온스/1 쿼트이다.

**주어진 값** 12 액체 온스 → **단위 인자** $\times \frac{1\ \text{쿼트}}{32\ \text{액체 온스}}$ 또는 $\frac{32\ \text{액체 온스}}{1\ \text{쿼트}}$ → **해답의 단위** = ? 쿼트

**해답** (올바른 단위인자를 사용하기 위하여, 분모에 있는 단위(액체 온스)를 소거시키기 위하여 1 쿼트/32 액체 온스를 적용한다.

$$12\ \text{액체 온스} \times \frac{1\ \text{쿼트}}{32\ \text{액체 온스}} = 0.38\ \text{쿼트}$$

1 쿼트/32 액체 온스라는 단위인자는 완전 동치이므로 해답에서의 유효숫자 자리수에 영향을 주지 않는다. 따라서 최종 해답의 유효숫자 자리수는 주어진 값 12 액체 온스(유효 숫자가 두 개)에 의하여 정해진다.

$$12\ \text{액체 온스} \times \frac{1\ \text{쿼트}}{32\ \text{액체 온스}} = 0.38\ \text{쿼트}$$

**물음** 펩시콜라 한 병의 부피는 355 mL이다. 몇 리터인가? (1 L=1000 mL)

**해답** 0.355 L

## 예제 1-10

마라톤의 주행 거리는 26.2 마일이다. 1 마일(mile)이 정확히 1760 야드(yard)라면 이 거리는 몇 야드인가?

**전략** 1 단계 : 해답에서 어떤 단위를 요구하는가? **1 단계:** 야드

2 단계 : 문제에서 주어진 값은 무엇인가? **2 단계:** 26.2 마일

3 단계 : 어떤 단위인자가 적용되어야하는가? **3 단계:** $\frac{1\ \text{마일}}{1760\ \text{야드}}$ 또는 $\frac{1760\ \text{야드}}{1\ \text{마일}}$

1 마일 = 1760 야드 이고 단위인자는 1 마일/1760 야드와 1760 야드/1 마일이다.

주어진 값 26.2 마일 → 단위 인자 $\times \frac{1\ \text{마일}}{1760\ \text{야드}}$ 또는 $\frac{1760\ \text{야드}}{1\ \text{마일}}$ → 해답의 단위 = ? 야드

**해답** 분모에 있는 마일이 약분되어야 하므로 올바른 단위인자는 1760 야드/1마일이다.

$$26.2\ \text{마일} \times \frac{1760\ \text{야드}}{1\ \text{마일}} = 46,100\ \text{야드}$$

26.2 마일은 3개의 유효 숫자를 가지므로 해답은 반올림으로 셋째 자리까지 구한다.

단위인자 $\frac{1760\ \text{야드}}{1\ \text{마일}}$는 완전 동치이므로 해답의 유효숫자에 영향을 미치지 않는다.

**물음** 마라톤 경주의 주행 거리는 26.2 마일이다. 26.2 마일을 킬로미터로 환산하면 얼마인가? (1 킬로미터 = 0.62 마일) 주의 : 유효숫자 처리할 때 단위인자도 포함하여야 한다.

**해답** 42 km

## 연습문제

### 측정의 불확정성

**1** 다음 단위에 의해 표현될 수 있는 양은 길이, 질량, 부피, 시간 중 어느 것인가?

(a) 그램 (g) (b) 밀리리터 (mL)

(c) 센티미터 (cm) (d) 초 (s)

**2** 다음 측정의 각각에 대한 불확정성이 주어져 있다. 수용할 수 있는 최대의 값과 최소의 값을 말하라.

(a) 3.35 ± 0.05 cm (b) 1.550 ± 0.001 g

(c) 15.05 ± 0.05 mL (d) 60.00 ± 0.01 s

### 유효숫자의 자리수

**3** 다음 각각에 대한 유효숫자의 개수를 말하라.

(a) 2.50 cm (b) 3.060 g

(c) 0.2 mL (d) 10,025 s

**4** 다음 각각에 대한 유효숫자의 개수를 말하라.

(a) 150 cm (b) 1200 g

(c) 100 mL (d) 3000 s

**5** 다음 각각에 대한 유효숫자의 개수를 말하라.

(a) $3.70 \times 10^3$ cm (b) $5 \times 10^{-1}$ g

(c) $2.000 \times 10^4$ mL (d) $1.6 \times 10^{-9}$ s

### 비 유효숫자 자리수의 반올림

**6** 다음 값을 세 개의 유효숫자 개수로 반올림하라.

(a) 10.505 (b) 11,600

(c) 1.155 (d) 77.504

**7** 다음 값을 세 개의 유효숫자 개수로 반올림하라.

(a) 61.15　　(b) 362.01

(c) 2155　　(d) 0.3665

### 측정값의 덧셈과 뺄셈

**8** 다음 측정값을 더하거나 뺀 후 답을 반올림하라.

(a)
$$\begin{array}{r} 31.15\ \text{cm} \\ +\ 41.000\ \text{cm} \\ \hline \end{array}$$

(b)
$$\begin{array}{r} 50.2\ \ \ \ \text{cm} \\ -\ 0.500\ \text{cm} \\ \hline \end{array}$$

**9** 다음 측정값을 더한 후 답을 반올림하라.

(a)
$$\begin{array}{r} 0.4\ \ \ \ \text{g} \\ 0.44\ \ \text{g} \\ +\ 0.444\ \text{g} \\ \hline \end{array}$$

(b)
$$\begin{array}{r} 15.5\ \ \ \ \text{g} \\ 7.50\ \ \text{g} \\ +\ 0.050\ \text{g} \\ \hline \end{array}$$

**10** 다음 측정값을 뺀 후 답을 반올림하라.

(a)
$$\begin{array}{r} 242.167\ \text{g} \\ -\ 175\ \ \ \ \ \ \ \text{g} \\ \hline \end{array}$$

(b)
$$\begin{array}{r} 27.55\ \ \ \text{g} \\ -\ 14.545\ \text{g} \\ \hline \end{array}$$

### 측정값의 곱셈과 나눗셈

**11** 다음 측정값을 곱하고 답을 반올림하라.

(a) 3.65 cm × 2.10 cm　　(b) 8.75 cm × 1.15 cm

(c) 16.5 cm × 1.7 cm　　(d) 21.1 cm × 20 cm

**12** 다음 측정값을 나누고 답을 반올림하라.

(a) 66.3 g / 7.5 mL　　(b) 12.5 g / 4.1 mL

(c) 42.620 g / 10.0 mL　　(d) 91.235 g / 10.00 mL

### 과학적 표기법

**13** 다음 보통의 수를 과학적 표기법으로 나타내라.

(a) 80,916,000 (b) 0.000 000 015

(c) 335,600,000,000,000 (d) 0.000 000 000 000 927

**14** 표준상태에 있는 네온 기체 1.00 L 속에는 26,900,000,000,000,000,000,000개의 네온 원자들이 있다. 이 원자의 개수를 과학적 표기법으로 나타내라.

### 단위식과 단위인자

**15** 다음 각각에 대한 단위식을 써라.

(a) 니켈과 다임 (b) 니켈과 페니

**16** 다음 각각에 대한 단위식을 써라.

(a) 마일과 피트 (b) 톤과 파운드

**17** 다음 각각과 관계있는 두 개의 단위인자를 써라.

(a) 니켈과 다임 (b) 니켈과 페니

**18** 다음 각각과 관계있는 두 개의 단위인자를 써라.

(a) 마일과 피트 (b) 톤과 파운드

**19** 다음 관계식 중 어느 것이 완전동치인가?

(a) 1 마일 = 5280 피트 (b) 1 킬로 그램 = 2.20 파운드

(c) 1 리터 = 1.06 쿼트 (d) 1 주 = 7 일

### 단위분석 문제 풀이

**20** 단위분석법을 이용하여 15 마일에 해당하는 킬로미터를 구하라.(1 마일 = 1.61 킬로미터)

**21** 단위분석법을 이용하여 3.25 년을 개월 수로 계산하라.

**22** 빛은 한 시간에 몇 미터 가겠는가?( 빛의 속도는 $3.00 \times 10^8$ m/s이다.)

## 심화 연습문제

**23** 만약 10 mL 피펫이 1/10 mL ($\pm$0.1 mL) 불확정성을 갖는다면, 보통의 수를 이용해 피펫의 부피를 나타내라.

**24** 나트륨 원자의 질량 22.989768 amu를 세 개의 유효숫자가 되도록 반올림하라.

**25** 126.457 g와 131.6 g의 무게를 가지는 두 개의 놋쇠 실린더의 총 질량을 구하라.

**26** 다음 지수를 과학적 표기법으로 바꾸어라.

(a) $352 \times 10^4$ (b) $0.191 \times 10^{-5}$

**27** 전자의 질량은 $9.10953 \times 10^{-28}$ g이고 양성자의 질량은 $1.67265 \times 10^{-24}$g이다. 전자와 양성자의 총 질량은 얼마인가?

**28** 지구에서 가장 오래된 암석은 남아프리카에서 발견되었고 나이가 40억년으로 추정되었다. 과학적 표기법을 이용해 암석의 나이를 시간으로 나타내라.

**29** 만약 1 온스가 28.4 g이라면, 1 파운드 깃털의 질량은 몇 그램인가?(1 파운드 = 16 온스)

chapter 2

# 물질과 에너지

17세기 영국의 과학자 보일(Boyle)은 과학의 연구에 있어서 실험의 중요성을 깨달았다. 보일은 실험연구의 값어치를 알고 실험방법을 자세히 기록하여 다른 사람들이 그것을 보고 그의 실험을 반복하여 결과를 확인하도록 하였다.

보일은 공기, 흙, 물, 불이 물질의 기본요소라는 그리스 개념을 부정하고 대신에 그는 물질은 더 이상 쪼갤 수 없는 원소로 되어있다고 제안하였다. 따라서 원소는 화학변화가 일어나거나 다른 원소와 결합할 때 결코 무게를 잃지 않고 항상 일정한 무게를 가져야 한다고 하였고, 이것은 실험실에서 확인될 수 있었다.

보일의 지도를 받아 다른 동료 과학자들도 실험을 행함으로써 과학적 원리들을 입증했다. 과학자들이 물질의 특성에 관한 이론들을 계속적으로 발표할 때 그러한 이론들은 실험적 증거에 기반을 두고 있다.

## 2-1 | 물질의 상태

물질은 세 가지 물리적 상태 즉, 고체, 액체 또는 기체 중의 하나로 존재한다. 고체 상태의 물질은 고정된 모양과 일정한 부피를 가지며, 고체의 입자는 견고하게 응집되어 있기 때문에 쉽게 압축될 수 없다. 액체 상태에서 물질의 입자는 서로 간에 자유롭게 이동한다. 입자들은 느슨하게 얽혀 있기 때문에 약간 압축되어질 수 있다. 액체의 모양은 변하나 액체의 부피는 고정되어 있다.

기체 상태에서 작은 입자들은 공간을 넓게 차지하며 기체의 용기 내에 균일하게 분포되어 있다. 만약 부피가 증가하면 기체는 팽창하고 입자는 서로 멀리 떨어진다. 만약 부피가 감소하면 기체는 압축되고 입자들은 서로 가깝게 접근한다. 표 2.1은 물질의 세 가지 상태의 성질을 요약해 놓은 것이다.

**표 2.1 물질의 물리적 상태**

| 성질 | 고체 | 액체 | 기체 |
|---|---|---|---|
| 모양 | 일정하다 | 변한다 | 변한다 |
| 부피 | 일정하다 | 일정하다 | 변한다 |
| 압축성 | 무시할 수 있음 | 무시할 수 있음 | 영향이 크다 |

온도를 변화시켜 물질의 물리적 상태를 변화시킬 수 있다. 예를 들면 0℃에서 물은 액체에서 고체인 얼음으로 변화되고, 또한 100℃에서는 액체에서 기체로 변화된다. 다른 물질들 역시 다른 온도에서 비슷하게 변화되어진다. 예로 철은 1,535℃에서 액체로 용해되고, 2,750℃에서는 기체로 변화되어질 수 있다.

물리적 상태의 변화를 다음처럼 설명할 수 있다. 고체에 열을 가하면 액체로 되는데 이 과정을 **융해**(melting)라 하고, 액체에 열을 가하면 기체로 되는데 이 과정을 **증발**(vaporizing)이라 한다. 고체에서 액체를 거치치 않고 기체로 상태가 변하는 것을 **승화**(sublimation)라고 한다. 예를 들어, 좀약은 승화가 일어나며 고체에서 기체로 직접 변화되어 없어진다.

반대로, 기체를 냉각시키면 액체로 되는데 이 과정을 **응축**(condensing)이라 하고 액체를 다시 냉각시키면 고체가 되는데 이 과정을 **응고**(freezing)라 한다. 기체에서 고체로 상태가 직접 변하는 것을 **석출**(deposition : 한국에서는 승화라 부름)이라고 부른다. 예를 들면, 냉장고의 문을 열면 습기 찬 공기가 들어와 공기 중 수증기는 재빨리 서리(고체)로 석출되는 것을 볼 수 있다. 그림 2.1은 온도와 물리적 상태의 관계를 보인 것이다.

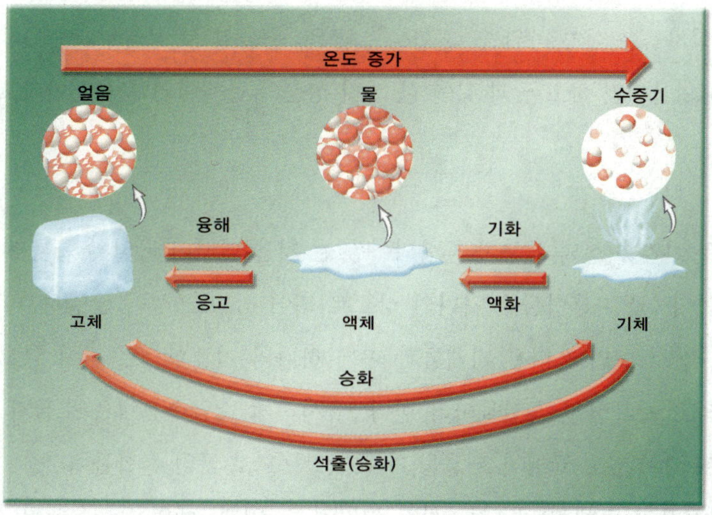


**▲ 그림 2.1 물리적 상태의 변화**

온도가 증가하면 고체는 액체로 녹고, 액체는 기체로 기화한다. 반대로 온도가 감소하면 기체는 액체로 액화되고 액체는 고체로 언다.

### 예제 2-1

물리적 상태의 다음 변화를 의미하는 용어를 기술하라.

(a) 겨울에 내린 눈이 녹는다.

(b) 휘발유가 기체로 날라 간다.

(c) 드라이아이스에서 기체 $CO_2$로 변한다.

**해답** (a) 융해　(b) 증발　(c) 승화

## 2-2 | 물질의 분류

물질의 물리적 성질이 전체적으로 일정한 경우도 있고 다른 경우도 있다. 일정한 경우 중 한 가지 예로서 순수한 금은 큰 덩어리거나 또는 작은 조각이건 간에 항상 1,064 ℃에서 녹고, 녹는 온도는 변하지 않는다. 다른 경우로서는 석영이 함유된 광석 시료를 생각해 보자. 석영 바위시료에 열을 가하면 1,000 ℃~1,600 ℃ 넓은 온도 범위에서 녹는다. 과학자들은 석영 바위를 "혼합물", 금은 "순물질"로 분류한다. 여러 성분이 섞여있으면 혼합물이라 하고 금과 같이 한 가지 성분의 물질이면 순물질이라고 한다.

### 혼합물

혼합물은 두 가지 이상의 성분이 혼합되어 있는 것을 말하며 균일 혼합물과 불균일 혼합물로 나눈다. 균일 혼합물은 하나의 상으로 되어 있고 조성이 균일하다. 예로서 공기는 질소, 산소 그리고 다른 기체들과 함께 하나의 기체상으로 되어 있고 균일하게 혼합되어 있으므로 균일 혼합물이라 한다. 유사하게 소금수용액은 소금과 물이 하나의 액상으로 되어 있고 균일한 조성을 가지고 있으므로 균일 혼합물이다.

**균일 혼합물**은 시료에 따라 다른 성질을 가질 수 있다. 예를 들어, 태평양과 사해의 바닷물은 서로 다른 성질을 갖는다. 사해의 바닷물은 태평양보다 밀도가 크며 많은 양의 광물질들이 용해되어 있다.

합금(alloy)은 두개 또는 그 이상의 금속이 혼합되어 있지만 하나의 색으로 보이므로 균일하게 혼합되어 있고 하나의 고체상이므로 균일 혼합물이다. 합금의 예로서 10 K, 14 K, 18 K 등의 금 보석류에는 금, 은, 그리고 구리 금속을 함유하고 있으며 금의 양이 42%에서 75%까지 들어있다. 금이 함유된 합금은 균일 혼합물이지만 시료에 따라 물리적 성질이 다를 수 있다. 예로서, 10 K 금은 18 K 금보다 단단한 합금이고 잘 긁히지 않는다.

**불균일 혼합물**은 상이 두 가지 이상이거나 조성이 불균일할 경우에 해당하다.

예로서 비이커 속에 물(액상)과 모래(고상) 또는 얼음을 넣어 혼합하면 2개의 상이 존재하므로 불균일 혼합물이 된다. 혼합물을 이루는 성분의 조성이 균일하지 못하면 불균일 혼합물이라 한다. 예로서 석영바위의 경우 돌의 각 부위별로 서로 다른 색깔을 가지고 있어 돌을 이루는 성분(조성)이 균일하지 못하므로 불균일 혼합물이라 한다.

## 순물질

**순물질**(pure subtance)은 한 종류의 물질로 되어 있으므로 일정한 조성과 일정한 성질을 갖는다. 화합물과 원소는 순물질에 해당한다. **화합물**(compound)은 두 가지 이상의 원소가 화학적으로 결합된 물질이므로 화학적 변화에 의해 두 가지 이상의 원소로 분해 될 수 있다. 예로서 소금(NaCl), 식초($C_2H_4O_2$), 이산화탄소($CO_2$) 등은 화합물이라 한다. 이 물질들에 화학적 반응을 시키면 원래의 성분과 전연 다른 성질의 탄소와 수소 그리고 산소로 분해되므로 화합물이라 한다. **원소**(element)는 한 가지 원소로 되어 있으므로 화학 변화에 의해 2가지 이상의 성분으로 분해 될 수 없는 물질이다. 산소($O_2$), 질소($N_2$), 금(Au), 은(Ag), 구리(Cu) 등은 원소라고 한다. 산소($O_2$), 질소($N_2$) 등의 이원자 분자는 화학적 반응을 시키면 원자로 분해 되지만 분자 원래의 성질을 그대로 가지고 있으므로 원소라 한다. 그림 2.2는 물질의 분류를 나타낸 것이다.

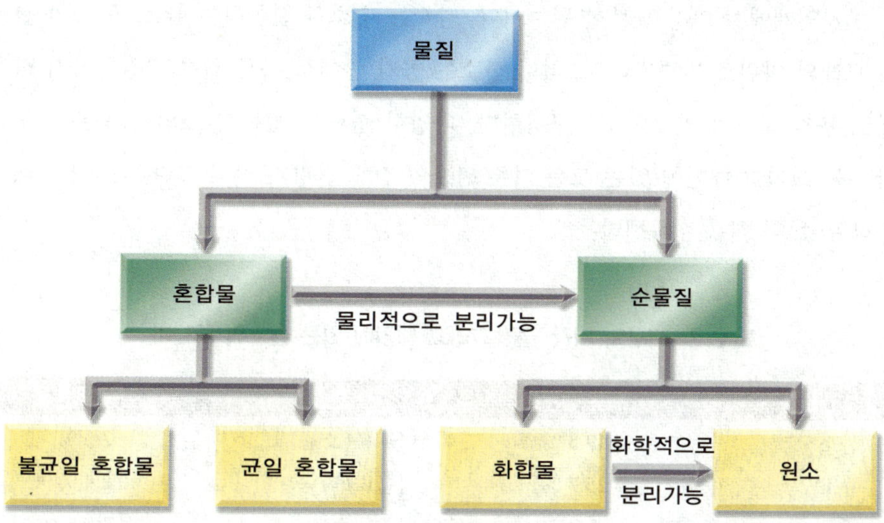


▲ **그림 2.2 물질의 분류**

물질은 혼합물 또는 순물질로 되어있다. 균일 혼합물의 성질은 일정하지만 시료마다 변할 수 있다. 순물질은 화합물이거나 원소이다. 순물질의 성질은 예측가능하고 일정하다.

**예제 2-2**

다음의 시료를 원소, 화합물, 균일 혼합물, 또는 불균일 혼합물로 분류하라.
(a) 수은 (b) 설탕 (c) 광석 (d) 아말감 합금 (e) 구리

**해답** (a) 원소 (b) 화합물 (c) 불균일 혼합물 (d) 균일 혼합물 (e) 원소

## 2-3 | 원소들의 이름과 기호

자연계에는 81개의 안정한 원소가 있다. 아울러 자연계에는 우라늄처럼 불안정한 원소들도 있다. 100개 이상의 원소가 있지만 오직 10개의 원소가 지구의 지각, 물, 그리고 대기의 질량 중 95 %를 차지한다.

산소는 자연계에서 가장 풍부한 원소이다. 산소는 수소와 결합하여 물로, 규소와 결합하여 모래와 바위로 발견된다. 그러나 산소는 공기 중에서 다른 원소와 결합하지 않는 기체로 우리 대기의 약 21 %를 구성한다. 다양한 형태로 있는 산소의 질량은 지구의 지각, 물, 그리고 대기에 있는 모든 다른 원소의 전체 질량과 거의 같다. 표 2.2는 매우 풍부한 원소 열 개를 수록했다.

**표 2.2 지구의 지각, 물, 그리고 대기에 있는 원소의 존재비**

| 원소 | 질량 백분율 | 원소 | 질량 백분율 |
|---|---|---|---|
| 산소 | 49.5 % | 나트륨(소듐) | 2.6 % |
| 규소 | 25.7 % | 칼륨(포타슘) | 2.4 % |
| 알루미늄 | 7.5 % | 마그네슘 | 1.9 % |
| 철 | 4.7 % | 수소 | 0.9 % |
| 칼슘 | 3.4 % | 티타늄(타이타늄) | 0.6 % |
| | | 모든 다른 원소 | 0.5 % |

산소, 규소, 그리고 알루미늄은 지구의 지각, 물, 그리고 대기에서 매우 많이 존재하는 세 가지 원소이다. 산소, 탄소, 수소, 질소, 칼슘 그리고 인은 인체 질량의 99 % 이상을 차지한다. 남은 1 %는 대부분의 인간 생활에 필수적인 미량 원소들이다. 그림 2.3은 지각과 인체에 있는 원소의 분포를 비교한 것이다.

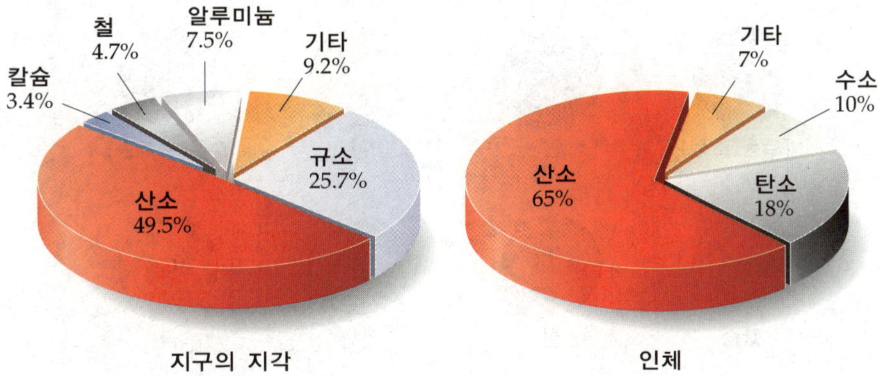


▲ **그림 2.3 원소의 존재비**
산소가 지구의 지각과 인체에서 가장 많은 원소임을 주목하라. 비록 알루미늄이 지구에 많이 존재하지만 인체에 독성 원소이다.

원소의 이름들은 다양한 근원으로부터 유래되었다. 예로, 수소(hydrogen)는 그리스어로 "물을 이룬다" 를 의미하는 하이드로(hydro)로부터 유래되었으며, 탄소(carbon)는 석탄을 의미하는 카보(carbo)로부터 유래되었다. 칼슘(calcium)은 칼슘의 광물질 근원인 석회의 라틴어 칼시스(calsis)에서 유래되었다. 어떤 원소들은 발견지역을 따서 이름을 붙였다. 예를 들어, 게르마늄(germanium)은 게르마니(Germany)로부터, 스칸듐(scandium)은 스칸디나비아(Scandinavia)로부터 왔다. 또 다른 일부 원소들은 유명한 과학자의 이름을 따왔다. 즉 퀴륨(curium ; Marie Curie)과 노벨륨(nobelium ; Alfred Nobel)의 이름이 그것이다.

각 원소의 이름은 화학기호(chemical symbol)를 사용하여 나타내었다. 1803년 영국의 화학자 돌턴(Dalton)은 원소들은 나누어지지 않으며 구형의 입자로 구성되었다고 제안하였다. 돌턴은 이렇게 나누어지지 않는 입자들의 각각을 원자(atom)라 불렀고, 이것은 나누어지지 않는다는 뜻을 가진 그리스어 아토모스(atomos)로부터 나온 것이다. 그는 원소의 기호를 닫힌 원안에 표시할 것을 제안했다. 그림 2.4는 돌턴이 제안한 몇 가지 원소기호이다.

**▲ 그림 2.4 몇가지 원소들에 대한 돌턴의 기호**
돌턴은 각 원소를 원 안에 표시하여 기호화 했다. 돌턴의 기호는 실용적은 못되었지만, 원소들이 원자 구(sphere)로 이루어졌다는 개념을 나타내었다.

1813년 스웨덴 화학자 베르셀리우스(Berzelius)는 현재 사용되는 원소기호를 제안했다. 그는 원소 이름의 첫 글자에 해당하는 기호를 제안했고, 예로, 수소(hydrogen)에 대해선 H, 산소(Oxygen)에 대해선 O, 그리고 탄소(Carbon)에 대해선 C라고 표기하였다. 더 나아가 만일 같은 글자로 시작하는 원소의 경우는 두 글자의 이름을 추천했다. 예로, 칼슘(Calcium)은 Ca로 카드뮴(cadmium)은 Cd로 염소(chlorine)은 Cl로 표기하였다.

원소의 이름을 기호로 쓸 때 협약에 따르는 것이 중요하다. 첫 번째 글자는 항상 대문자로 쓰고, 두 번째 글자는 소문자로 쓴다. 코발트(Cobalt) 금속 원소는 Co로 쓴다. 대조적으로 죽음의 기체인 일산화탄소(Carbon monoxide)의 화학식은 CO로 쓴다. 표 2.3은 주어진 원소의 이름과 기호를 나타낸 것이다.

**표 2.3 몇 가지 원소들의 이름과 기호**

| 원소명 | 기호 | 원소명 | 기호 |
|---|---|---|---|
| 알루미늄 | Al | 납 | Pb |
| 안티몬(안티모니) | Sb | 리튬 | Li |
| 아르곤 | Ar | 마그네슘 | Mg |
| 비소 | As | 망간(망가니즈) | Mn |
| 바륨 | Ba | 수은 | Hg |
| 베릴륨 | Be | 네온 | Ne |
| 비스무트 | Bi | 니켈 | Ni |
| 붕소 | B | 질소 | N |
| 브롬(브로민) | Br | 산소 | O |
| 카드뮴 | Cd | 인 | P |
| 칼슘 | Ca | 백금 | Pt |
| 탄소 | C | 칼륨(포타슘) | K |
| 염소 | Cl | 라듐 | Ra |
| 크롬(크로뮴) | Cr | 셀렌(셀레늄) | Se |
| 코발트 | Co | 규소 | Si |
| 구리 | Cu | 은 | Ag |
| 플루오르(플루오린) | F | 나트륨(소듐) | Na |
| 게르마늄(저마늄) | Ge | 스트론튬 | Sr |
| 금 | Au | 황 | S |
| 헬륨 | He | 텔루르(텔루륨) | Te |
| 수소 | H | 주석 | Sn |
| 요오드 | I | 티타늄(타이타늄) | Ti |
| 철 | Fe | 크세논(제논) | Xe |
| 크립톤 | Kr | 아연 | Zn |

## 2-4 | 금속과 비금속

원소는 더 이상 쪼갤 수 없고 원소의 독특한 성질을 항상 유지하는 순물질이다. **금속**(metal) 원소는 전형적으로 밝은 광택을 내고, 큰 밀도와 높은 용융점을 가지며 열과 전기의 좋은 전도체이다. 금속은 두들겨서 얇은 막으로 펼 수 있으며, 이러한 성질을 **전성**(展性, molleable)이라고 부른다. 또한 금속은 가느다란 철사로 뽑을 수 있으며, 이러한 성질을 **연성**(延性, ductile)이라고 한다. 알루미늄, 구리, 그리고 은 등은 금속의 좋은 예이다.

**비금속**(nonmetal)원소는 금속의 성질을 가지지 않는 원소이다. 비금속은 보통 고체 상태에서 겉모양이 광택이 없고, 낮은 밀도와 낮은 용융점을 가지며, 열과 전기의 전도성이 좋지 않다. 예를 들면, 탄소와 황이 있다. 비금속은 연성도 없고, 전성도 없으며, 만약 비금속을 두들긴다면 가루로 부서진다. 비금속 중에서 11개의 비금속은 자연계에서 기체 상태로 존재한다. 수소와 산소는 무색 기체인 비금속으로 잘 알려진 예이다. 표 2.4는 금속과 비금속의 성질을 요약해 놓은 것이다.

**표 2.4 금속과 비금속의 일반적 성질**

| 성질 | 금속 | 비금속 |
|---|---|---|
| 물리적 상태 | 고체 | 고체, 기체 |
| 겉모양 | 금속, 광택 | 무광택 |
| 유연성 | 전성, 연성 | 부서지기 쉬움 |
| 전도도 | 열, 전기의 전도체 | 비전도체 |
| 밀도 | 보통 높음 | 보통 낮음 |
| 녹는점 | 보통 높음 | 보통 낮음 |
| 화학적 반응성 | 비금속과 반응 | 금속 및 비금속과 반응 |

*이들 일반적인 성질에는 많은 예외가 있다. 예를 들면, 수은과 브롬은 액체이며, 마그네슘 금속은 밀도가 낮고, 갈륨 금속은 녹는점이 30℃미만이다.

**반금속**(semimetal)은 금속과 비금속 사이의 중간 성질을 갖는 원소이다. 규소는 트랜지스터와 집적회로를 만드는 반도체 산업에 사용되는 잘 알려져 있는 반금속이다.

**예제 2-3**

다음 성질 중 금속의 특성이 아닌 것은 어느 것인가?

(a) 열 전도체이다. (b) 전성을 가진다.

(c) 용융점이 높다. (d) 다른 금속과 반응한다.

**해답** (d) 금속은 다른 금속과 반응하지 않고 합금을 형성한다.

## 원소의 주기율표

원소들의 종류가 많으므로 각 원소를 구분하기 위하여 **원자번호**(atomic number)라고 하는 특정 번호를 부여한다. 예를 들면, 수소의 원자번호는 1이고 헬륨은 2, 리튬은 3이고, 우라늄의 원자 번호는 92이다.

모든 원소는 원자번호순으로 배열하였고 특정 도표에 표시해 두었다. 이 도표를 원소의 주기율표라 하고 또는 간단히 **주기율표**(periodic table)라고 한다. 금속은 표의 왼쪽에 있고 비금속은 오른쪽에 있다. 수소는 예외이다. 수소는 비금속이지만 예외적인 성질을 가지므로 이 책에서는 주기율표의 꼭대기 중앙에 표시해 놓았다.

금속과 비금속의 중간 성질을 가지는 붕소, 규소, 게르마늄, 비소, 안티몬과 텔루륨 등의 반(semi)금속이 있다. 방사성 원소들인 폴로늄과 아스타틴 역시 반(semi)금속으로 분류한다. 그림 2.5는 원소의 주기율표로 금속, 비금속, 반(semi)금속의 전체적 배열을 보여준다.

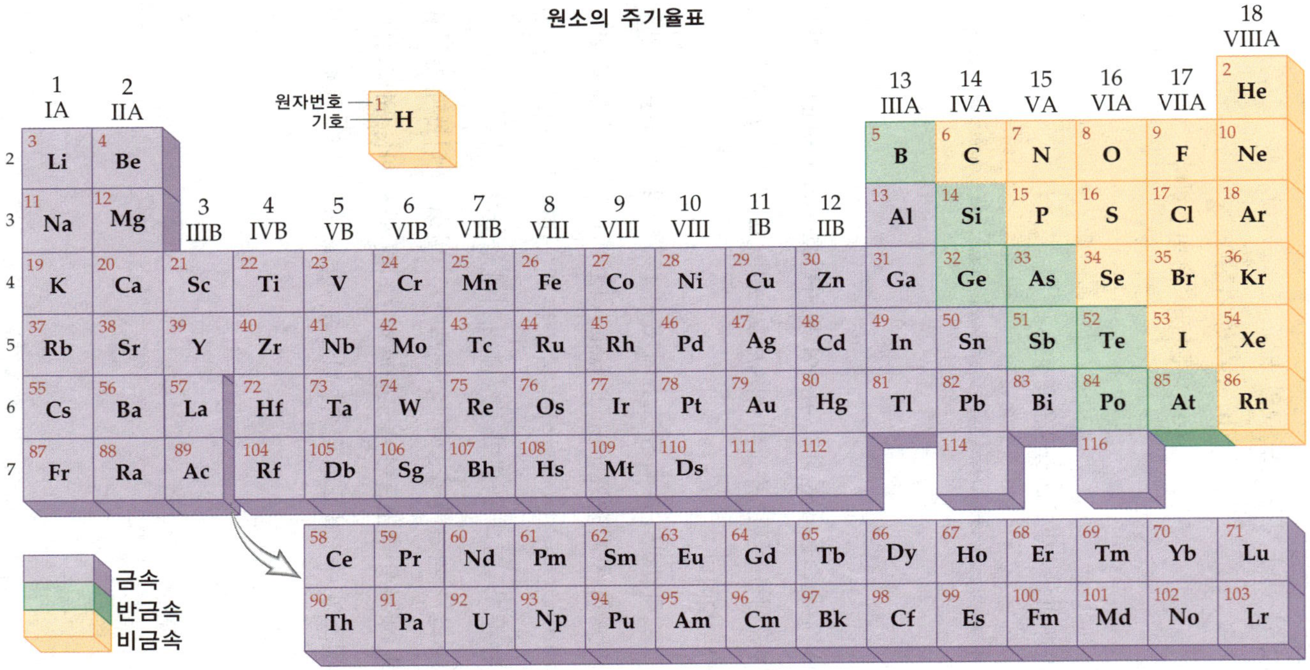


▲ **그림 2.5 금속, 비금속 그리고 반금속**

금속성의 원소 기호는 주기율표의 왼편에, 비금속성의 원소 기호는 주기율표의 오른편에, 반금속성의 원소 기호는 이들 사이에 놓여있다. 비금속원소인 수소는 특별한 위치에 있음을 유의하여라.

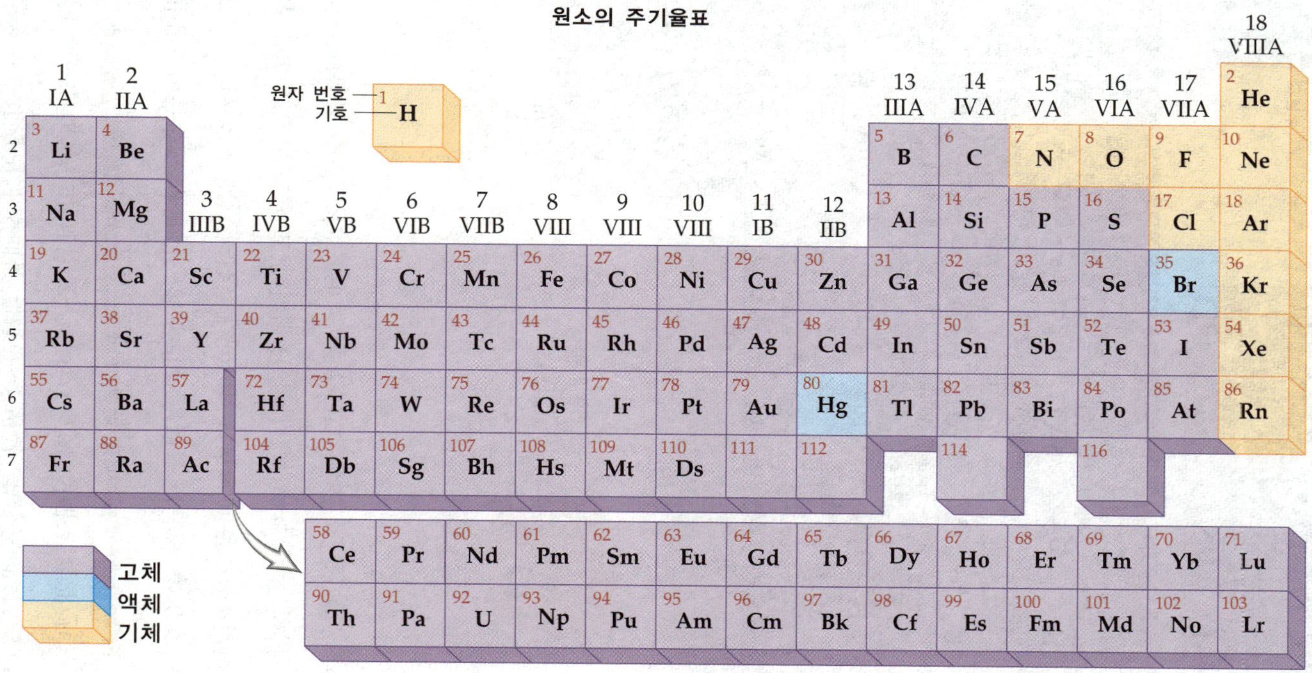


**▲ 그림 2.6 원소들의 물리적 상태**

25℃, 기준 대기압(1기압)에서 모든 금속은 Hg를 제외하고 고체 상태로 존재한다. 비금속 원소의 대부분은 기체이며, C, P, S, Se, 그리고 I는 고체 상태로 존재한다. 단지 두 개의 원소 Hg와 Br만이 액체이다.

## 원소들의 물리적 상태

주기율표는 많은 양의 정보를 익히는데 도움을 줄 수 있고, 매우 적은 노력으로 대부분 원소들의 물리적 상태를 예측할 수 있다. 수은을 제외하고 모든 금속들은 25℃, 기준(normal) 대기압의 보통 조건하에서 고체 상태로 존재한다. 모든 반금속들 역시 기준 온도와 압력 하에서 고체 상태로 존재한다.

반면에 비금속은 매우 다양한 물리적 상태를 갖는다. 25℃ 기준 압력 하에서 5가지 비금속은 고체이고, 한 가지는 액체이며, 11가지 비금속은 기체이다. 탄소, 인, 황, 셀레늄, 그리고 요오드는 고체이다. 단지 비금속 액체는 적갈색을 띠는 브롬뿐이다. 11가지 기체들은 수소, 질소, 산소, 플루오르, 염소, 헬륨, 네온, 아르곤, 크립톤, 제논과

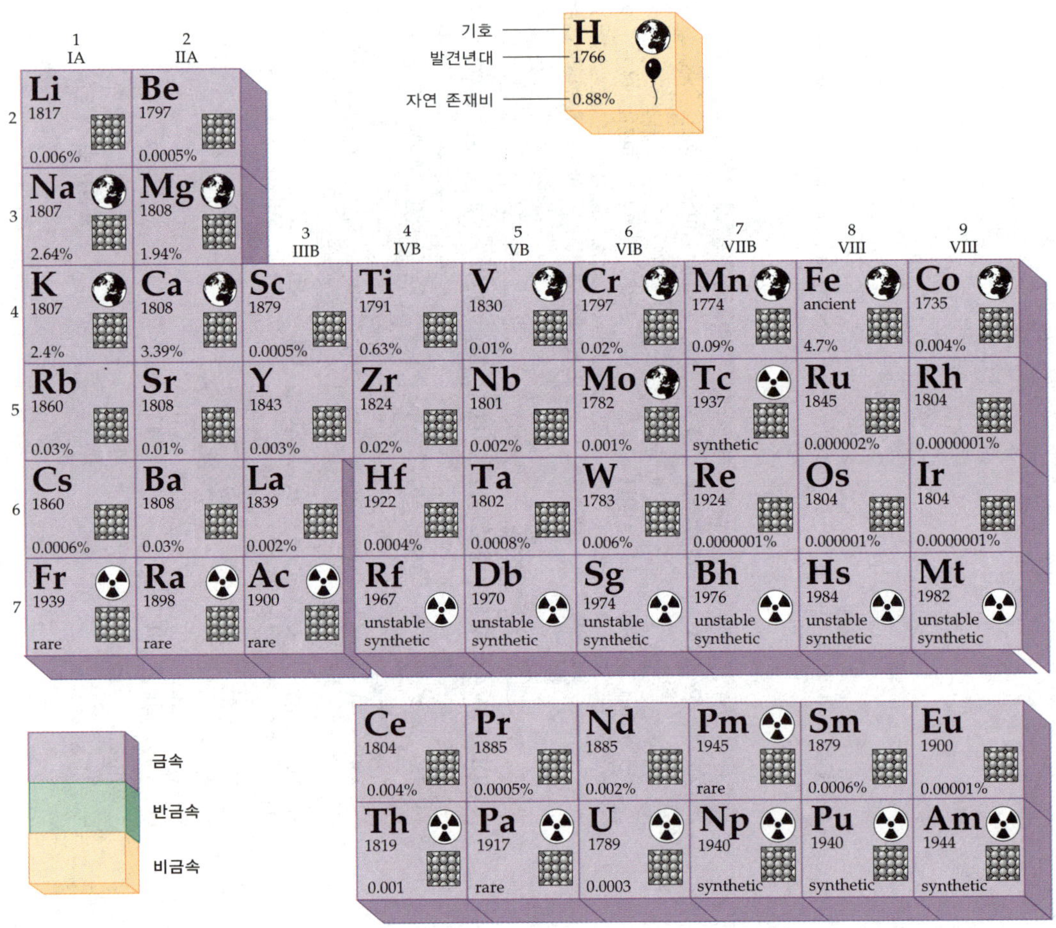

라돈이며 푸르스름한 노란 색을 지닌 플루오르와 염소를 제외하고는 모두 무색이다. 그림 2.6은 25℃, 1 atm에서 각 원소의 물리적 상태를 설명해 준다.

**▼ 그림 2.7 그림을 넣은 원소의 주기율표**

원소의 자연 존재비는 지구의 지각, 해양, 대기중에 존재하는 원소의 질량을 퍼센트로 나태낸 것이다. "rare"로 표시된 원소의 자연 존재비는 1 톤(1,000 kg)당 1 mg보다 적은 것이다. "synthetic"으로 표시된 원소는 인공적으로 만든 것이며, 자연에는 존재하지 않는다. "unstable"로 표시된 원소는 1초의 몇 분의 1동안에 분해되며, 자연에는 존재하지 않는다.

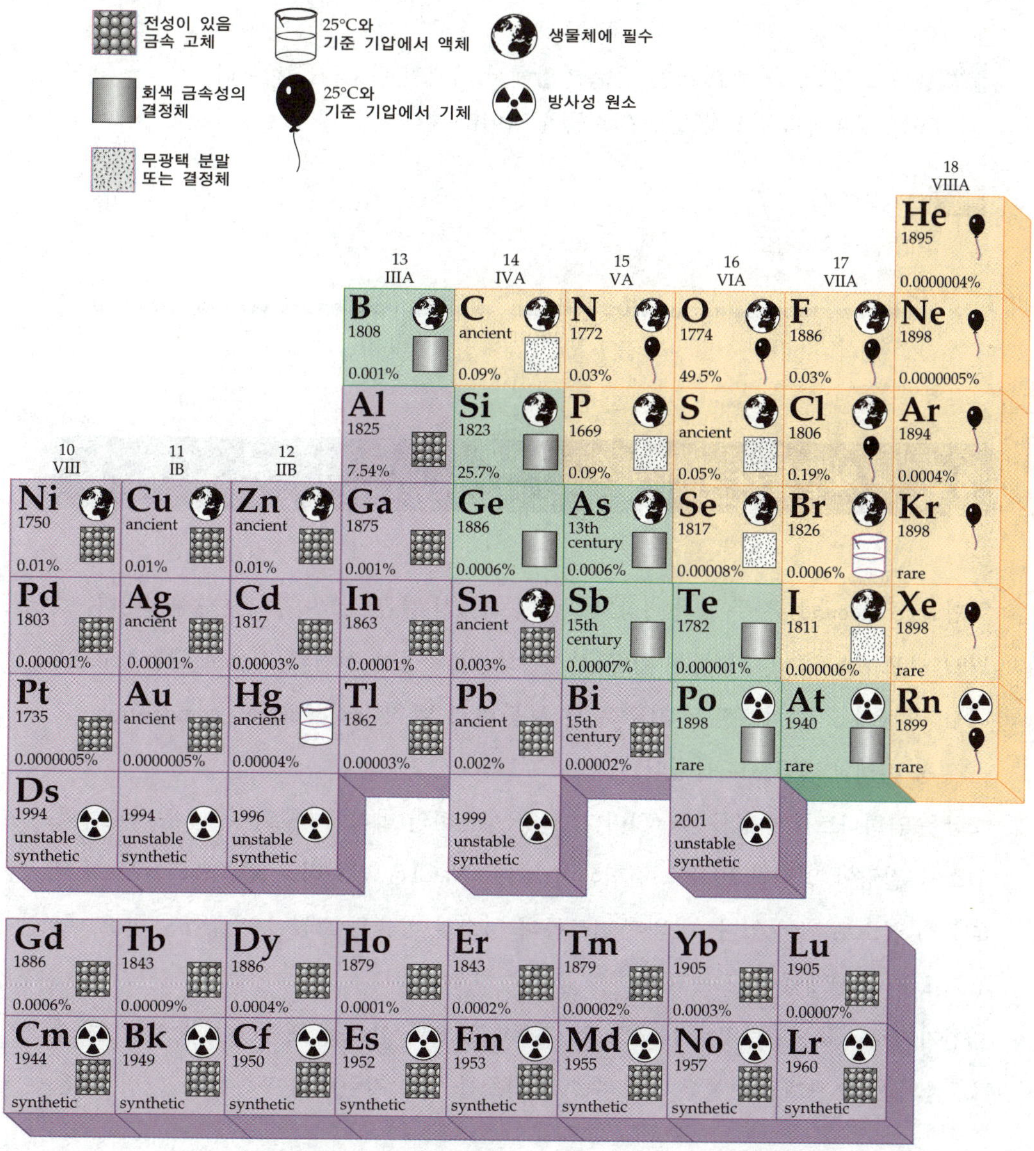

### 예제 2-4

25℃, 기준 압력에서 다음 원소들의 물리적 상태를 금속, 비금속, 반금속으로 분류하라.

(a) 마그네슘 (b) 게르마늄 (c) 수은 (d) 브롬

**해답** (a) 고체인 금속이다. (b) 고체인 반금속이다.
(c) 금속 액체이다. (d) 액체인 비금속이다.

**물음** (1) 그림 2.7을 보고 25℃ 기준 기압에서 기체인 원소들을 적어라.
(2) 생물체에 필요한 필수 원소들을 적어라.

**해답** (1) 그림 2.7 참조
(2) 그림 2.7 참조

## 2-5 | 화합물과 화학식

**화합물**(compound)은 두 가지 이상의 원소가 화학적 결합으로 이루어진 순물질이다. 1799년 프루스트는 "화합물은 항상 각 원소들이 일정한 질량의 비율로 결합하고 있다"고 주장하였다. 이 주장은 지금 **일정 성분비의 법칙**(law of definite composition)또는 일정 비례의 법칙으로 불린다.

소금은 염화나트륨 화합물, NaCl이다. 일정 성분비의 법칙에 따르면 소금은 나트륨과 염소의 질량이 일정한 비율로 결합되어 있다. NaCl은 질량비로 39.3 %의 나트륨과 60.7 % 염소로 되어 있다. 더욱이 나트륨과 염소의 비율은 소금이 만들어진 장소, 소금의 크기에 관계없이 모두 같다.

마찬가지로, 물은 질량비로 11.2 % 의 수소와 88.8 % 산소를 포함한다. 물이 있는 장소, 물의 양과 관계없이 물은 항상 수소와 산소를 일정 질량비로 포함한다. 그림 2.8은

물을 예로 들어 일정 성분비의 법칙을 설명한 것이다.

▲ **그림 2.8 일정 성분비의 법칙**
한 방울의 물, 한 잔의 물, 그리고 호수의 물 모두는 질량비로 같은 백분율의 수소와 산소를 가지고 있다. 즉 11.2%의 수소와 88.8% 의 산소로 되어 있다.

## 화학식

대부분의 원소들은 자연계에 개별 원자들의 상태로 존재한다. 수소와 산소처럼 일부 비금속 원소들은 두 개나 또는 그 이상의 원자들이 결합하여 자연계에 존재한다. 두 개 또는 그 이상의 비금속 원자들로 구성된 단일 입자를 **분자**(molecule)라 부른다. 수소($H_2$)와 산소($O_2$)는 두개의 원자를 포함하는 분자로 자연에 존재한다.

우리는 원소들의 이름에 대해 화학기호의 이용법을 배웠다. 비슷한 형식으로 화합물의 이름에 대해 화학식을 사용할 수 있다. **화학식**(chemical formular)은 화합물내의 각 원소의 종류와 원자수를 나타낸다. 원자수는 아래첨자로 표시하고 원

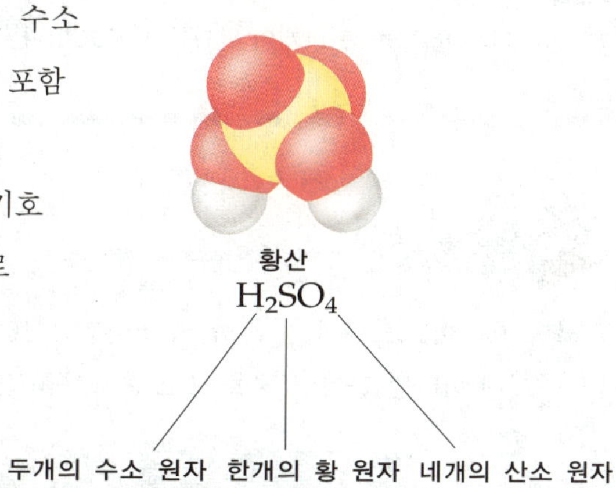


▲ **그림 2.9 화학식의 뜻**
황산, $H_2SO_4$의 화학식은 수소(H) 2 원자, 황(S) 원자 1개, 그리고 산소(O) 원자 4개로 되어 있다. 따라서 황산의 화학식은 7개의 원자로 이루어져 있다.

자수가 1인 경우는 생략한다. 물 분자는 수소 원자 2개와 산소 원자 1개로 되어있다. 그러므로 화학식은 $H_2O$이다. 암모니아 분자는 질소 원자 1개와 수소 원자 3개로 되어 있고, 화학식은 $NH_3$이다. 황산 $H_2SO_4$의 화학식에 대한 설명은 그림 2.9에 있다.

어떤 화학식은 원자 구성을 분명히 하기 위해서 괄호를 사용한다. 예를 들면, 부동액의 화학식은 $C_2H_4(OH)_2$이다. 이 분자는 탄소 원자 2개, 수소 원자 4개, 그리고 2개의 (OH)로 구성되어 있다. 여기서 (OH)는 이 화합물이 알콜 종류라는 것을 의미한다. 그림 2.10은 폭발성이 있는 트리니트로톨루엔(TNT)의 화학식이 $C_7H_5(NO_2)_3$임을 설명한 것이다.

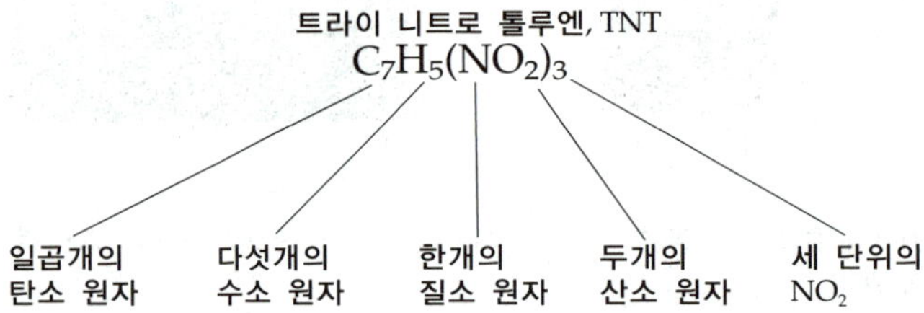


◀ **그림 2.10 화학식의 뜻**
TNT 화학식, $C_7H_5(NO_2)_3$의 화학식은 7개의 탄소 원자, 5개의 수소 원자, 3개의 $NO_2$ 기로 이루어져 있다. 질소와 2개의 산소 원자는 단일 단위(기)를 세 배했다. 따라서 트라이 니트로 톨루엔은 총 21개의 원자로 되어 있다.

### 예제 2-5

글리세린 분자, $C_3H_5(OH)_3$의 원자 조성을 나타내어라.

**해답** 3개의 탄소 원자, 5개의 수소 원자 그리고 3개의 (OH)단위로 구성되어 있다. 따라서 $C_3H_5(OH)_3$는 총 14개의 원자를 가지고 있다.

### 예제 2-6

비타민 C, 아스코빈산은 흔히 50 mg부터 1000 mg의 범위에서 정제로 시판된다. 주어진 비타민 분자 모델을 보고 분자식을 적어라.

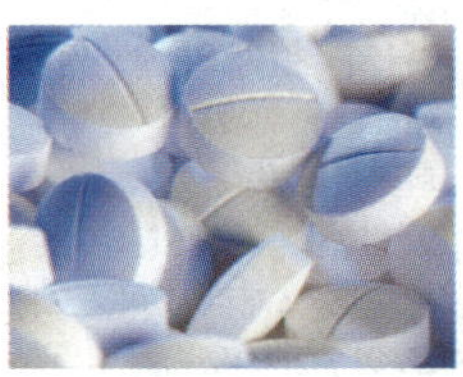

**해답** 분자 모델에서 보듯이 검은 구는 C 원자이고 흰 것은 H 원자, 붉은 것은 O 원자이다. 따라서 6개의 탄소 원자, 8개의 수소 원자, 6개의 산소 원자를 가지므로 비타민 C의 분자식은 $C_6H_8O_6$이다.

**물음** 아스피린, 아세틸살리실산은 흔히 80 mg부터 325 mg의 범위에서 정제로 시판된다. 주어진 아스피린 분자 모델을 보고 분자식을 적어라.

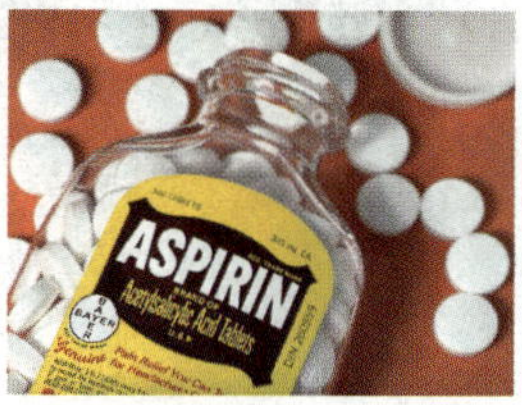

**해답** $C_9H_8O_4$

## 2-6 | 물리적 성질과 화학적 성질

순물질은 화합물이나 또는 원소라고 언급하였다. 그러나 어떤 경우도 화합물의 물리적 성질과 화학적 성질이 화합물을 구성하고 있는 원소들의 성질들과 같은 경우는 없다. 예를 들어, 나트륨은 연한 은색의 금속이며, 염소는 독성의 노란색 기체이다. 어떤 반응에서 이들 두 원소들은 결합하여 흰색 결정인 소금, NaCl(그림 2.11 참조)을 형성한다.

**물리적 성질**(physical property)은 물질의 조성을 변화시키지 않고 관찰할 수 있는 순물질의 특성이다. 물리적 성질은 광범위하지만 중요한 것으로 겉모양, 끓는점, 녹는점, 밀도, 열과 전기 전도성, 용해도, 그리고 기준 조건 하에서의 물리적 상태 등이 있다. 표 2.5는 25℃ 기준 대기압에서 나트륨, 염소 그리고 염화나트륨의 몇 가지 물리적 성질을 보여준다.

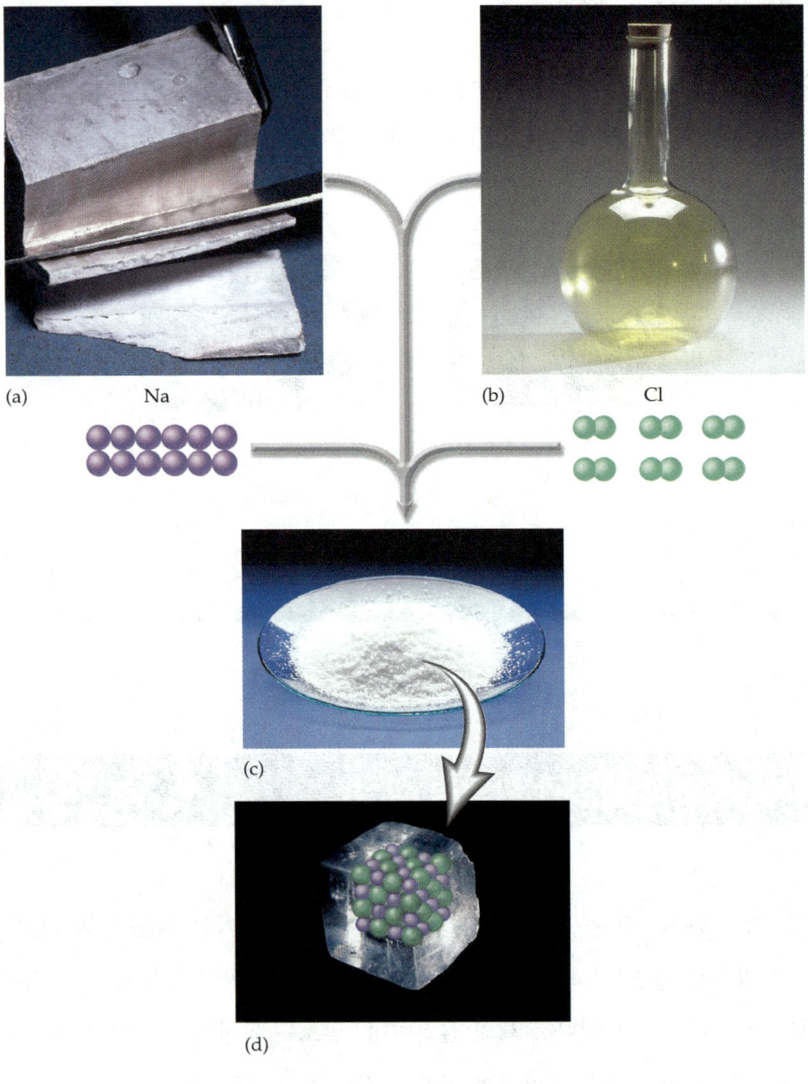


**▲ 그림 2.11 나트륨(소듐), 염소 및 염화 나트륨(염화 소듐)**

(a) 나트륨은 광택나는 금속이다. (b) 염소는 노란색 기체이다. (c) 염화 나트륨은 식탁용 소금이다. (d) 염, NaCl의 결정은 입방 격자 속에서 $Na^+$와 $Cl^-$ 이온으로 구성되어 있다.

**표 2.5 기준조건(25℃, 1.00 기압)에서 나트륨, 염소, 그리고 염화나트륨의 물리적 성질**

| 성질 | 나트륨(소듐) | 염소 | 염화나트륨 |
|---|---|---|---|
| 형태 | 은색금속 | 노란색 기체 | 무색결정 |
| 녹는점 | 98℃ | -101℃ | 801℃ |
| 끓는점 | 883℃ | -35℃ | 1413℃ |
| 밀도 | 0.97 g / $cm^3$ | 2.90 g / L | 2.17 g / $cm^3$ |
| 물 100 g에서의 용해도 | 물과 반응 | 30℃에서 0.51 g | 0℃에서 35.7 g |

순물질의 **화학적 성질**(chemical property)은 다른 물질과의 화학 반응에서 나타난다. 예를 들어, 나트륨의 화학적 성질은 산소와 반응하여 산화나트륨을 형성하고 물과의 반응에서는 수소 기체를 생성한다. 원소들의 반응은 우리가 가능한 알 수 있는 그 이상의 많은 반응들이 있다. 그러나 원소의 화학적 성질을 예측하기 위해서 원소 주기율표를 이용할 수 있다.

**표 2.6 원소의 족에 대한 화학적 성질**

| 족/원소 | 산소와 반응 | 물과 반응 | 염소와 반응 |
|---|---|---|---|
| 족 I A/1 | | | |
| 리튬 | $Li_2O$ | $H_2$ + LiOH | $H_2$ + LiCl |
| 나트륨(소듐) | $Na_2O$ | $H_2$ + NaOH | $H_2$ + NaCl |
| 칼륨 | $k_2O$ | $H_2$ + KOH | $H_2$ + HCl |
| 족 II A/2 | | | |
| 칼슘 | CaO | $H_2$ + $Ca(OH)_2$ | $H_2$ + $CaCl_2$ |
| 스트론튬 | SrO | $H_2$ + $Sr(OH)_2$ | $H_2$ + $SrCl_2$ |
| 바륨 | BaO | $H_2$ + $Ba(OH)_2$ | $H_2$ + $BaCl_2$ |
| 족 IV A/14 | | | |
| 탄소 | $CO_2$ | 무반응 | 무반응 |
| 규소 | $SiO_2$ | 무반응 | 무반응 |
| 게르마늄(저마늄) | $GeO_2$ | 무반응 | 무반응 |
| 족 VIII A/18 | | | |
| 헬륨 | 무반응 | 무반응 | 무반응 |
| 네온 | 무반응 | 무반응 | 무반응 |
| 아르곤 | 무반응 | 무반응 | 무반응 |

주기율표는 일반적으로 유사한 반응을 나타내는 원소들의 모임에 따라 배열되어 있다. 예를 들어, 주기율표의 맨 왼쪽 편에 위치한 ⅠA/1 족에 속한 금속들은 산소 기체와 반응하여 유사한 화학식을 가진 생성물들(LiO, NaO, KO, RbO, $C_SO$)을 만든다. 각각의 경우에서 금속과 산소 원자의 수는 2 : 1 비율임을 유의해서 보자.

4장에서 원소의 족들에 대하여 공부할 것이다. 표 2.6은 같은 족에 있는 원소가 유사한 성질을 가지며 유사한 화학식을 가진 생성물을 만들어 낸다는 것을 보여 준다.

## 물리적 성질과 화학적 성질의 구별

물리적 성질과 화학적 성질 사이의 차이를 다음과 같이 구별할 수 있다. 물리적 성질은 물질의 조성이 변화되지 않음을 볼 수 있다. 다른 한편, 화학적 성질은 항상 화학 변화가 수반된다. 화학 변화가 일어날 때 물질 조성이 변화되어 다른 물질이 생성된다.

**예제 2-7**

다음 각각의 성질을 물리적 혹은 화학적 성질로 구별하라.

(a) 물의 색깔과 냄새
(b) 물은 설탕 결정을 용해한다.
(c) 물은 칼슘과의 반응에서 기체를 생성한다.
(d) 물은 −10℃에서 얼음으로 존재한다.
(e) 물은 가솔린에 용해되지 않는다.
(f) 물은 매우 약한 전기 전도도를 가진다.

**해답** 만일 반응이 일어난다면, 조성의 변화가 일어나므로 화학적 성질이고, 그렇지 않으면 물리적 성질이다.

(a) 물리적 성질 (b) 물리적 성질
(c) 화학 반응은 화학적 성질 (d) 물리적 성질
(e) 물리적 성질 (f) 물리적 성질

## 2-7 | 물리 변화와 화학 변화

**물리 변화**(physical change)는 얼음이 물로 녹고, 알코올이 가열되어 증기로 되는 이런 과정은 물리변화이다. 얼음, 알코올의 화학적 조성은 변화가 일어나기 전과 일어난 후에도 같다. 다시 말하면, 각 물질 ($H_2O$, $C_2H_5OH$)의 화학식은 변함이 없다.

**화학 변화**(chemical change)는 시료의 조성이 변하는 것을 말한다. 따라서 물질이 새로운 성질을 가지게 된다. 우리는 바나나가 익으면 녹색에서 노란 색으로 변하고, 불꽃놀이에서는 여러 가지 색깔의 빛들이 쏟아져 내리는 등의 화학 변화를 관찰하게 된다. 반응이 일어나기 전 바나나와 불꽃놀이 재료의 조성은 반응이 일어난  후의 조성과 완전히 달라지므로 화학변화이다.

### 물리 변화와 화학 변화의 구별

물리 변화와 화학 변화 사이의 차이를 다음과 같이 구별할 수 있다. 물리 변화는 물질의 조성이 바뀌지 않고 관찰될 수 있다. 반면에 화학 변화는 항상 새로운 물질의 형성을 동반한다. 우리는 새로운 물질이 생성될 때 보통 색깔의 변화, 기체의 방출로 인한 냄새 혹은 기포 발생, 에너지의 방출로 인한 빛 혹은 열의 발생 중 어느 한 가지가 일어나게 됨을 관찰하게 된다.

(a) (b) (c)

▲ 그림 2.12  화학 변화에 대한 증거
다음 반응은 화학 변화의 증거들이다. (a) 물 속에서 칼슘 금속의 반응으로부터 생성된 기포, (b) 물 속에서 칼륨 금속의 반응으로부터 생성된 열과 빛에너지, (c) 두 가지 용액의 반응으로부터 색깔을 지닌 불용성 물질의 생성

실험실에서 우리는 두 용액이 혼합되어 불용성 물질(고체)이 생성됨을 관찰하게 된다. 용액 속에서 만들어지는 고체 물질의 생성은 화학 변화를 말하여 준다. 그림 2.12는 화학적 변화에 대한 세 가지 예를 나타낸 것이다.

**예제 2-8**

다음 각각의 관찰 결과를 물리 또는 화학 변화로 구별하라.

(a) 황을 태우면 밝은 파란색 불꽃이 생긴다.
(b) 수소 기체로 채워진 비누거품에 성냥불을 대면 폭발하게 된다.
(c) 플라스크에 담긴 물을 가열하면 유리에 습기가 생긴다.
(d) 두개의 무색 용액을 서로 혼합하였을 때 노란색 고체가 생성된다.
(e) 베이킹소다에 식초를 넣으면 기포가 발생한다.

**해답** (a) 화학변화 (b) 화학 변화 (c) 물리 변화 (d) 화학 변화 (e) 화학 변화

## 2-8 | 질량 보존의 법칙

1800년 말경 프랑스 화학자 라부아제는 정확하고 정밀한 실험을 통해서 화학 변화가 일어나기 전과 후에도 물질의 질량은 항상 같다는 것을 발견하였다. 그는 화학반응 도중에 새로운 물질(원소)이 생성되거나 소멸되지 않는다고 하였다. 다시 말하면 화학변화는 원소들의 조성이 변하는 것이지 새로운 원소가 만들어지거나 없어지지 않는다는 말이다. 1789년에 그는 질량 보존의 원리를 발표하였다. 이 원리는 **질량 보존의 법칙**(law of conservation of mass)으로써 알려지게 되었다.

질량 보존의 법칙에 대한 예로써 수소와 산소의 반응을 생각해 보자. 수소와 산소는 물을 생성하기 위해서 수소 1 g는 산소 8g와 반응하므로 생성되는 물의 질량을 예측할 수 있다. 질량 보존의 법칙으로부터 수소의 질량과 산소의 질량을 합하면 생성된 물의

질량과 동등해야 됨을 알 수 있다. 즉,

$$\text{수소 } 1.0\text{ g} + \text{산소 } 8.0\text{ g} = \text{물 } 9.0\text{ g}$$

위의 관계식이 성립하는 것은 수소와 산소가 100 % 화학반응을 한 경우에만 해당한다. 실제 경우에는 100 % 반응을 하지 못하는 경우들이 많으므로 유의하여야 한다.

반대로, 물의 분해로부터 생성될 수소와 산소의 질량을 예측할 수 있다. 물에 전류를 통해주면 수소 기체와 산소 기체가 생성된다. 이 과정을 전기분해라고 한다. 만일 물 45.0 g을 전기 분해하면 수소 5 g가 생성된다. 그렇다면 산소는 몇 g가 생성될까?

질량 보존의 법칙은 수소와 산소의 질량이 물의 질량 45.0 g와 동등함을 나타낸다. 따라서 산소의 질량은 물의 질량에서 수소의 질량을 뺀 것과 같다. 즉,

$$\text{물 } 45.0\text{ g} - \text{수소 } 5.0\text{ g} = \text{산소 } 40.0\text{ g}$$

**예제 2-9**

실험에서, 마그네슘 금속 2.430 g 를 공기 중의 산소에 의해 연소시켰다. 만약 흰색의 산화마그네슘(MgO) 분말 4.030 g 가 생성되었다면, 몇 g의 산소 기체가 반응에 참여했겠는가?

**해답** 질량 보존의 법칙을 적용하면, 마그네슘 금속과 산소 기체의 총 질량은 산화마그네슘 분말의 질량과 같아야 한다.

마그네슘 2.430 g + 산소 질량 = MgO 4.030 g

산소 질량 = MgO 4.030 g − Mg 2.430 g

∴ 산소 질량 = 1.600 g

**물음** 아연금속 0.654 g가 노란색 분말의 황 0.321 g과 반응하였다면, 몇 g의 황화아연이 생성되겠는가?

**해답** 0.975 g

## 2-9 | 위치 에너지와 운동 에너지

에너지는 어떤 것을 일어나게 하고 일할 능력으로 가끔 정의한다. **위치 에너지**(potential energy)는 물체가 그의 위치의 결과로써 에너지를 저장하고 있다. **운동 에너지**(kinetic energy)는 물체가 그의 운동의 결과로써 가지고 있는 에너지이다. 산꼭대기에 위치한 바위는 높은 위치 에너지를 가진다. 만일 바위가 산 아래로 굴러 떨어지면 바위의 위치 에너지를 잃지만 운동 에너지를 얻는다. 산 아래로 떨어지는 과정에서 바위의 위치 에너지는 운동 에너지로 전환된다. 그림 2.13은 위치 에너지로부터 운동 에너지로 전환되는 것을 보여준 것이다.

화학적 조성과 관련한 또 다른 하나의 위치 에너지가 있다. 원소나 화합물 자체가 가지고 있는 에너지를 위치 에너지라 한다. 예를 들면, 휘발유는 많은 위치 에너지를 가지므로 이것이 연소될 때 많은 열을 발생시켜 운동 에너지로 전환시킨다. 연소할 때 산소와 반응하므로 이 때 발생한 열은 휘발유와 산소의 위치 에너지에 해당 한다.

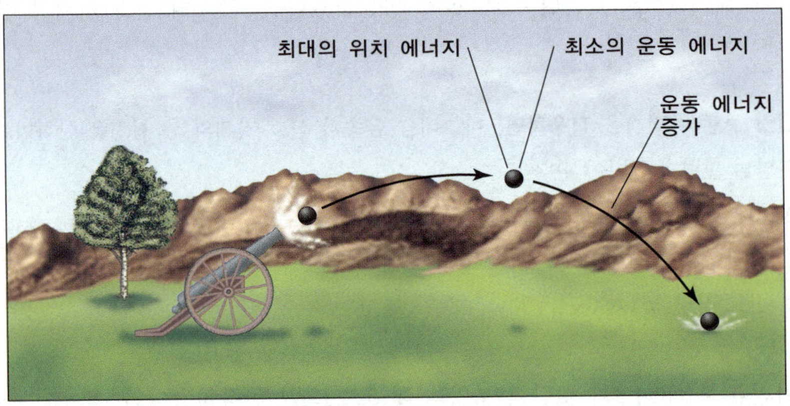


▲ **그림 2.13 위치 에너지와 운동 에너지**
포탄을 공기중에 쏘면 위치 에너지를 얻는 동안 운동 에너지를 잃는다. 포탄이 비행 중 정점에 도달했을 때, 위치 에너지는 최대가 되지만 운동 에너지는 최소가 된다. 포탄이 땅에 떨어졌을 때 운동 에너지가 증가함에 따라 위치 에너지는 감소한다.

## 운동 에너지, 온도, 그리고 물리적 상태

우리는 물질이란 매우 작은 입자들이 모여 이루어진 것으로 볼 수 있다. 입자들 사이의 인력은 물리적 상태에 영향을 미친다. 고체 상태에서 입자간 인력은 입자들을 고정된 위치에서, 그리고 거의 움직임이 없도록 붙든다.

고체 상태의 물질이 가열될 때, 온도는 증가하고 입자들은 고정된 위치에서 진동하기 시작한다. 고체가 더욱 많은 열 에너지를 얻었을 때 입자들은 매우 격렬하게 진동하여 인력이 약해지므로 서로가 끊어져 자유로이 나갈 것이다. 이러한 상태가 액체 상태이다.

따라서 액체는 입자들이 그들 상호간의 인력이 감소되어 용기 내에서 제한된 운동을 하는 물질의 상태를 말한다. 액체가 인력을 완전히 극복할 만한 에너지를 가졌을 때 입자들은 용기 안에서 밖으로 자유로이 날아오르게 된다. 이때에 액체는 기체 상태로 변한다. 표 2.7은 입자들의 성질과 물리적 상태사이의 관계를 요약해 놓은 것이다.

**표 2.7 입자의 성질과 물리적 상태**

| 입자의 성질 | 고체 | 액체 | 기체 |
|---|---|---|---|
| 운동 에너지 | 매우작다 | 크다 | 매우크다 |
| 이동 | 없음 | 제한적임 | 제한없음 |

우리는 운동 에너지와 물리적 상태 사이의 관계를 다음과 같이 살펴볼 수 있다. 만약 고체를 가열하면 고체는 충분한 에너지를 얻어 입자들 사이의 인력을 극복하고 액체로 용해된다. 계속적으로 액체를 가열하면, 더욱 충분한 에너지를 얻어 기체로 증발하게 된다. 온도가 증가 할 때 입자들은 점차적으로 더욱 많은 에너지를 얻어 운동이 증가됨을 볼 수 있다. 그림 2.14는 에너지가 증가할 때 물리적 상태의 변화를 보여 주고 있다.

기체의 운동 에너지는 온도에 직접적으로 관련된다. 만약 온도가 증가하면 입자들의 운동이 증가하므로 운동에너지도 증가하고, 만약 온도가 감소하면 입자들의 운동이 감소하므로 운동 에너지는 감소된다.

**▲ 그림 2.14 에너지와 물리적상태**

고체인 얼음이 가열될 때 각 $H_2O$분자의 에너지는 증가된다. 분자들 사이의 인력이 한계를 벗어날 때 고체인 얼음은 액체인 물 그리고 다시 기체인 수증기로 변하게 된다.

**예제 2-10**

수소 기체로 채워져 있는 풍선을 25℃에서 -25℃로 냉각시켰다. 다음 각각의 변화를 나타내시오.

(a) 기체의 운동 에너지 (b) 원자들의 운동

**해답** (a) 기체의 운동 에너지는 감소한다. (b) 원자들의 운동도 감소한다.

## 2-10 | 에너지 보존의 법칙

19세기 중반에 몇몇 영국과 독일 과학자들은 우주에서의 총 에너지가 일정하다는 것을 제안한 바 있다. 이 제안은 본질적으로 에너지는 창조되거나 소멸되지 않는다는 것이다. 그러나 에너지는 한 형태의 에너지에서 다른 형태의 에너지로 전환될 수 있다. 이 원리는 **에너지 보존의 법칙**(law of conservation of energy)으로 알려진다. 더욱 중요한 것은 이 원리가 실험적으로 적용되어 물리 변화와 화학 변화에 대한 에너지를 예측할 수 있다는 것이다.

### 에너지와 물리 변화

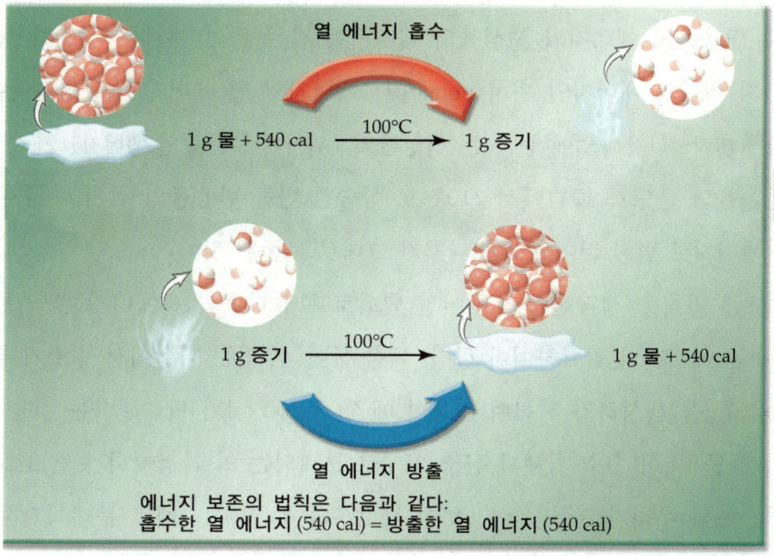


**▲ 그림 2.15 물리 변화에 대한 에너지 보존**

물에서 수증기로 또는 그 역과정인 증기에서 물로의 물리 변화가 동일한 양의 열 에너지가 포함된 것을 보여 주고 있다.

물리적 상태의 변화에 적용될 수 있는 에너지 보존 법칙을 생각해 보자. 물이 증기로 전환될 때 일정량의 에너지가 요구된다. 만일 증기가 액체로 응축된다면, 에너지는 소멸될 수 없기 때문에 동일한 양의 열이 방출되어야 한다. 실제로 100℃ 물 1 g 가 100 ℃ 증기로 전환되기 위해서는 열에너지 540 cal가 필요하다. 그러므로 100℃ 증기 1 g 을100℃ 물로 응축할 때는 열에너지 540 cal가 방출된다. 그림 2.15는 물리변화에 대한 에너지 보존 법칙을 설명한 것이다.

## 에너지와 화학 변화

화학 변화에 적용되는 에너지 보존 법칙은 질량 보존의 법칙과 유사하다. 즉 반응 전 총 에너지는 반응 후 총 에너지와 같다. 그러나 어떤 화학 변화는 에너지를 흡수하는 반면에 다른 화학 변화는 에너지를 방출한다는 것을 이해하는 것이 중요하다. 그러나 반응 전후의 총 에너지는 항상 일정해야 한다.

그러나 열의 변화가 포함된 반응에서 어떻게 에너지가 일정할 수 있을까? 예로서 반응 전에 반응물의 온도가 10℃ 이었는데 반응 후의 생성물의 온도가 210℃가 되었다고 하더라도 반응물의 에너지와 생성물의 에너지는 같다는 의미이다. 이에 대한 설명에는 두 가지 형태의 에너지인 위치(potential) 에너지와 열 에너지로 설명하여야 한다. 반응물의 (위치에너지 +열에너지) 는 생성물의 (위치에너지 + 열 에너지) 가 같다는 뜻이다. 반응물의 온도가 10℃에서 210℃로 상승한 만큼 반응물의 위치 에너지가 생성물의 열 에너지로 변한 것이므로 에너지가 그대로 보존된 것이다.

에너지 보존 법칙을 생각한다면 주어진 변화로부터 방출되는 에너지는 역 변화에서 필요로 하는 에너지와 일치하여야 한다. 예를 들어, 우리는 실험에서 수소기체와 산소기체가 물 1 g을 생성하기 위하여 반응할 때 열 3,200 cal가 방출된다는 것을 알고 있다. 따라서 물 1 g이 수소 기체와 산소 기체로 분해되는 역 과정에서는 열 3,200 cal가 필요하다. 만약 우리가 전류를 이용하여 물로부터 두 가지 기체로 분해시키려면 필요한 전기 에너지는 3,200 cal와 같다. 그림 2.16은 화학 변화에 대한 에너지의 보존 법칙을 예로 설명한 것이다.

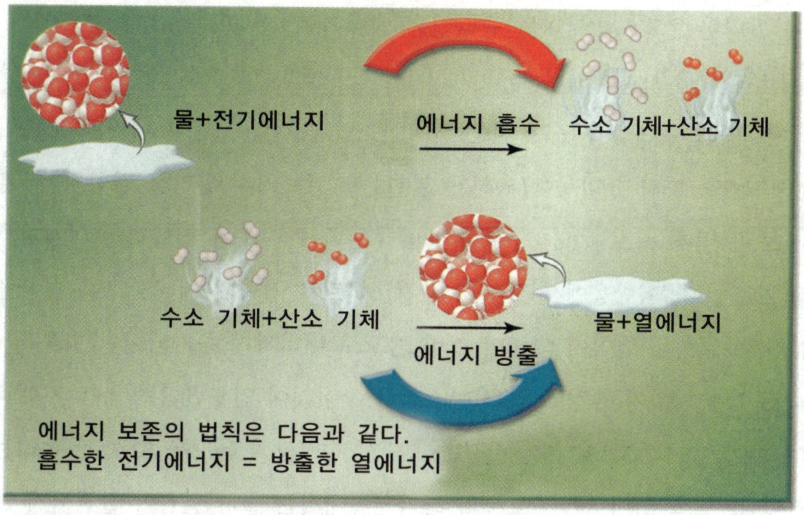


▲ **그림 2.16 화학 변화에 대한 에너지 보존**
물이 수소와 산소 기체로 화학 변화되고, 이에 대한 역 과정에서도 같은 양의 에너지가 포함된다는 것을 보여 준다.

## 에너지 형태

에너지는 열 에너지, 빛 에너지, 화학 에너지, 전기 에너지, 기계 에너지 그리고 핵 에너지의 여섯 가지 형태가 있다. 더욱이 이들 각각은 어떤 에너지 형태에서 다른 에너지 형태로 전환될 수 있다. 예를 들어, 태양 에너지 판을 이용하여 태양의 빛 에너지를 열 에너지로 전환시킬 수 있다. 그러므로 빛 에너지를 이용하여 온수로 저장할 수 있게 된다.

태양 에너지 판을 이용하여 태양 빛을 전기 에너지로 전환시키더라도 전류 과정은 단지 15 %의 효율성을 가진다. 또한 기계 에너지를 전기 에너지로 전환시킬 수 있다. 이 과정은 효율성이 더욱 크다. 예를 들면, 댐 위에서 떨어지는 물의 기계 에너지가 차례로 터빈을 회전시키는데 이용된다. 여기서 발전기를 작동시킨다. 이러한 수력발전 과정은 거의 90 %의 효율성을 가진다.

## 질량과 에너지의 보존의 법칙

1905년에 아인슈타인(Einstein)은 물체와 에너지가 상호 관련성이 있다는 특수 상대성 이론에 관한 논문을 발표하였다. 더욱이 그는 이런 관련성을 $E=mc^2$의 형태로서 나타냈다. 이 유명한 방정식에서 아인슈타인은 에너지(E)가 질량(m)과 빛의 속도(c)의 제곱으로 관계됨을 보여주었다.

질량과 에너지가 관련성이 있기 때문에 자연스럽게 질량 보존과 에너지 보존이 관련성이 있게 된다. 따라서 더욱 정확하게 말한다면, 두 가지 원리를 결합시켜 "**질량과 에너지 보존 법칙**"으로 하였다. 결합된 법칙은 우주에서 총 질량과 에너지가 일정함을 나타내고 있다. 핵반응에서는 질량이 감소하므로 질량과 에너지 보존법칙을 적용하여야 한다. 결합된 법칙에 의하면 질량 감소로 에너지가 증가되어야 함을 알 수 있다. $E = mc^2$ 에 의하여 질량이 약간 감소함에도 이것이 엄청난 양의 에너지에 해당될 수 있다. 예를 들어 0.001 g의 질량 결손이 대형 수영장의 온도를 30 ℃로 올리는데 충분한 열에너지를 만들어 낸다. 보통의 화학반응에서는 질량 결손이 발견되지 않기 때문에 원래의 질량 보존 법칙이 타당하다.

### 예제 2-11

다음 각각의 전환에 관계된 두 개의 에너지 형태를 나타내어라.

(a) 방사성 원소인 우라늄이 물을 증기로 증발시킨다.

(b) 증기로 터빈을 돌린다.

(c) 터빈이 회전하여 발전기를 작동시킨다.

**해답** (a) 핵 에너지가 열 에너지로 전환되었다.

(b) 열 에너지가 기계 에너지로 전환되었다.

(c) 기계 에너지가 전기 에너지로 전환되었다.

**물음** 다음 각각의 기구에 포함된 에너지의 두 가지 형태를 써라.

(a) 회전 전등　　(b) 태양 계산기　　(c) 납-산 배터리

**해답** (a) 화학 에너지와 빛　(b) 빛과 전기 에너지　(c) 화학 에너지와 전기 에너지

# 연습문제

### 물질의 상태

**1** 다음 중 어느 것이 고체 물질의 물리적 상태를 설명한 것인가?

(a) 물질은 일정한 모양을 갖는다.

(b) 물질은 변할 수 있는 부피를 가진다.

(c) 물질은 압축을 무시해도 된다.

**2** 다음 중 어느 것이 기체 물질의 물리적 상태를 설명한 것인가?

(a) 물질은 변할 수 있는 모양을 갖는다.

(b) 물질은 일정한 부피를 갖는다.

(c) 물질은 상당히 압축된다.

**3** 다음 물리적 상태 변화를 표현하는 용어를 적어 보라.

(a) 고체에서 액체 (b) 액체에서 기체 (c) 기체에서 고체

**4** 다음 물리적 상태 변화에서 열 에너지가 흡수될 것인지 방출될 것인지를 지적하라.

(a) 고체에서 액체 (b) 액체에서 기체 (c) 기체에서 고체

### 물질의 분류

**5** 순물질과 혼합물에 대하여 설명하라.

**6** 다음을 각각 균일 혼합물 또는 불균일 혼합물로 분류하라.

(a) 지구 지각 (b) 대기 (c) 바닷물 (d) 강물

**7** 다음을 각각 원소, 화합물, 균일 혼합물 또는 불균일 혼합물로 분류하라.

(a) 철 금속 (b) 철광 (c) 산화철 (d) 강철 합금

### 원소들의 이름과 기호

**8** 지구 지각에 가장 풍부한 3개의 원소는 무엇인가?

**9** 다음 각각의 화학기호의 원소 이름을 써라.

(a) P (b) S

(c) Kr (d) Fe

(e) Co (f) Ra

(g) Cr (h) Te

## 금속과 비금속

**10** 다음의 성질은 금속 또는 비금속 중 어느 것에 더 가까운가?

(a) 반짝이는 광택 (b) 기체 상태

(c) 전성이 있음 (d) 금속 및 비금속에 반응

**11** 다음의 성질은 금속 또는 비금속 중 어느 것에 더 가까운가?

(a) 반짝이는 고체 (b) 잘 부서지는 고체

(c) 낮은 밀도 (d) 합금 형성

**12** 주기율표를 참조하여 다음에 주어지는 원소들을 금속, 비금속 또는 반금속으로 분류하라.

(a) Na (b) B

(c) Hg (d) Kr

**13** 주기율표를 참조하여 다음의 원소들을 금속, 비금속 또는 반금속으로 분류하라.

(a) 베릴륨 (b) 게르마늄

(c) 셀레늄 (d) 크세논(제논)

**14** 주기율표를 참조하여 25℃와 1기압에서 다음 각 원소들의 물리적 상태를 적어라.

(a) Na (b) N

(c) Hg (d) Kr

**15** 주기율표를 참조하여 25℃와 1기압에서 다음 각 원소들의 물리적 상태를 적어라.

(a) 코발트 (b) 브롬

(c) 헬륨 (d) 티타늄(타이타늄)

## 화합물과 화학식

**16** 천연 비타민 C의 C:H:O의 질량비를 9:1:12로 결정하였다. 실험실에서 합성한 비타민 C의 조성을 예상해 보아라.

**17** 다음 화합물 분자의 화학식을 써라.

(a) 레티놀(비타민 A) : 20개의 탄소, 30개의 수소와 1개의 산소 원자

(b) 티민 (비타민 B-1) : 12개의 탄소, 18개의 수소, 2개의 염소, 4개의 질소, 1개의 산소와 1개의 황 원자

**18** 다음 화합물의 한 분자내의 총 원자 수는 몇 개인가?

(a) 시트르산, $C_3H_4OH(COOH)_3$

(b) 젖산, $C_2H_4(OH)COOH$

## 물리 및 화학 변화

**19** 다음 각각은 물리 변화 또는 화학 변화인지를 적어라.

(a) 용해 (b) 연소

(c) 녹슬음 (d) 동결

**20** 다음의 각각은 물리 변화 또는 화학 변화인지를 적어라.

(a) 알루미늄 포일을 자른다.

(b) 설탕으로 카라멜을 만든다.

(c) 타이어에 공기를 넣는다.

(d) 점화장치에 불을 붙인다.

**21** 다음의 각각은 물리 변화 또는 화학 변화인지를 적어라.

(a) 수소와 산소가 폭발한다.

(b) 브롬이 기화한다.

(c) 메탄올이 얼어 고체가 된다.

(d) 칼슘이 산화되어 흰 가루가 된다.

**22** 다음의 각각은 물리 변화 또는 화학 변화인지를 적어라.

(a) 베이킹소다를 식초에 넣으면 거품이 생긴다.

(b) 식초와 기름이 두 층으로 나뉜다.

(c) 불꽃이 나는 화재장소에서 열을 방출한다.

(d) 헬륨 풍선의 크기가 작아진다.

### 질량 보존의 법칙

**23** 만약, 10.0 g의 아연이 4.91 g의 노란 색 황가루와 반응한다면 생성물인 황화아연의 질량은 얼마인가?

**24** 만일, 오렌지색 산화수은 0.750 g이 액체 수은 0.69 g과 산소 기체로 분해된다면 생성된 산소의 질량은 얼마인가?

### 위치 에너지와 운동 에너지

**25** 그네를 예를 들면, 위치 에너지의 최고 값과 운동 에너지의 최소 값은 언제인가?

**26** 입자는 어느 물리적 상태(기체, 액체, 고체)에서 최고의 운동 에너지를 갖는가?

**27** 만약 온도가 상승한다면, 입자의 운동 에너지는 증가 또는 감소할 것인가?

### 에너지 보존의 법칙

**28** 라디에이터를 지나는 100℃의 수증기는 물로 응축되고 열을 방출한다. 만약 1500 kcal의 열이 방출되었다면, 얼마의 에너지가 100℃에서 물을 수증기로 증발시키는데 필요하겠는가?

**29** 10.0 g의 수은 시료는 25℃에서 끓는점 356℃까지 가열하는데 110 cal를 흡수한다. 그리고 증발되기 위해서는 추가적으로 697 cal가 필요하다. 수은 기체를 356℃에서 25℃로 냉각시키는데 얼마의 에너지가 방출되겠는가?

**30** 수소와 산소 기체들의 반응은 15.0 g의 물을 생성하고, 48.0 kcal의 열을 방출한다. 15.0 g 물이 수소와 산소 기체로 분해하는데 얼마의 에너지가 필요하겠는가?

**31** 에너지 종류 6가지를 적어라.

**32** 핵발전소에서 관계되는 다음 각각의 현상을 에너지 변화로 나타내어라.

(a) 우라늄이 물을 증기로 변환시킨다.

(b) 증기가 터빈을 움직인다.

(c) 터빈이 발전기를 돌린다.

(d) 발전기가 회전하여 전기를 만든다.

**33** 자동차에 관계되는 다음 각각의 현상을 에너지 변화로 나타내어라.

(a) 납-산 배터리로 전기를 공급한다.

(b) 전기로 시동 모터에 동력을 공급한다.

(c) 시동 모터로 플라이휠을 돌린다.

(d) 가솔린이 폭발하여 뜨거운 기체가 된다.

**34** 아인슈타인식 $E=mc^2$에서 각각의 기호를 정의하라.

## 심화 연습문제

**35** 드라이클리닝 용매는 클로로플루오로탄소($CFC_s$)이다. 이는 순물질인가 또는 균일 혼합물인가?

**36** 전자 산업은 규소로부터 반도체 칩을 제조한다. 주기율표를 참조하여 규소를 대신할 수 있는 원소를 예측하라.

chapter 3

# 원자 모형

그리스의 위대한 철학자 데모크리토스는 물질은 불연속적이며 무한히 나누어질 수 없는 것이라고 제안하였다. 물질을 쪼개어 나가면 최후에는 더 이상 나누어질 수 없는 기본입자에 도달한다고 믿었다. 그는 이 최후의 입자를 더 이상 나누어질 수 없다 는 그리스어 atomos에서 유래한 원자(atom)라고 불렀다.

B. C 350 년경, 그 당시 가장 영향력 있는 철학자인 아리스토텔레스(Aristotle)는 물질과 운동은 둘 다 연속적이라고 주장하였다. 그는 물질은 무한히 나누어질 수 있고, 하물며 아무리 작은 입자라 할지라도 더 나누어 질 수 있다고 주장하였다. 아리스토텔레스(Aristotle)의 영향력은 매우 강력하여 원자의 존재에 대하여 종지부를 찍게 하고, 21세기까지 그 효과를 발휘하고 있다.

## 3-1 | 돌턴의 원자 모형

17세기에 영국의 유명한 물리학자 보일(Boyle)은 실험을 통하여 기체는 아주 작은 입자로 구성되었다는 결론을 내렸고 돌턴은 보일의 결론을 확대하여 모든 물질은 입자로 구성되어 있다고 제안하였다. 보일의 실험에 더불어 돌턴은 다음 두 가지의 질량보존의 법칙과 일정 성분비의 법칙의 과학적 원리를 믿고 있었다.

1789년 프랑스의 유명한 화학자 라부아제(Lavoisier)는 질량 보존의 법칙을 완성하였다. 라부아제는 조심스럽게 반응 전후의 물질의 무게를 측정한 결과 물질은 생성되지도 소멸되지도 않는다는 사실을 입증해 보였다. 비록 원자가 너무 작아 무게를 직접 측정할 수는 없을지라도 이 원리는 화학 변화가 일어날 경우 물질의 양을 예측하는데 적용할 수 있다. 1799년 프랑스의 또 다른 유명한 화학자 프루스트는 화합물이 항상 동일한 질량비를 포함하고 있다는 일정 성분비의 법칙을 완성하였다.

돌턴(Dalton)은 초기에 영국 맨체스터의 문학과 철학 학회에 원자의 존재에 대한 증거를 논문으로 게재하였다. 그는 원소는 아주 작고, 쪼갤 수 없으며, 파괴될 수 없는 물질로 구성되어 있다고 제안하였다. 더구나 화합물은 2개 또는 그 이상의 원소가 간단하게 결합하는 것이라고 주장하였다. 1808년에 돌턴은 「화학 철학의 새로운 체계」라는 그의 교과서에 **원자설**을 발표하였다. 놀랄 만큼 짧은 기간에 원자설은 자연 과학계에서 일반적으로 받아들이게 되었다. 이 이론을 요약하면 다음과 같다.

1. 원소는 원자라 불리는 아주 작고, 더 이상 쪼갤 수 없는 입자로 되어있다.
2. 한 원소의 모든 원자들은 동일하고, 동일한 성질을 갖는다.
3. 다른 원소의 원자들이 결합하여 화합물을 만든다.
4. 화합물은 작은 원자들이 정수비로 결합하여 만들어 진다.
5. 어떤 원소들은 두 가지 이상의 질량비로 결합하여 다른 화합물을 형성한다.

앞으로 공부하겠지만 돌턴의 첫 번째 두 가설은 정확하지 않다. 그렇지만 원자설은 물질의 성질을 이해하는 중요한 단계이다.

### 화학의 세계 _ 돌턴(John Dalton)

돌턴은 기상학에 가장 많은 관심을 가지고 일생 동안 매일 그의 고향인 영국 맨체스터의 대기 상태를 기록하였다. 그는 가난한 경제 여건으로 단지 기본적 교육만을 받았지만, 정확하고 끈기 있는 업무 습관으로 이를 극복하였다. 돌턴이 날씨에 대하여 매일 매일 연구한 결과, 공기는 기체 입자로 구성되었다는 그 이전의 보일(Robert Boyle)과 뉴톤(Isaac Newton)과 같은 결론에 도달하게 하였다. 시간이 흐른 후, 그는 그의 원자설을 다음과 같이 세우기 시작하였다.
일정 성분비의 법칙에 따르면, 탄소와 산소는 항상 같은 질량비로 반응하여 이산화탄소를 생성한다. 돌턴은 탄소 원자 한 개와 산소 원자 두 개가 반응하여 $CO_2$분자를 생성한다고 제안하였다. 마찬가지로, 그는 수소 원자 두 개와 산소 원자 한 개가 반응하여 하나의 $H_2O$분자를 생성한다고 제안하였다. 이러한 발견은 그의 예상과 완전히 일치하였다. 그러므로 돌턴은 실험적 근거로 원자설을 뒷받침하였다.

## 3-2 | 톰슨의 원자 모형

돌턴이 원자설을 제안한지 약 50년 후, 원자는 전혀 쪼개질 수 없는가에 대해 동요하기 시작하였다. 기체가 들어있는 밀봉된 유리관으로부터 그러한 증거가 나타났다. 유리관에 전기가 통하자 유리관은 빛을 발하며 광선을 방출한다. 다른 기체를 유리관에 넣으면 유리관은 다른 색깔의 빛을 띤다.

결과적으로 이러한 실험을 통하여 음으로 하전된 입자인 **전자**($e^-$)와 양으로 하전된 입자인 **양성자**($p^+$)를 발견하였다. 전자는 상대전하가 1−이고, 양성자는 그의 반대이며 같은 크기인 1+전하를 갖는다.

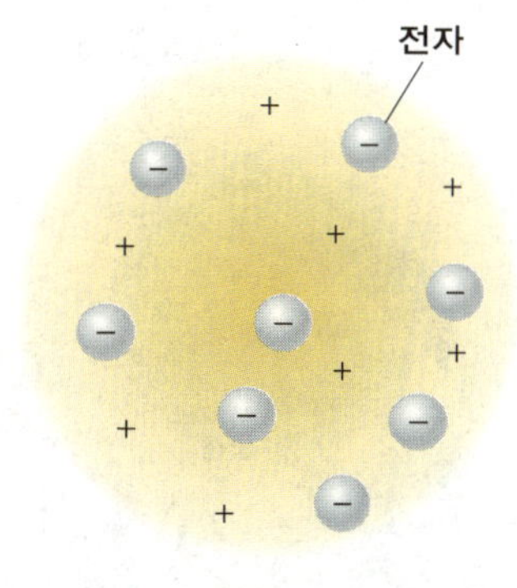


▲ 그림 3.1 톰슨의 원자 모형
원자는 양으로 하전된 공처럼 그려졌다. 공속에 있는 작은 음의 입자들은 전자들을 나타낸 것이다.

1903년 톰슨이 원자의 모형을 제안하였다. 이 모형은 양으로 하전된 원자내에 음으로 하전된 전자를 포함하는 것으로 묘사하였다. 이 모양은 건포도-푸딩 속의 건포도와 비슷한 모양으로 양전하가 균일하게 분포된 구 내부에 전자가 있는 것으로 나타내었다(그림 3.1). 그러므로 톰슨의 제안은 "건포도-푸딩 모델"이라고 알려졌다.

톰슨은 5년간의 지독한 연구 결과 1911년 미국의 물리학자 밀리컨(Millikan)의 도움으로 전자의 질량은 $9.11 \times 10^{-28}$ g, 양성자의 질량은 $1.67 \times 10^{-24}$ g로 계산하였다.

**참고** 톰슨은 1906년 전자에 관한 그의 업적으로 노벨상을 수상하였으며, 그의 공적은 7명의 제자들과 조수들이 노벨상을 받을 수 있도록 그 영향이 널리 미치었다.

## 3-3 | 러더포드의 원자 모형

러더포드(Rutherford)(1871-1937)는 케임브리지 대학에서 아원자 입자를 연구하였으며, 톰슨에게서 박사학위를 획득하였다. 그는 방사능에 관한 연구를 계속하였으며, 알파선과 베타선이라는 두 가지 형태의 방사선 용어를 만들어 냈다. 그는 자기장에 영향을 받지 않는 세 번째 형태의 방사선을 발견하였는데 이것을 감마선이라고 하였다. 1908년 러더포드는 방사선에 관한 그의 연구 업적으로 노벨 화학상을 수상하였다.

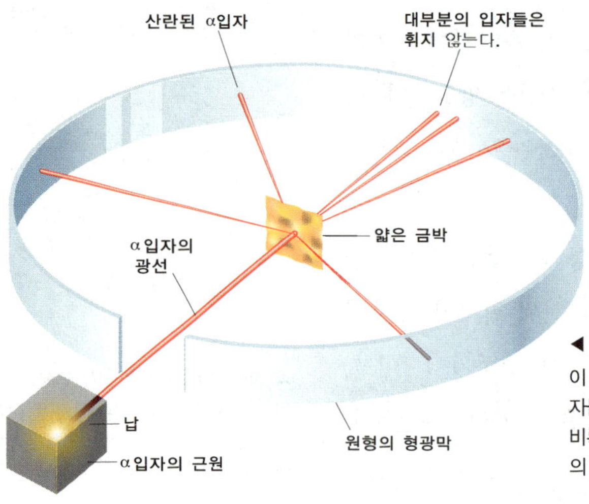


◀ **그림 3.2 알파 입자의 산란 실험**
이 그림은 얇은 금박에 의하여 알파 입자들이 굴절하는 것을 보여 주고 있다. 비록 금박이 0.5 ㎛의 두께이지만 몇몇의 알파 입자들은 되돌아 간다.

1906년 러더포드는 알파선이 전자를 제거한 헬륨 원자와 일치하는 입자를 하고 있다는 것을 발견하였다. 그는 알파선을 얇은 금박에 충돌하게 하는 실험을 하였다. 예상했던 대로, 입자들은 금박을 똑바로 통과하거나 때때로 약간 휘어졌다(그림 3.2).

러더포드는 알파 입자의 산란에 대한 결과를 다음과 같이 해석하였다. 대부분의 알파 입자는 금박을 통과할 때 직진하는데, 그 이유는 원자는 이리저리 움직이는 전자들로 채워져 있어서 대부분 텅 빈 공간이기 때문이라고 하였다. 그러나 원자의 중심부에는 양성자를 포함하는 **원자핵**(atomic nucleus)이 존재한다. 핵은 원자와 비교하여 매우 작으며, 매우 고밀도를 가진 것으로 추론해 내었다. 알파 입자가 휘어지거나 거꾸로 돌아온 것은 조밀한 핵에 충돌한 입자가 나타내는 현상이라고 하였다. 단단한 입자의 충돌로 인한 반발력과 알파입자와 핵 둘 다 +전하로 인한 반발력 때문이라고 하였다. 금박에서 원자핵에 의한 알파 입자의 산란(scattering)은 그림 3.3에 나타내었다.

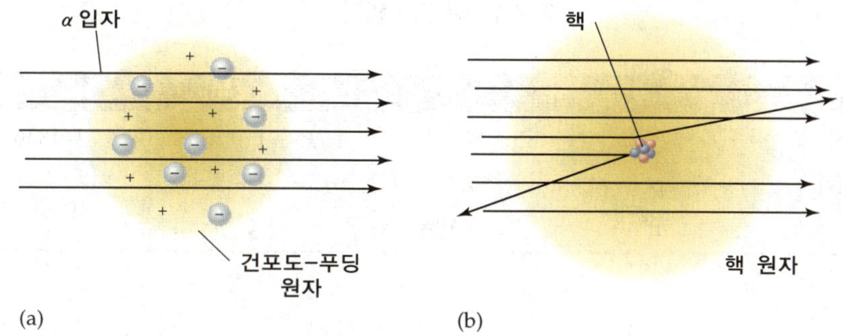


▲ **그림 3.3 알파 입자의 산란 설명**

(a) 강력한 알파 입자는 균일하게 분포한 금 원자를 통과한다.

(b) 알파 입자는 양전하이므로 휘어진다. 러더포드는 금 원자는 조밀하고 양전하를 띤 핵을 가졌다고 올바르게 합리화시켰다.

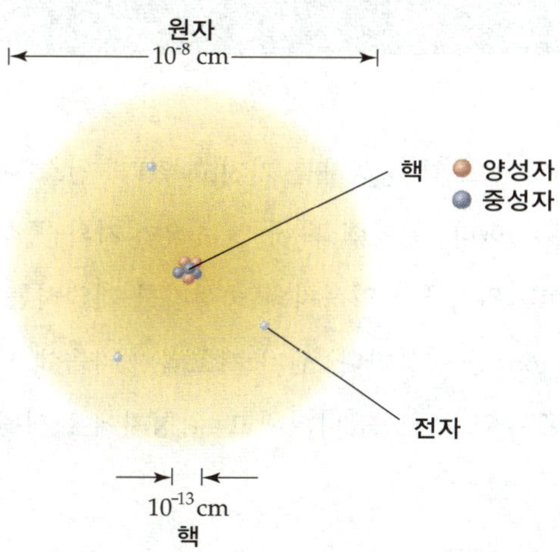


◀ **그림 3.4 러더포드의 원자 모형**

대부분의 원자의 질량은 핵에서 발견된다. 원자의 크기가 핵의 크기보다 약 100,000배 크므로 원자와 핵을 크기의 척도로 나타낸 것은 아니다.

1911년에 러더포드는 새로운 원자 모형을 제시했다. 그는 음으로 하전된 전자는 양으로 하전된 핵 주위에 분포되어 있다고 제안하였다. 러더포드는 원자와 원자핵의 크기를 추정 할 수 있었다. 하나의 원자는 약 $1 \times 10^{-8}$cm의 지름을 가지며, 핵은 약 $1 \times 10^{-13}$cm의 지름을 가진다고 계산했다. 원자의 러더포드 모형은 그림 3.4에 설명하였다.

이들 지름이 대단히 작고 알아보기 어려우므로 원자의 크기를 핵의 크기와 비교하면 원자가 야구장만큼 크다면, 핵은 야구공 정도의 크기가 될 것이다.

러더포드는 핵의 무게 때문에 핵은 양성자 외에 중성 입자도 포함하고 있다고 예측하였다. 20년 후 러더포드의 제자들 중 한 사람이 알아내기 어려웠던 중성 입자를 발견했다. 1932년에 채드윅크(Chadwick)는 **중성자**(neutron ; $n^0$)를 발견하였고 3년 뒤 물리학 분야에서 노벨상을 수상하였다. 전자, 양자 그리고 중성자에 대한 자료는 표 3.1에 나타내었다.

**표 3.1 아원자 입자**

| 아원자 입자 | 기호 | 위치 | 상대 전하 | 상대 질량 |
|---|---|---|---|---|
| 전자 | $e^-$ | 핵 외부 | 1− | 1/1836 |
| 양성자 | $p^+$ | 핵 내부 | 1+ | 1 |
| 중성자 | $n^o$ | 핵 내부 | 0 | 1 |

## 3-4 | 원자기호

원소는 원자핵 속에 원소의 종류에 따라 특정수의 양성자를 가지고 있다. 원소 내의 양성자수를 **원자번호**(atomic number)라고 한다. 원자핵 속에 있는 양성자와 중성자의 전체수를 **질량수**(mass number)라 한다. 원자핵의 양성자와 중성자를 기억하는 간단한 방법으로 **원자 기호법**(atomic notation)을 이용한다. 원자 기호법의 약속에 의하면 원소기호 (Sy)의 아래첨자에 표시된 Z는 원자번호를 나타내고 위첨자에 표시된 A는 질량수를 나타낸다.

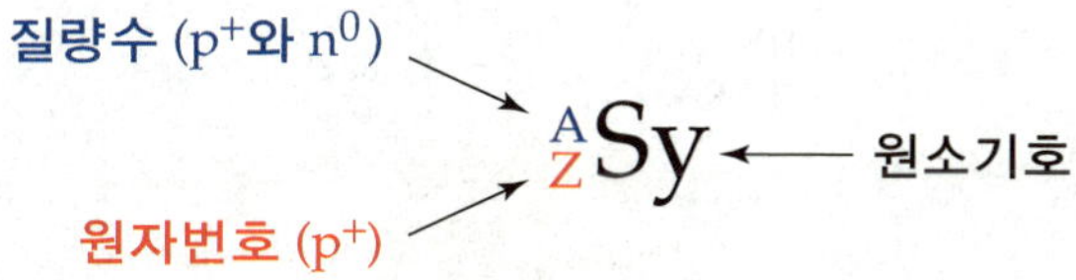


예를 들면, 나트륨 원자는 $^{23}_{11}Na$로 나타낼 수 있다. 여기서 원자번호(양성자)는 11이고, 질량수(양성자+중성자)는 23이다. 이 자료로부터 나트륨 원자의 핵은 12개의 중성자를 포함하고 있다(A−Z=23−11=12). 원자는 중성이므로, 음의 전자수는 반드시 양의 양성자 수와 동일해야 한다. 그러므로 핵은 11개의 전자로 둘러 쌓여있다. 나트륨 원자의 구조를 간단히 나타내면 다음과 같다.

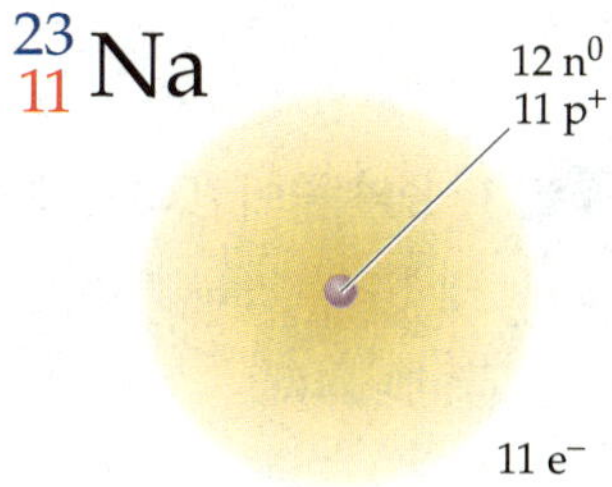


## 예제 3-1

다음에 주어진 원자 기호법에서 양성자, 중성자 그리고 전자 배치를 보여줄 수 있는 그림을 그려라.

(a) $^{19}_{9}F$  (b) $^{109}_{47}Ag$

**해답** (a) 원자번호는 9이고 질량수는 19이므로, 중성자 수는 10(19−9)이다. 양성자 수가 9이므로 전자 수도 9이어야 한다.

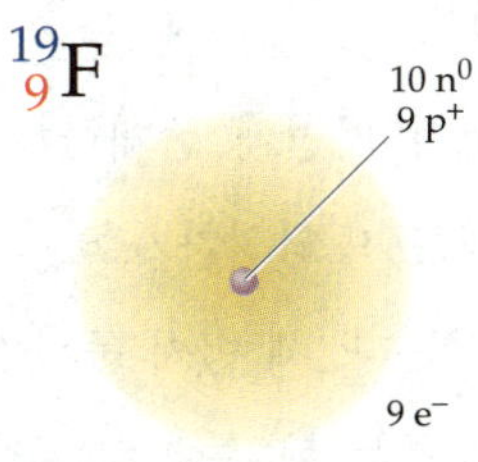


(b) 원자번호가 47이고 질량수가 109이므로, 중성자 수는 62이다(109−47). 양성자 47이면 전자 수도 47이어야 한다.

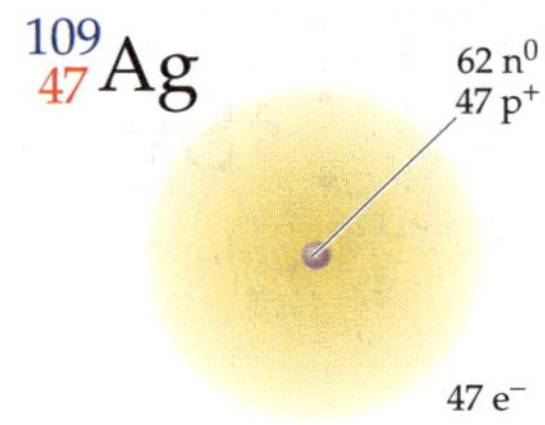


**물음** 다음의 주어진 그림에서, 원자 기호법으로 핵을 나타내어라.

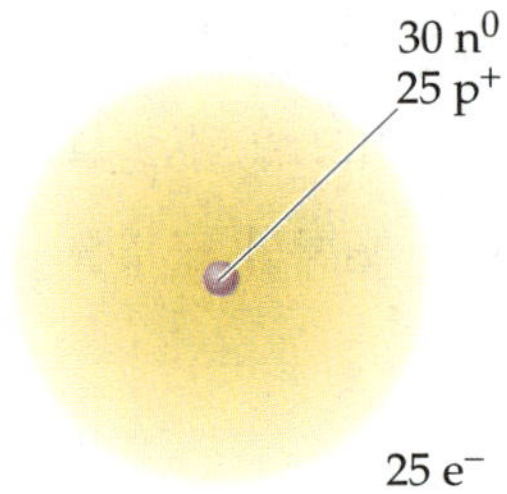


**해답** $^{55}_{25}Mn$

## 동위원소

대략 20개 정도의 원소만이 일정한 중성자수를 갖고 자연에 존재한다. 대부분의 원소는 원자핵내의 중성자 수가 다르다. 같은 원소이면서도 핵 내에 중성자가 다른 원자를 **동위원소**(isotope)라고 부른다.

수소는 두 개의 안정한 동위원소가 자연에 존재한다. 수소(protium, $^1_1H$)와 중수소(deuterium, $^2_1H$)이다. 수소는 핵에 단지 양성자가 하나이며, 반면에 중수소는 핵에 하나의 양성자와 하나의 중성자를 갖는다. 세 번째 동위원소인 삼중수소(tritium, $^3_1H$)는 불안정하고 방사성이 있다. 삼중수소는 핵 속에 하나의 양성자와 두개의 중성자가 있다. 표 3.2에 우선 10개의 원소에 대하여 자연에 존재하는 안정한 동위원소를 나타내었다.

**표 3.2 자연에 존재하는 안정한 처음 10개 원소의 동위원소**

| 원자 번호 | 질량수 | 원자 기호 | 원자 번호 | 질량수 | 원자 기호 |
|---|---|---|---|---|---|
| 1 | 1 | $^{1}_{1}H$ | 6 | 13 | $^{13}_{6}C$ |
| 1 | 2 | $^{2}_{1}H$ | 7 | 14 | $^{14}_{7}N$ |
| 2 | 3 | $^{3}_{2}He$ | 7 | 15 | $^{15}_{7}N$ |
| 2 | 4 | $^{4}_{2}He$ | 8 | 16 | $^{16}_{8}O$ |
| 3 | 6 | $^{6}_{3}Li$ | 8 | 17 | $^{17}_{8}O$ |
| 3 | 7 | $^{7}_{3}Li$ | 8 | 18 | $^{18}_{8}O$ |
| 4 | 9 | $^{9}_{4}Be$ | 9 | 19 | $^{19}_{9}F$ |
| 5 | 10 | $^{10}_{5}B$ | 10 | 20 | $^{20}_{10}Ne$ |
| 5 | 11 | $^{11}_{5}B$ | 10 | 21 | $^{21}_{10}Ne$ |
| 6 | 12 | $^{12}_{5}C$ | 10 | 22 | $^{22}_{10}Ne$ |

예를 들면, 탄소-14와 코발트-60과 같이 질량수를 원소 이름에 붙여서 표시하여 종종 동위 원소를 나타낸다. 원자 기호법으로 쓰기 위해서는 원자번호를 반드시 알아야 한다. 이 책에서 원자번호는 주기율표상의 원소기호 상단에 나타나 있다. 책에 나타낸 표를 참조하면, 탄소의 원자번호는 6이고 코발트는 27이다. 그러므로 탄소-14의 원자 표기법은 $^{14}_{6}C$이고 코발트-60은 $^{60}_{27}Co$이다.

### 예제 13-1

다음에 있는 동위 원소의 양성자 수와 중성자 수를 말하라.

(a) $^{37}_{17}Cl$

(b) 수은-202

**해답** 아래첨자는 원자번호($p^+$)를 나타내고, 위첨자는 질량수($p^+$와 $n^0$)를 각각 나타낸다.

(a) $^{37}_{17}Cl$ 은 17의 $p^+$와 20개의 $n^0$을 가진다. (37 − 17 = 20)

(b) 주기율표에서 수은의 원자번호는 80이다.

따라서 원자 기호법으로 $^{202}_{80}Hg$이며, $80p^+$와 $122n^0$를 나타낸다. (202 − 80 = 122)

참고

일반적으로 한 원소의 동위원소들의 특성은 비슷하다. 탄소-12원자를 예를 들면, 핵 속에 6개의 양성자와 6개의 중성자를 가지고 있다. 만약 중성자수가 하나 더 증가한다면 탄소-13원자가 된다. 질량이 약간 변하였을 뿐 탄소-12와 탄소-13의 특성들은 거의 동일하다.
반면에 탄소-12의 원자번호에 양성자 하나가 증가하면 질소-13의 원자가 된다. 양성자가 추가될 경우에는 특성이 근본적으로 변화된다. 탄소는 자연 상태에서 석탄, 다이아몬드, 흑연으로 존재하지만, 질소는 대기 상태에서 무색무취의 기체이다.

## 3-5 | 원자량

원자들은 너무 작기 때문에 저울로 직접 질량을 잴 수 없다. 예를 들면, 탄소원자의 질량은 $1.99 \times 10^{-23}$ g이다. 과학자들은 원자들의 질량을 직접 재는 대신에 서로 상대적으로 원자량을 결정한다. 특수 자기장 기구를 이용하여 각 원소의 원자량은 탄소-12 동위원소를 기준으로 삼고, 탄소-12 원자 질량의 1/12을 1 amu(원자 질량 단위, atomic mass unit) 로 정하여 다른 원소들의 질량을 정하였다.

### 원소의 원자량

원소의 **원자량**(atomic mass)은 자연에 존재하는 동위원소에 대한 평균질량이다. 평균질량을 계산할 때 동위원소 각각의 질량뿐만 아니라 백분율도 고려하여야 한다.
탄소는 탄소-12와 탄소-13의 두 개의 안정한 동위원소가 자연에 존재한다. 각 동위원소의 자연에서의 함량과 질량이 주어질 경우 탄소의 원자량을 계산할 수 있다.

| 동위 원소 | 질량 | 함유량 |
|---|---|---|
| $^{12}C$ | 12.000 amu | 98.89% |
| $^{13}C$ | 13.003 amu | 1.11% |

각 동위원소의 자연에서의 함유량은 소수로 나타낼 경우 0.9889와 0.0111이다. 탄소원자의 평균을 구하기 위하여 각각 동위원소의 질량과 백분율을 고려하여야 하며 다음과 같이 계산할 수 있다.

$$
\begin{aligned}
{}^{12}C : 12.000\ \text{amu} \times 0.9889 &= 11.87\ \ \text{amu} \\
{}^{13}C : 13.003\ \text{amu} \times 0.0111 &= \underline{\ 0.144\ \text{amu}} \\
&\quad\ 12.01\ \ \text{amu}
\end{aligned}
$$

실제로 탄소원자의 질량은 12.000 amu 혹은 13.003 amu이다. 질량 12.01 amu는 탄소 원자의 평균질량을 나타낸다.

**예제 3-3**

규소는 지각에서 두 번째로 풍부한 원소이다. 다음에 있는 세 개의 자연 동위원소의 자료를 이용하여 규소의 원자량을 계산하라.

| 동위 원소 | 질량 | 함유량 |
|---|---|---|
| $^{28}Si$ | 27.997 amu | 92.21 % |
| $^{29}Si$ | 28.976 amu | 4.70 % |
| $^{30}Si$ | 29.974 amu | 3.09 % |

**해답** 다음과 같이 규소의 원자량을 구할 수 있다.

$^{28}Si$ : 27.997 amu × 0.9221 = 25.80 amu

$^{29}Si$ : 28.976 amu × 0.0470 = 1.36 amu

$^{30}Si$ : 29.974 amu × 0.0309 = 0.926 amu

28.09 amu

규소 원자의 평균 질량은 28.09 amu 이다.

**물음** 다음의 자료를 이용하여 구리의 원자량을 계산하라.

| 동위 원소 | 질량 | 함유량 |
|---|---|---|
| $^{63}Cu$ | 62.930 amu | 69.09 % |
| $^{65}Cu$ | 64.928 amu | 30.91 % |

**해답** 63.55 amu

## 주기율표

종종 원소의 원자번호와 원자량을 참조하게 되는데, 편의상 이런 정보가 주기율표에 작성되어 있다. 이 책에서 원자번호는 원자기호의 상부에, 원자량은 하부에 나타내었다. 그림 3.5는 주기율표에 나타난 탄소를 보여 주고 있다.

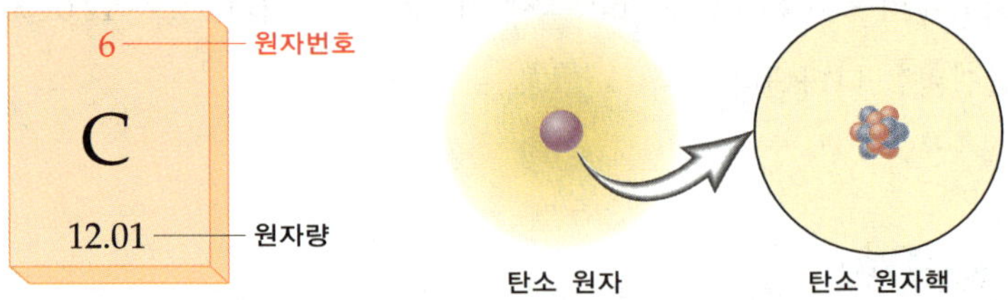


▲ **그림 3.5 원소 주기율표에서의 탄소**
원자번호는 양성자수(6)를 나타내고, 원자량은 자연에서 존재하는 안정한 동위원소의 평균질량을 말한다.

우리는 주기율표를 보고 자연에서 존재하는 동위원소의 수를 결정하는 것은 불가능하다. 그러나 처음 83개의 원소 중 81개 원소는 하나 또는 그 이상의 안정한 동위원소를 가지고 있다. 단지 테크네튬(원자 번호 43)과 프로메튬(원자 번호 61)은 방사능 물질이며 불안정하다. 이 책의 표지 안쪽에 있는 주기율표는 그림 3.6에서 보는 바와 같이 원소기호의 아래에 있는 괄호 안의 수치는 불안정한 방사능 동위원소의 질량수를 나타내고 있다. 주기율표에서 여러분은 쉽게 방사능 물질로서 안정한 원소인지를 구별할 수 있을 것이다. 불안정한 원소는 원소기호 아래에 있는 괄호 안에 정수(whole number)로 나타내었다.

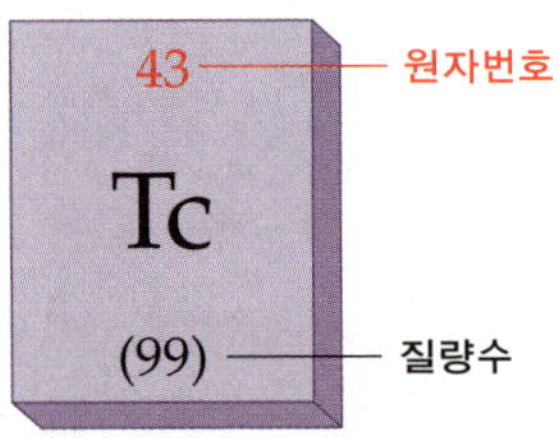


▲ **그림 3.6 원소 주기율표로부터의 테크네튬**
원자 번호는 양성자 수(43)를 나타내고 이 방사성 동위 원소의 질량수는 99이다. 테크네튬-99는 핵 속에 양성자 43개와 중성자 56개가 존재한다.

**예제 3-4**

주기율표를 참조하여 철의 원자기호와 원자량을 결정하라.

**해답** 주기율표에서 보면 다음과 같은 그림이다.

철의 원자번호는 26이고, 원자량은 55.85 amu이다.

**물음** 라돈 방사능 동위원소에 대한 원자번호와 질량수를 결정하라.

**해답** 86과 (222)

## 3-6 | 빛의 파동성

파도가 진행하는 것과 동일한 방식으로 빛이 공간을 진행하는 광경을 우리의 상상력을 이용하여 생각할 수 있다. **파장**(wave length)은 빛의 파동이 완전히 한 주기를 이동하는 거리이다. **진동수**(주파수, frequency)는 1초 동안 지나간 파동의 횟수(주기)이다. 빛의 속도는 일정하며 모든 파장은 $3.00 \times 10^8$ m/s로 진행한다. 그림 3.7은 빛의 파동성을 나타내고 있다. 빛의 파장이 감소함에 따라 빛의 진동수는 증가한다. 역으로, 파장이 증가함에 따라 진동수는 감소한다.

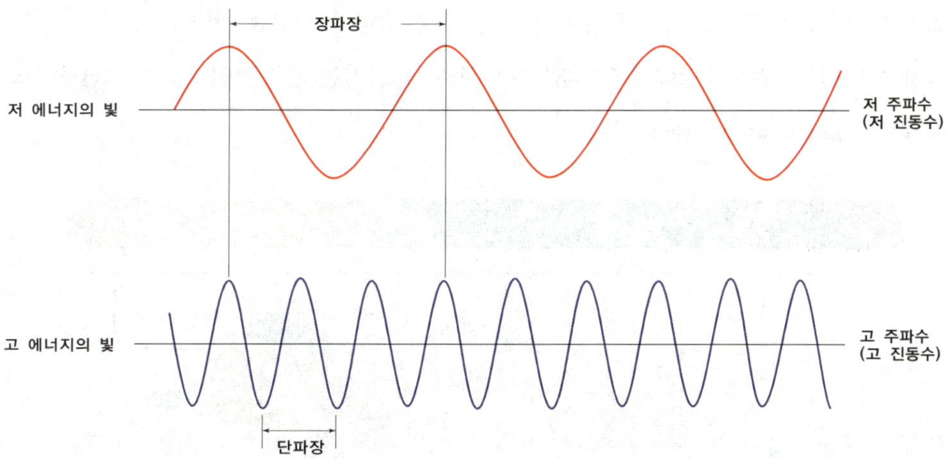


▲ **그림 3.7 빛의 파동에 대한 파장과 주파수(진동수)**
고 에너지 빛보다 저 에너지 빛의 파장이 더 길며, 저 에너지보다 고 에너지 빛의 주파수(진동수)가 많다는 것을 알아라.

빛의 에너지는 진동수가 많을수록 에너지가 높다. 고 진동수의 빛은 저 진동수의 빛보다 에너지가 높다. 파장으로 말하면 단파장의 빛이 장파장의 빛보다 에너지가 높다. 예를 들면 피부에 화상을 입히는 것은 자외선이라 하는데 다른 빛보다 자외선의 빛 에너지가 높기 때문이다.

## 빛 – 연속 스펙트럼

무지개는 햇빛이 빗방울 속을 통과할 때 생성된다. 개개의 물방울은 소형의 프리즘과 같은 역할을 담당하여 햇빛을 여러 가지 색의 띠로 분리한다. 빛은 보통 백색광으로 보이지만 실제로는 여러 가지 색깔의 빛이 서로 혼합되어 있다. 백색광이 유리 프리즘을 통과할 때 그림 3.8과 같이 빨강, 주황, 노랑, 초록, 파랑, 남색, 보라의 무지개 색으로 분리된다.

**빛**(light)이라는 단어는 보통 눈으로 볼 수 있는 복사 에너지를 말한다. 우리의 눈은 가시광선 스펙트럼(400~700 nm)은 볼 수 있지만, 자외선이나 또는 적외선 영역에 있는 빛은 볼 수 없다. 자외선 복사선의 파장(400 nm 이하)은 너무 짧아서 볼 수 없고, 적외선 복사선의 파장(700 nm 이상)은 너무 길어서 볼 수 없다.

또한 때때로 눈으로 볼 수 없는 복사 에너지를 말할 경우에도 "빛"이라는 용어를 사용한다. 전체적인 복사 에너지 스펙트럼(radiant energy spectrum)은 가시광선뿐만 아니라 비가시광선인 감마선, X–선, 마이크로파를 포함한다(그림 3.9 참조).

복사 에너지는 짧은 파장에서 긴 파장까지 범위를 가지는 연속적인 띠 또는 **연속 스펙트럼**(continuous spectrum)이다.

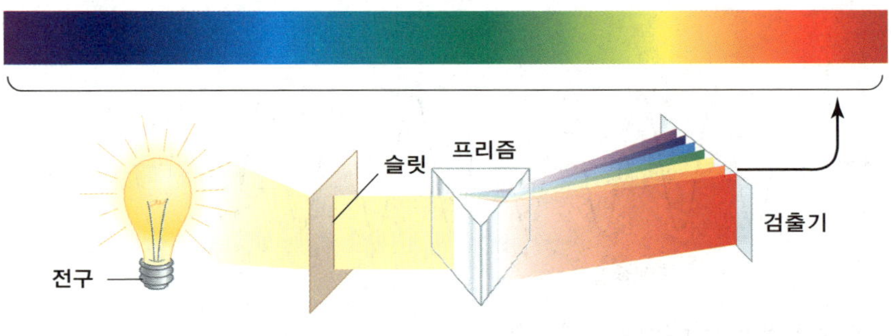


▲ **그림 3.8 프리즘을 통과한 백색광**
백색광은 유리 프리즘을 통과할 때 무지개 색깔로 분리되며, 마찬가지로 햇빛이 빗 방울을 통과할 때 무지개가 만들어진다.

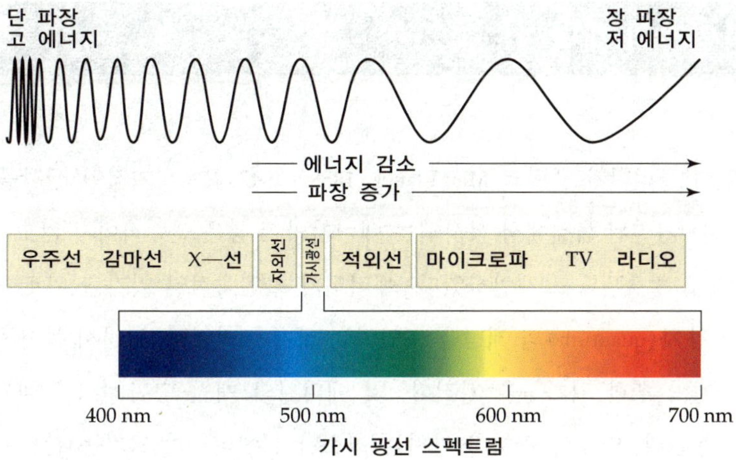


▲ **그림 3.9 복사 에너지 스펙트럼**

완전한 복사 에너지 스펙트럼은 장파장의 마이크로파에서 단 파장인 감마선까지를 포함한다. 가시광선 스펙트럼은 복사 에너지의 넓은 띠 속에 있는 좁은 창에 지나지 않음을 알아라.

## 예제 3-5

푸른빛과 노란빛을 비교할 때, 다음 설명 중에서 해당되는 것은 어느 것인가?

(a) 더 긴 파장 (b) 더 높은 주파수 (c) 더 높은 에너지

**해답** 그림 3.9에서 노란빛의 파장은 600 nm이고, 푸른빛의 파장은 500 nm이다. 그러므로

(a) 노란빛이 푸른빛보다 더 긴 파장을 갖는다.

(b) 푸른빛은 파장이 더 짧기 때문에 더 높은 진동수를 가진다.

(c) 푸른빛은 더 높은 진동수를 가지기 때문에 더 높은 에너지를 갖는다.

**물음** 적외선과 자외선을 비교할 때, 다음 설명 중에서 해당되는 것은?

(a) 더 긴 파장 (b) 더 높은 주파수 (c) 더 높은 에너지

**해답** (a) 적외선 (b) 자외선 (c) 자외선

# 3-7 | 양자의 개념

1900년 독일의 물리학자 플랑크[Max Planck(1858~1947)]는 획기적인 생각을 제안하였다. 플랑크는 가열된 물질에서 복사되는 에너지의 흐름은 연속적이지 않고, 아주 작은 입자 상태로 방출된다고 제안하였다. 에너지가 불연속적인 입자 단위로 되어있다는 생각에서 **양자**(quantum)의 개념을 도입하는 계기가 되었다. 따라서 복사 에너지는 파동성을 가지며 또한 입자성을 가진다. 빛 에너지의 개별 단위(최소 입자)는 **광자**(photon)라 부른다. 양자와 광자가 가지는 최소단위 에너지의 크기는 같으므로 양자와 광자를 혼용하여 사용하기도 한다.

다음과 같은 가정으로 양자 개념을 설명할 수 있다. 경사로(ramp)의 아래로 구르는 공은 연속적으로 위치 에너지를 잃어버린다. 한 편, 계단 아래로 구르는 공은 하나의 계단에서 다른 계단으로 떨어질 때마다 불연속적인 단위로 위치 에너지를 잃어버린다. 이 예에서 공이 경사로의 아래로 구르면 위치 에너지의 손실된 양은 연속적이며, 공이 계단 아래로 구르면 위치 에너지의 손실된 양은 양자화 된다. 그림 3.10은 양자화 된 에너지 변화와 연속적인 에너지의 변화를 비교한 것이다.

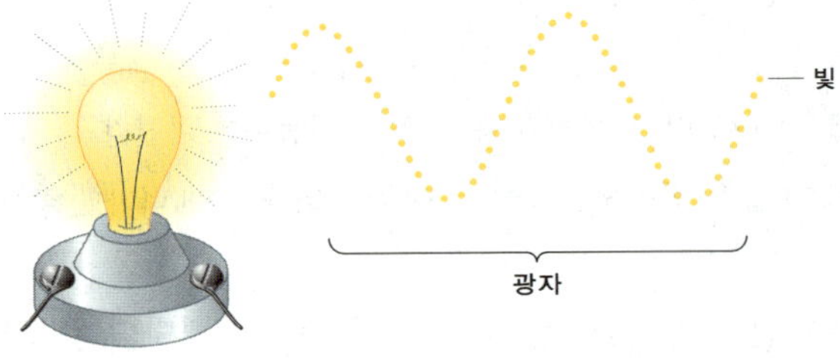


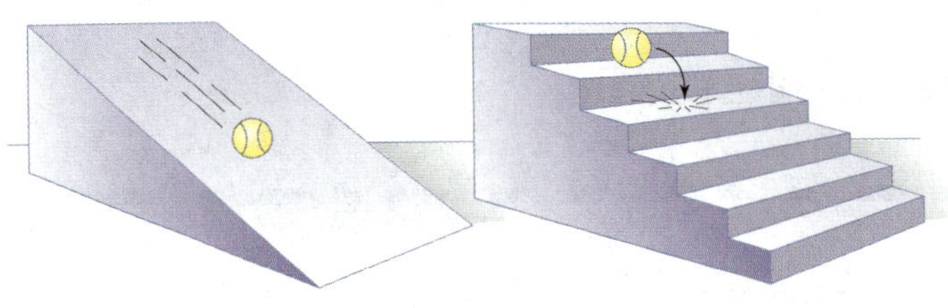

▲ **그림 3.10 양자 원리에 대한 계단비유**

경사로(ramp)를 구르는 공은 연속적으로 위치 에너지가 손실되고, 반대로 계단으로 구르는 공은 하나의 계단에서 다른 계단으로 떨어질 때마다 양자화된 양으로 위치 에너지가 손실된다.

**예제 3-6**

질량을 측정할 경우 어느 것이 연속적인 것인지 또는 양자화된 것인지를 설명하라.
(a) 삼중 저울대 저울 (b) 디지털 전자저울

**해답** 실험실에서 저울을 사용할 경우에 그림 2.3을 참조하라.
(a) 삼중 저울대 저울은 연속적인 질량을 측정할 수 있다.
(b) 디지털 전자저울은 어떤 특정한 값이 정해져 나타내므로 불연속적(양자화)이다.

**물음** (a) 사탕공장에서 알사탕을 만들어 내는 공정
(b) 섬유공장에서 실을 뽑아내는 공정

**해답** (a) 불연속 (b) 연속

## 3-8 | 원자의 보어 모형

1911년 뛰어난 젊은 덴마크 물리학자 보어(Niels Bohr)(1885~1962)는 박사 학위를 취득하고, 영국에 건너와 톰슨(J.J. Thomson) 아래서 연구를 시작하였다. 몇 달 후, 그는 원자핵이 발견된 맨체스터에 있는 러더포드를 만나기 위하여 캠브리지를 떠났다. 그 젊은 덴마크 사람이 아직은 우리에게 생소한 원자론에 대한 인식을 한 단계 높여 고조시킨 것은 불과 2년만의 일이었다.

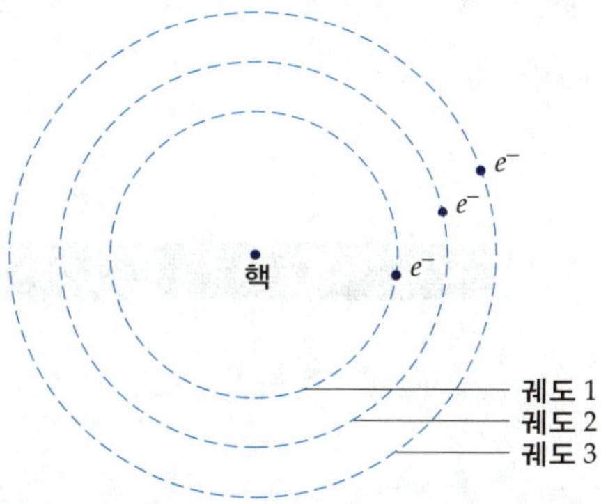


▲ **그림 3.11 수소 원자에 대한 보어 모형**
전자는 핵으로부터 일정한 거리에 있다. 그리고 분리된 에너지의 궤도를 차지한다. 보어 모형에 의하면 전자는 어떤 주어진 에너지 준위에서만 발견된다.

1913년에 보어는 행성이 태양 주위를 선회하는 것처럼, 전자가 원자핵 주위에 궤도를 그리며 선회한다고 추측하였다. 게다가, 그는 전자의 궤도들이 핵으로부터 일정한 거리를 유지하고 있으며, 일정한 에너지를 가지고 있다고 제안하였다. 전자가 **에너지 준위**(energy level)라고 불리는 고정된 에너지 궤도에서 움직이고 있다고 말하였다. 더욱이 전자들은 어떤 특정한 에너지 준위에서만 발견되고 그 외의 곳에서는 발견되지 않는다. 그림 3.11은 보어에 의하여 제안된 수소 원자의 모형을 그림으로 나타내었다. 이 모형은 원자의 보어 모형 또는 간단하게 **보어 원자**(Bohr atom)로 불리고 있다.

## 에너지 준위에 대한 증명

보어 모형은 원자 내 전자의 운동에 대한 훌륭한 설명이었다. 그러나 이런 이론을 뒷받침해 줄 실험적인 증거가 없었기 때문에 올바른 것인지 그른 것인지를 알 수 없었다. 이때 보어는 수소 기체로부터 빛이 방출된다는 연구 논문을 접하게 되었다. 이 논문은 들뜬 상태의 수소 기체에서 나오는 빛의 방출선이 연속적이 아니고 몇 개의 파장으로 나누어져 방출된다는 것을 보여주고 있다.

수소를 방전관에 넣고 밀봉하여 전류를 통하게 하면, 방전관에서 빛이 방출되며 프리즘을 통과할 때 일련의 가는 선으로 분리된다. 빛 에너지의 가는 띠에 대한 이러한 집합체를 **방출 선스펙트럼**(emission line spectrum)이라고 한다. 그리고 빛 에너지에 대한 개개의 띠들은 스펙트럼선이라고 부른다. 수소 기체의 방출 스펙트럼은 그림 3.12에 보여주고 있다.

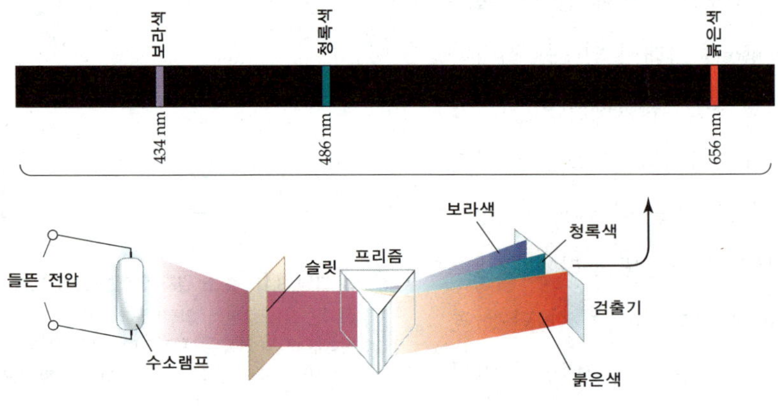


**▲ 그림 3.12 수소 방출 스펙트럼**
방출 선 스펙트럼은 수소가 전압에 의하여 들떴을 경우에 생성된다. 방출된 빛이 프리즘을 통과한 후 분리된 3개의 선이 선명하게 관찰된다.

수소의 방출 스펙트럼을 실험한 후, 보어는 원자에 대한 그의 모형을 입증하기 위하여 실험을 수행하였다. 기체 방전관에 전류를 공급하면 수소 원자가 들뜨게 되어 1 번 궤도에 있던 전자가 높은 에너지 궤도에 진입하게 되는데 이때 전자가 만약 2 번 궤도에 들어갔다고 하자. 이 상태는 불안정하므로 전자는 높은 준위에서 낮은 준위로, 즉 다시 말하면 2번 궤도에서 1번 궤도로 빠르게 떨어진다. 이 과정에서 전자의 위치 에너지의 손실량만큼 빛 에너지로 나타난다는 사실을 알았다.

수소 스펙트럼에는 3개의 밝은 선이 존재하며 이것은 붉은색, 청록색, 그리고 보라색이다. 붉은색 선은 3개의 파장 중에서 가장 긴 파장과 가장 낮은 에너지를 가지고 있다. 보어는 붉은색선의 경우 들뜬 전자가 에너지준위 3에서 2로 떨어질 때 형성된다는 것을 발견하였다. 청록색은 들뜬 전자가 에너지 준위 4에서 2로 떨어지는 경우에 해당된다. 보라색선은  전자가 에너지 준위 5에서 2로 떨어질 때 생성된다. 그림 3.13은 보어의 전자 에너지 준위와 수소 스펙트럼에서 관찰되는 선과의 관계를 그림으로 나타낸 것이다.

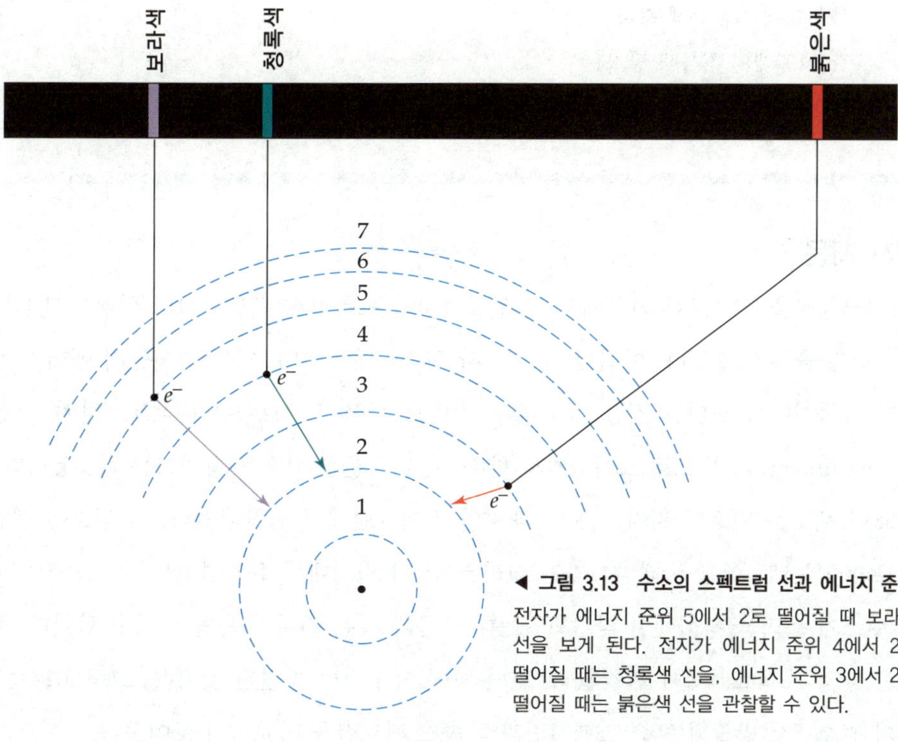


**◀ 그림 3.13 수소의 스펙트럼 선과 에너지 준위**
전자가 에너지 준위 5에서 2로 떨어질 때 보라색 선을 보게 된다. 전자가 에너지 준위 4에서 2로 떨어질 때는 청록색 선을, 에너지 준위 3에서 2로 떨어질 때는 붉은색 선을 관찰할 수 있다.

한 개의 광자는 전자가 낮은 준위로 떨어질 때마다 방출되며 여러 개의 광자는 여러 개의 전자들이 준위를 변화시킬 때 방출된다. 예를 들면, 수소원자에 있는 10개의 전자가 에너지 준위 5에서 2로 떨어질 경우 10개의 광자가 방출될 것이다. 각각의 광자들은 같은 에너지를 가지고 있으며, 방출 스펙트럼에서 보라색 선이 관찰되어질 것이다.

### 예제 3-7

수소 원자에서 다음의 각각에 대한 전자의 변화에 대하여 방출되는 광자의 수와 색을 설명하라.

(a) 에너지 준위 3에서 2로 떨어지는 한 개의 전자
(b) 에너지 준위 3에서 2로 떨어지는 10개의 전자
(c) 에너지 준위 4에서 2로 떨어지는 100개의 전자
(d) 에너지 준위 5에서 2로 떨어지는 500개의 전자

**해답** (a) 1개의 붉은색 광자
(b) 10개의 붉은색 광자
(c) 100개의 청록색 광자
(d) 500개의 보라색 광자

## 원자 지문

원소들의 방출 스펙트럼 연구에서 각 원소들마다 독특한 스펙트럼선의 형태를 만들어 낸다는 것을 보여주었다. 이러한 결과는 각 원소들이 가지고 있는 전자들의 에너지 준위가 독특하여야 한다는 것을 나타낸다. 그러므로 선 스펙트럼은 때때로 "**원자 지문**(atomic fingerprints)"으로 묘사되기도 한다. 원자 지문은 원소를 확인하는데 유용하다. 1868년 새로운 원소의 원자 지문이 태양의 스펙트럼에서 관찰되었다. 이 원소는 헬륨으로 불렸는데, 헬륨은 태양이라는 그리스어인 helios에서 유래한 것이다. 1895년 어떤 원소가 우라늄 광석에서 발견되었는데 헬륨과 같은 원자 지문을 가지고 있었다. 헬륨은 태양 스펙트럼에서 관찰된 후 27년 만에 지구에서 발견된 것이다. 그림 3.14는 4개의 원소에서 방출되는 선 스펙트럼과 연속 스펙트럼을 비교하여 보여준다.

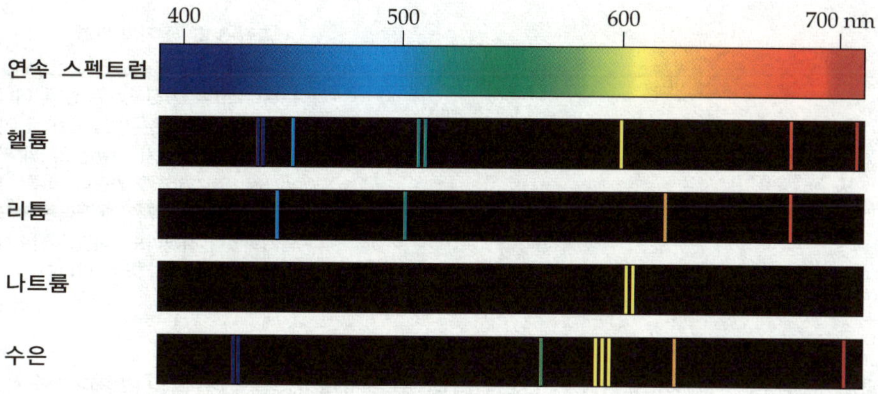


▲ **그림 3.14 연속 스펙트럼과 선 스펙트럼의 비교**
연속 스펙트럼은 보통의 전구에서 생성된다. 방출 선 스펙트럼은 기체 상태에 있는 원소의 들뜬 원자로부터 생성된다.

## 3-9 | 에너지 준위와 부준위

앞 절에서 배운 바와 같이 1913년 보어는 전자가 일정한 에너지 준위를 가지고서 핵 주위를 회전한다는 원자에 대한 모형을 제안하였다. 그의 제안은 수소의 방출 스펙트럼 선에 의하여 실험적으로 입증되었다. 그러나 다른 원소에 대한 방출 스펙트럼은 너무 많은 선들이 존재하여 판단할 수 없었다. 보어는 다른 원소의 스펙트럼에 대하여는 설명할 수 없었지만, 주 에너지 준위 내에 부준위의 개념을 제안하였다. 결국 이러한 모형은 주 에너지 준위 내부에 **에너지 부준위**(energy sublevel)를 점유하는 전자를 가지고 있는 것으로 드러났다. 이들 에너지 부준위의 기호는 원소의 방출 스펙트럼에서 sharp, principal, diffuse, fine 선과 관련하여 s, p, d 그리고 f로 표시하게 되었다.

각각의 준위에 있는 부준위의 수는 주 에너지 준위의 수와 일치한다. 즉, 첫 번째 에너지 준위에서는 하나의 부준위를 가지고 있으며 1s로 나타낸다. 두 번째 에너지 준위에서는 2개의 부준위를 가지고 있으며 2s와 2p로 나타낸다. 세 번째 에너지 준위에서는 3개의 부준위를 가지며 3s, 3p, 3d로 나타낸다. 네 번째 에너지 준위에서는 4s, 4p, 4d, 그리고 4f의 부준위로 구성된다.(그림 3.15)

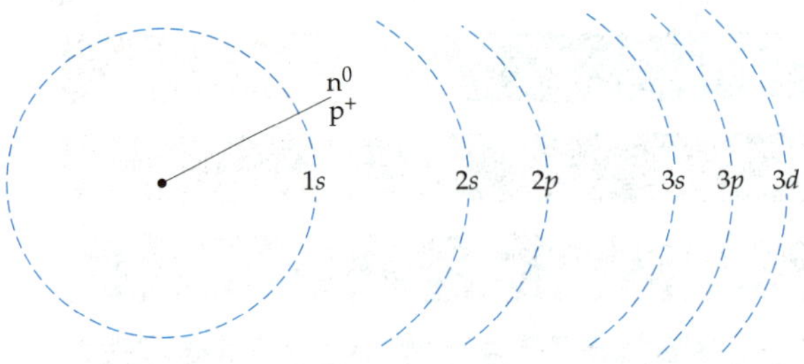


◀ **그림 3.15 원자의 단면**
첫번째 에너지 준위는 단지 한 개의 부준위(1 s)를 가진다. 두 번째 에너지 준위는 2개의 부준위(2s, 2p)를 가지고, 세 번째 에너지 준위는 3개의 부준위(3s, 3p, 3d)를 가진다. 비록 그림이 원궤도에서 전자가 움직이는 것으로 암시되었다 하더라도, 이것은 단순화한 것이며 실제적인 경우는 아니다.

각 에너지 부준위가 가지고 있는 전자의 최대 수는 부준위의 형태에 의존한다. 즉 s 부준위는 최대 2개의 전자를, p 부준위는 최대 6개 전자, d 부준위는 최대 10개의 전자수를, f 부준위는 14개의 전자를 최대로 보유할 수 있다.

주 에너지 준위에 대한 전자의 최대수를 알기 위해서 각각의 부준위에 있는 전자들을 합한다. 첫 번째 에너지 준위는 한 개의 1s 부준위를 가지므로 단지 $2e^-$를 가질 수 있다. 두 번째 주 에너지 준위는 2s에서 $2e^-$를, 2p에서 $6e^-$를 보유할 수 있다. 그러므로 두 번째 에너지 준위는 최대 $8e^-$를 보유할 수 있다.

**예제 3-8**

세 번째 에너지 준위에 얼마나 많은 부준위가 있는가? 세 번째 에너지 준위를 차지할 수 있는 최대의 전자수는 몇 개인가?

**해답** (1) 3s, 3p, 3d 3개의 부준위가 있다.
(2) 최대 전자수는 부준위에 들어갈 수 있는 전자수를 합한다.
3s + 3p + 3d = 총 전자수 　 $2e^- + 6e^- + 10e^- = 18e^-$
세 번째 에너지 준위는 18개의 전자를 최대로 보유할 수 있다.

**물음** 네 번째 에너지 준위에서는 얼마나 많은 부준위가 있는가? 네 번째 에너지 준위를 점유할 수 있는 최대 전자수는 얼마인가?

**해답** (1) 부준위수 : 4s, 4p, 4d, 4f
(2) 최대 전자수 = $(2e^- + 6e^- + 10e^- + 14e^-) = 32e^-$

요약해보면 전자들은 특별히 일정한 에너지를 가진 핵 주위의 부준위에 배치되어 있다. 핵으로부터 멀리 떨어진 전자는 핵에서 가까운 것 보다 높은 에너지 준위를 차지한다. 표 3.3은 주 에너지 준위, 부준위 및 전자수의 관계를 요약한 것이다.

**표 3.3 에너지 준위에 의한 전자의 배치**

| 에너지 준위 | 에너지 부준위 | 부준위에서의 최대 $e^-$ | 에너지 준위에서의 최대 $e^-$ |
|---|---|---|---|
| 1 | 1s | 2 $e^-$ | 2 $e^-$ |
| 2 | 2s | 2 $e^-$ | |
| | 2p | 6 $e^-$ | 8 $e^-$ |
| 3 | 3s | 2 $e^-$ | |
| | 3p | 6 $e^-$ | |
| | 3d | 10 $e^-$ | 18 $e^-$ |
| 4 | 4s | 2 $e^-$ | |
| | 4p | 6 $e^-$ | |
| | 4d | 10 $e^-$ | |
| | 4f | 14$e^-$ | 32 $e^-$ |

## 화학의 세계 _ 네온빛

20세기 전반 톰슨(J. J. Thomson)은 방전관을 이용하여 전자를 발견하였다. 톰슨은 그의 기체 방전관을 얇은 유리로 만들었으며, 각각의 끝점에 금속 전극을 두었다. 유리관으로부터 공기를 배출시킨 후 소량의 기체를 유입시켰다. 음극과 양극의 금속 전극이 전기적으로 들떴을 때 관에서 빛이 나오는 것을 알게 되었다. 그는 빛에서 나오는 광선이 음의 작은 하전 입자들의 흐름이라는 것을 확인할 수 있었다. 이들 입자들은 전자라고 불리며, 이들 발견에 대한 공로는 톰슨에게 돌아가 현대의 음극선관에 관한 선구자이며, 이 음극선관은 오늘날 텔레비젼과 컴퓨터 모니터 스크린에 이용되고 있다.

1913년 보어는 기체에 전기를 공급하면 원자 내부의 전자가 일시적으로 들뜨게 되어 전자가 높은 에너지 상태로 올라간다고 하였다. 그러나 들뜬 전자는 빠르게 에너지를 잃어버리고 그들의 본래 상태로 돌아가면서 빛이 방출된다고 하였다. 기체의 종류가 달라지면 전자들의 에너지 준위가 다르므로 방출되는 빛도 달라진다. 예를 들면, 수은 증기로 구성된 기체 방전관은 푸른빛을 발하며 질소 기체는 누르스름한 오렌지 빛을 발산한다.
1898년 스코틀랜드의 화학자인 램지(William Ramsay)는 네온 기체를 발견하였다. 공기에 약 1%가 포함되어 있는 아르곤과는 상이하며 네온은 훨씬 진귀하다. 대기 중에 1/1000보다 적게 농축되어 있다. 네온 기체를 좁은 유리관 내에 두고 전기적으로 들떴을 때 불그스레한 오렌지 빛이 발생하며 우리의 시선을 끌게 되었다. 기체 방전관이 시선을 끄는 아름다운 색깔을 만든다는 사실은 빛을 광고용으로 이용하게 하였다. 들뜬 네온 기체에서 발생되는 빛은 매우 강렬하며 "네온빛"이라는 용어가 모든 광고 불빛에 이용되는 일반적인 용어가 되었다.
분명히 모든 광고에 이용되는 불빛은 똑같은 색이 아니다. 다시 말하면 "네온빛"은 붉은 색, 녹색, 파란색 등등이 있을 수 있다. 원하는 불빛을 만들어 내기 위해서 기체 방전관에 특별한 기체로 채워야 한다. 자주 빛을 발생시키기 위하여 아르곤 기체가 이용되고, 분홍빛을 만들기 위해서는 헬륨 기체를 사용한다. 불그스레한 오렌지 불빛을 원한다면 광고 간판은 실제로 네온 기체를 채워 넣으면 된다.

**▲ 네온 빛**
네온 기체로부터의 붉그레한 오렌지색 백열광이 "NEON"이라는 글자를 만들어 비추고 있다. 아크(arc) 속에 있는 자주색 빛은 들뜬 아르곤 기체의 존재를 암시한다.

## 3-10 | 전자 배치

전자들은 규칙적인 방법으로 핵 주위에 배치되어 있다. 첫 번째 전자는 핵과 가장 근접한 에너지 부준위에 채워진다. 그 다음의 전자는 핵으로부터 점점 더 멀리 떨어져있는 에너지 부준위를 채운다. 바꾸어 말하면, 각각의 에너지 준위는 부준위에 의하여 전자를 채우고 있는 것이다. 전자를 채우는 순서는 s 부준위, p 부준위, d 부준위, f 부준위로 채워진다.

그러므로 부준위의 에너지 증가 순서는 1s, 2s, 2p, 3s, 3p, 3d, 4s 등등의 순서가 되도록 채워지는 것으로 예상할 수 있다. 그러나 예외가 있다. 이를테면 4s 부준위는 3d보다 더 낮은 에너지를 가지고 있으며 5s는 4d보다 에너지가 더 낮다. 에너지 증가에 따른 부준위 순서를 다시 나열하면 (1s < 2s < 2p < 3s < 3p < 4s < 3d < 4p < 5s < 4d < 5p < 6s)이다.

주기율표에 있는 원소의 위치로부터 부준위에 전자가 채워지는 순서를 예상할 수 있는 방법을 4장에서 배우게 될 것이다. 주기율표의 특별한 형태는 에너지 증가에 따른 부준위의 순서를 반영한 것이다. 그림 3.16을 이용하면 순서를 쉽게 기억할 수 있다.

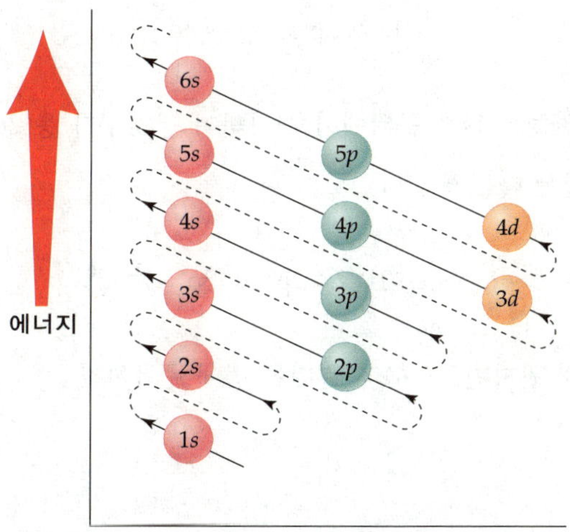


**▲ 그림 3.16 에너지 부준위가 채워지는 도표**

부준위가 채워지는 순서는 에너지의 증가에 따라 배열된다. 전자들은 먼저 1s 부준위를 채우고 다음으로는 2s, 2p, 3s, 3p, 4s, 3d, 4p, 5s, 4d, 5p 그리고 6s로 채워진다.

## 전자 배치

원자의 전자 배치는 부준위에 의한 전자들의 위치를 설명하는 단축된 말이다. 먼저 부준위를 쓰고 다음에 부준위의 위첨자에 전자의 수를 쓴다. 예를 들면, 2p 부준위가 2개의 전자로 구성될 경우 표준기호로 $2p^2$이다. 그러므로 다음과 같다.

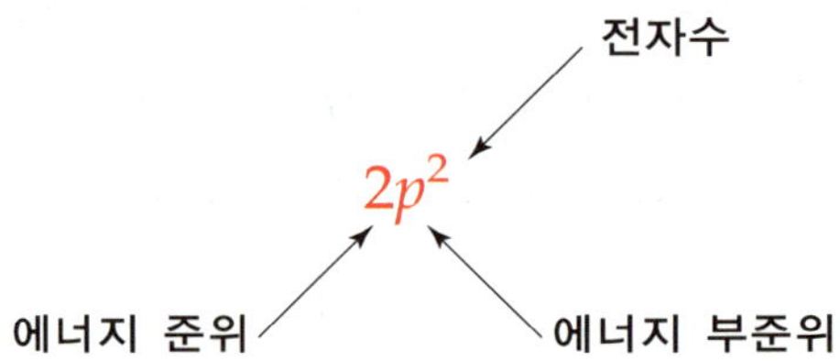


한 원자에 대한 전자 배치를 쓸 때에 확실한 방법이 있다. 먼저, 주기율표에 있는 원소의 원자번호를 알아본다. 이것은 원자의 전자수에 해당한다. 그 다음 에너지가 증가하는 순서로 부준위를 쓴다. 각각의 부준위 위첨자의 총 합이 원소의 원자번호와 같아질 때까지 연속해서 전자로 채운다.

예를 들어, 철에 대한 전자 배치를 써 보자. 주기율표에서 철의 원자번호는 26이다. 주어진 원자번호를 보면 철 원자는 26개의 전자로 둘러싸여 있다. 전자 부준위의 에너지 증가에 따른 배열순서는 다음과 같다.

$$1s\ 2s\ 2p\ 3s\ 3p\ 4s\ 3d \cdots$$

철의 에너지 부준위들은 1s 부준위에서 시작하여 전자수가 총 26이 될 때까지 채워지며, 철의 전자 배열은 다음과 같다.

$$Fe : 1s^2\ 2s^2\ 2p^6\ 3s^2\ 3p^6\ 4s^2\ 3d^6$$

위첨자의 합이 철의 원자번호(26)과 같다는 점에 주목하라.

### 예제 3-9

다음에 있는 각각의 원소에 대한 전자 배치를 써라.

(a) F (b) Sr

**해답** (a) 플루오르의 원자번호는 9이다. 그러므로 전자수는 9이다.

F : $1s^2\ 2s^2\ 2p^5$

(b) 스트론튬의 원자번호가 38이다. 그러므로 전자수는 38이다.

Sr : $1s^2\ 2s^2\ 2p^6\ 3s^2\ 3p^6\ 4s^2\ 3d^{10}\ 4p^6\ 5s^2$

**물음** 다음의 원소들에 대한 전자 배치를 부준위 순서에 따라 표준기호를 사용하여 써라.

(a) 아르곤 (b) 카드뮴

**해답** (a) $1s^2\ 2s^2\ 2p^6\ 3s^2\ 3p^6$

(b) $1s^2\ 2s^2\ 2p^6\ 3s^2\ 3p^6\ 4s^2\ 3d^{10}\ 4p^6\ 5s^2\ 4d^{10}$

## 3-11 | 양자역학 모델

1920년 중반에 원자에 대한 새로운 모형이 등장하기 시작했다. 전자의 거동이 보어의 원자 모형에 의하여 충분히 설명되지 못하기 때문에 좀 더 강력한 이론이 제시되었다. 독일의 물리학자인 하이젠베르크(Werner Heisenberg)는 한 전자의 에너지와 위치 두 가지를 정확하게 결정한다는 것은 불가능하다는 **불확정성 원리**(uncertainty principle)를 발표하였다.

1932년 하이젠베르크는 그의 불확정성 원리로 노벨 물리학상을 수상하였다. 그러나 모든 사람이 불확정성 원리에 대하여 동의하지는 않았다. 아인슈타인(Albert Einstein)은 "나는 그가 현재 강력하게 주장하고 있는 양자론이 일순간이라도 믿을 수 없는 그것은 신의 카드(놀이)에 대하여 연구하는 것과 같이 어려운 것이다." 라는 유명한 인용문을 제시하면서 불확정성 원리에 대하여 매우 걱정하였다. 비록 불확정성 원리가 처음에는 쟁점이 되었지만 원자에 대한 새로운 관점을 확립하는데 필수적인 공헌을 하였다.

새로 대두된 모형은 **양자역학**(quantum mechanics)으로 알려지게 되었다. 보어의 모형에서 전자는 핵 주위의 일정한 궤도(orbit)에 존재한다고 하였다. 그러나 양자역학 모형에서 전자는 핵 주위의 어떤 공간 부피 안에 존재할 확률이라고 설명할 수 있다. 어떤 공간에서 전자를 발견할 수 있는 확률(~95 % 까지)의 영역을 **궤도함수**(orbital)라고 부른다.

## s와 p궤도함수

양자역학 원자에서 궤도함수는 그들의 크기와 형태에 따라 핵 주위에 배열되어진다. 일반적으로, 더 높은 에너지를 가진 전자들은 더 큰 궤도함수에서 발견된다. 보어 원자의 에너지 준위와 비슷하게 궤도함수의 에너지 준위를 1, 2, 3, 4 등과 같은 정수값으로 정한다. 정수값이 증가하면 궤도함수의 에너지와 크기도 역시 증가한다.

궤도함수의 형태는 s, p, d 그리고 f의 문자로서 표현한다. 예를 들면, s 궤도함수의 형태는 구형이며, p 궤도함수의 형태는 아령 모양이다. d와 f 궤도함수는 우리가 언급하기에는 너무 복잡하다. 3s 궤도함수는 2s 보다 더 큰 구형이다. 2s 궤도함수는 1s보다 더 크다. 그림 3.17은 핵주위의 s 궤도를 설명한 것이다.

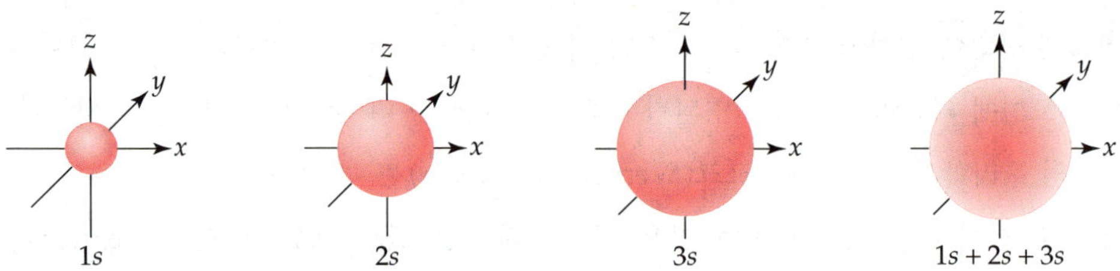


**▲ 그림 3.17 s 궤도함수의 상대적인 크기**

1s, 2s와 3s 궤도함수의 상대적인 크기를 보여주고 있다. 주에너지 준위가 증가함으로써 궤도함수의 크기와 에너지도 증가한다. 원자핵은 세축이 교차하는 중심에 놓여 있다. 가장 왼쪽에 있는 그림부터 1s, 2s, 3s 궤도함수이다.

모든 p궤도함수는 아령 모양이지만 크기나 에너지가 모두 똑같지 않다. 3p 궤도함수는 2p 궤도함수보다 더 크고 에너지 준위가 더 높다. 모든 p 궤도함수는 두 개의 귓불을 가지고 있기 때문에 아령을 닮았다고 말한다.

2p 궤도함수에 있는 3개의 궤도함수는 크기와 형태는 동일하지만 상호간에 방향이 다르다. 즉 3개의 2p 궤도함수는 핵에서 교차하고 있지만 서로 직각 방향으로 배향되어 있다. 그림 3.18은 $2p_x$, $2p_y$, $2p_z$ 궤도함수의 관계를 나타내었다. $p_x$ 궤도함수는 3차원 계에서 $x$축 쪽으로 배향하고 있다. $p_y$와 $p_z$ 궤도함수는 제각기 $y$축과 $z$축으로 방향을 정하고 있다.

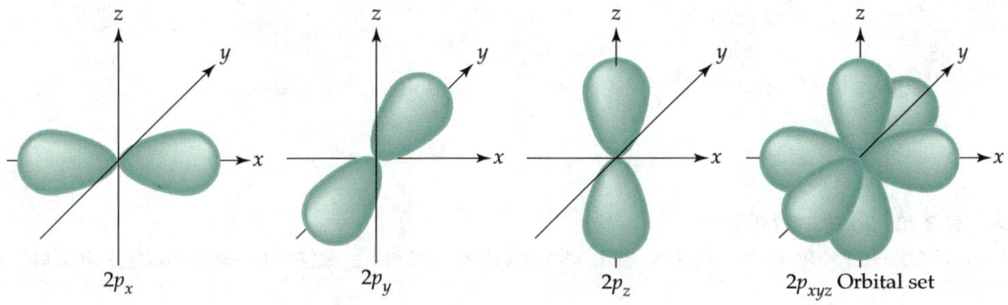


**▲ 그림 3.18 2p 궤도함수의 배향**

3개의 2p 궤도함수에 대한 크기와 형태는 동일하다. 2p 궤도함수는 고정된 배향을 가지지 않지만 서로 직각을 이룬다. $2p_x$ 궤도함수의 전자는 $2p_y$ 또는 $2p_z$ 궤도함수를 점유할 확률이 똑같다.

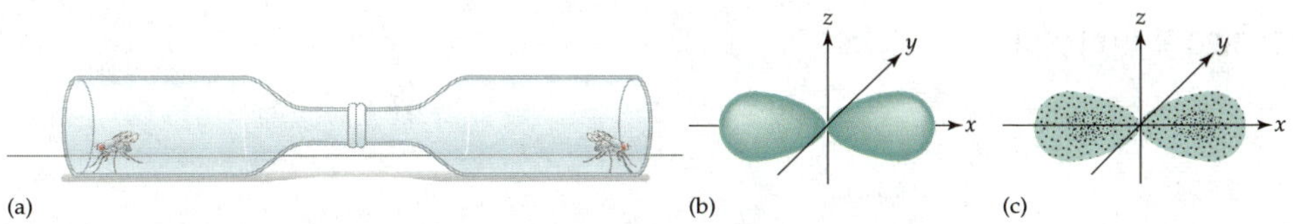


**▲ 그림 3.19 p 궤도함수에 대한 비유**

(a) 병입구가 붙어있는 두 개의 병 속에 갇혀 있는 두 마리의 벌레를 주의해서 보라. 2 마리의 벌레는 오른쪽 병과 왼쪽 병에 모두 존재할 수 있거나, 한 마리의 벌레가 각각의 병 속에 있을 수도 있다. (b) 마찬가지로, 두 개의 전자가 p 궤도함수의 두 귓불중 어느 곳에서도 발견될 확률이 있다.
(c) 검은 점의 농도는 전자가 존재하는 확률을 나타낸다.

유사한 비유로서 끝이 붙어있는 2개의 병 그림 3.19 속에 갇혀있는 날아다니는 벌레를 상상해보자. 벌레는 2개의 병 내부 공간주위를 자유롭게 날아다닌다. 이런 비유에서 벌레는 전자를 나타내고 두 개의 병은 2개의 p 궤도함수의 귓불을 나타낸다면 전체 p

궤도함수의 부피 속 어느 곳에서도 전자를 발견할 확률이 높게 존재한다.

## d 궤도함수

지금까지 우리는 s와 p 궤도함수만의 크기와 모양을 보았다. 그러나 그 외에도 다른 궤도함수가 있다. 예를 들면, 세 번째 에너지 준위에 3s, 3p 및 3d 궤도, 네 번째 에너지 준위에는 4s, 4p, 4d 및 4f 궤도가 있다.

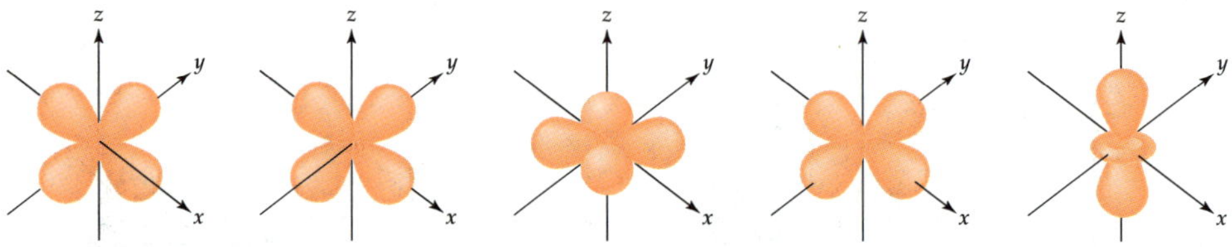


▲ **그림 3.20 3d 궤도함수의 모양**
다섯개의 3d 궤도함수의 모양은 동일하지 않다. 비록 3개의 3d 궤도함수는 모양이 비슷하지만 이들은 서로 다른 배향을 하고 있다.

3s 부준위는 한 개의 구형 3s 궤도함수가 있고, 3p부준위는 세 개의 아령 모양인 궤도함수 $3p_x$, $3p_y$, 및 $3p_z$ 가 있다. 3p 궤도함수는 2p궤도함수와 모양은 비슷하나 더 크다. 3d 부준위는 다섯 개의 3d 궤도함수가 있다. 다섯 개의 3d 궤도함수의 모양을 그림 3.20에 나타냈다.

# 연습문제

## 원자설

**1** 돌턴이 제안한 원자설 중 가치가 없는 것으로 밝혀진 것은 어느 것인가?

(a) 원소는 원자라 불리는 아주 작은 입자로 되어있다.

(b) 원자들은 작은 정수비로 결합한다.

(c) 원자들은 쪼갤 수도 파괴될 수도 없다.

**2** 돌턴이 원자설을 설명하는데 사용한 2가지 법칙을 말하라.

## 원자모형

**3** 러더포드의 원자 모형에서 전자, 양성자 그리고 중성자의 위치에 대하여 말하라.

**4** 전자, 양성자와 중성자의 상대 전하를 말하라.

## 원자 기호법

**5** 다음의 각 동위원소에 대한 중성자 수는 몇 개인가?

(a) $^{4}_{2}He$

(b) $^{32}_{16}S$

(c) $^{10}_{5}B$

(d) $^{44}_{22}Ca$

**6** 다음의 각 동위원소에 대한 중성자 수는 몇 개인가?

(a) Li – 7

(b) K – 40

(c) Sr – 88

(d) Pt–195

**7** 다음 표를 완성하여라.

| 원자 기호 | 질량수 | 양성자수 | 중성자수 | 전자수 |
|---|---|---|---|---|
| $^{4}_{2}He$ | | | | |
| $^{21}_{10}Ne$ | | | | |
| $^{50}_{22}Ti$ | | | | |
| $^{197}_{79}Au$ | | | | |

## 원자량

**8** 원소의 원자량을 정하는데 기준이 된 동위원소는 무엇인가?

**9** 주어진 동위원소의 자료로부터 철의 원자량을 구하라.

| | | |
|---|---|---|
| $^{5}_{4}Fe$ | 53.940 amu | 5.82 % |
| $^{5}_{6}Fe$ | 55.935 amu | 91.66 % |
| $^{5}_{7}Fe$ | 56.935 amu | 2.19 % |
| $^{5}_{8}Fe$ | 57.933 amu | 0.33 % |

**10** 염소는 $^{35}Cl$와 $^{37}Cl$인 두 개의 동위원소가 자연에 있다. 염소의 원자량이 35.45 amu라면 자연에 더 많이 존재하고 있는 동위원소는 어느 것인가?

## 빛의 파동성

**11** 보라색, 녹색, 오렌지색 중에서 가장 에너지가 큰 것은 어느 것인가?

**12** 다음 중 파장이 가장 긴 것은 어느 것인가? : 보라색, 녹색, 오렌지색 광선

**13** 650 nm, 550 nm, 450 nm 파장 중에서 어느 파장의 빛이 가장 큰 에너지를 가지는가?

**14** 650 nm, 550 nm, 450 nm 파장 중에서 어느 파장의 빛이 가장 높은 진동수를 가지는가?

### 양자의 개념

**15** 빛 에너지에서 양자 입자를 무엇이라고 부르는가?

**16** 다음 중 어느 것이 연속적인 것인지 또는 양자화된 것인지를 말하라.

(a) 무지개 (b) 한 개의 선 스펙트럼

### 원자의 보어 모형

**17** 원자에 대한 보어 모형을 그려라.

**18** 다음의 전자에 대한 에너지 준위의 변화에서 가장 에너지가 큰 것은 어느 것인가?

$5 \rightarrow 2$, $4 \rightarrow 2$, $3 \rightarrow 2$

**19** 수소 원자에서 전자가 네 번째에서 두 번째 준위로 떨어질 때 관찰되는 방출선은 어떤 색깔인가?

**20** 수소 원자의 전자가 다섯 번째 에너지 준위에서 자외선의 광자를 방출하기 위해서는 몇 번째 에너지 준위로 떨어져야 하는가?

**21** 수소의 방출 선 스펙트럼 중 빨강색, 청록색, 보라색 중에서 가장 에너지가 큰 것은 어느 것인가?

**22** 들뜬 수소 기체에서 다음의 전자가 이동할 때 방출되는 스펙트럼선의 종류 또는 색깔은 무엇인가?

(a) 전자는 에너지 준위 2에서 1로 떨어진다.

(b) 전자는 에너지 준위 3에서 2로 떨어진다.

(c) 전자는 에너지 준위 4에서 3으로 떨어진다.

### 에너지 준위와 부준위

**23** 다음의 에너지 준위내의 모든 부준위를 나타내어라.

(a) 1st(첫 번재) (b) 2nd(두 번째)

(c) 3rd(세 번째) (d) 4th(네 번째)

**24** 다음의 부준위에 있는 최대의 전자수는 얼마인가?

(a) 2s (b) 4p

(c) 3d (d) 5f

**25** 두 번째 에너지 준위에 있는 최대 전자수는 얼마인가 ?

## 전자 배치

**26** 에너지가 증가하는 순서로 1s에서 5p까지 부준위의 순서를 말하라.

**27** 다음의 원소들에 대한 전자 배치를 적어라.

(a) He (b) Be

(c) Co (d) Cd

**28** 다음의 전자 배치에 해당하는 원소는 어떤 것인가?

(a) $1s^2\ 2s^1$

(b) $1s^2\ 2s^2\ 2p^6\ 3s^2\ 3p^2$

(c) $1s^2\ 2s^2\ 2p^6\ 3s^2\ 3p^6\ 4s^2\ 3d^2$

(d) $1s^2\ 2s^2\ 2p^6\ 3s^2\ 3p^6\ 4s^2\ 3d^{10}\ 4p^6\ 5s^2$

## 양자역학 모델

**29** 궤도와 궤도함수의 차이는 무엇인가?

**30** 다음 중 에너지가 더 높은 궤도함수는 어느 것인가?

(a) 2s 또는 3s (b) $2p_x$ 또는 $3p_x$

(c) $2p_x$ 또는 $2p_y$ (d) $4p_y$ 또는 $4p_z$

**31** 다음의 표현에 알맞은 궤도함수를 기술하라.

(a) 다섯 번째 에너지 준위에서 구형의 궤도함수

(b) 네 번째 에너지 준위에서 아령모양의 궤도함수

**32** 다음의 궤도함수에서 들어갈 수 있는 최대 전자수를 말하라.

(a) 1s　　(b) 2p

(c) 3d　　(d) 4f

## 심화 연습문제

**33** 질량 대 전하의 비가 $1.76 \times 10^8$ coulomb/g이고, 전하값이 $1.60 \times 10^{-19}$ coulomb 일 경우 전자의 질량은 몇 g인가?

**34** 갈륨은 Ga-69와 Ga-71로서 자연에 존재한다. Ga-69의 질량이 68.926 amu와 함량이 60.10%로 주어졌을 경우에 Ga-71의 질량은 얼마인가?

**35** 원자번호 61 원소는 신화에 나오는 하늘에서 불을 훔친 프로메테우스의 이름과 비슷하다. 주기율표를 참조하여 Pm이 안정한 또는 불안정한 동위원소인지를 말하라.

**36** 다음에 있는 빛의 파장별로 스펙트럼 영역(적외선 영역, 가시광선영역, 자외선 영역)을 나타내어라.

(a) 200 nm　　(b) 500 nm

(c) 1200 nm

**37** 구리에 대한 전자 배열이 $1s^2\ 2s^2\ 2p^6\ 3s^2\ 3p^6\ 4s^2\ 3d^9$ 이기 보다는 오히려 $1s^2\ 2s^2 2p^6 3s^2\ 3p^6\ 4s^1\ 3d^{10}$으로 나타내는 이유를 설명하라.

chapter

# 4 주기율표

## 4-1 | 원소들의 분류

1860년대 러시아 화학자 멘델레예프는 원소들을 원자량이 증가하는 순서로 배열하면, 원소들이 규칙적인 간격을 두고 되풀이된다고 제안하였다. 오늘날 멘델레예프는 원소들의 체계적인 배열을 제안하여 현대 주기율표의 기틀을 만든 사람으로서 존경받고 있다.

멘델레예프의 업적은 원소들의 물리적, 화학적 성질들에 대한 체계적인 연구의 결과들이다. 더군다나, 그는 세 개의 원소가 실제로 발견되기도 전에 그 원소들의 존재와 성질을 예상하는 통찰력을 가졌다. 1869년 멘델레예프는 그가 에카규소라고 불렀던 원소의 존재를 예측했다. 에카규소는 1886년에 독일에서 발견되었고 게르마늄(저마늄)이란 이름이 주어졌다. 관찰된 게르마늄의 성질과 멘델레예프가 예상했던 에카규소의 성질들을 표 4.1에 비교하였다.

**표 4.1 멘델레예프가 예언한 에카규소(Ek)의 성질들**

| 성질 | 예언한 에카규소(1869) | 발견된 게르마늄(1886) |
|---|---|---|
| 색 | 회색 | 회색 |
| 원자량 | 72 amu | 72.6 amu |
| 밀도 | 5.8 g/mL | 5.32 g/mL |
| 녹는점 | very high | 937℃ |
| 산화물의 화학식 | $EkO_2$ | $GeO_2$ |
| 산화물의 밀도 | 4.7 g/mL | 4.70 g / mL |
| 염화물의 화학식 | $EkCl_4$ | $GeCl_4$ |
| 염화물의 끓는점 | 100℃ | 86℃ |

1869년 멘델레예프의 최초 주기율표가 원소들을 세로 열로 배열하긴 하였지만, 2년 후에 그는 원소들을 가로줄로 나타낸 또 다른 형태를 출간하였다. 그는 원소들을 원자량이 증가하는 순서로 배열하였으며, 앞의 원소의 성질을 되풀이하는 원소는 새로운 줄로 배치했다. 그림 4.1은 1871년 멘델레예프가 만든 원소 주기율표의 일부이다.

| 그룹 | I | II | III | IV | V | VI | VII | VIII |
|---|---|---|---|---|---|---|---|---|
| 산화물의 화학식 | $R_2O$ | RO | $R_2O_3$ | $RO_2$ | $R_2O_5$ | $RO_3$ | $R_2O_7$ | $RO_4$ |
| | H | | | | | | | |
| | Li | Be | B | C | N | O | F | |
| | Na | Mg | Al | Si | P | S | Cl | |
| | K | Ca | **eka-** | Ti | V | Cr | Mn | Fe, Co |
| | Cu | Zn | **eka-** | **eka-** | As | Se | Br | & Ni |
| | Rb | Sr | Yt | Zr | Nb | Mo | | Ru, Rh |
| | Ag | Cd | In | Sn | Sb | Te | I | & Pd |
| | Cs | Ba | Di | Ce | | | | |
| | | | Er | La | Ta | W | | Os, Ir |
| | Au | Hg | Tl | Pb | Bi | | | & Pt |
| | | | | Th | | U | | |

▲ **그림 4.1 멘델레예프의 원소 분류(1871년)**

한 원소의 산화물에 대한 식은 $R_2O$, RO등의 기호로 표시된다. 예를 들면, Ⅰ족 산화물에는 $Li_2O$, $Na_2O$, $K_2O$가 있고, Ⅱ족 산화물에는 BeO, MgO 및 CaO가 있다. Ⅲ족과 Ⅳ족에서 멘델레예프는 3개의 발견되지 않은 원소들의 존재를 지적하였으며 그는 에카붕소(ekaboron), 에카알루미늄(ekaaluminium) 및 에카실리콘(ekasilicon)이라 명명하였다.

## 영족 기체

주기율표의 오른쪽에 있는 원소들의 발견으로 원소들의 배열은 크게 확장되었다. 아르곤이 1894년에 공기로부터 분리되었고, 헬륨, 네온, 크립톤, 제논 및 라돈 등도 그 후 5년 이내에 발견되었다. 원래 그 기체 원소들은 비활성 기체(inert gas)로 불렸는데, 그 이유는 이 원소들이 화학 반응성을 보이지 않기 때문이다.

1962년에 제논을 포함한 화합물이 브리티시 콜롬비아 대학교에서 합성되었다. 최초의 화합물, PtXeF이 만들어진 후 몇 개의 다른 비활성 화합물들도 빠르게 합성되었다. 제논과 크립톤의 화합물이 만들어지긴 했어도 아르곤, 네온, 및 헬륨의 원소들은 아직도 화합물로 만들지 못하고 있다. 더욱 최근에는 이들 족을 "영족(18족) 기체"라는 용어를 사용하고 있다. 같은 이유로 구리, 은 및 금을 귀금속이라 부르는데 그 이유는 화학 반응에 대한 이 원소들의 저항성(비반응성) 때문이다.

## 4-2 | 주기율표의 개념

1869년, 멘델레예프는 원소들의 원자량이 증가함에 따라서 원소의 성질들이 되풀이 된다고 제안하였다. 1913년 모즐리(H. G. J. Moseley)는 고 에너지 복사선으로 원자핵들에 충격을 주었고, 방출된 X선의 연구에서 주기율표에 배열된 각 원소의 핵전하가 아래와 같이 하나씩 증가함을 발견하였다:

| | | | | | | | |
|---|---|---|---|---|---|---|---|
| H = 1 | | | | | | | He = 2 |
| Li=3 | Be = 4 | B=5 | C=6 | N=7 | O=8 | F=9 | Ne=10 |
| Na=11 | Mg= 12 | Al=13 | Si=14 | P=15 | S=16 | Cl=17 | Ar=18 |

모즐리는 원자량에 의한 것 보다는 핵전하 증가에 따라 원소를 배열하는 것이 원소들의 주기적 성질을 더 잘 설명할 수 있다는 결론 내렸다. 즉 원자번호(=양성자수)에 의해 원소를 배열하는 것이 주기율표의 경향성을 더 잘 설명할 수 있다고 하였다. **주기율**(periodic law)은 원자번호가 증가함에 따라 배열하였으며 몇 개의 예외는 있어도 이들의 주기적 경향성은 잘 일치한다.

1920년대에 보어(N. Bohr)는 전자 에너지 준위의 개념을 도입하였고 주기율표는 새로운 모양을 갖게 되었다. 새로운 모양은 그림 4.2에 나타낸 것처럼 오늘날 사용하는 눈에 익은 배열을 닮았다. 주기율표의 네 번째 줄을 주의 깊게 살펴보면 연속적으로 증가하던 원자량이 Co에서 Ni로 갈 때 감소된다는 것을 알게 될 것이다. 즉, Ni이 Co보다 더 적은 원자량을 갖는다. 주기율표에서 코발트가 니켈 앞에 있는 이유는 Co(27)의 원자번호가 Ni(28)의 원자번호보다 더 적기 때문이다.

| 주기 | 1 IA | 2 IIA | 3 IIIB | 4 IVB | 5 VB | 6 VIB | 7 VIIB | 8 VIII | 9 VIII | 10 VIII | 11 IB | 12 IIB | 13 IIIA | 14 IVA | 15 VA | 16 VIA | 17 VIIA | 18 VIIIA |
|---|---|---|---|---|---|---|---|---|---|---|---|---|---|---|---|---|---|---|
| 1 | 1 H 1.01 | | | | | | | | | | | | | | | | | 2 He 4.00 |
| 2 | 3 Li 6.94 | 4 Be 9.01 | | | | | | | | | | | 5 B 10.81 | 6 C 12.01 | 7 N 14.01 | 8 O 16.00 | 9 F 19.00 | 10 Ne 20.18 |
| 3 | 11 Na 22.99 | 12 Mg 24.31 | | | | | | | | | | | 13 Al 26.98 | 14 Si 28.09 | 15 P 30.97 | 16 S 32.07 | 17 Cl 35.45 | 18 Ar 39.95 |
| 4 | 19 K 39.10 | 20 Ca 40.08 | 21 Sc 44.96 | 22 Ti 47.88 | 23 V 50.94 | 24 Cr 52.00 | 25 Mn 54.94 | 26 Fe 55.85 | 27 Co 58.93 | 28 Ni 58.69 | 29 Cu 63.55 | 30 Zn 65.39 | 31 Ga 69.72 | 32 Ge 72.61 | 33 As 74.92 | 34 Se 78.96 | 35 Br 79.90 | 36 Kr 83.80 |
| 5 | 37 Rb 85.47 | 38 Sr 87.62 | 39 Y 88.91 | 40 Zr 91.22 | 41 Nb 92.91 | 42 Mo 95.94 | 43 Tc (99) | 44 Ru 101.07 | 45 Rh 102.91 | 46 Pd 106.42 | 47 Ag 107.87 | 48 Cd 112.41 | 49 In 114.82 | 50 Sn 118.71 | 51 Sb 121.75 | 52 Te 127.60 | 53 I 126.90 | 54 Xe 131.29 |
| 6 | 55 Cs 132.91 | 56 Ba 137.33 | 57 La 138.91 | 72 Hf 178.49 | 73 Ta 180.95 | 74 W 183.85 | 75 Re 186.21 | 76 Os 190.2 | 77 Ir 192.22 | 78 Pt 195.08 | 79 Au 196.97 | 80 Hg 200.59 | 81 Tl 204.38 | 82 Pb 207.2 | 83 Bi 208.98 | 84 Po (209) | 85 At (210) | 86 Rn (222) |
| 7 | 87 Fr (223) | 88 Ra (226) | 89 Ac (227) | 104 Rf (261) | 105 Db (262) | 106 Sg (263) | 107 Bh (262) | 108 Hs (265) | 109 Mt (266) | 110 Ds (271) | 111 (272) | 112 (277) | | 114 (285) | | 116 (289) | | |

원자번호 — 1
기호 — H
원자량 — 1.01

| 58 Ce 140.12 | 59 Pr 140.91 | 60 Nd 144.24 | 61 Pm (147) | 62 Sm 150.36 | 63 Eu 151.97 | 64 Gd 157.25 | 65 Tb 158.93 | 66 Dy 162.50 | 67 Ho 164.93 | 68 Er 167.26 | 69 Tm 168.93 | 70 Yb 173.04 | 71 Lu 174.97 |
|---|---|---|---|---|---|---|---|---|---|---|---|---|---|
| 90 Th 232.04 | 91 Pa (231) | 92 U 238.03 | 93 Np (237) | 94 Pu (244) | 95 Am (243) | 96 Cm (247) | 97 Bk (247) | 98 Cf (251) | 99 Es (252) | 100 Fm (257) | 101 Md (258) | 102 No (259) | 103 Lr (260) |

**▲ 그림 4.2 현대적인 원소의 주기율표**

원자번호는 주기율표의 전체에 걸쳐서 순차적으로 증가한다. 원자량도 몇 개를 제외하고는 증가함에 유의하라. 그러나 핵전하(즉, 원자 번호)가 원소들의 반복되는 성질을 더 분명하게 설명해 준다.

**예제 4-1**

멘델레예프 주기율표의 다섯 번째 줄에서 멘델레예프가 최초로 제안했던 주기율에 위배되는 두 원소를 찾아라.

**해답** Rb으로 시작하는 다섯 번째 주기에서 Te(52)와 I(53)의 원자번호가 증가해도 Te(127.60)와 I(126.90)의 원자량은 증가하지 않는다. 실험적으로 F, Cl 및 Br과 성질이 비슷한 것은 I 이지 Te는 아니다.

## 4-3 | 원소들의 족과 주기

주기율표에서 세로 열은 원소들의 **족**(group)이라 부르고, 가로줄은 **주기**(period)라고 부른다. 이 책의 앞표지 내부에 있는 주기율표를 주의해서 보면 7개의 가로줄에 원소들이 나열되어 있다. 이들 원소들의 주기는 1에서 7까지 번호가 매겨져 있다. 첫 번째 주기에는 H와 He의 단 2개의 원소가 있다. 두 번째 주기에는 Li에서 Ne까지, 세 번째 주기에는 Na에서 Ar까지 각각 8개의 원소가 있다. 네 번째 주기에는 K에서 Kr까지, 다섯 번째 주기에는 Rb에서 Xe까지 18개의 원소가 있다.

수소 원소는 주기율표에서 특별한 위치를 차지하고 있다. 수소는 기체이고 다른 비금속들과 비슷한 성질을 가지고 있다. 그러나 수소는 자신이 하나의 전자를 잃을 수 있는 금속의 성질을 가지고 있다. 수소의 분명치 않는 행동 때문에 이 책에서는 H를 주기율표의 중간에 두었다.

주기율표에는 18개의 세로 열이 있다. 과거에는 미국 화학자들이 원소의 족을 표시할 때 예를 들면, IA, IIA, IIB등으로 로마숫자 다음에 문자 A 또는 B를 사용했다. 주기율표에서 IA족은 Li에서 Fr까지, IIA족은 Be에서 Ra까지의 원소를, 그리고 IIB족은 Zn, Cd, 및 Hg을 포함하고 있다.

1920년대 이후, 주기율표에 족의 숫자를 매기는데 논쟁이 있어 왔다. 최근 국제 순수 및 응용 화학기구(IUPAC)는 숫자 1에서 18까지를 사용하여 족에 번호를 매기는 것을 제안함으로써 논쟁을 해결하였다. 예를 들면, IUPAC는 IA족을 1족으로 표시하고, IIB족을 12족으로 표시하고 VIIIA족을 18족으로 표시할 것을 권장하고 있다. 화학자들은 현재 IUPAC 규약을 채택하는 과정에 있다. 그러므로 이 책에 있는 주기율표는 두 규약 모두를 표에 실었다. 예를 들면 IA/1, IIB/12 그리고 VIII A/18 등이다.

주기율표에서 원소들은 족의 이름에 의해서도 불릴 수 있다. IA/1족의 이름은 **알칼리 금속**(alkali metal)이다. IIA/2족에 있는 원소는 **알칼리 토금속**(alkaline earth metal)으로 불린다. 주기율표에서 어떤 원소들의 족 이름은 족에 있는 첫 번째 원소이름을 사용한다. 예를 들면 IB/11족 원소들은 **구리족**(Cu, Ag, Au)이고 IIIA/13족 원소들은 붕소 족이다. VIIA/17족에 있는 원소들은 **할로겐족**(할로젠, halogen)으로 불린다. VIIIA/18족 원소들은 정상 조건에서는 모두 기체이고 대체적으로 반응성이 없다. 그래서 이들을 **영족**(18족)**기체**(noble gas)라 부른다.

## 주족원소와 전이원소

우리는 원소를 **주족원소**(representative element)나 **전이원소**(transition element) 중 하나로 분류 할 수 있다. 주족원소들은 주기율표의 왼쪽과 오른쪽의 족 번호 A그룹에서 찾을 수 있다. 일반적으로 주족원소의 화학적 성질은 예상될 수 있다. 예를 들면, 마그네슘은 언제나 산소와 반응하여 MgO을 생성한다.

전이원소는 주기율표의 중간에 위치한 B그룹에서 찾을 수 있다. 전이원소의 화학적 성질은 주족 원소의 경우와는 다르게 예상하기가 어렵다. 예를 들면, 제한된 산소 속에서 철이 반응하면 FeO를 형성하나 과잉 산소가 존재할 때는 철의 생성물은 $Fe_2O_3$가 된다.

내부 전이원소는 주기율표의 아래쪽에서 발견된다. 이들 두 계열은 주기율표가 심하게 넓어지지 않도록 하기 위해 별도로 아래에 두었다.

첫 번째 내부 전이원소 계열은 주기율표에서 Ce~Lu 이다. 이계열은 57번 원소인 란탄(La) 뒤에 나오므로 **란탄족 계열**(lanthanide series)이라 부르며 원소들의 성질이 비슷하다. 지각에 있는 이들 원소들의 자연적인 양은 0.005 %보다 적다. 따라서 **희토류 원소**(rare earth element)라고 부른다.

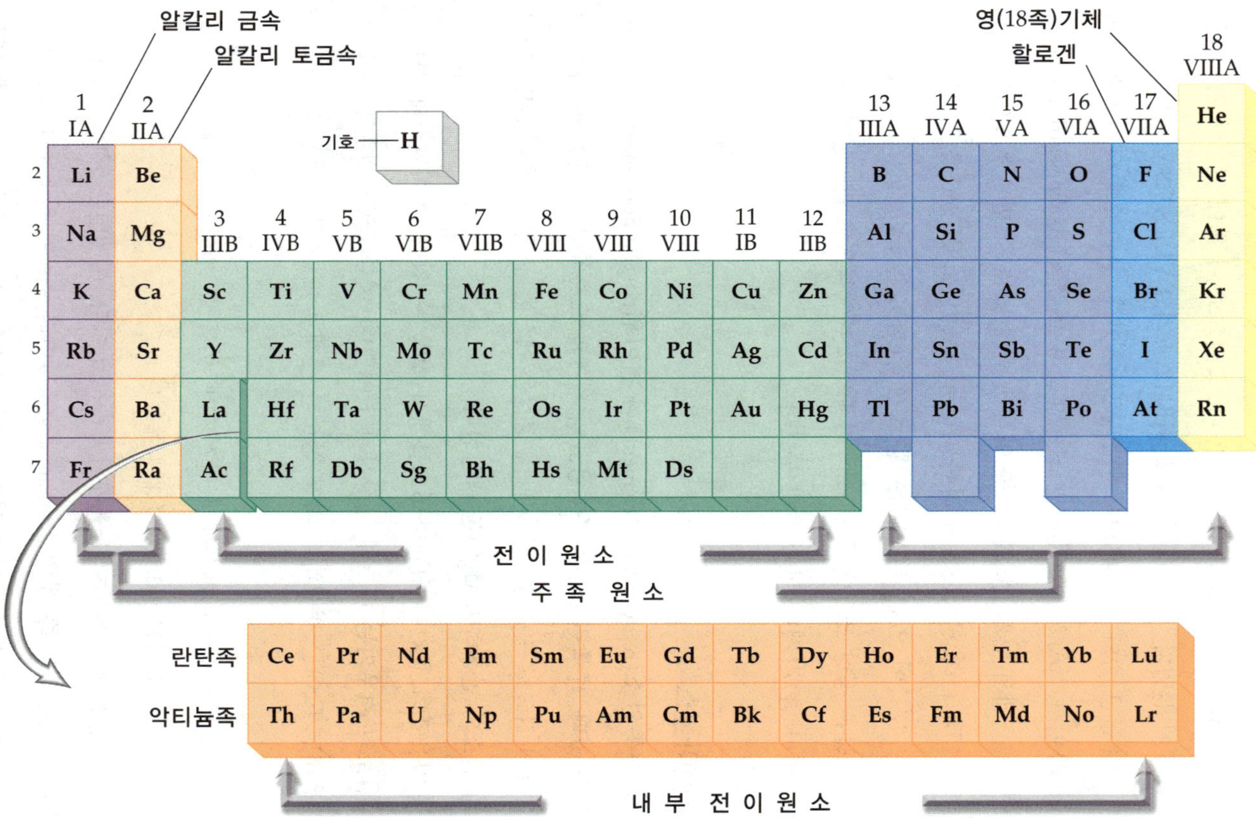


▲ **그림 4.3 족과 주기의 이름**
족과 주기의 일반적인 이름은 해당되는 족과 주기에 나타내었다.

두 번째 내부 전이원소 계열은 Th~Lr 이다. 이 계열은 89번 원소인 악티늄(Ac)뒤에 나오므로 **악티늄족 계열**(actinide series)이라 부른다. 이 계열에 있는 모든 원소들은 방사성 원소들이다. 우라늄 다음에 나오는 원소 중 어느 것도 자연적으로 발생되지 않는다. 93번 원소와 그 이후의 원소들은 인간의 노력과 "원자 분쇄기"로 불리는 입자 가속기를 이용하여 고 에너지 합성의 결과이다. 이들 원소의 동위원소는 수명이 극히 짧아 (1/1000초)도 안 된다. Np에서 Lr까지 우라늄의 뒤를 잇는 11개의 원소들은 초우라늄 원소라 불린다. 중요한 족과 주기들의 이름을 그림 4.3에 있는 주기율표에 요약하여 나타내었다.

**예제 4-2**

다음 설명에 알맞은 원소의 기호를 골라라.

(a) 제 4주기에 있는 알칼리 금속 원소 (b) 제 3주기에 있는 할로겐 원소

(c) 가장 적은 원자량을 가진 희토류 원소 (d) VIIB/7족과 4주기에 있는 금속 원소

**해답** 그림 4.3에 있는 주기율표를 참고하면 다음과 같다.

(a) K (b) Cl (c) Sc (d) Mn

**물음** 다음 설명에 적당한 원소의 기호를 골라라.

(a) 제 6주기에 있는 알칼리 토금속 원소 (b) 제 3주기에 있는 영족(18족)기체

(c) 원자량이 가장 큰 악티늄족 원소 (d) IIIA/3족에 있는 반금속(semimetal) 원소

**해답** (a) Ba (b) Ar (c) Lr (d) B

## 4-4 | 주기적 경향

원자를 공처럼 간주할 때, 원자 반지름으로 그 크기를 나타낼 수 있다. **원자 반지름**

(atomic radius)은 원자핵으로부터 최외각 전자까지의 거리이다. 이 거리는 매우 작으므로, 원자 반지름을 나노미터(nm)단위로 표시한다.

주기율표에서 원자 크기에는 두 가지 일반적 경향이 있다. 첫째, 같은 족의 밑에서 위로 올라가면, 그 원자의 반지름은 감소한다. 감소하는 이유는 핵을 둘러 싼 전자의 에너지준위(궤도)의 수가 더 감소하기 때문이다. 에너지 준위수가 감소하는 비유로는 양파를 한 겹씩 벗겨 나가면 양파 크기가 줄어드는 현상과 유사하다. 그러므로 원자 반지름의 경향은 족의 위로 올라 갈수록 감소한다.

둘째, 한 주기의 왼쪽에서 오른쪽으로 갈수록 원소들의 반지름은 감소한다. 이러한 감소는 다음과 같이 설명된다. 주기율표에서 왼쪽에서 오른쪽으로 갈수록 양성자수가 증가하므로 핵의 양전하(+전하)는 증가한다. 이러한 결과는 전자들을 핵에 더 가까이 끌어당기게 하므로 원자의 크기는 감소한다. 따라서 한 주기 내에서 왼쪽에서 오른쪽으로 갈수록 원자 반지름이 감소한다.

그림 **4.4**는 주기율표에서 원자 반지름의 경향을 나타낸 것이다. 전이원소들과 내부 전이원소들은 일반적인 경향에 예외가 많아서 생략되었다. 같은 부준위에 있는 전이원소들의 원자 반지름은 상당히 비슷하다.

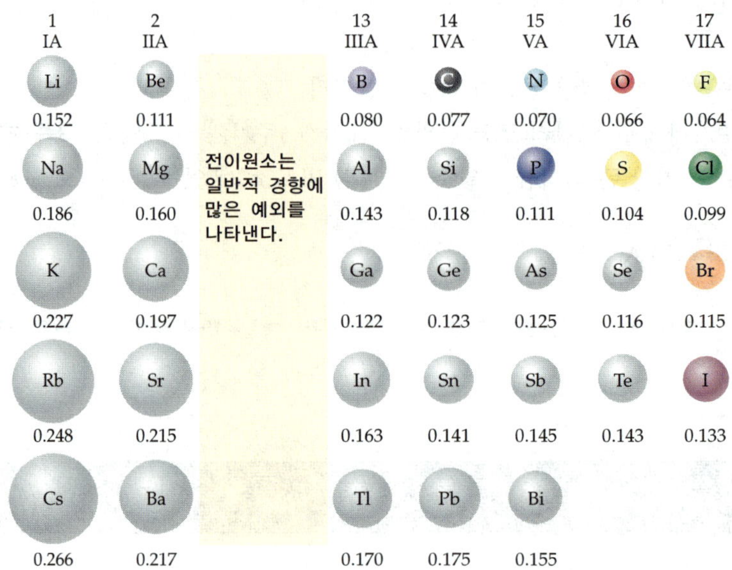


**▲ 그림 4.4 선택된 주족원소들의 원자 반지름**

같은 족에서는 위로 갈수록, 같은 주기에서는 오른쪽으로 갈수록 원자반지름이 감소한다. 원자 반지름의 값은 나노 미터(nm)단위로 주어진다. 1m는 1,000,000,000 nm이다.

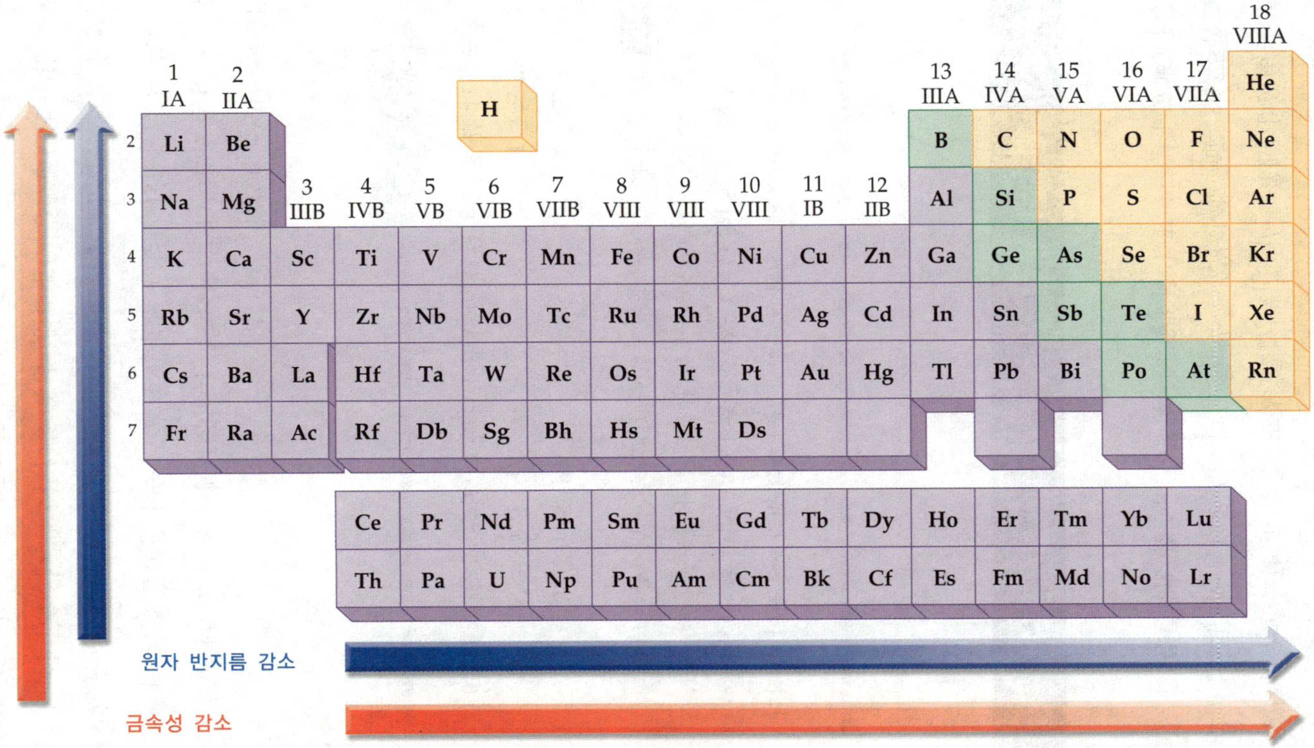


**▲ 그림 4.5 원자 반지름과 금속성에 있어서의 일반적인 경향**

원자 반지름은 일반적으로 같은 족에서는 위로 올라갈수록 감소하며, 같은 주기에서는 왼쪽에서 오른쪽으로 갈수록 감소하는 경향이 있다. 주기율표에서 금속성의 경향도 비슷하다.

또한 주기율표는 원소들의 금속성에 대한 두 가지 일반적 경향을 나타낸다. 첫째로 금속은 주기율표의 왼쪽에 있고 비금속은 오른쪽에 있음을 기억하라. 따라서 한 주기의 왼쪽에서 오른쪽으로 갈수록 금속성이 감소하는 경향이다. 둘째로 주기율표에서 위로 올라 갈수록 금속성은 감소한다. 위로 올라갈수록 핵과 전자와의 거리가 가까워지고 따라서 인력이 증가하기 때문에 전자를 제거하기가 어렵다. 즉 음전하의 전자들과 양전하의 핵들 사이의 거리가 짧을수록 그 금속이 전자를 잃는 경향이 적으므로 금속성은 감소하는 경향이다. 그림 4.5는 주기율표에서 원자 반지름과 금속성에 대한 일반적 경향을 나타낸 것이다.

### 예제 4-3

다음의 각 쌍 중에서 원자 반지름이 보다 더 작은 원소를 찾아라.

(a) Na 또는 K　　(b) P 또는 N

(c) Ca 또는 Ni　　(d) Si 또는 S

**해답** (a) IA/1족에서 Na은 K위에 있다. Na의 원자 반지름이 더 작다.

(b) VA/5족에서 N은 P위에 있다. N의 원자 반지름이 더 작다.

(c) Ni은 4주기에 있는 Ca의 오른쪽에 있다. Ni의 원자 반지름이 더 작다.

(d) S는 3주기에서 Si의 오른쪽에 있다. S의 원자 반지름이 더 작다

## 4-5 | 원소의 성질

멘델레예프가 주기율표를 설계할 때, 성질이 비슷한 원소들을 같은 족에 두었다. 그렇게 함으로서 그는 자기가 만든 주기율표의 빈곳에서 아직 발견되지 않는 원소들을 예상할 수 있었다. 예를 들면, 그는 색깔, 밀도, 융점 및 원자량과 같은 성질에 대한 경향성을 알게 된 후, 그 당시 발견되지도 않은 에카실리콘의 성질을 예상하는데 성공하였다.

## 물리적 성질의 예상

오늘날, 화학자들은 원소들의 성질에 관한 정보의 대부분을 Handbook of Chemistry and Physics와 같은 참고서에서 얻는다. 만약 어떤 특정한 성질에 대한 값을 모른다 할지라도 멘델레예프가 물리적 성질을 예상했던 방식을 사용할 수 있다. 예를 들어, 만약 우리가 같은 족 두 원소의 밀도를 안다면, 같은 족 내의 또 다른 원소에 대한 밀도를 합리적으로 예상할 수 있다.

표 4.2는 주기율표에서 IA/1족에 나타낸 알칼리 금속들의 몇 가지 물리적 성질들을 표로 만든 것이다. 방사성 원소 프란슘(Fr)의 물리적 성질들은 표 4.2에 있는 다른 알칼리 금속들과 함께 포함되지 않았음을 주목하라 그러나 다른 원소에 의해 나타난 경향에 근거하여 원소의 물리적 성질에 대해 어떤 타당한 예상을 할 수 있다. IA/1족에서 Fr이 Cs보다 밑에 있으므로, Fr의 원자 반지름은 0.266 nm보다 크고, 밀도는 1.87 g/mL보다 크며, 녹는점이 28.4℃보다 낮고, 원자량이 132.91 amu보다 크다고 예상할 수 있다.

**표 4.2 알칼리 금속들의 물리적 성질들**

| 원소 | 원자 반지름 (nm) | 밀도(g/mL, 20℃) | 녹는점(℃) | 원자량(amu) |
|---|---|---|---|---|
| Li | 0.152 | 0.53 | 180.5 | 6.94 |
| Na | 0.186 | 0.97 | 97.8 | 22.99 |
| K | 0.227 | 0.86* | 63.3 | 39.10 |
| Rb | 0.248 | 1.53 | 38.9 | 85.47 |
| Cs | 0.266 | 1.87 | 28.4 | 132.91 |

* K의 밀도가 Na보다 작음을 주목하라. 족의 경향성에서 작은 불규칙성이 나타나는 것은 이상한 일이 아니다.

**예제 4-4**

아래에 나타난 각 물리적 성질에서 보이지 않는 값(?)을 예상하라.

IIA/2족에 있는 3개의 알칼리 토금속들 중 2개의 (a) 원자 반지름 (b) 밀도 및 (c) 녹는점이 주어져 있다.

| 원소 | 원자 반지름 | 밀도(20℃) | 녹는점 |
|---|---|---|---|
| Ca | 0.197 nm | 1.54 g/m | ( ? )°C |
| Sr | 0.215 nm | (?) g/mL | 769°C |
| Ba | (?) nm | 3.65 g/mL | 725°C |

**해답** (a) Ca으로부터 Sr까지의 반지름 증가량 = 0.215 nm−0.197 nm = 0.018 nm이다.
이 차이(0.018 nm) 를 Sr의 원자 반지름에 더하면
Ba의 원자 반지름 = 0.215 nm + 0.018 nm = 0.233 nm를 얻는다. (문헌 값은 0.217 nm이다.)

(b) Sr의 밀도는 Ca과 Ba사이의 중간쯤에 놓일 것으로 예상할 수 있다.
즉, Sr의 밀도 = (1.54+3.65)/2 = 2.60 g/mL (문헌 값은 2.63 g / mL)이다.

(c) Ba으로부터 Sr까지 녹는점의 증가량 = 769℃−725℃ = 44℃ 이다.
이제 Sr의 값에다 44℃를 더한다.
Ca의 녹는점 = 769℃+44℃ = 813℃. (문헌 값은 839℃이다.)

## 화학적 성질 예상

주기율표를 이해하여 화학반응의 생성물을 예상할 수 있다. 예를 들면, 마그네슘과 산소가 반응하여 산화마그네슘(MgO)이 생성됨을 알면 비슷한 방법으로 다른 IIA/2족 원소들이 반응하는 것도 예상할 수 있다. 즉 칼슘, 스트론튬 및 바륨은 산소와 반응하여 비슷한 산화물(CaO, SrO 및 BaO)을 생성한다. 일반적인 규칙에 예외가 있으나, 주기율표를 이용한 원리는 화학반응을 이해하는데 도움이 된다.

### 예제 4-5

칼륨, 칼슘, 갈륨 및 게르마늄의 산화물에 대한 화학식은 각각 $K_2O$, CaO, $Ga_2O_3$ 및 $GeO_2$이다. 주기율표를 참조하여 다음 화합물의 화학식을 각각 예상하라.

(a) 산화루비듐　(b) 산화스트론튬　(c) 산화인듐　(d) 산화주석

**해답** (a) $Rb_2O$　(b) SrO　(c) $In_2O_3$　(d) $SnO_2$

## 4-6 | 원소들의 구역

3.9절에서 전자의 에너지 부준위는 (1s 〈 2s 〈 2p 〈 3s 〈 3p 〈 4s 〈 3d 〈 4p 〈 5s 〈 4d 〈 5p)의 순서로 에너지가 증가함을 배웠다. 이 절에서는 주기율표에서 원소들의 배치구역이 에너지 부준위 순서에 기인됨을 알게 될 것이다.

IA/1족과 IIA/2족에 있는 원소들은 s부준위를 채운다. IIIA/13에서 VIIIA/18족에 있는 원소는 p부준위를 채운다. IIIB/3에서 IIB/12족에 있는 전이원소들은 d부준위를 채운다. 내부 전이원소(Ce-Lu 및 Th-Lr)는 f 부준위를 채운다. s부준위를 채운 원소들은 주기율표의 왼쪽에 있으며 s구역(block) 원소라 부른다. 마찬가지로 p구역은 p부준위를 채워가는 원소들로 구성되었으며, d구역은 d부준위에, f 구역은 f 부준위에 전자들을 채워나간다. 그림 4.6은 주기율표에서 s, p, d 및 f 구역 원소들을 그린 것이다.

그림에서 3d에너지 부준위가 4s에너지 부준위 다음에 옴을 알 수 있으며 s구역 원소가 모든 d부준위보다 앞에 옴을 알 수 있다. 또한 부준위수가 주 에너지 준위에 일치함을 알 수 있다. 예를 들어 세 번째 주 에너지 준위에는 3개의 부준위(3s, 3p 및 3d)들이 있다. 네 번째 주 에너지 준위에는 4개의 부준위(4s, 4p, 4d, 및 4f)들이 있다. 그림 4.6에서 란탄족과 악티늄족이 f 구역 원소임을 알 수 있다. 란탄족들은 4f 에너지 부준위를 채우고 악티늄족들은 5f 부준위를 채운다. 이제 주기율표에서 부준위들의 관계를 이해하였으므로 주기율표를 이용하여 전자 배치를 쓸 수 있다.

원자번호가 클수록 전자배치가 매우 복잡하므로 속기법으로 전자배치를 할 수 있다. 속기법은 어떤 원소가 주어졌을 때 내부의 전자는 그 원소의 주기보다 한 주기 위의 영족(18족) 원소기호로 대신하고 남아있는 전자만 전자배치를 한다. 예로서 Na의 전자수는 11개이며 전자 배치는 ($1s^22s^22p^63s^1$)이다. Na은 3주기 원소이므로 내부전자는 2주기 영족(18족)기체 네온(Ne)으로 대체하고 나머지 전자만 전자배치를 하는 방법이다. 네온(Ne)이 10개의 전자($1s^22s^22p^6$) 를 나타내므로 남은 전자는 ($3s^1$) 이다. 따라서 Na의 전자 배치는 속기법으로 [Ne]$3s^1$과 같이 쓸 수 있다.

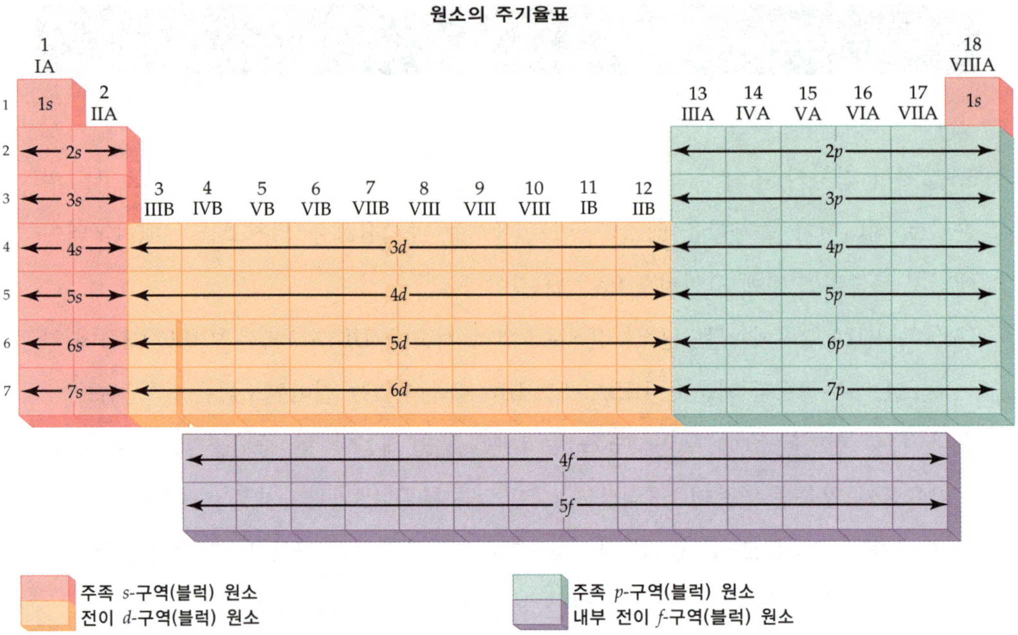


▲ **그림 4.6 주기율표에서 원소의 구역**(**블럭, block**)
주기율표에서 에너지 부준위와 s, p, d, 및 f의 구역 원소들 간의 관계.

**예제 4-6**

다음 각 원소들 중 에너지 부준위가 가장 높은 것을 말하라.

(a) H (b) S (c) Ni (d) U

**해답** (a) H는 1s 부준위를 채운다.
(b) S는 3p 부준위를 채운다.
(c) Ni은 3d부준위를 채운다.
(d) U는 5f 부준위를 채운다.

예제 4-7

주기율표를 참조하여 다음 원소들의 예상되는 전자 배치를 써라.

(a) P (b) Co

해답 (a) P의 전자 배치는 $1s^2 2s^2 2p^6 3s^2 3p^3$ 또는 $[Ne]3s^2 3p^3$이다.

(b) Co의 전자 배치는 $1s^2 2s^2 2p^6 3s^2 3p^6 4s^2 3d^7$ 또는 $[Ar]4s^2 3d^7$이다.

물음 주기율표를 참조하여 다음 원소들의 예상되는 전자 배치를 써라.

(a) Zn (b) I

해답 (a) $1s^2 2s^2 2p^6 3s^2 3p^6 4s^2 3d^{10}$ 또는 $[Ar]4s3d^{10}$

(b) $1s^2 2s^2 2p^6 3s^2 3p^6 4s^2 3d^{10} 4p^6 5s^2 4d^{10} 5p^5$ 또는 $[Kr]\,5s^2 4d^{10} 5p^5$

## 4-7 | 원자가전자

어떤 원소가 화학 반응을 할 때 최외각 전자들만이 관여된다. 이들 전자들은 에너지가 가장 높으며 핵으로부터 가장 멀리 떨어져 있다. 이들 최외각 전자들을 **원자가전자**(valence electron)라 부른다. 원자가전자는 원자들 사이에 화학 결합을 형성하고 그 원소의 화학적 성질을 지배한다. 여기에서 우리의 목적을 위하여 전이원소들은 재외하고 주족원소들만을 논의할 것이다. 그러한 경우에, 원자가전자들의 수는 최외각에 있는 s 및 p준위의 전자의 총수와 같으며 족의 번호와 같다.

원자가전자의 수를 구하기 위하여 주기율표에서 족의 번호를 조사해 보자. IA족 원소들에는 s부준위에 1개의 원자가전자를 가지며, IIA족 원소에는 s부준위에 2개의 원자가전자를 가진다. IIIA족은 s부준위에 2개 p부준위로부터 1개를 더하여 전체적으로 3개의 원자가전자를 가진다. IVA족은 4개의 원자가전자를, VA족은 5개의 원자가전자를 가질 수 있다.

만약 족의 번호를 IUPAC 명명법을 이용하면, 끝자리 숫자(예를 들면, 13에서 3)는 원자가전가의 수를 나타낸다. 1족은 1개의 원자가전자를 가지고 14족은 4개의 원자가전자를 가지며, 그리고 18족은 8개의 원자가전가를 가진다. 왜냐하면 18족은 s 및 p 부준위에 각각 최대 2개 및 6개의 전자를 가질 수 있기 때문이다.

**예제 4-8**

다음 주족 원소의 원자가전자의 수를 주기율표를 참고하여 구하라.

(a) Na (b) Al (c) S (d) Xe

**해답** 주기율표에서 원소를 찾아 족의 번호를 관찰하고, 원자가전자의 수를 표시하라.

(a) Na은 IA/1족에 있으므로, Na은 1개의 원자가전자를 가진다.

(b) Al은 IIIA/13족에 있으므로, Al은 3개의 원자가전자를 가진다.

(c) S는 VIA/16족에 있으므로, S는 6개의 원자가전자를 가진다.

(d) Xe은 VIIIA/18족에 있으므로, Xe은 8개의 원자가전자를 가진다.

**주의** 주기율표에서 족의 번호를 참고함으로써 모든 주족원소들에 대하여 원자가전자의 수를 빨리 예상할 수 있다. 그러나 전이원소들은 s 혹은 p 부준위가 아닌 d 부준위를 채움에 유의하라. 그러므로 전이원소에 대한 원자가전자의 수를 예상하기가 어렵다.

## 4-8 | 전자점식

한 원소가 화학반응을 할 때 단지 원자가전자만이 관여된다고 언급한 바 있다. 그것은 원자가전자가 핵으로부터 가장 멀리 떨어져 있어 다른 원소에 가장 접근하기 쉽기 때문이다. 원자가전자들의 배치를 표시하기 위하여 화학자들은 전자점식이라 불리는 표기법을 고안해 냈다. 전자점식은 유명한 미국 화학자 루이스(G. N. Lewis)를 기념하기 위해 루이스구조라고도 부른다.

**전자점식**(electron dot formula)은 원소기호 둘레에 원자가전자의 수를 점으로 나타낸 것을 말한다. 그림 4.7은 전자점식에 대한 일반적 기호를 설명한 것이다.

점을 표시하는 절대적인 규칙은 없다 할지라도 첫 번째 점은 기호 오른쪽에, 두 번째 점은 기호 밑에, 세 번째 점은 기호 왼쪽에, 그리고 네 번째 점은 기호 위에 표시한다. 다섯 번째 부터는 시계 방향으로 돌면서 각각 첫 번째, 두 번째, 세 번째, 그리고 네 번째 점과 쌍을 이루게 한다.

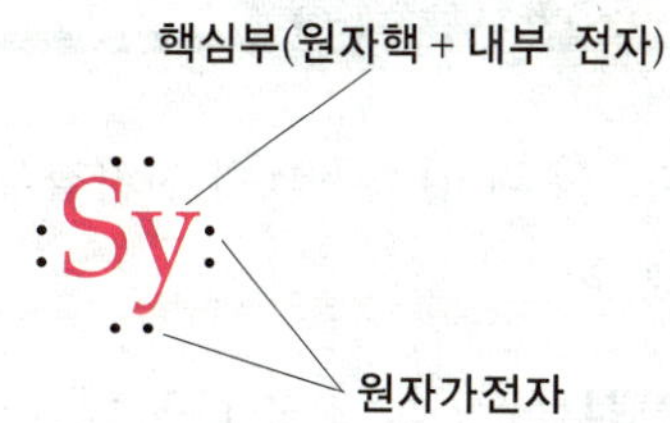


▲ **그림 4.7 전자점식의 표현**
어떤 원소의 원자에 대한 전자점식은 그 원자의 핵심부를 표시하는 원소기호를 사용한다. 각 원자가전가는 기호 둘레에 배열된 점으로 표현된다.

예를 들어, 원소 인을 생각해 보자. 인은 VA/15족에 있으므로 5개의 원자가전자를 가진다. 인에 대한 전자점식을 다음과 같이 그릴 수 있다. 먼저 인의 기호를 쓴 다음 다섯 개의 점을 다음과 같이 한꺼번에 표시한다.

| P | > | P· | > | P· (아래 점) | > | ·P· | > | ·P· (위 점) | > | ·P: |
|---|---|---|---|---|---|---|---|---|---|---|
| core | + | 1 $e^-$ | + | 2 $e^-$ | + | 3 $e^-$ | + | 4 $e^-$ | + | 5 $e^-$ |

점들의 위치가 원자핵 둘레에 전자의 실제적인 위치를 나타내는 것이 아님을 유의하라. 실제로 전자들은 일정한 운동을 하며 핵 둘레를 돌고 있다.

### 원자의 전자점식을 그리는 방법

**1 단계** : 원소기호를 써라.

**2 단계** : 주기율표에서 원소의 족의 번호로부터 원자가전자의 수를 결정하라.

**3 단계** : 원소기호의 각 면(동, 서, 남, 북) 에 원자가전자수를 하나씩 점으로 찍고 4개 이상이 되면 시계방향으로 돌면서 각 면에 한 쌍(2개)의 전자가 들어가도록 그린다.

### 예제 4-9

다음의 각 원소에 대한 전자점식을 그려라.

(a) Si　　　　(b) Xe

**해답** Si가 4개의 원자가전자를 가지며 Xe는 8개를 가진다. 전자점식은 다음과 같다.

(a) $\cdot\dot{\underset{\cdot}{\text{Si}}}\cdot$　　　　(b) $:\ddot{\underset{\cdot\cdot}{\text{Xe}}}:$

**물음** 다음 각 원소에 대한 전자점식을 그려라.

(a) k　　　　(b) I

**해답** (a) $\text{K}\cdot$ (b) $:\dot{\underset{\cdot\cdot}{\text{I}}}:$

## 4-9 | 이온화 에너지

금속은 하나 또는 그 이상의 원자가전자를 잃음으로써 화학반응을 한다. 금속은 전자를 잃은 후에 양으로 하전 되며 전하를 지니고 있는 모든 원자는 **이온**(ion)이라 불린다. 원자에서 전자를 제거하려면 언제나 에너지가 필요하다. 기체 상태에 있는 중성 원자로부터 전자 하나를 제거하는데 필요한 에너지의 양을 **이온화 에너지**(ionization energy) 또는 **이온화 퍼텐셜**(ionization potential)라 한다. Na원자에 대한 이온화를 다음과 같이 나타낼 수 있다.

$$\text{Na} \xrightarrow{\text{이온화에너지}} \text{Na}^+ + e^-$$

그림 4.8은 원자 번호 86까지의 원소들의 원자로부터 전자 하나를 제거하는데 필요한 상대적 에너지를 나타낸다.

그림 4.8에서 가장 높은 이온화 에너지를 가진 원소들은 같은 주기의 영족(18족) 기체

에 속해 있음에 유의하라. 이 족이 반응을 일으키는 경향성이 적은 이유는 전자를 제거하기가 어렵기 때문이다. 영족(18족)기체는 원자가껍질 (원자가전자가 들어가는 궤도)에 전자가 완전히 채워져 안정한 상태이므로 전자를 얻거나 잃을 필요가 없기 때문에 높은 이온화 에너지를 갖는 것으로 추론할 수 있다.

이와 반대로 가장 낮은 이온화 에너지를 갖는 원소들은 알칼리 금속에 속한다. 즉 알칼리 금속은 모두 s 부준위에 전자 한 개를 가진다. 알칼리 금속으로부터 하나의 전자를 제거하면, 그 결과 생긴 이온은 앞의 영족(18족)기체와 같은 수의 전자를 갖는다. 예를 들면 $Li^+$는 2개의 전자를 가지며 (He와 같이), $Na^+$는 10개의 전자를 가지며 (Ne와 같이), $K^+$는 18개의 전자를 가진다(Ar와 같이). 알칼리 금속이 전자 한 개를 잃으면 매우 안정한 전자 배치인 영족(18족)기체의 전자 배치를 가지므로 전자를 잃으려는 경향이 매우 낮다.

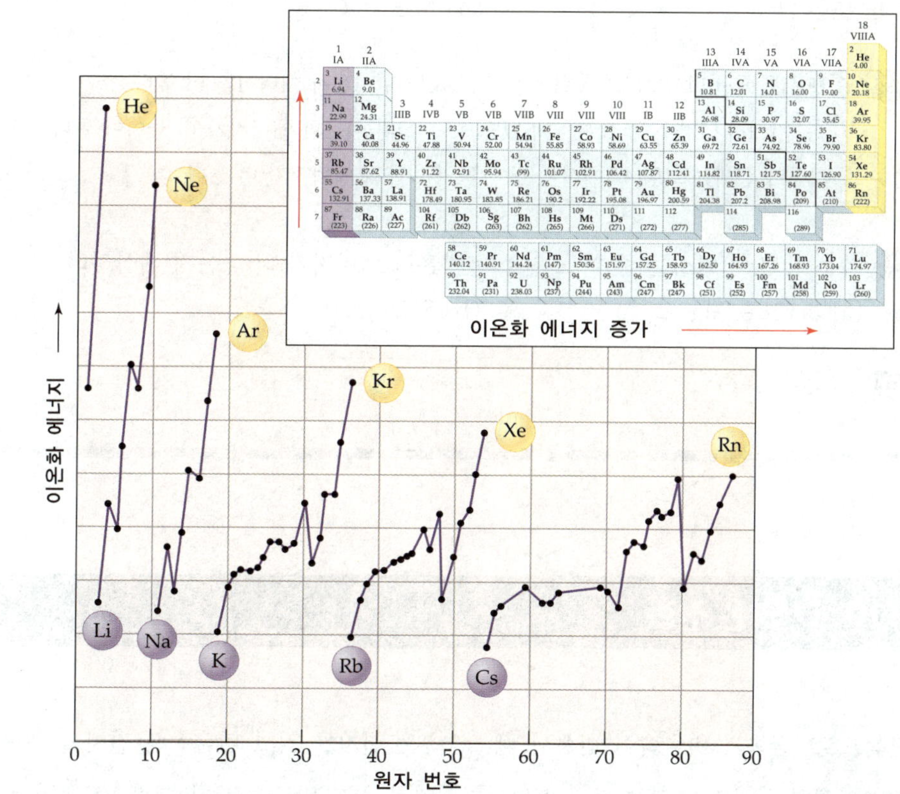


**▲ 그림 4.8 이온화 에너지**

그림은 기체 상태에 있는 원소의 중성 원자로부터 하나의 전자를 제거하는데 필요한 에너지를 나타낸다. 알칼리 금속이 작은 이온화 에너지를 가지며 영족 기체가 가장 큰 이온화 에너지를 갖고 있음을 주목하라.

주기율표에는 이온화 에너지에 관한 일반적 경향이 있다. 어느 족에서 위로 올라 갈수록 원자가전자는 핵에 더 가까워지므로 더 단단히 달라붙어 있다. 따라서 이온화 에너지는 족 내에서 위로 올라 갈수록 증가한다. 주기율표에서 왼쪽으로부터 오른쪽으로 갈수록 핵전하(+전하)가 커지므로 인력이 더 세어진다. 그러므로 한 개의 전자를 제거하기 위해서 요구되는 에너지가 더 크다. 따라서 이온화 에너지는 한 주기의 왼쪽에서 오른쪽으로 갈수록 전체적으로는 증가하지만 예외적으로 중간의 일부 원소들은 역전현상도 있음을 유의하여라.(그림 4.8 참조)

**예제 4-7**

다음 각 쌍의 원소 중 어느 원소의 이온화 에너지가 더 높은지 골라라.

(a) Li 또는 Na　　　　(b) N 또는 O

**해답** (a) IA/1족에서 Li이 Na보다 위에 있으므로 Li의 이온화 에너지가 더 높다.
(b) 2주기에서 O가 N의 오른쪽에 있으므로, O의 이온화 에너지가 더 높아야 한다. 그러나 실제는 그림 4.8에서와 같이 N의 이온화 에너지가 더 높다.

**물음** 다음 각 쌍의 원소들 중 어느 원소의 이온화 에너지가 더 높은지 예상하라.
(a) Na 또는 Mg　　　　(b) S 또는 O

**해답** (a) Mg (b) O

## 4-10 | 이온 전하

일반적으로, 금속과 비금속이 반응할 때, 금속은 전자를 잃고 비금속은 전자를 얻는다. 더 자세히 말하면 금속은 자신의 원자가전자를 잃고 비금속은 다른 원소로부터 원자가전자를 얻는다. 전자를 얻거나 잃은 결과로 전하를 지닌 원자는 이온으로 불려진다. 따라서 금속은 양이온이 되고 비금속은 음이온이 된다. 즉, 금속과 비금속은 **이온 전하**(ionic charge)를 갖는다고 말 할 수 있다.

금속이온에 있는 양이온 전하는 원자가전자들의 수와 관계가 있다. IA/1족에 있는 금속은 하나의 원자가전자를 잃으므로 1+의 양이온 전하를 생성시킨다. IIA/2족에 있는 원소는 두 개의 원자가전자를 잃어 2+의 양이온 전하를 만든다. IIIA/13족에 있는 금속은 보통 세 개의 원자가전자를 잃고 3+의 양이온 전하를 만든다. IVA/14족 금속은 네 개의 원자가전자를 잃고 4+의 전하를 생성한다.

비금속 이온에 있는 음전하도 원자가전자의 수에 의해서 지배된다. VIIA/17족에 있는 비금속은 일곱 개의 원자가전자를 가지며 하나의 전자를 얻어 영족(18족)기체의 전자 배치를 하려는 경향이 있다. 전자 하나를 얻으면, 비금속은 1-의 음이온 전하를 가진다. VIA/16족에 있는 원소는 두 개의 원자가전자를 얻어, 2-의 이온 전하를 생성한다. VA/15족에 있는 비금속은 세 개의 원자가전자를 얻어 3-의 이온 전하가 된다. 그림 4.9는 몇 개의 보통 원소들과 주기율표에서 그 원소들의 위치에 의해 예상된 이온 전하를 보이고 있다.

나트륨이온($Na^+$)과 플루오르화이온($F^-$)은 각각 열 개의 전자를 가지므로 그 전자 배치는 동일하다. 같은 수의 전자를 가진 원자와 이온들을 **등전자**(isoelectronic)라고 정의한다. 나트륨이온, 플루오르화이온 그리고 네온 원자는 등전자 계열의 구성원들이라고 한다.

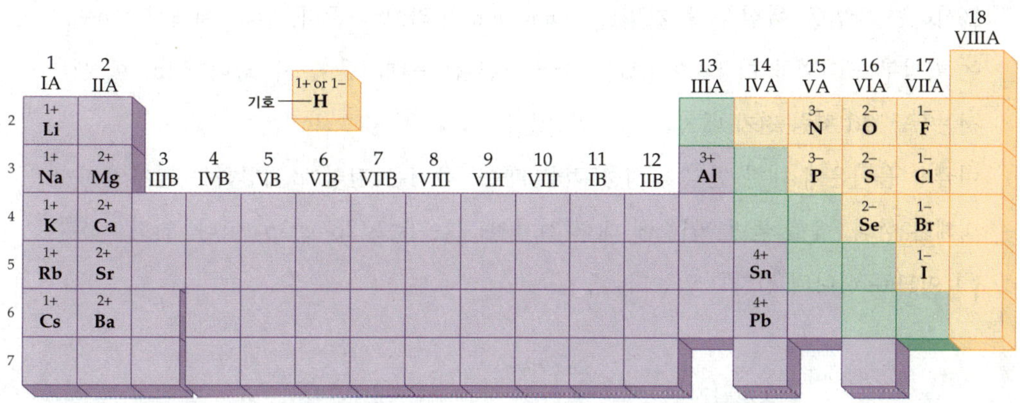


**▲ 그림 4.9 몇 가지 이온들의 주기율표**

금속은 자신의 A족 번호와 같은 양이온 전하를 가짐에 유의하라. 비금속은 여덟에서 주기율표에 있는 자신의 A족의 번호를 뺀 것과 동일한 음이온 전하를 가진다. 금속과 비금속 모두 안정한 영족 기체의 전자 배치를 가지려고 한다.

## 이온의 전자 배치

4.6 절에서 주기율표에 있는 원소의 구역으로부터 원소의 전자 배치를 예상하는 법을 배웠다. 이제 이온의 전자 배치 적는 법을 배울 것이다. 먼저 주기율표에서 원소를 찾은 다음 전자 배치를 적고 아래와 같이 양이온 전하에 해당하는 전자의 수를 제거한다. 예를 들면, 나트륨원자에 대한 전자 배치는 $1s^2\ 2s^2\ 2p^6\ 3s^1$이다. 나트륨이온은 $Na^+$이므로 하나의 전자를 잃는다. 즉,

$$\underset{1s^2\ 2s^2\ 2p^6\ 3s^1}{\text{Na 원자}} \xrightarrow{1e^-\ \text{잃음}} \underset{1s^2\ 2s^2\ 2p^6}{Na^+}$$

전이금속은 외각 d부준위로부터 전자를 잃기 전에 먼저 가장 높은 s부준위부터 두 개의 전자를 잃음에 유의하라. 예를 들면, 제4주기에서 4s전자는 3d보다 앞서 전자를 잃는다. 망간이온에 대한 전자 배치는 $1s^2\ 2s^2\ 2p^6\ 3s^2\ 3p^6\ 4s^2\ 3d^5$이다. 망간은 3d 부준위보다 4s부준위로부터 두 개의 전자를 잃음으로써 $Mn^{2+}$을 형성함에 주목하라. 즉,

$$\underset{1s^2\ 2s^2\ 2p^6\ 3s^2\ 3p^6\ 4s^2\ 3d^5}{\text{Mn 원자}} \xrightarrow{2e^-\ \text{잃음}} \underset{1s^2\ 2s^2\ 2p^6\ 3s^2\ 3p^6\ 3d^5}{Mn^{2+}}$$

전자 배치는 영족(18족)기체 기호를 이용하여 간단하게 할 수 있다. 원자의 핵심부를 표시하는 방법을 **핵심부 표기법**(core notation)이라고 부른다. 앞의 예에서 Mn원자는 핵심부 표기법을 이용하여 [Ar] $4s^2\ 3d^5$처럼 전자 배치를 쓸 수 있다. $Mn^{2+}$에 대해서는 [Ar] $3d^5$처럼 전자 배치를 적을 수 있다.

비금속 음이온에 대한 전자 배치를 적을 때는, 음이온 전하에 해당하는 전자의 수를 더해야 한다. 예를 들면, 염소에 대한 전자 배치는 $1s^22s^22p^63s^23p^5$ 이다. 염화 이온은 $Cl^-$이므로 하나의 전자를 얻는다. 즉,

$$\underset{[Ne]\ 3s^2\ 3p^5}{\text{Cl 원자}} \xrightarrow{2e^-\ \text{얻음}} \underset{[Ne]\ 3s^2\ 3p^6\ =[Ar]}{Cl^-}$$

핵심부 표기법에서는, $Cl^-$의 전자 배치는 [Ar]과 같다.

### 예제 4-11

다음 이온들의 이온 전하를 구하라.

(a) Al 이온 (b) S 이온

**해답** (a) Al은 IIIA/13족에 있다. 이 금속 원자는 $3e^-$를 잃어 이온전하는 3+이다. 즉 $Al^{3+}$이다.

(b) S는 VIA/16족에 있다. 이 비금속 원자는 $2e^-$를 얻어, 이온전하는 2-, 즉 $S^{2-}$ 이다.

### 예제 4-12

다음 이온 중 영족(18족) 기체 Ar(아르곤)과 등전자인 이온을 찾아라.

(a) $K^+$ (b) $Br^-$ (c) $Ca^{2+}$ (d) $O^{2-}$

**해답** 주기율표를 참고하여 원소의 원자 번호를 찾는다.

(a) $K^+$는 18개 전자를 가진다. (19–1) ; 아르곤과 등전자이다.($18e^-$)

(b) $Br^-$는 36개 전자를 가진다. (35+1) ; 크립톤과 등전자이다.($36e^-$)

(c) $Ca^{2+}$는 18개 전자를 가진다. (20–2) ; 아르곤과 등전자이다.($18e^-$)

(d) $O^{2-}$는 10개 전자를 가진다. (8+2) ; 네온과 등전자이다.($10e^-$)

### 예제 4-13

핵심부 표기법을 이용하여 다음 이온에 대하여 예상한 전자 배치를 적어라.

(a) $Fe^{3+}$ (b) $Se^{2-}$

**해답** (a) Fe는 $1s^2 2s^2 2p^6 3s^2 3p^6 4s^2 3d^6$ 또는 $[Ar]\ 4s^2\ 3d^6$이다.

$Fe^{3+}$ 이온에 대한 핵심부 전자 배치는 $[Ar]\ 3d^5$이다.

(b) Se 원자의 전자 배치는 $[Ar]4s^2\ 3d^{10}\ 4p^4$이다.

$Se^{2-}$의 전자 배치는 $[Ar]\ 4s^2\ 3d^{10}\ 4p^6$ 또는 간단히 [Kr]로 적을 수 있다.

## 연습문제

### 원소들의 족과 주기

**1** 주기율표에서 수평 줄은 어떠한 용어로 나타내어지는가?

**2** IA ~ VIIIA족(1, 2, 13 ~ 18족)에 있는 원소들을 무슨 원소라 하는가?

**3** Ce~Lu과 Th~Lr을 포함하는 두 계열의 원소들을 무슨 원소라 하는가?

**4** 주기율표에서 오른쪽에 있는 원소들을 무슨 원소라 하는가?

**5** 다음 각 원소의 족들에 맞는 족의 번호를 밝혀라.

(a) 알칼리 금속　　(b) 알칼리 토금속

(c) 할로겐(할로젠)　　(d) 영족 기체

**6** 원소 57 다음에 오는 원소들을 무슨 계열의 원소라 하는가?

**7** Sc, Y, La, 그리고 Ce~Lu에 속하는 원소들을 무슨 원소라 하는가?

**8** 미국 규약에서 다음과 같이 명시한 각각의 족들의 IUPAC에 의한 명칭은 무엇인가?

(a) IA족　　(b) IB족

(c) IIIA족　　(d) IIIB족

(e) VA족　　(f) VB족

(g) VIIA족　　(h) VIIB족

**9** 주기율표를 참조하여 다음의 설명에 알맞은 원소의 기호를 골라라.

(a) 4주기에서 반금속성 IVA/14족 원소

(b) 3주기 알칼리 금속

(c) 보통 고체로 존재하는 비방사능 할로겐(할로젠) 원소

(d) 자연에 존재하지 않는 란탄계열 원소

**10** 주기율표를 참조하여 다음에서 묘사한 원소의 기호를 골라라.

(a) 5주기에서 VA/15족 반금속

(b) 3주기 알칼리 토금속

(c) 기준 상태에서 붉은 갈색 액체로 존재하는 할로겐(할로젠) 원소

(d) Ce와 유사한 성질을 가진 악티늄족 원소

## 주기율표의 주기적 경향

**11** 주기율표의 일반적인 경향에 따라 다음 각 쌍의 원소들에서 어느 원소가 더 큰 원자 반지름을 가지는가?

(a) Li 또는 Na　　(b) N 또는 P

(c) Mg 또는 Ca　　(d) Ar 또는 Kr

**12** 주기율표의 일반적인 경향에 따라 다음 각 쌍의 원소들에서 더 큰 금속성을 가지는 것은?

(a) B 또는 Al　　(b) Na 또는 K

(c) Mg 또는 Ba　　(d) H 또는 Fe

## 원소의 성질

**13** 아래에 나열되어 있는 각각의 고유 값을 이용하여 미지의 값을 예측하라.

| 원소 | 원자 반지름 | 밀도(20℃) | 녹는점 |
|---|---|---|---|
| Cr | 125 nm | 7.14 g/mL | ( ? )℃ |
| Mo | ( ? ) nm | 10.28 g/mL | 2617℃ |
| W | 0.137 nm | ( ? ) g/mL | 3410℃ |

**14** 아래에 나열되어 있는 각각의 고유 값을 이용하여 미지의 값을 예측하라.

| 원소 | 원자 반지름 | 밀도(20℃) | 녹는점 |
|---|---|---|---|
| Ar | 0.180 nm | 1.788 g/L | ( ? )℃ |
| Kr | ( ? ) nm | 3.74 g/L | −152℃ |
| Xe | 0.210 nm | ( ? ) g/L | −107℃ |

**15** 나트륨(소듐), 마그네슘, 알루미늄 그리고 실리콘의 산화식은 각각 $Na_2O$, $MgO$, $Al_2O_3$, 그리고 $SiO_2$이다. 주기율표를 이용하여 유사한 화합물의 화학식을 예상하라.

(a) 산화리튬 (b) 산화칼슘

(c) 산화갈륨 (d) 산화주석

**16** 산화아연의 화학식은 $ZnO$이다. 다음 유사한 화합물들의 화학식들을 예상하라.

(a) 산화카드뮴 (b) 황화아연

(c) 황화수은 (d) 셀렌화카드뮴

**17** 셀레늄과 산소가 반응하여 $SeO_3$가 된다. 다음 유사 화합물의 화학식을 예상하라.

(a) 산화황 (b) 산화텔루륨

(c) 황화셀레늄 (d) 황화텔루륨

### 원소들의 구역

**18** IA/1과 IIA/2 족들의 원소들에 의해서 채워지는 에너지 부준위의 종류는 무엇인가?

**19** IIIB/3에서 IIB/12까지의 원소들에 의해서 채워지는 에너지 부준위의 종류는 무엇인가?

**20** 란탄족계열에 의해서 채워지는 에너지 부준위의 종류는 무엇인가?

**21** 주기율표를 참조하여 각각의 원소들의 가장 높은 에너지 부준위를 나타내어라.

(a) H (b) Na

(c) Sm (d) Br

(e) Sr (f) C

(g) Sn (h) Cs

**22** 주기율표를 참조하여 다음 원소들 각각에 대하여 전자 배치를 예상하라.

(a) Li (b) F

(c) Mg (d) P

(e) Ca (f) Mn

(g) Ga (h) Rb

### 원자가전가

**23** 다음 각각의 원소들의 원자가전자수를 나타내어라.

(a) H (b) B

(c) N (d) F

(e) Ca (f) Si

(g) O (h) Ar

### 전자점식

**24** 다음 각각의 원소들의 전자점식을 그려라.

(a) H (b) B

(c) N (d) F

(e) Ca (f) Si

(g) O (h) Ar

### 이온화 에너지

**25** 주기율표를 이용하여 다음 원소들의 쌍 중에서 더 큰 이온화 에너지를 갖는 원소를 구하라.

(a) Mg 또는 Ca (b) S 또는 Se

(c) Sn 또는 Pb (d) N 또는 P

**26** 주기율표를 이용하여 다음 원소들의 쌍 중에서 더 낮은 이온화 에너지를 갖는 원소를 예상하라.

(a) Rb 또는 Cs (b) He 또는 Ar

(c) B 또는 Al (d) F 또는 I

## 이온 전하

**27** 다음 원소들이 이온이 될 때 예측되는 이온 전하를 구하라.

(a) Cs 이온 (b) Ga 이온

(c) O 이온 (d) I 이온

**28** 주기율표를 이용하여 다음 이온들의 어느 것이 영족 기체인 아르곤과 등전자인지를 찾아라.

(a) $Al^{3+}$ (b) $Ca^{2+}$

(c) $S^{2-}$ (d) $N^{3-}$

**29** 주기율표를 이용하여 다음 각각의 양이온들에 대하여 예상되는 전자 배치를 핵심부 표기법으로 써라.

(a) $Mg^{2+}$ (b) $K^{+}$

(c) $Fe^{2+}$ (d) $Cs^{+}$

**30** 주기율표를 이용하여 다음 각각의 음이온들에 예상되는 전자 배치를 핵심부 표기법으로 써라.

(a) $F^{-}$ (b) $S^{2-}$

(c) $N^{3-}$ (d) $I^{-}$

## 심화 연습문제

**31** 그림 4.1을 이용하여 1871년에 멘델레예프가 예상했던 에카붕소라 불렸던 원소의 이름은 무엇인가?

**32** 유럽식으로 표기된 다음 각각의 족들에 일치하는 미국식의 표기법을 찾아라.

(a) IA족 (b) IB족

(c) IIIA족 (d) IIIB족

**33** 아래의 표를 보고 방사성 물질 Ra의 원자 반지름, 밀도, 녹는점의 값을 구하라.

| 원소 | 원자 반지름 | 밀도(20℃) | 녹는점 |
|---|---|---|---|
| Sr | 0.215 nm | 2.63 g/mL | 769℃ |
| Ba | 0.217 nm | 3.65 g/mL | 725℃ |
| Ra | ( ? ) nm | ( ? ) g/mL | ( ? )℃ |

**34** 주기율표를 참조하여 핵심부 표기법을 이용해 다음 각각의 원소에 대한 전자 배치를 적어라.

(a) Sr (b) Ru

(c) Sb (d) Cs

**35** 알칼리 토금속이 같은 주기에 있는 알칼리 금속보다 이온화 에너지가 더 높은 이유를 설명하라.

**36** 수소의 이온화 에너지가 다른 IA족 원소들보다 훨씬 더 높은 이유를 설명하라.

chapter 5

# 화학의 언어

1700년대 후반 무렵, 연금술사들은 10,000개 이상 되는 화합물을 확인했고, 화합물의 수는 빠르게 증가했다. 따라서 화학자들은 이러한 모든 물질의 이름을 짓는 엄청난 업무에 직면하게 되었다. 이름을 짓는 문제는 결국 일단의 체계적 규칙을 사용함으로써 해결되었다.

프랑스 화학자인 라부아제(Antoine Lavoisier)는 처음으로 물질의 명명법을 개발하였다. 그는 화합물의 이름은 화합물의 조성을 나타내며, 라틴어나 그리스어에서 유래된다고 제안하였다. 1787년, 라부아제는 화학 명명법이란 책을 출판하였다. 그가 제안한 명명 체계는 매우 명료하고 합리적이었으므로 단시간에 일반적으로 수용되어졌다. 사실 이것은 매우 사려 깊이 만들어 오늘날 명명 체계의 근간이 되었다.

## 5-1 | 화합물의 분류

1921년 국제 순수 및 응용 화학 기구(IUPAC)는 무기화합물의 명명법을 위한 위원회를 조직하였다. 1938년 무기화합물 명명법의 개정에 관한 IUPAC 위원회가 베를린에서 모였다. 2년 후 위원회는 포괄적인 규칙을 발표하였다. 비록 규칙은 확장되고 수정되어졌지만 1940년 규칙이 화합물의 명명을 위한 공식적인 국제적 체제가 되었다. 이 규칙을 "IUPAC 명명법"이라고 한다.

### 무기 화합물의 분류

이산화 탄소($Co_2$), 탄산 이온($CO_3^{2-}$), 중탄산 이온($HCO_3^-$), $CS_2$ 등의 몇 가지 예외는 있지만 무기 화합물(inorganic compound)은 탄소 원소를 포함하지 않는다. 1940년 IUPAC 규칙에 의하면, 무기 화합물은 이성분 이온화합물, 삼성분 이온화합물, 이성분 분자화합물, 이성분 산, 삼성분 산소산의 다섯 가지로 보통 분류한다.

**이성분 이온화합물**(binary ionic compound)은 금속과 비금속의 두 원소로 되어있다. 이성분 이온화합물의 예로 KCl과 $AlCl_3$를 들 수 있다. **삼성분 이온화합물**은 금속과 다원자이온으로 되어있다. 삼성분 이온화합물로는 $KNO_3$, $Al(NO_3)_3$ 를 들 수 있다. 이성분 분자화합물은 화합물의 모든 원소가 모두 비금속의 원소로 되어있다. 예로서 물($H_2O$), 암모니아($NH_3$)는 이성분 분자화합물이다.

**수용액**(aqueous solution)은 화합물이 물에 용해되어 있는 상태를 말한다. **이성분 산**(binary acid)은 수소와 비금속 두 종류의 원소를 가진 화합물의 수용액이다. 산의 화학식은 H로 시작되며 예로서 HCl(aq)과 $H_2S$(aq)는 이성분 산이다.

**삼성분 산소산**(ternary oxyacid)은 수소와 비금속과 산소를 포함하는 화합물의 수용액이다. 예로서 $HNO_3$(aq)와 $H_2SO_4$(aq)는 삼성분 산소산이다. 그림 5.1은 IUPAC 규칙에 따라 분류한 5가지 종류의 화합물의 상호관계를 설명하고 있다.

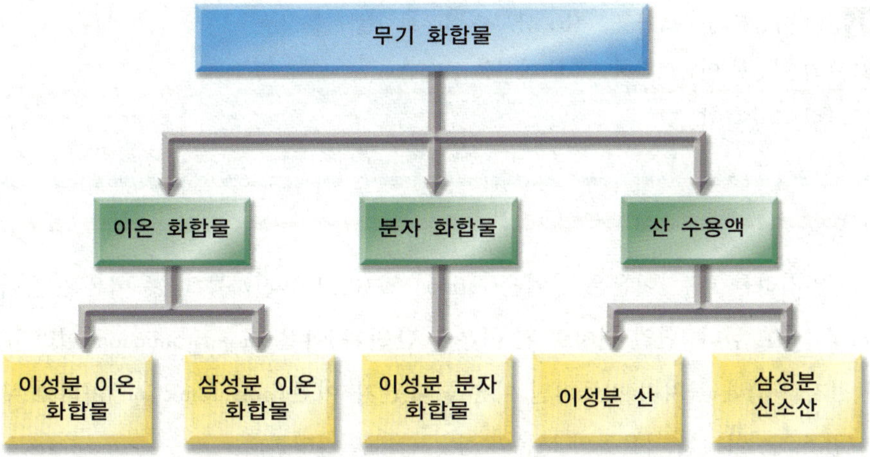


▲ **그림 5.1 무기 화합물의 분류**
IUPAC 명명법에 따라 무기 화합물과 산은 이성분 이온화합물, 삼성분 이온화합물, 이성분 분자 화합물, 이성분 산 및 삼성분 산소산의 다섯 영역으로 나누어진다.

### 예제 5-1

다음 각각을 이성분 이온화합물, 삼성분 이온화합물, 이성분 분자화합물, 이성분 산, 또는 삼성분 산소산으로 분류하라.

(a) 산화칼슘, $CaO$ (b) 이산화황, $SO_2$
(c) 크롬산은, $Ag_2CrO_4$ (d) 플루오르화수소산, $HF(aq)$
(e) 탄산, $H_2CO_3(aq)$

**해답** (a) $CaO$는 이성분 이온화합물이다. (b) $SO_2$는 이성분 분자화합물이다.
(c) $Ag_2CrO_4$는 삼성분 이온화합물이다. (d) $HF(aq)$는 이성분 산이다.
(e) $H_2CO_3(aq)$는 삼성분 산소산이다.

**물음** 다음을 이성분 이온화합물, 삼성분 이온화합물, 이성분 분자화합물, 이성분 산, 또는 삼성분 산소산으로 분류하라.
(a) 이황화탄소, $CS_2$ (b) 다이크롬산 리튬, $Li_2Cr_2O_7$
(c) 요오드화 마그네슘, $MgI_2$ (d) 질산, $HNO_3(aq)$
(e) 염산, $HCl(aq)$

**해답** (a) 이성분 분자화합물　(b) 삼성분 이온화합물
(c) 이성분 이온화합물　(d) 삼성분 산소산
(e) 이성분 산

이온은 양전하를 띠는 이온은 양이온(cation), 그리고 음전하를 띠는 이온은 음이온(anion)이라고 한다. 단일 원자로 된 이온을 **단원자 이온**(monoatomic ion)이라 하고 여러 원자가 함께 뭉쳐져 만들어진 이온을 **다원자 이온**(polyatomic ion)이라고 부른다. 그림 5.2는 이러한 이온들의 분류와 상호 관계를 설명한다.

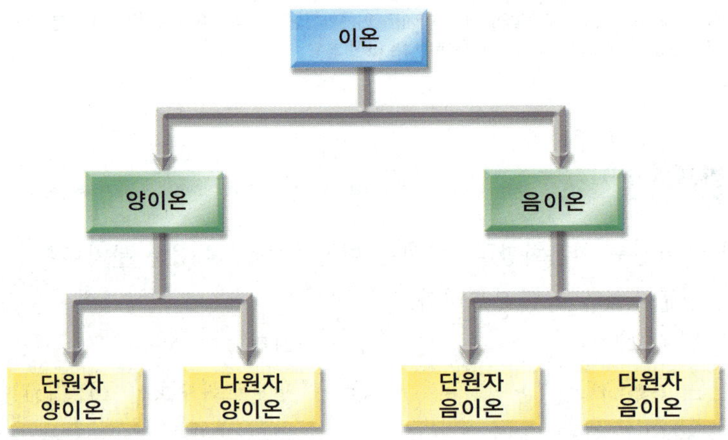


**▲ 그림 5.2　이온의 분류**
IUPAC 명명법에 따라 이온은 단원자 양이온, 다원자 양이온, 단원자 음이온 및 다원자 음이온의 네 영역으로 나누어진다.

### 예제 5-2

다음 각 이온을 단원자 양이온, 단원자 음이온, 다원자 양이온 또는 다원자 음이온으로 분류하라.

(a) 크로뮴(III) 이온, $Cr^{3+}$　(b) 염화 이온, $Cl^-$
(c) 제일수은 이온, $Hg_2^{2+}$　(d) 황산 이온, $SO_4^{2-}$

해답 (a) $Cr^{3+}$ 는 단원자 양이온이다.

(b) $Cl^{-}$ 는 단원자 음이온이다.

(c) $Hg_2^{2+}$ 는 다원자 양이온이다.

(d) $SO_4^{2-}$ 는 다원자 음이온이다.

## 5-2 | 단원자 이온

### 단원자 양이온의 명명

IUPAC 명명법에 따라 양이온은 모체 금속의 이름 다음에 '이온'이라는 글자를 붙여서 명명한다.

1 양이온은 금속원자(수소도 포함)가 원자가전자를 잃어 만들어 진다.

2 양이온의 이름은 금속의 이름 다음에 ion(이온)이라는 글자를 붙여서 명명한다.

예 H : hydrogen(수소) $H^+$ : hydrogen ion(수소화 이온)

Na : sodium(나트륨) $Na^+$ : sodium ion(나트륨 이온)

Mg : magnesium(마그네슘) $Mg^{2+}$: magnesium ion(마그네슘 이온)

3 주족금속(main metal group)들은 보통 하나의 양이온을 형성한다.

예외 | 주석과 납은 예외이다.

4 전이금속(transition metal)들은 종종 두 종류 이상의 이온을 형성한다.

예 철 이온 : $Fe^{2+}$, $Fe^{3+}$ 두 종류가 있다.

5 두 종류 이상의 이온에 대한 명명

1) **슈토크 체계**(Stock system)

금속 이름 뒤 괄호 안에 로마 숫자 (Ⅰ, Ⅱ, Ⅲ, Ⅳ …)로 이온의 전하를 표시하며 IUPAC에서도 슈토크체계를 권장하고 있다.

2) **라틴 체계**(Latin system)

금속의 라틴어 이름을 취하고 전하가 낮은 것에는 접미사 -ous (한글은 접두사에 제일)를 붙이고, 전하가 높은 것에는 접미사 -ic (한글은 접두사에 제이)를 붙인다.

| 스토크 체계 | 라틴체계 |
|---|---|
| $Fe^{2+}$ : iron(Ⅱ) ion〔철(Ⅱ) 이온〕 | ferrous ion(제일철 이온) |
| $Fe^{3+}$ : iron(Ⅲ) ion〔철(Ⅲ) 이온〕 | ferric ion(제이철 이온) |
| $Cu^{+}$ : copper(Ⅰ) ion〔구리(Ⅰ) 이온〕 | cuprous ion(제일구리 이온) |
| $Cu^{2+}$ : copper(Ⅱ) ion〔구리(Ⅱ) 이온〕 | cupric ion(제이구리이온) |

6 한 종류로 된 이온에는 원소명 뒤에 이온의 전하를 표시하지 않는다.

예 표 5.1에서 원소명 뒤에 로마자가 없는 것들은 전하가 한 종류이다.

**표 5.1 일반적인 단원자 양이온**

| 양이온 | 슈토크 체계(stock system) | 라틴 체계(Latin system) |
|---|---|---|
| $Al^{3+}$ | 알루미늄 이온 | |
| $Ba^{2+}$ | 바륨 이온 | |
| $Cd^{2+}$ | 카드뮴 이온 | |
| $Ca^{2+}$ | 칼슘 이온 | |
| $Co^{2+}$ | 코발트(II) 이온 | 제일코발트 이온 |
| $Co^{3+}$ | 코발트(III) 이온 | 제이코발트 이온 |
| $Cu^{+}$ | 구리(I) 이온 | 제일구리 이온 |
| $Cu^{2+}$ | 구리(II) 이온 | 제이구리 이온 |
| $Cr^{3+}$ | 크롬(크로뮴)(III) 이온 | |
| $H^{+}$ | 수소 이온 | |
| $Fe^{2+}$ | 철(II) 이온 | 제일철 이온 |
| $Fe^{3+}$ | 철(III) 이온 | 제이철 이온 |
| $Pb^{2+}$ | 납(II) 이온 | 제일납 이온 |
| $Pb^{4+}$ | 납(IV) 이온 | 제이납 이온 |
| $Li^{+}$ | 리튬 이온 | |
| $Mg^{2+}$ | 마그네슘 이온 | |
| $Mn^{2+}$ | 망간(망가니즈)(II) 이온 | |

| | | |
|---|---|---|
| $Hg_2^{2+}$ | 수은(I) 이온* | 제일수은 이온 |
| $Hg^{2+}$ | 수은(II) 이온 | 제이수은 이온 |
| $Ni^{2+}$ | 니켈(II) 이온 | |
| $K^+$ | 칼륨(포타슘) 이온 | |
| $Ag^+$ | 은 이온 | |
| $Na^+$ | 나트륨(소듐) 이온 | |
| $Sr^{2+}$ | 스트론튬 이온 | |
| $Sn^{2+}$ | 주석(II) 이온 | 제일주석 이온 |
| $Sn^{4+}$ | 주석(IV) 이온 | 제이주석 이온 |
| $Zn^{2+}$ | 아연 이온 | |

* 수은(I) 이온은 이원자 이온이며 $Hg_2^{2+}$로 표시한다.

## 단원자 음이온의 명명

1 음이온은 비금속 원자가전자를 얻어 만들어 진다.

2 음이온의 원자 이름에 접미어로 -ide(-화)를 붙여 명명한다.

예 H : hydrogen(수소) $H^-$ : hydride ion(수소화 이온)

O : oxygen(산소) $O^{2-}$ : oxide ion(산화 이온)

Cl : chlorine(염소) $Cl^-$ : chloride ion(염화 이온)

S : sulfur(황) $S^{2-}$ : sulfide ion(황화 이온)

P : phosphorus(인) $P^{3-}$ : phosphide ion(인화 이온)

**표 5.2 일반적인 단원자 음이온**

| 음이온 | IUPAC 이름 | 음이온 | IUPAC 이름 |
|---|---|---|---|
| $Br^-$ | 브롬화(브로민화) 이온 | $N^{3-}$ | 질소화 이온 |
| $Cl^-$ | 염화 이온 | $O^{2-}$ | 산화 이온 |
| $F^-$ | 플루오르화(플루오린화) 이온 | $P^{3-}$ | 인화 이온 |
| $I^-$ | 요오드화(아이오딘화) 이온 | $S^{2-}$ | 황화 이온 |

## 단원자 양이온의 이온전하

주족금속의 원소들은 주기율표를 사용하여 원소의 족 번호를 근거로 이온의 전하를 예상할 수 있다. IA/1족 원소는 항상 1+ 이온(예, $Li^+$, $Na^+$, $K^+$)을 형성하며 ⅡA/2족 원소는 2+ 이온(예 : $Mg^{2+}$, $Ca^{2+}$, $Sr^{2+}$, ,$Ba^{2+}$)을 형성한다. 비슷하게 ⅢA/3 족 원소는 3+ 이온(예 : $Al^{3+}$)를 형성한다고 예측할 수 있다. 모든 금속 이온이 주기율표로부터 예상 가능한 것은 아니다. ⅣA/14족에 속하는 주석과 납은 각각 $Sn^{2+}$, 또는 $Sn^{4+}$ 그리고 $Pb^{2+}$, 와 $Pb^{4+}$의 두 가지 이온을 형성한다. 따라서 이러한 이온의 화학식은 암기하여야 한다.

전이금속 원소들은 다양한 수의 d 전자뿐만 아니라 두 개의 s 전자를 갖는다. 일반적으로 전이금속은 두 개의 s 전자를 잃음으로써 2+전하를 갖는 이온을 형성하며 많은 전이금속은 예상할 수 없는 하전을 띠는 이온을 추가적으로 형성하며, 이들 이온의 이름은 기억해야 한다. 그림 5.3은 주기율표에서 원소의 위치에 대한 이온 전하의 관계를 나타내고 있다.

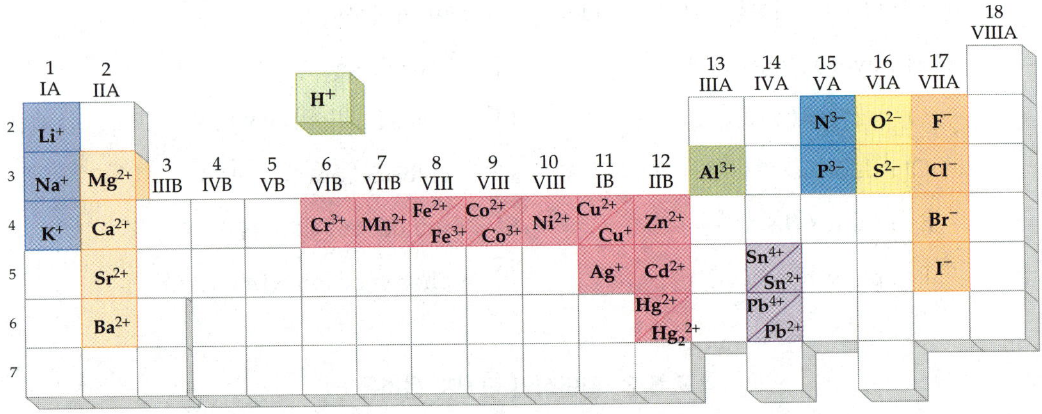


**▲ 그림 5.3 몇 가지 선택한 이온의 주기율표**

이온 전하와 족 번호의 상관 관계를 주목하라. 전이금속은 두 개 이상의 이온 전하를 나타내지만 이들 금속 대부분은 2+의 전하를 보인다.

### 예제 5-3

다음 단원자 양이온의 화학식을 써라.

(a) 바륨 이온　　　　(b) 코발트(Ⅱ) 이온

해답 (a) 바륨은 ⅡA/2족에 속한다. 따라서 이온의 화학식을 $Ba^{2+}$라고 예상할 수 있다.
(b) 로마 숫자 Ⅱ는 두 개 전자의 잃음을 나타낸다. 따라서 이온의 화학식은 $Co^{2+}$이다.

물음 다음의 단원자 양이온의 체계적 이름을 써라.
(a) $Al^{3+}$ (b) $Hg^{2+}$

해답 (a) 알루미늄 이온 (b) 수은(Ⅱ) 이온 또는 제이수은 이온

## 단원자 음이온의 이온전하

예상대로 비금속은 전자를 얻어 음이온을 형성한다. ⅦA/17 족의 할로겐(halogen)은 단 한 개의 전자만 받아들일 수 있다. 따라서 할로겐은 1- 의 전하를 가지며, 화학식은 $F^-$, $Cl^-$, $Br^-$, 그리고 $I^-$와 같다. VIA/16족의 원소들은 2개의 전자를 받아들일 수 있다. 따라서 이러한 원소들은 2- 전하를 가지게 되며, 화학식은 $O^{2-}$, $S^{2-}$ 그리고 $Se^{2-}$와 같다. 질소와 인은 VA/15 족에 속하고, 3개의 전자를 얻는다. 이 원소들은 3- 전하를 가지며 화학식은 $N^{3-}$와 $P^{3-}$와 같다.

### 예제 5-4

다음 각 단원자 음이온의 화학식을 써라.
(a) 플루오르화 이온(fluoride ion) (b) 산화 이온 (oxide ion)

해답 (a) 플루오르는 ⅦA/17족에서 발견되고, 전자 하나를 얻어 플루오르 이온의 화학식을 $F^-$로 예상할 수 있다.
(b) 산소는 VIA/16족에서 발견되고, 전자 두개를 얻어 산화 이온의 화학식을 $O^{2-}$로 예상할 수 있다.

물음 다음 단원자 음이온의 체계적 이름을 써라.
(a) $Br^-$ (b) $N^{3-}$

해답 (a) 브롬화 이온(bromide ion) (b) 질소화 이온(nitride ion)

## 5-3 | 다원자 이온

1 다원자 음이온은 하나 또는 그 이상의 원소가 대부분 산소와 결합되어 있다. 이러한 음이온은 산소를 가지고 있어 옥시 음이온(oxyanion)이라 한다.

2 옥시 음이온은 이름 끝부분에 -ate ion (- 산 이온 )라는 접미사를 가진다.

예 $NO_3^-$ : nitrate ion (질산 이온 ) $SO_4^{2-}$ : sulfate ion (황산 이온)

$ClO_3^-$ : chlorate ion (염소산 이온)

3 동일한 원소로 된 옥시 음이온으로서 산소가 하나 적을 때는 - ite ion (아-산 이온) 라는 접미사를 붙인다

예 $SO_3^{2-}$ : sulfite ion (아황산 이온) $NO_2^-$ : nitrite ion (아질산 이온)

$ClO_2^-$ : chlorite ion (아염소산 이온)

4 예외적으로 - ide를 붙이는 다원자 음이온이 있다.

예 $CN^-$ : cyanide ion (사이안화 이온) $OH^-$ : hydroxide ion(수산화 이온)

5 다원자 양이온은 거의 없다.

예 $NH_4^+$ : ammonium ion (암모늄 양이온) $Hg_2^{2+}$ : mercury( I ) 〔수은(1) 이온〕

**표 5.3 일반적인 다원자 이온**

| 양이온 | IUPAC 이름 | | |
|---|---|---|---|
| $NH_4^+$ | 암모늄 이온 | | |
| **음이온** | **IUPAC 이름** | **음이온** | **IUPAC 이름** |
| $C_2H_3O_2^-$ | 아세트산 이온 | $OH^-$ | 수산화 이온* |
| $CO_3^{2-}$ | 탄산 이온 | $ClO^-$ | 하이포아염소산 이온 |
| $ClO_3^-$ | 염소산 이온 | $NO_3^-$ | 질산 이온 |
| $ClO_2^-$ | 아염소산 이온 | $NO_2^-$ | 아질산 이온 |
| $CrO_4^{2-}$ | 크롬산 이온 | $ClO_4^-$ | 과염소산 이온 |
| $CN^-$ | 시안화(사이안화) 이온* | $MnO_4^-$ | 과망간산 이온 |
| $Cr_2O_7^{2-}$ | 이크롬산(다이크롬산) 이온 | $PO_4^{3-}$ | 인산 이온 |
| $HCO_3^-$ | 탄산수소 이온 | $SO_4^{2-}$ | 황산 이온 |
| $NSO_4^-$ | 황산수소 이온 | $SO_3^{2-}$ | 아황산 이온 |

* 접미사 -ide(-화)는 일반적으로 -ate(-산) -ite(아-산)와 규칙의 예외임을 명심하라.

### 예제 5-5

다음 각 다원자 이온의 체계적인 이름을 써라.

(a) $CO_3^{2-}$ (b) $CrO_4^{2-}$ (c) $ClO_2^-$ (d) $HSO_4^-$

**해답** (a) $CO_3^{2-}$를 carbonate ion(탄산 이온)이라고 명명할 수 있다.

(b) $CrO_4^{2-}$를 chromate ion(크롬산 이온)이라고 명명할 수 있다.

(c) $ClO_2^-$를 chlorite ion(아염소산 이온)이라고 명명할 수 있다.

(d) $HSO_4^-$는 hydrogen sulfate ion(황산 수소 이온)이 된다.

**물음** 다음 각 다원자 이온의 화학식을 써라.

(a) acetate ion(아세트산 이온) (b) dichromate ion(이크롬산 이온)

(c) perchlorate ion(과염소산 이온) (d) hydrogen carbonate ion(탄산수소 이온)

**해답** (a) $C_2H_3O_2^-$ (b) $Cr_2O_7^{2-}$ (c) $ClO_4^-$ (d) $HCO_3^-$

## 5-4 | 화학식의 표기

이온화합물은 금속의 양이온과 비금속의 음이온으로 구성되어 있다. 이온화합물을 대표하는 가장 간단한 입자를 **화학식 단위**(formula unit)라 한다. 화학식 단위는 중성이므로 금속 이온으로부터 오는 양전하와 비금속 이온으로부터 오는 음전하가 똑같아야 한다.

보통 소금의 화학식 단위는 $Na^+$와 $Cl^-$를 포함한다. 양이온과 음이온의 전하값이 같으므로 1:1로 결합한다. 따라서 이 화합물의 화학식은 NaCl이다. $Ca^{2+}$와 $Cl^-$를 포함하는 화학식 단위에서 전하는 같지 않다. 전하의 균형을 맞추고 중성 화합물을 가지기 위해 $Ca^{2+}$이온 하나에 대하여 두 개의 $Cl^-$이온이 필요하다. 따라서 이 화합물의 화학식은 $CaCl_2$ 이다.

$Al^{3+}$와 $Cl^-$를 포함하는 화학식 단위에서 각 $Al^{3+}$ 이온 하나에 대해 세 개의 $Cl^-$가 필요하므로 이 화합물에 대한 화학식은 $AlCl_3$이다.

◀ **소금, NaCl**
염화 나트륨(염화 소듐)은 건강에 매우 필수적이므로 역사적으로 노동자들은 임금을 소금으로 받았다. 실제로 봉급(salary)이란 말은 "소금 돈(salt money)"으로 번역한다.

### 예제 5-6

구성 이온들이 주어진 다음 이성분 화합물의 화학식을 써라.

(a) 산화구리(I), $Cu^+$와 $O^{2-}$ (b) 산화카드뮴, $Cd^{2+}$와 $O^{2-}$

(c) 산화코발트(III), $Co^{3+}$와 $O^{2-}$

**해답** (a) 산화구리(I)를 $Cu_2O$로 쓸 수 있다.

(b) 산화카드뮴의 화학식은 간단히 CdO이다.

(c) 산화코발트(III)의 화학식은 $Co_2O_3$이다.

**물음** 구성 이온들이 주어진 다음 이성분 화합물의 화학식을 써라.

(a) 황화철(Ⅱ), $Fe^{2+}$와 $S^{2-}$ (b) 플루오르화수은(I), $Hg_2{}^{2+}$와 $F^-$

(c) 산화납(Ⅳ), $Pb^{4+}$와 $O^{2-}$

**해답** (a) FeS (b) $Hg_2F_2$ (c) $PbO_2$

**참고** 화학식을 만들려는 양이온의 전하와 음이온의 전하가 서로 다른 경우 각 이온 전하를 교차시킴으로써 화학식을 보다 빠르게 만들 수 있다. $Al^{3+}$와 $O^{2-}$를 포함하는 산화알루미늄을 생각해보자. 알루미늄 이온의 3+ 전하는 산소의 하첨자가 되고, 산화이온의 2⁻ 전하는 알루미늄 이온의 하첨자가 된다. 이것은 아래 그림과 같다.

$$Al^{(3+)}O^{(2-)} = Al_2O_3$$

## 다원자 이온의 화학식

이 경우에도 화합물의 총 양전하는 총 음전하와 같아야 한다. 이성분 이온화합물에 대한 화학식 단위 쓰는 법과 같다. 마찬가지로, $K^+$와 $SO_4^{2-}$를 포함하는 화학식 단위에서 $SO_4^{2-}$하나에 두 개의 $K^+$이온이 필요하다. 따라서 화학식은 $K_2SO_4$로 적는다. 황산 마그네슘은 $Mg^{2+}$와 $SO_4^{2-}$를 포함한다. 전하의 크기가 각 이온에서 같으므로 양이온 대 음이온의 비는 1:1이다. 화학식 단위는 $MgSO_4$로 적는다.

황산암모늄은 비료에서의 질소 공급원이며, $NH_4^+$와 $SO_4^{2-}$를 포함한다. $SO_4^{2-}$ 하나에 두 개의 $NH_4^+$이온이 필요하므로 화학식은 $(NH_4)_2SO_4$이다. 착오를 피하기 위하여 다원자 이온이 두 개 이상일 경우에는 앞뒤를 괄호로 묶고 괄호 아래에 다원자이온의 수를 첨자로 적는다.

### 예제 5-7

다음의 두 이온으로 만들어지는 화합물의 화학식을 적어라.

(a) 탄산 칼슘, $Ca^{2+}$과 $CO_3^{2-}$ (b) 수산화 칼슘, $Ca^{2+}$과 $OH^-$

(c) 인산 칼슘, $Ca^{2+}$과 $PO_4^{3-}$

**해답** (a) 화학식은 $CaCO_3$이며 탄산칼슘은 보통 분필로 자연스럽게 사용되고 있다.

(b) $OH^-$는 다원자 이온이므로 괄호가 필요하며 화학식은 $Ca(OH)_2$로 적는다. 수산화칼슘은 소석회(slaked lime)로 알려져 있고 가끔 운동장의 경계를 표시할 때 사용된다.

(c) 위 본문내용의 $Al_2O_3$ 만드는 방법과 동일하다. 인산칼슘의 화학식은 $Ca_3(PO_4)_2$로 적는다. 인산칼슘은 치아의 에나멜에서 발견된다.

**물음** 주어진 이온으로 삼성분 이온화합물의 화학식을 적어라.

(a) 과망간산 구리(Ⅱ), $Cu^{2+}$ 과 $MnO_4^-$

(b) 탄산 철(Ⅲ), $Fe^{3+}$과 $CO_3^{2-}$

(c) 다이크롬산 암모늄, $NH_4^+$ 과 $Cr_2O_7^{2-}$

**해답** (a) $Cu(MnO_4)_2$ (b) $Fe_2(CO_3)_3$ (c) $(NH_4)_2Cr_2O_7$

## 5-5 | 이성분 이온화합물

이성분 이온화합물은 금속원소 하나와 비금속원소 하나가 결합하여 만들어진 화합물이다. 이들은 금속의 양전하(+)와 비금속의 음전하(-)가 전기적인 인력으로 결합되어 있다. 주족 금속인 경우 특별한 경우 (Sn, Pb)를 제외하면 같은 원소들로 만들어진 이온화합물이면 화합물의 종류가 하나뿐이므로 로마자로 화합물의 종류를 구분해 줄 필요가 없다. 예를 들면 산화마그네슘은 MgO 하나뿐이고 $Mg_2O$, $MgO_2$, $Mg_2O_3$ 등과 같은 화합물은 없다는 말이다. 화합물의 전하의 합은 항상 0이 되어야 한다. 마그네슘 이온은 $Mg^{2+}$이고 산소 이온은 $O^{2-}$이므로 전하의 합이 0이 되기 위해서는 1 : 1로 결합해야 하므로 화학식은 MgO이다.

전이금속으로 만들어진 이온화합물의 경우 FeO와 $Fe_2O_3$와 같이 같은 원소로 되어 있는 화합물의 종류가 다양하다. 이러한 화합물들의 종류를 구분하기 위하여 FeO는 산화철(Ⅱ), $Fe_2O_3$는 산화철(Ⅲ)과 같이 원소명 뒤에 양이온의 전하를 로마자로 표시해 준다. 따라서 화합물의 이름을 붙이기 위해서는 먼저 양이온의 전하를 알아야 한다. 양이온의 전하는 음이온의 전하를 먼저 구하고 양이온 전하와 음이온 전하의 합이 0 이 되도록 양이온의 전하를 구한다. 전이원소로 만들어진 화합물이라도 종류가 한가지면 로마자를 붙이지 않는다.

### 예제 5-8

적철광($Fe_2O_3$)에서 철의 이온 전하를 결정하라.

**해답** 음이온의 전하 : 산화 이온의 전하는 2-이고, 3개의 산화 이온이 있다. 전체의 음이온 전하는 6-이다.

양이온의 전하 : 음이온 전하가 6-이므로 두 개의 철 이온은 6+의 양전하를 가져야 한다.

$$2(Fe^{x+}) = 6+, \quad Fe^{x+} = 3+$$

$Fe_2O_3$의 이름은 철이 3+ 전하이므로 iron(Ⅲ) oxide〔산화 철(Ⅲ)〕이 된다.

**물음** 다음 화합물에 있는 각 전이금속의 이온 전하를 결정하라.

(a) $Cu_3P$ (b) CoN

**해답** (a) $Cu^{+}$ (b) $Co^{3+}$

## 이성분 이온화합물의 명명

1 영어명 : 양이온의 이름이 먼저 오고 음이온이 나중에 나온다.

한글명 : 음이온의 이름이 먼저 오고 양이온이 나중에 나온다.

2 양이온의 이름은 원소명 그대로 적고 음이온의 이름은 원소명 뒤에 -ide (-화)라는 접미사를 붙인다.

영어명 : 양이온 원소명 + (음이온 원소명 어간 + ide)

한글명 : (음이온 원소명 어간 +화) + 양이온 원소명

예 MgO : magnesium oxide ( 산화 마그네슘 )

HgS : mercury(Ⅱ) sulfide〔황화 수은(Ⅱ)〕

### 예제 5-9

다음 이성분 이온화합물의 체계적 이름을 각각 써라.

(a) ZnO (b) $SnF_2$

**해답** (a) Zn의 전하는 2+ 하나뿐이다. 따라서 ZnO는 zinc oxide(산화 아연)이다.

(b) Sn의 전하는 2+ 혹은 4+이다. F의 전하가 1- 이므로 Sn의 전하는 2+가 된다. $SnF_2$는 tin(Ⅱ) fluoride〔플루오르화 주석 (Ⅱ)〕이라고 명명한다.

**물음** 다음의 이성분 이온화합물의 체계적 이름을 써라.

(a) $Mn_3P_2$ (b) $Fe_2S_3$

**해답** (a) manganese(Ⅱ) phosphide〔인화 망간(Ⅱ)〕 (b) iron(Ⅲ)sulfide〔황화 철(Ⅲ)〕

### 예제 5-10

다음 이성분 이온화합물에 대한 화학식을 써라.

(a) lithium fluoride(플루오르화 리튬)

(b) lead(Ⅱ) sulfide〔황화납 (Ⅱ)〕

**해답** (a) 리튬은 1A족이므로 $Li^+$, 플루오르는 7A 족이므로 $F^-$이다. 따라서 화합물의 화학식은 LiF로 쓴다.

(b) 문제에서 lead(Ⅱ) 는 납의 이온이 $Pb^{2+}$라는 말이다. 황 이온은 $S^{2-}$ 이므로 화합물의 화학식은 PbS로 쓴다.

**물음** 다음 이성분 이온화합물에 대한 각각의 체계적 화학식을 써라.

(a) copper(Ⅱ) iodide〔요오드화 구리(Ⅱ)〕

(b) mercury(Ⅱ)oxide〔산화수은(Ⅱ)〕

**해답** (a) $CuI_2$ (b) HgO

### 이성분 이온화합물의 화학식 예측

주기율표를 활용하여 이성분 이온화합물의 화학식을 예상하고자 한다. 비슷한 화합물의 화학식을 기초로 하여 화합물의 화학식을 예상할 수 있다. 염화알칼리 금속부터 시작해보자. 나트륨은 IA/1족이다. 염화나트륨의 화학식은 NaCl이다. 실제로 모든 염화 알칼리 금속은 비슷한 화학식을 가지고 있다. 모든 알칼리 금속족의 염화물은 LiCl, NaCl, KCl의 화학식을 가진다.

비슷한 방법으로 염화 알칼리 토금속의 화학식을 예상할 수 있다. 바륨은 ⅡA/2족이고, 염화바륨의 화학식은 $BaCl_2$이다. 따라서 다른 염화 알칼리 토금속의 화학식은 $MgCl_2$, $CaCl_2$, $SrCl_2$이다.

**예제 5-11**

산화알루미늄의 화학식이 $Al_2O_3$일 때 다음 각 이성분 화합물의 화학식을 적어라.

(a) gallium oxide (산화 갈륨) (b) aluminum sulfide (황화 알루미늄)

**해답** (a) Ga와 Al은 모두 같은 ⅢA/3족이므로 $Al_2O_3$와 같은 형태의 화학식 $Ga_2O_3$가 된다.
(b) S와 O는 모두 ⅥA/16족에 속하므로 $Al_2O_3$와 같은 형태의 화학식은 $Al_2S_3$가 된다.

**물음** 염화마그네슘의 화학식이 $MgCl_2$일 때 다음 각 이성분 화합물의 화학식을 적어라.
(a) radium chloride(염화 라듐) (b) magnesium fluoride(플루오린화 마그네슘)

**해답** (a) $RaCl_2$ (b) $MgF_2$

## 5-6 | 삼성분 이온화합물

대표적인 삼성분 이온화합물은 금속 양이온과 다원자 옥시 음이온과의 결합으로 되어 있다. 예를 들면, $CaSO_4$, $NaNO_3$ 등 이다.

삼성분 이온화합물들 중에는 $Fe^{2+}$와 $Fe^{3+}$와 같이 다양한 이온 전하를 가지는 전이 금속 화합물이 있다. 이러한 화합물의 이름을 정확히 명명하기 위해서는 이성분 이온화합물에서와 같은 방법으로 먼저 음이온의 전하를 구하여 양이온전하와 음이온전하의 합이 0이 되도록 전이금속 양이온의 이온 전하를 정한다.

**예제 5-12**

인산 이온의 전하가 3- 이다. 인산 철[$Fe_3(PO_4)_2$]에 대하여 철의 이온 전하를 결정하라.

**해답** 음이온전하의 합 = 2×(2-) = 6- 이다. ( $PO_4^{3-}$ + $PO_4^{3-}$ = 6-)

양이온 전하의 합이 6+ 가 되도록 아래와 같이 식을 만든다.

$3(Fe^{x+}) = 6+$ , $Fe^{x+} = 2+$

그러므로 철 이온은 $Fe^{2+}$이다.

**물음** 다음 화합물의 금속 양이온에 대한 이온 전하를 결정하라.

단, (OH) 전하 = 1- , ($ClO_3$) 전하 = 1-

(a) $Hg(OH)_2$ (b) $Co(ClO_3)_3$

**해답** (a) $Hg^{2+}$ (b) $Co^{3+}$

## 삼성분 이온화합물의 명명

**1** 영어명 : 양이온의 이름이 먼저 오고 음이온이 나중에 나온다.

한글명 : 음이온의 이름이 먼저 오고 양이온이 나중에 나온다.

**2** 옥시 음이온이 있는 경우

1) 양이온의 이름은 원소명 그대로 적고 음이온의 이름은 원소명 뒤에 -ate(-산)라는 접미사를 붙인다.

영어명 : 양이온 원소명 + (음이온 원소명 어간 + ate )

한글명 : (음이온 원소명 어간 +산) + 양이온 원소명

예 $CaCO_3$ : calcium carbonate (탄산칼슘)

$Ca(NO_3)_2$ : calcium nitrate (질산칼슘)

2) 동일한 원소로 되어 있으나 산소가 하나 부족하면 원소명 뒤에 -ite(아-산)로 붙인다.

예 $KClO_3$ : potassium chlorate (염소산 칼륨)

$KClO_2$ : potassium chlorite (아염소산 칼륨)

3 옥시 음이온이 아닌 경우

KCN : potassium cyanide(사이안화 칼륨)

$Ca(OH)_2$ : calcium hydroxide (수산화 칼슘)

**예제 5-13**

다음의 삼성분 이온화합물의 체계적인 이름을 써라.

(a) $Cu(NO_2)_2$ (b) $Hg(NO_3)_2$

**해답** (a) $(NO_2)^-$ 의 전하가 1- 이므로 Cu 의 전하는 2- 가 되어야 한다.

화합물의 이름은 copper(Ⅱ) nitrite 〔아질산 구리(Ⅱ)〕로 명명한다.

(b) $(NO_3)^-$ 의 전하가 1- 이므로 Hg 의 전하는 2+가 된다.

화합물의 이름은 mercury (Ⅱ) nitrate 〔질산수은(Ⅱ)〕로 명명한다.

**예제 5-14**

다음의 삼성분 이온화합물의 화학식을 써라.

(a) nickel(Ⅱ) acetate〔아세트산니켈(Ⅱ)〕 (b) iron(Ⅲ) sulfate〔황산 철 (Ⅲ)〕

**해답** (a) 문제에서 nickel(Ⅱ)이므로 니켈의 전하는 $Ni^{2+}$ 이고 아세트산의 전하는 $C_2H_3O_2^-$ 이다. 양전하의 합과 음전하의 합이 0이 될려면 니켈 하나에 아세트산 2개와 결합 해야 한다. 따라서 화합물의 화학식은 $Ni(C_2H_3O_2)_2$이다.

(b) 문제에서 iron(Ⅲ)이므로 철의 전하는 $Fe^{3+}$ 이고 황산이온은 $SO_4^{2-}$이다. 이와 같이 전하가 홀수, 짝수로 되어 전하의 합이 같도록 맞추기 어려울 때는 최소공배수 방법을 이용한다. 3과 2의 최소공배수는 6 이므로 양이온 전하의 합이 6+, 음이온 전하의 합도 6-가 되도록 만든다. 따라서 화학식은 $Fe_2(SO_4)_3$가 된다.

## 삼성분 이온화합물의 화학식 예측

주기율표는 삼성분 이온화합물의 화학식을 예측하는데 사용될 수 있다. 예를 들어, 만약 질산칼륨의 화학식이 $KNO_3$라 한다면 Li, Na도 K와 같은 IA/1족에 속해 있으므로 질산리튬, 질산나트륨의 화학식이 $LiNO_3$, $NaNO_3$ 와 같이 예측할 수 있다.

**예제 5-15**

탄산칼슘의 화학식 $CaCO_3$를 이용하여 다음의 삼성분 이온화합물의 화학식을 예측하라.

(a) radium carbonate(탄산 라듐) (b) calcium silicate(규산 칼슘)

**해답** (a) Ra와 Ca는 둘 다 ⅡA/2 족에 속한다. 따라서 탄산 라듐의 화학식은 $RaCO_3$이다.
(b) Si와 C원소는 둘 다 ⅣA/14족에 속한다. 따라서 규산칼슘에 대한 화학식은 $CaSiO_3$이다.

**물음** potassium chlorate(염소산칼륨)의 화학식 $KClO_3$를 이용하여 다음의 삼성분 이온화합물의 화학식을 예측하라.

(a) lithium chlorate(염소산 리튬) (b) potassium bromate(브롬산 칼륨)

**해답** (a) $LiClO_3$ (b) $KBrO_3$

## 5-7 | 이성분 분자화합물

이온화합물은 양이온과 음이온으로 결합하지만 분자화합물은 이온이 없고 대신 공유 전자로 결합하므로 화학식을 결정하는 방법이 이온화합물과는 완전히 다른 방법으로 정한다. 이에 대한 자세한 내용은 9장을 참고한다.

이성분 분자화합물은 두 개의 비금속 원소로 구성되어 있다. 분자화합물에서 가장 간단하게 나타낼 수 있는 입자를 분자(molecule)라 한다. 화학식을 적을 때 일반적으로 비금속성이 더 큰 원소를 두 번째로 쓴다. IUPAC에서는 다음과 같은 순서로 화학식의 순서를 다음과 같이 적도록 규정하였다. (C, P, N, H, S, I, Br, Cl, O, F) 여기서 주목할 것은 수소는 이 순서에서 중간에 위치한다는 것이다. 예로서 수소의 이성분 분자화합물들은 다음과 같이 쓴다. ($CH_4$, $PH_3$, $NH_3$, $H_2S$, HI, HBr, HCl, $H_2O$, HF)

**1** 첫 번째 원소의 이름은 원소명 그대로 적고 두 번째 원소의 이름은 원소명 뒤에 -ide(-화)라는 접미사를 붙인다.

영어명 : 첫 번째 원소명 + (두 번째 원소명 어간 + ide )

한글명 : (두 번째 원소명 어간 +화) + 첫 번째 원소명

**예** HCl : hydrogen chloride ( 염화수소 )

**2** 동일한 원소로 된 분자의 종류가 2가지 이상이면 그리스 접두어(표 5.4)로 표시하여 구분한다.( 주의: 이온화합물에서는 원소명 뒤에 로마자로 구분한다.)

**예** $P_4S_3$ : tetraphosphorus trisulfide(삼황화 사인)

$P_4S_7$ : tetraphosphorus heptasulfide(칠황화 사인)

**3** 원자수가 하나일 때는 꼭 필요한 경우에만 mono라는 접두어를 사용한다.

**예** CO : carbon monoxide(일산화탄소 )

$CO_2$ : carbon dioxide (이산화탄소 )

**표 5.4 이성분 분자화합물에 대한 그리스 접두어**

| 원자 | 접두어 | 원자 | 접두어 |
|---|---|---|---|
| 1 | mono(모노) | 6 | hexa(헥사) |
| 2 | di(다이) | 7 | hepta(헵타) |
| 3 | tri(트라이) | 8 | octa(옥타) |
| 4 | tetra(테트라) | 9 | nona(노나) |
| 5 | penta(펜타) | 10 | deca(데카) |

$P_4S_3$

◀ **그림 5.4 성냥 개비의 화학**
성냥 개비의 머리 부분에는 $P_4S_3$와 $KClO_3$ 두 물질이 있다. 성냥 개비를 거친 표면에 문지르면 이 두 화합물이 발화하여 불꽃을 발생한다. 이 반응의 생성물은 $P_2O_5$, KCl 및 $SO_2$이며, 이중 $SO_2$ 때문에 특별히 황 냄새가 난다.

### 예제 5-16

다음 이성분 분자화합물들에 대한 IUPAC 명명법을 적으시오.

(a) $IF_6$ (b) $Br_3O_8$

**해답** (a) iodine hexafluoride(육플루오르화 요오드)가 된다.
(b) tribromine octaoxide(팔산화 삼브롬 또는 팔산화 삼브로민)가 된다.

**물음** 다음 이성분 분자화합물들에 대한 IUPAC 명명법을 써라.

(a) $Cl_2O_5$ (b) $P_4S_{10}$

**해답** (a) dichlorine pentaoxide(오산화 이염소)
(b) tetraphosphorus decasulfide(십황화사인)

주의 지금까지는 발음의 편의를 위하여 그리스 접두어를 가진 화합물의 명명법에서는 이중 모음을 피하였다. 예를 들어 그리스 접두어가 "a"나 "o"로 끝나고 비금속 원소가 oxygen(산소)원자라고 할 경우에 첫 번째 모음은 생략하였다. 따라서 tetraoxide가 아닌 tetroxide로 표기하였다. 그러나 1990 신사록(Red Book)에 따라서 이러한 모음들은 산소원자 앞에 접두어로서 mono-가 사용되는 경우(monooxide가 아니라 monoxide로 표기)만 제외하고 이러한 모음들은 생략하지 않도록 권장하고 있다.

## 5-8 | 이성분 산

이성분 산은 수소와 비금속을 포함하는 화합물의 수용액이다. 산의 화학식은 HF(aq) 처럼 항상 H로 시작하며 (aq) 표시를 해준다. 이성분 산은 HF와 같은 이성분 분자화합물이 물에 용해되어 생성하며, 이때 수용액 HF(aq)는 이성분 산이다.

이성분 산들의 영어식 이름은 〔 hydro +비금속 원소의 어간 + ic acid(산) 〕로 명명하며, 한글명으로는 〔비금속 원소의 어간 + 화 + 수소산〕으로 명명한다.

예 염산(HCl)

영어명 : 〔hydro- + chlor + ic acid 〕→ hydrochloric acid

한글명 : 〔염 +화+수소산〕→ 염화수소산(또는 염산)이라 부른다.

### 예제 5-17

이성분 산 HF(aq)에 대한 IUPAC 명명법을 써라.

해답 hydro + fluor + ic acid → hydrofluoric acid(플루오르화 수소산)으로 명명한다.

물음 $H_2S$(aq)에 대한 IUPAC 명명법을 써라.

해답 hydrosulfuric acid(황화 수소산)

주의 이성분 산과 이성분 분자화합물의 명명을 혼동하면 안된다. 이성분 산은 물속에 용해된 비금속 원소와 수소와의 화합물이다. 예를 들어, HCl(aq)은 이성분 산이므로 hydrochloric acid(염산) 으로 명명한다. 반면에 기체 상태의 HCl은 이성분 분자 화합물로서 hydrogen chloride(염화수소)로 명명한다.

## 5-9 | 삼성분 산소산

삼성분 산소산은 대부분 수소와 옥시 음이온(oxyanion ion)을 함유하고 있는 화합물의 수용액이다. 대부분의 삼성분 산소산은 비금속 원소(수소와 산소는 재외)의 접미어에 -ic acid ](-산)를 붙여서 명명한다. 다시 말하면 영어식 이름은 〔 비금속 원소의 어간 + -ic acid ]로 부르며 한글명은 〔비금속원소의 어간 + 산〕으로 부른다.

예 $HNO_3(aq)$ : 비금속 원소는 질소 (nitrogen)이다. 따라서

영어명 : 〔 nitr + ic acid 〕 → nitric acid

한글명 : 〔질 + 산〕 → 질산

동일한 원소로 된 산이면서도 옥시 음이온의 산소가 하나 부족할 경우에는 비금속 원소의 어간에 접미어 -ous acid를 붙여서 명명하기도 한다. 영어명은 〔비금속 원소의 어간 + ous acid ]로 명명하며 한글명은 〔아 + 비금속 원소의 어간 + 산〕으로 명명한다.

예 $HNO_3(aq)$ : nitric acid (질산)　　$HNO_2(aq)$ : nitrous acid(아질산)

$H_2SO_4(aq)$ : sulfuric acid ( 황산 )　　$H_2SO_3$ : sulfrous acid (아황산)

**예제 5-18**

삼성분 산소산 $HClO_3(aq)$에 대한 IUPAC명명법을 써라.

**해답** chlor + ic acid : 즉, $HClO_3(aq)$는 chloric acid(염소산)으로 명명한다.

**물음** 삼성분 산소산 $HClO_2(aq)$의 IUPAC 명명법을 써라.

**해답** chlorous acid(아염소산)

## 연습문제

### 화합물의 분류

1 다음의 화합물들을 이성분 이온화합물, 삼성분 이온화합물, 이성분 분자화합물, 이성분 산 또는 삼성분 산소산으로 각각 분류하라.

(a) 황화 카드뮴, CdS (b) 삼산화 황, $SO_3$

(c) 황산 나트륨(황산 소듐), $Na_2SO_4$ (d) 황산, $H_2SO_4(aq)$

2 다음의 화합물들을 단원자 양이온, 단원자 음이온, 다원자 양이온 또는 다원자 음이온으로 각각 분류하라.

(a) 티탄(II) 이온, $Ti^{2+}$

(b) 플루오르화 이온(플루오린화 이온), $F^-$

(c) 제일수은 이온, $Hg_2^{2+}$

(d) 아세트산 이온, $C_2H_3O_2^-$

### 단원자 이온

3 다음의 단원자 양이온들을 명명하라.

(a) $Hg^{2+}$ (b) $Cu^{2+}$

(c) $Fe^{2+}$ (d) $Co^{3+}$

4 다음의 단원자 양이온들의 화학식을 써라.

(a) 리튬 이온 (b) 알루미늄 이온

(c) 주석(Ⅳ) 이온 (d) 망간(Ⅱ) 이온

5 다음의 단원자 음이온들을 명명하라.

(a) $F^-$ (b) $I^-$

(c) $O^{2-}$ (d) $P^{3-}$

## 다원자 이온

**6** 다음의 옥시 음이온들을 명명하라.

(a) $SO_4^{2-}$　　(b) $NO_3^-$

(c) $CrO_4^{2-}$　　(d) $HSO_4^-$

**7** 다음의 다원자 이온들의 화학식을 써라.

(a) 수산화 이온　　(b) 아질산 이온

(c) 다이크롬산 이온　　(d) 탄산수소 이온

## 화학식의 표기

**8** 다음의 이성분 화합물들에 대한 화학식을 써라.

(a) 브롬화 알루미늄(브로민화 알루미늄), $Al^{3+}$와 $Br^-$

(b) 황화 카드뮴, $Cd^{2+}$와 $S^{2-}$

(c) 인화 마그네슘, $Mg^{2+}$와 $P^{3-}$

(d) 황화 납(IV), $Pb^{4+}$와 $S^{2-}$

**9** 다음의 삼성분 화합물들에 대한 화학식을 써라.

(a) 질산 칼륨($K^+$, $NO_3^-$)

(b) 다이크롬산 암모늄($NH_4^+$, $Cr_2O_7^{2-}$)

(c) 아황산 알루미늄($Al^{3+}$, $SO_3^{2-}$)

(d) 하이포아염소산 크로뮴(Ⅲ)($Cr^{3+}$, $ClO^-$)

**10** 다음의 삼성분 화합물들에 대한 화학식을 써라.

(a) 아질산 스트론튬($Sr^{2+}$, $NO_2^-$)　　(b) 과망간산 아연($Zn^{2+}$, $MnO_4^-$)

(c) 크롬산 칼슘($Ca^{2+}$, $CrO_4^{2-}$)　　(d) 과염소산 크로뮴(Ⅲ)($Cr^{3+}$, $ClO_4^-$)

## 이성분 이온화합물

**11** 다음의 이성분 이온화합물들을 명명하라.

(a) MgO　　(b) ZnO

(c) CdO　　(d) BaO

**12** 다음의 이성분 이온화합물들을 슈토크 체계로 명명하라.

(a) CuO (b) FeO

(c) HgO (d) SnO

**13** 다음의 이성분 이온화합물들에 대하여 화학식을 써라.

(a) 산화 구리(I) (b) 질소화 철(Ⅲ)

(c) 염화 수은(Ⅱ) (d) 황화 납(Ⅳ)

**14** 염화나트륨(염화 소듐)의 화학식은 NaCl이다. 다음의 이성분 이온화합물들의 화학식을 예상하라.

(a) 염화 루비듐 (b) 브롬화 나트륨(브로민화 소듐)

**15** 질소화 알루미늄의 화학식은 AlN이다. 다음의 이성분 이온화합물들의 화학식을 예상하라.

(a) 질소화 갈륨 (b) 비소화 알루미늄

## 삼성분 이온화합물

**16** 다음의 삼성분 이온화합물들 명명하라.

(a) $LiMnO_4$ (b) $Sr(ClO_4)_2$

(c) $CaCrO_4$ (d) $Cd(CN)_2$

**17** 다음의 삼성분 이온화합물들을 슈토크 체계로 명명하라.

(a) $CuSO_4$ (b) $FeCrO_4$

(c) $Hg(NO_2)_2$ (d) $Pb(C_2H_3O_2)_2$

**18** 다음의 삼성분 이온화합물들을 라틴 체계로 명명하라.

(a) $Cu_2SO_4$ (b) $Fe_2(CrO_4)_3$

(c) $Hg_2(NO_2)_2$ (d) $Pb(C_2H_3O_2)_4$

**19** 황산 나트륨의 화학식은 $Na_2SO_4$이다. 다음 삼성분 이온화합물들에 대한 화학식을 예상하라.

(a) 황산 프랑슘 (b) 아황산 나트륨(아황산 소듐)

**20** 염소산 바륨의 화학식은 $Ba(ClO_3)_2$이다. 다음 삼성분 이온화합물들에 대한 화학식을 예상하라.

(a) 염소산 라듐 (b) 브롬산 바륨

### 이성분 분자화합물

**21** 다음의 이성분 분자화합물들을 명명하라.

(a) $SO_3$ (b) $P_2O_3$

(c) $N_2O$ (d) $C_3O_2$

**22** 다음의 이성분 분자화합물들의 화학식을 써라.

(a) 오산화 이질소 (b) 사염화 탄소

(c) 일브롬화 요오드 (d) 황화 수소

### 이성분 산

**23** 다음의 이성분 산들에 대하여 IUPAC 체계로 명명하라.

(a) HBr(aq) (b) HI(aq)

### 삼성분 산소산

**24** 다음의 삼성분 산소산들에 대하여 IUPAC 체계로 명명하라.

(a) $HClO_2$(aq) (b) $H_3PO_4$(aq)

**25** 다음의 삼성분 산소산들에 대한 화학식을 써라.

(a) 아세트산 (b) 질산

**26** 하이포아염소산의 화학식은 HClO(aq)이다. 다음 삼성분 산소산들에 대한 화학식을 예상하라.

(a) 하이포아요드산

(b) 하이포아브롬산

## 심화 연습문제

**27** 다음 물질들에 대한 각각의 이온 전하를 밝혀라.

(a) 철 금속 원자　　(b) 제일철 이온

(c) 철(III) 이온　　(d) 철 화합물

**28** 다음의 다원자 음이온의 이온전하가 2− 가 되는 화학식을 골라라.

(a) 과요오드산 이온, $IO_4$

(b) 규산 이온, $SiO_4$

**29** 다음 표의 양이온과 음이온을 짝 지워서 화학식을 완성하고 각 화합물들을 체계적으로 명명하라.

| 이온 | 플루오린화 이온 | 산화 이온 | 질소화 이온 |
|---|---|---|---|
| 리튬 이온 | LiF | | |
| 칼슘 이온 | | | |
| 알루미늄 이온 | | | |

**30** 다음 표에서 양이온과 음이온을 짝지었을 때의 화학식을 쓰고 그 화합물들에 대하여 체계적으로 명명하라.

| 이온 | 수소화 이온 | 아황산 이온 | 인산 이온 |
|---|---|---|---|
| 칼륨(포타슘)이온 | KOH | | |
| 카드뮴 이온 | | | |
| 크롬(크로뮴)(III)이온 | | | |

**31** 다음 가정용 화학제품들에 대한 화학식을 써라.

(a) 증류수　　(b) 하이포아염소산 나트륨(표백제)

(c) 수산화 나트륨(가성소다)　　(d) 탄산수소 나트륨(베이킹 소다)

**32** 다음의 반금속(semimetal) 원소를 포함하고 있는 화합물들에 대하여 명명하라.(힌트 : 이성분 분자 화합물의 화학식으로 명명)

(a) $BF_3$

(b) $SiCl_4$

(c) $As_2O_5$

(d) $Sb_2O_3$

chapter 6

# 화학반응

물질들은 끊임없이 여러 가지로 변화되고 있다. 이들 변화는 물리변화 또는 화학변화로 분류된다. 물리변화(physical change)에서는 물질의 화학 조성은 변하지 않는다. 예를 들어, 얼음을 녹이거나 물을 끓이면 물리 변화를 일으키고 있는 것이다. 얼음과 물의 화학적 조성인 $H_2O$는 변화하기 전후가 동일하다.

화학변화(chemical change)에서는 물질의 화학 조성이 원래 상태로 남아 있지 않는다. 예를 들어, 제산제를 컵 속의 물에 떨어뜨리면 화학변화를 일으킨다. 제산제의 화학 조성은 변화 전과 변화 후가 동일하지 않다. 컵에 든 물에서 방출되는 기체 거품은 새로운 물질 형성에 대한 증거다.

어떤 물질이 화학변화 후 새로운 물질을 형성할 때, 화학반응(chemical reaction)을 관찰할 수 있다. 새로운 물질을 형성할 때 열의 발생이나 흡수, 색의 변화, 냄새 또는 기포 발생, 불용성 고체 생성 중에서 한 가지를 관찰하게 된다. 예를 들어 밀가루, 효모, 그리고 물을 혼합하여 오븐 속에 넣으면, 잠시 후에 빵 굽는 냄새를 맡을 수 있다. 밀가루, 효모 및 물이 결합하여 새로운 물질을 만드는 화학반응이 일어난다. 이것은 색과 냄새의 변화로부터 알 수 있다.

## 6-1 | 화학반응에 대한 증거

물질들이 결합하거나 분해할 때 화학 변화를 일으킨다. 그 변화를 관찰함으로써 물리 변화와 화학변화를 구별할 수 있다. 다음 각 사항은 화학변화를 나타내고 있다. 즉, **화학반응**(chemical reaction)이 일어났다는 것이다.

**1** 기체가 방출된다.

여러 가지 화학실험에 의하여 기체가 발생되는 증거를 관찰할 수 있다. 예를 들어, 마그네슘(Mg)을 염산용액(HCl)에 담그면 '쉬~잇' 하고 기포가 일어나는 것은 화학반응으로 생성된 수소 기체의 방출 때문이다.

$$\underset{\text{고체}}{Mg(s)} + \underset{\text{수용액}}{2HCl(aq)} \rightarrow \underset{\text{수용액}}{MgCl_2(aq)} + \underset{\text{기체}}{H_2(g)}$$

**2** 불용성 물질이 생성된다.

물에 녹아서 수용액(aqueous solution)이 될 수 있는 두 물질이 있다. 두 가지의 수용액을 함께 섞었을 때 고체 입자가 관찰되면 이 고체입자를 불용성 고체 또는 **침전**(precipitate)이라고 한다. 침전의 형성은 화학반응의 증거가 된다.

$$2AgNO_3(aq) + Na_2CO_3(aq) \rightarrow Ag_2CO_3(s) + 2NaNO_3(aq)$$

수용액 1 　 수용액 2 → 침 전 + 수용액 3

**3** 영구적인 색깔 변화가 관찰된다.

많은 화학반응은 영구적인 색깔 변화가 나타난다. 예를 들면, 황산구리(Ⅱ) 용액에 암모니아수를 넣으면 연한 청색에서 진한 청색으로 변한다. 산이 염기와 반응하는 것을 관찰하기 위해서 색깔이 바뀌는 지시약을 사용한다. 지시약을 통하여 화학반응을 간접적으로 우리가 알 수 있게 한다.

$$CuSO_4 + 2NH_4OH \rightarrow (NH_4)_2SO_4 + Cu(OH)_2$$

연한 청색 → 진한 청색

**4** 열에너지 변화가 관찰된다.

화학반응에서는 종종 온도의 변화가 일어난다. 열이 발생하는 반응을 **발열반응**(exothermic reaction)이라고 하며 반대로, 열을 흡수하는 반응을 **흡열반응**(endothermic reaction)이라고 한다. 예를 들어, 갑작스럽게 불꽃이 점화되면 열과 빛이 관찰된다. 열과 빛은 발열 화학반응이 일어나는 것을 보여주는 것이다.

요약하면, 위의 네 가지, 즉 기체의 발생, 침전의 형성, 색깔의 변화, 또는 에너지의 변화는 화학반응이 일어났다는 증거가 된다. 이러한 내용은 그림 6.1에서 보여주고 있다. 하지만 화학반응에서 이러한 변화가 관찰되지 않을 수도 있다. 예를 들면, 산, 염기 반응에서 물이 생성되지만 물은 무색이므로 색깔이 나타나지 않으며 에너지 변화도 너무 작아서 감지하기 어렵다. 이러한 경우에는 지시약을 사용하여 화학반응을 관찰할 수 있다.

(a) (b) (c)

**▲ 그림 6.1 화학반응에 대한 증거**

각각의 그림들은 화학반응에 대한 증거이다. (a) 산성 용액 속에 있는 마그네슘 금속으로부터 발생되는 기포. (b) 물 속에 있는 칼륨(포타슘) 금속으로부터 방출되는 열과 빛. (c) 두 가지의 수용액으로부터 생성된 침전과 색깔 변화.

## 6-2 | 화학반응식 쓰기

이 장에서 화학반응을 기술하기 위해 화학식과 화학기호를 사용하여 **화학반응식**(chemical equation)을 쓸 것이다. 다음 화학반응의 기술에 대해 생각해 보자. 물질 A와 물질 B가 화학 변화를 일으켜 물질 C와 D를 생성했다고 하자. 다음과 같이 기호로 이러한 내용을 서술 할 수 있다.

$$A + B \rightarrow C + D$$

이런 일반적인 화학반응식에서 A와 B는 **반응물**(reactant)이라 부르고, C와 D는 **생성물**(product)이라 부른다.

우리가 고체, 액체, 기체 등 각각의 물질에 물리적인 상태를 상세히 분류한다면 더 많은 정보를 제공할 수 있다. 물리적인 상태는 (s), (l), 또는 (g)와 같은 약어를 사용하여 상태를 구분한다. 관례적으로 수용액은 (aq)라는 기호로 나타내고, 불용성 고체는 (s)로 표시한다. 예를 들어, 수용액 A와 기체로 된 물질 B가 반응하여 침전물 C와 수용액 D가 생성되었다면 다음과 같이 나타낼 수 있다.

$$A(aq) + B(g) \rightarrow C(s) + D(aq)$$

**촉매**(catalyst)란 촉매 자체는 소모되지 않거나 영구적으로 변화되지 않으면서 다른 물질의 반응속도를 증가 또는 감소시키는 물질이다. 예를 들면, 자동차에 있는 촉매 변환기는 연소되지 않은 연료를 이산화탄소와 물로 변환시켜서 속도를 증가시키는 금속 촉매들을 가지고 있다. 촉매는 화살표 위에 촉매의 화학식을 써서 표시된다. 표 6.1은 화학반응을 기술하기 위해 사용되는 기호들을 나열해 놓은 것이다.

아세트산과 베이킹소다의 반응에 대한 다음 화학반응에서의 기호를 설명해 보자.

$$HC_2H_3O_2(aq) + NaHCO_3(s) \rightarrow NaC_2H_3O_2(aq) + H_2O(l) + CO_2(g)$$

화학식과 화학기호는 다음과 같이 읽는다. 아세트산 수용액에 고체 탄산수소나트륨을 첨가하면 아세트산나트륨 수용액, 물 및 이산화탄소 기체가 생성된다.

화학반응에서 종종 수소, 질소 또는 산소 기체들이 생성되는데 이러한 비금속성 물질들이 생성될 때 $H_2$, $N_2$ 및 $O_2$와 같이 이원자 분자(diatomic molecule) 상태로 발생한다. 할로겐 원소들도 $F_2$, $C_2$, $Br_2$ 그리고 $I_2$와 같이 이원자분자 상태로 생성된다. 이원자분자들이 화학반응식에 나타난다면 이원자 분자로 적는다.

**표 6.1 화학식 기호**

| 기호 | 화학반응식 기호 설명 |
|---|---|
| $\rightarrow$ | 생성하다. 주다 (반응물로부터 생성물로 향한다). |
| + | 반응시키다. 추가하다. 더하다. |
| $\xrightarrow{\Delta}$ | 열을 가하여 반응시킨다. |
| $\xrightarrow{Fe}$ | 금속 철 촉매가 반응에 첨가 된다. |
| NR | 반응이 일어나지 않는다. |
| (s) | 고체 상태 또는 침전물 형성 |
| (l) | 액체 상태 |
| (g) | 기체 상태 |
| (aq) | 수용액 상태 |

**예제 6-1**

다음 화학반응을 화학반응식으로 써라.

(a) 금속 철에 황가루를 넣고 가열하면 황화 철(II) 고체가 생성된다.

(b) 금속 아연을 황산과 반응시키면 황산 아연 수용액과 수소 기체가 생성된다.

**해답** (a) $Fe(s) + S(s) \rightarrow FeS(s)$

(b) $Zn(s) + H_2SO_4(aq) \rightarrow ZnSO_4(aq) + H_2(g)$

**물음** 다음 화학반응을 반응식으로 써라.

(a) 요오드화나트륨 수용액에 질산은을 넣으면 요오드화 은 침전과 질산나트륨 수용액을 생성한다.

(b) 수산화칼륨 수용액을 아세트산에 넣으면 아세트산칼륨 수용액과 물을 생성한다.

**해답** (a) $NaI(aq) + AgNO_3(aq) \rightarrow AgI(s) + NaNO_3(aq)$

(b) $HC_2H_3O_2(aq) + KOH(aq) \rightarrow KC_2H_3O_2(aq) + H_2O(l)$

## 6-3 | 균형 화학반응식

질량보존의 법칙에 의하여 화학반응에서 반응물과 생성물의 양은 같아야 한다. 반응하는 동안 새로운 원소가 생성되거나 있던 원소가 사라지지 않기 때문에 반응에 참여하는 원소의 원자수는 화살표의 양쪽에서 같아야 한다. 이때 화학반응식 양쪽의 원자수가 같은 화학반응식을 **균형 화학반응식**이라 한다.

종종 반응식이 처음 쓰여 졌을 때 반응물과 생성물의 각 원소의 원자수가 같지 않은 경우가 있다. 이러한 경우 화학반응식 양쪽에 원자수가 같아지도록 균형이 필요하게 된다. 균형을 맞추기 위하여 각 화학식 앞에 정수로 된 계수를 놓아 균형 화학반응식이 되도록 한다. 이때 화학식 앞의 계수와 원소의 아래첨자를 곱하면 원자의 수가 된다. 예를 들면 $3H_2O$는 6개의 수소 원자와 3개의 산소 원자를 나타낸다.

수소 기체와 염소 기체를 반응시키면 자극성 냄새를 가진 염화수소가 만들어진다. 이에 대한 화학반응식은 다음과 같다.

$$H_2(g) + Cl_2(g) \rightarrow HCl(g)$$

$H_2$와 $Cl_2$의 아래첨자(subscript)가 2인 것을 알 수 있으나 생성물에는 단지 한 개의 H 원자와 한 개의 Cl원자가 나타난다. 따라서 반응식은 균형을 이루지 못했다. 반응식 양쪽에 수소 원자의 균형을 맞추기 위해 HCl 앞에 계수 2를 써놓는다. 이는 다음과 같

이 쓸 수 있다.

$$H_2(g) \quad + \quad Cl_2(g) \quad \rightarrow \quad 2HCl(g)$$

계수 2를 사용함으로써 두 개의 HCl분자가 된다. 즉 반응식의 양쪽이 두 개의 H원자와 두개의 Cl원자를 가짐으로써 반응식이 균형을 이루었다.

더 어려운 문제를 해결해 보자. 알루미늄 금속에 산소 기체를 넣고 가열하면 고체 산화알루미늄이 생성된다. 산화알루미늄의 화학식은 $Al_2O_3$이며, 화학반응식은 다음과 같다.

$$Al(s) + O_2(g) \rightarrow Al_2O_3(s)$$

반응물 쪽에서는 두 개의 산소 원자가 있지만 생성물 쪽에서는 세 개의 산소 원자가 있다는 것에 유의해야 한다. 이 반응은 균형이 잡힌 것이 아니다. 산소 원자수의 균형을 맞추기 위해서 2와 3의 최소공배수 6을 사용한다. 반응물 쪽에서 6개의 산소 원자를 만들기 위해 $O_2$ 앞에 계수 3을 놓고, 생성물 쪽에도 6개의 산소 원자를 만들기 위해 $Al_2O_3$앞에 계수 2를 놓는다.

$$Al(s) + 3O_2(g) \rightarrow 2Al_2O_3(s)$$

그렇지만, Al원자의 수가 균형이 이루어지지 않았다. 반응물에서는 하나의 Al원자를 가지고 있다. 생성물 쪽에서는 2개의 $Al_2O_3$를 가지고 있어 총 4개의 Al원자를 갖는다. 반응하는 Al금속 앞에 계수 4를 놓을 수 있다. 이것은 균형 화학반응식이 된다.

$$4Al(s) + 3O_2(g) \rightarrow 2Al_2O_3(s)$$

반응식의 양쪽을 체계적인 분석에 의해서 계수를 놓는 방법을 검산에 의해 균형을 맞추는 것이라 한다. 비록 검산에 의해 반응식의 균형을 맞출 때 공식적인 규정은 없지만, 몇 가지 일반적인 지침들을 만들 수 있다.

## 화학반응식의 일반적인 규칙

**1** 반응식에 나오는 화학식의 아래첨자가 올바른가를 확인한다.(아래 첨자가 바뀌면 물질의 종류가 달라진다.)

**2** 각 물질 앞에 계수를 놓아서 반응식에 있는 각 원자의 균형을 맞추어라. 계수가 1일 경우에는 균형 화학반응식에서 적지 않는다.

(a) 가장 복잡한 화학식을 기준으로 시작해서 균형을 맞추기 시작한다.

(b) 다원자 이온은 단일체처럼 균형을 맞춘다. 하지만 만약 다원자 이온을 분해한다면 각 원자마다 따로 따로 균형을 맞춰야 한다.

(c) 반응식 안의 계수는 정수이어야 한다. 가끔 이원자 분자에서 원소의 균형을 맞추기 위해서는 분수 계수를 사용하는 경우가 있다. 예를 들면 다음과 같다.

$$H_2(g) + \frac{1}{2}O_2(g) \longrightarrow H_2O(l)$$

1/2과 같은 분수가 있으면 정수 계수로 맞추기 위하여 반응식의 양쪽에 2를 곱해야 한다. 균형 반응식은 다음과 같다.

$$2\,H_2(g) + O_2(g) \longrightarrow 2\,H_2O(l)$$

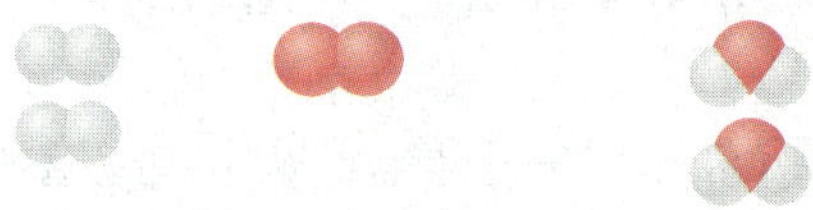

**3** 반응식에 균형을 맞춘 후에 계수가 올바른지 입증하기 위해서 모든 원자(또는 다원자 이온)의 수가 같은지 확인해 본다. 검증하는 과정은 각 원자의 첨자와 계수를 곱하여 원자수를 합한 값이 반응식의 양쪽에서 같게 나와야한다.

마지막으로 계수들이 최소 정수비로 되었는지를 확인한다. 예로서 다음 반응식은 균형을 이루지만, 최소정수비가 아니다.

$$6H_2(g) + 2N_2(g) \rightarrow 4NH_3(g)$$

올바른 균형 반응식을 얻기 위해서는 양변에 2로 계수를 나누어서 계수를 줄여야 한다.

$$3H_2(g) + N_2(g) \rightarrow 2NH_3(g)$$

주의 균형을 맞추는 과정에서 화학식의 아래첨자들은 바뀌지 않아야 한다. 만약 반응식의 균형을 맞추는 것이 어렵다면 그것은 거의 화학식이 올바르지 않기 때문이다.

그림 6.1(c) 에서 보여준 노란 침전의 형성에 대한 것을 식으로 쓸 수 있다. 요오드화 칼륨과 질산납(II) 수용액의 반응에서 질산칼륨 수용액과 요오드화 납(II)의 노란 침전이 생성된다. 아래와 같이 반응에 대한 화학반응식을 쓸 수 있다.

$$Pb(NO_3)_2(aq) + KI(aq) \rightarrow PbI_2(s) + KNO_3(aq)$$

$Pb(NO_3)_2$로 균형 맞추는 것을 시작하자. 왜냐하면 그것이 가장 복잡한 화학식이기 때문이다. Pb원자는 반응식의 양쪽에서 각각 하나씩이므로 같은 수이다. 그렇지만 생성물 쪽에서는 단지 하나의 $NO_3^-$ 이온이 있고 반응물 쪽에는 두 개의 $NO_3^-$ 이온이 있다. $NO_3$숫자를 맞추기 위하여 $KNO_3$앞에 2를 놓아서 $NO_3^-$ 다원자 이온의 균형을 맞출 수 있다.

$$Pb(NO_3)_2(aq) + KI(aq) \rightarrow PbI_2(s) + 2KNO_3(aq)$$

지금 반응식의 오른쪽에 2개의 K와 왼쪽에 하나의 K를 가지고 있다. 그래서 KI의 앞에 계수 2가 필요하다.

$$Pb(NO_3)_2(aq) + 2KI(aq) \rightarrow PbI_2(s) + 2KNO_3(aq)$$

KI 앞에 계수 2를 넣어서 2개의 요오드가 되며 $PbI_2$안에 있는 2개의 I와 같다. 마지막 검산으로써 과연 확실한 균형식을 이루었는지 입증하기 위해 각 원자수와 다원자 이온의 수를 확인한다.

**예제 6-2**

아세트산칼슘과 인산칼륨 수용액이 반응하면 흰색 침전물인 인산칼슘과 아세트산칼륨 수용액이 생성된다. 주어진 화학반응식의 균형을 맞추어라.

$$Ca(C_2H_3O_2)_2(aq) + K_3PO_4(aq) \rightarrow Ca_3(PO_4)_2(s) + KC_2H_3O_2(aq)$$

**해답** 1) 반응식에 적혀있는 화학식이 정확하다

2) 화학식에 있는 $Ca_3(PO_4)_3$가 가장 복잡한 화학식임을 알 수 있다. 반응식의 오른쪽에 세 개의 Ca가 있고, 왼쪽에는 단지 한 개의 Ca만 있다. 계수 3을 써 놓으면, 다음과 같다.

$$3Ca(C_2H_3O_2)(aq) + K_3PO_4(aq) \rightarrow Ca_3(PO_4)_2(s) + KC_2H_3O_2(aq)$$

여기서 반응식의 왼쪽에는 여섯 개의 $C_2H_3O_2$가 있고, 오른쪽에는 한 개만 있다. 따라서 $KC_2H_3O_2$ 앞에 계수 6이 필요하다.

$$3Ca(C_2H_3O_2)(aq) + K_3PO_4(aq) \rightarrow Ca_3(PO_4)_2(s) + 6KC_2H_3O_2(aq)$$

계수 6을 $KC_2H_3O_2$ 앞에 써주면 6K가 된다. 여기에서 반응식의 왼쪽에 6K가 필요하다. $K_3PO_4$ 앞에 2를 써 놓을 수 있다. 계수 2를 써 놓으면 $Ca_3(PO_4)_2$와 왼쪽 반응식의 $2PO_4$가 같게 된다.

3) 마지막으로 화학반응식이 균형을 이루었는지 확인하기 위해서는 각각의 원자수와 다원자 이온의 수를 대조해 본다.

$$3Ca(C_2H_3O_2)_2(aq) + 2K_3PO_4(aq) \rightarrow Ca_3(PO_4)_2(s) + 6KC_2H_3O_2(aq)$$

**물음** 황산알루미늄과 질산바륨 수용액이 반응하면 흰색의 황산바륨 침전물과 질산알루미늄 용액이 생성된다. 주어진 균형 화학반응식을 써라.

$$Al_2(SO_4)_3(aq) + Ba(NO_3)_2(aq) \rightarrow BaSO_4(s) + Al(NO_3)_3(aq)$$

**해답** $Al_2(SO_4)_3(aq) + 3Ba(NO_3)_2(aq) \rightarrow 3BaSO_4(s) + 2Al(NO_3)_3(aq)$

### 예제 6-3

황산과 수산화나트륨 수용액이 반응하면 황산나트륨 수용액과 물이 생성된다. 주어진 균형 화학반응식을 써라.

$$H_2SO_4(aq) + NaOH(aq) \rightarrow Na_2SO_4(aq) + HOH(l)$$

**해답** 1) 화학식이 정확한지 확인한다.

2) $Na_2SO_4$를 기준물질로 정하여 시작해보면, 반응식의 양쪽에 각각 1개의 $SO_4$가 있어서 $SO_4$는 균형을 이룬다. 그러나 반응식의 오른쪽에는 Na가 2개 있지만 왼편에는 1개만 있다. 그래서 NaOH 앞에 계수 2를 써 놓아야 한다.

$$H_2SO_4(aq) + 2NaOH(aq) \rightarrow Na_2SO_4(aq) + HOH(l)$$

물의 화학식은 $H_2O$ 이지만 균형을 잡는데 편리하도록 HOH로 나타내었다.
위 식에서 반응식의 왼쪽에는 두 개의 OH와 오른쪽에는 한 개의 HOH가 있다. 아래 식과 같이 HOH 앞에 2를 써 놓으면 OH는 균형을 잡을 수 있다. 이 상태에서 H 원자수도 반응식 왼쪽에 2H와 오른쪽의 2H는 균형을 이루었다.

3) 화학반응식이 균형을 이루었는지 확인하기 위해서는 각각의 원자수와 다원자 이온의 수를 대조해 보면 된다.

$$H_2SO_4(aq) + 2NaOH(aq) \rightarrow Na_2SO_4(aq) + 2HOH(l)$$

### 화학의 세계 _ 가정용 화학물질

소금과 설탕은 식탁에서 우리들에게 아주 친숙한 화학제품들이다. 또 다른 주방 화학물질인 식초는 아세트산 용액이다. 감귤류 과일에는 구연산(시트르산, citric acid)을 포함하고 있으며, 이 구연산은 레몬이나 라임에서 신맛을 낸다. 아스피린은 아세틸살리실산을 포함하고 있으며, 너무 과도하게 복용하면 위에 염증을 일으킬 수도 있다.
납축전지에서 사용되는 황산은 매우 위험한 화학물질로서 다룰 때에 매우 세심한 주의가 필요하다. 황산은 강한 부식성을 갖고 있어서 피부에 궤양을 일으킬 수도 있다. 황산의 또 다른 잠재적인 위험성은 자동차의 급발진(jump starting)과 관련이 있다. 전류가 배터리 산을 통하여 흐를 때 수소 기체가 방출된다. 만약 점프 케이블에 불꽃이 난다면 수소는 공기 중의 산소와 폭발적으로 반응한다.

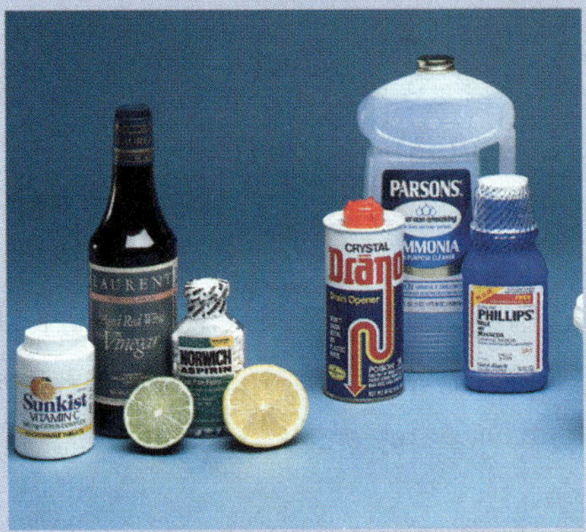


▲ 일반적인 가정용 화학 물질

가정에서 가장 위험한 화학 물질은 아마도 가성소다(NaOH)일 것이다. 그리고 배수관 세제로서 다양한 상품명으로 판매되고 있다. 피부에 가성소다가 닿게 되면, 미끌미끌한 느낌을 주며 피부 조직이 벗겨져 나간다. 어린이들이 이것을 섭취하면 치명적일 수도 있다. 가정용 암모니아는 잠재적인 위험성을 가지고 있으며, 표백제와 혼합해서 사용할 경우 매우 유독한 기체를 발생시킴으로 두 화학물질을 같이 사용해서는 안 된다.

이제까지 일반적인 화학물질의 위험성을 어느 정도 언급했다. 또한 여러분은 단 맛이 있고 시큼한 레모네이드를 마실 때마다 가정용 화학물질이 기쁜 맛을 준다는 것도 알아야 할 것이다.

**표 6.2 일반적인 가정용 화학물질**

| 이름 | 화학식 | 생산품/용도 | 안전성 |
|---|---|---|---|
| 산 | | | |
| 아세트산 | $HC_2H_3O_2$ | 식초 | |
| 탄산 | $H_2CO_3$ | 탄산음료 | |
| 염산 | HCl | 수영장 | 만지지 마시오♥ |
| 황산 | $H_2SO_4$ | 배터리산 | 만지지 마시오♥♠ |
| 염기 | | | |
| 암모니아 | $NH_3$ | 세척용액 | |
| 수산화마그네슘 | $Mg(OH)_3$ | 마그네시아 우유 | |
| 탄산수소나트륨 | $NaHCO_3$ | 제산제, 화재소화기 | |
| 수산화나트륨 | NaOH | 건조 및 오븐세척제 | 만지지 마시오♥♠ |
| 기타 | | | |

| 이름 | 화학식 | 생산품/용도 | 안전성 |
| --- | --- | --- | --- |
| 수산화알루미늄 | $Al(OH)_3$ | 제산제 | |
| 이산화탄소(고체) | $CO_2$ | 드라이아이스 | 만지지 마시오♥ |
| 에프솜염 | $MgSO_4 \cdot 7H_2O$ | 하제(설사), 완화제 | |
| 하이포아염소산 나트륨 | $NaClO$ | 표백제 | 만지지 마시오♥ |
| 유기물 | | | |
| 에틸렌글라이콜 | $C_2H_4(OH)_2$ | 부동액 | 마시지 마시오♠ |
| 메탄올 | $CH_3OH$ | 용매 부동액 | 마시지 마시오♠ |
| 나프탈렌 | $C_{10}H_8$ | 좀약 | 마시지 마시오♠ |
| 트라이클로로에탄 | $C_2H_3Cl_3$ | 얼룩 제거제 | 마시지 마시오♠ |

♥ 접촉했을 때 물로 씻어라.
♠ 섭취하였을 때 즉시 의료치료를 하라.

## 6-4 | 화학반응의 분류

수 백만의 화학반응들이 있다. 어떻게 하면 그 같은 수많은 반응들을 이해하고, 그 생성물들을 예측할 수 있겠는가? 그 답은 앞에서 화학식들을 알기 위해 배웠던 바와 같은 기술들이 사용된다. 화학반응을 반응을 분류하는 데는 여러 가지 경우와 방법들이 있지만 이 장에서는 다섯 가지 반응을 먼저 공부하기로 한다.

1 **화합반응** : $A + Z \rightarrow AZ$
2 **분해반응** : $AZ \rightarrow A + Z$
3 **단일-치환반응** : $A + BZ \rightarrow AZ + B$
4 **이중-치환반응** : $AX + BZ \rightarrow AZ + BX$
5 **중화반응** : $HX + BOH \rightarrow BX + HOH$

중화반응을 잘 살펴보면 이것은 이중-치환 반응의 특별한 유형이라는 것을 알게 된다. 간단하게, 산과 염기는 각각 음이온을 서로 교환한다. HOH는 물이다. 물을 $H_2O$ 보다 HOH로 표기한 것은 중화 반응이 자연스럽게 이중 치환 반응임을 보여주며 반응식의 균형을 맞추는데 용이하기 때문이다. 몇 개의 예제를 풀어보자.

**예제 6-4**

다음 반응들을 화합, 분해, 단일-치환, 이중-치환, 중화반응인지를 분류하여라.

(a) 금속 구리를 산소 기체와 함께 가열하면 고체의 산화구리(Ⅱ)가 생성된다.

$$2Cu(s) + O_2(g) \xrightarrow{\triangle} 2CuO(s)$$

(b) 가루로 된 탄산철(Ⅲ)에 열을 가하면 고체의 산화철(Ⅲ)과 이산화탄소 기체가 생성된다.

$$Fe_2(CO_3)_3(s)) \xrightarrow{\triangle} Fe_2O_3(s) + 3CO_2(g)$$

(c) 금속 알루미늄과 황산망간(Ⅱ) 수용액이 반응하여 황산알루미늄 수용액과 금속인 망간을 얻게 된다.

$$2Al(s) + 3MnSO_4(aq) \rightarrow Al_2(SO_4)_3(aq) + 3Mn(s)$$

(d) 크롬산나트륨 수용액과 염화바륨 수용액이 반응하여 불용성의 크롬산바륨과 염화나트륨 수용액을 얻게 된다.

$$Na_2CrO_4(aq) + BaCl_2(aq) \rightarrow BaCrO_4(s) + 2NaCl(aq)$$

(e) 질산과 수산화칼륨 수용액이 반응하여 질산칼륨 수용액과 물을 얻게 된다.

$$HNO_3(aq) + KOH(aq) \rightarrow KNO_3(aq) + H_2O(l)$$

**해답** (a) 두 원소인 Cu와 $O_2$는 하나의 화합물로 합성된다. ; 화합반응의 예.

(b) 화합물 $Fe_2(CO_3)_3$은 가열되어 간단한 화합물과 기체로 분해된다. ; 분해반응의 예

(c) 금속 Al은 $MnSO_4$ 수용액 속에서 금속 Mn으로 치환된다. ; 단일-치환반응의 예

(d) 두 화합물 $Na_2CrO_4$과 $BaCl_2$은 서로 음이온을 교환한다. ; 이중-치환반응의 예

(e) 산 $HNO_3$과 염기 KOH이 반응하여 $KNO_3$과 물이 형성된다. ; 중화반응의 예

# 6-5 | 화합반응

화합반응에는 많은 예가 있다. 이를테면, 두 물질을 가열하면 그 물질들이 결합하여 하나의 화합물이 된다. 이 장에서 우리는 세 종류의 중요한 화합반응을 공부할 것이다.

## 금속과 산소

화합반응의 하나로 금속과 산소 기체가 반응하여 금속 산화물이 생성하는 것이다. 아래의 예에서 마그네슘 금속은 산소 기체와 결합하여 산화마그네슘을 생성시킨다.

$$\text{금속} + \text{산소 기체} \rightarrow \text{금속 산화물}$$

$$2\,Mg(s) + O_2(g) \longrightarrow 2\,MgO(s)$$

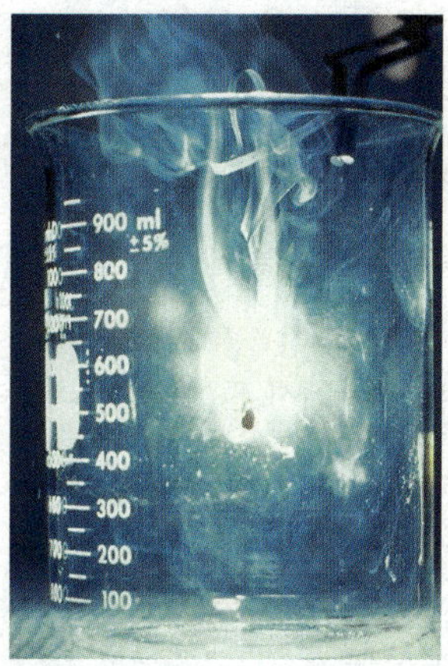


**마그네슘 리본에 불을 붙인 것 ▶**
길고 가느다란 마그네슘 금속은 공기 중의 산소와 반응하여 흰 연기인 MgO와 밝은 빛을 낸다.

금속과 산소가 반응하면 금속 산화물이 생성된다. 우리는 대개 전형(주족)금속을 포함한 금속 산화물의 화학식을 예측할 수가 있다. 반면에, 전이금속을 포함한 대부분의 금속 산화물의 화학식은 예측할 수가 없다. 전이금속 산화물들의 화학식을 쓰기 위해서는 그 금속의 이온전하를 알고 있어야 한다.

## 예제 6-5

아래의 화합반응에 대한 균형 화학반응식을 써라.

(a) 아연 금속을 공기 중의 산소와 같이 가열하면 고체 산화아연이 생성된다.

(b) 크롬 금속을 공기 중의 산소와 같이 가열하면 산화크롬(Ⅲ)이 생성된다.

**해답** (a) 아연의 전하는 항상 $Zn^{2+}$다. 산소의 전하도 항상 $O^{2-}$이다. 따라서 산화아연의 화학식은 ZnO이다. 이 반응의 균형 화학반응식은 다음과 같다.

$$2Zn(s) + O_2(g) \rightarrow 2ZnO(s)$$

(b) 생성물이 산화크롬(Ⅲ) 이므로 크롬이온이 $Cr^{3+}$ 라는 것을 알 수 있다. 그러므로 산화물의 화학식은 $Cr_2O_3$이고 균형 화학반응식은 다음과 같다.

$$4Cr(s) + 3O_2(g) \rightarrow 2Cr_2O_3(s)$$

### 비금속과 산소

화합반응의 또 다른 종류로는 비금속 원소와 산소 기체와의 반응이다. 다음 예에서 노란 황가루는 산소 기체와 결합하여 이산화 황 기체를 생성시킨다.

$$\text{비금속} + \text{산소 기체} \rightarrow \text{비금속 산화물}$$

$$S(s) + O_2(g) \longrightarrow SO_2(g)$$

**황가루의 연소 ▶**
소량의 노란색 황이 공기 중에서 산소와 함께 타게 되면, 파란색의 격렬한 불꽃을 내면서 자극성이 강한 냄새를 지닌 이산화 황 기체, $SO_2$가 생성된다.

비금속 산화물은 다양한 결합 능력을 보인다. 일반적으로 생성물인 비금속 산화물의 화학식은 예측이 어렵고 압력과 온도의 변화에 따라 달라질 수 있다. 예를 들어, 질소와 산소 기체가 결합하면 다음과 같은 여러 화합물이 만들어 진다 : $NO$, $NO_2$, $N_2O$, $N_2O_3$, $N_2O_4$및 $N_2O_5$. 따라서 비금속 원소와 산소 기체의 균형 반응식을 완성하기 위해서는 생성되는 비금속 산화물의 화학식을 미리 알고 있어야 한다.

다음의 예제들은 비금속 원소와 산소 기체의 화합 반응에 대한 균형 반응식을 작성하는 방법에 대해 더 자세히 설명하였다.

**예제 6-6**

다음 화합반응에 대한 균형 화학반응식을 완성하라.

(a) 탄소에 산소 기체가 가해져 화합하면 이산화탄소 기체가 생성된다.

(b) 인과 산소 기체가 반응하면 오산화이인의 고체가 생성된다.

**해답** (a) 생성물이 이산화탄소라는 것을 알고 있으므로 균형 반응식은 다음과 같다.

$$C(s) + O_2(g) \rightarrow CO_2(g)$$

(b) 생성물의 이름이 오산화이인이므로 화학식은 $P_2O_5$다. 이 반응의 균형 화학반응식은 다음과 같다.

$$4P(s) + 5O_2(g) \rightarrow 2P_2O_5(s)$$

## 금속과 비금속

화합반응의 또 다른 종류에는 금속과 비금속이 반응하여 이온화합물이 되는 것이다. 다음 예에서 은빛의 나트륨 금속과 염소 기체의 화학반응식을 나타낸 것이다.

금속 원소와 비금속 원소는 반응하면 이성분 이온화합물이 만들어진다. 전형(주족)금속을 포함하는 이온화합물은 4.10절에서 금속과 비금속의 전하를 알 수 있으므로 화학식을 일반적으로 예측 할 수 있다. 전이금속을 포함하는 화합물의 화학식은 때때로 예측이 어렵다.

금속 + 비금속 → 이성분 이온화합물

$$2\,Na(s) + Cl_2(g) \longrightarrow 2\,NaCl(s)$$

나트륨과 염소의 점화 ▶
금속 나트륨은 염소 기체와 격렬하게 반응하여 밝은 노랑 빛을 내고 염화 나트륨, NaCl 가루를 만든다.

**예제 6-7**

다음 화합반응에 대한 균형 화학반응식을 완성하라.

(a) 알루미늄 금속에 황 고체를 넣고 가열하면 고체 생성물이 만들어진다.

(b) 크롬 금속에 요오드를 넣고 가열하면 요오드화 크롬(Ⅲ) 분말이 만들어진다.

**해답** 이온화합물은 +전하와 -전하 값이 같도록 화학식을 만든다.

(a) 알루미늄은 황과 화합하여 황화 알루미늄인 $Al_2S_3$를 만든다. 그 반응의 균형 화학반응식은 다음과 같다.

$$2Al(s) + 3S(s) \rightarrow Al_2S_3(s)$$

(b) 크롬금속은 $Cr^{2+}$ $Cr^{3+}$두 종류의 이온이 가능하다. 생성물의 이름이 요오드화 크롬(Ⅲ)이므로 화학식은 $Cr_2I$가 아니고 $Cr_3I$이다. 이 반응의 균형 화학반응식은 다음과 같다.

$$2Cr(s) + 3I_2(s) \rightarrow 2Cr_3(s)$$

## 6-6 | 분해반응

분해반응에 관한 예는 여러 가지가 있다. 화합물을 가열하면 화합물은 둘이나 그 이상의 간단한 물질로 분해된다. 이 장에서 세 가지의 중요한 분해반응에 관하여 공부하게 될 것이다.

### 금속 탄산수소염

금속 탄산수소염에 열을 가하면 분해반응이 일어난다. 예를 들어, 베이킹소다가 천연의 소화기라는 것을 알 수 있다. 즉, 불길의 열기가 베이킹소다(탄산수소나트륨)를 분해하고 이산화탄소 기체를 방출한다. 이산화탄소가 공기보다 밀도가 더 높기 때문에 이산화탄소가 산소를 차단함으로써 불길을 덮어 끌 수 있게 된다.

여기에 금속 탄산수소염의 분해에 관한 일반 반응이 있다. 예로써, 탄산수소나트륨은 가열하면 분해되어 탄산나트륨, 물 및 이산화탄소를 생성시킨다.

금속 탄산수소염 → 금속 탄산염 + 수증기 + 이산화탄소

$$2NaHCO_3(s) \xrightarrow{\triangle} Na2CO_3(s) + H_2O(g) + CO_2(g)$$

금속 탄산수소염의 분해 반응이 일어나는 동안에는 금속의 이온전하가 바뀌지 않는다. 그래서 금속 탄산염의 화학식은 예측할 수 있다. 전이금속 탄산수소염 또한 예측 가능하다. 반응물인 탄산수소니켈의 화학식에서 니켈의 전하가 2+ 전하이므로 분해되면, 생성물에서도 니켈의 전하가 2+가 되어야 하므로 탄산니켈(Ⅱ)이 된다. 그러므로 다음과 같은 반응식을 쓸 수 있다.

$$Ni(HCO_3)_2(s) \xrightarrow{\triangle} NiCO_3(s) + H_2O(g) + CO_2(g)$$

**예제 6-8**

다음 분해반응에 관한 화학반응식을 써라.

(a) 탄산수소리튬을 가열하면 분해된다.

(b) 탄산수소납(Ⅱ)을 가열하면 분해된다.

**해답** 금속 탄산수소염이 가열에 의해 분해되면 금속 탄산염과 물, 그리고 이산화탄소가 나온다.

(a) 생성물 $LiCO_3$를 포함한 모든 화학식을 예측 할 수 있다. 균형 반응식은 다음과 같다.

$$2LiHCO_3(s) \xrightarrow{\triangle} Li_2CO_3(s) + H_2O(g) + CO_2(g)$$

(b) 납의 이온전하는 다양하지만, 반응물에서 탄산수소납(Ⅱ)에서 납의 전하가 2+로 주어져 있다. 따라서 생성물은 탄산납(Ⅱ), $PbCO_3$이다. 반응의 균형 반응식은 다음과 같다.

$$Pb(HCO_3)_2(s) \xrightarrow{\triangle} PbCO_3(s) + H_2O(g) + CO_2(g)$$

## 금속 탄산염

금속 탄산수소염은 금속 탄산염으로 분해된 후, 분해된 금속 탄산염을 계속 가열을 하면 더 많은 분해가 일어날 수 있다. 금속 탄산염은 이산화탄소 기체를 방출하는 동안 금속 산화물로 분해된다.

금속 탄산염이 분해되는 일반적인 반응이 있다. 예를 들면, 탄산칼슘이 열에 의해 분해되어 산화칼슘과 이산화탄소를 생성시킨다.

$$\text{금속 탄산염} \xrightarrow{\triangle} \text{금속 산화물} + \text{이산화탄소}$$

$$CaCO_3(s) \xrightarrow{\triangle} CaO(s) + CO_2(g)$$

금속 탄산염이 분해 반응을 하는 동안에 이 금속의 이온전하는 변하지 않는다. 그러므로 금속 탄산염의 분해로 생기는 금속 산화물의 화학식을 예측할 수 있다. 반응물인 탄산니켈(Ⅱ)이 분해된다면 니켈의 전하가 2+이므로 그 생성물에서도 니켈의 전하가

2+인 산화니켈(Ⅱ)이 되어야 한다. 즉, 다음과 같다.

$$NiCO_3(s) \xrightarrow{\triangle} NiO(s) + CO_2(g)$$

**예제 6-9**

다음 분해반응의 균형 화학반응식을 써라.

(a) 탄산마그네슘이 열에 의해 분해되는 반응

(b) 탄산구리(I)가 열에 의해 분해되는 반응

**해답** (a) 균형 화학반응식은 다음과 같다.

$$MgCO_3(s) \xrightarrow{\triangle} MgO(s) + CO_2(g)$$

(b) 반응물이 탄산구리(I) 이므로 구리의 전하가 1+이다. 그러므로 반응한 후의 생성물도 1+ 전하를 가지는 산화구리(I), $Cu_2O$ 가 된다. 즉 이 반응에 대한 균형 반응식은 다음과 같다.

$$Cu_2CO_3(s) \xrightarrow{\triangle} Cu_2O(s) + CO_2(g)$$

## 산소를 포함하는 화합물들

산소를 포함한 이온화합물에서 산소 기체를 분리하는 분해를 할 수 있다. 그러나 우리가 항상 예측했던 생성물들이 얻어지는 것만은 아니다. 이러한 분해반응에서는 생성물의 화학식을 알고 있어야만 한다. 아래의 예에서 산화수은(Ⅱ)은 열에 의하여 액체 수은과 산소 기체로 분해된다.

**분해되는 산화 수은(II) ▶**
소량의 오렌지색 HgO 분말을 열에 의해 분해시키면 산소 기체, $O_2$와 은빛 구슬인 수은 금속을 얻는다.

산소를 포함한 화합물 ⟶ 물질 + 산소 기체

$$2\,HgO(s) \xrightarrow{\Delta} 2\,Hg(l) + O_2(g)$$

### 예제 6-10

다음 분해반응의 균형 화학반응식을 써라.

(a) 질산나트륨은 흰색 결정 물질로써 열에 의해 분해되면 고체 아질산나트륨과 산소 기체가 생긴다.

(b) 황산망간(Ⅱ)은 분홍색 가루로 열에 의해 분해되어 고체 산화망간(Ⅱ)과 삼산화황 기체가 생긴다.

**해답** (a) 각각의 물질들의 화학식을 쓴 다음에 균형 화학반응식을 쓸 수 있다. 균형 반응식은 다음과 같다.

$$2NaNO_3(s) \xrightarrow{\Delta} 2NaNO_2(s) + O_2(g)$$

(b) 황산망간(Ⅱ)을 분해하면 MnO와 $SO_3$가 된다. 그러므로 균형 반응식은 다음과 같다.

$$MnSO_4(s) \xrightarrow{\Delta} MnO(s) + SO_3(g)$$

## 6-7 | 활동도 서열

금속이 치환반응을 할 때, 화합물이나 수용액으로부터 다른 금속을 치환시킨다. 하나의 금속이 다른 금속으로 치환되는 것은 그 금속이 반응하려는 보다 큰 경향을 가지고 있기 때문이다. 다시 말해서, 더 활성적이다. 만약 금속 A가 금속 B 보다 더 활성적이라면, 금속 A는 BZ 화합물에서 금속 B를 치환시켜 다음과 같은 반응식을 볼 수 있다.

$$A + BZ \rightarrow AZ + B$$

치환반응에서 치환이 가능한 반응인가를 알아보기 위하여 활성도 서열을 만들어 사용한다. 이온화 경향이라고도 불리기도 하는 **활동도 서열**(activity series)은 반응하려는 금속의 활성에 따라 배열된 금속의 순서이다. 반응성이 큰 금속들은 활성도 서열에서 먼저 나타내고 반응성이 적은 금속들은 나중에 나타난다. 여러 금속들의 상대적인 활동도는 아래의 목록과 같다.

**금속의 활동도 서열**

Li > K > Ba > Sr > Ca > Na > Mg > Al > Mn > Zn > Fe >Cd > Co > Ni > Sn > Pb > (H) > Cu > Ag > Hg > Au

이 서열에서 리튬 다음에 칼륨, 칼륨 다음에 바륨 순서로 되어있음을 알 수 있다. 수소(H)는 금속이 아니지만, 활동도 서열에 포함시켰다. 서열에서 수소에 앞서는 금속들은 수소보다 활동도가 크므로 산과 반응하여 수소를 치환한다. 서열에서 수소의 다음에 오는 금속들은 산과 반응하지 않는다. Cu, Ag, Hg 그리고 Au 금속들은 산과 반응하지 않는 것에 주의해야 한다. 황산구리(Ⅱ) 수용액에서 철의 반응을 생각해 보자. 철은 활동도 서열에시 구리에 잎신다. 따라서 철은 수용액에서 Cu를 치환한다. 실험실에서 반응을 실행해보면, 금속 철 표면에서 불그레한 갈색 구리 침전을 볼 수 있게 된다.

$$Fe(s) + CuSO_4(aq) \rightarrow FeSO_4 + Cu(s)$$

◀ **구리 용액 속의 철**
철 못이 푸른 $CuSO_4$ 수용액에서 반응하면 철 못 표면에 불그스름한 갈색 Cu 금속 침전이 생긴다.

반대로, 황산 철(Ⅱ) 수용액 속에 구리 금속을 넣는다면 아래의 식과 같이 반응은 일어나지 않는다.

$$Cu(s) + FeSO_4(aq) \rightarrow NR$$

이제 황산용액에 철선을 넣었을 때 반응을 생각해 보자. 철의 활동도가 수소보다 크므로 황산 용액은 가스 기포들을 방출하며, 다음과 같은 반응이 일어난다.

$$Fe(s) + H_2SO_4(aq) \rightarrow FeSO_4(aq) + H_2(g)$$

황산에 구리를 넣으면 어떻게 될까? 구리의 활성도가 수소보다 적으므로 아래와 같이 반응이 일어나지 않는다.

$$Cu(s) + H_2SO_4(aq) \rightarrow NR$$

반응성이 커서 상온에서 물과 직접 반응하는 금속들이 있다. IA/1 족 그리고 IIA/2 족 금속들의 대부분을 포함한다. Li, Na, K, Rb, Cs, Ca, Sr과 Ba은 물과 반응하며 반응하는 서열은 활동도 서열과 유사하며 순서는 아래와 같다.

**물과의 활동도 서열**

Li > K > Ba > Sr > Ca > Na

나트륨 금속을 물에 떨어뜨리는 실험을 생각해 보자. 나트륨이 활성금속이므로 물과의 반응은 다음 반응식에 따른다.

$$2Na(s) + 2H_2O(l) \rightarrow 2NaOH(aq) + H_2(g)$$

### 예제 6-11

다음의 각각에 대하여 반응이 일어날 것인 지의 여부를 예측하라.

(a) 황산철(Ⅱ)용액에 알루미늄 호일을 첨가한다.

(b) 황산알루미늄 용액에 철사를 첨가한다.

(c) 아세트산에 망간 금속을 첨가한다.

(d) 물에 마그네슘 금속을 첨가한다.

**해답** (a) 활동도 서열에서 Al > Fe. 따라서 반응이 일어나고 Al은 용액에서 Fe를 치환한다.

(b) 활동도 서열에서 Al > Fe. 따라서 반응이 일어나지 않는다(NR).

(c) 활동도 서열에서 Mn > (H). 따라서 반응이 일어나고 Mn은 용액에서 기포상태의 $H_2$기체를 생성한다.

(d) 마그네슘은 물과 반응하지 않는다.

**물음** 다음의 각각에 대하여 반응이 일어날 것인지의 여부를 예측하라.

(a) 황산에 금반지를 떨어뜨린다.

(b) 염산에 아연 분말을 떨어뜨린다.

(c) 질산 납(Ⅱ) 용액에 카드뮴 호일을 집어넣는다.

(d) 물속에 크롬 조각을 집어넣는다.

**해답** (a) Au는 활동도 서열에서 (H)의 뒤에 있기 때문에 반응이 일어나지 않는다.

(b) Zn은 활동도 서열에서 (H)의 앞에 있기 때문에 반응이 일어난다.

(c) Cd는 활동도 서열에서 Pb의 앞에 있기 때문에 반응이 일어난다.

(d) Cr은 물과 반응하지 않는다.

참고

비금속의 반응에서도 활동도 서열이 있다. 예를 들면, 할로겐은 다음과 같은 활동도 서열을 나타낸다. F > Cl > Br > I 다음과 같은 반응을 생각 해 볼 수 있다.

$$Cl_2(g) + 2NaBr(aq) \rightarrow 2NaCl(aq) + Br_2(l)$$

활동도 서열에서 Cl이 Br의 앞에 있기 때문에 단일 치환반응이 일어난다. 이와 반대로 서열에서 Cl은 F 뒤에 있다. 그러므로 Cl은 F 보다 활성이 적어서 용액에서 F를 치환 할 수가 없다. 따라서 다음과 같이 반응이 일어나지 않는다.

$$Cl_2(g) + NaF(aq) \rightarrow NR$$

## 6-8 | 단일-치환반응

용액에서 활성이 큰 금속이 활성이 작은 금속을 치환하는 단일 치환반응에는 많은 예가 있다. 일반적으로, 금속의 활동도는 주기율표에서 금속성의 경향에 따른다. 어떤 금속에 상대적 반응성을 결정하기 위해서는 활동도 서열을 알아야 한다.

### 금속과 수용액

단일-치환 반응의 한 가지 유형은 금속과 이온화합물의 수용액과의 반응이다. 이러한 반응에 대한 일반적인 반응식은 다음과 같다.

$$\text{금속 1} + \text{수용액 1} \rightarrow \text{금속 2} + \text{수용액 2}$$

질산은 수용액에서 구리의 반응을 생각해 보자. 활동도 서열을 참고하면, 구리가 은보다 활성이 큰 금속이라는 것을 알 수가 있을 것이다. 즉, Cu > Ag. 그러므로 Cu 금속은 수용액에서 Ag 금속을 치환 할 수 있다. 생성물이 질산구리(Ⅱ) 라고 하면 반응식은 다음과 같다.

**은 용액 속의 구리 ▶**
구리선이 무색의 $AgNO_3$ 용액과 반응하여 흰색 결정인 Ag와 밝은 푸른색의 수용액이 생성된다.

$$Cu(s) + 2AgNO_3(aq) \rightarrow 2Ag(s) + Cu(NO_3)_2(aq)$$

이제 역반응에 대해서 생각해 보자. 즉, 질산구리 수용액에서 금속 은의 반응이다. Ag 금속은 Cu금속보다 활동도가 낮기 때문에 반응이 일어나지 않으리라는 것을 예측할 수 있다. 즉, 다음과 같다.

$$Ag(s) + Cu(NO_3)_2(aq) \rightarrow NR$$

## 금속과 산 수용액

단일-치환반응의 두 번째 유형은 금속과 산 수용액과의 반응이다. 금속과 산 수용액이 반응하여 수소 기체와 이온화합물의 수용액을 생성한다. 이 반응의 일반적인 반응식은 다음과 같다.

$$\text{금속} + \text{산 수용액} \rightarrow \text{수용액} + \text{수소 기체}$$

철 금속과 황산의 반응을 생각해 보자. 먼저, 철의 위치를 확인하기 위해서 활동도 서열을 참고한다. 철은 활동도 서열에서 수소보다 앞에 있다. 따라서 철은 산에서 수소를 치환한다. 반응에서 황산철(Ⅱ)을 생성한다고 가정하면, 균형 화학반응식을 쓸 수 있다.

$$Fe(s) + H_2SO_4(aq) \rightarrow FeSO_4(aq) + H_2(g)$$

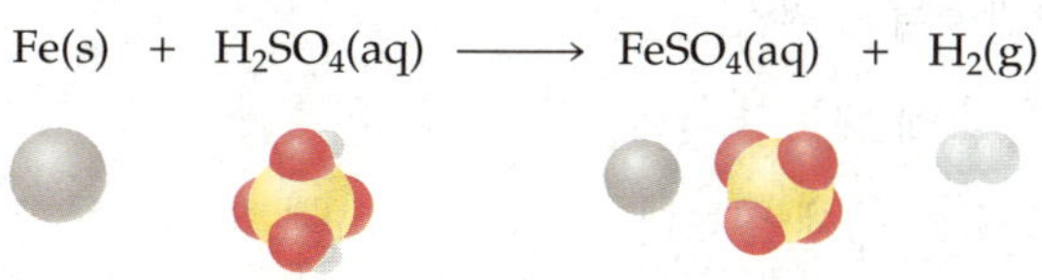

▲ **산 용액 속의 철**

철 금속 조각이 황산, $H_2SO_4$, 수용액과 반응하면 수소 가스 기포가 나온다.

## 금속과 물

단일-치환반응의 세 번째 유형은 금속과 물의 반응이다. 금속은 물과 반응하여 금속 수산화물과 수소 기체를 생성한다. 일반적인 반응식은 다음과 같다.

금속 + 물 → 금속 수산화물 + 수소 기체

▲ **물 속의 칼슘**

물 속에 있는 칼슘 금속 조각은 반응하여 수소 기체 기포를 발생시킨다.

물속에서 칼슘 금속의 반응을 생각해보자. 반응의 균형 반응식은 다음과 같다.

$$Ca(s) + 2H_2O(l) \rightarrow Ca(OH)_2(aq) + H_2(g)$$

### 예제 6-12

다음 단일-치환반응들의 균형 화학반응식을 써라.

(a) 니켈 금속을 황산주석(Ⅱ) 용액 속에 넣는다.

(b) 코발트 금속을 질산카드뮴(Ⅱ) 용액 속에 넣는다.

(c) 망간 조각을 황산에 넣는다.

(d) 칼륨 조각을 물속에 떨어뜨린다.

**해답** (a) 활동도 서열에서 Ni 〉 Sn. 따라서 반응이 일어난다.

$$Ni(s) + SnSO_4(aq) \rightarrow NiSO_4(aq) + Sn(s)$$

(b) 활동도 서열에서 Cd 〉Co. 따라서 반응은 일어나지 않는다.

$$Co(s) + Cd(NO_3)_2(aq) \rightarrow NR$$

(c) 활동도 서열에서 Mn 〉(H). 따라서 반응이 일어난다.

$$Mn(s) + H_2SO_4(aq) \rightarrow MnSO_4(aq) + H_2(g)$$

(d) 칼륨은 IA/1 족 금속이다. 따라서 반응이 일어나고, 칼륨은 용액으로부터 $H_2$ 기체를 방출한다.

$$2K(s) + 2H_2O(l) \rightarrow 2KOH(aq) + H_2(g)$$

## 6-9 | 용해도 규칙

화학반응에서 반응물의 모든 화합물이 수용액 상태인데 반응 후 생성물에 고체 침전이 생성되는 것이 관찰되면, 화학반응이 일어났다는 증거가 된다. 따라서 화학반응 여부를 알아보기 위해서는 수용액 속에서 불용성 화합물(고체 침전) 생성 여부를 알아내는 것이 중요하다. 표 6.3에는 물속에서 이온화합물의 가용성과 불용성 여부를 나타내는 일반적인 규칙들이 있다. 그러나 일반적인 규칙에는 예외가 있고, 이 몇 가지 예외들이 표에 제시되어 있다.

**표 6.3 이온화합물의 용해도 규칙**

| | 다음의 이온을 포함하는 화합물들은 일반적으로 물에 가용성이다. |
|---|---|
| 1 | 알칼리 금속 이온과 암모늄 이온, $Li^+$, $Na^+$, $K^+$, $NH_4^+$ |
| 2 | 아세트산 이온, $C_2H_3O_2^-$ |
| 3 | 질산 이온, $NO_3^-$ |
| 4 | 할로겐 이온($X^-$), $Cl^-$, $Br^-$, $I^-$ (예외로 AgX, $Hg_2X_2$ 및 $PbX_2$은 불용성이다.) |
| 5 | 황산이온, $SO_4^{2-}$ (예외로 $SrSO_4$, $BaSO_4$ 및 $PbSO_4$은 불용성이다.) |

| | 다음의 이온을 포함하는 화합물들은 일반적으로 물에 불용성이다.* |
|---|---|
| 6 | 탄산 이온, $CO_3^{2-}$ (규칙 1은 예외로 녹을 수 있다.) |
| 7 | 크롬산 이온, $CrO_4^{2-}$ (규칙 1은 예외로 녹을 수 있다.) |
| 8 | 인산 이온, $PO_4^{3-}$ (규칙 1은 예외로 녹을 수 있다.) |
| 9 | 황화 이온, $S^{2-}$ (CaS, SrS, BaS 및 규칙 1은 예외로 녹을 수 있다.) |
| 10 | 수산화 이온, $OH^-$ [$Ca(OH)_2$, $Sr(OH)_2$, $Ba(OH)_2$ 및 규칙 1은 예외로 녹을 수 있다.] |

* 이 화합물들은 실제적으로 물에서 매우 약간 혹은 극미량 녹는다.

### 예제 6-13

다음의 화합물들이 물에 가용성인지 불용성인지 진술하라.

(a) 황산 나트륨, $Na_2SO_4$  (b) 질산 알루미늄, $Al(NO_3)_3$

(c) 황산 바륨, $BaSO_4$  (d) 크롬산 칼륨, $K_2CrO_4$

(e) 황화 암모늄, $(NH_4)_2S$

**해답** 표 6.3에 있는 용해도 규칙을 참고하자.

(a) 규칙 1에 따라 $Na_2SO_4$은 가용성이다.

(b) 규칙 3에 따라 $Al(NO_3)_3$은 가용성이다.

(c) 규칙 5의 예외로서 $BaSO_4$은 불용성이다.

(d) 규칙 7의 예외로서 규칙 1에 의하여 $K_2CrO_4$은 가용성이다.

(e) 규칙 9의 예외로서 규칙 1에 의하여 $(NH_4)_3S$은 가용성이다.

**물음** 다음 화합물들이 물에서 가용성인지 불용성인지 진술하라.

(a) 아세트산 납 (II), $Pb(C_2H_3O_2)_2$

(b) 브롬화 수은(II), $HgBr_2$

(c) 탄산 마그네슘, $MgCO_3$

(d) 인산 아연, $Zn_3(PO_4)_2$

(e) 수산화 칼슘, $Ca(OH)_2$

**해답** (a) 가용성(규칙 2)  (b) 가용성(규칙 4)  (c) 불용성(규칙 6)

(d) 불용성(규칙 8)  (e) 가용성(규칙 10의 예외)

## 6-10 | 이중-치환반응

수용액에서 두 이온 화합물들은 음이온들을 교환하여 두 개의 새로운 화합물을 생성한다. 이 반응의 일반적인 형태는 다음과 같다.

$$AX + BZ \rightarrow AZ + BX$$

AX와 BZ가 반응하여 AZ와 BX가 생성되기 위해서는 6.1절에서 언급한바와 같이 화학반응의 증거로 침전반응이 일어나야한다. 침전반응이라면 AZ 와 BX 중에서 어느 하나는 불용성의 침전물이라야 한다. AZ와 BX 가 가용성이라면, 아무런 침전은 일어나지 않으며 또한 반응은 일어나지 않는다. 이온화합물인 두 수용액의 이중-치환 반응을 생각해보자.

$$\text{수용액 1} + \text{수용액 2} \rightarrow \text{침전} + \text{수용액 3}$$

한 예로서, 질산은과 탄산나트륨의 수용액을 혼합할 때 반응이 일어날 것인가를 알아보자. 이 반응에서, 반응물의 두 이온화합물들을 교환해서 발생하는 탄산은과 질산나트륨을 아래와 같이 균형 화학반응식을 쓸 수 있다.

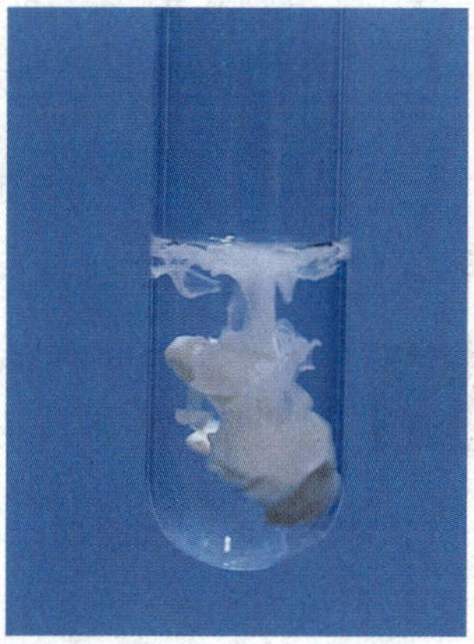

**불용성의 탄산은 ▶**
질산은과 탄산나트륨의 수용액은 반응하여 불용성 침전인 $Ag_2CO_3$를 생성한다.

$$2AgNO_3(aq) + Na_2CO_3(aq) \rightarrow Ag_2CO_3(s) + 2NaNO_3(aq)$$

용해도 규칙 6을 참고하면, 탄산 이온인 $CO_3^{2-}$를 포함하는 대부분의 화합물들은 불용성이라는 것을 알 수 있다. $Ag_2CO_3(s)$ 가 불용성이기 때문에 위의 화학반응은 가능하다. 위 반응식에서 첨자 (s)는 $Ag_2CO_3(s)$가 불용성의 침전임을 나타낸다.

### 예제 6-14

다음 이중-치환반응에 대한 균형 화학반응식을 적고 반응여부를 알아보라.

(a) 크롬산칼륨 용액에 염화바륨 수용액을 가한다.

(b) 수산화리튬 용액에 아세트산 스트론튬 수용액을 가한다.

**해답** 두 화합물의 음이온을 바꾸고 생성물에 대한 용해도 규칙을 검토한다.

(a) 치환반응을 시켜보면 반응식은 다음과 같다.

$$BaCl_2(aq) + K_2CrO_4(aq) \rightarrow BaCrO_4(s) + 2KCl(aq)$$

용해도규칙 7에 의하면 크롬산바륨이 불용성이므로 반응이 일어난다.

(b) 아세트산 스트론튬과 수산화 리튬은 다음과 같이 반응한다.

$$Sr(C_2H_3O_2)_2(aq) + 2LiOH(aq) \rightarrow Sr(OH)_2(aq) + 2LiC_2H_3O_2(aq)$$

용해도 규칙에 의하면 $Sr(OH)_2$와 $LiC_2H_3O_2$는 가용성이다. 따라서 반응은 일어나지 않는다.

$$Sr(C_2H_3O_2)_2(aq) + LiOH(aq) \rightarrow NR$$

**참고** 이중-치환반응에서 금속 양이온의 이온전하는 변하지 않는다. 예를 들어, 만약 반응 물질에 $Fe^{2+}$가 있다면 생성물질에도 $Fe^{2+}$가 있어야 한다.

## 6-11 | 중화반응

중화반응은 산과 염기가 반응하여 이온화합물 수용액과 물을 만든다. **산**(acid)은 용액에서 수소이온($H^+$)을 방출하는 물질이고, **염기**(base)는 수산화 이온($OH^-$)을 방출하는 물질이다. 생성된 이온화합물은 **염**(salt)이라 부르며 일반적인 반응 형식은 다음과 같다.

$$\begin{array}{ccccccc} HX & + & BOH & \rightarrow & BX & + & HOH \\ \text{산 수용액} & + & \text{염기 수용액} & \rightarrow & \text{염 수용액} & + & \text{물} \end{array}$$

중화반응은 이중-치환반응의 특별한 경우이다. 이온들의 교환을 강조하기 위해서 HOH로 물을 표기하는 것이 중화반응에서 반응식의 균형을 맞추는데 도움을 준다는 것을 알 수 있을 것이다. 예를 들어, 염산과 수산화나트륨 용액을 혼합하면 염화나트륨과 물을 얻을 수 있다. 균형 화학반응식은 다음과 같이 쓸 수 있다.

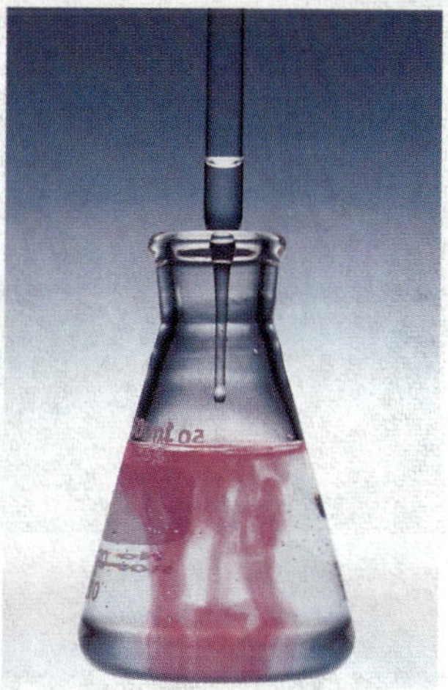

**중화반응의 증거 ▶**
어떤 산-염기 중화 반응에서 페놀프탈레인 지시약 한 방울은 어떤 색깔의 변화를 일으킨다. 플라스크에 산이 들어있고 염기를 이 산에 첨가한다면 지시약은 무색에서 분홍색으로 변한다.

$$HCl(aq) + NaOH(aq) \rightarrow NaCl(aq) + HOH(l)$$

여기에서 약간의 열 이외에는 반응의 증거는 없다. 이러한 중화반응에 대한 증거를 제시하기 위해 지시약을 사용한다. 페놀프탈레인지시약은 산성용액에서는 무색이고 염기성 용액에서는 분홍색을 나타낸다. 염산 수용액에 페놀프탈레인 용액 한 방울을 떨어뜨리면 색깔 변화가 없다. 그러나 이용액에 염기인 수산화나트륨을 조금 가하면 분홍색의 산뜻한 색깔이 나타났다가 금방 사라진다. 분홍색이 있다가 없어진 현상은 수산화나트륨이 염산과 반응하여 없어지고 용액이 다시 산성으로 돌아갔기 때문이다. 이 용액에 계속하여 수산화나트륨을 가하면 화학반응에 의하여 염산이 다 없어지고 염기성 용액이 되므로 용액이 분홍색으로 변한 상태로 계속 남게 된다. 산-염기 지시약으로 색깔 변화를 관찰할 수 있으며, 그것은 화학반응의 증거이다.
어떤 임의의 산 수용액에 지시약 페놀프탈레인 용액 한 방울을 떨어뜨린 후에 염기인 임의의 수용액을 가하였을 때 분홍색의 색깔 변화가 나타나지 않으면 중화반응이 일어나지 않는 화합물이라고 할 수 있다.

## 화학의 세계 _ 불꽃놀이

▲ 불꽃놀이

▲ 칼슘 불꽃 반응

칼슘의 불꽃 반응은 오렌지 색이다.

불꽃놀이를 보고 그 색깔이 어떻게 만들어졌는지 궁금해 본 적이 있는가? 불꽃의 색은 화학 물질 연소에 의하여 생성된다. 로켓껍질이 나트륨 화합물로 처리되어 있다면 노란색이 관찰된다. 만약 껍질이 바륨 화합물로 처리되어 있다면 녹색이 관찰된다.

하얀 불꽃을 방출하는 불꽃을 보았던 기억을 회상할 수 있다. 마그네슘 금속 분말은 이 효과를 만들어 내는 데 사용될 수 있다. 그러나 모든 화합물이 색깔을 내는 것은 아니다. 아래 표는 불꽃의 다양한 색깔을 생성하는 화학 약품을 나타낸 것이다.

흥미롭게도 불꽃색과 네온사인의 색은 같은 원리에 의하여 설명된다. 불꽃놀이에서 원소는 열에 의하여 에너지화(들뜬 상태)되고, 반면 네온 빛은 원소가 전기에 의하여 에너지화(들뜬 상태)된다. 이런 경우 전자는 들뜬 상태가 되고 방출된 빛에 의하여 즉시 에너지를 잃는다. 관찰된 색은 방출된 빛의 파장과 연관이 있다. 예를 들면, 방출된 빛이 약 650nm의 파장이라면 붉은 색이 관찰된다. 만약 빛이 450nm 파장이라면 푸른색이 나타난다.

화학자들은 종종 불꽃색 검사에 의하여 원소를 확인한다. 실험실에서 불꽃색 검사는 금속선 끝에 적은 양의 화학 물질을 놓고 뜨거운 불꽃에 금속선을 가져가면 일어난다. 예를 들면, 나트륨은 불꽃색 검사에서 노란색을 나타내고 바륨은 녹색을 띤다. 불꽃색 검사에서는 같은 원소를 포함하는 불꽃색들은 동일하다. 칼슘의 불꽃색 검사는 다음 그림과 같다.

| 화학 물질 | 불꽃 색깔 |
|---|---|
| Na 화합물 | 노란색 |
| Ba 화합물 | 녹색 |
| Ca 화합물 | 오렌지색 |
| Sr 화합물 | 빨간색 |
| Li 화합물 | 심홍색 |
| Cu 화합물 | 푸른색 |
| Al 또는 Mg 금속 | 하얀 불꽃 |

**예제 6-15**

다음 중화반응에 대한 균형 화학반응식을 써라.

(a) 질산은과 수산화암모늄 용액을 중화시킨다.

(b) 황산은과 수산화칼륨 용액을 중화시킨다.

**해답** 중화반응은 염과 물을 생성한다.

(a) 질산과 수산화암모늄은 질산암모늄과 물을 생성한다. 균형 반응식은 다음과 같다.

$$HNO_3 + NH_4OH(aq) \rightarrow NH_4NO_3(aq) + HOH(l)$$

(b) 황산과 수산화칼륨은 황산칼륨과 물을 생성한다. 균형 반응식은 다음과 같다.

$$H_2SO_4(aq) + 2KOH(aq) \rightarrow K_2SO_4(aq) + 2HOH(l)$$

## 연습문제

### 화학반응식 쓰기

1 자연 상태에서 이원자분자 상태로 존재하는 원소들을 말하라.

2 철 금속과 염소 기체가 결합하여 노란 색의 염화철(Ⅲ) 고체를 생성하는 화학반응식을 써라.

3 탄산아연 고체가 분해되어 산화아연 분말과 이산화탄소 기체를 생성하는 화학반응식을 써라.

4 마그네슘 금속과 질산코발트(Ⅱ) 수용액이 반응하여 질산마그네슘 수용액과 코발트 금속을 생성하는 화학반응식을 써라.

5 브롬화리튬 수용액과 질산은이 반응하여 브롬화은 침전물과 질산리튬 수용액을 생성하는 화학반응식을 써라.

6 아세트산과 수산화칼륨 수용액의 중화반응으로 아세트산 칼륨 수용액과 물이 생성되는 화학반응식을 써라.

### 균형 화학반응식

7 다음의 균형 화학반응식을 쓰는 방법 중 일반적 기준이 아닌 것은 어느 것인가?

(a) 각 물질의 원소의 균형을 맞추기 위해서 계수를 사용하라.

(b) 가장 복잡한 화학식으로 시작하여 반응식의 균형을 맞추어라.

(c) 다원자 이온은 원소를 분리하는 것보다 오히려 단독으로 하나의 단위로써 균형을 맞추어라.

(d) 반응식의 균형을 맞춘 후에 계수를 확인하라.

(e) 반응식의 균형을 맞추기 위하여 화학식의 첨자를 변화시킨다.

**8** 다음 각 화학반응식을 검산하여 균형을 맞추어라.

(a) $Co(s) + O_2(g) \rightarrow Co_2O_3(s)$

(b) $LiClO_3(s) \rightarrow LiCl(s) + O_2(g)$

(c) $Cu(s) + AgC_2H_3O_2(aq) \rightarrow Cu(C_2H_3O_2)_2(aq) + Ag(s)$

(d) $Pb(NO_3)_2(aq) + LiCl(aq) \rightarrow PbCl_2(s) + LiNO_3(aq)$

(e) $H_2SO_4(aq) + Al(OH)_3(aq) \rightarrow Al_2(SO_4)_3(aq) + H_2O(l)$

**9** 다음 각 화학반응식을 검산하여 균형을 맞추어라.

(a) $H_2CO_3(aq) + NH_2OH(aq) \rightarrow (NH_2)_2CO_3(aq) + HOH(l)$

(b) $Hg_2(NO_3)_2(aq) + NaBr(aq) \rightarrow Hg_2Br_2(s) + NaNO_3(aq)$

(c) $Mg(s) + HC_2H_3O_2(aq) \rightarrow Mg(C_2H_3O_2)_2(aq) + H_2(g)$

(d) $LiNO_3(s) \rightarrow LiNO_2(s) + O_2(g)$

(e) $Pb(s) + O_2(g) \rightarrow PbO(s)$

### 화합반응

**10** 다음 화합반응의 균형 화학반응식을 써라.

(a) 산화철(Ⅲ)을 생성하기 위해서 철 금속에 산소 기체와 함께 열을 가한다.

(b) 산화주석(Ⅱ)을 생성하기 위해서 주석 금속에 산소 기체와 함께 열을 가한다.

**11** 다음 화합반응의 균형 화학반응식을 써라.

(a) 탄소에 산소를 넣고 가열하면 일산화탄소 기체가 생성된다.

(b) 인에 산소를 넣고 가열하면 오산화이인이 생성된다.

**12** 다음 화합반응의 균형 화학반응식을 써라.

(a) 구리에 염소기체를 넣고 가열하면 고체 염화구리(I)가 생성된다.

(b) 코발트에 황 분말을 넣고 가열하면 황화 코발트(II)가 생성된다.

**13** 다음 화합반응의 균형 화학반응식을 써라.

(a) 크롬에 산소를 넣고 가열하면 산화크롬(III)이 생성된다.

(b) 크롬에 질소를 넣고 가열하면 질소화크롬(III)이 생성된다.

**14** 다음 화합반응을 완성하고 균형을 맞추어라.

(a) $Li + O_2 \rightarrow$ (b) $Ca + O_2 \rightarrow$

**15** 다음 화합반응을 완성하고 균형을 맞추어라.

(a) $Na + I_2 \rightarrow$ (b) $Ba + N_2 \rightarrow$

### 분해반응

**16** 다음 분해반응의 균형 화학반응식을 써라.

(a) 탄산수소은에 열을 가하면 탄산은 고체, 수증기 그리고 이산화탄소 기체로 분해된다.

(b) 탄산수소바륨에 열을 가하면 탄산바륨 고체, 수증기, 이산화탄소 기체로 분해된다.

**17** 다음 분해반응의 균형 화학반응식을 써라.

(a) 탄산칼륨에 열을 가하면 산화칼륨과 이산화탄소 기체로 분해된다.

(b) 탄산망간(II)에 열을 가하면 산화망간(II)과 이산화탄소 기체로 분해된다.

**18** 다음 분해반응의 균형 화학반응식을 써라.

(a) 질산칼슘에 열을 가하면 아질산 칼슘과 산소 기체로 분해된다.

(b) 황산은에 열을 가하면 아황산 은과 산소 기체로 분해된다.

**19** 다음 분해반응을 완성하고 균형을 맞추어라.

(a) $KHCO_3 \rightarrow$ (b) $Zn(HCO_3)_2 \rightarrow$

**20** 다음 분해반응의 균형을 맞추어라.

(a) $NaClO_3 \rightarrow NaCl + O_2$ (b) $Ca(NO_3)_2 \rightarrow Ca(NO_2)_2 + O_2$

### 활동도 서열

**21** 다음 금속 중 질산 철(II) 수용액과 반응하는 것은 어느 것인가?

(a) Hg (b) Zn

(c) Cd (d) Mg

**22** 다음 금속 중 묽은 염산과 반응하는 것은 어느 것인가?

(a) Ni　　(b) Zn

(c) Cu　　(d) Al

**23** 다음 금속들 중에 실온의 물과 반응하는 것은 어느 것인지 예측하라.

(a) Li　　(b) Mg

(c) Ca　　(d) Al

### 단일-치환반응

**24** 다음 단일-치환반응의 균형 화학반응식을 써라.

(a) 질산알루미늄 용액에 구리선을 넣는다.

(b) 질산구리(Ⅱ) 용액에 알루미늄 선을 넣는다.

**25** 다음 단일-치환반응의 균형 화학반응식을 써라.

(a) 아세트산납(Ⅱ) 용액에 니켈 금속을 넣는다.

(b) 아세트산니켈(Ⅱ) 용액에 납 금속을 넣는다.

**26** 다음 단일-치환반응의 균형 화학반응식을 써라.

(a) 염산에 마그네슘 리본을 넣는다.

(b) 질산에 망간 조각들을 넣는다.

**27** 다음 단일-치환반응의 균형 화학반응식을 써라.

(a) 물에 부드럽고 회색의 리튬 조각을 넣는다.

(b) 물에 작고 빛나는 바륨 조각을 넣는다.

**28** 다음 단일-치환반응을 완성하고 균형을 맞추어라.

(a) $Zn(s) + Pb(NO_3)_2(aq) \rightarrow$

(b) $Cd(s) + Fe(NO_3)_2(aq) \rightarrow$

**29** 다음 단일-치환반응을 완성하고 균형을 맞추어라.

(a) $Zn(s) + HNO_3(aq) \rightarrow$

(b) $Cd(s) + HNO_3(aq) \rightarrow$

**30** 다음 단일-치환반응을 완성하고 균형을 맞추어라.

(a) $K(s) + H_2O(l) \rightarrow$

(b) $Ba(s) + H_2O(l) \rightarrow$

## 용해도 규칙

**31** 다음 화합물 중에서 물에 용해되는 것을 예측해 보라.

(a) 수산화 코발트(Ⅱ), $Co(OH)_2$　(b) 황산 철(Ⅱ), $FeSO_4$

(c) 크롬산 주석(Ⅱ), $SnCrO_4$　(d) 아세트산 납(Ⅱ), $Pb(C_2H_3O_2)_2$

**32** 다음 화합물 중에서 물에 용해되지 않는 것을 예측해 보라.

(a) 염화 수은(Ⅰ), $Hg_2Cl_2$　(b) 염화 수은(Ⅱ), $HgCl_2$

(c) 브롬화 은, AgBr　(d) 요오드 화납(Ⅱ), $PbI_2$

## 이중 치환반응

**33** 다음 이중-치환반응의 균형 화학반응식을 써라.

(a) 염화 아연 수용액과 수산화암모늄이 반응하면 염화암모늄 수용액과 수산화아연 침전물이 생성된다.

(b) 황산니켈(Ⅱ) 수용액과 질산수은(Ⅰ)이 반응하면 질산니켈(Ⅱ) 수용액과 황산수은(Ⅰ) 침전물이 생성된다.

**34** 다음 이중-치환반응을 완성하고 균형을 맞추어라.

(a) $MgSO_4(aq) + BaCl_2(aq) \rightarrow$

(b) $AlBr_3(aq) + Na_2CO_3(aq) \rightarrow$

## 중화반응

**35** 다음 중화반응의 균형 화학반응식을 써라.

(a) 수산화나트륨 용액을 질산에 넣는다.

(b) 수산화바륨 용액을 인산에 넣는다.

**36** 다음 중화반응을 완성하고 균형을 맞추어라.

(a) $HF(aq) + Ca(OH)_2(aq) \rightarrow$

(b) $H_2SO_4(aq) + LiOH(aq) \rightarrow$

## 심화 연습문제

**37** 다음 각각의 화학반응식을 검산하여 균형을 맞추어라.

(a) $Fe(s) + H_2O(g) \rightarrow Fe_3O_4(s) + H_2(g)$

(b) $FeS(s) + O_2(g) \rightarrow Fe_2O_3(s) + SO(g)$

**38** 다음 각각의 화학반응식을 검산하여 균형을 맞추어라.

(a) $F_2(g) + NaBr(aq) \rightarrow Br_2(l) + NaF(aq)$

(b) $Sb_2S_3(s) + HCl(aq) \rightarrow SbCl_3(aq) + H_2S(g)$

**39** 다음 각각의 연소반응을 검산하여 균형을 맞추어라.

(a) $CH_4(g) + O_2(g) \rightarrow CO_2(g) + H_2O(g)$

(b) $C_3H_8(g) + O_2(g) \rightarrow CO_2(g) + H_2O(g)$

**40** 염소는 염화수소 기체에 산소를 넣고 가열함으로써 공업적으로 제조된다. 생성물을 수증기와 염소 기체라고 가정하고, 염소 제조의 균형 화학반응식을 써라.

chapter 7

# 몰의 개념

원자의 개수를 셀 수 있을까? 비록 직접적이진 않지만 원자의 수를 셀 수는 있다. 원자들은 너무 작기 때문에 개별적이 아니라 묶음으로 셀 수 있다. 이는 마치 연필 12자루를 1다스(dozen)로, 144자루(12다스)의 연필들을 1그로스(gross)로, 500장의 종이 한 묶음을 1연(ream)으로 헤아리는 것과 같다. 원자들은 매우 작기 때문에 한 묶음 속에는 많은 수의 원자가 들어가게 된다.

일반적으로 우리는 매우 큰 수를 접했을 때 그 크기가 얼마나 되는지 짐작하기 힘든 경우가 많다. 이 장에서 602,000,000,000,000,000,000,000라는 매우 큰 수를 접하게 될 것이다. 이 숫자는 원자들의 묶음을 의미하며 아보가드로 수(Avogadro's number)라고 불리고 있다. 이 숫자의 크기를 짐작해보기 위해서 다음과 같은 상황을 가정해보자. 즉 여러분이 아보가드로 수 만큼의 조약돌을 쌓아 올린다면 그 부피는 달의 부피와 거의 동일하다.

## 7-1 | 아보가드로 수

원자의 개수를 세는 방법을 설명하기 위하여 다음과 같은 실험을 해보자. 어떤 원소의 원자량과 같은 수만큼의 g 단위 질량을 측정한다고 해보자. 예를 들면, 탄소의 경우 원자량이 12.01 amu 이다. 질량이 12.01 g가 되도록 질량을 측정하면 한 주먹 정도의 부피가 된다.

12.01 g 탄소 중에는 얼마나 많은 탄소 원자가 있을까? 원자는 매우 작으므로 12.01 g 속에 있는 탄소 원자의 수는 매우 많이 존재할 것이다. 실험에 의하면 탄소 12.01 g 속에 들어있는 탄소 원자의 수는 $6.02 \times 10^{23}$개임이 밝혀졌다. 이 수를 이탈리아 과학자인 아보가드로〔Amedeo Avogadro (1776~1856)〕에게 경의를 표하기 위해서 "**아보가드로 수**"라고 명명하였다. 즉, 탄소 1개의 원자량은 12.01 amu이고, 탄소 $6.02 \times 10^{23}$개의 질량은 12.01 g이다.

▲ **그림 7.1 아보가드로 수**
사진은 각 원소의 $6.02 \times 10^{23}$개의 원자들을 포함하는 구리(63.55 g), 수은(200.59 g) 및 황(32.07 g)의 양을 나타낸 것이다. 풍선은 헬륨 기체(4.00 g)의 $6.02 \times 10^{23}$개의 원자들을 포함한다.

**예제 7-1**

다음 각 원소의 아보가드로 수 만큼의 원자들의 질량을 표기하라.

(a) 구리 (b) 수은 (c) 황 (d) 헬륨

**해답** 주기율표에 원자량은 다음과 같다: Cu = 63.55 amu, Hg = 200.59 amu, S = 32.07 amu, He = 4.00 amu. 아보가드로 수 만큼의 원자들의 질량은 단위만을 그램으로 바꾸어주면 된다. 따라서 $6.02 \times 10^{23}$개의 원자들의 질량은 다음과 같다.

(a) Cu = 63.55 g (b) Hg = 200.59 g (c) S = 32.07 g (d) He = 4.00 g

몰(mol)은 화학 물질의 양의 측정단위이다. 1몰은 아보가드로수, 즉 $6.02 \times 10^{23}$개의 입자를 가지는 물질의 양으로 정의한다. 여기서 입자는 원자, 분자, 화학식 단위 또는 임의의 다른 입자일 수 있다.

$$1\text{몰(mol)} = \text{Avogadro 수(N)} = 6.02 \times 10^{23}\text{개의 입자들}$$

몰과 입자들의 개수와 연관된 계산을 해보자. 다음과 같은 세 단계의 과정을 통해서 이러한 문제들을 풀 수 있다.

**단위분석 방법의 적용**

**1 단계** : 문제에서 주어진 값과 해답에 필요한 단위를 적는다.

**2 단계** : 적합한 단위인자를 구한다.

문제에서 주어진 단위와 해답에 필요한 단위와 관계되는 단위식을 구하여 단위인자를 만들고 그 중 문제에서 주어진 단위를 삭제할 수 있는 적합한 단위인자를 선택한다.

**3 단계** : 주어진 값에 적합한 단위인자를 곱한다.

예를 들면, 황색 염소 기체 0.250 mol 속에는 몇 개의 염소 분자가 들어 있는지를 계산해 보자. 이는 단위 분석을 통해서 풀 수 있으며 다음과 같이 표시된다.

$$0.250\ \text{mol}\ Cl_2 \times \frac{6.02 \times 10^{23} Cl_2\text{분자}}{1\ \text{mol}Cl_2} = 1.51 \times 10^{23}\ Cl_2\ \text{분자}$$

입자수로부터 물질의 양을 구하는 역계산도 가능하다. 즉, 보라색 결정인 $I_2$ 분자 2.50 $\times 10^{23}$개는 몇 몰인가를 구할 수 있다. 풀이는 단위분석 방법에 의해 다음 식으로 표시된다.

$$2.50 \times 10^{23}\text{개}\ I_2 \times \frac{1\ \text{mol}\ I_2}{6.02 \times 10^{23}\ \text{개}\ I_2} = 0.415\ \text{mol}\ I_2$$

### 예제 7-2

0.120 mol의 나트륨 원자의 수를 구하라.

**해답** 1 단계 : 문제에서 주어진 값과 해답에 필요한 단위를 적는다.

0.120 mol의 Na ⟶ 몇 개 Na

2 단계 : 적용할 수 있는 단위인자를 구한다.

단위식 : 1 mol Na = $6.02 \times 10^{23}$개 Na

단위인자 : 1 mol Na / $6.02 \times 10^{23}$개 Na(부적합)

$6.02 \times 10^{23}$개 Na / 1mol Na(적합)

3 단계 : 주어진 값에 적합한 단위인자를 곱한다.

$$0.120 \text{ mol Na} \times \frac{6.02 \times 10^{23}\text{개 Na}}{1 \text{ mol Na}} = 7.22 \times 10^{22}\text{개 Na}$$

**물음** 0.0763 mol NaCl에 존재하는 화학식 단위(formula unit)의 수를 구하라.

**해답** $4.59 \times 10^{22}$개의 NaCl 화학식 단위

**참고** 화학식 단위의 수는 분자수와 같은 개념이다.

### 화학의 세계 _ 아보가드로수에 대한 비유

길이에 대한 비유: 만약 $6.02 \times 10^{23}$개의 수소원자들을 한 줄로 늘어놓으면 지구를 약 백만 번 감쌀 수 있는 길이가 된다.

질량에 대한 비유: $6.02 \times 10^{23}$개의 투포환공의 질량은 지구의 무게와 비슷하다.

부피에 대한 비유: 소프트볼 $6.02 \times 10^{23}$개의 부피는 지구의 부피와 비슷하다.

### 예제 7-3

$1.25 \times 10^{21}$개의 K원자는 몇 몰인가?

**해답** 1 단계 : 문제에서 주어진 값과 해답에 필요한 단위를 적는다.

$1.25 \times 10^{21}$개 K $\longrightarrow$ mol K

2 단계 : 적용할 수 있는 단위인자를 구한다.

단위식 : 1 mol K = $6.02 \times 10^{23}$개 K

단위인자 : 1 mol K / $6.02 \times 10^{23}$개 K(적합)

$6.02 \times 10^{23}$개 K / 1 mol K(부적합)

3 단계 : 주어진 값에 적합한 단위인자를 곱하면

$$\text{KI의 몰수} = 1.25 \times 10^{21}\text{개 K} \times \frac{1\ \text{mol K}}{6.02 \times 10^{23}\text{개 K}} = 2.08 \times 10^{-3}\text{mol K}$$

해답은 주어진 값과 단위인자가 각각 세 자리 유효 숫자이므로 답도 세 자리로 반올림하였다.

**주의** 1 장에서 물건의 개수는 정확한 값이므로 유효숫자 계산에 포함시키지 않는다고 하였다 그러나 아보가드로 수는 실제로 물질을 헤아려서 나온 값이 아니고 측정값들의 계산에 의하여 나온 값을 반올림한 값이므로 오차가 있다. 따라서 유효숫자 계산에 포함시킨다.

**물음** $5.34 \times 10^{25}$개의 KI 입자는 몇 몰인가?

**해답** 88.7 mol KI

## 7-2 | 몰 질량

**몰 질량**(molar mass, MM)이란 어떤 물질 1몰이 가지는 질량이다. 그런데 1몰은 $6.02 \times 10^{23}$개 이므로 1몰 질량은 $6.02 \times 10^{23}$개의 질량이 되고 이 값은 앞 절에 언급한 아보가드로의 계산에 의하면 원자량 또는 분자량에 g 를 부친 질량과 같다. 몰 질량의 단위는 1몰이 가지는 g 질량이므로 g/mol로 나타낸다.

$$몰(mol) = 6.02 \times 10^{23}개의 입자$$
$$몰 질량(g/mol) = 6.02 \times 10^{23}개의 입자의 질량$$
$$= 원자량 또는 분자량에 g 를 붙인 값$$

주기율표를 보면 철의 원자량은 55.85 amu임을 알 수 있다. 따라서 철의 몰 질량은 55.85 g/mol이 된다. 자연에 존재하는 산소는 $O_2$이므로 산소 1분자의 분자량은 32.00 amu 이다. 따라서 몰 질량은 32.00 g/mol이 된다. 산화철(Ⅲ)($Fe_2O_3$)의 몰 질량을 구하기 위해서는 2 mol의 철 원자의 원자량과 3 mol의 산소의 원자량을 더하면 된다.

$$Fe_2O_3의 몰질량 = 2(55.85\ g\ Fe) + 3(16.00\ g\ O) = 159.70\ g$$
$$= 111.70\ g\ Fe + 48.00\ g\ O = 159.70\ g$$

**예제 7-4**

다음 물질의 몰 질량을 구하라.

(a) 은, Ag

(b) 암모니아, $NH_3$

(c) 질산마그네슘, $Mg(NO_3)_2$

**해답** 주기율표에서 원자량을 찾아 구한다.

(a) Ag의 원자량이 107.87 amu이므로 몰 질량은 107.87 g/mol이다.

(b) $NH_3$의 분자량(원자량의 합) = 14.01+3(1.01) = 17.04 amu이다. 따라서 몰 질량은 17.04 g/mol이다.

(c) $Mg(NO_3)_2$ 에 포함된 원자들의 원자량의 합은 다음과 같다.
24.31+2(14.01+16.00+16.00+16.00) = 24.31+2(62.01) = 148.33 amu. 따라서 몰 질량은 148.33 g/mol 이다.

이와 같은 몰의 관계를 이용하여 질량과 입자수 사이의 상호 변환이 가능하게 된다. 예를 들면, 납 원자 $2.55 \times 10^{23}$개의 질량을 계산할 수 있다.

단위분석 방법을 적용해서 먼저 몰수를 구한다.

$$2.55 \times 10^{23}\text{개 Pb} \times \frac{1\ \text{mol pb}}{6.02 \times 10^{23}\text{개 pb}} = 0.424\ \text{mol Pb}$$

다음은 Pb의 몰수에 납의 몰 질량을 곱한다. 주기율에서 납의 원자량이 207.2 이다. 따라서 몰 질량은 207.2 g/mol이다.

$$\text{Pb의 질량} = 0.424\ \text{mol Pb} \times \frac{207.2\ \text{g pb}}{1\ \text{mol pb}} = 87.8\ \text{g Pb}$$

### 예제 7-5

황 원자 $2.01 \times 10^{22}$개의 질량은 몇 g 인가?

**해답** 0 단계 : 계산과정이 복잡해지면 주어진 값과 단위들을 정해진 규칙으로 적어주지 않으면 계산과정에서 매우 혼란을 겪는다. 따라서 이 책에서는 〔주어진 값 + 값의 단위 +원소기호〕의 순서로 적는다. 그리고 입자수는 개의 단위로 나타낸다.

1 단계 : 주어진 값과 해답에 필요한 단위를 적는다.

$2.01 \times 10^{22}$개 S $\longrightarrow$ 질량(g) S

개수를 질량으로 구할 수 없으므로 중간과정 (몰수로 변환)을 거쳐 구한다.

$2.01 \times 10^{22}$개 S $\xrightarrow[\text{1번}]{}$ mol S $\xrightarrow[\text{2번}]{}$ 질량( g ) S

2 단계 : 적용할 수 있는 단위인자를 구한다.

1번) 먼저 개수를 몰수로 단위를 전환한다.

단위식 : 1 mol S = $6.02 \times 10^{23}$개 S

단위인자 : 1 mol S / $6.02 \times 10^{23}$개 S(적합)

$6.02 \times 10^{23}$개 S / mol S(부적합)

2번) 몰수를 질량으로 전환한다.

단위식 : 1 mol S = 32.07g S

단위인자 : 1 mol S / 32.07g S(부적합)

32.07g S / 1 mol S(적합)

3 단계 : 주어진 값에 적합한 단위인자를 곱한다.

$$\text{S의 질량} = 2.01\times10^{22}\text{개 S} \times \frac{1\text{ mol S}}{6.02\times10^{23}\text{ 개 S}} \times \frac{32.07\text{g S}}{1\text{ mol S}} = 1.07\text{ g S}$$

### 예제 7-6

0.470 g의 산소 기체 내에 $O_2$분자가 몇 개 있는가?

**해답** 1 단계 : 주어진 값과 해답에 필요한 단위를 적는다.

질량(g) $O_2$ ⟶ 개 $O_2$

질량을 개수로 구할 수 없으므로 중간과정 (몰수로 변환)을 거쳐 구한다.

질량(g) $O_2$ $\xrightarrow[\text{1번}]{}$ mol $O_2$ $\xrightarrow[\text{2번}]{}$ 개 $O_2$

2 단계 : 적용할 수 있는 단위인자를 구한다.

1번) 먼저 질량을 몰수로 변환하여야 한다.

단위식 : 1 mol $O_2$ = 32.00 g $O_2$

단위인자 : 1 mol $O_2$ / 32.00 g $O_2$ ( 적합 )

32.00 g $O_2$/ 1 mol $O_2$(부적합)

2번) 몰수를 다시 개수로 변환한다.

단위식 : 1 mol $O_2$ = $6.02\times10^{23}$개 $O_2$분자이다.

단위인자 : 1 mol $O_2$/ $6.02\times10^{23}$개 $O_2$ (부적합)

$6.02\times10^{23}O_2$/ 1 mol $O_2$(적합)

3 단계 : 주어진 값에 적합한 단위인자를 곱한다.

$$O_2\text{분자수} = 0.470\text{ g }O_2 \times \frac{1\text{ mol }O_2}{32.00\text{ g }O_2} \times \frac{6.02\times10^{23}\text{개 }O_2}{1\text{ mol }O_2}$$

$$= 8.84\times10^{21}\text{개 }O_2\text{분자}$$

## 원자 또는 분자의 질량

다른 형태의 문제를 취급해보자. 만일 물의 몰 질량이 18.02 g/mol이면 물 분자 하나의 질량은 얼마인가? 이 문제의 해답으로는 단위의 비를 구하면 된다.

**1 단계** : 주어진 값과 해답에 필요한 단위를 적는다.

$$18.02\ \text{g/mol}\ H_2O \longrightarrow \text{g/1개}\ H_2O$$

**2 단계** : 적용할 수 있는 단위인자를 구한다.

1단계에서 보면 분자의 단위는 같다. 분모의 단위만 mol에서 개수로 바꾸면 된다.

단위식 : 1 mol $H_2O$ = $6.02 \times 10^{23}$ 개 $H_2O$ 분자이다.

단위인자 : 1 mol $H_2O$ / $6.02 \times 10^{23}$ 개 $H_2O$(적합)

$6.02 \times 10^{23}$ 개 $H_2O$ / 1 mol $H_2O$(부적합)

**3단계** : 주어진 값에 적합한 단위인자를 곱한다.

$$H_2O\ \text{질량} = \frac{18.2\ \text{g}\ H_2O}{1\ \text{mol}\ H_2O} \times \frac{1\ \text{mol}\ H_2O}{6.02 \times 10^{23}\text{개}\ H_2O}$$

$$= 3.02 \times 10^{-23}\ \text{g}\ H_2O/\ \text{개}\ H_2O$$

**예제 7-7**

이산화탄소 $CO_2$ 분자 한 개에 대한 그램 질량을 구하라.

**해답** 1 단계 : 주어진 값과 해답에 필요한 단위를 적는다.

44.0 g/mol $CO_2$ ⟶ g/1개 $CO_2$

2 단계 : 적용할 수 있는 단위인자를 구한다.

1단계에서 보면 분자의 단위는 같다. 분모의 단위만 mol에서 개수로 바꾸면 된다.

단위식 : 1 mol $CO_2$ = $6.02 \times 10^{23}$개 $CO_2$ 분자이다.

단위인자 : 1 mol $CO_2$ / $6.02 \times 10^{23}$개 $CO_2$( 적합 )

$6.02 \times 10^{23}$개 $CO_2$ / 1 mol $CO_2$( 부적합 )

3단계 : 주어진 값에 적합한 단위인자를 곱한다.

$$\frac{44.01\text{ g }CO_2}{1\text{ mol }CO_2} \times \frac{1\text{ mol }CO_2}{6.02 \times 10^{23}\text{ 개 }CO_2} = 7.31 \times 10^{-23}\text{g }CO_2 / \text{개 }CO_2$$

**물음** 클로로폼, $CHCl_3$ 한 분자의 그램 질량을 구하라

**해답** $1.98 \times 10^{-22}$g $CHCl_3$ / 1 개 $CHCl_3$

## 7-3 | 몰 부피

기체 1몰은 $6.02 \times 10^{23}$개의 분자들을 포함한다. 1811년 아보가드로는 비슷한 조건하에서 동일한 수의 분자들로 채워진 서로 다른 두 가지 기체는 동일한 부피를 갖는다는 사실을 제안하였다. 이 가설은 아보가드로 이론(Avogadro' s theory)으로 알려져 있으며, 아보가드로 법칙이라 한다. 따라서 수소 기체 1몰과 산소 기체 1몰은 같은 부피를 갖고 있음을 의미한다. 다르게 설명하면, $H_2$ $6.02 \times 10^{23}$개의 분자는 $O_2$ $6.02 \times 10^{23}$개의 분자와 같은 부피를 갖는다.

아보가드로수만큼의 분자들로 구성된 기체의 부피는 얼마인가? 표준 상태( STP : 0℃ , 1atm )에서 기체 1 몰의 부피는 22.4 L 이다. STP에서 임의의 기체 1몰의 부피를 **몰 부피**라 하며 그림 7.2는 이를 도식적으로 보여주고 있다.

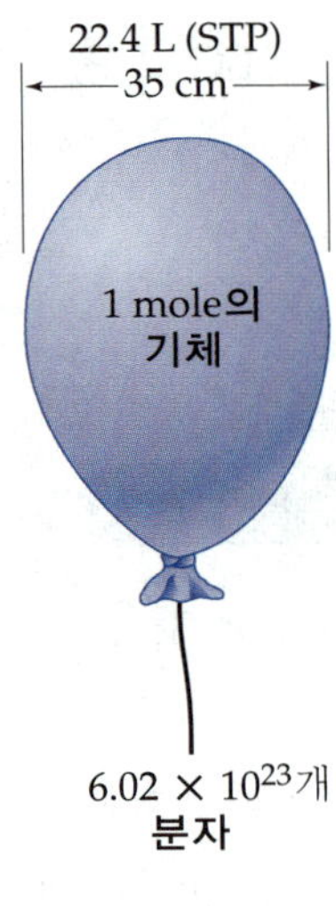


**▲ 그림 7.2 기체의 몰 부피**
1몰 기체로 구성된 풍선은 약 35cm의 지름을 가진다. STP에서 임의의 기체 1몰은 아보가드로 수만큼의 분자들을 포함하고 22.4L의 부피를 차지한다.

표 7.1은 1 mol의 기체 다섯 개를 비교한 것이다. 이때 분자수와 부피는 일정한 반면 몰 질량은 변함을 알 수 있다.

**표 7.1 몇 가지 기체들의 몰 관계**

| 기체 | 몰 수 | 분자수 | 몰 질량 | 몰 부피(STP에 |
|---|---|---|---|---|
| 수소, $H_2$ | 1.00 | $6.02\times10^{23}$ | 2.02 g/mol | |
| 산소, $O_2$ | 1.00 | $6.02\times10^{23}$ | 32.00 g/mol | 22.4 L/mol |
| 이산화탄소, $CO_2$ | 1.00 | $6.02\times10^{23}$ | 44.01 g/mol | 22.4 L/mol |
| 암모니아, $NH_3$ | 1.00 | $6.02\times10^{23}$ | 17.04 g/mol | 22.4 L/mol |
| 아르곤, Ar | 1.00 | $6.02\times10^{23}$ | 39.95 g/mol | 22.4 L/mol |

* 아르곤 기체는 분자가 아니고 원자로 이루어져 있다.

## 기체 밀도

앞서 말한바와 같이 기체의 밀도는 액체 또는 고체의 밀도보다 훨씬 작다. 4℃에서 물의 밀도는 1.00 g/mL 이다. 공기의 밀도는 4℃에서 0.00129 g/mL (1.29 g/L)이므로 물의 밀도는 공기의 1000배 이상이 된다.

밀도는 질량을 부피로 나눈 값이다. 수소 또는 산소 같은 임의의 기체에 대해서 STP에서의 밀도를 계산할 수 있다. 어떤 임의의 기체 1 mol 을 기준으로 하면 그 기체의 몰 질량을 알 수 있고 STP에서 그 기체의 몰 부피(22.4L)를 알기 때문이다. 기체 밀도(gas density)의 일반식은 다음과 같다.

$$\frac{\text{몰 질량(g)}}{\text{몰 부피(L)}} = \text{밀도, g/L (STP에서)}$$

**예제 7-8**

STP에서 암모니아 기체($NH_3$)의 밀도를 구하라.

**해답** 1 단계 : 주어진 값과 해답에 필요한 단위를 적는다.

STP 암모니아 기체 → 암모니아 밀도 (g/L)

기준 : 1 mol (문제에서는 1 mol이라는 말이 없지만 임의로 정한다.)

몰질량 : 17.04 g $NH_3$ / mol $NH_3$ → g $NH_3$ / L $NH_3$

2 단계 : 적용할 수 있는 단위인자를 구한다.

1 단계에서 보면 분자의 단위는 같다. 분모의 단위만 mol 에서 L 로 바꾸면 된다 .

단위식 : 1 mol $NH_3$ = 22.4 L $NH_3$이다.

단위인자 : 1 mol $NH_3$ / 22.4 L $NH_3$( 적합 )

22.4 L $NH_3$ / mol $NH_3$( 부적합 )

3단계 : 주어진 값에 적합한 단위인자를 곱한다.

$$\text{밀도} = \frac{17.04\ \text{g NH}_3}{1\ \text{mol NH}_3} \times \frac{1\ \text{mol NH}_3}{22.4\ \text{L NH}_3} = 0.761\ \text{g/L NH}_3$$

만일 암모니아 기체(0.761 g/L)로 풍선을 채우면 풍선은 공기(1.29 g/L)중에 뜬다.

**물음** STP에서 황화수소 기체($H_2S$)의 밀도를 구하라.

**해답** 1.52 g/L

### 예제 7-9

소화기에서 방출되는 미지의 기체 1.96 g이 STP에서 1.00 L의 부피를 갖는다면 이 기체의 몰 질량은 얼마인가?

**해답** 1 단계 : 주어진 값과 해답에 필요한 단위를 적는다.

미지의 기체 1.96 g/ L (=밀도) → 몰 질량 (g/mol)

2 단계 : 적용할 수 있는 단위인자를 구한다.

1 단계에서 보면 분자의 단위는 같다. 분모의 단위만 L 에서 mol 로 바꾸면 된다.

기준 : 기체 1 mol

단위식 : 1 mol 기체 = 22.4 L 기체이다.

단위인자 : 1 mol 기체 / 22.4 L 기체( 부적합 )

22.4 L 기체 / mol 기체( 적합 )

3단계 : 주어진 값에 적합한 단위인자를 곱한다.

$$\text{몰질량} = \frac{1.96\ \text{g 기체}}{\text{L 기체}} \times \frac{22.4\ \text{L 기체}}{\text{mol 기체}} = 43.9\ \text{g 기체/mol 기체}$$

미지의 기체는 소화기에서 방출되기 때문에 이산화탄소라고 추측할 수 있다. $CO_2$의 몰 질량(44.01 g/mol)과 비교해보면 이 기체가 이산화탄소임을 확신할 수 있다.

**물음** 컴퓨터 칩을 만드는데 사용되는 삼플루오르화 붕소 기체의 몰 질량은 얼마인가? 이 기체 1.51 g은 STP에서 497 mL 부피를 갖는다.

**해답** 67.8 g/mol

## 7-4 | 몰 계산

앞서 언급한 바와 같이 몰은 화학 계산의 주요 단위이다. 몰은 세 가지로 해석된다.

1. 1 mol은 아보가드로 수 만큼의 입자수를 의미한다.
2. 1 mol의 질량은 그램 단위의 원자량 또는 분자량과 동일한 질량을 갖는다.
3. STP에서 어떤 기체 1 mol은 22.4 L의 부피를 차지한다.

mol에 대한 해석을 다음 세 가지 식으로 표현할 수 있다.

1 mol = $6.02 \times 10^{23}$ 개의 입자

1 mol 의 질량 = 몰 질량 = 그램 단위의 원자량 또는 분자량

1 mol 의 부피 = 22.4 L (STP에서)

## 예제 7-10

STP에서 3.36 L의 오존, $O_3$의 질량은 얼마인가?

**해답** 1단계 : 주어진 값과 해답에 필요한 단위를 적는다.

STP 3.36 L $O_3$ ⟶ 질량(g) $O_3$

부피에서 바로 질량으로 바꿀 수 없으므로 중간단계 (몰)을 거쳐 질량을 구한다.

STP 3.36 L $O_3 \xrightarrow[1번]{}$ mol $O_3 \xrightarrow[2번]{}$ 질량(g) $O_3$

2 단계 : 적용할 수 있는 단위인자를 구한다.

1 번) 단위식 : 1 mol $O_3$ = 22.4 L $O_3$이다.

단위인자 : 1 mol $O_3$ / 22.4 L $O_3$( 적합 )

22.4 L $O_3$ / mol $O_3$( 부적합 )

2 번) 단위식 : 1 mol $O_3$ = 48.00 g $O_3$이다.

단위인자 : 1 mol $O_3$ / 48.00 g $O_3$( 부적합 )

48.00 g $O_3$ / mol $O_3$( 적합 )

3단계 : 주어진 값에 적합한 단위인자를 곱한다.

$$O_3 \text{ 질량} = 3.36 \text{ L } O_3 \times \frac{1 \text{ mol } O_3}{22.4 \text{ L } O_3} \times \frac{48.00 \text{ g } O_3}{\text{mol } O_3} = 7.20 \text{ g } O_3$$

**물음** STP에서 메탄 기체( $CH_4$) 0.125 g의 부피는 얼마인가?

**해답** 0.174 L $CH_4$

## 예제 7-11

STP에서 부피가 0.500 L인 수소 기체($H_2$) 속에는 몇 개의 수소 분자가 존재하는가?

**해답** 1 단계 : 주어진 값과 해답에 필요한 단위를 적는다.

STP 0.500 L $H_2$ → 몇 개 $H_2$

부피에서 바로 개수(분자수)로 바꿀 수 없으므로 중간단계 (몰)을 거쳐 질량을 구한다

$$\text{STP } 0.500\text{ L } H_2 \xrightarrow[\text{1번}]{} \text{mol } H_2 \xrightarrow[\text{2번}]{} \text{개 } H_2$$

2 단계 : 적용할 수 있는 단위인자를 구한다.

1 번) 단위식 : 1 mol $H_2$ = 22.4 L $H_2$ 이다.

단위인자 : 1 mol $H_2$ / 22.4 L $H_2$( 적합 )

22.4 L $H_2$ / mol $H_2$( 부적합 )

2 번) 단위식 : 1 mol $H_2$ = $6.02 \times 10^{23}$ 개 $H_2$분자이다.

단위인자 : 1 mol $H_2$ / $6.02 \times 10^{23}$ 개 $H_2$ (부적합 )

$6.02 \times 10^{23}$ 개 $H_2$ / 1 mol $H_2$ ( 적합 )

3단계 : 주어진 값에 적합한 단위인자를 곱한다.

$$H_2 \text{ 분자수} = 0.500\text{ L } H_2 \times \frac{1\text{ mol } H_2}{22.4\text{ L } H_2} \times \frac{6.02 \times 10^{23}\text{ 개 } H_2}{\text{mol } H_2} = 1.34 \times 10^{22}\text{개 } H_2$$

**물음** STP에서 헬륨 원자 $3.33 \times 10^{21}$개로 이루어진 기체의 부피는 얼마인가?

**해답** 0.124 L He

## 7-5 | 몰 농도

대부분의 경우, 용액의 농도는 몰 농도의 형태로 표현한다. **몰농도**(molarity, 기호 M)는 용액 1 L에 용해되어 있는 용질의 mol 수이다. 몰 농도를 다음과 같이 표현할 수 있다.

$$\text{몰 농도(M)} = \frac{\text{용질의 몰수}}{\text{용액의 리터(L)}}$$

만약 0.100 L용액 속에 NaOH 24.0 g이 들어 있는 용액을 만든다면 몰 농도는 얼마인가? NaOH(몰 질량 = 40.00 g/mol)의 몰수를 다음과 같이 계산할 수 있다.

$$\frac{24.0\ g\ NaOH}{0.01\ L\ 용액} \times \frac{1\ mol\ NaOH}{40.00\ g\ NaOH} = 60.0\ mol\ NaOH/L\ 용액 = 60.0\ M$$

## 몰 농도 문제 풀기

이제 위에서 살펴 본 바와 같이 몰 농도로부터 유도되어진 단위인자를 이용하여 용액 계산에 적용할 수 있다. 물에 중크롬산칼륨을 용해하여 만든 용액을 가정해 보자. 0.100 M $K_2Cr_2O_7$ 용액 250.0 mL에 용해되어 있는 용질의 질량을 계산해 보자. 단위 분석법으로 문제를 풀어 보자.

0 단계 : 몰 농도 문제를 풀 때 부피는 항상 L 단위로 대입해야 하므로 mL를 L로 바꾼다.

0.100 M 250.0 mL $K_2Cr_2O_7$ = 0.100 M 0.250 L $K_2Cr_2O_7$

1 단계 : 주어진 값과 해답에 필요한 단위를 적는다.

0.100 M, 0.250 L, $K_2Cr_2O_7 \longrightarrow$ 질량(g) $K_2Cr_2O_7$

부피에서 바로 질량으로 바꿀 수 없으므로 중간단계 (몰)을 거쳐 질량을 구한다

0.100 M, 0.250 L, $K_2Cr_2O_7 \xrightarrow[1번]{}$ mol $K_2Cr_2O_7 \xrightarrow[2번]{}$ 질량(g) $K_2Cr_2O_7$

2 단계 : 적용할 수 있는 단위인자를 구한다

1 번) 공식 : 몰 농도(M) $= \dfrac{용질의\ mol}{용액의\ 리터\ (L)}$

단위식 : 0.100 M $= \dfrac{0.100\ mol}{용액\ 1L}$

단위인자 : 0.100 mol $K_2Cr_2O_7$ / L 용액 $K_2Cr_2O_7$(적합)

1 L 용액 $K_2Cr_2O_7$ / 0.100 mol $K_2Cr_2O_7$(부적합)

2 번) 단위식 : 1 mol $K_2Cr_2O_7$ = 294.20 g $K_2Cr_2O_7$이다.

단위인자 : 1 mol $K_2Cr_2O_7$ / 294.20 g $K_2Cr_2O_7$( 부적합 )

294.20 g $K_2Cr_2O_7$ / mol $K_2Cr_2O_7$( 적합 )

3단계 : 주어진 값에 적합한 단위인자를 곱한다

$$0.250\ \text{L}\ K_2Cr_2O_7 \times \frac{0.100\ \text{mol}\ K_2Cr_2O_7}{1\text{L 용액}\ K_2Cr_2O_7} \times \frac{294.20\ \text{g}\ K_2Cr_2O_7}{\text{mol}\ K_2Cr_2O_7}$$

$$= 7.36\ \text{g}\ K_2Cr_2O_7$$

## 예제 7-12

7.30 g의 HCl (몰 질량 = 36.46 g/mol) 용질이 녹아 있는 12.0 M 염산 용액의 mL 수는 얼마인가?

**해답** 1 단계 : 주어진 값과 해답에 필요한 단위를 적는다.

HCl 7.30 g ⟶ 12.0 M 용액의 부피 (L) HCl

질량에서 바로 부피로 바꿀 수 없으므로 중간단계 (몰)을 거쳐 질량을 구한다.

$$\text{HCl 7.30 g} \xrightarrow[\text{1번}]{} \text{mol HCl} \xrightarrow[\text{2번}]{} \text{용액(L) HCl}$$

2 단계 : 적용할 수 있는 단위인자를 구한다.

1 번) 단위식 : 1 mol HCl = 36.46 g HCl이다.

단위인자 : 1 mol HCl / 36.46 g HCl( 적합 )

36.46 g HCl / mol HCl( 부적합 )

2 번) 공식 : $\text{몰 농도(M)} = \dfrac{\text{용질의 mol}}{\text{용액의 리터(L)}}$

단위식 : $12.0\ \text{M} = \dfrac{12.0\ \text{mol}}{\text{용액 1 L}}$

단위인자 : 12.0 mol HCl / L 용액 HCl(부적합)

L 용액 / 12.0 mol HCl(적합)

3단계 : 주어진 값에 적합한 단위인자를 곱한다.

$$7.30\ \text{g HCl} \times \frac{1\ \text{mol HCl}}{36.46\ \text{g HCl}} \times \frac{1\ \text{L HCl}}{12.0\ \text{mol HCl}} = 0.0167\ \text{L HCl}$$

$$= 16.7\ \text{mL HCl}$$

**물음** 10.0 g의 HCl (36.46 g/mol) 용질이 녹아 있는 6.00 M 염산 용액의 부피는 얼마인가?

**해답** 45.7 mL 산

### 예제 7-13

6.00 M 황산 용액 50.0 mL 속에 녹아 있는 $H_2SO_4$(98.09 g/mol)의 질량은 얼마인가?

**해답** 1 단계 : 주어진 값과 해답에 필요한 단위를 적는다.

6.00 M 50.0mL $H_2SO_4$ = 6.00 M 0.0500 L $H_2SO_4$

6 M 0.0500 L $H_2SO_4$ ⟶ 질량(g) $H_2SO_4$

부피에서 바로 질량으로 바꿀 수 없으므로 중간단계 (몰)을 거쳐 질량을 구한다.

$$6\text{ M }0.0500\text{ L }H_2SO_4 \xrightarrow[\text{1번}]{} \text{mol }H_2SO_4 \xrightarrow[\text{2번}]{} \text{질량(g) }H_2SO_4$$

2 단계 : 적용할 수 있는 단위인자를 구한다.

1 번) 공식 : $\text{몰 농도(M)} = \dfrac{\text{용질의 mol}}{\text{용액의 리터 ( L )}}$

단위식 : $6\text{ M} = \dfrac{6\text{ mol}}{\text{L}}$

단위인자 : 6 mol $H_2SO_4$ / L $H_2SO_4$(적합)

L $H_2SO_4$ / 6 mol $H_2SO_4$ (부적합)

2 번) 단위식 : 1 mol $H_2SO_4$ = 98.09 g $H_2SO_4$이다.

단위인자 : 1 mol $H_2SO_4$ / 98.09 g $H_2SO_4$ ( 부적합 )

98.09 g $H_2SO_4$ / mol $H_2SO_4$ ( 적합 )

3단계 : 주어진 값에 적합한 단위인자를 곱한다.

$$0.0500\text{ L }H_2SO_4 \times \frac{6\text{ mol }H_2SO_4}{\text{L }H_2SO_4} \times \frac{98.09\text{ g }H_2SO_4}{\text{mol }H_2SO_4} = 29.4\text{ g }H_2SO_4$$

**물음** 18.0 M 황산 용액 25.0 mL 속에 녹아 있는 $H_2SO_4$(98.09 g/mol)의 질량은 얼마인가?

**해답** 44.1 g $H_2SO_4$

## 7-6 | 용액의 묽힘

화학 실험실에서 진한 용액을 묽게 하는 실험이 자주 행하여진다. 예를 들면, 6 M NaOH 진한 용액에 물을 가하여 0.1 M NaOH 용액을 만드는 경우 이다.

묽힌 용액의 농도를 계산할 때 다음의 법칙을 기억해야만 한다: 용질의 양은 묽히는 동안에도 변하지 않는다. 다른 말로 표현한다면, 묽히기 전에 용액 내에 있던 용질의 양은 묽힌 후 용액 내에 있는 용질의 양과 같다. 6 M NaOH 진한 용액을 사용하여 0.1 M NaOH 용액 5.00 L를 만든다고 가정해 보자. 앞 절의 몰농도 공식을 사용하여 묽힌 용액 내에 있는 NaOH의 mol수를 구할 수 있다.

$$\text{용질의 mol} = \text{용액( L )} \times \text{몰농도( M )}$$

$$\text{NaOH mol} = 5.00\text{ L NaOH} \times \frac{0.1\text{ mol NaOH}}{\text{L NaOH}} = 0.5\text{ mol NaOH}$$

NaOH의 mol 수는 묽히는 동안에도 일정하게 유지되므로 6 M의 진한 용액 내에 있는 NaOH의 mol 수는 묽힌 용액 내에 있는 NaOH의 mol 수, 즉 0.5 mol NaOH와 같아야만 된다. 따라서 0.5 mol NaOH를 가지는 6 M NaOH용액의 부피를 아래와 같이 계산할 수 있다.

**1 단계** : 0.5 mol NaOH → 6 M NaOH 용액 부피 ( L )

**2 단계** : 단위식 : $6\text{ M NaOH} = \dfrac{6\text{ mol NaOH}}{\text{L NaOH}}$

단위인자 : 6 mol NaOH / L NaOH( 부적합 )

L NaOH / 6 mol NaOH( 적합 )

**3 단계** : $0.5 \text{ mol NaOH} \times \dfrac{\text{L NaOH}}{6 \text{ mol NaOH}} = 0.08 \text{ L NaOH}$

위의 예는, 6 M NaOH 진한 용액으로부터 0.1 M NaOH 용액 5.00 L를 어떻게 만드는가를 보여 주었다. 즉, 6 M NaOH 진한 용액 0.08 L (=80 mL)를 비이커에 넣고 총 부피가 5.00 L가 되도록 증류수로 묽히면 되는 것이다.

또 다른 방법으로서 이 문제를 간단한 산술식을 이용하여 풀 수도 있다. 몰 농도(mol/L)와 부피 (L)의 곱은 mol 수가 된다. 진한 용액과 묽힌 용액 내에 있는 NaOH의 mol 수는 같으므로 각각에서의 몰 농도와 부피의 곱한 결과는 같아야 한다.

$$M_1 \times V_1 = M_2 \times V_2$$

여기서 $M_1$ 과 $V_1$은 묽히기 전 진한 용액의 몰 농도와 부피를 나타내는 것이고, $M_2$와 $V_2$는 묽힌 후의 몰 농도와 부피를 나타내는 것이다. 앞의 문제에서 우리는, 묽힌 0.1 M NaOH 용액 5.00 L를 만드는데 필요한 6 M NaOH 진한 용액의 부피를 알아내었다. 위의 식을 이용해서도 그 부피를 알아낼 수 있다. 위의 식에 주어진 값들을 대입하면 다음과 같이 된다.

$$6 \text{ M} \times V_1 = 0.1 \text{ M} \times 5.00 \text{ L}$$

$V_1$에 대해 풀면,

$$V_1 = 0.08 \text{ L NaOH}$$

**예제 7-14**

진한 염산은 12 M 용액으로 판매하고 있다. 진한 염산 용액 50.0 mL를 증류수로 묽게 하여 총 부피가 2.50 L가 되도록 만든 염산 용액의 몰 농도는 얼마인가?

**해답** 다음 식을 이용한다.

$M_1 \times V_1 = M_2 \times V_2$

주어진 값들을 대입하면 다음과 같이 된다. 부피는 L 단위로 통일하는 것이 편리하다

$M_1 = 12\ M$ ,  $V_1 = 50.0\ mL = 0.050\ L$

$M_2 = ?$ ,  $V_2 = 2.50\ L$

$12\ M \times 0.050\ L = M_2 \times 2.50\ L$

$M_2 = 0.24\ M\ HCl$(묽힌 후 염산용액의 농도는 0.24 M 이다.)

**물음** 배터리용 산은 18 M 황산이다. 0.50 M $H_2SO_4$ 용액 1.00 L를 만들기 위해서는 얼마의 배터리용 산이 증류수로 묽혀져야 하겠는가?

**해답** 18 M $H_2SO_4$ 28 mL 취하여 이 양에 증류수를 가하여 총 부피가 1.00 L가 되도록 묽힌다.

## 7-7 | 용액의 화학량론

이제 몰 농도를 화학반응에 적용해 보자. 탄산나트륨, $Na_2CO_3$, 4.24 g이 주어졌고, 이것을 0.150 M 염산, HCl과 반응시킨다고 가정해 보자. 이 반응의 균형 화학반응식은 다음과 같다.

$$Na_2CO_3(s) + 2\ HCl(aq) \rightarrow 2\ NaCl(aq) + H_2O(l) + CO_2(g)$$

$Na_2CO_3$ 4.24g 과 반응하는 0.150 M HCl의 부피를 계산해 보자. 이 문제를 3 단계로 풀 수 있다.

$$Na_2CO_3\ \text{질량} \xrightarrow[\text{1단계}]{} Na_2CO_3\ mol \xrightarrow[\text{2단계}]{} HCl\ mol \xrightarrow[\text{3단계}]{} HCl\ \text{부피}$$

**1단계** : $Na_2CO_3$ mol 수를 계산한다. $Na_2CO_3$ 의 몰 질량은 105.99 g/mol이다. 그러므로,

$$4.24\ g\ Na_2CO_3 \times \frac{mol\ Na_2CO_3}{105.99\ g\ Na_2CO_3} = 0.0400\ mol\ Na_2CO_3$$

**2단계** : 균형 화학반응식의 계수를 적용하여 $Na_2CO_3$의 mol 수를 HCl의 mol 수로 전환 시키는 것이다. 두 물질간의 관계는 1 mol $Na_2CO_3$ = 2 mol HCl이다. 단위인자 환산은 다음과 같다.

$$0.0400 \text{ mol } Na_2CO_3 \times \frac{2 \text{ mol HCl}}{1 \text{ mol } Na_2CO_3} = 0.0800 \text{ mol HCl}$$

**3단계** : $Na_2CO_3$와 반응하는 HCl의 부피를 구하기 위해 염산 용액의 몰 농도를 단위인자로 사용한다.

단위식 : $0.150 \text{ M HCl} = \dfrac{0.150 \text{ mol HCl}}{\text{L HCl}}$

단위인자 : 0.150 mol HCl / L HCl(부적합)

L HCl / 0.150 mol HCl(적합)

$$0.0800 \text{ mol HCl} \times \frac{\text{L HCl}}{0.150 \text{ mol HCl}} = 0.533 \text{ L 용액}$$

위 문제를 연속적인 계산식으로 나타내면 다음과 같다.

$$4.24 \text{ g } Na_2CO_3 \times \frac{\text{mol } Na_2CO_3}{105.99 \text{ g } Na_2CO_3} \times \frac{2 \text{ mol HCl}}{1 \text{ mol } Na_2CO_3} \times \frac{\text{L HCl}}{0.150 \text{ mol HCl}}$$

$$= 0.533 \text{ L HCl}$$

### 예제 7-15

0.100 M $AlBr_3$ 용액 37.5 mL가 질산은 용액과 반응한다면, AgBr(187.77 g/mol)의 생성량은 얼마인가?

$$AlBr_3(aq) + 3\ AgNO_3(aq) \rightarrow 3\ AgBr(s) + Al(NO_3)_3(aq)$$

**해답** $AlBr_3$ 부피 $\xrightarrow[\text{1단계}]{}$ $AlBr_3$ mol $\xrightarrow[\text{2단계}]{}$ AgBr mol $\xrightarrow[\text{3단계}]{}$ AgBr 질량

1단계 : $AlBr_3$ mol 수를 계산한다. $AlBr_3$의 몰 농도가 0.100 mol/L이고 부피가 37.5 mL 이다. 그러므로,

$$AlBr_3 \text{ mol 수} = 0.0375 \text{ L } AlBr_3 \times \frac{0.100 \text{ mol } AlBr_3}{\text{L } AlBr_3}$$

2단계 : 균형 화학반응식의 계수를 적용하여 $AlBr_3$의 mol 수를 $AgBr_3$의 mol 수로 전환시키는 것이다. 두 물질간의 관계는 1 mol $AlBr_3$ = 3 mol AgBr이다. 단위 인자 환산은 다음과 같다.

$$AgBr_3 \text{ mol 수} = 0.0375 \text{ L } AlBr_3 \times \frac{0.100 \text{ mol } AlBr_3}{\text{L } AlBr_3} \times \frac{3 \text{ mol AgBr}}{1 \text{ mol } AlBr_3}$$

3단계 : AgBr의 몰질량이 187.77 g/mol 이므로

$$\text{단위식 : 몰질량} = \frac{187.77 \text{ g AlBr}}{\text{mol AlBr}}$$

단위인자 : 187.77 g AgBr / mol AgBr(적합)
mol AgBr / 187.77 g AgBr(부적합)

$$\text{AgBr 질량} = 0.0375 \text{ L } AlBr_3 \times \frac{0.100 \text{ mol } AlBr_3}{\text{L } AlBr_3} \times \frac{3 \text{ mol AgBr}}{1 \text{ mol } AlBr_3} \times \frac{187.77 \text{ g AgBr}}{\text{mol AgBr}}$$

$$= 2.11 \text{ g AgBr}$$

**물음** 0.210 M 요오드화 리튬 용액 27.5 mL가 0.133 M 질산납(II)와 반응한다면, 완전한 침전을 위해 필요한 $Pb(NO_3)_2$ 용액의 부피는 얼마인가?

$$Pb(NO_3)_2(aq) + 2\,LiI(aq) \rightarrow PbI_2(s) + 2\,LiNO_3(aq)$$

**해답** 21.7 mL $Pb(NO_3)_2$

## 7-8 | 실험식

1700년대 후반에 와서야 화학자들은 어떻게 원소들이 반응하여 화합물을 만드는지를 실험적으로 이해하기 시작하였다. 특히, 그 시기의 화학자들은 원소들과 산소와의 반응에 의하여 산화물을 형성하는 반응을 많이 연구하였다. 한 원소의 질량과 반응 후 산화물의 질량을 측정하여 화학자들은 화학식을 결정할 수 있었다.

**실험식**(empirical formula)은 화합물을 구성하는 원소들의 가장 간단한 정수비를 표시한 화학식이다. 다음의 예를 통하여 어떻게 실험식이 결정되는가를 알아보자. 1.640 g의 방사성 라듐을 공기 중에서 가열하여 1.755 g의 라듐 산화물을 만들었다. 따라서 반응에 참여한 산소의 질량은 라듐 산화물의 질량에서 라듐의 질량를 빼면 알 수 있다. 즉, (1.755 g – 1.640 g) 0.115 g임을 알 수 있다. 즉, 라듐이 0.115 g의 산소와 반응함을 알 수 있다.

라듐 산화물의 실험식을 결정해 보자. 이를 $Ra_xO_y$라 하고 x, y값을 결정하면 된다. Ra와 O의 비를 구하기 위하여 226.03 g/ mol이라는 Ra의 몰 질량을 이용하여 1.640 g에 해당하는 Ra의 몰수를 구해보면 다음과 같다.

$$1.640\ \text{g Ra} \times \frac{1\ \text{mol Ra}}{226.03\ \text{g Ra}} = 0.00726\ \text{mol Ra}$$

0.115 g의 산소에 대해서도 동일한 방법으로 몰수를 계산한다.

$$0.115\ \text{g O} \times \frac{1\ \text{mol O}}{16.00\ \text{g O}} = 0.00719\ \text{mol O}$$

그러므로 라듐 산화물의 몰 비는 다음과 같다, $Ra_{0.00726}O_{0.00719}$이다. 정수비를 만들기 위해서 더 작은 수인 0.00719로 나누어준다.

$$Ra_{\frac{0.00726}{0.00719}}O_{\frac{0.00719}{0.00719}} = Ra_{1.01}O_{1.00}$$

실험식은 작은 정수비 이어야 하므로 $Ra_{1.01}O_{1.00}$은 소수점 이하 둘째 자리에서 반올림하면 $Ra_{1.0}O_{1.0}$ 이 되므로 실험식은 RaO 가 된다. 정수의 값과 약간 차이가 있는 것은 계산오차 때문이다. Ra은 IIA/2족의 다른 원소들과 유사한 실험식을 갖는다. 마그네슘, 칼슘, 바륨은 IIA/2 족에 있으므로 이들의 화합물은 유사한 실험식을 갖는다. 즉, 금속 산화물의 실험식은 모두 금속 대 산소의 비가 1 : 1 즉 MgO, CaO, 및 BaO이다.

### 예제 7-16

실험실에서 0.500 g의 스칸듐(scandium)을 가열하여 산소와 반응시켰다. 생성된 산화물의 질량은 0.767 g이 되었다. 스칸듐 산화물($Sc_xO_y$)의 실험식을 구하라.

**해답** 먼저 스칸듐의 몰수를 구한다.

$$0.500\ \text{g Sc} \times \frac{1\ \text{mol Sc}}{44.96\ \text{g Sc}} = 0.0111\ \text{mol Sc}$$

0.767 g의 스칸듐 산화물에서 0.500 g의 스칸듐의 질량을 빼면 반응한 산소의 질량을 구할 수 있다.

$0.767\ \text{g}\ Sc_xO_y - 0.500\ \text{g Sc} = 0.267\ \text{g O}$

그러므로 산소의 몰수는 반응한 산소의 잘량으로부터 다음 식에서 구할 수 있다.

$$0.267\ \text{g O} \times \frac{1\ \text{mol O}}{16.00\ \text{g O}} = 0.0167\ \text{mol O}$$

따라서 스칸듐 산화물의 실험식은 $Sc_{0.0111}O_{0.0167}$이 된다. 간단한 정수비를 얻기 위해 다음과 같이 작은 수인 0.0111로 나누어주면 $Sc_{1.00}O_{1.50}$을 얻는다.

$$Sc_{\frac{0.0111}{0.0111}}O_{\frac{0.0167}{0.0111}} = Sc_{1.00}O_{1.50}$$

양쪽에 2를 곱하면 $Sc_{2.00}O_{3.00}$, 즉, $Sc_2O_3$의 실험식을 얻을 수 있다.

**주의** 정수비를 만들 때 먼저 소수점 둘째 자리에서 반올림한 후에 양변에 임의의 수를 곱하여 정수가 되도록 한다.

**물음** 철(Fe)이 염소 기체($Cl_2$)와 반응하면 두 가지 화합물 $FeCl_2$와 $FeCl_3$를 생성한다. 0.558 g의 금속 철이 염소 기체와 반응하여 1.621 g의 염화철을 만들었다면 어떤 철 화합물이 얻어졌을까?

**해답** $FeCl_3$

## 백분율 성분비에서 실험식 구하기

벤젠(benzene)은 환경 보호국(Environmental Protection Agency, EPA)이 발암 물질로 발표하기 전에는 널리 사용되던 용매였다. 기기 분석 결과 벤젠의 백분율 성분비가 탄소 92.2 %, 수소 7.83 %로 나왔을 때 이를 이용하여 벤젠의 실험식을 구하여 보자.

실험식을 구하기 위해서는 탄소와 수소의 몰수의 간단한 정수비를 구하면 된다. 각 원소의 몰수를 구하기 위해서 원소의 질량을 구해야 한다. 백분율 조성비를 g 질량으로 바꾸기 위해서 전체 질량을 100 g로 둔다. 따라서 100 g의 벤젠에는 92.2 g의 탄소와 7.83 g의 수소가 존재함을 알 수 있다. 앞의 예제와 같이하면 C와 H의 몰수는 다음과 같다.

$$92.2\text{ g C} \times \frac{1\text{ mol C}}{12.01\text{ g C}} = 7.68\text{ mol C}$$

$$7.83\text{ g H} \times \frac{1\text{ mol H}}{1.01\text{ g H}} = 7.75\text{ mol H}$$

그러므로 탄소, 수소의 몰 비는 $C_{7.68}H_{7.75}$가 되며 정수 비를 얻기 위해 7.68로 나누어 주면 다음과 같이 된다.

$$C_{\frac{7.68}{7.68}}H_{\frac{7.75}{7.68}} = C_{1.00}H_{1.01}$$

소수점 둘째 자리에서 반올림하면 $C_{1.0}H_{1.0}$ 이 되므로 벤젠의 실험식은 CH이다.

### 예제 7-17

글리신(glycine)은 단백질을 구성하는 아미노산중 하나이다. 글리신의 분석 결과는 다음과 같다. 탄소 32.0 %, 수소 6.7 %, 질소 18.7 %, 산소 42.6 %. 글리신의 실험식을 구하라.

**해답** 먼저 100 g의 글리신 시료가 있다고 가정하자. 100 g의 시료에는 32.0 g의 탄소, 6.7 g의 수소, 18.7 g의 질소, 42.6 g의 산소가 들어 있다. 다음과 같이 각각의 몰 수를 구한다.

$$32.0\ \text{g C} \times \frac{1\ \text{mol C}}{12.01\ \text{g C}} = 2.66\ \text{mol C}$$

$$6.7\ \text{g H} \times \frac{1\ \text{mol H}}{1.01\ \text{g H}} = 6.6\ \text{mol H}$$

$$18.7\ \text{g N} \times \frac{1\ \text{mol N}}{14.01\ \text{g N}} = 1.33\ \text{mol N}$$

$$42.6\ \text{g O} \times \frac{1\ \text{mol O}}{16.00\ \text{g O}} = 2.66\ \text{mol O}$$

몰 비를 구하면 $C_{2.66}H_{6.6}N_{1.33}O_{2.66}$이 된다. 가장 작은 수인 1.33으로 나누어준 다음 소수점 둘째 자리에서 반올림 하면

$$C_{\frac{2.66}{1.33}}H_{\frac{6.6}{1.33}}N_{\frac{1.33}{1.33}}O_{\frac{2.66}{1.33}} = C_{2.00}H_{5.0}N_{1.00}O_{2.00}$$

$C_{2.0}H_{5.0}N_{1.0}O_{2.0}$ 이 되므로 글리신의 실험식이 $C_2H_5NO_2$가 됨을 알 수 있다.

**물음** 카페인(caffeine)의 백분율 성분비가 다음과 같을 때 카페인의 실험식을 구하라. 49.5 % C, 5.15 % H, 28.9 % N, 16.5 % O

**해답** $C_4H_5N_2O$

## 7-9 | 분자식

분자 화합물들은 주로 비금속 원자들로 구성된 분자이다. **분자식**(molecular formula)이란 한 분자가 가지고 있는 실제적인 원자수를 화학식으로 나타낸 것이다 예를 들면 앞에서 설명한 벤젠의 실험식을 생각해보자. CH는 분자 내에 있는 탄소 원자와 수소 원자의 상대적인 수를 나타낼 뿐이다. 그러므로 벤젠의 분자식은 실험식에 정수배를 한 형태가 되어야 한다. 이는 $(CH)_n$으로 표시할 수 있다. 이때 n은 CH에 2 또는 그 이상의 정수를 곱하라는 것을 표시한 것이다.

아세틸렌(acetylene)을 예로 들어보자. 아세틸렌의 실험식도 역시 CH이다. 아세틸렌과 벤젠은 서로 다른 물질이지만 동일한 실험식을 갖는다. 일회용 스티로폼(styrofoam) 컵을 만드는데 사용되는 스틸렌(스타이렌)(styrene) 역시 CH의 실험식을 갖는다.

벤젠, 아세틸렌, 스틸렌(스타이렌)이 서로 다른 물질이므로 이들의 분자식은 서로 달라야 할 것이다. 실험적으로 구한 분자량을 보면 벤젠이 78 g/mol, 아세틸렌이 26 g/mol, 스틸렌이 104 g/mol이 된다. 따라서 각각에 대해 다음과 같은 식들을 세울 수 있다.

$$\text{벤젠} : (CH)_n = 78\ g/mol$$

$$\text{아세틸렌} : (CH)_n = 26\ g/mol$$

$$\text{스틸렌} : (CH)_n = 104\ g/mol$$

실험식 (CH)의 실험식량은 12 g + 1 g= 13 g/mol이므로 벤젠에 대해 다음 식을 세울 수 있으며 n = 6이 됨을 알 수 있다.

$$\text{벤젠} : \frac{(CH)_n}{CH} = \frac{78\ g\ /\ mol}{13\ g\ /\ mol}$$

$$n = 6$$

그러므로 벤젠의 분자식은 $(CH)_6$이 되며 이는 $C_6H_6$로 표기한다. 아세틸렌의 경우도 마찬가지로 다음과 같이 식을 세울 수 있으며 n = 2가 되고 분자식은 $(CH)_2$, 즉 $C_2H_2$가 된다.

$$아세틸렌 : \frac{(CH)_n}{CH} = \frac{26 g / mol}{13 g / mol}$$

$$n = 2$$

마찬가지로 스틸렌의 분자식도 아래 식과 같이 계산하면 n = 8 이 된다.

$$스틸렌 : \frac{(CH)_n}{CH} = \frac{104 g / mol}{13 g / mol}$$

$$n = 8$$

따라서 스틸렌의 분자식은 $(CH)_8$ 또는 $C_8H_8$이 된다. 이상에서와 같이 비록 실험식은 같아도, 벤젠 아세틸렌, 스틸렌은 서로 다른 분자들이며 분자식도 서로 다르다.

### 예제 7-18

프룩토오스(fructose)는 과일에 존재하는 당으로서 $CH_2O$의 실험식을 갖는다. 분자량이 180 g/mol이라고 할 때 분자식을 결정하라.

**해답** 프룩토오스의 분자식이 $(CH_2O)n$이라고 가정하자. $CH_2O$의 실험식량은 12 g C + 2(1 g H) + 16 g O = 30 g/mol이 된다. 그러므로 다음과 같이 n 값을 결정하면 6이 된다.

$$프룩토오스 : \frac{(CH)_n}{CH} = \frac{180 g / mol}{30 g / mol}$$

$$n = 6$$

그러므로 프룩토오스의 분자식은 $(CH_2O)_6$, 또는 $C_6H_{12}O_6$가 된다.

**물음** 다이브롬화에틸렌(ethylene dibromide, EDB)은 사용이 금지되기 전에는 곡물의 살충제로 사용되었다. (a) 실험식을 결정하라. (b) 분자량을 190 g/mol이라 하고 분자식을 결정하라. 백분율 성분비는 12.7 % C, 2.1 % H, 85.1 % Br이다.

**해답** (a) $CH_2Br$ (b) $C_2H_4Br_2$

# 연습문제

## 아보가드로 수

**1** 다음의 입자수를 구하라.

(a) 0.335 mol의 티탄(타이타늄, Ti) 원자

(b) 0.112 mol의 이산화탄소($CO_2$) 분자

(c) 1,935 mol의 염화 아연($ZnCl_2$)

**2** 다음의 몰수를 구하라.

(a) $4.15 \times 10^{22}$개의 철(Fe) 원자

(b) $3.31 \times 10^{21}$개의 브롬($Br_2$) 분자

(c) $4.19 \times 10^{20}$개의 질산 카드뮴 [$Cd(NO_3)_2$]

## 몰 질량

**3** 다음 원소들의 몰 질량을 구하라.

(a) 수은, Hg　　(b) 규소, Si

(c) 브롬, $Br_2$　　(d) 인, $P_4$

**4** 다음 이온 화합물들의 몰 질량을 구하라.

(a) $BaF_2$　　(b) $K_2S$

(c) $Fe(C_2H_3O_2)_3$　　(d) $Sr_3(PO_4)_2$

**5** 다음 물질의 질량을 g 단위로 구하라.

(a) $2.95 \times 10^{23}$개의 수은 원자, Hg

(b) $1.16 \times 10^{22}$개의 질소 분자, $N_2$

(c) $5.05 \times 10^{21}$개의 염화 바륨, $BaCl_2$

**6** 다음 시료 속의 입자 수를 계산하라.

(a) 1.50 g 칼륨(포타슘), K　　(b) 0.470 g 산소, $O_2$

(c) 0.555 g 염소산 은, $AgClO_3$

7 다음 원소의 단일 원자의 질량을 g 단위로 계산하라.

(a) 베릴륨, Be
(b) 나트륨(소듐), Na
(c) 코발트, Co
(d) 비소, As

## 몰 부피

8 STP에서 다음 기체들의 밀도를 계산하라.

(a) 네온, Ne
(b) 염소, $Cl_2$
(c) 이산화 질소, $NO_2$
(d) 요오드화 수소, HI

9 주어진 STP에서의 밀도를 이용하여 다음의 몰 질량을 구하라.

(a) 에탄, 1.34 g/L
(b) 다이보란, 1.23 g/L
(c) 프레온-12, 5.40 g/L
(d) 산화 질소, 2.05 g/L

10 STP에서 다음 기체들의 부피를 L 단위로 구하라.

(a) 0.250 g 헬륨, He
(b) 5.05 g 질소, $N_2$

11 STP에서 다음 기체들의 질량을 g 단위로 구하라.

(a) 1.05 L 황화 수소, $H_2S$
(b) 5.33 L 삼산화 이질소, $N_2O_3$

12 STP에서 다음 기체들의 분자수를 구하라.

(a) 100.0 ml 수소, $H_2$
(b) 70.5 ml 암모니아, $NH_3$

13 주어진 값을 이용하여 다음 표를 완성하라.

| 기체 | 분자수 | 질량 | 부피(STP에서) |
|---|---|---|---|
| $N_2$ | $1.35 \times 10^{23}$ | | |
| NO | | 6.73 g | |
| $NO_2$ | | | 5.02 L |

## 몰 농도

**14** 다음 각각의 용액에 대한 몰 농도를 계산하라.

(a) 100.0 mL 용액 속의 1.50 g의 NaCl

(b) 100.0 mL 용액 속의 1.50 g의 $K_2Cr_2O_7$

(c) 125 mL 용액 속의 5.55 g의 $CaCl_2$

(d) 125 mL 용액 속의 5.55 g의 $Na_2SO_4$

**15** 몰농도로 주어진 다음 각각의 수용액에 대하여 단위인자 두 쌍을 적어라.

(a) 0.100 M LiI

(b) 0.100 M $NaNO_3$

(c) 0.500 M $K_2Cr_2O_7$

(d) 0.500 M $ZnSO_4$

**16** 다음과 같이 표시된 용질의 양을 함유하는 용액의 부피는 각각 얼마인가?

(a) 0.275 M NaF 속의 10.0 g의 용질

(b) 0.275 M $CdCl_2$ 속의 10.0 g의 용질

(c) 0.408 M $K_2CO_3$ 속의 10.0 g의 용질

(d) 0.408 M $Fe(ClO_3)_3$ 속의 10.0 g의 용질

**17** 다음과 같이 표시된 용액의 부피에 용해된 용질의 질량은 각각 얼마인가?

(a) 0.100 M NaOH 용액 1.00 L

(b) 0.100 M $LiHCO_3$ 용액 1.00 L

(c) 0.500 M $CuCl_2$ 용액 25.0 mL

(d) 0.500 M $KMnO_4$ 용액 25.0 mL

**18** 100 mL 용액 속에 0.209 g의 용질을 함유하는 황산칼슘 포화 용액의 몰 농도는 얼마인가?

**19** 병원용 글루코오스 용액의 농도를 확인하기 위하여 분석된다. 10.483 g의 질량을 갖는 10.0 mL의 시료를 증발하여 건조시켰다. 만약 고체 글루코오스 잔류물이 0.524 g의 질량을 갖는다면, (a) 질량/질량 백분율 농도는 얼마인가? (b) 글루코오스, $C_6H_{12}O_6$ 용액의 몰 농도는 얼마인가?

### 용액의 묽힘

**20** 진한 아세트산은 17 M 용액이다. 진한 산 10.0 mL를 증류수로 묽게하여 총 부피를 500.0 mL로 만든 $C_2H_4O_2$ 또는 $HC_2H_3O_2$ (아세트산) 용액의 몰 농도는 얼마인가?

### 용액의 화학량론

**21** 아래의 균형 잡히지 않은 반응식에 따라, 0.100 M 브롬화마그네슘 50.0 mL가 질산은 용액 13.9 mL와 완전히 반응한다면,

$$MgBr_2(aq) + AgNO_3(aq) \rightarrow AgBr(s) + Mg(NO_3)_2(aq)$$

(a) $AgNO_3$ 용액의 몰 농도는 얼마인가?

(b) AgBr 침전물의 질량은 얼마인가?

### 실험식

**22** 0.500 g의 주석을 질산과 반응시켜 산화주석을 만들었다. 생성된 산화주석의 무게가 0.635 g이라면 실험식은 어떻게 되겠는가?

**23** 1.550 g의 산화수은이 분해되어 산소와 1.435 g의 수은을 생성하였다. 산화수은의 실험식을 결정하라.

**24** 1.115 g의 코발트를 황과 같이 가열하여 2.025 g의 황화 코발트를 만들었다. 실험식을 결정하라.

**25** 다음과 같이 주어진 이온 화합물의 백분율 성분비에서 실험식을 결정하라.

(a) 플루오르화 망간, 59.1% Mn, 40.9% F

(b) 염화 구리, 64.1% Cu, 35.9% Cl

(c) 브롬화 주석, 42.6% Sn, 57.4% Br

**26** 트라이클로로에틸렌(TCE)은 기계들의 기름 세척용 용매로 사용된다. 백분율 성분비가 18.25% C, 0.77% H, 80.99% Cl이라면 실험식은 어떻게 되겠는가?

## 분자식

**27** 아스피린의 분자량은 180 g/mol이다. 실험식이 $C_9H_8O_4$일 때 분자식을 구하라.

**28** 아디프산은 나일론의 원료이다. 분자량이 147 g/mol이고 실험식이 $C_3H_5O_2$라면 분자식은 어떻게 되겠는가?

**29** 에틸렌글리콜(에틸렌글라이콜)은 부동액으로 사용된다. 분자량이 62 g/mol이며 백분율 성분비가 38.7% C, 9.74% H, 51.6% O일 때 분자식을 구하라.

**30** 린단(린데인, lindane)은 살충제이다. 분자량이 290 g/mol이며 백분율 성분비가 24.8% C, 2.08% H, 73.1% Cl이라면 분자식은 어떻게 되겠는가?

**31** 니코틴은 담배에 존재하며 분자량은 160 g/mol이다. 백분율 성분비가 74.0% C, 8.70% H, 17.3% N일 때 분자식을 결정하라.

## 심화 연습문제

**32** 전자 1 mol을 영국의 과학자 Michael Faraday를 기려 1 Faraday라고 한다. 1 Faraday에 존재하는 전자 수는 얼마인가?

**33** Quadrillion($1 \times 10^{15}$조)는 50,000명의 백혈구 수에 해당한다. quadrillion, $1 \times 10^{15}$의 적혈구, 또는 5 g 니켈 주화 속의 니켈 원자 중 어느 것이 더 큰 수인가?

**34** 1871년 멘델레예프는 에카알루미늄(eka-aluminum)이라는 미발견 원소의 존재를 예측 했었다. 1875년에 프랑스인 Gaul에 의해 이 원소는 갈륨(gallium)으로 밝혀졌다. 0.500 g의 갈륨이 산소와 반응하여 0.672 g의 산화 갈륨을 생성하였다. 실험식을 구하라.

**35** 물 분자 1개가 차지하는 부피를 $cm^3$단위로 구하라. 단 물의 밀도는 1.00 $g/cm^3$

**36** 1.00 g의 설탕($C_{12}H_{22}O_{11}$) 속의 탄소 원자 수를 구하라.

**37** 비타민 K의 몰 질량은 173 g/mol이며 이중 76.3%가 탄소이다. 한 개의 비타민 K 분자에는 몇 개의 탄소 원자가 존재하는가?

**38** 구리 1 mol 결정에 각각의 구리 원자가 차지하는 부피는 0.0118 $nm^3$이다. 구리 결정의 밀도가 8.92 $g/cm^3$ 이라고 할 때 원자수를 실험적으로 구해보면 얼마가 되는가?

chapter 8

# 기체 상태

영국의 화학자 보일(Robert Boyle)은 기체에 대한 연구로 가장 잘 알려져 있다. 그는 대기에 관해 연구하였고, 공기의 부피는 압축될 수 있다는 사실을 발견하였다. 그는 공기는 서로 더 가까이 압축될 수 있는 입자들로 구성되어 있다고 상상하였다. 그는 다른 기체들도 압축될 수 있으며, 모든 기체들은 분리된 입자들로 구성되어 있다는 것을 발견하였다. 그의 실험은 물질이 입자성이라는 첫 번째 증거를 제공했기 때문에 주목할 만하다. 1803년에 돌턴(John Dalton)은 원자설을 제안하였고, 그 이론은 부분적으로 보일의 기체 실험에 의해 입증되었다.

## 8-1 | 기체의 성질

1700년대, 높은 고도로 기구를 올리는 것이 특히 프랑스에서 인기가 있었다. 프랑스 과학자들은 기구를 수소 기체로 채운 후 하늘 높이 수 마일까지 올렸다. 또한 기구놀이는 기체의 연구에 대한 커다란 관심을 유발시켰다. 수많은 실험을 거친 후, 과학자들은 모든 기체들은 공통적인 특성을 가지고 있다는 결론을 내렸다. 다음과 같이 이러한 성질을 요약할 수 있다.

1. **기체들은 일정한 형태를 가지고 있지 않다**. 기체는 그것을 담고 있는 용기의 모양에 따라 균일하게 용기를 채운다. 만약에 용기의 모양이 변하면, 기체의 모양도 변한다.
2. **기체는 팽창할 수 있다**. 기체는 연속적으로 팽창하며 밀폐된 용기의 내부 전체에 분포된다. 만약에 용기의 부피가 커지면 밀폐된 원통 실린더내의 기체의 부피는 증가한다.
3. **기체는 압축될 수 있다**. 밀폐된 실린더 내에서 실린더의 부피를 줄이면 기체의 부피도 감소한다. 만약에 기체의 부피를 계속적으로 줄이면, 결과적으로 기체는 액화된다.
4. **기체는 낮은 밀도를 가지고 있다**. 공기의 밀도는 약 0.001 g/mL (1 g/L)이다. 반면 물의 밀도는 1.0 g/mL이다. 따라서 공기는 물보다 거의 1000배 덜 조밀하다. 즉, 공기분자간 거리는 물 분자간 거리보다 1000배 멀리 떨어져 있다.
5. **기체는 용기 전체에 균일하게 확산하여 균일 혼합물을 형성한다**. 공기는 기체 혼합물의 일반적인 예이다. 공기는 식물의 광합성 작용으로 나오는 산소와 다른 기체(질소, 이산화탄소 등)와 균일하게 혼합되어 있다.

우리들은 대부분의 기체들을 볼 수는 없지만 그들의 성질을 관측할 수 있다. 예를 들면, 기체를 가열할 때 용기의 부피가 늘어나는 것을 관찰할 수 있다. 그러므로 기체의 성질을 연구함으로써 보이지 않는 기체 물질에 관한 정보를 얻을 수 있다.

# 8-2 | 대기압

**기체 압력**(gas pressure)은 분자가 끊임없는 운동을 하면서 용기의 내벽과 충돌함으로써 일어나는 결과이다. 어떤 기체가 가하는 압력은 기체 분자들이 얼마나 자주 그리고 얼마나 강하게 용기를 충돌했느냐에 의존한다.

1 분자들의 충돌회수가 증가하면 기체의 압력도 증가한다.

2 분자들의 운동에너지가 증가하면 압력도 증가한다.

온도가 증가함에 따라, 분자는 더 빨리 움직이고 더 많은 에너지를 가지므로 더 자주 충돌한다. (그리하여 기체의 압력은 증가한다 그림 8.1).

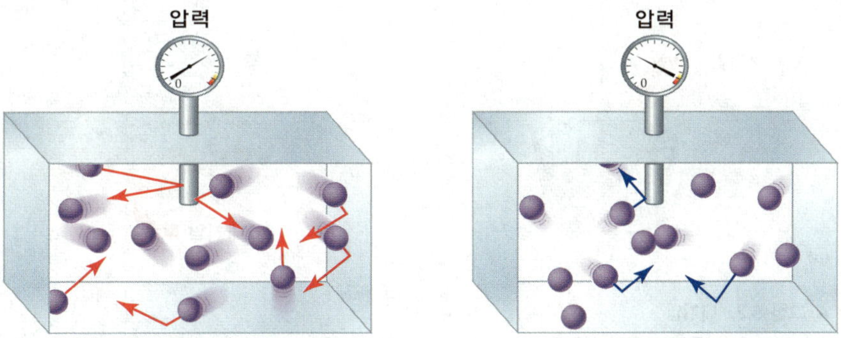


▲ **그림 8.1 압력은 충돌 횟수와 충돌 에너지에 의존한다.**
(a) 분자들은 더 빨리 움직이고, 더 자주 충돌하고, 용기의 벽과 더 세게 충돌한다.
(b) 분자들은 더 천천히 움직이고, 용기와 덜 자주 그리고 덜 세게 충돌한다.

## 대기압

이탈리아의 과학자 토리첼리[Evangelista Torricelli(1608~1647)]는 진공에 대한 과학적 설명을 첫 번째로 공표하였다. 토리첼리는 "공기의 바다"가 지구를 둘러싸고 있다고 제안하였다. 그는 공기는 접촉하고 있는 모든 것에 대해 압력을 가한다고 주장하였다. 우리는 **진공**(vacuum)에서는 기체 분자들이 없으므로 기체 압력은 0이라는 사실을 알고 있다.

오늘날, **대기압**(atmospheric pressure)은 대기 중에 있는 공기 분자의 무게 때문에 발생하는 결과라는 것을 알고 있다. 대기의 압력은 우리 인체의 제곱 센티 면적당 약 1.033 kg로 무시 못 할 정도이다. 사실상 대기는 보통 크기 인체의 전체 면적에 거의 20 ton의 무게를 가한다. 대기압의 더 큰 영향은 그림 8.2에 예시되어 있다.

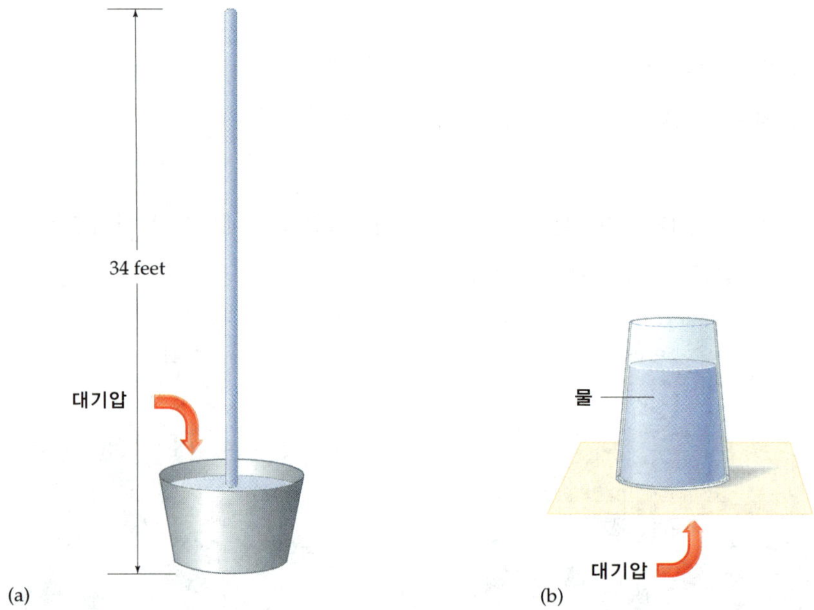


▲ **그림 8.2 대기압**

(a) 대기 중에 공기 분자의 압력은 34 feet의 물기둥을 지탱한다. (b) 대기압은 모든 방향으로 작용하기 때문에 공기 분자들은 카드의 바닥을 때려 거꾸로 세워진 잔속의 물을 지탱한다.

1643년에 토리첼리는 대기압을 측정하기 위하여 **기압계**(barometer)를 발명하였다(그림 8.3). 그는 해면에서 대기압을 측정한 결과 수은의 높이로 29.9 인치임을 보여 주었다. 우리는 그것을 표준 대기압, 즉 1기압(기호, atm)이라 정의한다. 해면보다 높은 곳에서 대기압을 측정하면 수은의 높이는 29.9 인치보다 더 낮다. 이것은 고도가 높아질수록 공기의 양이 감소하므로 대기압은 더 낮아짐을 의미한다. 표준 대기압을 수은의 인치 외에 많은 다른 단위로 표현할 수 있다. 예를 들어, 29.9 인치의 수은 높이는 760 mm Hg에 해당한다. Torricelli에게 경의를 표하기 위하여 torr 단위를 만들어, 표준 압력은 760 torr이고 1 torr는 1 mmHg와 같다. 표 8.1에 압력을 표현하기 위하여 흔히 사용되는 단위들을 나열하였다.

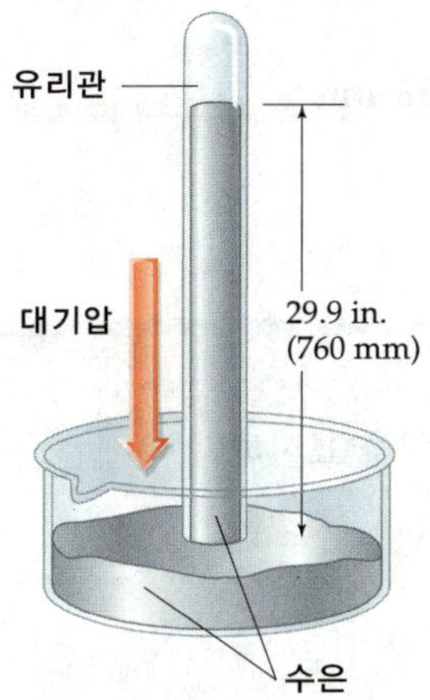


◀ **그림 8.3 토리첼리의 수은 기압계**
밀봉된 유리관은 액체 수은으로 채워져 있고, 거꾸로 세워져 수은이 담긴 접시에 놓여졌다. 유리관 속의 수은주 위에는 기체 분자가 없다. 해면에서 대기압은 수은주 29.9 인치 (760 mm)높이를 유지한다.

**표 8.1 기체 압력의 단위**

| 단위 | 표준압력 |
|---|---|
| 대기압 | 1 atm (정확히) |
| 수은의 인치 | 29.9 in. Hg |
| 수은의 센티미터 | 76 cm Hg (정확히) |
| 수은의 밀리미터 | 760 mm Hg (정확히) |
| 토르♥ | 760 torr (정확히) |
| 제곱인치 당 파운드 | 14.7 psi |
| 킬로 파스칼♣ | 101 kPa |

♥1 밀리미터 수은(1 mmHg)은 기압계를 발명한 Torricelli의 공로를 인정하여 1 torr의 압력과 정확히 같은 것으로 정의 한다. 그리하여 표준 압력은 760 torr로 주어질 수 있다.
♣킬로파스칼, kPa은 국제 단위계(SI)의 표준 압력 단위이다.

표 8.1에서 모든 값들은 표준 압력에 대한 표현이다. 하나의 단위를 또 다른 단위로 전환할 수 있다. 예를 들면, 철제 탱크 속에 있는 프로판 기체의 압력이 2,550 torr이면 압력을 기압으로 전환할 수 있다.

한 단위에서 또 다른 단위로 기체 압력을 변환하기 위하여, 표준 압력의 관계로부터 단위 인자를 끌어낸다. 이 예에서 1 atm = 760 torr, 두 개의 관련된 단위 인자는 1 atm/760 torr 또는 760 torr/1 atm이다. 단위를 소거하기 위하여 첫 번째 단위인자를 선택한다.

$$2{,}550\ \text{torr} \times \frac{1\ \text{atm}}{760\ \text{torr}} = 3.36\ \text{atm}$$

**예제 8-1**

기압계의 눈금이 27.5 in Hg이다. 다음의 각 단위로 압력을 표시하라.

(a) atm (b) mm Hg

(c) psi (d) kPa

**주의** 유효숫자 처리를 한 값이다.

**해답** (a) 0.920 atm (b) 699 mm Hg (c) 13.5 psi (d) 92.9 kPa

**물음** 자동차 타이어의 게이지 압력은 34.0 psi이다. 다음 각 단위로 이 기체의 압력을 표시하라.

(a) atm (b) cm Hg

(c) torr (d) kPa

**해답** (a) 2.31 atm (b) 176 cm Hg (c) 1,760 torr (d) 234 kPa

## 8-3 | 기체 압력에 영향을 주는 변수

8.2절에서 기체의 압력이 분자의 충돌 에너지와 충돌 횟수에 관계된다는 사실을 배웠다. 실험적으로 충돌 횟수 즉, 압력을 변화시키기 위한 3가지 방법이 있다.

**1** 용기 부피의 변화

기체의 양은 그대로 두고 용기의 부피를 증가시키면, 기체 분자들은 더 멀리 떨어지며, 용기의 벽에 충돌회수가 감소하므로 압력이 감소한다. 부피가 감소하면 기체 분자들은 서로 더 가까이 있고, 용기의 벽에 더 자주 충돌하므로 압력이 증가한다. 즉, 부피가 증가하면 압력은 감소하고 부피가 감소하면 압력은 증가한다.

**2** 기체 온도의 변화

용기의 부피는 일정하게 두고 기체의 온도가 증가하면 기체 분자들이 더 빠르게 움직여 운동 에너지도 커지므로 더 많은 횟수로 충돌한다. 온도가 감소하면, 기체 분자들은 더 천천히 움직이므로 충돌회수가 감소한다. 압력은 온도에 정비례한다. 온도가 증가하면 압력도 증가하고 온도가 감소하면 압력도 감소한다.

**3** 기체 분자수의 변화

아보가드로(Avogadro)의 법칙은 같은 온도와 같은 압력에서 같은 부피에 들어가는 기체의 분자수는 동일하다고 하였다. 용기의 부피는 일정하게 두고 용기속의 기체 분자수를 증가시키면, 더 많은 충돌을 하여 압력은 증가한다. 기체 분자수가 감소하면 충돌 횟수는 줄어들고 압력은 감소한다. 압력은 기체 분자수에 정비례한다. 만약에 분자수가 증가하면 압력은 증가하고, 분자수가 감소하면 압력은 감소한다.

압력에 대한 이들 세 변수, 부피, 온도 그리고 분자수의 영향을 그림 8.4에 실례로 나타내었다.

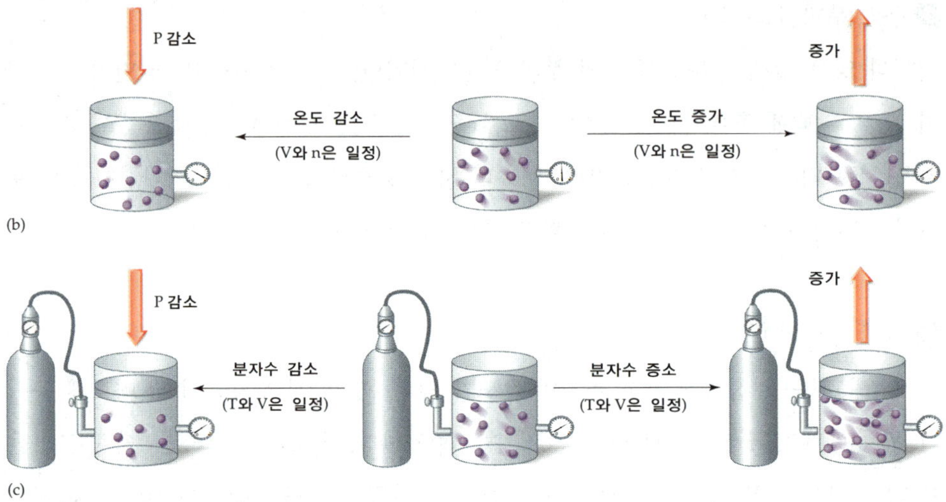


**▲ 그림 8.4 기체 압력에 영향을 주는 변수**
기체는 움직이는 피스톤을 가진 실린더 속에 들어 있다. 기체의 압력 P는 실린더 속의 (a) 부피, V (b) 온도, T (c) 기체 분자의 수, n의 변화에 의해 영향을 받는다.

**예제 8-2**

닫힌 용기 내에서 어떤 기체의 압력이 다음의 변화에 따라 증가하는지 감소하는지 말하라.

(a) 250 mL에서 500 mL로의 부피 변화 (b) 20℃에서 -80℃로의 온도 변화

(c) 기체 몰수를 1.00몰에서 1.50몰로의 변화

**해답** (a) 압력이 감소한다. (b) 압력이 감소한다. (c) 압력이 증가한다.

## 8-4 | 보일의 법칙

보일은 액체 수은이 채워진 J 모양의 관에 공기를 가두었다. 관속에 수은을 첨가함에

따라, 갇힌 공기의 부피가 감소한다는 사실을 발견하였다.(그림 8.5) 이때 압력을 2배로 하면, 부피는 반으로 감소되었다. 압력을 3배로 하면 부피는 1/3로 감소되었다. 그리하여 보일은 기체의 압력과 부피 사이의 관계를 수립하였다. 보일의 실험 결과는 **보일의 법칙**(Boyle 's law)으로 알려져 있다. 보일의 법칙은 기체의 부피는 온도가 일정한 조건에서 압력에 반비례한다.

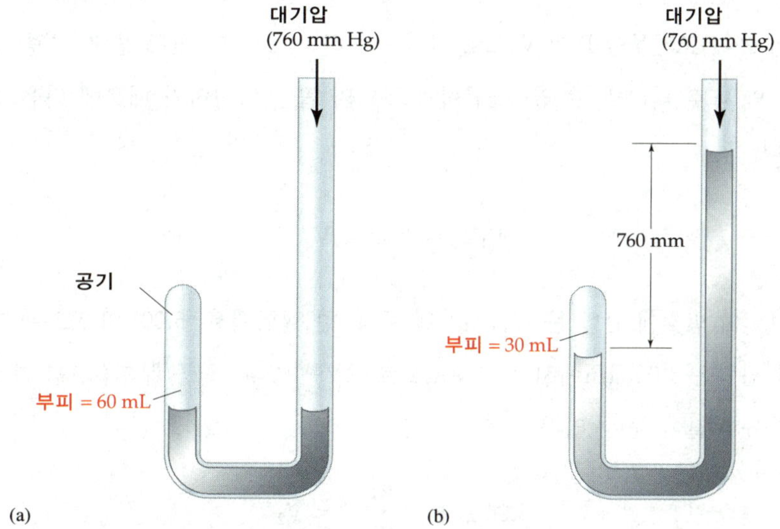


▲ **그림 8.5 보일의 법칙**

(a) 대기압에서 기체의 초기 부피는 60 mL이다. (b) 수은을 첨가한 후 기체의 부피는 30 mL이다. 압력이 두 배일 때 부피는 절반임을 주목하라. 초기에 압력은 760 mm Hg이다. 수은을 첨가한 후 압력은 1,520 mm Hg이다(760 mm + 760 mm).

$$V \propto \frac{1}{P} \quad (T \text{ 일정})$$

즉, 온도(T)가 일정하게 유지될 경우 부피(V)는 압력의 역수(1/P)에 비례(∝)한다. 그림 8.6이 보여주는 것처럼, 실험 자료들을 이용하여 압력 대 부피를 그리면 곡선을 얻을 수 있다. 압력과 부피

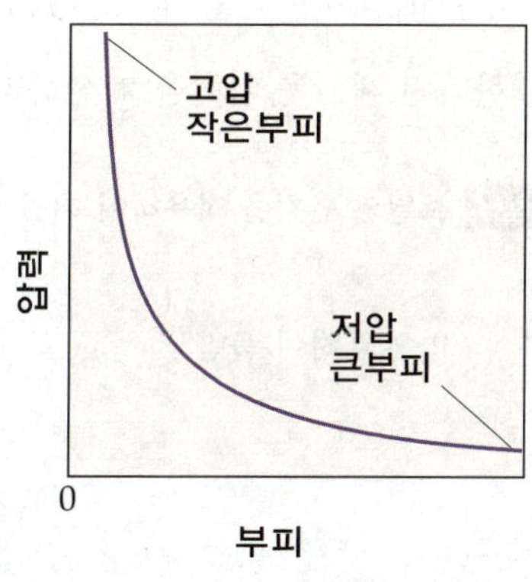


**그림 8.6 기체 압력 대 부피 ▶**

기체의 부피가 증가함에 따라 압력은 감소한다. 거꾸로 말하면, 부피가 감소함에 따라 압력은 증가한다. 기체의 부피와 압력은 반비례한다.

의 관계는 비례 상수(k)를 사용하여 하나의 식으로 쓸 수 있다.

$$V = k \times \frac{1}{P}$$

$$PV = k$$

온도가 일정한 상태에서 압력이 변할 경우 부피가 어떻게 변하는가를 알아보자. 압력과 부피의 초기 조건들을 $P_1$과 $V_1$으로 각각 표시하자. 조건의 변화 후에, 최종 압력과 부피를 $P_2$와 $V_2$로 나타낼 수 있다. 압력과 부피의 곱은 일정하기 때문에 다음과 같이 쓸 수 있다.

$$P_1V_1 = k = P_2V_2$$

다음에 보일의 법칙에 관한 문제를 생각해 보자. 한 실험에서, 5.00L의 프로판 가스가 압축되어 압력은 1.00 atm에서 1.50 atm으로 증가하였다. 최종 부피(V)를 계산하기 위하여 다음과 같이 쓸 수 있다.

$$5.00\ \text{L} \times \frac{P_1}{P_2} = V_2$$

$$5.00\ \text{L} \times \frac{1.00\ \text{atm}}{1.50\ \text{atm}} = 3.33\ \text{L}$$

### 예제 8-3

1.50 L 메탄가스 시료가 1,650 mm Hg의 압력을 나타낸다. 만약에 부피가 7.00 L로 변한다면 새로운 압력을 계산하라. (단 온도는 일정하게 유지된다고 가정하라.)

**해답** 보일의 법칙을 적용하여 최종 압력(P)는 다음 관계를 이용하여 구할 수 있다.

$$P_1V_1 = P_2V_2$$

$P_2$에 대하여 풀면

$$P_2 = \frac{P_2V_1}{V_2}$$

각 변수를 대입하고 간단히 하면

$$P_2 = \frac{1650 \text{ mm Hg} \times 1.50\text{L}}{7.00 \text{ L}} = 354 \text{ mm Hg}$$

**물음** 20℃와 725 torr에서 에탄 기체의 부피가 125 mL이었다. 만약에 압력이 475 torr로 감소하면 20℃에서 이 기체의 부피는 얼마인가?

**해답** 191 mL

## 8-5 | 샤를의 법칙과 아보가드로의 법칙

### 샤를의 법칙

1787년에 샤를은 기체의 부피에 미치는 온도의 영향을 발견하였다. 샤를은 그의 실험으로부터 기체의 부피는 켈빈온도(절대 온도)에 정비례(directly proportional)한다고 추론하였다. 즉 켈빈(Kelvin) 온도를 2배로 하면 기체의 부피는 2배로 된다. 만약 캘빈 온도를 반으로 줄이면 기체의 부피도 반으로 준다. **샤를의 법칙**(Chale' slaw)을 다음과 같이 정의할 수 있다: 압력이 일정한 상태에서 기체의 부피는 켈빈 온도(절대 온도)에 정비례한다. 만약 실험적 자료를 이용하여 기체에 대한 부피 대 켈빈온도의 관계를 그리면 그림 8.7에서 보인 직선 그래프를 얻는다. 부피와 켈빈 온도의 직선 관계를 다음 식과 같이 표현할 수 있다.

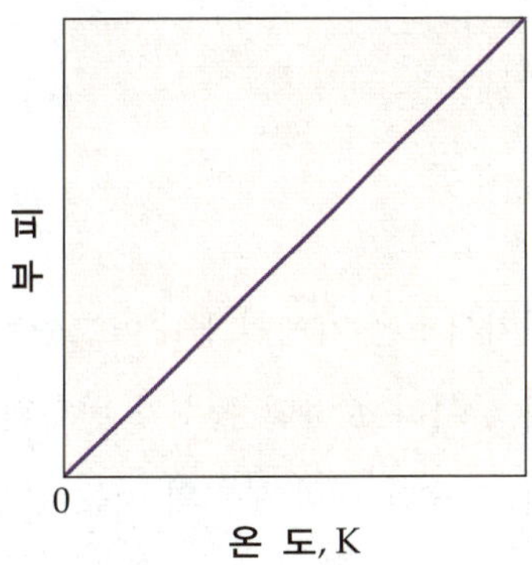


**▲ 그림 8.7 기체 부피 대 온도**
켈빈 온도가 감소할수록 기체의 부피도 감소한다. 기체의 켈빈 온도와 부피는 정비례한다.

$$V \propto T \text{ (P 일정)}$$

또한 부피와 켈빈온도의 관계는 비례 상수(k)를 써서 다음과 같이 쓸 수 있다.

$$V = kT$$

압력이 일정한 상태에서 온도가 변화되는 기체 시료를 생각하자. 부피와 온도의 초기 상태를 각각 V과 T 이라고 하면 온도가 변화된 후의 마지막 부피와 온도는 $V_2$와 $T_2$로 나타낼 수 있다. 온도에 대한 부피의 비는 상수 k와 같으므로 다음과 같이 쓸 수 있다.

$$\frac{V_1}{T_1} = k = \frac{V_2}{T_2}$$

## 아보가드로의 법칙

7.3절의 아보가드로 법칙에서 같은 온도, 같은 압력, 같은 부피에서는 서로 다른 기체일지라도 같은 수의 분자를 포함한다는 것을 알았다. 즉, 주어진 기체의 부피는 존재하는 기체의 종류에는 무관하고 기체의 몰수에 비례하므로 다음과 같이 나타낼 수 있다.

$$V \propto n$$
$$V = kn$$

여기서 n은 기체의 몰수이고 k는 비례상수이다. 부피와 몰수의 초기 상태를 각각 $V_1$과 $n_1$이라고 하면 몰수가 변화된 후의 마지막 부피와 몰수는 $V_2$와 $n_2$로 나타낼 수 있다. 몰수에 대한 부피의 비는 상수 k와 같으므로 다음과 같이 쓸 수 있다.

$$\frac{V_1}{n_1} = k = \frac{V_2}{n_2}$$

**예제 8-4**

275 L 헬륨 기구를 20℃에서 40℃까지 가열하였다. 압력이 일정하다고 가정하고 최종 부피를 계산하라.

**해답** 우선 섭씨온도에 273을 더해서 켈빈온도로 바꾼다.

$$20℃ + 273 = 293 \text{ K}$$
$$40℃ + 273 = 313 \text{ K}$$

샤를의 법칙을 적용해서 마지막 부피(V)를 다음의 관계로부터 구할 수 있다.

$$\frac{V_1}{T_1} = \frac{V_2}{T_2}$$

$$V_2 = V_1 \times \frac{T_2}{T_1} = 275 \text{ L} \times \frac{313 \text{ K}}{293 \text{ K}} = 294 \text{ L}$$

**물음** 크립톤으로 채워진 풍선은 21℃에서 555 mL의 부피를 가진다. 이 풍선을 냉각하여 부피가 475 mL로 되게 한다. 이때의 최종 온도는 얼마인가? (단 압력은 일정하다고 가정한다.)

**해답** -21℃

**주의** 샤를의 법칙에 관한 문제를 풀 때 반드시 켈빈(Kelvin) 온도를 사용하여야 한다.

## 8-6 | 게이-뤼삭의 법칙

1802년에 게이-뤼삭은 압력과 온도의 관계를 수립하였다. 그는 실험으로부터 기체의 압력은 켈빈 온도에 정비례한다는 것을 알았다. 즉, 켈빈온도를 2배로 하면 기체의 압력은 2배가 된다. 만약 켈빈온도를 반으로 줄이면 기체의 압력도 반으로 준다. **게이-뤼삭의 법칙**(Gay-Lussac' s law)을 다음과 같이 정의할 수 있다 : 기체의 부피가 일정하다면 기체의 압력은 켈빈온도에 정비례한다. 실험 자료를 사용하여 그래프를 그리면 그림 8.8에 보인 것처럼 직선 관계를 얻을 수 있다. 압력과 켈빈온도의 관계를 다음과 같이 나타낼 수 있다.

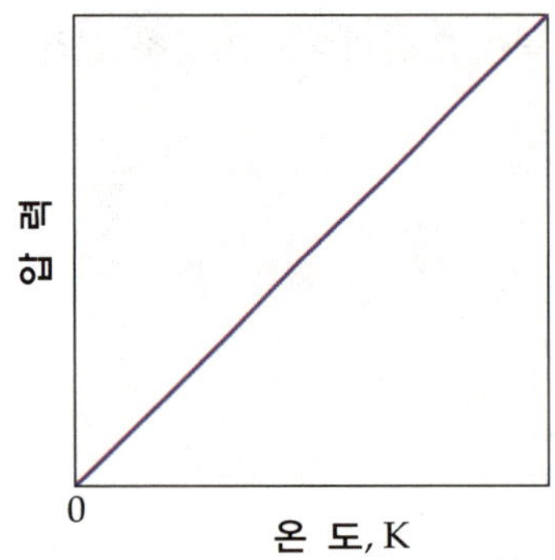


◀ **그림 8.8 기체의 압력 대 온도**
켈빈 온도가 감소할수록 기체의 압력은 감소한다. 기체의 켈빈온도와 압력은 정비례한다.

$$P \propto T \text{ (V는 일정)}$$

압력과 온도의 관계는 비례상수(k)를 사용하여 다음과 같이 쓸 수 있다.

$$P = kT$$

$$\frac{P}{T} = k$$

부피는 일정하게 유지되고 압력과 온도가 변화되는 기체 시료를 생각하자. 압력과 온도의 초기상태를 각각 $P_1$과 $T_1$이라고 하면, 상태가 변화된 후의 마지막 압력과 온도는 $P_2$와 $T_2$로 나타낼 수 있다. 온도에 대한 압력의 비가 상수(k)와 같으므로 다음과 같이 쓸 수 있다.

$$\frac{P_1}{T_1} = k = \frac{P_2}{T_2}$$

게이-뤼삭의 법칙에 관한 문제를 살펴보자. 자동차 타이어는 20℃의 온도에서 28.0 psi로 팽창되어 있다. 높은 속력으로 달린 후, 타이어 압력은 36.0 psi가 되었다. 최종 온도($T_2$)를 계산하기 위해 우선 초기 온도를 켈빈 온도(20℃ + 273 = 293 K)로 바꾼다. 그런 뒤 다음과 같이 쓸 수 있다.

$$T_2 = 293\ K \times \frac{P_2}{P_1}$$

$$T_2 = 293\ K \times \frac{36.0\ psi}{28.0\ psi} = 377\ K$$

마지막 온도는 377K 혹은 104℃이다.

**예제 8-5**

강철 원통에 산화질소가 15.0 atm의 압력으로 채워져 있다. 이것을 25℃에서 -40℃로 냉각하였다. 부피가 일정하게 유지된다면 최종 압력은 얼마인가?

**해답** 우선 섭씨온도에 273을 더해서 켈빈 온도로 바꾼다.

$$25℃ + 273 = 298\ K$$

$$-40℃ + 273 = 233\ K$$

$$P_2 = 15.0\ atm \times \frac{233\ K}{298\ K} = 11.7\ atm$$

**물음** 부피가 555 mL인 구리 용기는 25℃에서 공기로 채워져 있다. 그 용기를 드라이아이스에 넣어서 공기의 압력을 761 torr에서 495 torr로 떨어지게 하였다. 구리 용기 안에 있는 공기의 최종 온도는 얼마인가?

**해답** 194 K(-79℃)

## 8-7 | 기체 법칙의 결합

앞 절에서 식을 단순화하기 위하여 가정을 전제로 하는 기체 법칙들에 대한 논의를 하였다. 보일의 법칙, 샤를의 법칙 그리고 게이-뤼삭의 법칙을 설명하였을 때 우리는 기체의 취급을 두 개의 변수로 한정하여 설명하였다. 실험적으로는 보통 세 개의 변수(압력, 부피 및 온도)가 동시에 변한다. 하나의 식에 세 개의 변수를 모두 포함시키자. 그 결과, **기체 법칙의 결합**(combined gas law)이라고 부르는 다음 식이 얻어진다.

$$\frac{P_1 V_1}{T_1} = k = \frac{P_2 V_2}{T_2}$$

300 K와 1.00 atm에서 이산화탄소 기체 10.0 L에 기체 법칙의 결합을 적용하자. 부피와 켈빈온도를 모두 2배로 하면 최종 압력은 얼마인가? 초기 상태는 300 K와 1.00 atm이므로 온도를 2배로 하면 600 K이고, 부피를 2배로 하면 20.0 L가 된다. 표에 데이터를 넣어보자

| 상태 | P | V | T |
|---|---|---|---|
| 초기 | 1.00 atm | 10.0 L | 300 K |
| 최종 | $P_2$ | 20.0 L | 600 K |

기체법칙을 $P_2$ 에 대하여 정리하면

$$P_2 = P_1 \times \frac{V_1}{V_2} \times \frac{T_2}{T_1}$$

$$P_2 = 1.00\ \text{atm} \times \frac{10.0\ \text{L}}{20.0\ \text{L}} \times \frac{600\ \text{K}}{300\ \text{K}} = 1.00\ \text{atm}$$

여기서 부피와 온도가 각각 2배로 되었어도 압력이 변하지 않는 것에 주목하자. 압력과 부피는 반비례하며, 압력과 온도는 정비례하기 때문에 압력이 변하지 않는다.

기체에 대한 **표준온도와 압력**(standard temperature and pressure, STP)은 0℃와 1 atm이다. 표준온도를 273 K로 그리고 표준 압력을 760 mm Hg, 760 torr 및 76 cm Hg와 같은 단위로 표시할 수 있다.

**예제 8-6**

질소 기체가 −80℃와 1,250 torr에서 50.5 mL의 부피를 가진다. STP에서 부피는 얼마인가?

**해답** STP 상태가 273 K와 760 torr임을 알고 있으므로 기체법칙에 대입한다.

$$V_2 = 117 \text{ mL}$$

**물음** 27℃와 765 mm Hg에서 산소 기체는 50.0 mL의 부피를 가진다. 만일 산소 기체가 냉각되어 35.5 mL의 부피와 455 mm Hg의 압력을 가지게 되면 최종 온도는 얼마인가?

**해답** 127 K(−146℃)

## 8-8 | 증기압 개념

용기에서 물이 증발하는 현상을 많이 볼 수 있다. 만약 용기의 뚜껑이 닫혀 있으면 증발한 증기 분자는 액체 위에 갇혀 있게 된다. 액체 분자들은 계속 액체에서 증기로 증발함과 동시에 증기 분자들은 증기에서 액체로 되돌아가는 응축현상이 일어난다. 어느 정도 시간이 지나면 증발과 응축속도가 같아지는데 이때를 포화상태라 한다. **증기압**(vapor pressure)은 증발과 응축의 속도가 동일할 때 액체 위의 증기 분자들이 나타내는 압력이다(그림 8.9).

액체의 증기압은 수은 기압계를 사용하여 측정할 수 있다(그림 8.10). 액체 한 방울을 기압계의 바닥에 넣어보자. 밀도가 작은 액체 방울은 수은주의 위로 올라가서 기화된다. 기화된 액체는 기체의 압력으로 작용하고, 그 결과 수은주의 높이는 밑으로 내려가게 된다. 수은 높이의 감소는 액체의 증기압에 해당한다. 수은 높이가 760 mm에서

740 mm로 떨어졌다면 액체의 증기압은 20 mm Hg가 된다.

온도가 증가하면 증기압이 증가하는 것을 볼 수 있다. 이것은 액체속의 분자들이 더 빠르게 증발하며 기체 분자들이 더 많은 운동 에너지를 가지기 때문이다. 25℃에서 물의 증기압은 23.8 mm Hg이다. 50℃에서 증기압은 92.5 mm Hg로 증가한다. 표 8.2에 물의 증기압에 관한 값들을 나타내었다.

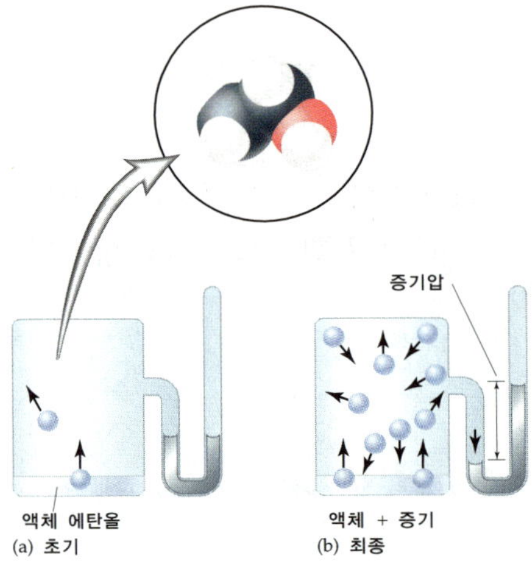


▲ **그림 8.9 액체의 증기압**

(a) 초기에 닫힌 용기에 에탄올을 넣으면, 에탄올 분자는 액체로부터 빠져나가기 시작한다. 얼마 후에 증기상의 에탄올 분자들이 액체로 되돌아간다. (b) 결국에는 에탄올 분자들이 같은 속도로 증발하고 응축한다. 증기압은 옆 관에 있는 수은의 높이 차이로 측정할 수 있다.

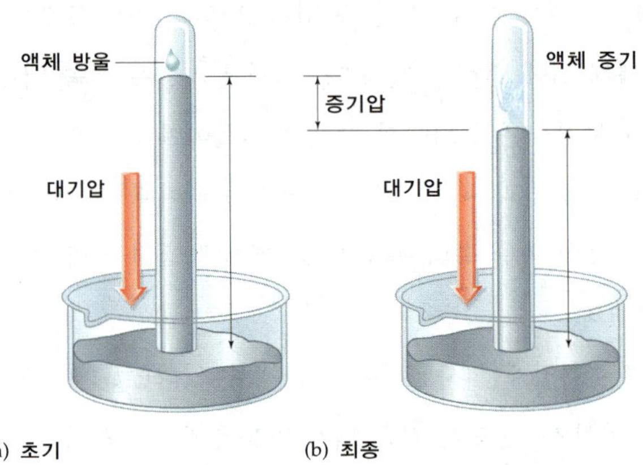


▲ **그림 8.10 액체의 증기압 측정**

(a) 처음에 한 방울의 액체를 수은이 담겨진 시험관에 넣는다. 액체의 분자가 증발하면서 수은주에 압력이 작용하기 시작한다. (b) 결국 분자의 증발 속도와 응축 속도는 같아진다. 액체를 넣기 전후의 수은주 높이의 차이가 주어진 온도에서 액체의 증기압이다.

표 8.2 물의 증기압

| 온도(℃) | 압력(mm Hg) | 온도(℃) | 압력(mm Hg) |
|---|---|---|---|
| 5 | 6.5 | 55 | 118.0 |
| 10 | 9.2 | 60 | 149.4 |
| 15 | 12.8 | 65 | 187.5 |
| 20 | 17.5 | 70 | 233.7 |
| 25 | 23.8 | 75 | 289.1 |
| 30 | 31.8 | 80 | 355.1 |
| 35 | 41.2 | 85 | 433.6 |
| 40 | 55.3 | 90 | 525.8 |
| 45 | 71.9 | 95 | 639.9 |
| 50 | 92.5 | 100 | 760.0 |

## 8-9 | 돌턴의 법칙

1801년 돌턴은 혼합물 중의 각 기체성분의 부분압력은 혼합물의 전체 압력에 기여한다고 제안하였다. 그는 또한 돌턴의 **부분압력 법칙**(Dalton 's law of partial pressures)을 수식화 하였는데 이는 기체 혼합물의 전체 압력은 각 기체 성분의 개별적인 압력의 합과 같다는 것이다. 이러한 관계는 아래와 같이 표현할 수 있다.

$$P_1 + P_2 + P_3 + \cdots = P_{전체}$$

개개의 기체 성분에 의해 작용하는 압력을 **부분압력**(partial pressure)이라고 한다. 위의 식에서 $P_1$, $P_2$, $P_3$는 기체 혼합물 내의 기체 각 성분의 부분압력을 나타내며 $P_{전체}$는 이러한 모든 부분 압력들의 총합을 의미한다.

**예제 8-7**

대기의 시료는 질소, 산소 아르곤 및 극소량의 다른 기체를 포함한다. 만약 질소의 부분 압력이 587 mm Hg이고 산소의 부분 압력이 158 mm Hg이며 아르곤의 부분 압력은 7 mm Hg라면 기압계가 가리키는 압력은 얼마인가?

**해답** 각 성분의 부분 압력의 합은 전체 압력과 같다. 그러므로

587 mm Hg + 158 mm Hg + 7 mm Hg = 752 mm Hg

## 8-10 | 기체 분자운동론

1800년대 초 이전에는 실험에 의해 기체 거동에 대한 많은 정보가 주어졌다. 그러나 이러한 정보를 설명할 수 있는 명확한 방법이 없었다. 1850년경 하나의 학설이 나타나기 시작했다. 영국의 물리학자인 줄(James Joule)은 기체의 온도는 분자의 에너지와 관련된다고 제의하였다. 다시 말하면 열과 기체 분자의 운동이 서로 연관된다고 주장하였다. 고온에서 기체 분자는 더 빠르게 움직이며 저온에서 기체분자는 더 느리게 움직인다는 사실을 알 수 있다.

### 기체의 분자운동론

1850년에서 1870년 사이에 과학자들은 기체 분자들의 거동을 설명할 수 있는 모델을 만들려고 시도하였다. 그들은 이론적인 모델이 주어지면 실제 기체의 거동을 설명할 수 있을 것으로 생각했다. **분자운동론**(kinetic theory) 다음의 몇 가지 가정에 기반을 두고 있다.

1 기체 분자의 크기는 분자들 사이의 거리에 비교하여 무시할 정도로 작다. 즉, 분자 자신의 부피는 전체 부피에 비교하여 무시할 정도로 작다.

2 기체 분자는 모든 방향으로 무질서하게 움직이며 직선 운동을 한다.

3 기체 분자들 상호간에는 인력과 척력은 매우 작아 무시할 수 있다.

4 기체 분자들은 **탄성충돌**(elastic collisions)을 한다. 이는 충돌 후에 운동 에너지를 잃지 않는다는 것이다. 만약 높은 에너지를 지닌 분자가 낮은 에너지를 지닌 분자와 충돌할 경우 에너지의 일부는 전달될 수 있다. 그러나 충돌 전후에 있어서 두 분자가 보유하는 총 에너지는 변하지 않는다.

5 기체 분자의 평균 운동 에너지는 절대온도에 비례한다. 즉, $KE \propto T$.

동일한 온도에서 서로 다른 기체 일지라도 모든 기체의 평균 운동 에너지는 같다. 예를 들어, 25℃에서 수소의 평균 운동 에너지는 25℃에서 산소의 평균 운동 에너지와 같다. 산소와 수소의 운동에너지는 같지만 수소 분자가 더 가볍기 때문에 수소 분자는 더 빨리 움직인다. 운동 에너지에 대한 식, $KE = \frac{1}{2} mv^2$이 주어지면, 이러한 현상은 수학적으로 설명할 수 있다. 두 기체의 운동 에너지가 같으면, 더 가벼운 수소 분자(분자량 = 2 amu)는 더 무거운 산소 분자(분자량 = 32 amu)보다 훨씬 더 빠른 속도(v)를 가져야만 한다.

높은 온도에서 분자들은 더 큰 운동 에너지를 가지며, 더 빠르게 움직이고 또한 더 자주 충돌한다. 낮은 온도에서 분자들은 느리게 움직이며 드물게 충돌한다. 아래의 예제는 분자 운동론에 따라 이상 기체의 성질에 대하여 설명한 것이다.

### 예제 8-8

25℃의 온도에서 5.00 L의 기체 시료가 두 개 있다. 하나는 암모니아, $NH_3$이고 다른 하나는 이산화질소, $NO_2$이다. 어느 기체가 더 높은 운동 에너지를 갖는가? 어느 기체의 분자가 더 빠르게 움직이는가?

**해답** 기체 온도가 25℃임으로 운동 에너지는 $NH_3$와 $NO_2$ 둘 다 같다.

같은 온도에서는 가벼운 분자가 무거운 분자보다 더 빠르게 움직인다. $NH_3$의 분자량은 17 amu이며, $NO_2$의 분자량은 46 amu이다. $NH_3$가 $NO_2$보다 가벼우므로 암모니아 분자가 이산화질소 분자보다 더 빠른 속도를 갖는다.

**물음** 다음의 설명 중에 기체의 분자운동론에 입각하여 옳지 않은 것은 어느 것인가?

(a) 분자의 부피는 무시할 만큼 작다.

(b) 분자는 직선 경로로 움직인다.

(c) 분자는 서로 끌어당긴다.

(d) 분자는 탄성 충돌을 한다.

(e) 동일한 온도에서 서로 다른 기체의 분자들은 같은 평균 운동 에너지를 갖는다.

**해답** (c)를 제외한 모든 서술문이 옳다. 이상 기체의 분자들은 서로 끌어당기지 않으며 독립적인 입자로서 행동한다.

## 절대영도의 개념

기체의 압력과 부피가 이론적으로 영의 상태로 도달하는 온도를 **절대영도**(absolute zero)라 한다. 절대영도는 가능한 가장 차가운 온도로서 -273℃ 혹은 0 K에 해당한다. 절대영도에서 이상기체는 운동 에너지가 없으므로 분자 운동도 없다.

실험적으로 -273℃에 도달할 수 없다면 절대영도의 값을 어떻게 결정할 수 있을까? 절대영도의 값은 0 K 이상의 온도 범위에서 기체 부피에 대한 데이터로부터 결정할 수 있다. 부피와 온도의 데이터를 따라 그래프를 그리고 그 그래프를 영의 부피까지 연장하면 절대영도에 해당하는 온도를 구할 수 있다. 그림 8.11는 절대영도에 대하여 외삽한 값을 나타낸 것이다.

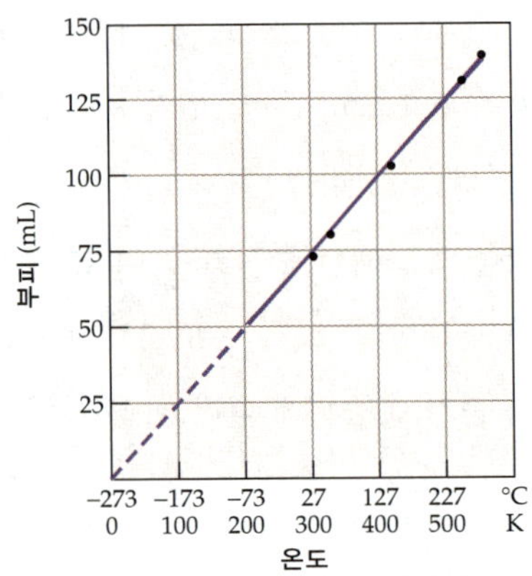


**▲ 그림 8.11 부피가 영인 상태와 절대 영도** 기체의 온도가 감소함에 따라 부피도 감소한다. 이상기체의 부피가 영에 접근하면서 절대 온도 또한 영에 접근한다.

## 8-11 | 이상기체의 법칙

실제 기체들의 운동에 관한 법칙들을 정확하게 수식으로 표현하려면 매우 복잡하다. 그러나 앞 절에서 배운 기체 분자 운동론을 기초로 하여 몇 가지 가정을 전제로 하면 매우 간단한 수식으로 나타낼 수 있다. 전체 부피에 비교하여 기체 분자 자체의 부피를 무시하고 분자간의 인력이나 척력을 무시한 기체를 이상기체라 한다. 앞 절에서 배운 보일의 법칙, 샤를의 법칙, 아보가드로의 법칙들도 이상기체라 가정하여 만들어진 것이다.

| | |
|---|---|
| 보일의 법칙 | $V \propto \frac{1}{P}$ |
| 샤를의 법칙 | $V \propto T$ |
| 아보가드로의 법칙 | $V \propto n$ |

위의 3개의 식을 합치면

$$V \propto \frac{nT}{P}$$

위의 관계에 비례 상수 R을 삽입하여 아래의 식을 얻을 수 있다.

$$V = R\frac{nT}{P}$$

$$PV = nRT$$

위의 식 $PV = nRT$ 를 **이상기체의 법칙**(ideal gas law)이라 한다. 상수 R을 **이상기체 상수**(ideal gas constant)라고 하며 0.0821 atm · L/mol · K로 표현할 수 있다. 이상기체 법칙은 기체의 거동을 요약하여 주는 아주 유용한 식이다.

이상기체의 법칙을 사용하여 계산을 해보자. 만일 25℃, 3.75 atm의 상태에서 밀봉한 용기에 1.10몰의 질소가 들어있으면 그 부피는 몇 리터인가? 우선, 부피를 구하기 위해 이상기체의 식을 재배치 할 수 있다. PV = nRT이므로,

$$V = \frac{nRT}{P}$$

$$V = \frac{1.10\ \text{mol} \times \dfrac{0.0821\ atm \cdot \text{L}}{\text{mol} \cdot \text{k}}}{3.75\ \text{atm}} = 7.18\ \text{L}$$

### 예제 8-9

STP 상태에서 0.500 L의 부피를 차지하는 수소 기체의 몰수는 얼마인가?

**해답** 우선, 이상기체의 방정식 PV = nRT를 재배치하고 n을 구한다.

$$n = \frac{PV}{RT}$$

STP 상태에서의 온도는 273 K이며 압력은 1.00 atm이다. 이 값들을 이상기체의 방정식에 대입한다.

$$n = \frac{1\ \text{atm} \times 0.500\ \text{L}}{\dfrac{0.0821\ \text{atm} \cdot \text{L}}{\text{mol} \cdot \text{K}} \times 273\text{K}} = 0.0223\ \text{mol}$$

**물음** 655 torr에서 염소 기체 0.250 몰의 부피가 3.50 L라면 온도는 얼마인가?

**해답** 147 K (−126℃)

# 8-12 | 실제기체

## 이상성으로부터 이탈

기체들이 냉각되고 압축되면 액화된다. 이 성질은 기체 분자들이 서로 잡아당기지 않는다는 분자운동론의 가정에 부합하지 않는 것이다. 왜냐하면 기체에서 액체로 되기 위해서 분자들은 반드시 서로 잡아 당겨야 한다. 그렇지 않으면 서로 붙어 있지 않을 것이다. 거기에 액체들은 압축하기가 매우 어렵다. 이 사실은 분자들 간에 매우 강력하게 서로 미는 힘이 있어서 서로에게 밀려 분자 부피가 주는 것에 저항한다는 것을 보여준다. 따라서 기체 간에 미는 힘이 존재하는 것으로 분자 운동론은 변경되어야 한다.

모든 이상성으로부터의 이탈은 분자간 힘 혹은 분자간 인력 및 반발력으로 설명된다. 여기서 우리가 알아야 할 것은 분자들의 자신의 직경에 몇 배 정도 거리 내에 있을 때에 모든 기체 분자들은 서로 잡아당기며, (분자들이 서로 반응하지 않는 한) 분자들의 전자구름이 교차할 정도의 거리에 접근할 때는 서로 밀친다는 사실이다. 그림 8.12은 한 분자와 다른 분자간의 거리에 따른 퍼텐셜에너지의 변화를 보여준다. 적당히 떨어져 있을 때에는 퍼텐셜에너지가 분자들이 무한히 멀리 떨어져 있을 때에 비해 낮다. 인력은 항상 대상이 되는 물체의 퍼텐셜에너지를 낮춘다. 반발력(미는 힘)은 물체의 퍼텐셜에너지를 증가하게 하기 때문에 분자들이 접촉하면서 퍼텐셜에너지는 증가하기 시작한다.

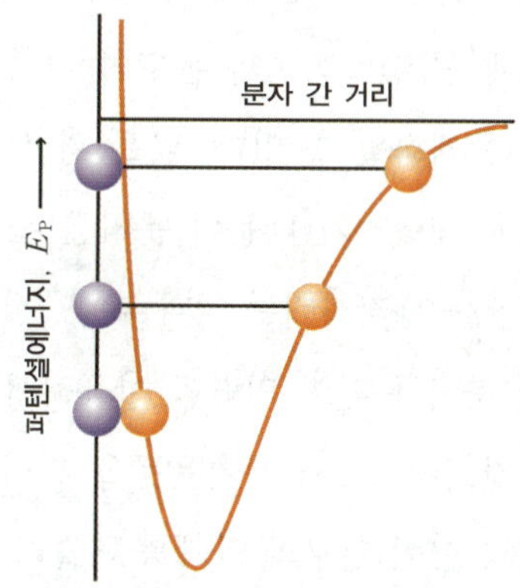

그림 8.12 분자가 다른 분자에 접근하면서 발생하는 퍼텐셜에너지의 변화. 퍼텐셜에너지는 두 개의 분자가 직접 접촉을 시작하면서 급속히 상승한다.

분자 간 인력의 존재는 기체가 압축되고 냉각될 때 응축되어 액화되는 현상을 설명한다. 압축은 분자들 간의 거리를 줄이게 되고, 분자들이 충분히 친친히 움직인다면(다른 말로 온도가 충분히 낮다면) 분자들은 더욱 더 서로 간의 인력이 붙들리게 된다. 분자들이 서로에게로 밀려들 때 강력한 반발력의 존재하는 것으로부터 액체와 고체의 낮은 압축률은 서로 상통함을 알 수 있다. 분자들 간의 반발력을 설명하는 다른 방법은 분자들이 특정한 부피를 갖고 있다고 하는 것이다. 단단한 물체를 만질 때 우리의 손가락이 물체 안으로 파고 들 수 없기 때문에 우리는 그 크기와 모양을 감지할 수 있다. 고체가 보이는 압축에 대한 저항은 우리 손가락을 구성하는 원자들에 대해 해당 고체가 주는 반발력에 기인한다. 우리가 손가락을 액체 안으로 넣을 때, 우리 손가락의 분자들은 액체의 분자들을 밀치고 안으로 들어가는 것이다.

## 기체의 액화

낮은 온도에서는 분자들이 워낙 천천히 움직여서 실제 기체들은 인력에 의해 서로 붙들리게 되고 따로 자유롭게 움직이는 대신 서로 붙어 있게 된다. 온도가 끓는 점 밑으로 떨어지게 되면 기체는 응축되어 액체가 된다. 끓는점 혹은 그 이하에서는 너무 느리게 운동해서 탈출할 수가 없게 된다.

기체 분자의 속력과 온도의 관계를 이용해서 기체는 액화될 수 있다. 낮은 평균 속력은 낮은 온도에 대응하기 때문에 분자를 느리게 하는 것은 기체를 냉각시키는 것과 같다. 실제 기체 분자들은 분자들 간의 인력을 이용해서 그리고 기체를 팽창시킴으로써 분자운동을 느리게 할 수 있다. 마치 공이 지구의 인력을 거슬러 올라 갈 때처럼 (그림 8.13) 분자들은 기체를 팽창시킬 때 인력을 거슬러 올라 서로 멀어지게 된다. 따라서 기체를 넓은 공간에 퍼지게 함으로써 기체 분자 간 거리를 멀게 함으로써 분자들의 평균 속력을 감소하게 할 수 있다. 이 같은 관찰은 그 같은 현상을 처음 관찰한 과학의 이름을 따서 Joule-Thomson 효과로 알려져 있다(James Joule과 William Thomson).

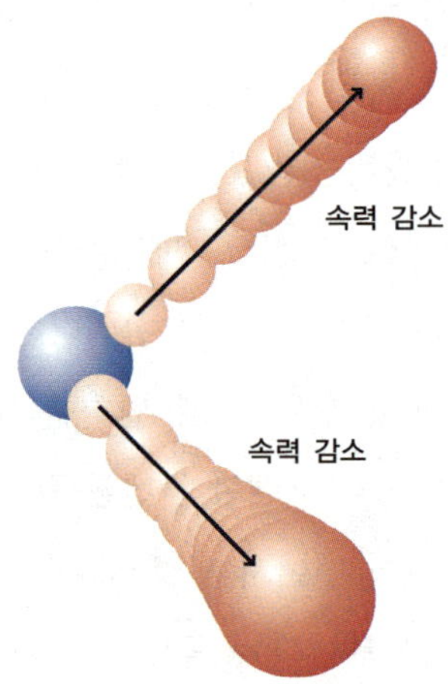


그림 8.13 분자들이 인력을 거슬러 올라 멀어져 감으로써 분자 속력을 감소시켜 Joule-Thomson 효과를 이용한 냉각이 이루어짐이 그려져 있다.

Joule-Thomson 효과는 상업적 냉동기를 이용해 기체를 액화하는 데 사용된다. 액화될 기체는 압축되고 후에 작은 구멍을 통해 팽창된다. 기체는 팽창하면서 냉각되고 그

냉각된 기체는 들어오는 압축된 기체 부분을 지나 순환된다 (그림 8.14). 이 같은 접촉은 들어오는 압축된 기체를 팽창 이전에 냉각시켜 팽창 시 더욱 냉각되게 한다. 기체가 재 압축되고 재순환되면서 기체의 온도는 지속적으로 낮아져서 결국은 응축되어 액화된다. 만일 기체가 공기처럼 혼합물인 경우 액화된 이후 분별증류를 통해 성분별로 분리되기도 한다. 이 방법은 질소, 산소, 네온, 아르곤, 크립톤, 제논을 공기로부터 얻는 방법이 된다.

많은 기체들은 Joule-Thomson 효과를 이용해 팽창을 통해 냉각함으로써 액화될 수 있다.

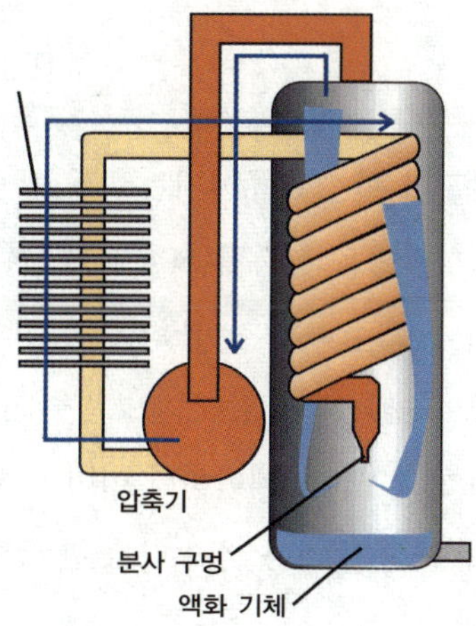


그림 8.14 기체의 액화를 위한 Linde 냉동기. 압축된 기체는 열교환기 (왼쪽)에서 주위로 열을 방출한 후 코일(오른쪽)을 통과한다. 해당 기체는 구멍을 통해 분산되면서 더욱 더 냉각된다. 이 차가운 기체는 들어오는 압축된 기체를 냉각시킨 후 순환된다. 궁극적으로 들어오는 기체의 온도는 아주 낮아져서 응축되어 액체로 변화된다.

## 실제기체의 상태 방정식

그렇다면 어떻게 이상기체 법칙을 따르지 않는 실제기체를 기술할 것인가? 화학에서 사용하는 보편적인 방법은 이상기체식을 확장해 실제기체에 적용되는 수식을 만들기 위한 한 방법은 다음 식을 사용한다.

$$PV = nRT\left(1 + \frac{B}{V_m} + \frac{C}{V_m^2} + \cdots\right)$$

이 수식은 비리알(virial) 방정식으로 알려져 있다. B, C, ... 등 계수는 제 2 비리알 계수, 제 3 비리알 계수 등으로 불린다. 비리알 계수들은 온도의 함수이며 실험 데이터를 비리알 식에 비교함으로써 결정한다.

비리알 식은 해당 온도에서의 계수들을 알고 있는 한 실제 기체들의 성질들에 대해 정확한 예측을 하는 데 사용될 수 있으나, 좀 더 고차원적인 본질적 해석을 위한 정보를 제공하지는 않는다. 덜 정확하기는 하나 해석이 쉬운 수식이 네덜란드의 과학자 Johannes van der Waals에 의해 제안되었다. Van der Waals 식은 다음과 같다.

$$\{P + a\frac{n^2}{V^2}\}(V - nb) = nRT$$

온도의 함수로 주어지는 van der Waals 파라미터 a 및 b는 해당 기체에만 맞는 것이며 실험적으로 결정된다(표 8.3). 파라미터 a 는 인력의 정도를 보여준다. 따라서 분자끼리 서로 강하게 잡아당기는 분자의 경우 그 값이 크다. 파라미터 b는 반발력의 크기를 보여준다. 다시 말해 개별 분자의 크기를 보여 준다 (좀 더 정확히 말해, 1몰 기체 분자들의 자체 부피). 왜냐하면 이미 다른 기체 분자에 의해 차지된 부피를 다른 분자가 침범할 수 없게 하는 것이 바로 반발력이기 때문이다.

**표 8.3 Van der Waals 파라미터들**

| 기체 | $a(L^2 \cdot atm \cdot mol^{-2})$ | $b(10^{-2}\ L \cdot mol^{-1})$ |
|---|---|---|
| 암모니아 | 4.225 | 3.707 |
| 아르곤 | 1.363 | 3.219 |
| 벤젠 | 18.24 | 11.54 |
| 이산화탄소 | 3.640 | 4.267 |
| 염소 | 6.579 | 5.622 |
| 에탄 | 5.562 | 6.380 |
| 수소 | 0.2476 | 2.661 |
| 황화수소 | 4.490 | 4.287 |
| 산소 | 1.378 | 3.183 |
| 수증기 | 5.536 | 3.049 |

**예제 8-10**

연구자들이 에어컨 내의 냉매로 사용될 기체의 물리적 성질을 조사하고 있다. van der Waals 파라미터를 보여주는 표는 이 기체에 대해 $a = 16.2\ L^2 \cdot atm \cdot mol^{-2}$ 이고 $b = 8.4 \times 10^{-2} L \cdot mol^{-1}$이다. 1.50 mol의 해당 기체가 0℃하에서 5.00L 부피를 차지할 때 그 기체의 압력은 얼마나 될까?

**해답** 기체의 압력을 알아내기 위해 수식 (33)에 섭씨온도를 Kelvin온도로 바꾸어 데이터를 대입한다. 단위가 맞는 기체상수 R을 사용한다.

$$P = \frac{nRT}{V-nb} - a\frac{n^2}{V^2}$$

$$= \frac{(15.0\ \text{mol}) \times (0.08206\ \text{L} \cdot \text{atm K}^{-1} \cdot \text{mol}^{-1}) \times (273\text{K})}{5.00\ \text{L} - (1.50\ \text{mol}) \times (8.4 \times 10^{-2}\ \text{L} \cdot \text{mol}^{-1})} - (16.2\ \text{L}^2 \cdot \text{atm} \cdot \text{mol}^{-2}) \times \frac{(1.50\ \text{mol})^2}{(5.00\ \text{L})^2}$$

$$= \frac{1.50 \times (0.08206\ \text{atm}) \times 273}{5.00 - (1.50 \times 8.4 \times 10^{-2})} - (16.2\ \text{atm}) \times \frac{(1.50)^2}{(5.00)^2}$$

$$= 5.44\text{atm}$$

같은 조건 하에서 이상 기체는 6.72 atm의 압력을 갖는다.

**물음** 10.0L 탱크에 25mol의 $O_2$보급 창고에 보관되어 있다. 탱크 내 압력을 계산해 보라.

**해답** 58atm

결론적으로 분자들 간의 평균적 거리는 상당히 커서 분자간 힘은 큰 영향을 미치지 못하며 분자들은 다른 분자나 용기의 벽에 충돌하지 않는 한 직선 운동을 한다. 그러나 분자간 힘은 완전히 무시할 수는 없다. 분자간 반발력은 (주어진 온도와 압력 하에서) 기체 몰부피를 증가하게 하나 인력은 반대로 몰 부피를 감소하게 한다. 실제기체에 있어 둘 중 어느 효과가 더 큰가 하는 것은 두 종류의 상호작용의 상대적 크기에 의해 결정된다.

## 연습문제

### 대기압

**1** 용기 속에 산소 기체가 5.00 atm의 압력으로 들어있다면 다음의 각 단위로 표시되는 압력은 얼마인가?

(a) psi (b) mm Hg

**2** 뉴스방송에서 "기압계가 30.8 in. Hg를 나타내고 있다."고 보도했다. 다음의 단위로 대기압을 나타내라.

(a) kPa (b) torr

### 기체 압력에 영향을 주는 변수들

**3** 기체의 압력에 직접 영향을 주는 세 변수를 써라.

**4** 기체의 압력이 다음의 변화에 따라 어떻게 되는지를 나타내라.

(a) 부피가 증가한다.

(b) 온도가 증가한다.

(c) 기체의 몰수가 증가한다.

**5** 닫힌 용기에서 기체의 압력이 다음의 변화에 따라 증가하는지 또는 감소하는지를 말하라.

(a) 부피가 2.50 L에서 5.00 L로 변한다.

(b) 온도가 20℃에서 100℃로 변한다.

(c) 기체의 몰 수가 0.500 몰에서 0.250 몰로 변한다.

### 보일의 법칙

**6** 압력 0.750 atm의 공기 시료가 250.0 mL에서 655.0 mL로 팽창되었다. 만약 온도가 일정하게 유지 되었다면 최종 압력은 몇 atm이겠는가?

**7** 25℃의 일산화탄소 기체 50.0 mL가 15.0 psi의 압력 하에 있다. 최종 부피가 25℃에서 44.0 mL로 변한다면 최종 압력은 몇 psi로 되겠는가?

### 샤를의 법칙

**8** 25의 ℃ 산소 시료 335 mL를 50℃로 가열하였다. 압력이 일정하게 유지된다면 최종 부피는 몇 mL인가?

**9** 80.0 $cm^3$의 플루오르 기체 시료가 0℃에서 761 torr의 압력을 보였다. 이 기체가 761 torr에서 100℃로 가열 된다면 최종 부피는 몇 $cm^3$이 되겠는가?

### 게이-뤼삭의 법칙

**10** 표준 압력 하에서 암모니아 기체 시료를 20℃에서 200℃로 가열하였다. 부피가 일정하게 유지된다면 최종 압력은 몇 torr이겠는가?

**11** 1.00 L의 네온 기체 시료가 0℃에서 76.0 cm Hg의 압력을 보였다. 동일한 부피에서 이 기체가 100℃로 가열된다면 최종 압력은 몇 cm Hg가 되겠는가?

### 기체 법칙의 결합

**12** 21℃, 772 mm Hg에서 100.0 mL의 수소 기체 시료가 포집되었다. STP에서 이 기체의 부피를 계산하여라.

**13** STP에서 공기 시료의 부피는 2.00 L이다. 75℃, 365 torr에서는 부피가 얼마가 되는가?

**14** STP에서 1,250 mL의 부피를 가지는 플루오르화 수소 기체는 300℃에서 부피가 255 mL이면 압력은 몇 torr가 되겠는가?

**15** 225 mm Hg, -125℃에서 500.0mL의 부피를 가지는 크립톤 기체가 100℃에서 220.0 mL의 부피를 가진다면 압력은 몇 mm Hg가 되겠는가?

**16** 표준 상태에서 50.0 mL의 공기 시료가 350 torr에서 부피가 350.0 mL로 된다면 섭씨(Celsius) 온도는 얼마가 되겠는가?

### 기체 분자운동론

**17** 분자운동론의 다섯 가지 특성을 말하라.

**18** 실제기체가 거의 이상기체와 같이 거동하는 온도와 압력의 조건은 무엇인가?

**19** 밀폐된 용기 속에 He, Ne 및 Ar 기체가 들어있다. 어느 기체가 다음의 묘사에 적합한가?

(a) 가장 높은 운동 에너지
(b) 가장 낮은 운동 에너지
(c) 가장 빠른 속도의 원자
(d) 가장 느린 속도의 원자

**20** 절대영도에서 이상기체가 미치는 압력은 얼마인가?

### 이상기체 법칙

**21** 0.500몰의 수소 기체가 25℃에서 50.0 mL의 부피를 차지한다면 압력은 몇 기압(atm)인가?

**22** 10.0 L의 아산화질소가 373 K에서 125 psi의 압력을 나타낸다면 이 기체의 몰수는 얼마인가?

### 실제기체

**23** 플루오르화수소 기체의 압력은 예상했던 것보다 낮다. 그런데 가열을 하니 이상 기체 법칙에서 예상되는 것보다 빠른 비율로 압력이 상승했다. 이 결과를 설명하라.

**24** 이상기체식을 이용해서 다음 부피에서 1.00 mol의 $CO_2(g)$가 298 K 하에서 갖는 압력을 계산하라. (a) 15.0 L. (b) 0.500 L. (c) 50.0 mL. 이 계산들을 van der Waals 식을 이용해서 반복해보라. 이 계산들이 압력에 따른 이상기체식의 신뢰도 변화를 어떻게 보여주는가?

## 심화 연습문제

25 어떤 사람의 몸의 표면적이 2500 sq. inch (제곱 인치)라면 이 사람에게 미치는 대기의 총 무게는 몇 파운드(lb)인가?

26 한 자동차의 타이어 속에 질소, 산소 및 아르곤이 들어 있다. 이 기체들의 부분 압력이 각각 0.79 atm, 3.07 psi 및 7.55 torr라면 이 타이어의 총 내부 압력은 몇 psi인가?

27 염소산칼륨이 분해되면 산소 기체를 발생한다. 22℃, 764 mm Hg에서 42.5 mL의 "습한 (wet)" 산소 기체가 수상 포집되었다면, STP 상태에서 "건조한 (dry)" 산소의 부피는 얼마인가? (22℃에서 물의 증기압은 19.8 mm Hg이다.)

28 25℃에서 5.00 L의 크립톤 기체가 $1.51 \times 10^{24}$개의 원자를 포함하고 있다. 이 기체의 압력은 몇 기압인가?

29 $3.38 \times 10^{22}$개의 일산화질소, NO분자는 100℃, 255 torr에서 얼마의 부피를 차지하는가?

30 오존의 밀도가 STP에서 2.14 g/L라면 오존의 몰 질량은 얼마인가?

31 미지 기체 시료의 무게가 1.95 g이고 1.25 atm, 20℃에서 부피는 3.00 L였다. 이 기체의 몰 질량은 얼마인가?

32 0.945 atm, 50℃에서 염소 기체의 부피가 1,550 mL였다. 이 기체의 질량은 얼마인가?

33 이상기체 상수를 〔torr · L/mol · K〕 단위로 나타내어라.

chapter 9

# 이온결합과 공유결합

20 세기에 들어와서, 과학자들은 원자의 신비를 빠른 속도로 밝혀내었다. 1897년에 톰슨(J.J. Thomson)은 전자를 발견하였고, 그 직후 양성자를 발견하였다. 1911년에 러더포드(Ernest Rutherford)는 원자핵의 비밀을 밝혔다. 1913년에 보어(Niels Bohr)는 전자는 행성의 궤도운동처럼 핵 주위를 돈다고 제안하였다. 같은 시기에 과학자들은 전자가 원자들을 함께 붙들어 매는 역할을 한다고 생각하기 시작하였다. 그들은 전자가 원자와 원자를 결합시키는 "접착제"역할을 한다고 제안하였다.

1916년 미국의 화학자 루이스(G. N. Lewis)는 화학결합의 초기이론중의 하나를 제안하였다. 그는 비활성 기체는 매우 안정하고, 헬륨을 제외한 모든 비활성 기체는 외각(outer shell)에 8개의 전자를 갖는다는 것을 주목하였다. Lewis는 원자는 안정한 비활성 기체 전자 구조를 갖기 위하여 결합한다고 주장하였다. 옥텟 규칙(octet rule)이라고 언급되는 이 원리는 각각의 원자가 외각에 8개의 전자를 갖는 방법으로 원자들이 결합한다는 것이다.

## 9-1 | 화학결합의 개념

물질의 결합에는 물리결합과 화학결합이 있다. 물리결합은 원자들 사이에 전자의 이동은 없고 단순한 분자간의 인력에 의한 결합으로서, 예를 들면 접착제로서 어떤 두 물질을 결합시키는 것과 같은 형태를 말 할 수 있다. **화학결합**(chemical bond)은 원자들 사이에 전자가 이동하거나 공유하여 양전하와 음전하의 정전기적 인력에 의한 결합이다. 결합의 종류에는 여러 가지가 있지만 이 장에서는 이온결합과 공유결합만 고려한다. 화학결합이 이루어지는 과정에는 그 결합에 영향을 미치는 여러 가지 요인들이 있으므로 그러한 요인들을 동시에 고려하면서 결합의 과정을 살펴보아야 한다.

첫째는 원자 내에는 많은 전자들이 있지만 원자가전자들만 화학결합에 참여한다.

즉, 전자의 이동이나 공유전자 제공은 원자가전자만 참여한다.

둘째는 모든 화학적 변화는 각 원자들이 안정한 상태로 되려고 하는 자발적 과정이다. 원자들의 가장 안정한 상태는 원자의 최외각에 8개의 전자를 채웠을 때다. 따라서 원자가전자들의 이동을 다룰 때 각 원자의 최외각에 8개의 전자가 되도록 하여야 한다. 이러한 경향을 **옥텟 규칙**(octet rule) 또는 팔전자 규칙이라 한다.

셋째는 화학반응에 참여하는 원자의 종류이다. 원자의 종류에 따라 전자의 이동이 달라지고 따라서 결합의 형태가 달라지기 때문이다. 대표적인 결합의 형태 3가지를 보면 다음과 같다.

1. 금속 + 비금속 : 이온결합
2. 비금속 + 비금속 : 공유결합
3. 금속 + 금속 : 금속결합

금속과 비금속이 만나면 금속은 전자를 줄려는 경향이 매우 강하고 비금속은 전자를 받으려는 경향이 크기 때문에 금속에 있는 전자가 비금속 쪽으로 이동한다. 원자상태에서는 양성자수와 전자수가 같아 중성이었으나 전자가 이동함으로서 금속은 양성자수가 많아져 +전하를 띠게 되도 비금속은 전자가 많아져 − 전하를 띠게 된다. 이와 같이 금속의 양이온(+전하)과 비금속의 음이온(−전하)의 정전기적 인력에 의하여 결합한 결합을 **이온결합**(ionic bond)이라 한다.

이번에는 비금속과 비금속이 만나는 경우이다. 비금속은 모두 전자를 받으려는 경향을 가지고 있으므로 한 원자에서 다른 원자로 전자의 이동은 일어나지 않는다. 그런데 옥텟 규칙에 의하여 원자의 최외각에 8개의 전자가 채워지도록 하기 위하여 전자를 서로 공유하는 방법을 택한다. 예를 들면 두 개의 원자가 만났을 때 A라는 원자의 원자가전자가 5개, B라는 원자의 원자가전자가 7개라고 할 때 옥텟 규칙을 만족하는 방법은 다음과 같다.

| | 원자가전자수 | 공유전자로 제공 | 남은 전자 | 최종 원자가전자수 (남은 전자 + 공유전자) |
|---|---|---|---|---|
| A 원자 | 5개 | 1개 | 4개 | (4 + 4) = 8 |
| B 원자 | 7개 | 3개 | 4개 | (4 + 4) = 8 |

공유전자는 두 원자의 사이에 있으면서 공유전자의 – 전하와 원자핵의 양성자의 + 전하와의 인력으로 결합력을 가지게 된다. 이와 같이 비금속과 비금속 원자 사이에 공유전자에 의한 결합을 **공유결합**(covalent bond)이라 한다. 그림 9.1은 이온결합과 공유결합의 형성을 보여준다.

5.4절에서 논의된 바와 같이 이온결합에 의하여 결합된 기본 입자를 **화학식 단위**(formula unit)라 부른다. 화학식 단위는 금속 이온과 비금속 이온을 포함하므로 쉽게 확인할 수 있다. NaCl, MgO, 그리고 AlN 모두 금속 양이온과 비금속 음이온을 포함하고 있고 이온결합에 의하여 결합된 화학식 단위의 예이다.

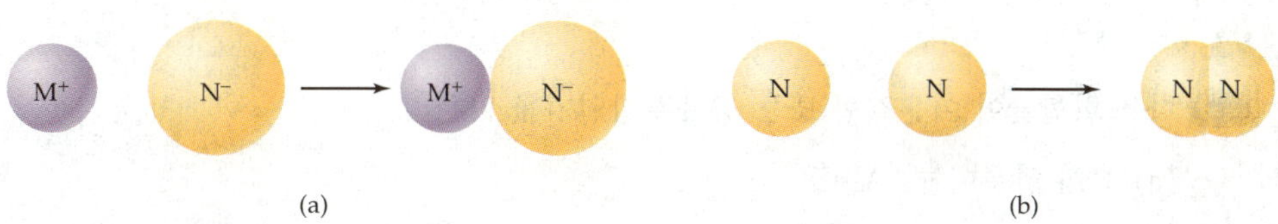


▲ **그림 9.1 화학결합**

a) 이온결합은 금속 양이온($M^+$)이 비금속 음이온($N^-$)과 결합된 것이다. b) 공유결합은 두 비금속 원자가 원자가 전자\를 공유함으로써 형성된다.

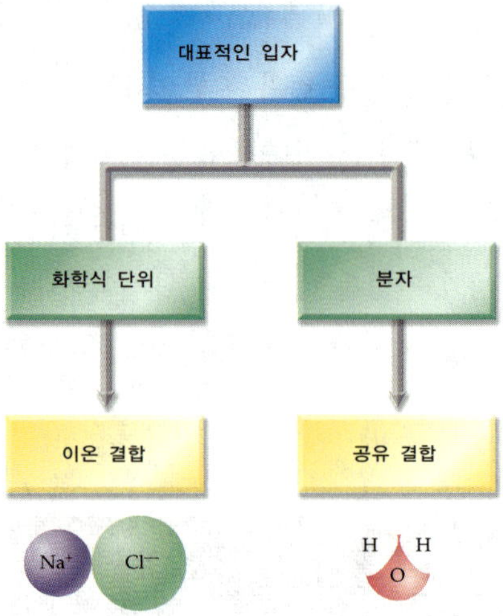


▲ **그림 9.2 대표적인 입자의 분류**
입자들은 이온결합으로 결합된 화학식 단위 (예를 들어 NaCl)이거나 공유결합으로 결합된 분자 (예를 들어 $H_2O$) 이다.

공유 결합으로 결합된 기본 입자를 **분자** (molecule)라고 부른다. 분자는 모두 비금속 원자를 포함하므로 쉽게 구별할 수 있다. $H_2O$, $NH_3$, 그리고 $CH_4$는 모두 비금속 원자로 구성된, 공유 결합을 한 분자의 예이다. 물질은 화학식 단위나 분자로 이루어져 있다. 그림 9.2에는 물질에서 발견된 대표적인 입자 형태를 분류하여 나타내었다.

### 예제 9-1

다음의 화합물이 이온결합인지 또는 공유결합인지를 밝혀라.

(a) 암모니아, $NH_3$

(b) 질소화 마그네슘, $Mg_3N_2$

**해답** (a) $NH_3$는 비금속 질소와 비금속 수소로 되었다. 따라서 공유결합을 형성한다.
(b) $Mg_3N_2$은 금속(Mg)과 비금속(N)으로 이루어져 있다. 따라서 이온결합을 형성한다.

**물음** 다음 화합물이 이온결합 또는 공유결합인가를 밝혀라.

(a) 산화 알루미늄, $Al_2O_3$

(b) 이산화 황, $SO_2$

**해답** (a) 이온결합 (b) 공유결합

## 9-2 | 이온결합

이온결합은 양전하를 띤 양이온과 음전하를 띤 음이온 사이의 정전기적 인력에 의하여 형성된다. 결합 과정에서 에너지가 방출된다. 이 현상은 두 자석의 반대 극간의 인력과 비슷하다. 보통 식탁용 소금 결정, NaCl 에는 $Na^+$ 이온과 $Cl^-$ 이온 간에 인력이 작용한다. 그림 9.3은 자석간의 인력과 유사한 이온 간의 정전기적 인력을 설명한 것이다. 보통 식탁용 소금, NaCl에서 $Na^+$ 이온과 $Cl^-$ 이온 간의 이온결합은 매우 강해 단단한 결정구조를 형성한다(그림 9.4).

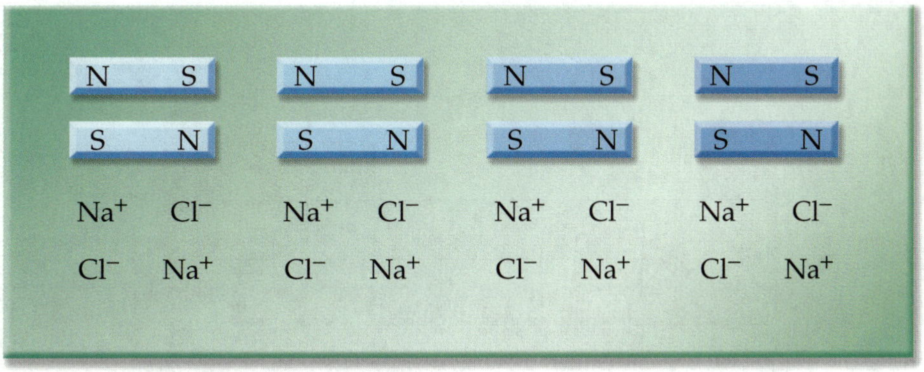


▲ **그림 9.3 정전기적 인력**
반대 전하를 가지는 양이온과 음이온이 서로 끌어당기는 것과 같은 방법으로 일반적인 자석의 양쪽 끝은 서로를 끌어당긴다. 이러한 인력은 수평으로 뿐만 아니라 수직 방향으로 작용할 수 있음을 주목하라.

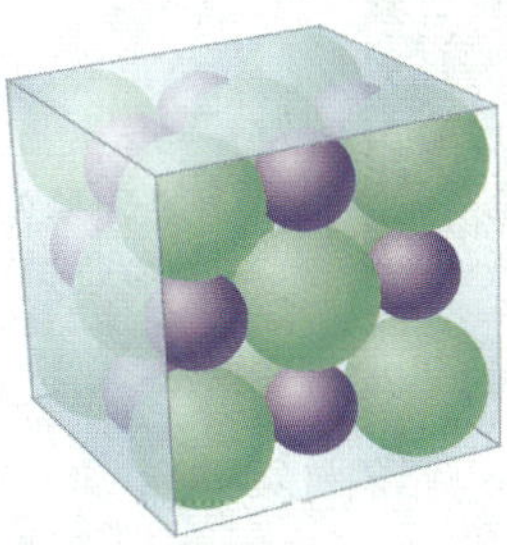

◀ **그림 9.4 염화나트륨(염화소듐)의 결정구조**
염화 나트륨(염화소듐)의 결정은 규칙적으로 반복되어 나타나는 나트륨과 염화 이온으로 이루어져 있다. 각 나트륨 이온이 몇 개의 인접한 염소 이온의 인력을 받음을 주목하라. 양이온과 음이온이 번갈아 나타나면서 삼차원 결정구조를 이룬다.

## 양이온의 형성

금속 원자가 원자가전자를 잃으면, 양전하를 띠게 된다. 원자가전자의 수는 주기율표에서 원소의 족 번호와 같다. Na 원자(IA/1족)가 1개의 원자가전자를 잃어 $Na^+$ 이온이 된다. 주기표를 활용하면 $Na^+$이온이 10개의 전자($11 - 1 = 10\ e^-$)를 가짐을 알 수 있는데, 이는 Ne($10\ e^-$)의 전자수와 같아진다.

Mg 원자(IIA/12족)는 2개의 원자가전자를 잃어 $Mg^{2+}$ 이온이 된다. $Mg^{2+}$ 이온은 10개의 전자($12 - 2 = 10\ e^-$)를 가지므로 Ne과 등전자이다.

4.8절에서 우리는 원소의 원자에 대한 전자점식에 관하여 배웠다. 이온의 형성에 전자점식을 사용할 수 있다. 전자점식을 이용하면 이온을 형성하는 과정에 관여하는 원자가전자들을 알 수 있다. 그림 9.5는 3주기 금속의 이온 형성을 보여 준다.

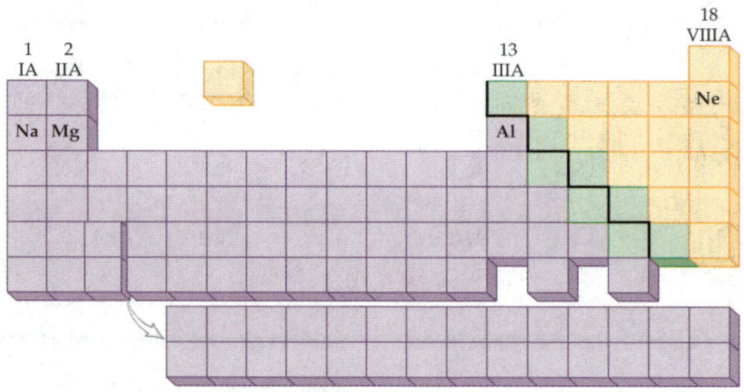


$$\text{Na} \longrightarrow \text{Na}^+ + 1e^-$$
$$[\text{Ne}]3s^1 \qquad [\text{Ne}]$$

$$\text{Mg} \longrightarrow \text{Mg}^{2+} + 2e^-$$
$$[\text{Ne}]3s^2 \qquad [\text{Ne}]$$

$$\text{Al} \longrightarrow \text{Al}^{3+} + 3e^-$$
$$[\text{Ne}]3s^23p^1 \qquad [\text{Ne}]$$

▲ **그림 9.5 금속 이온의 형성**

3주기의 금속 이온들은 전자를 하나, 두개, 세 개 잃어서 양이온을 만든다. 각 금속 이온은 주기율표에서 앞에 나타나는 비활성 기체인 네온과 등전자가 된다.

참고 그림 9.5에서 각각의 이온들은 Ne의 전자 배치를 가진다. Ne과 이들 이온은 8개의 원자가전자로 구성된 안정한 전자 배치를 가진다. 일반적으로 화학자들은 관습에 의해 원자가전자 밑에 있는 전자는 핵심부 전자로 간주하여 전자점으로 표기하지 않는다.

## 음이온의 형성

비금속 원자가 원자가전자를 얻으면 음전하를 띤다. Cl 원자(VIIA/17족)가 1개의 원자가전자를 얻으면 $Cl^-$이온이 된다. 주기율표를 이용하면 $Cl^-$ 이온은 비활성기체 Ar(18 $e^-$)과 같은 18개의 전자(17 + 1 = 18 $e^-$)를 가짐을 알 수 있다. S 원자(VIA/16족)는 2개의 원자가전자를 얻어 $S^{2-}$이온이 된다. $S^{2-}$ 이온은 18개의 전자 (16+2)를 가져 역시 Ar과 등전자가 된다. 그림 9.6은 3주기 비금속의 이온 형성을 보여준다.

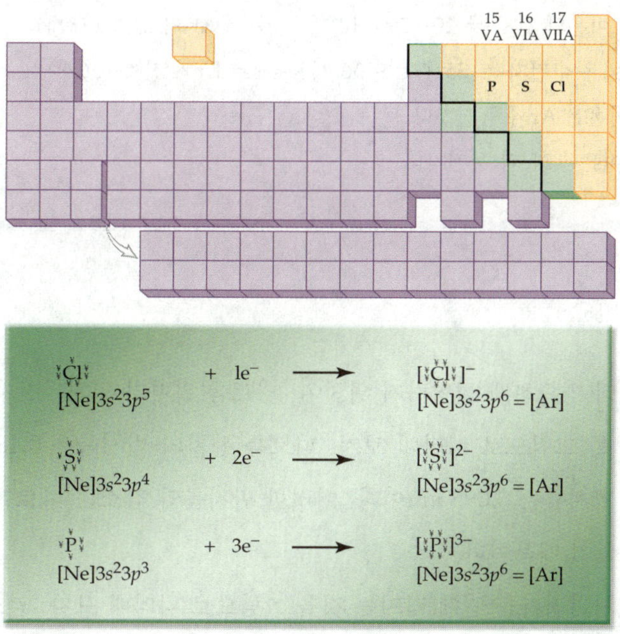


**▲ 그림 9.6 비금속 이온의 형성**
3주기의 비금속은 전자를 각각 1개, 2개, 3개 얻을 수 있다. 각 경우에 비금속 이온은 비활성 기체인 아르곤과 등전자가 된다.

**예제 9-2**

다음 이온과 같은 전자배치를 가지는 비활성 기체는 ?

(a) 리튬 이온 (b) 산화 이온

(c) 칼슘 이온 (d) 브롬화 이온

(e) 포타슘 (칼슘) 이온 (f) 질소화 이온

**해답** 원자가전자수와 주기율표의 족 번호를 참고하라.

양이온의 전자수 = 원자상태에서의 원자가전자수 - 잃어버린 전자수

음이온의 전자수 = 원자상태에서의 원자가전자수 - 얻은 전자수

(a) $Li^+$ 이온의 전자 = 3 - 1 = 2 개 전자 = 헬륨(He)의 전자

(b) $O^{2-}$ 이온의 전자 = 6 + 2 = 10 개 전자 = Ne 의 전자 (10개)

(c) $Ca^{2+}$ 이온의 전자 = 20 - 2 = 18 개 전자 = Ar 의 전자 (18개)

(d) $Br^-$ 이온의 전자 = 35 + 1 = 36 개 전자 = Kr의 전자 (36개)

(e) $K^+$ 이온은 Ar와 등전자다.

(f) $N^{2-}$ 이온은 Ne과 등전자다.

## 이온 반지름

이온결합을 좀 더 명확하게 설명하기 위하여, 나트륨 원자가 원자가전자를 잃은 후 작아지게 되는 것을 그림으로 나타내 보자. 나트륨 원자의 반지름은 0.186 nm인 반면, 나트륨 이온의 반지름은 0.095 nm이다. 이러한 반지름의 감소는 나트륨 원자가 3s 에너지 부껍질을 잃기 때문이다.

염소 원자가 원자가전자를 얻어 커지는 것을 그림으로 나타내 보자. 염소 원자의 반지름은 0.099 nm인 반면 염화이온의 반지름은 0.181 nm이다. 반지름이 이렇게 커지게 되는 이유는 첨가된 전자가 이미 존재하고 있는 전자와 반발하기 때문이다. 실제로, 전하를 띤 염화 이온의 반지름은 중성의 염소 원자의 두 배에 가깝다.

원자 반지름을 고려할 때, 나트륨과 염소의 거동은 모든 금속과 비금속에서 관찰되는 것과 같은 경향을 나타낸다. 즉, 양이온의 반지름은 그 금속 원자의 반지름보다 작고,

음이온의 반지름은 그 비금속 원자의 반지름보다 크다. Na 원자와 Cl 원자의 반지름 변화는 그림 9.7에 나타내었다.

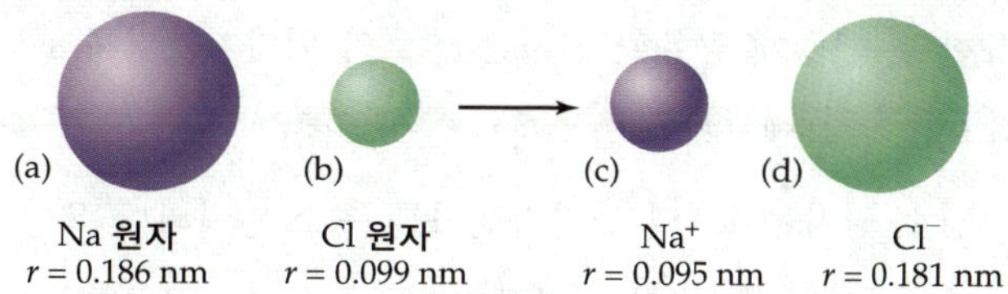


**▲ 그림 9.7 나트륨(소듐) 이온과 염화 이온의 형성**
나트륨 원자의 반지름은 전자를 잃어 감소하고 (그림 a와 c), 염소 원자의 반지름은 전자를 얻은 후 증가한다. (그림 b와 d)

**예제 9-3**

아연 원자와 황 원자로부터 이온결합 형성에 관한 다음 설명 중 옳은 것은 어느 것인가?

(a) 아연 원자는 전자를 얻고 황 원자는 전자를 잃는다.

(b) 아연 원자는 아연 이온보다 반지름이 작다.

(c) 황 원자는 황화 이온보다 반지름이 크다.

(d) 아연 이온과 황화 이온은 정전기적 인력에 의하여 결합을 형성한다.

**해답** (d)만이 옳은 답이다.

## 9-3 | 공유결합

공유결합은 비금속 원자와 비금속 원자가 결합하는 경우이다. 비금속은 모두 전자를 받으려는 경향을 가지고 있으므로 한 원자에서 다른 원자로 전자의 이동은 일어나지 않는다. 그런데 옥텟 규칙에 의하여 원자의 최외각에 8개의 전자가 채워지도록 하기 위하여 전자를 서로 공유하는 방법을 택한다.

이제, 공유결합 형성 과정에 관하여 알아보자. 수소 원자와 염소 원자로부터 HCl이 형성되는 것을 예로 들어 보자. 결합을 형성할 때 수소 원자는 1개의 원자가전자를 염소 원자와  공유한다. 이렇게 공유된 전자는 염소의 원자가껍질에 8개의 전자가 모이게 한다. 그래서 염소는 옥텟규칙을 만족하므로 안정하다.

같은 과정에서, 염소 원자는 1개의 원자가전자를 수소 원자와 공유한다. 공유된 전자는 수소 원자의 원자가껍질에 2개의 전자를 갖게 한다. 수소는 비활성 기체 헬륨과 등전자가 되어 안정하다. 수소 원자와 염소 원자 둘 다 전자쌍을 공유하여 공유결합을 형성하는 과정에서 안정화된다. 결과적으로 공유전자는 2개(수소에서 한개, 염소에서 한개)가 되며 공유전자가 결합과정에 참여하였으므로 결합전자라 한다.  결합 전자는 각각의 원자에 분포되어 분자 주위를 자유롭게 움직이므로 이들 전자들은 **비편재화**(delocalized) 되었다고 말한다.

## 결합길이

결합 형성을 좀 더 알아보기 위하여, 서로 중첩되는 두 원자의 원자가껍질을 그려 보자. 위의 예에서 수소원자는 1s 부준위에 있는 원자가전자와 염소원자는 3p 부준위의 원자가전자가 섞이기 때문에 중첩이 일어난다. 부준위 원자가전자들의 이런 섞임으로 두 핵이 서로 가깝게 다가간다. 수소 원자의 반지름은 0.037 nm이고 염소 원자의 반지름은 0.099 nm이다. 만약 두 원자가 단순히 이웃해 있다면 수소 핵으로부터 염소 핵까지의 거리는 0.136 (0.037 + 0.099) nm가 될 것이다. 그러나 실제로 두 핵 간의 거리는 0.127 nm이다. 즉 껍질은 그림 9.8에 나타난 것처럼 중첩된다는 사실을 알 수 있다. 두 핵사이의 거리를 **결합길이**(bond length)라고 부른다.

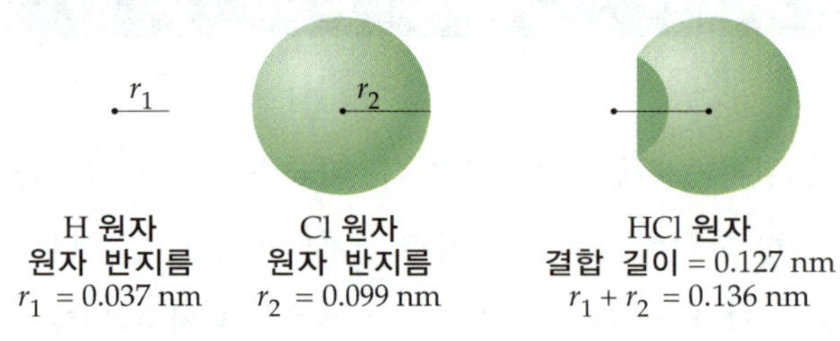


◀ **그림 9.8 공유결합의 형성**
수소 원자와 염소 원자는 전자쌍의 공유로 공유결합이 형성된다. 두 원자는 결합하여 HCl 분자를 이룬다. 결합길이 (0.127 nm)는 두 원자 반지름의 합 (0.037 + 0.099 = 0.136 nm)보다 작다.

## 결합 에너지

두 이온이 서로 끌어당겨 이온결합을 형성할 때 에너지가 관계를 알아보자 방출된다. 예를 들어 NaCl을 형성하는 과정에서 열에너지 변화를 알아보자.

$Na + Cl \rightarrow Na^+ + Cl^- \rightarrow NaCl$

$Na \rightarrow Na^+$ : 이온화에너지(496 KJ/mol)라 하며 흡열이다.

$Cl \rightarrow Cl^-$ : 전자친화도(349 KJ/mol)라 하며 발열이다.

$Na^+ + Cl^- \rightarrow NaCl$ : 역 격자에너지(786 KJ/mol)라 하며 발열이다.

위 과정에서 일어나는 모든 에너지를 계산하면 발열반응이 일어난다는 것을 알 수 있다. 수소 원자와 염소 원자가 HCl 분자를 형성하기 위하여 결합할 때도 열에너지가 방출된다.

$$H(g) + Cl(g) \rightarrow HCl(g) + 열$$

반대로, H–Cl 결합을 끊을 때는 반대로 흡수해야 할 에너지가 필요하다. 두 원자 사이의 결합을 끊을 때 필요한 에너지양을 **결합 에너지**(bond energy)라고 한다. H–Cl 결합을 끊기 위하여 필요한 에너지의 양은 H와 Cl이 HCl 분자를 형성할 때 방출되는 에너지와 같다.

$$HCl(g) + 열 \rightarrow H(g) + Cl(g)$$

### 예제 9-4

$H_2O$ 분자 내에 있는 수소 원자와 산소 원자 사이의 공유결합에 관한 다음 설명 중에서 옳은 것은 어느 것인가?

(a) 원자가전자는 수소 원자와 산소 원자 간에 공유된다.

(b) 결합 전자는 전체 $H_2O$에 분포된다.

(c) H–O 결합길이는 수소 원자와 산소 원자의 원자 반지름의 합보다 작다.

(d) H–O 공유 결합을 끊는데 에너지가 필요하다.

**해답** 위 모든 설명이 옳다.

**물음** $H_2S$ 분자 내에 있는 수소 원자와 황 원자의 공유결합에 대한 다음 설명 중에서 옳은 것은 어느 것인가?

(a) 원자가전자는 수소 원자와 황 원자에 공유된다.

(b) 결합전자는 수소 원자와 황 원자 사이에 위치한다.

(c) H-S 결합길이는 수소 원자와 황 원자의 원자 반지름의 합과 같다.

(d) H-S 결합을 끊으면 열 에너지가 방출된다.

**해답** (a) 원자가전자는 수소 원자와 황 원자에 공유된다.

**참고** 두 원자가 공유결합을 형성할 때 에너지는 항상 방출된다. 그러나 때때로 공유결합이 형성되기 위해서는 에너지가 필요하다. 예를 들어 수소와 요오드 분자로부터 H–I 결합을 형성하는데 에너지가 필요하다. H–I 결합을 형성하기 전에 H–H와 I–I 결합을 끊는데 에너지가 필요하기 때문이다. H–H 와 I–I 결합을 끊는데 필요한 에너지가 H–I 결합 형성에서 방출되는 에너지보다 더 크기 때문에 HI의 형성은 흡열 반응이다.

## 9-4 | 분자의 전자점식

4.8절에서 우리는 주족원소의 원자에 대한 전자점식을 알아보았다. 주기율표에서의 원소의 족 번호와 원자가전자수의 관계를 알아보았다. 예를 들어, 2주기에서 Li 원자는 1개 (IA/1족)의 원자가전자를 , Be 원자는 2개 (ⅡA/2족), B 원자는 3개 (ⅢA/13족), C 원자는 4개 (ⅣA/14족), N 원자는 5개 (ⅤA/15족), O 원자는 6개 (VIA/16족), F 원자는 7개 (ⅦA/17족)를 그리고 비활성 기체 Ne는 8개 (ⅧIA/18족) 원자가전자를 갖는다. 우리는 원자가전자를 원소기호 주위에 전자점으로 나타내었다.

이제, 분자에 대한 **전자점식**(electron dot formula)을 나타내보자. 루이스(Lewis) 구조라고도 부르는 전자점식은 원자들 사이의 결합을 나타내는 원자가전자를 보인 것이다. 이렇게 함으로써 분자내의 원자들의 배열을 형상화하는데 도움을 준다. 다음의 지침을 따르면 쉽게 전자점식을 나타낼 수 있다.

### 분자의 전자점식에 관한 지침

1. 분자에서 각 원자의 원자가전자를 합하여 원자가전자의 총수를 계산한다. 원자가전자의 총수는 옥텟 규칙을 따라 짝수가 되어야 한다. 만약 원자가전자의 총수가 홀수이면 다시 검토해 보라.
2. 분자에서 전자쌍 수를 알기 위하여 원자가전자의 총수를 2로 나누어라.
3. 먼저 4개의 전자쌍을 중심 원자 주위에 배치하라. 남은 전자쌍을 이용하여 다른 원자 주위에 옥텟을 만족시켜라. (수소는 오직 1개의 전자쌍만을 필요로 하는 유일한 예외다.) 일반적으로 화합물을 이루는 원자들 중에 원자수가 가장 적은 원자가 중심원자가 된다.
4. 옥텟을 이루기에 각 원자의 전자쌍이 충분하지 않으면, 중심원자에 있는 비공유 전자쌍을 이미 전자쌍을 공유하는 두 원자 사이로 옮겨라.

## 물의 전자점식

원자 사이에 공유된 전자쌍을 **결합전자**(bonding electrons)라 부른다. 단지 옥텟을 만족시키는 다른 전자쌍을 **비결합전자**(nonbonding electron) 또는 고립쌍(lone pairs)이라고 부른다. 분자의 전자점식을 나타내는 방법을 알아보기 위하여, 물, $H_2O$의 전자점식을 그려 보자.

**1 단계** : 원자가전자의 총수 = 수소 2개 (2×1) + 산소 6개 = 8개

**2 단계** : 전자쌍 수 = 8/2 = 4쌍이다. $H_2O$에서 산소가 중심 원자이다.

**3 단계** : 산소(중심원자) 주위에 4개의 전자쌍을 배치한다.

4개의 전자쌍 중 임의의 위치에 2개의 수소 원자를 배치한다.

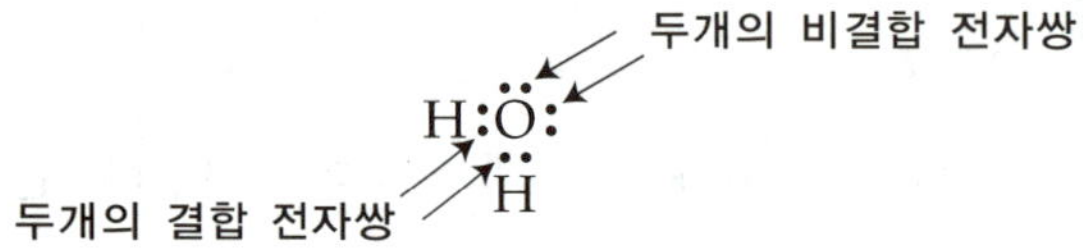


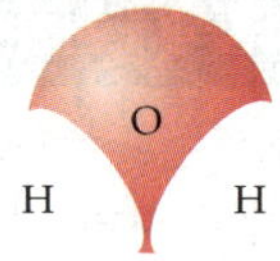


◀ 물, $H_2O$

두개의 결합 전자쌍과 두개의 비결합 전자쌍이 있다는 것에 주목하자. 그렇지만 모든 전자는 동등하고 4개의 전자쌍(8개의 원자가전자)은 분자 전체의 주위를 움직인다.

간단하게 나타내기 위하여 각 결합 전자쌍은 **단일결합**(single bond)이라 불리는 단일선으로 표시한다. 이러한 구조를 분자의 **구조식**(structural formula)이라고 한다. 비결합 전자는 구조식에서 보통 생략한다.

## $SO_3$의 전자점식

이제 좀 더 어려운 예인 $SO_3$의 전자점식을 나타내 보자. S 원자는 분자에서 중심원자이다.

**1 단계** : $SO_3$ 분자의 원자가전자의 총 수는 = 6 + (3×6) = 24개

**2 단계** : 전자쌍의 수는 = 24/2 = 12 쌍

**3 단계** : 황 원자는 중심 원자이므로 황 원자 주위에 4개의 전자쌍을 먼저 배치하고 3개의 산소 원자를 첨가한다.

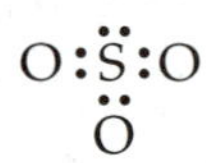

남아 있는 8개의 전자쌍을 산소 원자 주위에 배치한다.

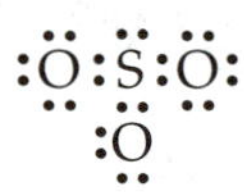

아래에 놓인 산소 원자는 3개의 전자쌍만을 가져 옥텟을 만족시키지 못하였다.

**4 단계** : 황 원자의 비결합 전자쌍을 아래 쪽 산소위의 결합전자쌍 쪽으로 옮겨 2개의 결합 전자쌍을 만든다.

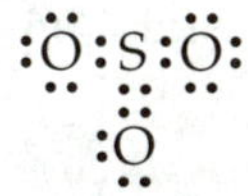

공유된 2개의 전자쌍은 **이중결합**(double bond)을 구성한다. 이중결합 내의 4개의 전자는 황 원자와 산소 원자 간에 공유된다. 그러므로 황 원자는 여전히 옥텟을 만족시키고, 아래에 놓인 산소 원자는 2개의 전자를 얻어 옥텟을 이룬다. $SO_3$의 구조식은 1개의 이중결합과 2개의 단일결합을 가진다. 이중결합은 이중선으로 단일결합은 단일선으로 나타낸다. 즉 다음과 같다.

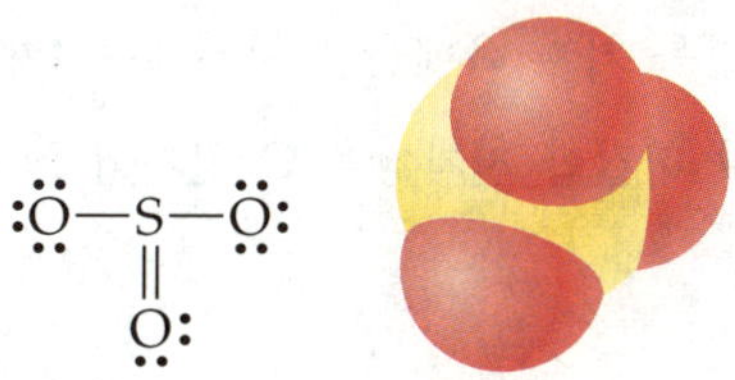

◀ 삼산화황, $SO_3$

구조식은 회전할 수 있기 때문에 이중결합은 왼쪽 또는 오른쪽에도 놓을 수 있다. 그러므로 $SO_3$ 분자의 구조식은 다음 중 어느 하나로 나타낼 수 있다. 이 현상을 **공명**(resonance)이라고 하며 $SO_3$ 분자에 대하여 세 개의 공명구조를 그릴 수 있다.

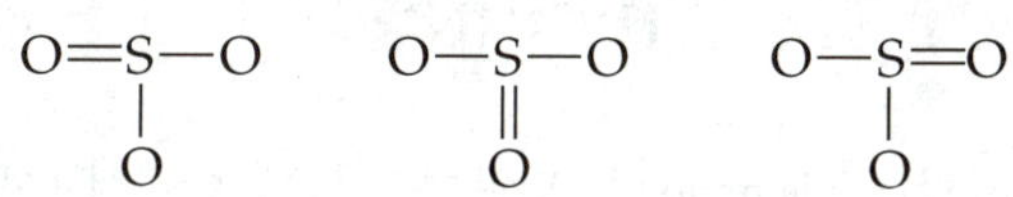

비록 분자가 다르게 보일지라도 세 구조식은 같다. 모형을 사용하여 분자를 만들면 이러한 설명을 쉽게 이해할 수 있다. 각 분자모형을 회전시키면 다른 두 분자 모형과 같아진다.

## 시안화수소(HCN)의 전자점식

시안화수소, HCN의 전자점식을 그려보자. C 원자는 분자의 중심 원자이다.

**1 단계** : 총 원자가전자수는 = 1 + 4 + 5 = 10개

**2 단계** : 전자쌍의 수는 = 10/2 = 5 쌍

**3 단계** : C 원자가 중심 원자이므로 C 원자 주위에 4개의 전자쌍을 배치하고 수소 원자와 질소 원자를 붙인다.

$$\mathrm{H:\overset{\cdot\cdot}{\underset{\cdot\cdot}{C}}:N}$$

5쌍의 전자쌍으로 시작하였으니 1개의 전자쌍이 남아 있다. 수소 원자는 필요한 두 전자를 이미 가지고 있으므로 남은 1개의 전자쌍을 질소원자 옆에 배치한다.

$$\mathrm{H:\overset{\cdot\cdot}{\underset{\cdot\cdot}{C}}:N:}$$

**4 단계** : 질소 원자는 4개의 전자만을 가져 옥텟을 이루기에는 4개의 전자가 모자란다. C 위쪽에 있는 1개의 비결합 전자쌍을 C 원자와 N 원자 사이로 옮겨보자.

$$\mathrm{H:\underset{\cdot\cdot}{C}::N:}$$

그래도 질소는 단지 6개의 전자만을 가진다. C 원자의 아래쪽 비결합 전자쌍을 C 원자와 N 원자 사이로 옮기면 다음과 같다.

$$\mathrm{H:C:::N:}$$

3개의 전자쌍은 삼중결합(triple bond)을 만든다. 삼중결합에서 6개의 전자는 C 원자와 N 원자 간에 공유된다. 그러므로 탄소 원자와 질소 원자 모두 옥텟을 만족시킨다. 삼중 결합은 삼중선을 그어 나타낸다. 따라서 HCN에 대한 구조식은 다음과 같다.

$$\mathrm{H{-}C{\equiv}N:}$$

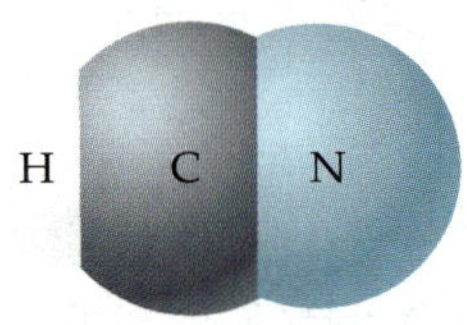


◀ 시안화 수소, HCN

## 예제 9-5

클로로포름, $CHCl_3$에 대한 전자점식과 구조식을 그려라.

**해답** $CHCl_3$에서 C가 중심 원자이다.

1 단계 : 총 원자가전자수 = 4 + 1 + (3×7) = 26 개

2 단계 : 전자쌍의 수 = 26/2 = 13 쌍

3 단계 : C 원자 주위에 4개의 전자쌍을 배치하고 전자쌍 곁에 H 원자와 3개의 Cl 원자를 첨가한다.

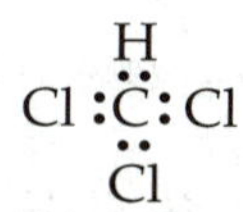

13개의 전자쌍에서 탄소 원자에 4개의 전자쌍을 배치하였으므로 9개의 전자쌍이 남아 있다. 남은 9개의 전자쌍을 각 Cl 원자 주위에 3쌍씩 배치시켜 보자.

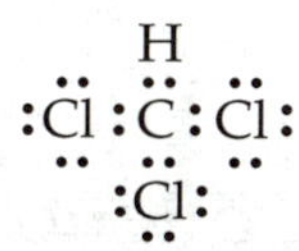

각 원자는 수소를 제외하고 8개의 전자에 의하여 둘러싸여 있다. 올바른 전자점식이다. 구조식에서 각 결합 전자쌍은 단일 선으로 표시하면 다음과 같다.

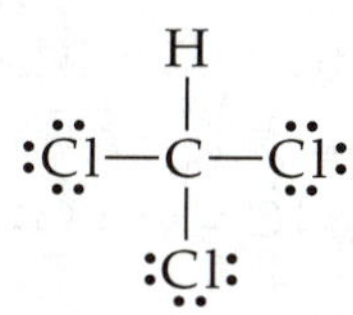

구조식은 자유롭게 회전할 수 있으므로 수소 원자를 C 원자의 아래 또는 옆에 쓸 수도 있다.

**물음** SiHClBrI 분자에 대한 전자점식과 구조식을 그려라.

**해답**

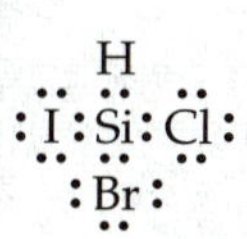

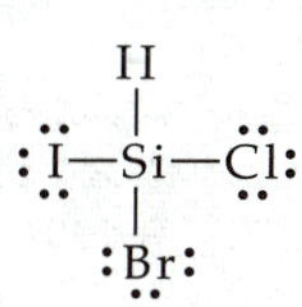

## 예제 9-6

이산화탄소, $CO_2$ 분자의 전자점식과 구조식을 그려라.

**해답** 탄소 원자는 $CO_2$ 분자의 중심 원자이다. 총 원자가전자수는 $16e^-[4e^- + 2(6e^-) = 16e^-]$이고, 전자쌍의 수는 $8(16/2 = 8)$이다. 탄소 원자 주위에 4개의 전자쌍을 배치하고 전자쌍 곁에 2개의 산소 원자를 첨가한다.

남은 4개의 전자쌍을 각 산소 원자에 2쌍씩 배치한다.

각 산소 원자는 옥텟보다 2개 적은 6개의 전자를 공유한다. 탄소 원자 주위의 2개의 비결합 전자쌍을 1쌍은 왼쪽의 산소 원자로, 다른 1쌍은 오른쪽의 산소로 이동한다. 각 C－O 결합은 2개의 전자쌍을 공유한다.

이제 각 원자는 옥텟 규칙을 만족한다. 이것은 올바른 전자점식이다. 각 산소 원자와 탄소 원자 간에는 2개의 전자쌍이 있다. 그래서 $CO_2$ 분자에는 2개의 이중결합이 있다. 구조식에서 각 이중결합을 이중선으로 표시한다.

**물음** $SiO_2$ 분자에 대한 전자점식과 구조식을 그려라.

**해답** 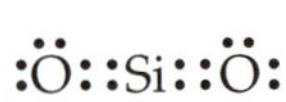 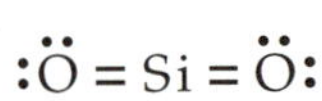

**참고** 수소 이외에도 옥텟 규칙에 예외인 것들이 있다. 예를 들면, $BeCl_2$에서는 Be원자 주위에 4개의 전자가 있으며, $BF_2$에서는 B 원자 주위에 6개의 전자만이 있다. 게다가 8개의 전자보다 많아서 팔전자계 규칙에 예외적인 경우도 있는데, 예를 들어 $PCl_5$에서는 P 원자 주위에 10개의 전자가 있으며, $SF_6$에서는 S 원자 주위에 12개의 전자가 있다.

## 9-5 | 다원자 이온의 전자점식

지금까지 이온에 대한 논의에서 오직 단일 원자의 전자 잃음과 얻음을 논의하였다. 양전하 또는 음전하를 가지는 이런 간단한 이온을 단원자 이온(monoatomic ion)이라고 부르고, 2개 이상의 원자를 포함한 이온 형태를 다원자 이온(polyatomic ion)이라고 한다. 비료로 쓰이는 암모늄이온 $NH_4^+$, 하수구 세척제나 오븐 세척제 같은 가사 용품에서 볼 수 있는 수산화 이온 $OH^-$, 베이킹소다에서 발견되는 탄산수소 이온 $HCO_3^-$ 등은 자주 쓰이는 다원자 이온이다. 이제 다원자이온의 전자점식을 나타내보자. 이온에 대한 다음 설명은 분자에 대한 앞의 지침과 비슷하다.

**다원자 전자점식을 그리기 위한 지침**

1. 다원자 이온에서 각 원자의 원자가전자를 더하여 원자가전자수를 구한다. 만약 이온이 음으로 하전 되었으면, 원자가전자의 수에 음전하의 전자수를 더하라. 또한 이온이 양으로 하전 되었으면, 원자가전자의 수에서 양전하의 전자수를 빼라. 각 경우에, 그 결과는 총 원자가전자수가 된다.
2. 원자가전자의 총수를 2로 나누어 전자쌍의 수를 계산하라.
3. 4개의 전자쌍을 중심 원자 주위에 배치하라. 남아있는 전자쌍을 사용하여 각 원자 주위에 옥텟을 만족시켜라. (수소는 오직 한 개의 전자쌍만을 필요로 하는 유일한 예외이다.)
4. 옥텟을 이루기에 각 원자의 전자쌍이 충분하지 않으면 비결합 전자쌍을 이미 전자쌍을 공유하는 두 원자 사이로 옮겨라.

다음과 같이 $NH_4^+$ 이온에 대한 전자점식을 그릴 수 있다. $NH_4^+$ 이온에서 총 원자가전자수는 [$5e^- + 4(1e^-)$ $1e^- = 8e^-$]이다. $NH_4^+$ 이온이 +1 전하를 가지므로 계산할 때 전자 하나를 빼 주어야한다는 점을 주의하라. 전자쌍의 수는 4(8/2 = 4) 이다. $NH_4^+$이온에서 질소는 중심 원자이므로 질소 원자 주위에 옥텟을 만족하기 위하여 4개의 전자쌍을 배치한다.

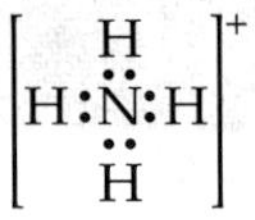

$NH_4^+$이온의 전자점식이 바르게 되었는지 확인하라. 질소 원자는 옥텟을, 그리고 각 수소 원자는 2개의 전자쌍을 공유한다.

이제, 다원자 이온의 전자점식을 간단하게 구조식으로 나타내보자. 각 결합 전자쌍을 단일선으로 표시하면, $NH_4^+$이온의 구조식은 다음과 같다.

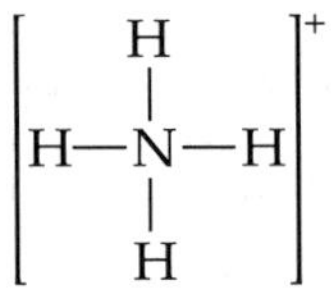

다원자 이온식은 식을 괄호로 표시하고, 전체 전하는 괄호 밖에 표시한다. 괄호 밖에 전하를 표시하여 양전하가 이온 전체에 분포되어 있음을 강조하고 있다.

이제, 염소산이온, $ClO_3^-$의 전자점식을 그려보자. $ClO_3^-$ 음이온의 총 원자가전자 수는 $26e^-$[$7e^-$ + 3($6e^-$) + 1e- = $26e^-$]이다. $ClO_3^-$ 이온이 -1 전하를 가지므로 계산에서 전자 하나를 더한다는 것을 주의하라. 전자쌍의 수는 13(26/2 = 13)이다. 중심 원자인 $ClO_3^-$주위에 4개의 전자쌍을 배치하고 3개의 O 원자를 첨가한다.

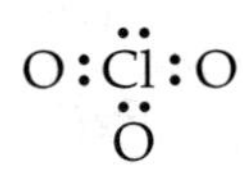

13개의 전자쌍으로 시작하였으므로 남은 9개의 전자쌍은 옥텟을 완성하도록 각 산소 원자 주위에 배치한다.

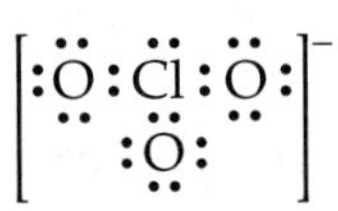

구조식에서 각 결합 전자쌍을 단일선으로 표시하고 비결합 전자는 보통 생략된다. 따라서 $ClO_3^-$ 이온의 구조식은 다음과 같다.

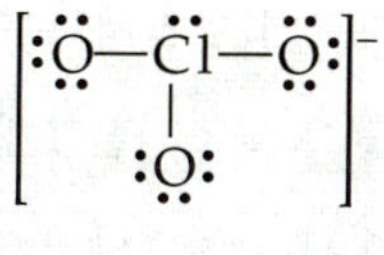

좀 더 어려운 예로 탄산 이온 $CO_3^{2-}$이온의 전자점식을 나타내 보자. 이 다원자이온의 총 원자가전자수는 [$4e^- + 3(6e^-) + 2e^- = 24e^-$]이고, 전자쌍의 수는 12(24/2 = 12)이다. 탄소 원자가 중심 원자이므로 C 원자 주위에 4개의 전자쌍을 배치시키고 3개의 O 원자를 첨가한다.

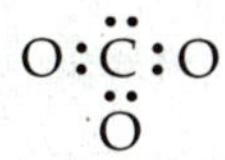

12개의 전자쌍으로 시작하였으므로 남은 8개의 전자쌍은 옥텟을 만족 시키도록 산소 원자 주위에 배치한다.

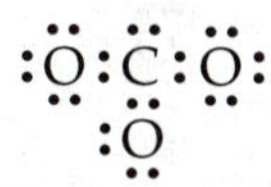

아래에 놓인 산소 원자는 3개의 전자쌍만을 가져 옥텟을 만족시키지 못하고 있다. 지침에 따라 비결합 전자쌍을 C 원자와 O 원자 사이로 옮겨보자.

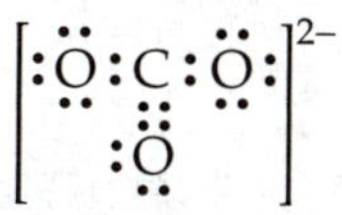

두 전자쌍은 이중결합을 구성한다. 이중결합 내의 4개의 전자는 C 원자와 O 원자 사이에 공유된다. 그러므로 중심 탄소 원자는 옥텟을 만족시키고, 탄소 원자는 2개의 전자를 얻어 옥텟을 완성한다. 원자가전자가 다원자이온 주위로 자유롭게 움직인다는 것을 나타내기 위하여 괄호를 사용한다. 결과적으로 $ClO_3^{2-}$이온은 3개의 다른 구조식으로 보인다.

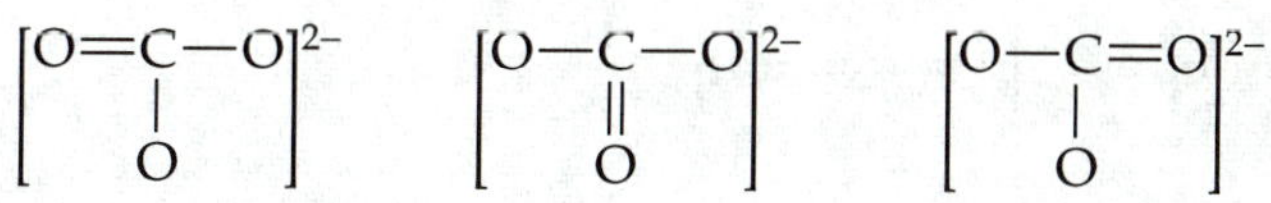

비록 $CO_3^{2-}$ 이온의 3개의 구조가 다르게 보일지라도 3가지 구조는 모두 동등하다. $CO_3^{2-}$ 이온을 어떻게 표현할지라도 그 구조식은 1개의 이중결합과 2개의 단일결합을 가진다. 다음은 다원자이온의 전자점과 구조식에 관한 예제이다.

### 예제 9-7

황산이온 $SO_4^{2-}$ 이온에 대한 전자점식과 구조식을 그려라.

**해답** 총 원자가전자수는 각 원자의 원자가전자수의 합에 음전하 2를 더한 것이다 : $6e^- + 4(6e^-) + 2e^- = 32e^-$. 전자쌍의 수는 $(32/2 = 16)$이다. 중심 황 원자 주위에 4쌍의 전자를 배치하고 산소 원자를 첨가하면 다음과 같다.

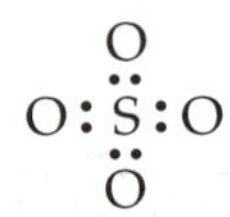

남은 12개의 전자쌍은 각 산소 원자 주위에 3쌍씩 배치한다.

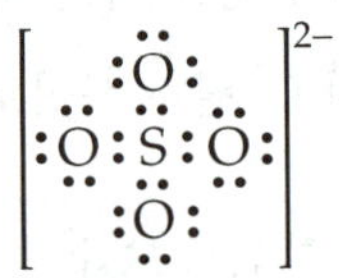

각 원자는 8개의 전자로 둘러 쌓여있다. 이것은 올바른 전자점식이다. 구조식은 각 결합 전자쌍을 단일선으로 나타낸다.

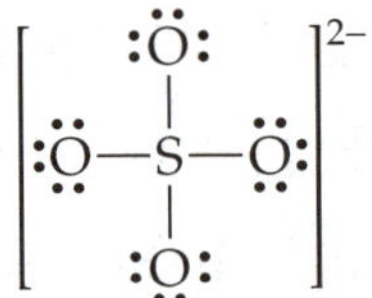

**물음** $NO_2^-$ 이온의 전자점식과 구조식을 그려라.

**해답**  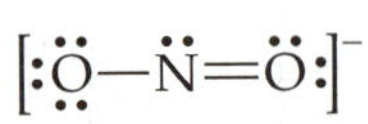

## 9-6 | 극성 공유결합

지금까지 우리는 공유결합에서 전자는 동등하게 공유된다고 가정하였다. 두 원자가전자를 동등하게 공유하지 않는 공유결합이 있다. 많은 경우 두 원자 중 한 원자가 전자쌍을 좀 더 세게 끌어당긴다. 전자쌍이 어느 한 원자에 좀 더 가깝게 결합되면, 그 결합은 편극 되었다고 한다. 이런 결합 형태를 극성 공유결합 또는 간단히 **극성결합**(polar bond)이라 한다.

### 전기음성도 경향

각 원소는 원자가전자를 끌어당기는 능력이 있다. 원자가전자를 끌어당기는 이런 능력은 핵과 원자가전자와의 거리, 또한 핵의 양전하 크기와 관련된다. 화학결합에서 다른 원자로부터 전자를 끌어당기는 원자의 능력을 **전기음성도**(electronegativity)라고 한다. 결합 전자를 강하게 끌어당기는 원소의 원자는 전기음성도가 크다고 한다.

미국의 화학자, 폴링(Linus Pauling)은 각 원소의 전기음성도 값을 측정하는 방법을 고안하였다. 폴링은 탄소의 전기음성도를 2.5로 정하고 탄소와 상대적으로 결합전자를 끌어당기는 다른 원소의 능력을 결정하였다. 그는 플루오린이 가장 전기음성도가 큰 원소라는 것을 밝혔다. 플루오린의 전기음성도 값은 4.0이다. 높은 전기음성도를 갖는 다른 원소로는 O가 3.5, N이 3.0, 그리고 Cl이 3.0이다. 전기음성도가 큰 대부분의 원소는 주기율표의 오른쪽 끝에 있는 비금속이다. 그림 9.9는 주기율표에서 여러 원소의 전기음성도 값을 나타낸 것이다.

그림 9.9에서 전기음성도 경향을 알아보자. 첫째, 주기율표의 왼쪽에서 오른쪽으로 갈수록 원소의 전기음성도가 커진다. 왜냐하면 오른쪽으로 갈수록 핵 안의 양성자수가 증가하므로 원자가전자를 끌어당기는 힘이 증가하기 때문이다. 둘째, 같은 족에서는 위에서 아래로 갈수록 원소의 전기음성도는 작아진다. 왜냐하면 아래로 갈수록 핵과 원자가전자와의 거리가 멀어지기 때문이다.

우리는 전기음성도의 주기적 경향이 원소의 화학적 성질과 일치한다는 것을 알 수 있다. 즉, 비금속일수록 전기음성도가 크므로 전자를 얻어 반응하고 금속일수록 전기음성도가 적으므로 전자를 잃어 반응한다.

## 예제 9-8

다음 원소 중에서 전기음성도가 큰 원소를 예측하라.

(a) N 또는 O (b) Br 또는 Se

(c) F 또는 Cl (d) Si 또는 C

**해답** 주기에서 오른쪽에 놓이거나 혹은 족의 위에 놓인 원소가 전기음성도가 더 크다. 따라서

(a) O는 N보다 전기음성도가 크다. (b) Br은 Se보다 전기음성도가 크다.

(c) F는 Cl보다 전기음성도가 크다. (d) C는 Si보다 전기음성도가 크다.

그림 9.9에서 우리는 H의 전기음성도 값은 2.1이고, Cl의 전기음성도 값은 3.0이라는 것을 알았다. 두 원소 사이에 전기음성도의 차이(3.0 − 2.1 = 0.9)가 있기 때문에, H−Cl 분자의 결합은 극성이다. Cl은 전기음성도가 더 큰 원소이므로 결합 전자쌍은 Cl 원자로 끌려가고 H 원자로부터 멀어진다. 따라서 Cl 원자는 약간의 음전하를 띠고 H 원자는 양전하를 띤다.

특별한 기호인 그리스 문자 델타($\delta$)를 사용하여 극성 결합을 나타낼 수 있다. 부분적인 음전하를 갖는 원자를 $\delta^-$로 나타낸다. 또한 부분적으로 양전하를 띤 원자를 $\delta^+$로 나타낸다. 이런 기호, $\delta^-$와 $\delta^+$를 델타 기호(delta notation)라 부른다. 델타기호를 사용하여 HCl 분자에서 극성결합을 다음과 같이 나타낼 수 있다.

$$\delta^+ \ \mathbf{H - Cl} \ \delta^-$$

◀ **할로겐화 수소**
각 할로겐화 수소 분자의 두 원자들은 극성 공유결합으로 연결되어 있다.

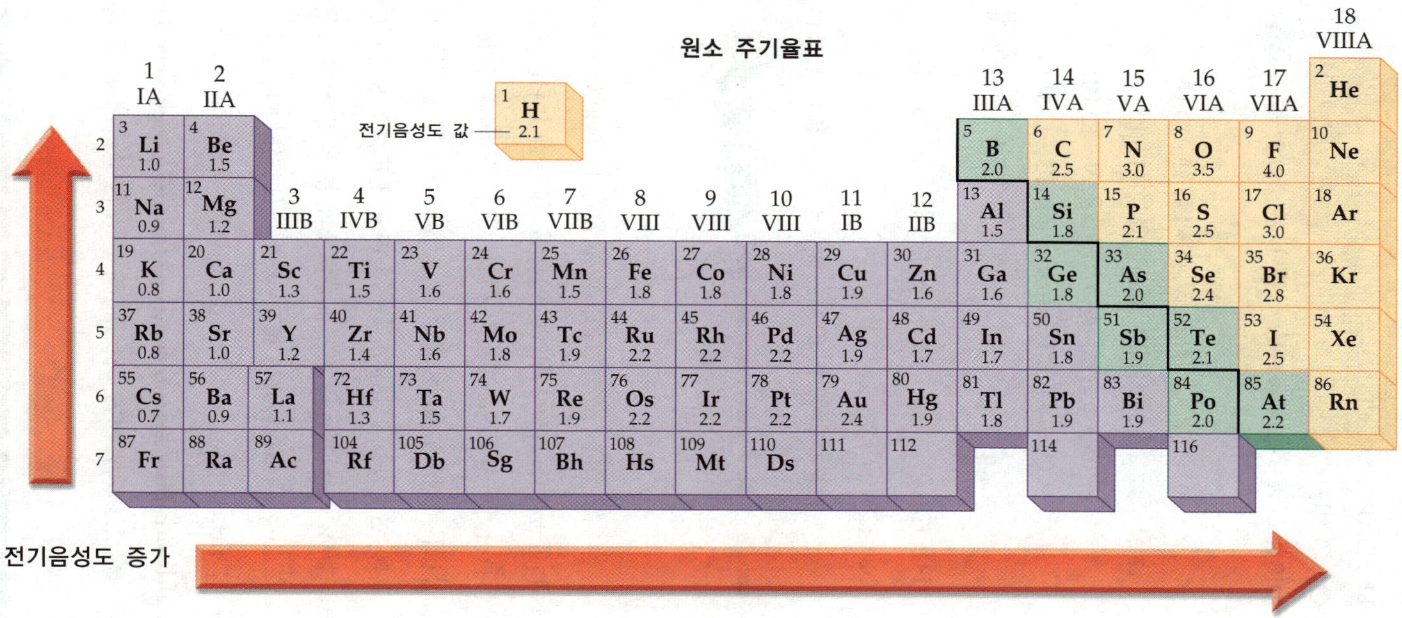


▲ **그림 9.9 원소의 전기음성도 값**

원소기호의 아래에 폴링 전기음성도 값을 나타내었다. 일반적으로 전기음성도는 같은 주기에서는 오른쪽으로 갈수록, 같은 족에서는 위쪽으로 갈수록 증가한다. 비활성 기체는 안정한 결합을 형성하므로 18족의 전기음성도는 나타나 있지 않다.

## 9-7 | 무극성 공유결합

극성결합에서 두 원자 중 한 원자는 보다 세게 전자를 끌어당기는 경향을 가진다. 전기음성도가 큰 원자는 결합 전자쌍을 강하게 끌어당기고 부분적으로 음전하를 띤다.

이제 두 원자의 전기음성도 값이 같거나 비슷하다면 그 공유결합은 어떻게 되겠는가? 이 질문에 대답하기 위하여 그림 9.9에 나타난 폴링 전기음성도 값을 다시 고찰해 보자. 몇몇 원소는 같은 전기음성도 값을 가진다는 것에 주목하라. 예를 들어, N과 Cl은 3.0, C, S 그리고 I 는 모두 같은 2.5의 전기음성도 값을 가진다.

그러면 S-I 결합을 어떻게 설명할까? 각 원자의 전기음성도가 같기 때문에 결합은 편극 되지 않는다. 같은 전기음성도를 가진 두 원자 간의 공유결합은 무극성 공유결합 또는 간단히 **무극성 결합**(nonpolar bond)이라 부른다. 다음은 극성과 무극성 결합의 분류에 대하여 더 설명한 것이다.

### 예제 9-9

다음을 극성 또는 무극성 결합으로 분류하여라.

(a) Cl – Cl　　(b) Cl – N

(c) Cl – Br　　(d) Cl – H

**해답** 그림 9.9로 부터

(a) Cl – Cl 결합은 무극성이다(3.0 – 3.0 = 0).

(b) Cl – N 결합은 무극성이다(3.0 – 3.0 = 0).

(c) Cl – Br 결합은 약간 극성이다(3.0 – 2.8 = 0.2).

(d) Cl – H 결합은 극성이다(3.0 – 2.1 = 0.9).

**물음** 다음 각각을 극성 또는 무극성 결합으로 분류하여라.

(a) C – C　　(b) C – O

(c) C – S　　(d) C – H

**해답** (a) 무극성 (b) 극성 (c) 무극성 (d) 약간 극성

이원자 분자(diatomic molecule)는 공유결합된 두개의 비금속 원자로 구성된다. 가장 간단한 무극성 결합의 예는 두개의 동일한 원자에서 찾아 볼 수 있다. 예를 들어, 산소는 자연에서 기체로 존재하고, $O_2$분자로 이루어져 있다. 비록 산소의 전기음성도가 크지만 $O_2$ 분자의 결합은 무극성이다. 이것은 각 산소 원자가 같은 힘으로 전자쌍을 끌어당기기 때문이다.

할로젠족 네 원소 모두 $F_2$, $Cl_2$, $Br_2$, $I_2$무극성 공유결합을 나타낸다. 두 원자 사이의 전기음성도 차이가 0.5 이하인 결합은 무극성 결합으로 간주한다.

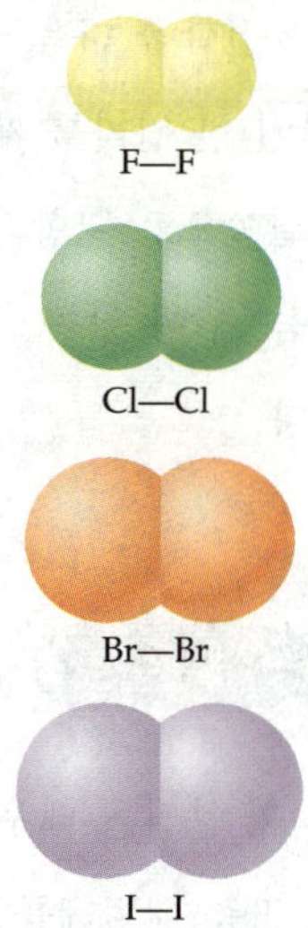


**▲ 할로겐 분자들**
각 할로겐 분자들의 두 원자는 무극성 공유 결합으로 연결되어 있다.

## 9-8 | 배위 공유결합

공유결합은 두 비금속 원자 사이에 전자쌍이 공유되어 있다. 전자쌍을 만들 때 각 원자에서 같은 수의 전자를 제공한다. 즉, 전자쌍이 한 쌍일 때는 각 원자에서 전자 한 개씩 제공한다. 이제 전자를 공유하는 특별한 경우를 알아보자. 각 원자가 한 개씩의 전자를 제공하지 않고 한 원자가 한 쌍의 전자를 다른 원자에게 제공하여 생기는 공유결합을 **배위 공유결합**(coordinate covalent bond)이라 부른다. 배위 공유결합의 좋은 예는 오존, $O_3$, 분자에서 찾아 볼 수 있다. 이 분자에서 산소 분자는 다른 산소 원자에 비결합 전자쌍을 제공하여 오존을 형성한다.

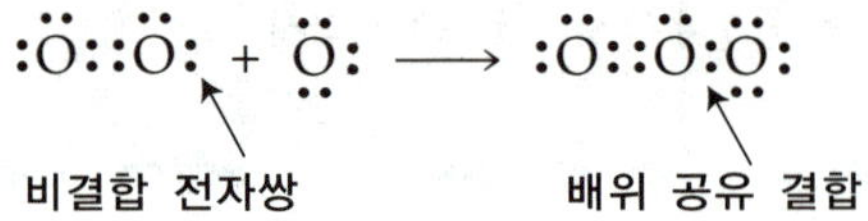


배위 공유결합을 다음처럼 확인할 수 있다. 첫째, 임의의 분자에 대한 전자점식을 그린다. 만일 한 원자를 제거한 다음, 남은 원자가 옥텟을 만족시키면 제거된 원자는 배위 공유결합으로 결합되어 있다는 것을 알 수 있다. 오존, $O_3$의 경우에 O 원자가 제거된 다음, 남아 있는 $O_2$는 안정한 전자점식을 유지한다. 그래서 $O_3$는 배위 공유결합을 가진다.

### 예제 9-10

노란색 황 분말을 태우면 $SO_2$가 생긴다. $SO_2$는 유독한 냄새를 가진 무색 기체이다. $SO_2$는 곤충 애벌레를 죽이는데 사용되고, 성냥이 점화될 때 $SO_2$냄새가 방출된다. $SO_2$의 전자점식를 나타내고, 여기에 산소를 하나 추가하여 $SO_2$의 배위 공유결합 형성과정을 설명하라.

**해답** $SO_2$ 한 분자에서 원자가전자의 총 수는 $[6e^- + 2(6e^-) = 18e^-]$이다. 전자배치 과정에서 $SO_2$의 전자점식은 이중결합을 가진다. 황 원자는 비결합 전자쌍을 가지기 때문에 첨가되는 산소 원자와 배위 공유결합을 할 수 있다. 배위 공유결합 형성에 대한 그림은 다음과 같다.

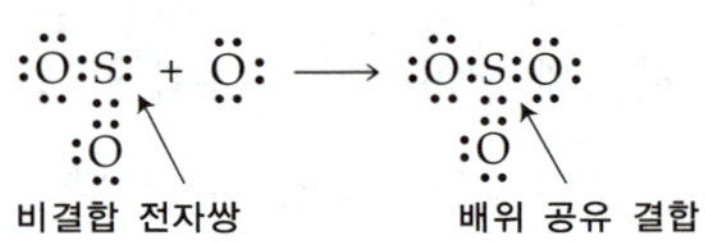


**물음** 질소 분자는 산소원자와 배위 공유결합을 형성하여 $N_2O$를 생성한다.

(a) 질소 분자의 전자점식을 그려라.  (b) 산소 원자를 질소 분자에 첨가하라.

**해답** (a)  (b) 

## 9-9 | 분자의 형태

1950년대에 분자의 형태를 설명하는 간단한 이론이 발표되었다. 이 이론은 전자쌍이 중심 원자를 둘러싸는 전자점식의 확장이다. 이 이론의 근본은 한 원자를 둘러싸고 있는 전자쌍들이 서로 반발하는 경향이 있어, 분자의 모양은 이러한 전자쌍 반발의 결과로 결정된다는 것이다. 이 모형을 **원자가껍질 전자쌍 반발 이론**(valence shell electron pair repulsion theory)이라고 부른다. 그것은 간단히 VSEPR이라 쓴다. VSEPR 모델은 결합 전자쌍과 비결합 전자쌍들이 한 분자 내에서 중심 원자 주위에 각각 특정 위치를 차지하고 있다고 생각한다.

VSEPR 이론에서 중심원자 주위에 전자쌍 배열을 나타낸 것을 **전자쌍 기하구조**(electron pair geometry)라 하고 중심원자 주변의 원자배열을 나타낸 것을 **분자 기하구조**(molecular geometry) 또는 **분자형태**(molecular shape)라 한다. 중심 원자에 결합된 어떤 두 원자에 의해 형성된 각을 **결합각**(bond angle)이라고 부른다.

### 사면체 모양의 분자

4개의 결합 전자쌍을 가지는 메탄(메테인) $CH_4$ 분자에 대한 VSEPR 이론을 적용해 보자. 탄소 주위에 있는 결합전자쌍들은 서로 반발하므로 서로 멀리 떨어져 있으려고 한다. 그 결과 $CH_4$ 분자에서 중심 원자 C 는 4개의 전자쌍에 둘러싸여 있으므로 전자쌍 기하구조는 정사면체구조를 가진다. 각 전자쌍은 수소 원자에 결합되어 있으므로 분자 형태도 정사면체(tetrahedral)가 되었다고 말한다. 따라서 VSEPR 이론에 따라 중심 원자 주위에 4개의 전자쌍을 가지는 모든 분자는 정사면체 전자쌍 구조를 가질 것이다.

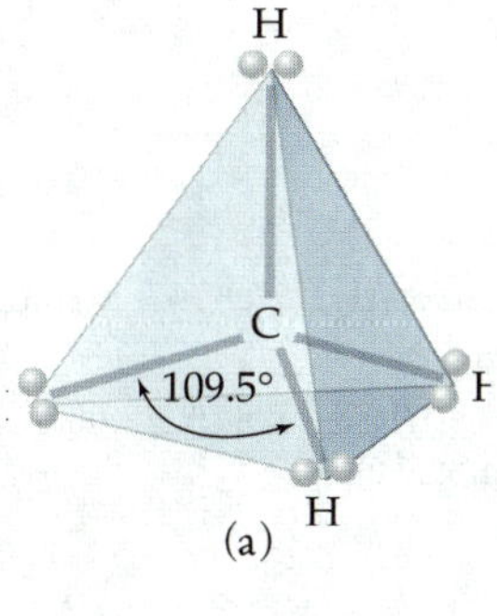


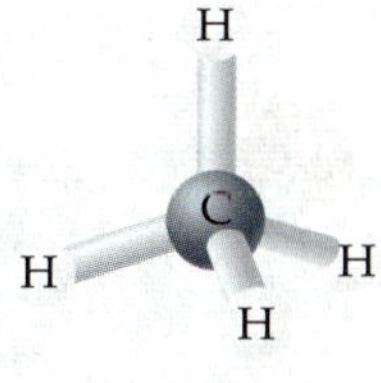


(a) 메탄(메테인) $CH_4$ 분자의 전자쌍기하구조는 사면체 구조를 가진다.
(b) $CH_4$의 분자형태는 사면체이다. 결합각은 109.5° 이다.

## 삼각뿔 형태의 분자들

암모니아 $NH_3$ 분자에서 중심 원자 N은 3개의 결합 전자쌍과 1개의 비결합 전자쌍에 의하여 둘러싸여 있다. 전자쌍 기하구조는 정사면체이며, 따라서 $NH_3$는 이론적으로는 109.5°의 결합각을 가질 것이다. 그러나 결합각은 107°임이 실험적으로 밝혀졌다. VSEPR 원리는 비결합 전자쌍은 결합 전자쌍보다 반발력이 커서 결합각이 줄어든다는 것이다. 그래서 수소 원자들은 더 가깝게 되어 109.5°에서 107°로 결합각이 줄어든다. $NH_3$의 분자형태는 그림에서와 같이 비결합 전자쌍에는 수소가 없으므로 삼각뿔(trigonal pyramidal)형이다.

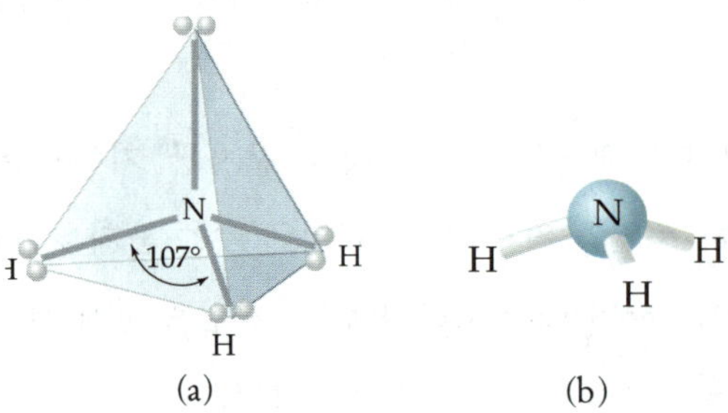


(a) 암모니아 $NH_3$의 전자쌍 기하구조는 사면체 모양이다.
(b) $NH_3$의 분자형태는 삼각뿔 모양이며 결합각은 107° 이다.

## 굽은 모양의 분자들

물 $H_2O$ 분자에서 중심 원자 O는 2개의 결합 전자쌍과 2개의 비결합 전자쌍에 의해 둘러싸여 있어 전자쌍 기하구조는 정사면체이다. 두 H 원자 간의 결합각이 109.5°임을 예측할 수 있지만 실제 결합각은 단지 104.5°이다. 앞의 예에서와 같이 물 분자 내의 비결합 전자쌍은 결합 전자쌍보다 큰 반발력을 나타낸다. 따라서 결합각은 작아지고 비결합 전자쌍은 좀 더 많은 공간을 차지한다. $H_2O$의 분자 형태는 그림에서와 같이 비결합 전자쌍에는 수소가 없으므로 굽은형(bent) 또는 V형이라고 말한다.

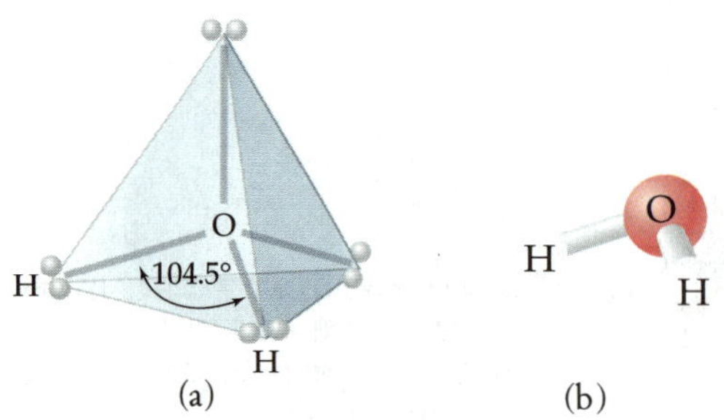


(a) 물 $H_2O$의 전자쌍 기하구조는 정사면체 모양이다.
(b) $H_2O$의 분자형태는 굽은 모양이며 결합각은 104.5° 이다.

## 선형 분자들

이산화탄소 $CO_2$ 분자에서 중심 C 원자는 각 O 원자에 두 쌍의 결합 전자쌍으로 결합되어있다. 즉, 각 O 원자와 이중결합을 하고 있다. C 원자 양쪽에 4개의 전자쌍이 있으므로 세 원자는 일직선 위에 놓여있다. 전자쌍 기하구조는 선형이며 예상되는 결합각은 180° 이다. 비슷하게 분자 형태도 선형이라고 말할 수 있다.

이러한 여러 가지 형태의 분자에 대하여 VSEPR 이론을 적용하여 얻어진 정보를 표 9.1에 수록하였다.

O::C::O

▲ 이산화탄소 $CO_2$의 전자쌍 기하구조는 선형이다.

▲ $CO_2$의 분자형태는 선형이며 결합각은 180° 이다.

**표 9.1 VSEPR 이론의 요약**

| 결합/비결합 전자쌍 | 전자쌍 기하구조 | 분자 형태 | 결합각 | 예 |
|---|---|---|---|---|
| 4/0 | 사면체 | 사면체 | 109.5° | $CH_4$ |
| 3/1 | 사면체 | 삼각뿔 | 107° | $NH_3$ |
| 2/2 | 사면체 | 굽은형 | 104.5° | $H_2O$ |
| 4/0 | 선형 | 선형 | 180° | $CO_2$ |
| 3/0* | 평면 삼각형 | 평면 삼각형 | 120° | $CH_2O$ |

* 포름알데히드 $CH_2O$는 한 개의 이중결합을 가지고 있다. 네 개의 원자는 탄소가 중심에 있는 삼각형을 이룬다. 따라서 분자 형태는 평면 삼각형이다.

## 극성 결합을 가진 무극성 분자

$CCl_4$ 분자에서 염소 원자는 탄소 원자보다 전기음성도가 크므로 C-Cl 결합은 극성이다. 그러나 $CCl_4$분자에는 4개의 C-Cl은 극성결합이 있다. $CCl_4$분자에는 4개의 결합 전자쌍이 있다. 그래서 전자쌍 기하구조와 분자형태는 모두 사면체이다. 다음과 같이 $CCl_4$분자를 사면체의 모퉁이에 4개의 Cl 원자를 가진 것으로 표시할 수 있다.

각 Cl 원자는 4개의 다른 방향으로 동등한 인력을 발휘한다. 따라서 4개의 극성 결합에 의한 인력은 서로 상쇄된다. 순수한 극성결합 효과는 0이 되고 분자는 무극성으로 간주된다. $CCl_4$ 분자가 무극성이라는 것을 다음과 같이 나타낼 수 있다.

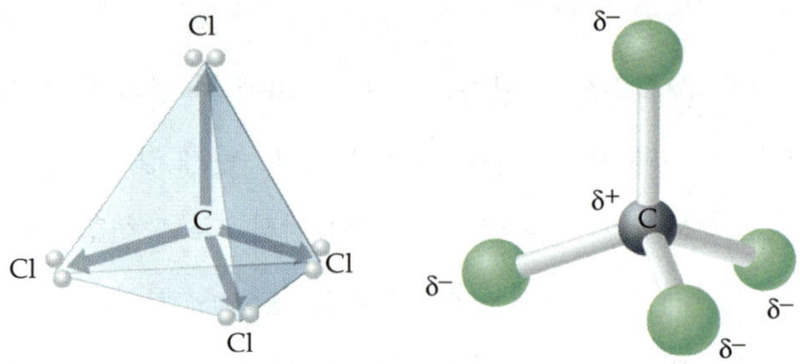


결과적으로 분자가 극성결합을 하여도 무극성이 될 수 있다. 이산화탄소 $CO_2$는 2개의 극성 결합이 있다. O=C=O 분자는 전기음성도가 큰 산소 원자가 동등하게 반대 방향에서 당기고 있기 때문에 무극성이다.

반면에 포름알데히드 $CH_2O$는 극성 분자이다. $CH_2O$가 극성인 이유는 분자구조식에서 알 수 있다. 산소 원자는 중심 탄소원자에서 전자쌍을 많이 끌어당기지만 수소 원자들은 전자를 끌어당기는 힘이 약하기 때문에 산소 쪽이 −극성을 나타내고 수소 쪽은 +극성을 나타낸다. $H_2C=O$ 분자형태는 평면 삼각형 모양이다.

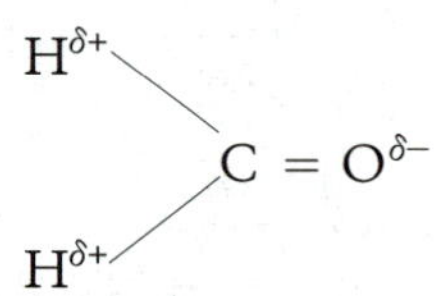

# 연습문제

### 화학결합의 개념

**1** 칼슘 원자와 염소 원자의 원자가전자수는 각각 얼마인가?

**2** 이온결합을 하고 있을 때 칼슘이온과 염화이온의 원자가전자수는 각각 얼마인가?

**3** 다음 화합물이 이온결합인지 공유결합인지를 예상하라.

(a) $NO_2$ (b) KI

(c) $C_6H_{14}$ (d) $ZnCl_2$

**4** 다음 물질의 대표적인 입자가 화학식 단위인지 분자인지를 밝혀라.

(a) $C_3H_6O$ (b) $ClO_2$

(c) $KClO_3$ (d) $TiO_2$

**5** 다음 물질의 대표적 입자가 원자인가, 화학식 단위인가, 또는 분자인가를 밝혀라.

(a) $C_2H_6$ (b) Cu

(c) $Fe_3O_4$ (d) $S_8$

### 이온결합

**6** 주기율표를 사용하여 다음 금속 이온의 이온 전하를 예상하라.

(a) Na 이온 (b) Mg 이온

(c) Sn 이온 (d) Al 이온

**7** 주기율표를 이용하여 다음 비금속 이온의 이온 전하를 예상하라.

(a) F 이온 (b) Br 이온

(c) S 이온 (d) N 이온

**8** 다음 금속 이온의 전자 배치를 써라.

(a) $Li^+$ (b) $Al^{3+}$

(c) $Ca^{2+}$ (d) $Mg^{2+}$

**9** 다음 비금속 이온의 전자 배치를 써라.

(a) $Cl^-$　　(b) $I^-$

(c) $S^{2-}$　　(d) $P^{3-}$

**10** 다음 금속 이온과 같은 전자 배치를 갖는 비활성 기체는 어느 것인가?

(a) $Li^-$　　(b) $K^-$

(c) $Ca^{2+}$　　(d) $Ra^{2+}$

**11** 다음 금속 이온과 등전자인 비활성 기체는 어느 것인가?

(a) $Li^-$　　(b) $Al^{3+}$

(c) $Ca^{2+}$　　(d) $Mg^{2+}$

**12** 다음 비금속 이온과 등전자인 비활성 기체는 어느 것인가?

(a) $Cl^-$　　(b) $I^-$

(c) $S^{2-}$　　(d) $P^{3-}$

**13** 다음 쌍에서 반지름이 큰 것은 어느 것인가?

(a) Li 원자와 Li 이온　　(b) Mg 원자와 Mg 이온

(c) F 원자와 F 이온　　(d) O 원자와 O 이온

**14** 금속과 비금속 간의 이온결합 형성에 대한 다음 설명 중 옳은 것은 어느 것인가?

(a) 이온결합은 금속 이온과 비금속 이온의 인력에 의하여 형성된다.

(b) 금속 원자는 전자를 얻고 비금속 원자는 전자를 잃는다.

(c) 비금속 원자의 이온 반지름은 원자 반지름 보다 작다.

(d) 이온결합이 끊어질 때 에너지가 방출된다.

## 공유결합

**15** 다음에서 큰 값을 갖는 것은 어느 것인가?

(a) H와 I의 원자 반지름 합 또는 H–I 결합 길이

(b) N과 O의 원자 반지름 합 또는 N–O 결합 길이

**16** 두 비금속 원자간의 공유결합 형성에 대한 다음 설명 중 맞는 것은 어느 것인가?

(a) 원자가전자는 전기음성도가 더 큰 원자로 이동한다.

(b) 결합전자는 결합된 원자 사이에서만 발견된다.

(c) 결합길이는 두 원자 반지름의 합과 같다.

(d) 공유결합이 끊어질 때 에너지가 방출된다.

### 분자의 전자점식

**17** 다음 분자의 전자점식과 구조식을 그려라.

(a) $H_2$ (b) $F_2$

(c) HBr (d) $NH_3$

**18** 다음 분자의 전자점식과 구조식을 그려라.

(a) HONO (b) $SO_2$

(c) $C_2H_4$ (d) $C_2H_2$

**19** 다음 분자의 전자점식과 구조식을 그려라.

(a) $CH_4$ (b) $OF_2$

(c) $H_2O_2$ (d) $NF_3$

### 다원자 이온의 전자점식

**20** 다음 다원자 이온의 전자점식과 구조식을 그려라.

(a) $BrO^-$ (b) $BrO_2^-$

(c) $BrO_3^-$ (d) $BrO_4^-$

**21** 다음 다원자 이온의 전자점식과 구조식을 그려라.

(a) $SO_4^{2-}$ (b) $HSO_4^-$

(c) $SO_3^{2-}$ (d) $HSO_3^-$

**22** 다음 다원자 이온의 전자점식과 구조식을 그려라.

(a) $H_3O^+$ (b) $OH^-$

(c) $HS^-$ (d) $CN^-$

## 극성 공유결합

**23** 주기율표에서 족의 아래로 내려갈수록 전기음성도의 일반적인 경향은 어떠한가?

**24** 금속 또는 비금속 중 어느 원소가 더 전기음성도가 큰가?

**25** 주기율표에서 일반적인 전기음성도의 경향을 고려하여 다음 중에서 전기음성도가 큰 원소를 예상하라.

(a) Br 또는 Cl　　(b) O 또는 S

(c) Sc 또는 As　　(d) N 또는 F

**26** 그림 9.9의 전기음성도 값을 참고로 다음 결합의 전기음성도 차이를 계산하라.

(a) Br – Cl　　(b) Br – F

(c) I – Cl　　(d) I – Br

**27** 그림 9.9를 참고하여 다음 극성 공유결합내의 원자를 델타기호로 나타내라($\delta+$, $\delta-$)

(a) H – S　　(b) O – S

(c) N – F　　(d) S – Cl

## 무극성 공유결합

**28** 그림 9.9를 참고하여 다음에서 무극성 공유결합이 어느 것인지 선택하라.

(a) Cl – Cl　　(b) Cl – N

(c) N – H　　(d) H – P

**29** 다음 원소 중에서 이원자분자로 자연에 존재하는 것은 어느 것인가?

H, He, N, P, O, S

## 배위 공유결합

**30** 산소 원자는 HBr과 결합하여 $HBrO_2$가 된다. $HBrO_2$의 전자점식을 그리고 배위 공유결합을 표시하라.

**31** 산소 원자는 HBrO와 결합하여 $HBrO_2$가 된다. $HBrO_2$의 전자점식을 그리고 배위 공유결합을 표시해라.

**32** 수소 이온은 $NH_3$와 결합하여 $NH_4^+$ 이온을 형성한다. $NH_4^+$ 이온의 전자점식을 그리고 배위 공유결합을 표시하라.

**33** $NO_2^-$이온은 산소 원자와 결합하여 $NO_3^-$이온을 형성한다. $NO_3^-$이온의 전자점식을 그리고 배위 공유결합을 표시하라.

### 분자형태

**34** VSEPR 이론을 이용하여 $SiH_4$ 분자의 전자쌍 기하구조, 분자형태 그리고 결합각을 예상하라.

**35** VSEPR 이론을 이용하여 $PH_3$ 분자의 전자쌍 기하구조, 분자형태 그리고 결합각을 예상하라.

**36** VSEPR 이론을 이용하여 $H_2S$분자의 전자쌍 기하구조, 분자형태 그리고 결합각을 예상하여라.

**37** VSEPR 이론을 이용하여 $CF_4$가 4개의 극성 결합을 가지고 있는데도 무극성 분자가 되는 이유를 설명하라.

## 심화 연습문제

**38** 다음 물질의 대표적인 입자가 원자, 분자, 화학식 단위인지를 설명하라.

(a) 크롬 Cr　　(b) 인 $P_4$

(c) 인화 크롬 (III) CrP

**39** 다음 양이온과 음이온이 결합하여 생긴 회학식 단위를 써라.

(a) $Sr^{2+}$와 $AS^{3-}$　　(b) $Ra^{2+}$와 $O^{2-}$

(c) $Al^3+$와 $CO_3^{2-}$　　(d) $Cd^{2+}$와 $OH^-$

**40** $Na^+$ 이온의 이온 반지름(0.095 nm)이 Na 원자의 원자 반지름(0.186 nm)의 반 정도인 이유를 설명하라.

**41** 그림 9.9의 전기음성도 값을 참고하여 B – Cl 결합의 전기음성도 차이를 계산하라.

**42** 그림 9.9의 전기음성도 값을 참고하여 H – P 결합의 전기음성도 차이를 계산하라.

**43** 델타기호($\delta^+$, $\delta^-$)를 사용하여 Ge – Cl 결합의 극성을 표시하라.

**44** 중심 원자가 반(半)금속인 $SiH_4$의 전자점식과 구조식을 써라.

**45** 중심 원자가 반(半)금속인 $AsO_3^{3-}$의 전자점식과 구조식을 써라.

**46** $SO_2$ 분자는 두 가지 공명 구조식을 갖는다. $SO_2$ 의 두 공명 구조식을 써라.

**47** VSEPR 이론을 이용하여 이황화탄소 분자 ($CS_2$)의 전자쌍 기하구조, 분자 모양, 그리고 결합각을 예측하라.

**48** VSEPR 이론을 이용하여 포스겐 분자 ($CCl_2O$)의 전자쌍 기하구조, 분자 모양, 그리고 결합각을 예측하라.

**49** $BF_3$는 옥텟 규칙에 어긋나는 안정한 분자이다 (B 원자는 단지 3개의 전자쌍을 공유한다). $BF_3$의 전자점식과 구조식을 써라.

**50** $XeO_2$는 비활성 기체를 가지고 있는 다소 안정한 분자이다. $XeO_2$의 전자점식과 구조식을 써라.

**51** VSEPR 이론을 이용하여 $H_2O$ 분자와 $H_3O^+$ 이온의 분자모양을 비교하라.

chapter 10

# 액체와 고체

물은 지구상에 존재하는 액체 중 가장 중요한 액체로서 지구 표면적의 3/4을 차지하고 있으며, 동물과 식물의 생명을 지탱해주는 모든 화학 반응에 있어서 없어서는 안 될 물질이다. 동물 내의 수분 함량은 동물의 종류에 따라 다르며, 사람의 경우 체중의 약 2/3를 물이 차지하고 있다. 물은 산소 다음으로 우리에게 매우 중요한 물질이다. 우리는 음식을 섭취하지 않더라도 상당 기간 생존할 수 있으나 물 없이는 단 며칠도 생존할 수가 없다.

물의 물리적 성질에는 몇 가지 특이한 점이 있다. 첫 번째의 특이한 성질은 밀도인데 일반적으로 물질의 밀도는 액체 상태에서 보다 고체 상태에서 더 커지만, 물과 암모니아는 이러한 일반성의 예외적인 경우에 해당한다. 얼음의 밀도가 물의 밀도보다 작기 때문에 얼음은 물에 뜬다. 만약 얼음의 밀도가 물의 밀도보다 컸었다면, 수중 생물은 생존할 수 없었을 것이며 강과 호수는 추운 날씨에 얼어붙어 버렸을 것이다. 얼음이 강과 호수의 표면에서부터 만들어지기 시작하여 가라앉게 되고, 결국에는 물 전체가 얼음 상태로 바꾸어지게 되어 수중 생물이 생명을 잃게 된다.

## 10-1 | 액체의 성질

기체와 달리 액체는 온도와 압력의 변화에 따라 크게 변화하지 않는다. 또한 기체의 법칙들이 액체에는 적용되지 않는다. 우리가 액체 상태를 공부할 때 다음과 같은 일반적 성질들을 관찰할 수 있다.

1. 액체의 형태는 액체를 담는 용기의 모양에 따라 달라진다.
2. 액체는 언제나 쉽게 흐르지만 액체의 종류에 따라 유동 속도가 다르다. 예를 들면, 석유는 물보다 훨씬 천천히 흐르고 액체 유리는 매우 느리게 흐른다.
3. 액체는 의미가 있을 정도의 압축이나 팽창이 일어나지 않는다. 따라서 액체의 부피는 압력이나 온도의 변화에 의해 거의 변하지 않는다.
4. 액체의 밀도는 기체의 밀도 보다 매우 크다. 기체와 액체 모두 유동성이 있어 형태가 고정되어 있지 않으며, 입자들이 용기 안을 자유롭게 이동한다. 그러나 액체 상태는 입자들이 서로 더 가까이 위치하고 있기 때문에 기체 상태에 비해 1000배 정도 밀도가 더 크다. 예를 들면, 물의 밀도는 1.00 g/mL이며, 공기의 밀도는 해수면에서 약 0.001 g/mL이다.
5. 액체는 균일하게 혼합된다. 액체는 기체보다 더 느리게 확산한다. 그러나 액체는 최종적으로 균일 혼합물을 형성한다. 예를 들어, 식품 염료를 물에 첨가하면, 두 액체는 서서히 확산하여 균일하게 혼합된다.

## 10-2 | 분자들 사이의 결합

용액 내에서 분자간 결합(intermolecular bond)은 분자들 사이의 인력에 의하여 만들어지며  분자내 결합(intramolecular bond)은 분자 내에 존재하는 원자들 사이의 인력에 의하여 만들어진다.

증기압, 점성, 표면 장력과 같은 액체의 성질은 분자들 사이의 인력에 의해서 결정되어진다. 이러한 인력을 분자간 인력이라 하며, 분자내 인력인 공유결합에 비해 결합력이 훨씬 더 약하다. 분자간 인력은 일시적 쌍극자, 영구적 쌍극자, 수소 결합 3 종류에 기초를 두고 있다.

이 장에서는 분자간 인력에 대하여 생각해 보자. **쌍극자**(dipole)란 한 분자 내에 양극과 음극의 두 영역을 갖는 분자를 말한다. 쌍극자 인력에는 일시적 쌍극자와 영구적 쌍극자 두 가지가 있다

일시적 쌍극자 인력은 비극성 분자에서 발생한다. 비극성 분자 내에 존재하는 원자들이 전자를 균등하게 배분 받는다 하더라도 전자들은 항상 위치를 변경하려는 경향이 있다. 전자들의 이러한 위치 변경은 분자 내에 일시적으로 전자가 풍부하고 약간 음전하를 띠는 영역을 만들어낸다. 동시에 분자의 다른 영역은 일시적으로 전자가 부족해져 양전하를 약간 띠게 된다. 분자들 사이의 이러한 일시적 쌍극자인력을 **분산력**(dispersion force) 또는 **런던힘**(London force)이라고 한다.

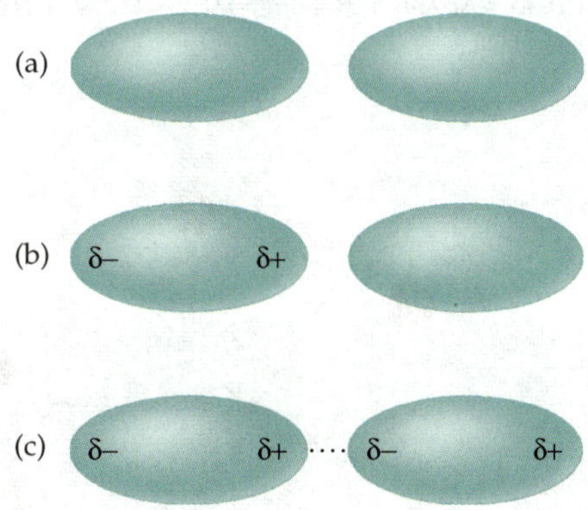


▲ **그림 10.1 분자간 분산력**
(a) 비극성 분자. (b) 왼쪽의 비극성 분자가 일시적 쌍극자를 형성하게 되면, 이 분자는 오른쪽에 있는 분자에 쌍극자 형성을 유발할 수 있다. (c) 2개의 비극성 분자는 일시적으로 서로 끌어당기게 되고, 이로 인해 이들 분자는 주위의 액체분자들에게 일시적 쌍극자 인력을 유발할 수 있다.

분산력은 단지 짧은 시간동안 지속되지만, 빈번하게 발생한다. 어떤 때에는 액체 내의 분자들 사이의 중요한 인력이 될 정도로 매우 많은 일시적 쌍극자가 생성된다. 그림 10.1은 일시적 쌍극자 발생의 상태를 설명해주고 있다.

영구적 쌍극자 인력은 극성 분자에서 나타난다. 극성 분자는 양전하와 음전하를 영구적으로 가지고 있다. 소형 자석과 마찬가지로 이들 분자는 서로를 끌어당기게 된다. 영구적 쌍극자 인력은 계속적으로 인력이 작용한다. 영구적 **쌍극자 인력**(dipole force)을 분산력과 비교할 때 그냥 쌍극자 인력이라 부르기도 하며 그림 10.2에 나타내었다.

쌍극자 인력 중에서도 수소 원자가 산소 ,질소, 불소 원자와 만들어지는 쌍극자 인력

은 다른 분자들의 쌍극자인력에 비교하여 매우 크다. 이 특별한 형태의 쌍극자 인력을 수소결합(hydrogen bond)이라 한다(그림 10.3을 참조). 수소결합은 단백질과 DNA 분자의 구조를 유지시켜주기 때문에 생명체에 있어서 매우 중요한 결합이다.

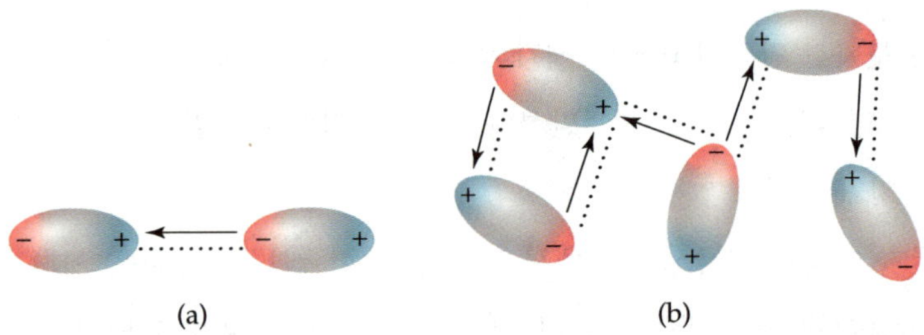


**▲ 그림 10.2 분자간 쌍극자 힘**

(a) 두 분자 사이의 쌍극자–쌍극자 인력으로부터 생긴 쌍극자 힘. (b) 액체내에서 여러 분자 사이의 쌍극자 힘.

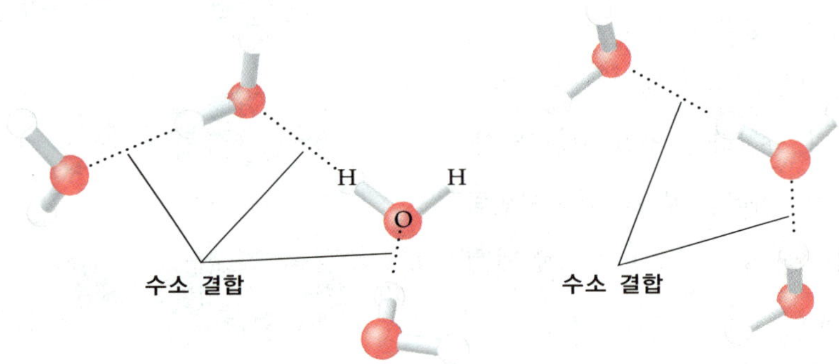


**▲ 그림 10.3 분자간 수소결합**

극성 물 분자는 분자간 수소결합을 형성한다. 전기음성도 값이 큰 산소 원자 위에 존재하는 비결합 전자들에게 수소 원자가 끌려가게 됨을 주목하라.

### 예제 10–1

극성 분자를 갖는 액체에서 분자간 인력이 가장 강한 형태는 무엇인가?

**해답** 수소결합이다. 물($H_2O$)과 암모니아($NH_3$)는 수소결합을 갖는 대표적인 액체이다.

**물음** 비극성 분자를 갖는 액체에 있어서 분자간 인력이 가장 강한 형태는 무엇인가?

**해답** 비극성분자에서 존재하는 유일한 인력은 분산력이다.

## 10-3 | 증기압, 끓는점, 점성, 표면장력

기체운동론에 따르면 기체 분자들 사이의 인력은 무시해도 좋을 정도로 작다. 그러나 액체의 경우는 다르다. 액체 상태에서 분자들은 서로 간의 인력이 분자운동을 제약할 정도로 밀착해 있다. 각 분자들은 또 다른 분자를 움직일만한 충분한 에너지를 가지고 있어 자유롭게 흐를 수 있다. 액체 상태와 기체 상태를 비교할 때 벌집 안에 우글거리는 꿀벌들을 액체 상태로 본다면 꽃가루를 모으기 위해 벌집에서 나와 날라 다니는 꿀벌들은 기체 상태에 비유할 수가 있다. 액체의 몇 가지 중요한 성질에 대해서 생각해 보기로 하자.

### 증기압

온도가 높으면 높을수록 분자의 운동 에너지는 더 커진다. 그러나 같은 온도에서 모든 분자들이 동일한 에너지를 갖는 것은 아니다. 어떤 것들은 다른 것에 비해서 더 많은 에너지를 갖는다. 예를 들면, 액체 표면에서 어떤 분자들은 인접해 있는 분자들의 인력으로부터 완전히 벗어날 수 있는 충분한 에너지를 가지고 있어 표면에서 이탈하여 증기 상태가 된다. 이 과정을 **증발**(evaporation)이라고 한다. 증기 상태에서 액체로 돌아가는 반대 과정이 있으며, 이 과정을 **응축**(condensation)이라고 한다. 닫혀있는 용기에서 액체의 증발 속도와 응축 속도가 같을 때 액체 표면 위에 존재하는 증기 분자들에 의해 가해진 압력을 **증기압**(vapor pressure)이라 한다. 증기압은 온도에 따라 달

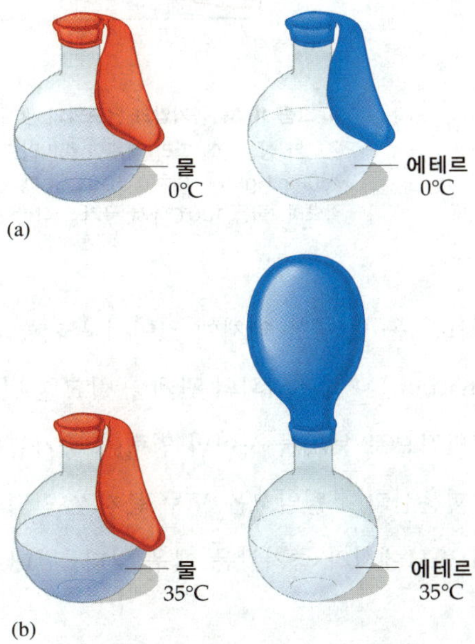


▶ **그림 10.4 물과 에테르(에터)의 증기압**
(a) 0℃에서 물과 에테르는 풍선에 영향을 미칠 만한 충분한 증기압을 갖지 않는다. (b) 35℃에서 물의 증기압은 여전히 낮으나, 에테르의 증기압은 풍선을 부풀릴 만큼 커진다.

라지고(그림 10.5) 액체 분자들 사이의 인력에 따라서도 달라진다. 물 분자들은 강한 인력을 가지고 있으나 에틸에테르 분자들은 비교적 약한 인력을 가지고 있다. 분자간의 인력이 더 작기 때문에 에테르 분자는 물 분자보다도 더 쉽게 액체 상태를 벗어날 수가 있다. 그러므로 같은 온도에서 에테르의 증기압은 물의 증기압 보다 더 크다(그림 10.5).

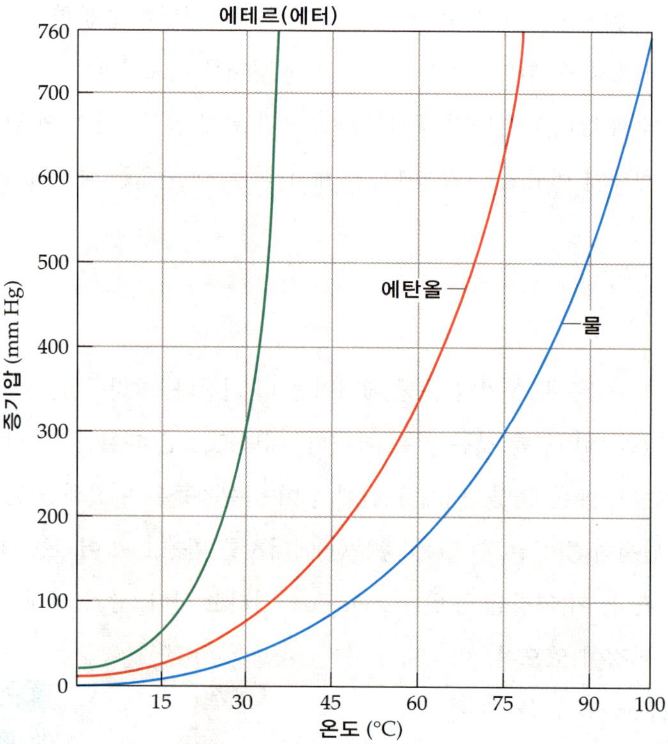


▲ **그림 10.5 증기압과 온도와의 관계**
온도가 상승함에 따라 액체의 증기압도 높아지게 된다. 100℃에서 물의 증기압은 760mmHg이다. 이처럼 100℃일 때 물의 증기압은 기준 대기압(760mmHg)과 같으며, 물은 100℃에서 끓기 시작한다.

표 10.1은 몇 종류 액체에 있어서 분자들 사이의 인력, 즉 분자간 인력(intermolecular attraction)과 증기압과의 관계를 비교한 것이다.

일반적으로 분자들 사이의 인력이 증가함에 따라 증기압은 감소한다. 표 10.1에서 프로피온산과 부틸알코올 모두 분자간 인력이 매우 크다는 것을 알 수 있다. 이들 액체의 20℃에서의 증기압은 매우 낮다. 반대로 염화프로필과 에틸에테르는 분자간 인력이 약한 반면 증기압이 상당히 높다. 표 10.1에서 증기압 값을 비교할 때는 몰 질량이 거의 같은 (약 74 g/mol) 액체를 선택하는 것이 필요하다.

**표 10.1 여러 액체의 증기압**

| 종류 | 몰질량(g/mol) | 분자간 인력 | 20℃에서의 증기압 |
|---|---|---|---|
| 물 | 18 | 강 | |
| 피로피온산, $C_2H_5COOH$ | 74 | 강 | 18 |
| 부털 알코올, $C_4H_9OH$ | 74 | 강 | 5 |
| 염화 프로필, $C_3H_7Cl$ | 79 | 약 | 6 |
| 에틸 에테르, $C_2H_5OC_2H_5$ | 74 | 약 | 300 |

## 끓는점

액체의 온도가 높아짐에 따라 액체의 증기압도 높아지게 된다. 30℃에서 물의 증기압은 30 mmHg, 60℃에서는 150 mmHg, 100℃에서는 760 mmHg이다. 그림 10.5는 에테르, 에탄올, 물에 있어서 증기압과 온도와의 상관관계를 보여주고 있다.

증기압이 대기압과 같을 때 액체는 끓기 시작한다. 증기압이 대기압과 같을 때의 온도를 액체의 끓는점(boiling point)이라 한다. 증기압이 낮은 액체는 증기 발생이 어렵기 때문에 끓는점이 높아진다.

**예제 10-2**

그림 10.5를 참조하여 에테르의 대략적인 끓는점을 결정하라.

**해답** 액체의 끓는점은 증기압이 기준 대기압 760 mmHg와 같을 때의 온도이다. 그래프로부터 에테르의 증기압이 약 35℃에서 760 mmHg임을 알 수 있다. 그러므로 에테르의 끓는점은 약 35℃이다. 에테르의 끓는점에 대한 실제 값은 36℃이다.

**물음** 그림 10.5를 참조하고 에탄올의 대략적인 끓는점을 결정하라.

**해답** 약 80℃ (에탄올의 실제 끓는점은 78℃이다)

## 점성

물과 같은 액체는 다른 액체에 쉽게 쏟아 부을 수 있으나, 꿀은 그렇지 못하다. 흐름에 대한 액체의 저항을 **점성**(viscosity)이라 한다. 점성은 분자들 사이의 인력에 의해 생긴 것이다. 또한 분자의 크기, 형태와 같은 인자들에 의해 영향을 받는다. 이론적으로 분자들 사이의 인력이 크면 클수록 점성도 커지게 된다. 표 10.2는 몇 종류 액체에 있어서 분자간 인력과 점성과의 관계를 비교한 것이다.

표 10.2에서 프로피온산과 부틸알코올의 분자간 인력이 강하다는 것과 이들의 점성이 물 보다 크다는 것을 알 수 있다. 또한 염화프로필과 에틸에테르는 분자간 인력이 약하고, 이들의 점성이 물보다 작다는 것을 알 수 있다. 다른 예를 들면, 꿀과 당밀은 점성이 큰 액체이다. 그러므로 이들 액체에 있어서 분자들 사이의 인력은 상당히 강할 것으로 예측할 수가 있다.

**표 10.2 액체의 점성**

| 종류 | 몰 질량(g/mol) | 분자간 인력 | 20℃에서의 점성 |
|---|---|---|---|
| 물, $H_2O$ | 18 | 강 | 1.00 |
| 피로피온산, $C_2H_5COOH$ | 74 | 강 | 1.10 |
| 부틸 알코올, $C_4H_9OH$ | 74 | 강 | 2.95 |
| 염화 프로필, $C_3H_7Cl$ | 79 | 약 | 0.35 |
| 에틸 에테르, $C_2H_5OC_2H_5$ | 74 | 약 | 0.23 |

## 표면장력

때때로 여러분들은 물 위를 떠다니는 작은 곤충이나 물체에 대해서 관심을 가져본 일이 있을 것이다. 어떤 곤충이나 물체들은 액체의 표면을 뚫고 액체 속으로 가라앉게 된다. 그러나 액체의 표면을 뚫고 들어갈려고 할 때 액체 표면상의 분자들은 서로 떨어지지 않으려고 하는 인력이 있다. 액체의 표면 분자들 사이의 인력을 **표면장력**(surface tension)이라 한다. 일반적으로 분자간 인력이 크면 클수록 표면장력은 더 커지게 된다. 표 10.3은 액체의 분자간 인력과 표면장력과의 관계를 비교한 것이다.

비가 방울(滴, drop)을 형성하며 내린다는 것을 알고 있다. 실제로 어떤 액체를 분무하더라도 모두가 방울을 형성한다. 더욱이 각 방울은 작은 구형의 형태를 갖는다. 방울의 표면에 있는 분자들의 표면 장력 때문에 될 수 있는 한 액체의 표면적을 가장 작게 하려하므로 액체 방울은 구형의 형태를 갖게 된다. 표 10.3에서 물의 표면장력이 특별하게 크다는 것을 알 수가 있다.

▲ **표면장력**
물은 표면장력이 크기 때문에 곤충이 물 위를 걸어다니는 것을 가능하게 해준다.

**표 10.3 액체의 표면장력**

| 종류 | 몰 질량(g/mol) | 분자간 인력 | 20℃에서의 표면장력* |
|---|---|---|---|
| 물, $H_2O$ | 18 | 강 | 70 |
| 피로피온산, $C_2H_5COOH$ | 74 | 강 | 27 |
| 부틸 알코올, $C_4H_9OH$ | 74 | 강 | 25 |
| 염화 프로필, $C_3H_7Cl$ | 79 | 약 | 18 |
| 에틸 에테르, $C_2H_5OC_2H_5$ | 74 | 약 | 17 |

**예제 10-3**

분자간 인력이 커질 때 아래의 물성은 어떻게 되는가?

(a) 증기압 (b) 끓는점

(c) 점성 (d) 표면장력

**해답** (b), (c)와 (d)는 일반적으로 크고, (a)는 작다.

## 10-4 | 고체의 성질

액체와는 달리 고체는 일정한 모양을 갖는다. 그 이유로는 고체의 각 입자가 자유롭게 이동을 할 수 없기 때문이다. 더욱이 기체와 달리 고체의 부피는 온도나 압력의 변화에 의해 거의 변하지 않는다. 고체 상태에서 관찰되는 성질은 다음과 같다.

1. 고체는 일정한 모양과 일정한 부피를 갖는다. 고체는 단단하여 모양이 고정되어 있다.
2. 고체는 결정형이거나 비결정형이다. 결정형 고체는 규칙적으로 반복 배열된 입자를 갖는다.
3. 고체는 압축되거나 팽창되지 않는다. 온도와 압력이 고체의 부피에 미치는 영향은 미미하다.
4. 고체는 동일 물질의 액체보다도 약간 높은 밀도를 갖는다.

   [예외] 얼음(고체)은 물보다 밀도가 작다. 그 결과 얼음은 물에 뜨게 된다.
5. 고체는 확산에 의해 섞여지지 않는다.

## 10-5 | 결정형 고체

결정형 고체의 입자들은 규칙적이고 기하학적인 모형으로 배열되어 있으며, 입자의 형태는 다양하고 이온 고체, 분자 고체, 금속 고체 등의 종류가 있다(그림 10.6). 이온 고체에 있어서 결정은 이온의 규칙적인 모형으로 구성되어 있다. 분자 고체에 있어서 분자들은 이온과 달리 반복형 모형을 형성한다. 금속 고체에 있어서 각 금속 원자는 기하학적으로 배열되어 있다.

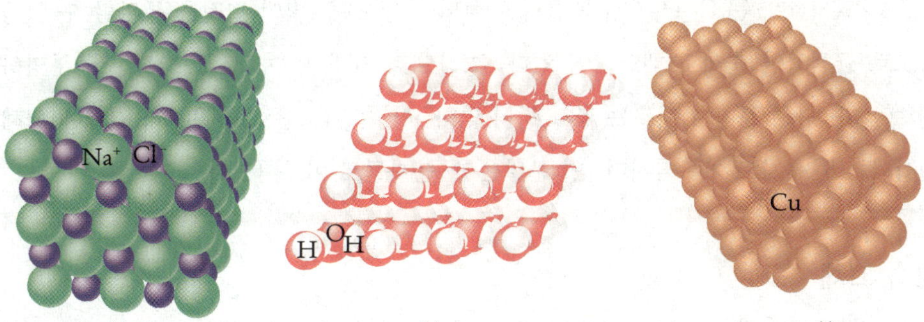


(a) (b) (c)

**▲ 그림 10.6 이온, 분자, 금속 고체**
(a) 소금(NaCl)에 있어서 이온들의 배열. (b) 얼음에 있어서 물 분자들의 모형. (c) 금속 결정에 있어서 구리 원자들의 배열.

## 이온 고체

결정형 **이온 고체**(ionic solid)는 양이온과 음이온으로 구성되어 있다. 예를 들면, 소금은 NaCl의 고체 결정이다. 소금에서 나트륨 이온($Na^+$)과 염화 이온($Cl^-$)은 결정격자라 하는 규칙적인 3차원 구조로 배열되어 있다. 그림 10.7에서 볼 수 있는 소금의 선명한 결정은 입방체의 형태를 갖는다. 결정으로 존재하는 NaF, $CaF_2$, $CaCO_3$와 같은 이온 화합물은 다른 형태를 갖는다.

## 분자 고체

**▲ 그림 10.7 결정형 이온 고체**
염화 나트륨(NaCl) 결정은 결정형 이온 고체이다.

**▲ 그림 10.8 결정형 분자 고체**
황($S_8$) 결정은 결정형 분자 고체이다.

결정형 **분자고체**(molecular solid)는 특별한 배열을 하고 있다. 예를 들면, 결정형 수

크로오스(각설탕)는 $C_{12}H_{22}O_{11}$ 분자로 구성되어 있으며, 빛이 결정을 통과할 수 있을 정도로 규칙적인 순서로 배열되어 있다. 그러므로 거대한 수크로오스 결정은 투명하게 보인다. 다른 분자 고체로는 황과 인이 있다. 황 결정(그림 10.8)은 공유결합에 의해 결합되는 $S_8$ 분자로 이루어지며, 인 분말은 $P_4$ 분자들로 이루어진다.

## 금속 고체

결정형 **금속 고체**(metallic solid)는 금속 원자들이 일정한 모양으로 배열한 것이다. 즉, 금속 결정은 원자가전자로 둘러싸인 양이온 금속들로 구성된다. 원자가전자는 결정 안을 자유롭게 이동할 수 있기 때문에 전기의 좋은 전도체이기도 하다. 이와 같은 원자들의 배열에서 자유롭게 이동하는 전자들을 "전자 바다" 모델이라고 한다. 전기의 흐름은 금속을 통과하는 전자의 이동과 관련이 있다. 금 결정의 모양은 그림 10.9와 같다.

▲ **그림 10.9 결정형 금속 고체**
금 결정은 대표적인 결정형 금속 고체이다.

결정형 고체의 분류는 고체의 성질을 예측하는 데에 도움을 준다. 일반적으로 이온형 고체이면 녹는점, 강도, 전도도, 용해도와 같은 성질이 비슷하다. 분자형 고체의 성질도 또한 비슷하다. 금속의 성질은 금속을 두들겨서 얇은 호일을 형성할 수 있는 전성(malleable)과 열을 가하여 가는 선으로 늘릴 수 있는 연성(ductile)을 가지며, 전기가 잘 통하는 좋은 전도체이다. 표 10.4에 3가지 유형의 결정형 고체의 일반적 성질을 제시하였다.

**표 10.4 결정형 고체의 일반적 성질**

| 고체의 유형 | 일반적 성질 | 예 |
|---|---|---|
| 이온형 | 녹는점이 높다. 견고하고 부수 러지기 쉽다.<br>물질에 따라 물에 녹는 양이 다르다.<br>녹아 있을 때나 용액 속에서 전기를 전도한다. | NaCl, $CaCO_3$, $MgSO_4$ |
| 분자형 | 녹는점이 낮다. 일반적으로 물에 녹지 않는다.<br>전기의 부도체. | $S_8$, $C_{10}H_8$, $C_6H_{12}O_6$ |
| 금속형 | 녹는점이 낮은것도 있고 높은것도 있다.<br>전성, 연성, 전기전도체, 대부분의 용매에 녹지 않는다. | Fe, Ag, Au |

다이아몬드는 탄소로 이루어져 있으며 엄청난 수의 탄소 원자가 공유결합으로 결합되어 있는 독특한 유형의 결정형 고체이다. 이러한 유형의 결정형 고체를 **그물(망상) 고체**(network solid)라고 한다. 다이아몬드는 3,500℃ 이상의 매우 높은 온도의 녹는점을 가지며, 특이한 특성을 갖는 견고하고 부스러지기 쉬운 결정형 그물 고체이다.

**예제 10-4**

다음의 결정형 고체를 이온형, 분자형, 금속형으로 분류하라.

(a) 니켈, Ni (b) 산화 니켈(Ⅱ), NiO

**해답** 결정형 고체의 유형은 입자의 형태에 의해서 결정된다.

(a) 니켈은 원자로 구성된 금속이다. 그러므로 Ni는 금속형 고체 이다.

(b) 산화니켈은 이온을 함유한다. 그러므로 이온형 고체 이다.

**물음** 다음의 결정형 고체를 이온형, 분자형, 금속형으로 분류하라.

(a) 요오드, $I_2$ (b) 요오드화 은, AgI

**해답** (a) 분자형 (b) 이온형

## 10-6 | 물리적 상태의 변화

열은 물질의 물리적 상태를 변화시키는 데에 필요하다. 비열은 물질 1.00 g을 1℃ 올리는 데 필요한 열량이다. 모든 물질은 물질의 종류에 따라 각기 다른 비열을 갖는다. 비열의 표준물질은 물로서, 1.00 cal/g · ℃의 비열을 갖는다. 얼음과 수증기의 비열이 물의 약 1/2인 것은 흥미로운 일이다.

다음으로 물질이 녹는점에서 고체로부터 액체 상태로 변화한다고 생각해 보자. 물질 1 g을 녹이는 데에 필요한 열량을 **융해열**(heat of fusion) 이라 한다. 물의 경우 융해열은

80.0 cal/g이다. 물은 액체에서 고체 상태로 변화할 때 같은 열량인 80 cal/g의 열에너지를 방출한다. 이 열량 변화를 **응고열**(heat of solidification)이라 한다. 모든 물질에 있어서 융해열과 응고열의 값은 같다.

물질은 끓는점에서 액체로부터 증기 상태로 쉽게 변화한다. 물질 1.00 g을 증발시키는 데에 소요되는 열량을 **증발열**(heat of vaporization)이라고 한다. 물의 경우 증발열은 540 cal/g이다. 반대로 기체가 액체로 응축될 때는 같은 열량인 540 cal/g의 열에너지를 방출한다. 이러한 열 변화를 **응축열**(heat of condensation,)이라고 한다. 모든 물질에 있어서 증발열과 응축열의 값은 같다. 표 10.5에 물, 얼음, 수증기의 열량(heat value)을 제시하였다.

**표 10.5 물에 대한 열량의 값**

| 종류 | 비열(cal/g×℃) | $H_{융해}$(cal/g) | $H_{응고}$(cal/g) | $H_{증발}$(cal/g) | $H_{응축}$(cal/g) |
|---|---|---|---|---|---|
| 얼음, $H_2O(s)$ | 0.50 | 80.0 | | | |
| 물, $H_2O(l)$ | 1.00 | | 80.0 | 540 | |
| 수증기, $H_2O(g)$ | 0.48 | | | | 540 |

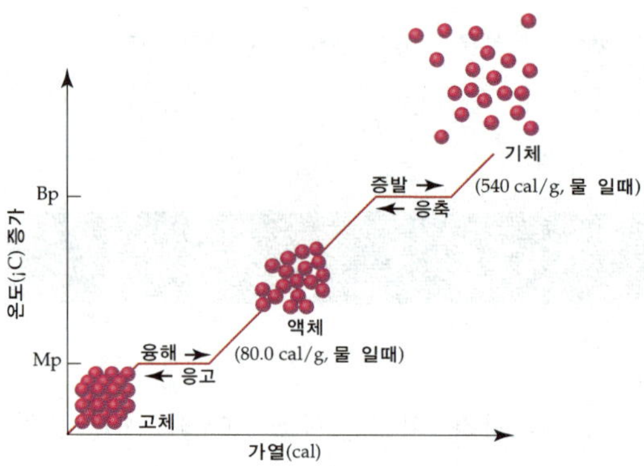


◀ **그림 10.10 온도-에너지 그래프**

물질을 계속 가열하게 되면 결국에는 물질의 물리적 상태가 바뀌어지게 된다. 융해(고체에서 액체), 증발(액체에서 기체), 응축(기체에서 액체), 응고(액체에서 고체) 중의 온도는 항상 일정하다.

일정한 양의 열을 공급할 때 온도의 변화를 알기 위해서 가열 곡선이라 부르는 온도-에너지 그래프를 그릴 수가 있다. 물에 대한 가열 곡선은 그림 10.10과 같다.

표 10.5에 있는 열량의 값과 온도-에너지 그래프의 개념을 연계해 보기로 하자. 예를 들면, −5.0℃의 얼음 25.5 g을 100℃의 증기로 전환시키는데 필요한 열에너지 양을 계산해보자.

이 문제를 풀기 위해서는 4단계가 필요하다: (1) 얼음을 −5.0℃에서 0.0℃로 가열하고, (2) 0.0℃에서 얼음을 물로 전환하며, (3) 물을 0.0℃에서 100℃로 가열한다. (4) 마지막으로 100℃에서 물을 수증기로 전환시킨다.

**1** 얼음을 가열하는데 필요한 에너지를 계산하기 위하여 얼음의 질량(25.5 g)과 온도 변화(-5.0℃에서 0.0℃), 얼음의 비열(0.50 cal/g ℃)을 사용한다. 계산식은 다음과 같다.

$$25.5\ \text{g} \times [0.0 - (-5.0)]\ ℃ \times \frac{0.50\ \text{cal}}{1\ \text{g} \cdot ℃} = 64\ \text{cal}$$

**2** 얼음의 경우, 융해열은 80.0 cal/g(표 10.5)이다. 얼음 25.5 g을 녹이기 위한 필요한 에너지는 다음과 같다.

$$25.5\ \text{g} \times \frac{80.0\ \text{cal}}{1\ \text{g}} = 2{,}040\ \text{cal}$$

**3** 물을 가열하는 데에 필요한 에너지를 계산하기 위해서 물의 질량, 온도의 변화(0.0℃에서 100.0℃)와 비열을 알아야만 한다. 계산식은 다음과 같다.

$$25.5\ \text{g} \times (100.0 - 0.0)\ ℃ \times \frac{1.00\ \text{cal}}{1\ \text{g} \cdot ℃} = 2{,}550\ \text{cal}$$

**4** 증발열은 540 cal/g(표 10.5)이다. 물을 수증기로 증발시키는 데에 필요한 에너지는 다음과 같다.

$$25.5\ \text{g} \times \frac{540\ \text{cal}}{1\ \text{g}} = 13{,}800\ \text{cal}$$

물을 가열하고 증발하는 데에 필요한 총 열 에너지는 1에서 4단계의 합과 같다.

$$64\ \text{cal} + 2{,}040\ \text{cal} + 2{,}550\ \text{cal} + 13{,}800\ \text{cal} = 18{,}454\ \text{cal}$$

-5.0℃인 얼음의 온도를 100.0℃인 수증기의 온도로 높이는 데에 필요한 열은 18,500 cal 또는 18.5 kcal이다.

**예제 10-5**

22.5℃인 물 15.5 g을 −10.0℃인 얼음으로 냉각할 때 방출되는 열량을 계산하라.

**해답** 이 문제에서 (1) 물의 비열, (2) 응고열, (3) 얼음의 비열을 고려해야만 한다.

(1) 물을 냉각할 때 방출되는 열량을 계산하기 위해서는 물의 질량, 온도 변화(22.5℃에서 0.0℃), 비열(1.00 cal/g)을 알아야만 한다.

$$15.5\ \text{g} \times (22.5 - 0.0)\ ℃ \times \frac{1.00\ \text{cal}}{1\ \text{g} \cdot ℃} = 349\ \text{cal}$$

(2) 응고열은 80.0 cal(표 10.5)이다. 물이 얼음으로 응고할 때 방출되는 열량은 다음과 같다.

$$15.5\ \text{g} \times \frac{80.0\ \text{cal}}{1\text{g}} = 1,240\ \text{cal}$$

(3) 얼음의 비열은 0.50 cal/(g·℃)이다. 얼음이 −10.0℃로 냉각될 때에 방출되는 열량은 다음과 같다.

$$15.5\ \text{g} \times [0.0 - (-10.0)]℃ \times \frac{0.50\ \text{cal}}{1\text{g} \cdot ℃} = 78\ \text{cal}$$

물이 −10.0℃의 얼음으로 냉각될 때에 방출되는 총 열 에너지는 1에서 3단계의 합과 같다.

$$349\ \text{cal} + 1,240\ \text{cal} + 78\ \text{cal} = 1,667\ \text{cal}$$

그러므로 물이 냉각될 때 방출되는 열량은 1,667 cal 또는 1.667 kcal이다.

**물음** 100.0℃인 수증기 50.0 g을 0.0℃의 얼음으로 전환하는 데에 방출되는 열량을 계산하라.

## 10-7 | 물의 구조

10.3절에서 물의 끓는점과 표면장력이 유별나게 높다는 것을 배웠다. 또한 물은 수소결합 때문에 분자 간의 인력이 강하다는 것을 알았다. 이러한 성질을 더욱 완벽하게 이해하기 위하여 물 분자 내의 공유결합에 대해서 살펴보기로 하자. 특히 물의 전자점식, 구조식, 실측된 결합각, 극성 공유결합, 알짜 쌍극자에 대해서 고찰해 보기로 하자.

### 전자점식

물($H_2O$)의 전자점식을 써 보기로 하자. 물 분자내의 원자가전자의 수는 $2(1e^-) + 6e^- = 8e^-$. 그러므로 4개의 전자쌍을 갖는다. 옥테트 규칙을 만족시키기 위하여 4개의 전자쌍을 산소의 주위에 배치할 수가 있다.

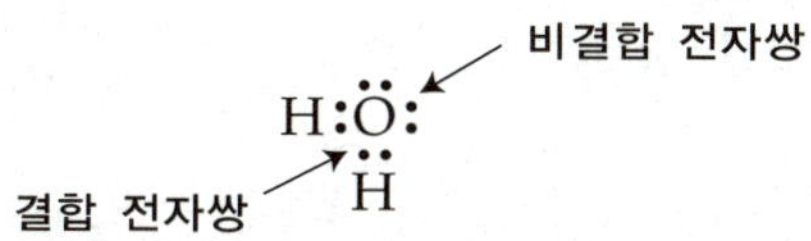


전자쌍 중 2개는 결합해 있으며 2개는 결합해 있지 않다. 9.9절에서 배웠듯이 물 분자의 분자 형태는 결합각이 104.5° 로 굽은 모양을 취하고 있다. 그림 10.11은 결합 전자쌍과 비결합 전자쌍의 배치를 보여주고 있다.

**그림 10.11 물 분자의 결합 ▶**
(a) 물 분자 내에서 4개의 전자쌍은 사면체의 네 모서리에 배열되어 있다. (b) 물 분자는 104.5°의 각도로 분리된 수소 원자를 갖는 V자 모양을 취한다. 2개의 수소 원자는 2개의 비결합 전자쌍 때문에 상호간에 약간 반발하는 경향이 있다.

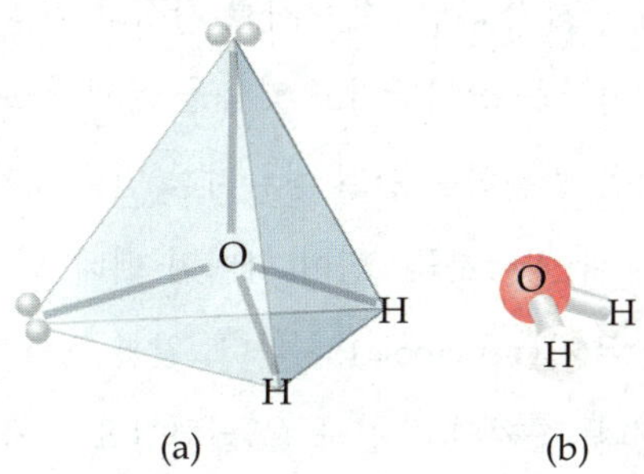


### 구조식과 결합각

물 분자의 구조식에서 공유결합을 표현하기 위해 대시 (-) 기호를 사용한다. 이 표시법에 따라 서로에 대해 일정한 각도로 위치해 있는 두 수소 원자를 갖는 물 분자를 그릴 수 있으며, 실험에 의해 두 수소원자 사이의 각도가 104.5° 임이 밝혀졌다. 중앙에 있는 원자와 인접해 있는 두 원자의 의해 형성되는 H-O-H 결합의 각도를 **결합각**(bond angle)이라고 한다.

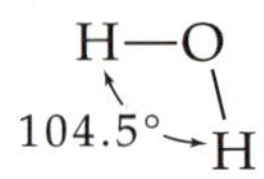

## 극성 공유결합

물 분자 내에서 2개의 공유결합은 극성을 띠게 된다. 즉, 전기 음성이 더 큰 산소 원자는 결합 전자들을 산소 쪽으로 더 가까이 끌어당겨 음전하를 띠게 된다. 반대로 수소 원자는 약간 양전하를 띠게 된다. H 와 O 사이의 공유결합이 부분적으로는 양전하를, 부분적으로 음전하를 띠기 때문에 물은 쌍극자를 갖는다.

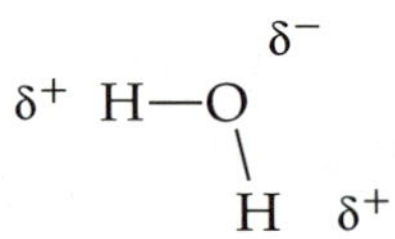

## 알짜 쌍극자

물 분자가 2개의 쌍극자를 가지고 있으며, 중앙에 있는 원자가 자신을 향해 있는 모든 전자쌍을 끌어당기고 있음을 상기해 보자. 두 쌍극자의 효과는 결과적으로 분자의 중앙을 관통하는 단일 쌍극자를 만들어 낸다. 2개 또는 그 이상의 쌍극자를 갖는 분자에서 각 쌍극자의  힘이 하나의 벡타 힘으로 나타난다. 이 힘을 전체 쌍극자 또는 **알짜 쌍극자**(net dipole)라 한다. 알짜 쌍극자는 물 분자 내에 음전하와 양전하 끝을 만들어 낸다. 분자의 음전하 끝을 화살표로 표시하며, 양전하 끝은 알짜 쌍극자의 반대편 끝에 + 기호로 표시된다.

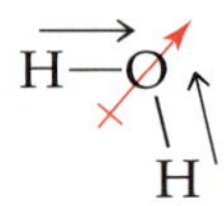

## 10-8 | 물의 물리적 성질

물은 무색, 무취, 무미의 액체이며, 강력한 용매이기도 하다. 실온에서 물은 어떠한 액체보다도 높은 비열, 융해열과 증발열을 갖는다.

### 밀도

일반적으로 물질은 액체 상태에서 보다 고체 상태에서 높은 밀도를 갖는다. 그러므로 얼음의 밀도가 물의 밀도보다 높다고 예상할 수도 있다. 그러나 얼음은 물 위에 뜬다. 얼음이 물보다 밀도가 작은 이유는 수소결합과 관련이 있다. 물의 3차원적 수소 결합의 모습을 그림 10.12에 나타내었다.

물이 얼면, 수소결합은 3차원 결정을 만들어내게 된다. 그림 10.13은 얼음 결정의 구조를 보여주는 그림이다. 그러나 물 분자가 배열됨에 따라서 결정은 홀(hole, 구멍)을 갖게 된다. 이들 홀이 같은 질량을 갖는 액체인 물보다도 얼음이 더 큰 부피를 갖도록 해준다. 얼음의 부피가 물의 부피보다 크기 때문에 얼음의 밀도는 물의 밀도보다도 작다. 0℃에서 얼음의 밀도는 0.917 g/mL이고, 물의 밀도는 약 1.00 g/mL이다.

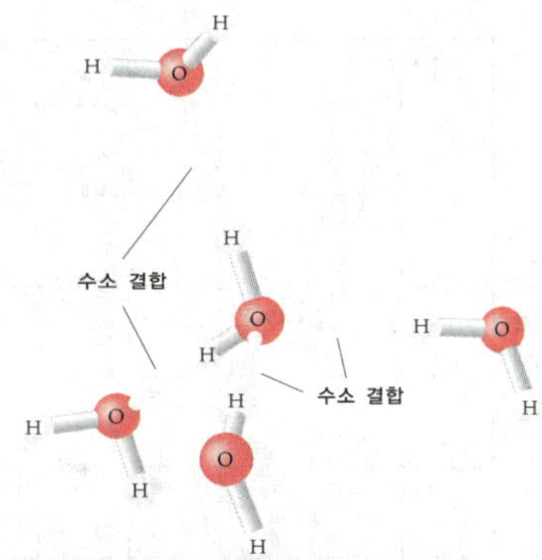


**▲ 그림 10.12 수소결합**

각각의 물 분자는 4개의 다른 물 분자와 결합해 있다. 분자간 수소결합의 길이는 통상적인 공유결합의 길이보다도 약 50% 정도가 더 길다. 수소결합은 결합 길이가 길기 때문에 결합력이 약하며 매우 적은 에너지로도 수소결합을 붕괴시킬 수가 있다.

**▲ 그림 10.13 얼음 결정의 구조**

물 분자의 수소결합은 육각형의 고리를 형성한다. 이들 고리는 다른 고리와 수소결합을 하여 거대한 3차원 결정 구조를 만들어 낸다.

## 녹는점과 끓는점

물 분자는 분자 크기가 작은 것에 비하여 녹는점과 끓는점의 값이 유별나게 매우 높다. 이러한 유별난 성질을 알아보기 위하여 표 10.6에 정리되어 있는 그룹 VIA/16의 수소 화합물들의 성질을 비교해 보기로 하자.

물을 제외한 그룹 VIA/16의 수소 화합물들의 녹는점과 끓는점은 뚜렷한 경향을 가지고 있다. 첫 번째로 $H_2S$에서 $H_2Te$까지 질량이 증가할 때 녹는점과 끓는점의 값이 동시에 증가하는 것에 주목하라. 물의 수소결합은 물 분자의 이동을 견제하는 강한 분자간의 인력을 만들어낸다. 그러므로 얼음을 녹이고 물을 끓이는 데는 높은 온도가 요구된다. 그림 10.14에 VIA/16족 수소 화합물의 녹는점과 끓는점의 경향을 나타내었다.

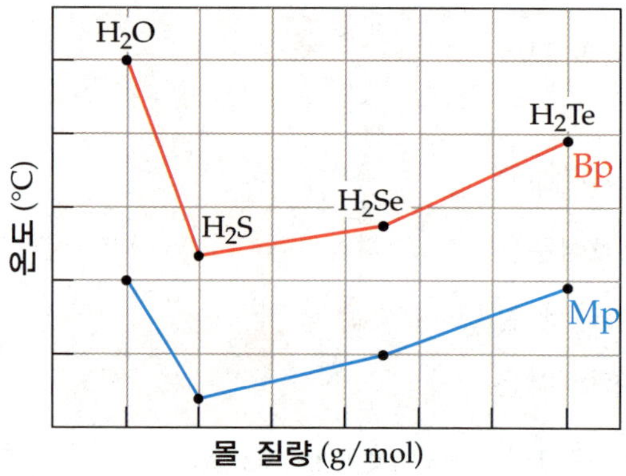


◀ **그림 10.14 VIA/16족 수소 화합물의 녹는점과 끓는점**

몰 질량의 증가에 따라 녹는점과 끓는점이 보여주는 경향에 주목하라. 물은 강력한 분자간 수소 결합 때문에 예외적인 경향을 나타낸다.

## 융해열과 증발열

물은 놀라울 정도로 높은 융해열과 증발열 값을 갖는다. 이러한 사실을 확인하기 위하여 표 10.6을 살펴보자. $H_2S$에서 $H_2Te$까지 질량이 증가함에 따라 융해열과 증발열 값이 증가하는 것에 주목하라. 이러한 경향은 분자 크기가 증가함에 따라 인력도 조금씩 증가한다는 사실을 설명해주고 있다. 그러므로 고체를 용해하거나 액체를 증발시키기 위해서는 더 많은 에너지를 필요로 하게 된다. 물의 융해열과 증발열 값이 유별나게 높은 것은 수소 결합 때문이다.

표 10.6 VIA/16족 수소 화합물

| 화합물 | 몰 질량 (g/mol) | Mp (℃) | Bp (℃) | H융해 (cal/mol) | H증발 (cal/g) |
|---|---|---|---|---|---|
| $H_2O$ | 18 | 0.0 | 100.0 | 1,440 | 9,720 |
| $H_2S$ | 34 | −85.5 | −60.7 | 568 | 4,450 |
| $H_2Se$ | 81 | −60.4 | −41.5 | 899 | 4,620 |
| $H_2Te$ | 130 | −48.9 | −2.2 | 1,670 | 5,570 |

## 10-9 | 물의 화학적 성질

물에 전류를 흐르게 하면 산소와 수소 기체로 분해된다. 이 과정을 전기분해(electrolysis)라 한다. 다음의 균형 화학 방정식으로부터 산소 1부피가 생성될 때마다 수소 2부피가 생성됨을 알 수 있다.

$$2H_2O(l) \xrightarrow{\text{전기}} 2\,H_2(g) + O_2(g)$$

단일 치환 반응의 예로서 활성 금속(Li, Na, K, Ca, Sr, Ba 등)은 물과 직접 반응하여 수산화 금속과 수소 기체를 생성한다. 이들 반응은 실온에서 빠른 속도로 일어난다. 다음 반응식에서와 같이 실온에서 칼륨은 물과 격렬하게 반응한다.

▲ **물 속에서의 칼륨**
물과 칼륨 금속이 반응하면 가연성인 수소 기체를 생성한다.

$$2\,K(s) + 2H_2O(l) \longrightarrow 2\,KOH(aq) + H_2(g)$$

많은 금속의 산화물은 물과 반응하여 염기성의 수산화 금속을 생성할 수 있다. 예를 들면, 산화칼슘은 다음 반응식에서와 같이 물과 반응한다.

$$CaO(s) + H_2O(l) \longrightarrow Ca(OH)_2(aq)\ (\text{염기})$$

대부분의 비금속 산화물은 물과 반응하여 산성 용액을 생성한다. 예를 들면, 이산화탄소는 다음과 같이 물과 반응한다.

$$CO_2(g) + H_2O(l) \rightarrow H_2CO_3(aq)\ (\text{산})$$

## 물을 생성하는 반응

물은 여러 종류의 반응에 의해 생성된다. 가장 간단한 반응은 수소와 산소로부터 직접 물이 생성되는 반응이다. 이 반응은 상온에서는 매우 느리게 진행되나 화염에 노출되면 폭발적으로 일어나게 된다.

$$2H_2(g) + O_2(g) \xrightarrow{\text{불꽃}} 2H_2O(l)$$

물을 생성하는 또 하나의 반응은 탄화수소의 연소반응이다. 탄화수소는 산소와 함께 연소하여 이산화탄소와 물을 생성한다. 예를 들면, 프로판($C_3H_8$), 에탄올($C_2H_5OH$)은 다음과 같이 연소한다.

$$C_3H_8(g) + 5O_2(g) \xrightarrow{\text{불꽃}} 3CO_2(g) + 4H_2O(g)$$

$$C_2H_5OH(g) + 3O_2(g) \xrightarrow{\text{불꽃}} 2CO_2(g) + 3H_2O(g)$$

중화반응에서도 물이 생성된다. 산을 염기로 중화하면 수용성 염과 물이 생성된다. 예를 들면, 황산($H_2SO_4$)은 양잿물(NaOH)과 반응하여 황산나트륨과 물을 생성한다.

$$H_2SO_4(aq) + 2NaOH(aq) \longrightarrow Na_2SO_4(aq) + 2H_2O(l)$$

물을 생성하는 또 다른 반응의 하나는 수화물이 분해되는 반응이다. **수화물**(hydrate)은 이온 화합물에 결합해 있는 특정한 수의 물 분자를 함유하는 결정 화합물이다. 수화물을 가열하면 화합물로부터 물이 유리된다. 예를 들면, 석고에 열을 가하면 $CaSO_4$와 2분자의 물로 분해한다.

$$CaSO_4 \cdot 2H_2O(s) \xrightarrow{\triangle} CaSO_4(s) + 2H_2O(g)$$

## 10-10 | 수화물

수화물을 가열하면 무수(anhydrous) 화합물과 물을 생성한다. 예를 들어, 황산구리(II) 수화물을 가열하면, 무수 황산구리(II)와 물로 분해된다. 반응식은 다음과 같다.

$$CuSO_4 \cdot 5H_2O(s) \xrightarrow{\triangle} CuSO_4(s) + 5H_2O(l)$$

수화물 중의 물 분자를 **수화수**(水化水, water of hydration) 또는 **결정수**(water of crystallization)라고 한다. 황산구리(II)의 수화에 필요한 물의 분자수는 5이다. 달리 말하면 황산구리(II)는 결정수 5개를 갖는다. 그림 10.15는 황산구리(II)의 수화물과 무수물의 형태를 보여주고 있다.

IUPAC는 수화물의 명명 규칙을 규정하고 있다. 규약에 따르면, 무수 화합물의 이름을 명명한 다음, (그리스어 접두어+hydrate)로 수화수를 표시한다. 예를 들면, 석고($CaSO_4 \cdot 2H_2O$)는 calcium sulfate dihydrate(황산칼슘 2수화물)로 명명된다.

**▲ 그림 10.15 황산 구리의 수화물과 무수물**

황산구리(II) 5수화물[$CuSO_4 \cdot 5H_2O$]은 진한 청색의 결정이다. 무수 황산구리(II)는 백색의 분말이다. 백색 분밀에 물을 떨어드리면 청색의 수화물(오른쪽)이 생성된다.

### 예제 10-6

다음 수화물을 명명하라.

(a) $CaCl_2 \cdot 6H_2O$　　　　(b) $FeSO_4 \cdot H_2O$

**해답** (a) calcium chloride hexahydrate (염화칼슘 6수화물)이다.

(b) iron(II) sulfate monohydrate〔황산철(II) 1 수화물〕 또는 ferrous sulfate monohydrate(황산 제일철 1수화물)로 명명된다.

**물음** 다음 수화물의 화학식을 명기하라.

(a) zinc sulfate heptahydrate(황산아연 7수화물)

(b) sodium chromate tetrahydrate(크롬산나트륨 4수화물)

**해답** (a) $ZnSO_4 \cdot 7H_2O$ (b) $Na_2CrO_4 \cdot 4H_2O$

### 화학의 세계 _ 정수(淨水)

지역에 따라서 그 지역의 물이 음료수 또는 농업용수에 적합하지 않을 정도로 다양한 광물성 이온이 고농도로 용해되어 있는 경우가 있다. 그러한 물을 경수(센물, hard water)라 한다. 어떤 경우에는 수도관에 부식을 일으킬 정도로 다량의 광물질이 함유되어 있는 경우도 있다. 경수에는 다음과 같은 순서로 이온들이 고농도로 함유되어 있다. $Ca^{2+}$, $Mg^{2+}$, $Fe^{3+}$, $Cl^-$, $CO_3^{2-}$, $SO_4^{2-}$, $PO_4^{3-}$ 등.

가정에서 경수를 사용할 경우, 욕조에서 비누 거품이 잘 없어지지 않는 경우를 가끔 관찰할 수 있다. 비누 거품은 경수중의 양이온과 비누가 반응하여 불용성의 얇은 막으로 침전되는 화합물을 형성한다. 이러한 문제는 물을 연수기를 통과시켜 $Ca^{2+}$, $Mg^{2+}$, $Fe^{3+}$를 제거함으로써 해결할 수 있다. 연수기는 $Ca^{2+}$, $Mg^{2+}$, $Fe^{3+}$ 이온을 $Na^+$ 이온으로 대체하며, $Na^+$ 이온을 함유하는 화합물은 일반적으로 물에 잘 녹는 성질이 있다. 그러나 연수기가 이온을 제거하더라도 연수(단물, soft water)에는 기타 이온들이 여전히 고농도로 들어 있다. 연수에는 $Na^+$ 이외에 $Cl^-$, $CO_3^{2-}$, $SO_4^{2-}$, $PO_4^{3-}$ 등이 들어 있다.

연수의 경우에도 화학 분석 실험의 결과를 방해할 수 있다. 그러므로 화학자들은 기본적으로 어떠한 이온도 함유되어 있지 않은 물을 분석 실험에 사용한다. 정제수는 이온 교환 시스템을 사용하여 광물질을 제거함으로써 제조할 수가 있다. 이러한 방법으로 순수화된 물을 탈이온수(deionized water) 또는 탈염수라 한다. 물을 양이온과 음이온 교환 성분으로 이루어진 이온교한수지(resin)를 통과시켜 탈 이온화하게 된다. 첫 번째 물에 함유되어 있는 $Na^+$과 같은 양이온은 수지상에서 수소 이온으로 교환되며, 두 번째 $Cl^-$과 같은 음이온은 수산화 이온으로 교환된다.

$$Na^+(aq) + H(수지) \rightarrow Na(수지) + H^+(aq)$$
$$Cl^-(aq) + (수지)OH \rightarrow (수지)Cl + OH^-(aq)$$

이온 교환 수지는 쉽게 물로 될 수 있는 수소 이온과 수산화 이온을 생성한다.

$$H^+(aq) + OH^-(aq) \rightarrow H_2O(l)$$

그 결과 이온교환수지는  물로부터 모든 이온들을 제거한다.

## 10-11 | 용액

용액이란 용질이 용매에 녹아있는 상태를 말한다. 예로서, 설탕(용질)이 물(용매)에 녹아있는 설탕수용액, 이산화탄소가 녹아있는 탄산음료 수용액, 소금이 녹아있는 바닷물 수용액 등을 말할 수 있다. 용액은 용액을 구성하고 있는 성분이 전반적으로 동일하게 존재하고, 용액 내의 모든 시료가 동일한 성질을 가지므로 균일혼합물이라 한다. **용액**(solution)은 용매에 용해된 용질로 구성되어 있다. **용질**(solute)은 보다 더 적은 양이고, **용매**(solvent)는 용질에 비해 많은 양을 차지한다. 액체 용매 속에 녹아 있는 액체 용질의 용해도에 영향을 미치는 인자에 관해 생각해 보자. 앞으로 보게 되겠지만, 물은 지구상에서 가장 흔한 용매이며, 모든 생체는 수용액에서 반응이 진행된다.

## 쌍극자

10.7절에서, 물 분자는 부분적인 음전하($\delta-$)와 부분적인 양전하($\delta+$)를 가지고 있으므로 쌍극자(dipole)로 불려진다. 물 분자는 두 개의 쌍극자가 있다. 이것들을 합치면, 두 개의 쌍극자는 그 분자에 대한 **알짜 쌍극자**(net dipole)를 생성한다. 그림 10.16에 보여주는 것과 같이, 알짜 쌍극자에 대한 기호는 분자의 음성을 띠는 끝부분을 향해 화살표를 그려주는 것이다.

용액이란 용질이 용매에 녹아있는 상태를 말한다. 예로서, 설탕(용질)이 물(용매)에 녹아있는 설탕수용액, 이산화탄소가 녹아있는 탄산음료 수용액, 소금이 녹아있는 바닷물 수용액 등을 말할 수 있다. 용질과 용매의 비율은 변할 수 있다. 그러나 일반적으로, 용매가 항상 용질보다 많은 양으로 존재한다. 용액은 용액을 구성하고 있는 성분이 전반적으로 동일하게 존재하고, 용액 내의 모든 시료가 동일한 성질을 가지므로 균일혼합물이라 한다.

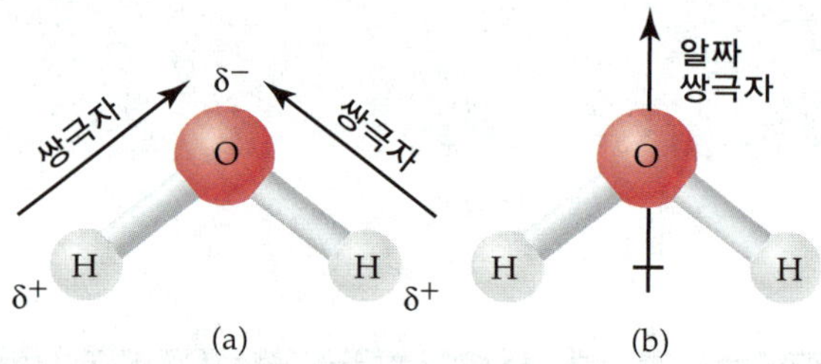


**그림 10.16 극성 물 분자 ▶**
(a) 전기음성도가 더 큰 산소 원자는 O–H 결합을 편극화하여, 물 분자 내에 두 개의 쌍극자를 생성한다. (b) 두 개의 쌍극자는 전체 물 분자에 대한 하나의 알짜 쌍극자를 생성한다.

## 극성과 무극성 용매

극성 분자로 이루어진 액체는 **극성 용매**(polar solvent)라고 불린다. 물 분자는 극성이며, 물은 가장 일반적인 극성 용매이다. 비록, 많은 예외가 있지만, 물과 같이 산소 원자를 가지고 있는 용매 분자는 일반적으로 극성이다. 메탄올, $CH_3OH$, 에탄올, $CH_3CH_2OH$, 역시 극성 용매의 예들이다.

무극성 분자로 이루어진 액체는 **무극성 용매**(nonpolar solvent)이다. 무극성 용매에는 헥산, $C_6H_{14}$, 사염화 탄소, $CCl_4$, 그리고 에틸 에테르, $C_4H_{10}O$ 등이 있다. 표 10.7에 일반적인 극성 용매와 무극성 용매를 나열해 놓았다.

**표 10.7  몇 가지 선택된 극성과 무극성 용매**

| 극성 용매 | 무극성 용매 |
|---|---|
| 물, $H_2O$ | 헥산, $C_6H_{14}$ |
| 메탄올, $CH_3OH$ | 헵탄, $C_7H_{16}$ |
| 에탄올, $C_2H_5OH$ | 톨루엔, $C_7H_8$ |
| 아세톤, $C_3H_6O$ | 사염화 탄소, $CCl_4$ |
| 메틸 에틸 케톤, $C_4H_8O$ | 클로로포름, $CHCl_3$ |
| 포름산, $HCO_2H$ | 이염화 메탄, $CH_2Cl_2$ |
| 아세트산, $CH_3CO_2H$ | 에틸 에테르, $C_4H_{10}O$* |

* 산소를 포함하는 용매는 극성이라는 일반적 규칙에 몇몇 예외가 있다. 예로서, 에틸 에테르(에틸에터)는 산소를 포함하고 있으나, 실제로는 무극성 용매이다.

## 서로 비슷한 것끼리 녹인다(like dissolves like)는 규칙

물($H_2O$)과 에탄올($C_2H_5OH$)은 같은 극성 용매이므로 상호간에 잘 용해된다. 헥산($C_6H_{14}$)과 사염화탄소($CCl_4$)는 둘 다 무극성이므로 서로 잘 용해한다. 두 용매가 둘 다 극성이거나, 또는 둘 다 무극성이면 그것들은 상호간에 용해된다. 이 원리가 바로 서로 비슷한 것끼리 녹인다(like dissolves like)는 규칙이다.

상호간에 완전히 녹을 수 있는 두 용매를 혼합될 수 있다(miscible)고 말한다. 예로서, 물과 에탄올은 혼합될 수 있다. 서로 비슷한 것끼리 녹인다(like dissolves like)는 규칙으로부터, 극성 용매와 무극성 용매는 물성이 비슷하지 않으므로 이러한 액체는 혼합되지 않는다(immiscible)고 말한다. 실험적으로, 혼합되지 않는 액체들의 혼합물은 층으로 분리된다. 예로서, 물과 가솔린은 섞이지 않으며, 물의 상층에 가솔린이 떠 있는 상태로 두 층을 이룰 것이다. 서로 비슷한 것끼리 녹인다는 규칙을 표 10.8에 요약하였다.

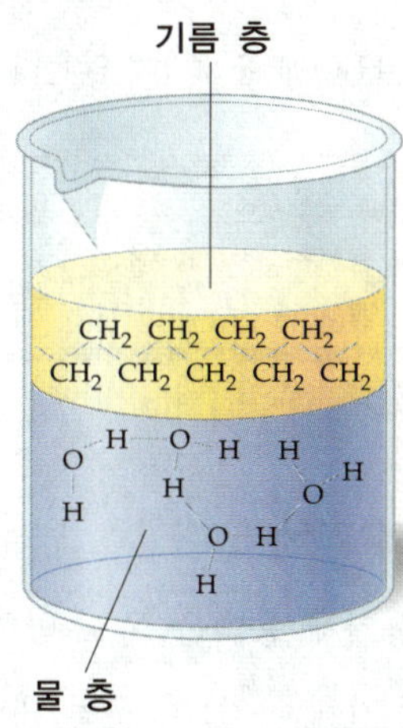


**▲ 혼합되지 않는 액체들**
기름 분자는 무극성이고, 물 분자는 극성이기 때문에 서로 혼합되지 않는다.

**표 10.8 두 액체에 대한 서로 비슷한 것끼리 녹인다는 규칙의 요약**

| 액체 | 극성 | 무극성 |
|---|---|---|
| 용질 | 용매 | 용매 |
| 극성 | 용해 | 불용해 |
| 무극성 | 불용해 | 용해 |

**예제 10-7**

다음의 용매가 물에 용해되는지에 대해 예측하라.

(a) 메탄올, $CH_3OH$　　　　(b) 톨루엔, $C_7H_8$

**해답** (a) $CH_3OH$는 극성이므로 $H_2O$에 용해된다.

(b) $C_7H_8$은 비극성이므로 $H_2O$에 용해되지 않는다.

**물음** 다음의 각 용매가 물에 용해되는지에 대하여 예측하라.

(a) 삼염화 에탄, $C_2H_3Cl_3$　　　　(b) 글리세린, $C_3H_5(OH)_3$

**해답** (a) $H_2O$에 용해되지 않는다. (b) $H_2O$에 용해된다.

**주의** 두 용매가 완전히 녹지는 않지만 서로 부분적으로 녹을 수도 있다. 예를 들면, 무극성 용매는 극성 용매에 부분적으로 녹을 수도 있다. 에틸에테르가 일반적으로 무극성 용매로 여겨지긴 하지만, 물에 일부 용해된다(~7% 용해).

## 용액 속의 기체

액체 속의 기체 용액은 온도 변화에 민감하게 영향을 받는다. 온도가 증가함에 따라, 녹아 있는 기체(용질)의 운동 에너지는 증가하여 용매로부터 빠져나가려는 경향이 더 커진다. 그러므로, 온도가 증가함에 따라 액체 내에 녹아 있는 기체의 용해도는 감소한다.

이러한 원리의 실질적인 예는 탄산음료를 들 수 있다. 음료수를 냉장고에서 꺼내 실온에 이르도록 내버려둔 적이 있을 것이다. 이 음료수를 열면 기체가 용액을 이탈하여 거품을 형성한다. 한편, 냉장고에서 꺼낸 직후 음료수 병을 열었을 때 일어나는 거품과 비교해 보라. 차가운 온도에서 이산화탄소가 더욱 많이 녹아 있으므로 거품이 적을 것이다.

액체 속의 기체의 용해도는 압력에 크게 영향을 받는다. 1803년에 영국의 화학자 윌리엄 헨리(William Henry)는 액체 속의 기체의 용해도에 관하여 실험을 하였다. 헨리는 기체의 용해도가 액체 위에 있는 기체의 부분 압력에 비례함을 발견하였다. 이것이 **헨리의 법칙**(Henry' s law)으로 알려져 있다. 기체가 여러 성분으로 된 혼합물일 때 각 성분의 압력을 부분압력이라 하고 각 성분의 압력을 모두 합한 것을 전압이라 한다.

## 10-12 | 용액 속의 고체

설탕과 같은 고체 물질은 물과 같은 액체에 녹는다. 설탕과 물은 각각 서로를 끌어당기기 때문이다. 즉, 용질인 설탕 입자는 설탕 입자 상호간 보다는 용매인 물 분자에 더 강하게 끌린다. 용질-용매 상호 작용은 용질과 용매의 극성이 비슷할 때 가장 강하다.

**표 10.9 액체 내의 고체에 대한 비슷한 것끼리 녹인다는 규칙의 요약**

| 액체<br>용질 | 극성<br>용매 | 무극성<br>용매 |
|---|---|---|
| 극성 | 용해 | 불용 |
| 무극성 | 불용 | 용해 |
| 이온성 | 용해 | 불용 |

일반적으로, 극성 화합물은 물과 같은 극성 용매에 잘 녹는다(표 10.9). 설탕, $C_{12}H_{22}O_{11}$은 여러 개의 산소 원자를 가지고 있으므로 극성 화합물이다. 비슷한 것끼리 녹인다는 규칙을 적용하면, 극성인 설탕, $C_{12}H_{22}O_{11}$이 물에 녹음을 예측할 수 있다.

유사하게, 무극성 분자들은 무극성 용매에 있는 분자들에 의해 잘 끌린다. 그러므로 무극성 화합물은 무극성 용매에 용해된다. 예를 들면, 그리스(grease)는 테레빈유

(turpentine)에 녹는다. 왜냐하면, 그리스는 무극성 화합물이고 테레빈유는 무극성 용매이기 때문이다. 테레빈유를 사용하여 그리스를 용해시키는 것은 비슷한 것끼리 녹인다는 규칙의 한 예이다. 역으로, 우리는 물을 사용하여 손에 묻은 그리스를 제거할 수 없다. 그리스는 무극성 화합물이고, 물은 극성 용매이다.

이온 화합물은 하전된 이온으로 구성되어 있기 때문에, 극성 화합물이 극성 용매에 녹는다는 점에서 극성 화합물과 유사하다. 즉, 이온 화합물은 무극성 용매에서 보다 극성 용매에서 더 잘 녹는다. 이온 화합물인 염화나트륨, NaCl, 즉 소금을 생각해 보자. 소금은 극성 용매인 물에 쉽게 녹는다. 그러나 가솔린과 같은 무극성 용매에는 쉽게 녹지 않는다. 이것은, 용질(소금)은 이온성인데 용매(가솔린)는 무극성이기 때문이다. 그렇지만, 많은 이온 화합물들이 물에 조금만 녹는다는 사실도 주목해야 한다(6.9절의 용해도 규칙을 참조하라).

### 예제 10-8

다음의 각 고체 화합물이 물에 녹을 것인지 녹지 않을 것인지에 대해 예측하라.

(a) 과당, $C_6H_{12}O_6$
(b) 탄산리튬, $Li_2CO_3$
(c) 파라-다이클로로 벤젠, $C_6H_4Cl_2$

**해답** (a) 과당은 여섯 개의 산소 원자를 가지고 있으므로 극성 화합물이다. 그러므로 $C_6H_{12}O_6$가 물에 녹음을 예측할 수 있다.

(b) 탄산 리튬은 리튬 이온과 탄산 이온을 가지고 있다. 그러므로 이것은 이온 화합물이다. $Li_2CO_3$가 물에 녹음을 예측할 수 있다.

(c) 파라 - 다이클로로 벤젠은 산소를 가지고 있지 않으므로 무극성 화합물이다. 그러므로 $C_6H_4Cl_2$는 물에 녹지 않는다.

**물음** 다음의 고체 화합물이 물에 녹는지 또는 녹지 않는지를 예측하라.

(a) 나프탈렌, $C_{10}H_8$
(b) 황산구리, $CuSO_4$
(c) 젖산, $HC_3H_5O_3$

**해답** (a) 녹지 않음 (b) 녹음 (c) 녹음

일부 화합물은 극성과 무극성 성분을 모두 가진다. 비록 콜레스테롤, $C_{27}H_{46}O$이 산소를 가지고 있긴 하지만, 무극성 화합물처럼 행동한다. 탄소와 수소 원자를 많이 가지고 있는 반면 산소 원자는 단 하나이기 때문에 무극성이다. 비슷한 것끼리 녹인다는 규칙을 이용하면, 콜레스테롤이 물에 녹지 않고 무극성 물질에 녹음을 정확히 예측할 수 있다. 인간의 몸에서, 콜레스테롤은 무극성인 지방 조직에 축적된다.

**예제 10-9**

다음에 나열한 비타민이 물에 녹는지 또는 지방질에 녹는지를 예측하라.

(a) 비타민 A, $C_{20}H_{30}O$ (b) 비타민 $B_2$, $C_{17}H_{20}N_4O_6$

**해답** (a) 비타민 A는 하나의 산소 원자를 가지고 있으나 거의 무극성이다. $C_{20}H_{30}O$는 무극성이라는 것을 예측할 수 있으며, 따라서 이것은 지방질에 용해되는 비타민이다.

(b) 비타민 $B_2$는 여섯 개의 산소 원자를 가지고 있으므로 극성이다. $C_{17}H_{20}N_4O_6$는 극성이라는 것을 예측할 수 있으며, 따라서 이것은 물에 용해되는 비타민이다.

**물음** 다음에 나열한 비타민이 물에 녹는지 또는 녹지 않는지를 예측하라.

(a) 비타민 C, $C_6H_8O_6$ (b) 비타민 D, $C_{27}H_{44}O$

**해답** (a) 용해 (b) 불용해

## 10-13 | 용해 과정

용해 과정을 가시화 해 보자. 용질 결정을 용액에 넣었을 때, 결정은 용해되기 시작한다. 이것은 물 분자가 결정을 공격하여 그것의 일부분을 잡아당기기 시작하기 때문이다. 특히, 물 분자는 결정의 가장자리와 모서리 부분을 공격한다.

예를 들어, 물에 각설탕을 넣었다고 가정하자. 물 분자는 극성을 띠는 설탕,

$C_{12}H_{22}O_{11}$, 분자에 끌려갈 것이고, 설탕 분자를 용액 속으로 끌어당길 것이다. 여러 개의 물 분자는 용액 내에서 설탕 분자 각각을 포위할 것이다. 물 분자 그룹 내에 잡혀 있는 설탕 분자는 용매 우리(solvent cage) 내에 존재한다고 한다. 용매 우리 내의 물 분자의 수는 용질의 농도에 의존한다(그림 10.17).

다른 예로서, 소금 결정이 물에 녹을 때 어떤 일이 일어나는지를 생각해 보라. 비슷한 것끼리 녹인다는 규칙에 따라, 극성 물 분자는 이온성인 소금 결정에 끌려간다. 이 경우에서도 역시, 물 분자는 결정의 가장 자리를 공격할 것이고, 일부분을 물속으로 끌어당긴다. 소금, NaCl과 같은 이온 화합물에 대해서, 물 분자는 용해 과정이 일어나는 동안 양 이온과 음 이온을 멀리 떨어지게 한다. 물 분자에서, 음으로 하전된 산소 원자는 양으로 하전된 나트륨(소듐) 이온, $Na^+$쪽으로 끌려간다. 음으로 하전된 염화 이온, $Cl^-$는 물 분자 내 양으로 하전된 수소원자에 의해 용액 내로 끌어당겨진다. 그림 10.18은 이러한 과정을 나타낸 것이다.

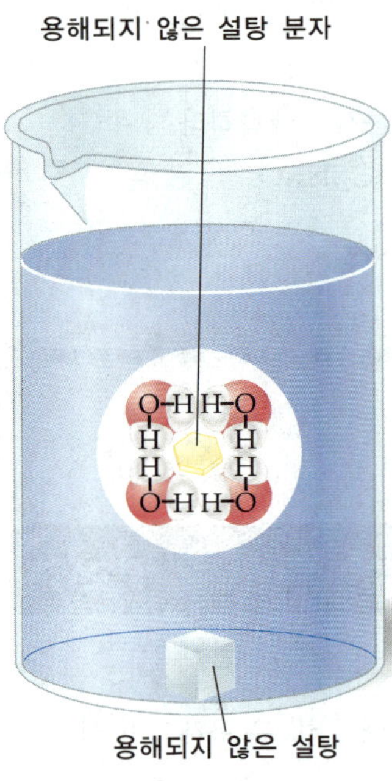


**▲ 그림 10.17 물에 용해되는 설탕**
물 분자가 각설탕의 가장자리를 따라, 그리고 모서리도 공격한다. 설탕 분자 각각은 용액 속으로 끌어 당겨지며, 여러 개의 물 분자에 의해 포위된다.

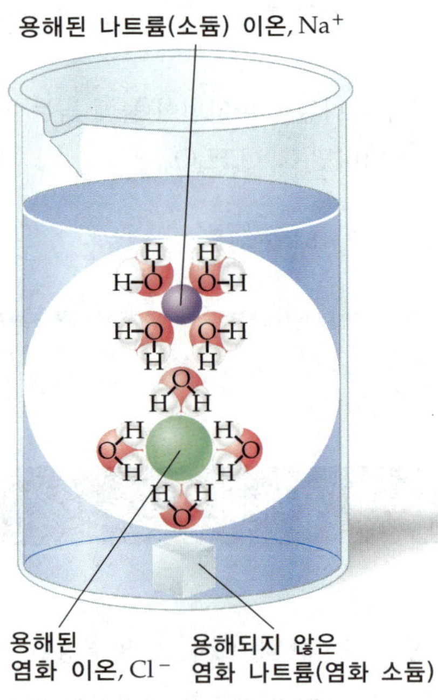


**▲ 그림 10.18 물에 용해되는 소금**
각각의 이온을 둘러싸고 있는 물 분자의 배향을 주목하라. $Na^+$는 물 분자의 산소 원자에게 끌어당겨지는 반면, $Cl^-$는 수소 원자에게 끌어 당겨진다.

### 화학의 세계 _ 콜로이드

용액에서 분산된 입자의 크기는 용액과 콜로이드를 구분하는 근거이다. 콜로이드는 직경이 1에서 100 nm 크기의 용질 입자를 포함하고 있는 반면, 용액은 1 nm보다 작은 용질 입자를 포함하고 있다. 콜로이드와 용액의 용질 입자는 용매로부터 분리되지 않으므로 안정하다. 콜로이드는 빛살을 산란하기에 충분히 큰 입자를 가지고 있다; 이러한 현상을 틴달 효과(Tyndall effect)라고 한다.

이론적으로, 강한 용질-용매 상호작용 때문에 입자들은 가라앉지 않고 용액 내에 떠 다닌다. 콜로이드는 입자들이 커기 때문에 용매에 의해 약하게 잡혀있다. 따라서 콜로이드 입자는 원심 분리를 시키면 용매로부터 분리되어질 수 있다. 예를 들면, AgCl 용액에서 원심 분리를 시키면 AgCl 침전물이 나온다. 콜로이드 입자는 거름종이는 통과할 수 있지만, 자연적인 세포막, 또는 셀로판지와 같은 인공막을 통과하기에는 크기가 너무 커 통과할 수 없다.

신장 투석은 용액으로부터 콜로이드 입자를 분리해 내는 것에 기초하고 있다. 투석을 하는 동안 피는 반투막을 가지고 있는 인공 신장을 통해 순환한다. 단백질 분자, 핵산, 그리고 혈구들은 그들의 크기가 크기 때문에 막을 통과할 수 없다. 작은 독성 분자는 막을 통과하고 피로부터 제거되어진다. 2~3시간의 투석 후, 신장병 환자는 독성 분자를 제거한 피를 가지게 된다. 다음과 같은 방법으로 콜로이드와 용액간의 차이점을 요약할 수 있다.

| 구별 기준 | 콜로이드 | 용액 |
|---|---|---|
| 입자 크기 | 1-100 nm(큼) | 1 nm 이하(작음) |
| 입자가 거름종이에서 | 분리되지 않음 | 분리되지 않음 |
| 입자가 원심분리에서 | 분리됨 | 분리되지 않음 |
| 입자가 막에서 | 분리됨 | 분리되지 않음 |
| 틴달효과 | 빛을 분산시킴 | 빛을 산란시키지 않음 |

## 용해 속도

설탕과 같은 고체 화합물이 용액에 녹는 속도는 세 가지 요소에 의존한다. 다음의 세 요소 중 하나에 의해 용해 속도를 증가시킬 수 있다.

1 용액의 가열

2 용액의 교반

3 고체 용질의 분쇄

용액을 가열하거나 교반함에 의해, 또는 용질을 분쇄함으로써 용매 분자가 용질을 공격하는 속도를 증가시킬 수 있다.

**용액을 가열**하는 것은 용액의 운동 에너지를 증가시켜 용매 분자가 더 빠르게 움직이게 된다. 용질 분자들은 용매 쪽으로 더욱 빠르게 끌어 당겨지며, 따라서 용해 속도는 증가한다.

**용액을 교반**하는 것은 물 분자와 용질사이의 상호작용을 증가시킨다. 용질과 용매가 더 자주 상호 작용하기 때문에 용해 속도는 더 빠르게 된다.

**용질을 분쇄**한다는 것은 더 넓은 표면적을 생성하는 것이다. 용질 결정이 더욱 더 작아짐에 따라 전체 표면적은 증가한다. 우리는 용매 분자가 가장자리를 따라 결정의 표면을 공격한다는 사실을 배웠다. 결정이 좀 더 작아질 때 더 많은 가장 자리들이 물 분자의 공격에 노출되어진다. 물 분자는 용질을 더 자주 공격하게 되고, 따라서 용해 속도는 증가한다

## 용해도와 온도

만약 용액에 열을 가한다면 용질 입자와 용매 사이의 상호 작용은 증가한다. 일반적으로, 고체 화합물의 용해도는 온도가 증가함에 따라 커진다. 그렇지만, 몇몇 화합물들은 예외적이며, 온도가 증가함에 따라 덜 녹는다. 주어진 온도에서 100 g의 물 속에 용해되어질 수 있는 용질의 최대량을 화합물의 **용해도**라 정의한다. 그림 10.19는 여러 다른 온도에서 물 100 g 내에서의 다양한 화합물들의 용해도를 그래프로 나타낸 것이다.

뜨거운 음료에 들어 있는 설탕을 즐긴다면, 여러분은 아마도 용해도에 관한 온도의 효과에 대한 흥미로운 예와 아마도 친숙할 것이다. 뜨거운 차에 설탕을 넣었다고 가정하자. 그런 후 차를 식도록 내 버려두자. 설탕의 용해도는 차가 식어감에 따라 감소한다. 만약 차가운 차를 저어 본다면, 식혀진 온도에서 용액으로부터 석출된 설탕의 결정을 감지할 수도 있다.

그림 10.19는 용해도에 대한 온도의 효과가 화합물에 따라 다양함을 보여주고 있다. 물에서의 소금, NaCl의 용해도는 온도에 아주 약간만 영향을 받는다. 이것의 용해도는 20℃에서 물 100 g 당 NaCl 약 35 g이고, 100℃에서는 물 100 g 당 40 g으로 증가한다. 흥미로운 것은 설탕, $C_{12}H_{22}O_{11}$의 용해도는 온도의 증가에 의해 많이 영향을 받는다는 것이다. 20℃에서 설탕의 용해도는 물 100 g 당 설탕 약 100 g이다. 그러나 55℃에서는 용해도가 물 100 g 당 설탕 140 g 이다. 만약 55℃에서 뜨거운 물 100 g에 설탕 140 g을 녹이고, 이것을 20℃로 식히면, 위에서 본 차가운 차의 경우와 마찬가지로, 여러분은 설탕 결정을 볼 수도 있다.

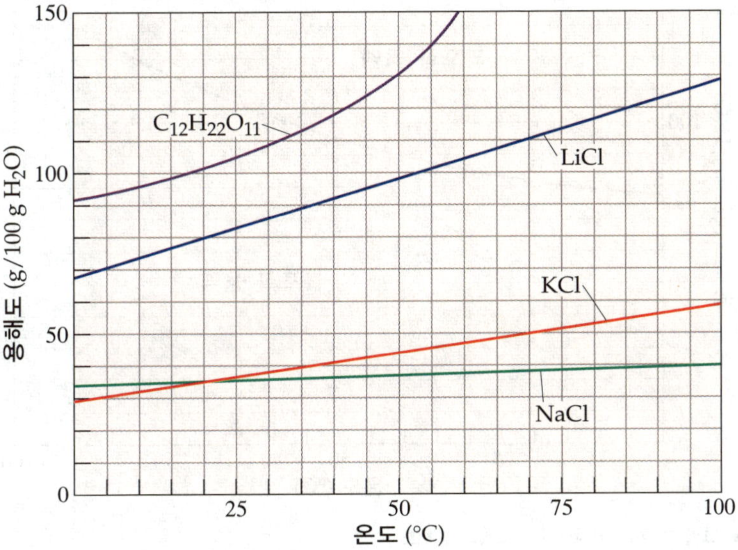


▲ **그림 10.19 다양한 고체 화합물들의 용해도**
비록 몇 가지 예외가 있긴 하지만, 고체 화합물들은 보통 온도가 증가함에 따라 더 많이 녹는다.

## 10-14 | 불포화, 포화, 과포화 용액

우리는 온도가 증가함에 따라 일반적으로 화합물의 용해도도 증가함을 보았다. 더 설명하기 위해서 아세트산 나트륨, $NaC_2H_3O_2$의 용해도를 고찰해 보자. 57℃에서 아세트산 나트륨의 용해도는 물 100 g 당 $NaC_2H_3O_2$ 100 g이다. 이것은 57℃에서 용해되는 용질의 최대량이다.

주어진 온도에서 최대량의 용질을 포함하는 용액을 **포화 용액**이라고 한다. 75℃에서 용해도는 증가한다. 이 온도에서는, 물 100 g 당 $NaC_2H_3O_2$ 100 g이 녹아 있는 용액은 더 이상 포화 상태가 아니다. 더 많은 용질이 용해 될 수 있기 때문에 이러한 용액은 **불포화 용액**이다. 그림 10.20은 $NaC_2H_3O_2$의 용해도를 온도의 함수로 나타낸 그래프이다.

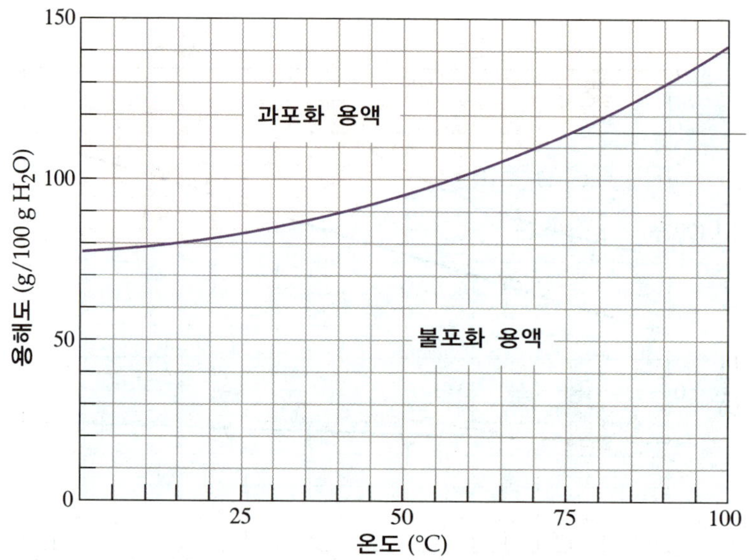


▲ **그림 10.20 아세트산 나트륨의 용해도**

그래프의 곡선은 여러 온도에서 아세트산 나트륨, $NaC_2H_3O_2$의 포화 용액을 나타낸다. 곡선의 아래 영역은 불포화 용액을 나타내며, 곡선의 위 영역은 과포화 용액을 나타낸다.

어떤 특별한 조건에서는 화합물의 최대 용해도를 초과하는 것이 가능하다. 주어진 온도에서 정상적으로 용해할 수 있는 것보다도 더 많은 용질을 포함하는 용액을 **과포화 용액**이라고 부른다. 예를 들어, 57℃에서 $NaC_2H_3O_2$ 100 g은 물 100 g에 용해될 수 있다는 것을 알고 있다. 이 용액은 포화용액이다. 만약, 실험 도구를 흔들지 않으면서 조심스럽게 식힌다면, 초과해 녹았던 용질이 용액 속에 남아 있을 것이다. 용액을 20℃까지 식혀도, $NaC_2H_3O_2$ 100 g이 용액 내에 여전히 남아 있는 상태로 하는 것이 가능하다. 20℃에서 최대 용해도는 물 100 g 당 약 82 g이다. 그렇지만, 초과한 용질이 용액 속에 여전히 남아있으므로, 20℃에서 이 용액은 과포화가 된 것이다.

과포화 용액은 불안정하다. 과포화용액에 아주 작은 $NaC_2H_3O_2$ 결정을 넣어주면 용액으로부터 결정이 자라서 큰 결정의 $NaC_2H_3O_2$를 만들어 낼 수 있다. 또 다른 예를 보면, 바위사탕을 생각해보자. 이것은 과포화된 설탕 용액에 작은 설탕 결정을 매달아 놓음으로서 만들어진다. 초과된 용질이 과포화된 용액으로부터 설탕결정 쪽으로 이동하여 작은 결정은 커다란 설탕 덩어리로 변환된다.

**예제 10-10**

어떤 아세트산 나트륨 용액이 물 100 g 당 $NaC_2H_3O_2$ 110 g을 포함하고 있다. 그림 10.20을 참고하여 이 용액이 다음의 각 온도에서 불포화인지, 포화인지, 과포화인지를 결정하라.

(a) 50℃ (b) 70℃ (c) 90℃

**해답** (a) 과포화용액 이다.
(b) 포화용액 이다.
(c) 불포화용액 이다.

# 연습문제

## 분자간 결합

1 다음 액체에는 어떤 종류의 분자간 인력(분산력, 쌍극자 힘, 수소 결합)이 존재하는가?

(a) $C_8H_{18}$ (b) $CH_3-OH$

(c) $CH_3-Cl$ (d) $CH_3-O-CH_3$

2 다음 짝의 액체에서 어느 것이 높은 증기압을 갖는지 예측하라.

(a) $CH_3COOH$ 또는 $C_2H_5Cl$ (b) $C_2H_5OH$ 또는 $CH_3OCH_3$

3 다음 짝의 액체에서 어느 것이 높은 점성을 갖는지 예측하라.

(a) $CH_3COOH$ 또는 $C_2H_5Cl$ (b) $C_2H_5OH$ 또는 $CH_3OCH_3$

## 증기압, 끓는점, 점성, 표면장력

4 액체중의 분자들이 강하게 끌어당기고 있다면, 다음 성질 중 어느 것이 높은 값을 갖을까?

(a) 증기압 (b) 끓는점

(c) 점성 (d) 표면 장력

5 그림 10.5를 참조하고 다음 온도에서 에테르의 증기압을 구하라.

(a) 15℃ (b) 30℃

6 아세톤의 증기압은 −59℃일 때 1 torr이고, −31℃일 때 10 torr, 8℃일 때 100 torr, 56℃일 때 760 torr이다. 아세톤의 기준 끓는점은 얼마인가?

## 고체의 성질

7 얼음 물 또는 끓는 물에 다음과 같은 각 금속이 놓여있을 때의 고체, 액체, 기체 중 어느 상태인가 어떠한가?

(a) 얼음물에서의 Ga

(b) 끓는 물에서의 Ga

(c) 얼음물에서의 Sn

(d) 끓는 물에서의 Sn

(e) 얼음물에서의 Hg

(f) 끓는 물에서의 Hg

상기한 금속의 녹는점과 끓는점은 다음과 같다.

| 원소 | 녹는점 | 끓는점 |
|---|---|---|
| 갈륨, Ga | 29.8℃ | 2,403℃ |
| 주석, Sn | 232.0℃ | 2,270℃ |
| 수은, Hg | -38.9℃ | 357℃ |

### 결정형 고체

**8** 다음의 각 고체를 구성하는 입자들의 형태를 설명하라.

(a) 이온 고체

(b) 분자 고체

(c) 금속 고체

**9** 다음 결정형 고체를 이온형, 분자형, 금속형으로 분류하라.

(a) 아연, Zn

(b) 산화 아연, ZnO

(c) 인, $P_4$

(d) 브롬화 요오드, IBr

### 물리적 상태의 변화

**10** -120℃의 에탄올을 120℃로 가열할 때 온도-에너지 그래프의 일반적인 모양을 그려라. (녹는점 = -117.3℃, 끓는점 = 78.5℃)

**11** 0.0℃의 얼음 115 g을 100.0℃의 증기로 전환하려 할 때 필요한 열량을 계산하라.

**12** -20.0℃의 얼음 38.5 g을 100.0℃의 증기로 전환하려 할 때 필요한 열량을 계산하라.

**13** -40.0℃의 얼음 100.0g을 125.0℃의 증기로 전환하려 할 때 필요한 열량을 계산하라.

### 물의 구조

**14** 물 분자에는 몇 개의 결합 원자가전자 쌍과 비결합 원자가전자쌍이 존재하는가?

**15** 물 분자 내에서 관찰된 결합각은 얼마인가?

**16** 델타($\delta$) 기호를 이용하여 물 분자 내의 2개의 쌍극자를 나타내라.

**17** 플루오르화수소(HF) 분자 두개를 그리고, 수소결합을 나타내라.

### 물의 물리적 상태

**18** 고체 암모니아의 밀도는 액체 암모니아의 밀도보다도 작다. 암모니아 얼음 조각은 암모니아수에서 뜰 것인가 가라앉을 것인가?

**19** 다음 화합물중 어느 쪽의 녹는점이 높은지를 예측하라.

(a) $H_2O$ 또는 $H_2S$ (b) $H_2S$ 또는 $H_2Se$

**20** 다음 화합물중 어느 쪽의 융해열(cal/mol)이 높은지를 예측하라.

(a) $H_2O$ 또는 $H_2S$ (b) $H_2S$ 또는 $H_2Se$

**21** 일반적으로 VIA/16족 수소 화합물의 몰 질량이 증가함에 따라 다음의 값들이 증가할 것인가 또는 감소할 것인가?

(a) 녹는점 (b) 끓는점

(c) 융해열 (d) 증발열

### 물의 화학적 성질

**22** 물의 전기분해에 관한 균형 화학반응식을 써라.

**23** 다음 반응의 균형 화학반응식을 완성하라.

(a) $Li(s) + H_2O(l) \rightarrow$

(b) $Na_2O(s) + H_2O(l) \rightarrow$

(c) $CO_2(g) + H_2O(l) \rightarrow$

**24** 다음 반응의 균형 화학반응식을 완성하라.

(a) $Ba(s) + H_2O(l) \rightarrow$

(b) $N_2O_3(g) + H_2O(l) \rightarrow$

(c) $CaO(s) + H_2O(l) \rightarrow$

**25** 다음 반응의 균형 화학반응식을 완성하라.

(a) $C_3H_6(g) + O_2(g) \xrightarrow{\text{불꽃}}$

(b) $Na_2Cr_2O_7 \cdot 2H_2O(s) \xrightarrow{\triangle}$

(c) $HF(aq) + Ca(OH)_2(aq) \longrightarrow$

**26** 다음 반응의 균형 화학반응식을 완성하라.

(a) $C_4H_{10}(g) + O_2(g) \xrightarrow{\text{불꽃}}$

(b) $Co(C_2H_3O_2)_2 \cdot 4H_2O(s) \xrightarrow{\triangle}$

(c) $HNO_3(aq) + Ba(OH)_2(aq) \longrightarrow$

## 수화물

**27** 다음 수화 화합물을 명명하라.

(a) $MgSO_4 \cdot 7H_2O$

(b) $Co(CN)_3 \cdot 3H_2O$

(c) $MnSO_4 \cdot H_2O$

(d) $Na_2Cr_2O_7 \cdot 2H_2O$

**28** 다음 수화 화합물의 화학식을 써라.

(a) 아세트산나트륨 3수화물(sodium acetate trihydrate)

(b) 황산칼슘 2수화물(calcium sulfate dihydrate)

(c) 크롬산칼륨 4수화물(potassium chromate tetrahydrate)

(d) 황산아연 7수화물(zinc sulfate heptahydrate)

## 용액

**29** 다음의 용매들이 극성인지 또는 비극성인지 예측하라.

(a) 물, $H_2O$ (b) 헥산, $C_6H_{14}$

(c) 아세톤, $C_3H_6O$ (d) 클로로포름, $CHCl_3$

**30** 다음의 용매들이 물과 섞일 수 있는지 또는 섞일 수 없는지를 예측하라.

(a) 헵탄, $C_7H_{16}$ (b) 메틸 알코올, $CH_3OH$

(c) 메틸 에틸 케톤, $C_4H_8O$ (d) 톨루엔, $C_7H_8$

**31** 실험실에서 미지의 액체가 극성인지 비극성인지를 어떻게 빨리 결정할 수 있겠는가?

## 용액 속의 고체

**32** 다음의 용질과 용매의 결합은 일반적으로 가용성인지 또는 불용성인지를 말하라.

(a) 극성 용질 + 극성 용매 (b) 비극성 용질 + 극성 용매

(c) 이온성 용질 + 극성 용매

**33** 다음의 화합물이 물에 가용성인지 또는 불용성인지를 예측하라.

(a) 나프탈렌, $C_{10}H_8$ (b) 수산화칼륨, KOH

(c) 아세트산 칼슘, $Ca(C_2H_3O_2)_2$ (d) 트라이 클로로톨루엔, $C_7H_5Cl_3$

(e) 글리신, $C_2H_5NO_2$ (f) 락트산, $HC_3H_5O_3$

**34** 다음의 비타민이 수용성인지 지용성인지를 예측하라.

(a) 비타민 B1, $C_{12}H_{18}Cl_2N_4OS$ (b) 비타민 B3, $C_6H_6N_2O$

(c) 비타민 B6, $C_8H_{11}NO_3$ (d) 비타민 C, $C_6H_8O_6$

(e) 비타민 D, $C_{27}H_{44}O$ (f) 비타민 K, $C_{31}H_{46}O_2$

## 용해 과정

**35** 물에 용해된 프룩토오스($C_6H_{12}O_6$)분자를 그림으로 나타내어라.

**36** 물에 용해된 다음 물질들의 화학식 단위를 그림으로 나타내어라.

(a) 브롬화 리튬, LiBr (b) 염화 칼슘, $CaCl_2$

**37** 용액에서 고체 물질의 용해 속도를 증가시키는 세 가지의 인자는 무엇인가?

**38** 다음의 용질들은 20℃에서, 100 g의 물에 몇 g이 용해될 수 있는가?

(a) NaCl (b) KCl

**39** 40℃에서 다음 고체 화합물들의 용해도를 결정하라.

(a) NaCl (b) KCl

**40** 다음의 물질을 용해시키기 위하여 요구되는 최소의 온도는 얼마인가?

(a) 100 g 물 속의 34 g NaCl

(b) 100 g 물 속의 50 g KCl

**41** 다음의 용액은 각각 어느 온도에서 포화되는가?

(a) 40 g NaCl/100 g 물

(b) 40 g KCl/100 g 물

### 불포화, 포화, 과포화

**42** 다음의 용액이 포화, 불포화, 또는 과포화인지를 말하라.

(a) 50℃에서 물 100 g에 있는 110 g의 $NaC_2H_3O_2$

(b) 70℃에서 물 100 g에 있는 110 g의 $NaC_2H_3O_2$

(c) 90℃에서 물 100 g에 있는 110 g의 $NaC_2H_3O_2$

**43** 다음의 용액이 포화, 불포화 또는 과포화인지를 말하라.

(a) 20℃에서 45 g KCl/100 g $H_2O$

(b) 50℃에서 45 g KCl/100 g $H_2O$

(c) 70℃에서 45 g KCl/100 g $H_2O$

**44** 30℃에서 암염(소금)의 용해도는 물 100 g 당 40.0 g이다. 만약 어떤 용액이 30℃에서 25.0 g의 물 속에 소금 10.0 g을 함유하고 있다면, 이 용액은 포화, 불포화, 또는 과포화인가?

**45** 100℃에서 물 100 g에 LiCl 100 g을 녹인 후, 이 용액을 20℃로 냉각시켰다고 가정하자

(a) 용액에 녹아있는 용질의 양은 얼마인가?

(b) 용액으로부터 결정화되는 용질의 양은 얼마인가?

chapter 11

# 산과 염기

산과 염기는 우리들의 삶에 중요한 역할을 한다. 우리들의 혈액과 체액의 적당한 산도는 우리들의 생명을 유지하게 하며, 정교한 완충 시스템에 의하여 조절된다. 우리들이 섭취하는 음식의 대부분은 산성이다. 예를 들어, 오렌지와 레몬은 시트르산(citric acid)을 함유하고 있으며 식초는 아세트산(acetic acid) 용액이다. 비타민 C는 아스코르브산(ascorbic acid)이고, 아스피린은 아세틸살리실산(acetylsalicylic acid)이다. 수영장의 산도는 염산으로 조절하며 자동차의 축전지는 황산으로 채워져 있다.

산과 염기의 성질은 어떤 면에서 반대이고 서로 중화한다. 제빵용 소다와 산화마그네슘(magnesia)은 염기성이다. 속쓰림에 사용하는 제산제(antacid)는 산을 중화시키는 탄산염(carbonate), 중탄산염(bicarbonate) 그리고 수산화물(hydroxide)과 같은 염기성 물질이 포함되어있다. 우리들이 바닥 청소에 사용하는 용액은 묽은 염기성 암모니아 용액이며, 하수구나 오븐을 청소할 때는 부식성이 있는 진한 수산화나트륨 용액을 사용한다.

## 11-1 | 산과 염기의 성질

**산**(acid)은 물에서 수소이온, $H^+$을 생성하는 물질이다. 이러한 성질을 이용하여 어떤 물질이 산성인지 시험해 볼 수 있다. 실험실에서 푸른 리트머스 시험지를 사용하여 산성 용액을 확인할 수 있다. 수소이온이 존재하면 푸른 리트머스 시험지가 붉은 색으로 바뀐다. 따라서, 푸른 리트머스 시험지를 어떤 용액에 담갔을 때 붉은 색으로 바뀐다면 그 용액이 산성임을 알 수 있다. 예를 들어, 리트머스 시험지를 레몬주스에 담그면 레몬주스는 산성이기 때문에 시험지가 붉은 색으로 변한다.

리트머스 시험지는 수소이온의 변화에 민감한 식물 색소를 사용하여 만든다. 식물의 색깔은 성장 과정에서의 토양의 산도에 영향을 받는다. 예를 들면, 자라는 토양의 산도에 따라서 난초꽃의 색깔이 열은 보라색에서부터 짙은 자주색까지 나타날 수 있다. 붉은 장미를 산성 용액에 놓으면 색이 열어져서 분홍색으로 된다.

산은 특유의 성질들을 가지고 있다. 그 중 하나가 신 맛을 띠는 성질이며, 레몬이나 사과 또는 식초의 신 맛으로부터 이러한 식품들이 산성임을 알 수 있다. 산에 예민한 미각돌기는 혀의 가장 자리를 따라 분포되어 있다. 그래서 우리들이 신 맛을 느끼려할 때는 혀를 굴리게 된다.

**염기**(base)는 용액 내에서 수산화이온, $OH^-$ 을 생성하는 물질이다. 염기 또한 특유의 성질들을 가지고 있다. 예를 들면, 염기는 미끄럽고 미끈미끈한 촉감과 쓴 맛을 나타낸다. 우유 속의 마그네시아(magnesia, 산화마그네슘)는 쓴맛이 나며 역겨움을 느끼게 한다. 마그네시아의 쓴 맛은 이것이 염기성 물질임을 나타내는 것이다. 염기에 예민한 미각돌기는 혀의 뒤쪽인 목구멍 쪽으로 분포되어있어서, 이것이 쓴 맛을 느끼려고 할 때 혀를 내밀게 되는 이유이다.

실험실에서, 용액의 염기성을 확인할 때 붉은 리트머스 시험지를 사용한다. 수산화이온이 하수구나 오븐 청소용 세제용액에 존재하면 붉은 리트머스 시험지가 푸르게 바뀐다. 산과 염기의 또 다른 성질은 중화반응이다. 산과 염기가 반응하면 염과 물이 생성된다. 예를 들어 염산으로 수산화칼륨을 중화하면 염화칼륨과 물이 생성된다.

$$HCl(aq) + KOH(aq) \rightarrow KCl(aq) + H_2O(l)$$

산과 염기의 성질을 표 11.1에 요약하였다.

**표 11.1 산과 염기의 성질**

| 성질 | 산성 용액 | 염기성 용액 |
|---|---|---|
| 맛 | 신맛 | 쓴맛 |
| 촉감 | - | 미끄러움, 미끈거림 |
| 리트머스 시험지 | 푸른 리트머스를 붉게 | 붉은 리트머스를 푸르게 |
| pH | 7이하 | 7이상 |
| 중화반응 | 염기와 반응하여 염과 물을 생성 | 산과 반응하여 염과 물을 생성 |

## pH 척도

pH값은 어떤 용액의 산도 또는 염기도를 나타낸다. 대부분의 용액의 pH는 0과 14 범위 내에 있다. 예를 들어, 1 M HCl 용액의 pH는 0(강한 산) 이며, 1 M NaOH 용액의 pH는 14(강한 염기) 이다. pH 7은 중성이며 순수한 증류수의 pH는 7이다.

pH척도에서 산성 용액은 pH가 7보다 작다. 산도가 증가할수록 pH 값은 감소한다. 따라서, pH 3인 용액은 pH 4인 용액보다 산도가 더 크다. 염기성 용액은 pH가 7보다 크다. 염기도가 증가할수록 pH 값은 커진다. 그러므로 pH 11인 용액은 pH 10인 용액보다 염기도가 더 크다.

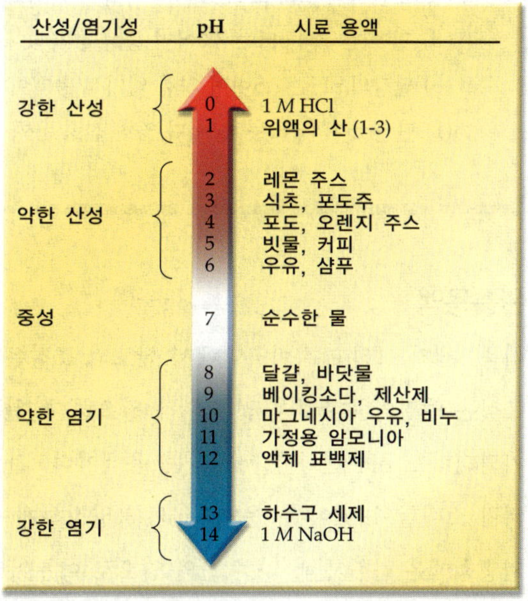


**▲ 그림 11.1 pH척도**
강한 산성(pH ~1), 약한 산성(pH~4), 중성(pH~7), 약한 염기성(pH ~10) 그리고 강한 염기성(pH~14)을 표시하였다.

용액의 pH에 따라 강한 산성, 약한 산성, 중성, 약한 염기성 또는 강한 염기성 용액으로 분류할 수 있다. 강한 산성 용액의 pH는 0과 2 사이의 값을 가지며, 약한 산성 용액의 pH는 2와 7 사이의 값을 가진다. 약한 염기성 용액의 pH범위는 7에서 12이며, 강한 염기성 용액의 pH 범위는 12에서 14이다. 그림 11.1은 몇 가지 일반적인 물질의 pH를 나타내었다.

**예제 11-1**

아래의 용액이 강한 산성, 약한 산성, 중성, 약한 염기성 그리고 강한 염기성 용액 중 어디에 속하는지 말하라.

(a) 위액, pH 1.5　　(b) 오븐 세정제, pH 13.5

(c) 오렌지 주스, pH 4.5　　(d) 탈 이온수, pH 7.0

(e) 달걀, pH 7.5　　(f) 탄산소다, pH 4.0

**해답** 각각의 용액을 그림 11.1에서 보인 경계 표시를 참조하여 용액을 분류해 보자.

(a) 위액의 pH는 0과 2 사이의 값이므로, 강한 산성 용액이다.

(b) 오븐 세정제의 pH는 13.5이므로, 강한 염기성 용액이다.

(c) 오렌지 주스의 pH는 2와 7 사이에 있으므로, 약한 산성 용액이다.

(d) 탈 이온수의 pH는 7.0이며 중성 용액이다.

(e) 달걀의 pH는 7.5이며 약한 염기성 용액이다.

(f) 탄산소다의 pH는 4.0이며 약한 산성 용액이다.

## 완충용액

식품, 제지 그리고 화학공업에서 산도의 조절은 매우 중요하다. 농업에서 토양의 pH 조절은 양질의 수확물을 얻기 위해 필요하다. **완충용액**(buffer)이란 산이나 염기가 첨가되더라도 pH 변화가 저지되는 용액이다. 완충용액은 수소이온이나 수산화이온을 과량 소비할 수 있어서, 용액의 pH를 일정하게 유지시킨다.

완충용액은 약한 산과 약한 산의 염으로 이루어진; 예를 들면, 시트르산(citric acid)과 시트르산 나트륨(sodium citrate)으로 이루어진 수용액이다. 이 용액에 산을 가하면, 시트르산이온이 과량의 수소이온과 결합하여 시트르산이 된다. 반대로 이 용액에 염기를 가하면, 시트르산이 과량의 수산화 이온을 중화하여 염과 물을 만든다. 완충용액의 양보다 적은 양의 산과 염기를 가할 때는 pH 변화가 거의 없다. 수많은 산성과 염기성 화합물이 바닷물 속에 있지만, 높은 농도로 존재하는 중탄산(bicarbonate)과 탄산이온(carbonate ion)에 의해 바닷물의 pH는 8 정도로 유지된다. 비슷한 형태의 완충용액 형성을 통하여 혈액의 pH가 7.4 정도로 유지된다.

## 11-2 | 아레니우스(Arrhenius) 산과 염기

스웨덴의 화학자 아레니우스(Svante Arrhenius)는 1884년 처음으로 산과 염기에 대하여 정의하였다. 물에서 이온화되어 수소이온을 생성하는 물질을 아레니우스 산이라고 하였다. 반면에, 물에서 해리하여 수산화이온을 내놓는 물질을 아레니우스 염기라고 하였다.

산과 염기는 다양한 세기를 가진다. 아레니우스 산의 세기는 용액에서의 이온화도에 따라 결정된다. **이온화**(ionization)는 극성 화합물 내의 분자가 양이온과 음이온을 형성하는 과정이다. 아레니우스 염기의 세기는 용액에서의 해리도에 따라 결정된다. **해리**(dissociation)란 이온화합물 내에 존재하는 이온이 용액 속에서 각각의 이온으로 분리되는 과정이다. 그러므로 HCl 분자는 $H^+$과 $Cl^-$으로 이온화하는 반면, NaOH는 $Na^+$과 $OH^-$으로 해리된다.

### 아레니우스의 강한 산과 약한 산

산의 강하고 약함은 얼마나 이온화 되느냐에 달렸다. 아레니우스의 정의에 따라서, 강한 산은 용액 내에서 거의 모두 이온화되어 수소 이온을 방출한다. 염산은 거의 100% 이온화하기 때문에 강한 산이다. 아세트산은 아주 약하게, 대략 1% 정도 이온화하기 때문에 약한 산이다. 표 11.2에 몇 가지 일반적인 아레니우스 산을 보였다.

모든 아레니우스 산에는 수소 원자가 산 분자에 극성 결합으로 붙어 있다. 산 분자가 이온화할 때 이 결합이 끊어진다. 수용액에서 극성인 물 분자는 산 분자의 수소이온을 끌어당겨서 산의 이온화를 도와주게 된다. 염산, HCl 과 아세트산, $HC_2H_3O_2$ 의 이온화 과정을 다음과 같이 나타낼 수 있다.

**표 11.2 일반적인 아레니우스산**

| 산 수용액 | 이온화 퍼센트 | 산의 세기 |
|---|---|---|
| 염산, HCl(aq) | ~100% | 강 |
| 질산, $HNO_3$(aq) | ~100% | 강 |
| 황산, $H_2SO_4$(aq) | ~100% | 강 |
| 아세트산, $HC_2H_3O_2$(aq) | ~1% | 약 |
| 탄산, $H_2CO_3$(aq) | ~1% | 약 |
| 플루오르화 수소산, HF(aq) | ~1% | 약 |
| 인산, $H_3PO_4$(aq) | ~1% | 약 |

$$HCl(aq) + H_2O(l) \rightarrow H_3O^+(aq) + Cl^-(aq) \qquad (\sim 100\%)$$

$$HC_2H_3O_2(aq) + H_2O(l) \rightarrow H_3O^+(aq) + C_2H_3O_2^-(aq) \ (\sim 1\%)$$

수소이온을 가진 용액을 산이라 하는데, 실제로는 수소이온이 $H_3O^+$로 존재한다. 하이드로늄이온(hydronium ion), $H_3O^+$는 수용액에서 수소이온이 물 분자와 결합하여 형성된다. 간단하게 표기하기 위하여, 수용액중의 수소이온을 보통 $H^+(aq)$로 나타낸다.

## 아레니우스의 강한 염기와 약한 염기

염기의 강하고 약함은 해리도에 따라서 결정된다. 아레니우스의 정의에 따라서, 강한 염기는 거의 모두 해리되어 용액 중에 수산화 이온을 방출한다. 수산화나트륨은 강한 염기이며 수용액에서 거의 100% 해리한다. 수산화암모늄은 용액 중에 존재하는 수산화이온의 수가 비교적 적기 때문에 약한 염기이다. 표 11.3에 몇 가지 일반적인 아레니우스 염기를 보였다.

물에 수산화나트륨을 용해시키면 NaOH 수용액이 얻어진다. 용해 과정에서, NaOH는 수용액에서 나트륨 이온과 수산화 이온으로 해리된다. $NH_4OH$는 약한 염기이며 용액 중에 약간의 수산화이온이 존재한다. 이 두 아레니우스 염기의 해리 과정은 다음과 같다.

$$NaOH(aq) \rightarrow Na^+(aq) + OH^-(aq) \ (\sim 100\%)$$

$$NH_4OH(aq) \rightarrow NH_4^+(aq) + OH^-(aq) \ (\sim 1\%)$$

**표 11.3 아레니우스 염기**

| 염기 수용액 | 해리 퍼센트 | 염기의 세기 |
|---|---|---|
| 수산화 바륨, $Ba(OH)_2(aq)$ | ~100% | 강 |
| 수산화 칼슘, $Ca(OH)_2(aq)$ | ~100% | 강 |
| 수산화 리튬, $LiOH(aq)$ | ~100% | 강 |
| 수산화 칼륨, $KOH(aq)$ | ~100% | 강 |
| 수산화 나트륨, $NaOH(aq)$ | ~100% | 강 |
| 수산화 암모늄, $NH_4OH(aq)$ * | ~1% | 약 |

* 수산화암모늄은 암모니아 기체를 물에 용해시켜서 만든다. 이것을 암모니아 수용액, $NH_3(aq)$, 또는 암모니아수, $NH_3 \cdot H_2O$라고 한다. 수산화암모늄이란 이름은 용액 중에서 수산화암모늄 분자의 존재가 입증되지 않기 때문에 다소 잘못된 이름이다. 그러나 간단히 암모니아 용액을 수산화암모늄, $NH_4OH(aq)$으로 표기한다.

**예제 11-2**

이온화도가 주어진 다음 용액들을 강한 또는 약한 산으로 분류해 보라.

(a) 과염소산, $HClO_4(aq)$ ~100%

(b) 하이포아염소산, $HClO(aq)$ ~1%

**해답** (a) 과염소산은 거의 모두 이온화되므로 강한 산이라 생각된다. 수용액에는 $H^+(aq)$와 $ClO_4^-(aq)$이 주로 존재한다.

(b) 하이포아염소산은 거의 이온화되지 않으므로 약한 산이다. 수용액에 존재하는 것은 대부분 HClO 분자이다.

## 중화반응

우리는 산과 염기를 중화하면 염과 물이 생성된다는 것을 배웠다. 예를 들면, 염산이 수산화나트륨과 반응하여 염인 염화나트륨과 물을 생성한다. 이 반응의 반응식은 다음과 같다.

$$HCl(aq) + NaOH(aq) \rightarrow NaCl(aq) + H_2O(l)$$

이 반응에서 수용성 염인 NaCl이 생성된다. 산의 종류를 달리하면 생성되는 염의 종류도 달라진다. 예를 들어, 만약 수산화나트륨 수용액으로 황산을 완전히 중화시키면, 황산나트륨이 얻어진다. 이때의 반응식은 다음과 같다.

$$H_2SO_4(aq) + 2NaOH(aq) \rightarrow Na_2SO_4(aq) + 2H_2O(l)$$

산의 수소이온이 염기의 수산화이온에 의하여 중화된다. 수소이온과 수산화이온이 결합하여 물을 만든다. 우리는 위의 중화반응에서 염으로 $Na_2SO_4$가 생성된다는 것을 알았다. 아레니우스 산과 염기로부터 어떤 염이 생성되는지 확인할 수 있다. 왜냐하면 각각의 염의 구성이 염기에서 나온 양이온과 산에서 나온 음이온으로 되어있기 때문이다. 예를 들면, 염으로 아세트산칼륨, $KC_2H_3O_2$가 생성되는 중화반응을 예상할 수 있다. 염이 칼륨을 포함하므로 중화된 염기는 당연히 수산화칼륨, KOH이어야 한다. 아세트이온은 아세트산, $HC_2H_3O_2$로부터 나온다. 따라서 반응식은 다음과 같다.

$$HC_2H_3O_2(aq) + KOH(aq) \rightarrow KC_2H_3O_2(aq) + H_2O(l)$$

### 예제 11-3

다음의 염을 생성하는 산과 염기를 구하라. 이 중화반응에 대한 균형 반응식을 완결하라.

(a) 플루오르화리튬, LiF(aq)　　(b) 황산칼슘, $CaSO_4(aq)$

**해답** (a) 염 LiF는 염기 LiOH와 산 HF로부터 생성된다. 중화반응의 반응식은 다음과 같다.

$$HF(aq) + LiOH(aq) \rightarrow LiF(aq) + H_2O(l)$$

(b) 황산칼슘은 $Ca(OH)_2$와 $H_2SO_4$의 중화반응으로부터 생성된다. 중화반응의 반응식은 다음과 같다.

$$H_2SO_4(aq) + Ca(OH)_2(aq) \rightarrow CaSO_4(aq) + 2H_2O(l)$$

## 11-3 | 브뢴스테드-로우리(Brønsted-Lowry) 산과 염기

1923년 덴마크의 화학자 브뢴스테드와 영국의 화학자 로우리는 각기 독자적으로 아레니우스 산과 염기보다 좀 더 확장된 산과 염기에 대한 정의를 발표하였다. 브뢴스테드와 로우리는 산을 "양성자(수소이온, $H^+$) 주개"로 정의하였다. 아레니우스는 물에 수소이온을 내놓는 물질을 산이라고 하였는데, 브뢴스테드와 로우리는 수소 이온을 어떤 다른 물질에 주는 물질을 산이라고 하였다. 수소이온을 간단히 말하면 양성자(proton)이기 때문에 브뢴스테드-로우리 산을 **"양성자 주개"**(proton donor)라고 한다.

한편 아레니우스는 물에 수산화이온을 내놓으면 염기라고 하였다. 우리는 수산화이온이 수소이온을 중화하여 물이 된다는 것을 알고 있다. 그러나 수산화이온 이외에도 수소이온을 중화하는 물질이 많이 있다. 브뢴스테드와 로우리는 수소이온을 받아들이는 모든 물질을 염기라고 하였다. 따라서 브뢴스테드-로우리 염기는 **"양성자 받개"** (proton acceptor)이다.

산과 염기에 대한 브뢴스테드-로우리의 정의가 아레니우스의 정의와 약간의 차이가 있다 하더라도, 브뢴스테드-로우리 산과 염기는 또한 서로 중화된다. 다음에 예를 든 반응은 브뢴스테드-로우리 염기와 산과의 중화반응이다.

$$HCl(aq) + NaOH(aq) \rightarrow NaCl(aq) + H_2O(l)$$

$$HCl(aq) + NH_3(aq) \rightarrow NH_4Cl(aq)$$

$$HCl(aq) + H_2O(l) \rightarrow H_3O+(aq) + Cl^-(aq)$$

첫 번째 반응에서, 수용액 중의 NaOH가 양성자를 받는다. 따라서, 브뢴스테드-로우리의 정의에 따라 염기이다. 두 번째 반응에서, 수용액 중의 $NH_3$가 양성자를 받으므로 염기이다. 세 번째 반응을 보면, 수소이온을 받아들이는 물이 염기로 작용한다.

물에서의 수소이온과 수산화이온 형성 여부에 따르는 아레니우스의 산과 염기와는 달리, 브뢴스테드-로우리의 산과 염기는 특정 반응에 의존한다. 예를 들면, 수용액 중의 $NaHCO_3$는 양성자를 받아들이기 때문에 염기(base)이다. 또 다른 반응에서는, 수용액 중의 $NaHCO_3$가 양성자를 주고 산(acid)으로 작용할 수 있다. 이 때의 반응식은 다음과 같다.

$$HCl(aq) + NaHCO_3(aq) \rightarrow NaCl(aq) + H_2CO_3(aq)$$
$$NaOH(aq) + NaHCO_3(aq) \rightarrow Na_2CO_3(aq) + H_2O(l)$$

첫 번째 반응에서, $NaHCO_3$는 HCl로부터 양성자를 받기 때문에 브뢴스테드-로우리 염기이다. 두 번째 반응에서, $NaHCO_3$는 NaOH에 양성자를 주기 때문에 브뢴스테드-로우리 산이다. 양성자를 줄 수도 받을 수도 있는 물질을 **양쪽성**(amphiprotic)이라고 한다. 브뢴스테드-로우리의 정의에 따라, 물은 양쪽성이다. 즉, $H_2O$가 "양성자 주개"인 산으로 작용할 수 있다. 또한 $H_2O$는 염기로도 작용할 수 있어서 양성자를 받아 하이드로늄이온, $H_3O^+$이 된다. 물의 양쪽성을 다음과 같이 나타낼 수 있다.

$$\underset{\substack{\text{양성자 주개}\\ \text{산}}}{H_2O(l)} + \underset{\substack{\text{양성자 받개}\\ \text{염기}}}{H_2O(l)} \rightarrow H_3O^+(aq) + OH^-(aq)$$

## 11-4 | 산-염기 지시약

용액의 산과 염기를 인지할 수 있는 시험지들에는 시험용액의 pH에 따라 변색하는 물질이 입혀져 있다. 이런 지시시험지에는 식물의 추출물이 포함되어있다. 이러한 물질들은 포도주스, 붉은 양배추, 장미꽃, 제비꽃이나 난꽃의 추출물들이다.

pH에 따라 예민하게 변색하는 용액을 산-염기 지시약(acid-base indicator)이라고 한다. 페놀프탈레인, 메틸레드 그리고 브롬티몰블루와 같은 것들이 일반적인 지시약이다. 메틸레드는 pH 5 이상의 용액에서 황색, pH 5 이하의 용액에서 적색이다. 그런데, pH 5 용액에서는 지시약의 일부분이 황색에서 적색으로 변색하기 때문에 오렌지색으로 나타난다. 페놀프탈레인은 pH 9 또는 그 이상의 용액에서 분홍색이고, pH 9 이하의 용액에서는 무색이다.

실험실에서 사용 가능한 지시약은 무수히 많다. 화학자들은 변색하는 pH에 따라(그림 11.2) 지시약을 선택한다. 예를 들면, pH 5에서 일어나는 반응에 대한 지시약으로는 메틸레드가 적합할 것이다. 표 11.4에 3가지의 일반적인 지시약을 정리하였다.

주어진 pH에서 산-염기 지시약의 변색과 관련된 문제를 다음 예제에 보였다.

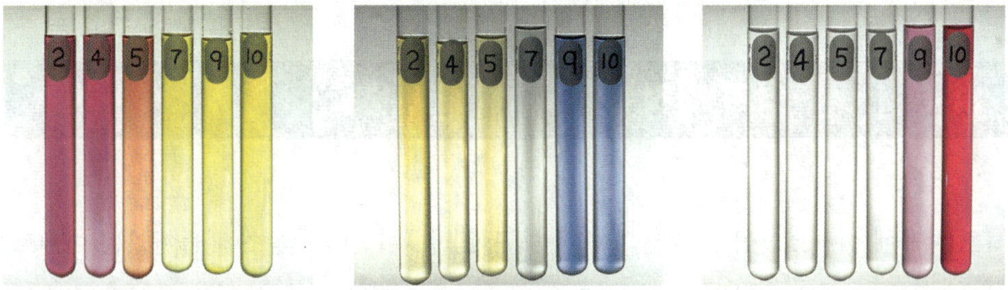

▲ **그림 11.2 pH와 산-염기 지시약의 색깔**

pH에 따른 세 종류의 산-염기 지시약의 색깔 변화를 볼 수 있다. 메틸레드(왼쪽)는 pH 5일 때 적색에서 황색으로 변색한다. 브롬티몰블루(가운데)는 pH 7일 때 황색에서 청색으로 변색한다. 페놀프탈레인(오른쪽)은 pH 9일 때 무색에서 분홍색으로 변색한다.

**표 11.4 산-염기 지시약**

| 지시약 | 변색 | 색깔 |
|---|---|---|
| 메틸레드 | pH ~5 | pH 5 이하 : 적색<br>pH 5 이상 : 황색 |
| 블롬티몰블루 | pH ~7 | pH 7 이하 : 황색<br>pH 7 이상 : 청색 |
| 페놀프탈레인 | pH ~9 | pH 9 이하 : 무색<br>pH 9 이상 : 분홍색 |

**예제 11-4**

다음 용액에서 산-염기 지시약의 색을 말하라.

(a) pH 3 용액에 메틸레드를 한 방울 가했을 때

(b) pH 8 용액에 브롬티몰블루를 한 방울 가했을 때

(c) pH 11 용액에 페놀프탈레인을 한 방울 가했을 때

해답 용액의 색은 표 11.4를 참조하여 결정한다.

(a) pH 3에서 메틸레드는 적색이다. (b) pH 8에서 브롬티몰블루는 청색이다.

(c) pH 11에서 페놀프탈레인은 분홍색이다.

## 11-5 | 산-염기 적정

식초는 물에 아세트산이 포함된 것이기 때문에 신맛이 난다. 식초에 들어있는 아세트산의 몰 농도는 알고 있는 농도의 염기 용액을 사용하여 식초 시료를 분석하여 구할 수 있다. 실험실에서, 적정 방법을 사용하여 아세트산을 분석할 수 있다. **적정**(titration)은 가해진 용액의 부피를 구하여 농도를 결정하는 과정이다. 식초 시료의 분석에서, 아세트산의 적정은 뷰렛을 통하여 가해진 수산화나트륨 용액의 부피를 측정하여 농도를 결정하는 것이다. 용액 중의 아세트산이 모두 중화되었음을 나타내는 지시약으로 페놀프탈레인을 사용할 수 있다.

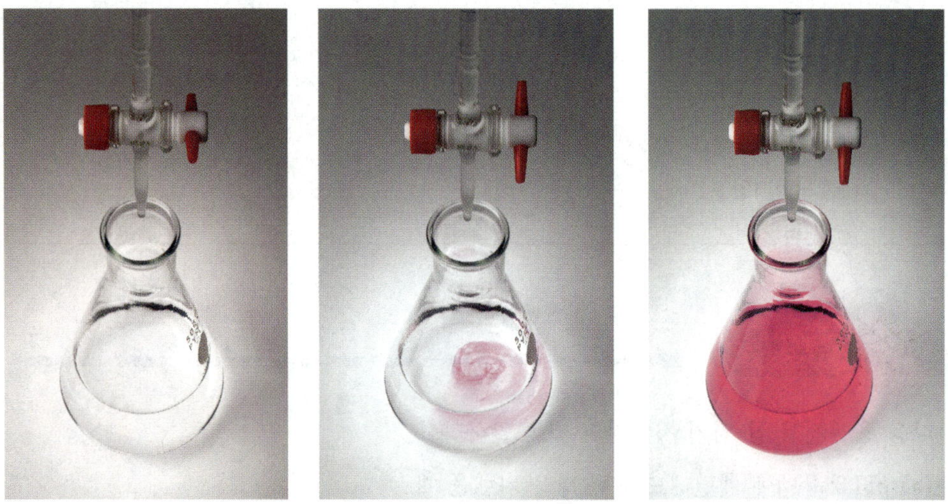

**▲ 그림 11.3 수산화 나트륨(수산화 소듐)을 사용한 아세트산의 적정**

(a) 아세트산 시료가 들어있는 플라스크에 한방울의 페놀프탈레인 지시약을 넣는다. (b) 뷰렛에서 플라스크에 넣는 수산화 나트륨 용액의 부피를 측정한다. (c) 용액의 분홍색이 더이상 소멸되지 않으면 적정은 완결된다.

아세트산이 중화된 후, 한 방울의 NaOH가 pH를 급격히 증가시켜서 페놀프탈레인이 무색에서 분홍색으로 변색된다. 지시약이 변색하면, 적정을 멈춘다. 적정에서 이점을 **종말점**(end point)이라 한다. 그림 11.3에 이 실험의 과정을 보였다.

다음과 같은 식초 시료 중의 아세트산 분석을 생각해 보자. 10.0mL 식초 시료 중의 아세트산의 중화에 0.223 M NaOH 37.55mL가 소모되었다. 이 반응의 균형 반응식은 다음과 같다.

$$HC_2H_3O_2(aq) + NaOH(aq) \rightarrow NaC_2H_3O_2(aq) + H_2O(l)$$

우선, 아세트산의 몰 농도를 알기 위해서 NaOH가 몇 mol인지 알아야한다. NaOH의 부피는 37.55mL이고 농도는 0.233M이다. NaOH의 몰 농도는 단위인자 0.233 mol NaOH/1000 mL 용액으로 쓸 수 있다.

$$37.55\ \text{mL 용액} \times \frac{0.233\ \text{mol NaOH}}{1000\ \text{ml 용액}} = 0.00837\ \text{mol NaOH}$$

그 다음, 아세트산이 몇 mol인지를 결정한다. 균형 반응식으로부터 1 mol의 NaOH가 1 mol의 $HC_2H_3O_2$를 중화하는 것을 알 수 있다.

$$0.00837\ \text{mol NaOH} \times \frac{1\ \text{mol}\ HC_2H_3O_2}{1\ \text{mol NaOH}} = 0.00837\ \text{mol}\ HC_2H_3O_2$$

끝으로, 아세트산의 몰 농도를 계산한다. $HC_2H_3O_2$의 부피가 10.0 mL이므로,

$$\frac{0.00837\ \text{mol}\ HC_2H_3O_2}{10.0\ \text{ml}} \times \frac{1000\ \text{ml}}{1\text{L}} = \frac{0.837\ \text{mol}\ HC_2H_3O_2}{1\text{L}}$$

$$= 0.837\ \text{M}\ HC_2H_3O_2$$

이제 아세트산의 몰 농도를 질량/질량 백분율 농도(m/m %)로 전환시켜 보자. 식초의 밀도가 1.01 g/mL이고, 아세트산의 몰 질량이 60.06 g/mol이라면 다음과 같이 계산된다.

$$\frac{0.837\ \text{mol}\ HC_2H_3O_2}{1000\ \text{ml 용액}} \times \frac{60.06\ \text{g}\ HC_2H_3O_2}{1\ \text{mol}\ HC_2H_3O_2} \times \frac{1\ \text{mL 용액}}{1.01\ \text{g 용액}} \times 100\ \%$$

$$= \frac{0.0498\ \text{g}\ HC_2H_3O_2}{1\ \text{g 용액}} \times 100\ \% = 4.98\ \%\ HC_2H_3O_2$$

식초용액 중의 아세트산 농도는 0.837 M이고, $HC_2H_3O_2$ 4.98%에 해당한다.

한편, 암모니아가 포함된 가정용 클리닝 용액을 분석할 수 있다. 암모니아 시료 용액을 알고 있는 농도의 산 용액으로 적정한 다음, 암모니아의 농도를 계산한다.

**예제 11-5**

암모니아 수용액 10.0 mL를 메틸레드 지시약을 사용하여 종말점까지 적정하는데 0.277 M HCl 25.30 mL가 사용되었다면, 암모니아의 몰 농도는 얼마인가? 암모니아 수용액을 $NH_4OH$로 표시한다면 그때의 균형 반응식은 다음과 같다.

$$HCl(aq) + NH_4OH(aq) \rightarrow NH_4Cl(aq) + H_2O(l)$$

**해답** $NH_4OH$의 몰 농도를 결정하려면, $NH_4OH$가 몇 mol인지 알아야 한다. 균형 반응식으로부터, HCl 1 mol은 $NH_4OH$ 1 mol이 중화됨을 알 수 있다. 산의 농도가 0.277 M HCl이므로, 단위인자 0.277 mol HCl/1000 mL 용액을 얻을 수 있다. 따라서,

$$25.30\ \text{mL 용액} \times \frac{0.277\ \text{mol HCl}}{1000\ \text{mL 용액}} \times \frac{1\ \text{mol}\ NH_4OH}{1\ \text{mol HCl}} = 0.00701\ \text{mol}\ NH_4OH$$

적정하려는 암모니아 수용액의 부피, 즉 10.0 mL로 $NH_4OH$의 mol을 나누면 몰 농도가 구해진다.

$$\frac{0.00701\ \text{mol}\ NH_4OH}{10.0\ \text{mL 용액}} \times \frac{1000\ \text{mL 용액}}{1\ \text{L 용액}} = \frac{0.701\ \text{mol}\ NH_4OH}{1\ \text{L 용액}}$$

$$= 0.701\ \text{M}\ NH_4OH$$

**물음** 인산 25.0 mL를 적정하는데 0.250 M NaOH 38.30 mL가 사용되었다면, 이 산의 몰 농도는 얼마인가? 균형 반응식은 다음과 같다.

$$H_3PO_4(aq) + 3NaOH(aq) \rightarrow Na_3PO_4(aq) + 3H_2O(l)$$

**해답** 0.128 M

산을 중화하는데 필요한 염기의 부피를 결정하는 다른 종류의 문제를 공부해보자. 예를 들면, 축전지에 들어 있는 황산을 중화하는데 필요한 염기의 부피를 구할 수 있다. 다음 예제는 축전지의 산을 적정하는 경우이다.

### 예제 11-6

축전지 산인 0.555 M $H_2SO_4$ 10.0 mL를 0.223 M NaOH로 적정하는데 필요한 수산화나트륨의 부피는 얼마인가? 이 반응의 균형 반응식은 다음과 같다.

$$H_2SO_4(aq) + 2NaOH(aq) \rightarrow Na_2SO_4(aq) + 2H_2O(l)$$

**해답** 1단계 : 요구하는 단위는 mL NaOH이다.

2단계 : 주어진 값은 10.0 mL $H_2SO_4$이다.

3단계 : 단위를 소거하기 위해 단위인자를 적용한다. 이 예에서 단위인자로 산의 몰 농도(축전지의 산 1000mL 당 0.555 mol $H_2SO_4$)와 염기의 몰 농도(NaOH 1000mL 당 0.223 mol NaOH)를 사용한다. 균형 반응식부터 1 mol의 $H_2SO_4$는 2 mol의 NaOH를 중화함을 알 수 있다.

$$10.0\ \text{mL}\ H_2SO_4 \times \frac{0.555\ \text{mol}\ H_2SO_4}{1000\text{mL}\ H_2SO_4} \times \frac{2\ \text{mol NaOH}}{1\ \text{mol}\ H_2SO_4} \times \frac{1000\ \text{mL NaOH}}{0.233\ \text{mol NaOH}}$$

$$= 49.8\text{mL NaOH}$$

위의 내용을 다음과 같이 도시할 수 있다.

**물음** 염산 시료 25.0 mL를 0.125 M $Ba(OH)_2$로 적정한다. 중화 적정에 수산화바륨이 50 mL 필요하다면, 산의 몰농도는 얼마인가? 이 반응의 균형 반응식은 다음과 같다.

$$2HCl(aq) + Ba(OH)_2(aq) \rightarrow BaCl_2(aq) + 2H_2O(l)$$

**해답** 0.500 M HCl

## 11-6 | 산-염기 표준화

산이나 염기 **표준용액**(standard solution)은 농도를 정확히 알고 있는 용액이다. 예를 들면, 아세트산을 적정하는데 사용한 0.223 M NaOH와 같은 정확한 농도의 용액을 말한다. 화학자들은 특정한 물질을 분석하기 위하여 표준용액을 사용한다. 즉 위산 제제의 중화 용량이나 청량음료의 산도들을 분석할 수 있다. 또한 표준용액은 제조 공정의 품질관리에도 사용된다. 이 경우, 화학 시료를 무작위 선택하여 표준용액으로 분석한다. 이것이 산업에서는 중요한 과정이며, 품질관리(QC) 또는 품질보증(QA)이라고 한다.

산 용액을 표준화할 때, 고체 염기의 무게를 달아서 사용할 수 있다. 예를 들어, 염산을 표준화할 때 고체 탄산나트륨, $Na_2CO_3$를 사용할 수 있다. 그러면 0.375 g의 $Na_2CO_3$를 중화하는데 염산 25.50 mL가 필요하다고 할 때, 이 염산의 몰 농도를 결정해 보자. 이 반응의 균형 반응식은 다음과 같다.

$$2HCl(aq) + Na_2CO_3(aq) \rightarrow 2NaCl(aq) + H_2O(l) + CO_2(g)$$

염산의 몰 농도를 계산하기 위하여 우선, HCl의 몰수를 구해야 한다. 균형 반응식에

서 보면 2mol 염산과 1mol $Na_2CO_3$(105.99 g/mol)가 반응한다. 따라서,

$$0.375\ g\ Na_2CO_3 \times \frac{1\ mol\ Na_2CO_3}{105.99\ g\ Na_2CO_3} \times \frac{2\ mol\ HCl}{1\ mol\ Na_2CO_3} = 0.00708\ mol\ HCl$$

염산의 몰 농도를 구하기 위하여, 염산의 mol을 탄산나트륨이 중화되는데 필요한 HCl의 부피 25.50 mL로 나눈다.

$$\frac{0.00708\ mol\ HCl}{25.50\ mL\ 용액} \times \frac{1000\ mL\ 용액}{1\ L\ 용액} = \frac{0.277\ HCl}{1\ L\ 용액} = 0.277\ M\ HCl$$

염기 용액을 표준화 할 때, 고체 산의 무게를 달아서 사용할 수 있다. 예를 들어, 수산화나트륨 수용액을 표준화 할 때, 옥살산, $H_2C_2O_4$ 결정을 사용할 수 있다. $H_2C_2O_4$ 시료의 무게를 달아 물에 녹인 다음, 이 산을 중화하는 데 필요한 염기의 부피를 측정한다. 다음 예제는 NaOH 표준용액의 농도를 결정하는 것에 대한 것이다.

### 예제 11-7

만약 옥살산, $H_2C_2O_4$(90.04 g/mol), 0.424 g을 중화하는데 NaOH 32.15 mL가 필요하다면, 수산화나트륨 용액의 몰 농도는 얼마인가? 이 반응의 균형 반응식은 다음과 같다.

$$H_2C_2O_4(aq) + 2NaOH(aq) \rightarrow Na_2C_2O_4(aq) + 2H_2O(l)$$

**해답** NaOH의 몰 농도를 계산하려면, 우선 $H_2C_2O_4$의 몰수를 구하여야 한다. $H_2C_2O_4$의 질량은 0.424 g이고, 몰 질량은 90.04 g/mol이다. 균형 반응식에서 보면 2 mol NaOH는 1 mol $H_2C_2O_4$와 반응한다.

$$0.424\ g\ H_2C_2O_4 \times \frac{1\ mol\ H_2C_2O_4}{94.04\ g\ H_2C_2O_4} \times \frac{2\ mol\ NaOH}{1\ mol\ H_2C_2O_4} = 0.00942\ mol\ NaOH$$

옥살산을 중화하는데 필요한 염기의 부피로 NaOH의 mol을 나누면, 몰 농도가 구해진다.

$$\frac{0.00942\text{ mol NaOH}}{32.15\text{ mL 용액}} \times \frac{1000\text{ mL 용액}}{1\text{ L 용액}} = \frac{0.293\text{ mol NaOH}}{1\text{ L 용액}}$$

$$= 0.293\text{ M NaOH}$$

## 고체 산과 고체 염기의 몰 질량

표준용액으로 고체 산이나 염기의 몰 질량을 결정할 수 있다. 예를 들어, 염기 표준용액으로 고체 시트르산의 몰 질량을 결정할 수 있다. 먼저 시트르산 결정을 물에 녹인 다음 염기 표준용액으로 적정한다. 시트르산시료의 질량, 염기 표준 용액의 부피 그리고 반응식을 알면, 시트르산의 몰 질량을 계산할 수 있다.

다음 예제는 고체 산의 몰 질량 계산에 관한 것이다.

### 예제 11-8

시트르산을 $H_3Cit$로 간단히 쓸 수 있다. 0.293 M NaOH 36.10 mL가 시트르산시료 0.677 g을 중화한다면, 시트르산의 몰 질량은 얼마인가? 이 반응의 균형 반응식은 다음과 같다.

$$H_3Cit(s) + 3NaOH(aq) \rightarrow Na_3Cit(aq) + 3H_2O(l)$$

**해답** 첫 번째 단계는 NaOH의 몰수를 구하는 것이다. 부피가 36.10 mL 이고 농도는 0.293 M 이다. NaOH 용액의 몰 농도는 단위인자 0.293 mol NaOH/1000mL 용액을 사용하여 구할 수 있다.

$$36.10\text{ mL 용액} \times \frac{0.293\text{ mol NaOH}}{1000\text{ mL 용액}} = 0.0106\text{ mol NaOH}$$

그 다음, 반응한 시트르산의 몰수를 구한다. 균형 반응식에서 보면, NaOH 3 mol은 $H_3Cit$ 1 mol과 반응한다. 시트르산 몰수는 다음과 같다.

$$0.0106\text{ mol NaOH} \times \frac{1\text{ mol }H_3Cit}{3\text{ moL NaOH}} = 0.00353\text{ mol }H_3Cit$$

환산 과정을 다음과 같이 도시할 수 있다.

몰 질량은 몰당 그램수로 나타내므로, 다음과 같이 구할 수 있다.

$$\frac{0.677\ \text{g}\ H_3Cit}{0.00353\ \text{moL}\ H_3Cit} = 192\ \text{g/mol}$$

계산된 시트르산의 몰 질량은 192 g/mol이다. 시트르산의 화학식은 $H_3C_6H_5O_7$이다. 만약 우리들이 주기율표의 원자 질량으로부터 계산하면, 192.14 g/mol이 된다.

**물음** 식품 방부제로 사용되는 벤조산의 분자식은 $HC_7H_5O_2$이다. 0.293 M NaOH 22.55 mL가 벤조산시료 0.806 g을 중화한다면, 이 산의 몰 질량은 얼마인가? 이 반응의 균형 반응식은 다음과 같다.

$$HC_7H_5O_2(s) + NaOH(aq) \rightarrow NaC_7H_5O_2(aq) + H_2O(l)$$

**해답** 122 g/mol $HC_7H_5O_2$

## 11-7 | 물의 이온화

금속은 좋은 전기 전도체라는 것을 배웠다. 자동차 열쇠로 전기 전도실험을 해보면 어떻게 될까? 자동차 열쇠는 금속으로 만들어졌기 때문에 전류가 통할 것이다. 그림 11.4(a)에서, 열쇠는 전기전도 장치가 완전한 회로를 이루게 하여 전구가 켜지는 것을 볼 수 있다. 이것은 다음과 같이 설명할 수 있다. 전기는 전자의 흐름이다. 금속 원자들은 열쇠 속에 들어 있는 원자처럼 그들의 전자를 느슨하게 잡고 있다. 그래서 전류가 전자를 한 원자에서 다른 원자로 이동하게 할 수 있다. 따라서 전자가 원자에서부터 원자로 이동하는 것과 같이 전기가 금속 열쇠의 한쪽 끝에서 다른 끝으로 흐르게 된다.

순수한 물에 대한 전기 전도실험을 해보면 어떻게 될까? 그림 11.4(b)에서 보듯이, 순수한 물은 아주 약한 전기 전도체이다. 이러한 현상은 물 한 분자로부터 다른 물 분자로 전자를 이동시키기가 어렵다는 것을 나타낸다. 그렇다면 순수한 물이 전기를 약간 통하는 현상을 어떻게 설명할 수 있을까? 이러한 현상은 순수한 물에 이온이 존재하기 때문이라고 설명할 수 있다.

(a) **강한 전도체** (b) **약한 전도체**

**▲ 그림 11.4 전기 전도 장치**

(a) 금속은 좋은 전기 전도체이다. 금속 열쇠는 전류가 완전히 통해서 전구가 켜진다.
(b) 순수한 물은 아주 약한 전도체이다. 따라서, 보는 바와 같이 전류가 거의 통하지 않는다.

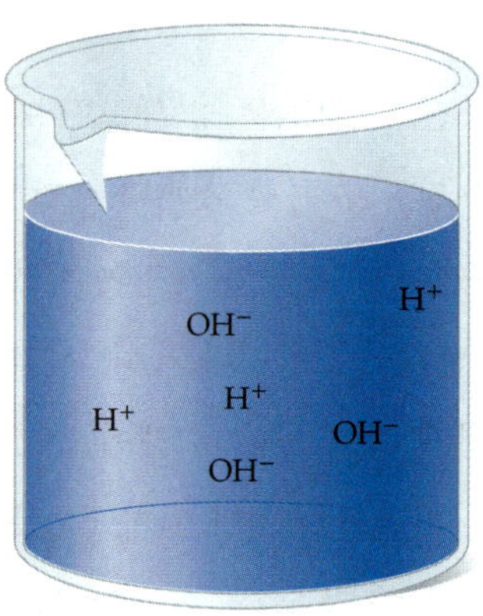


아레니우스는 염 용액이 좋은 전기 전도체임을 알았다. 그는 용액 중에 이온(ion)이 있고 이것이 전기 전도의 원인이 된다고 정확히 결론지었다. 물은 매우 약한 전도체이기 때문에, 순수한 물에 단지 매우 적은 양의 이온이 존재한다고 말할 수 있다(그림 11.5).

**▲ 그림 11.5 물의 이온화**

순수한 물이 이온화 되면 매우 소량의 수소 이온과 수산화 이온이 생성된다. 물은 약 500,000,000 분자당 1분자가 이온을 생성하기 때문에 아주 약한 전기 전도체이다.

우리는 액체 상태에서의 물 분자가 자유롭게 이동하면서 서로 충돌한다는 것을 알고 있다. 아주 드물기는 하지만, 우연한 기회에, 그들의 결합을 끊을 수 있는 충분한 에너지를 가지고 두 물 분자가 충돌할 수 있다. 이렇게 결합이 끊어지는 과정을 통해서 하이드로늄 이온, $H_3O^+$과 수산화이온, $OH^-$이 생성된다. 이러한 자체이온화(autoionization)는 동적 과정이다. 한편으로 일부 분자들의 결합이 끊어지고, 다른 한편으로는 이온들이 결합하여 물 분자를 만든다. 어떤 주어진 순간에, 물 약 5억 분자 중 1 분자가 이온으로 존재한다. 그러나 물에 있는 이온이 아주 적은 양이라고 하더라도 매우 약한 전류가 흐르는 데 충분하다는 것은 분명하다. 충돌 반응에 대한 화학 반응식은 다음과 같다.

$$H_2O(l) + H_2O(l) \rightarrow \underset{\text{하이드로늄 이온}}{H_3O^+(aq)} + \underset{\text{수산화 이온}}{OH^-(aq)}$$

한편, 물의 이온화를 간단하게 다음과 같이 쓸 수 있다.

$$H_2O(l) \rightarrow \underset{\text{수소 이온}}{H^+(aq)} + \underset{\text{수산화 이온}}{OH^-(aq)}$$

순수한 물에서 수소이온 농도는 25℃에서 $1.0 \times 10^{-7}$ mol/L이다. 만약 수소이온 농도를 알면, 수산화이온 농도 또한 알 수 있다. 물이 이온화되면 하나의 물 분자에서 하나의 $H^+$와 하나의 $OH^-$가 생성되기 때문에, 두 이온의 농도는 같다. 따라서 $OH^-$의 농도 또한 25℃에서 $1.0 \times 10^{-7}$ mol/L이어야 한다. 그런데 $H^+$와 $OH^-$의 몰 농도 곱은 상수가 된다. 이 곱을 물의 **이온화상수**(ionization constant of water, Kw)라 한다.
이제 25℃에서의 Kw값을 계산해 보자. 편의상, 화학자들은 대괄호 [ ]를 사용하여 몰 농도를 표시한다. 따라서 [H⁺]는 수소이온의 몰 농도를 나타낸다. Kw 값을 다음과 같이 계산할 수 있다.

만약 $[H^+] = 1.0 \times 10^{-7}$

그러면 $[OH^-] = 1.0 \times 10^{-7}$

그리고 $[H^+][OH^-] = (1.0 \times 10^{-7})(1.0 \times 10^{-7})$

식을 정리하면

$$[H^+][OH^-] = 1.0 \times 10^{-14}$$

$$K_w = 1.0 \times 10^{-14} (25℃에서)$$

$[H^+]$와 $[OH^-]$는 상수 Kw에 반비례한다. 그러므로 $[H^+]$가 증가하면 $[OH^-]$는 감소한다. 만약 수소이온이 증가하면 수산화이온이 같은 양 감소하여 Kw 값은 일정하게 된다.

비록 소량의 $H^+$와 $OH^-$를 포함하더라도 물은 중성이다. 한편, 모든 수용액은 수소이온과 수산화이온을 가지고 있다. 염산 용액의 경우에도 $H^+$과 $OH^-$ 이온이 포함되어 있다. 물론 HCl 용액에서는 $H^+$의 농도가 높고, $OH^-$은 약간 존재한다. 모든 수용액에서, $[H^+]$와 $[OH^-]$의 곱은 물의 이온화상수 값과 같다.

$$[H^+][OH^-] = 1.0 \times 10^{-14}$$

만약 HCl 수용액이 0.1 M이라면, 수산화이온의 농도를 계산할 수 있다. 즉,

$$[0.1][OH^-] = 1.0 \times 10^{-14}$$

그리고 $[OH^-] = 1.0 \times 10^{-13}$

비록 $[OH^-]$가 단지 0.000 000 000 0001 M이라고 하더라도, 염산 용액은 미량이지만 수산화이온을 포함하고 있다. 요약하면, 산 수용액에서는 $[H^+] > [OH^-]$. 염기 수용액에서는 $[H^+] < [OH^-]$. 중성 수용액에서는 $[H^+]=[OH^-]$이다. 다음 예제는 수용액에서 수소이온과 수산화이온이 함께 존재하는 것에 대한 또 다른 설명이다.

**예제 11-9**

25℃에서 수용액 중의 수소이온 농도가 다음과 같다면, 수산화이온의 농도는 얼마인가?

(a) $[H^+] = 1.4 \times 10^{-6}$ (b) $[H^+] = 5.2 \times 10^{-11}$

**해답** 물의 이온화상수로부터, $[H^+][OH^-] = 1.0 \times 10^{-14}$이다.

(a) $[H^+]$가 $1.4 \times 10^{-6}$이면, $[OH^-]$는 다음과 같이 계산할 수 있다.

$$Kw = [H^+][OH^-] = 1.0 \times 10^{-14}$$

$$1.4 \times 10^{-6}[OH^-] = 1.0 \times 10^{-14}$$

양쪽을 $1.4 \times 10^{-6}$으로 나누면, 답이 얻어진다.

$$[OH^-] = 7.1 \times 10^{-9}$$

(b) $[H^+]$가 $5.2 \times 10^{-11}$이면, $[OH^-]$는 다음과 같이 계산할 수 있다.

$$Kw = [H^+][OH^-] = 1.0 \times 10^{-14}$$

$$5.2 \times 10^{-11}[OH^-] = 1.0 \times 10^{-14}$$

양쪽을 $5.2 \times 10^{-11}$로 나누면, 답이 얻어진다.

$$[OH^-] = 1.9 \times 10^{-4}$$

**물음** 수용액 중의 수산화이온의 농도가 다음과 같다면, 수소이온의 몰 농도는 얼마인가?

(a) $[OH^-] = 7.5 \times 10^{-4}$

(b) $[OH^-] = 2.1 \times 10^{-10}$

**해답** (a) $[H^+] = 1.3 \times 10^{-11}$ (b) $[H^+] = 4.8 \times 10^{-5}$

## 11-8 | pH 개념

제11장 1절에서, pH를 소개하였다. 다시 한번 살펴보면 순수한 물은 중성이고 pH 7이다. 또한 산의 pH가 7보다 작다는 것을 이미 알고 있다. pH값이 감소하면, 용액의 산성은 증가한다. 따라서 pH 3은 pH 4보다 더 산성이다. pH값이 증가하면, 용액은 더 염기성이 된다. 따라서 pH 11은 pH 10보다 더 염기성이다.

## $[H^+]$를 pH로 변환

수용액에서, 수소이온 농도는 1M 이상에서부터 $1.0 \times 10^{-14}$ M까지 다양한 농도를 가질 수 있다. pH 척도는 이런 넓은 범위의 수소이온 농도를 간편하게 표시하는 방법이다. pH 척도는 수소이온의 몰 농도, $[H^+]$를 10의 지수로 나타내는 것이다. 바꾸어 말하면, pH는 수소이온의 몰 농도에 대한 음의 로그값이다. 즉, 다음과 같다.

$$pH = -\log[H^+]$$

예를 들어, 수소이온의 몰 농도, $[H^+]$가 0.1 M이면, pH는 다음과 같다.

$$pH = -\log 0.1$$

pH 문제를 풀기 위하여 로그함수를 이해할 필요는 없다. 수소이온 농도를 10의 지수로 표시한다면, 단지 지수가 로그 값이라는 것을 알면 된다. 수소이온 농도 0.1 M을 10의 지수($10^{-1}$)로 쓰면 pH는 다음과 같다.

$$\begin{aligned} pH &= -\log 10^{-1} \\ &= -(-1) = 1 \end{aligned}$$

따라서 수소이온 농도 0.1 M의 pH는 1이다.

**예제 11-10**

수소이온의 몰 농도가 다음과 같이 주어진 용액의 pH를 계산하라.

(a) 식초, $[H^+] = 0.001$ M (b) 제산제(antacid), $[H^+] = 0.000\,000\,001$ M

**해답** (a) 식초의 pH는 $-\log[H^+]$이다.

$$\begin{aligned} pH = -\log 0.001 &= -\log 10^{-3} \\ &= -(-3) = 3 \end{aligned}$$

식초의 신맛은 산의 존재를 의미한다. 식초의 산은 아세트산, $HC_2H_3O_2$이고, pH는 대략 3 이다.

(b) 제산제의 pH는 $-\log[H^+]$이다.

$$pH = -\log 0.000\,000\,001 = -\log 10^{-9}$$
$$= -(-9) = 9$$

**물음** 수소이온의 몰 농도가 0.0001 M인 사과주스의 pH를 계산하라.

**해답** pH = 4

## pH 를 $[H^+]$ 로 변환

pH가 주어진 용액의 수소이온 몰 농도를 계산할 수 있다. 수소이온의 몰 농도를 나타내는 pH의 정의에 대하여 다시 정리해 보자. $[H^+]$는 10의 $-pH$ 제곱과 같다. 즉,

$$[H^+] = 10^{-pH}$$

우유의 pH가 6이라면, $[H^+]$는 다음과 같이 나타낼 수 있다.

$$[H^+] = 10^{-6} = 0.000\,001\ M$$

### 예제 11-11

용액의 pH가 다음과 같을 때, 수소이온의 몰 농도를 계산하라.

(a) 레몬주스, pH = 2

(b) 토마토주스, pH = 5

**해답** (a) 레몬주스의 수소이온 농도는 10의 $-pH$ 제곱과 같다. pH가 2이므로,

$$[H^+] = 10^{-pH}$$
$$= 10^{-2} = 0.01\ M$$

(b) 토마토주스의 pH가 5이면, $[H^+]$는 다음과 같이 표시된다.

$$[H^+] = 10^{-pH}$$
$$= 10^{-5} = 0.000\,01\ M$$

레몬주스와 토마토주스는 pH 단위로는 단지 3의 차이가 있지만, 레몬주스는 토마토주스 보다 1000배 더 강한 산성 용액이다.

**물음** 마그네시아(magnesia) 우유의 pH가 10일 때 수소이온 농도를 계산하라.

**해답** $[H^+] = 0.000\,000\,000\,1\ M(1 \times 10^{-10}\ M)$

## 11-9 | 고급 pH 계산

앞의 절에서, pH를 수소이온 농도의 지수 값으로 나타낸다고 정의하였다. 또한 정수 값을 가지는 pH에 대하여서 생각하였다. 그러나 많은 화학 반응들이 소수 값의 pH 단위로 엄밀하게 조절되어야 한다. 예를 들면, 생화학 반응은 약간의 pH 변화에도 아주 예민하다. 실제로, 우리 혈액의 pH는 좁은 범위인 7.3 – 7.5 사이에서 유지되어야한다.

### $[H^+]$를 pH 로 변환

pH에 대한 수학적인 정의를 다시 살펴보면, pH는 수소이온 몰 농도에 대한 음의 로그값이다.

$$pH = -\log[H^+]$$

수소이온 농도가 0.00015 M인 용액의 pH를 나타내 보자. pH로 나타내면 다음과 같다.

$$\begin{aligned} pH &= -\log 0.00015 \\ &= -\log 1.5 \times 10^{-4} \end{aligned}$$

우리는 과학용 계산기를 사용하여 주어진 수의 로그 값을 쉽게 구할 수 있다. $1.5 \times 10^{-4}$ 를 입력하고 로그 키를 누르면, 표시 창에 –3.82가 나타난다. 그래서 pH 값은 다음과 같다.

$$pH = -(-3.82) = 3.82$$

수소이온 농도가 0.00015 M인 용액의 pH는 3.82이다. 주어진 농도의 유효숫자 자리수와 로그 값의 소수점 이하 유효숫자 자리수가 일치하여야하는데, 위의 예에서 보면 농도의 유효숫자가 두 자리이므로 로그 값의 소수이하 두 자리가 유효한 값이 된다. 다음은 수소이온 몰 농도가 주어진 수용액의 pH를 구하는 연습을 위한 것이다.

**예제 11-12**

수소이온 몰 농도가 주어진 다음 용액의 pH를 계산하라.

(a) 위산, $[H^+] = 0.020$ M　　　(b) 혈액, $[H^+] = 0.000\,000\,048$ M

**해답** (a) 위산의 pH를 다음과 같이 계산할 수 있다.

$$pH = -\log 0.020 = -(-1.70) = 1.70$$

위산의 pH범위는 1 ~ 3이다. 따라서, 이 시료의 상태는 정상이다.

(b) 혈액의 pH를 다음과 같이 계산할 수 있다.

$$pH = -\log 0.000\,000\,048 = -\log 4.8 \times 10^{-8}$$
$$= -(-7.32) = 7.32$$

혈액의 pH범위는 7.3 ~ 7.5이다. 따라서 이 시료의 상태는 정상이다.

**물음** 수소이온 농도가 0.000 089 M인 포도주스의 pH를 계산하라.

**해답** pH = 4.05

## pH 를 $[H^+]$ 로 변환

앞에서, $[H^+]$는 10의 −pH 제곱으로 나타내었다. 즉

$$[H^+] = 10^{-pH}$$

오렌지주스의 pH를 2.75라고 할 때, 이것을 $[H^+]$로 나타내면

$$[H^+] = 10^{-2.75}$$

소수 값의 지수에 해당하는 값을 구하려면, 과학용 계산기를 사용하여 역 로그 값을 구해야 한다. −2.75를 입력하고 역 로그 키를 누르면 표시 창에 0.0018 또는 $1.8 \times 10^{-3}$이 나타난다. 그래서 $[H^+]$는 다음과 같다.

$$[H^+] = 10^{-2.75} = 0.0018\ M$$

**예제 11-13**

다음과 같이 pH가 주어진 용액의 수소이온 몰 농도를 계산하라.

(a) 산성비, pH = 3.68　　　　(b) 바닷물, pH = 7.85

**해답** (a) 산성비의 pH가 3.68이면, $[H^+]$는 다음과 같이 구할 수 있다.

$[H^+] = 10^{-3.68}$

과학용 계산기를 사용하여 역 로그 값을 구하면, 답이 얻어진다.

$[H^+] = 2.1 \times 10^{-4}$

$= 0.000\ 21\ M$

(b) 바닷물의 pH가 7.85이면, $[H^+]$는 다음과 같이 구할 수 있다.

$[H^+] = 10^{-7.85} = 1.4 \times 10^{-8}$

$= 0.000\ 000\ 014\ M$

**물음** pH가 3.25인 포도주 속에 들어있는 수소이온 농도를 계산하라.

**해답** $[H^+] = 0.000\ 56\ M(5.6 \times 10^{-4}\ M)$

## 11-10 | 강한 전해질과 약한 전해질

물은 매우 소량 이온화되기 때문에 약한 전기도체이다. 실험실에서, 전기전도도 장치를 사용하여 수용액의 물질을 강한 전도체 또는 약한 전도체로 구분할 수 있다. 수용액이 강한 전도체이면, **강한 전해질**(strong electrolyte)이라고 한다. 만약 수용액이 약한 전도체이면, **약한 전해질**(weak electrolyte)이라 한다.

그림 11.6과 같은 장치를 사용하여 염산과 아세트산의 전기전도도 시험을 해 볼 수 있다. 실험 관찰로부터 염산은 강한 전해질이기 때문에 아주 많이 이온화된다고 결론지을 수 있다. 아세트산은 약한 전해질이기 때문에 아주 조금 이온화된다. 전기전도도 장치를 사용한 비슷한 실험을 통하여 수용액 전해질의 특성을 시험해 볼 수 있다.

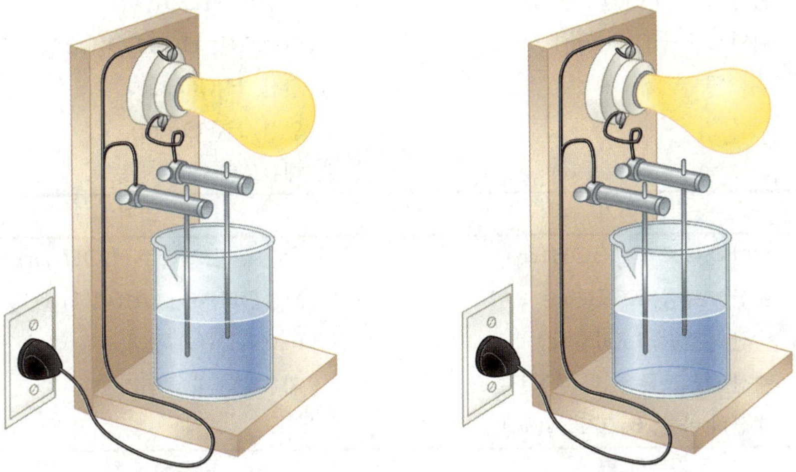

(a) **강한 전해질**　　　　(a) **강한 전해질**

**▲ 그림 11.6 수용액의 전도도**
(a) 염산은 강한 전해질이어서 전구가 밝게 빛난다.
(b) 아세트산 수용액은 약한 전해질이어서 전구의 불빛이 희미하다.

### 수용액에서의 이온화도

수용액의 전기전도도 실험으로, 이온화도를 측정할 수 있다. 강한 전해질은 많이 이온화된다. 강한 전해질에 속하는 것은 강한 산, 강한 염기, 그리고 가용성 이온화합물들이다. 가용성 이온화합물은 이온으로 해리되면서 용해된다.

약한 전해질은 약간만 이온화된다. 약한 전해질에 속하는 것은 약한 산, 약한 염기, 그리고 난용성 이온화합물들이다. 난용성으로 분류된 이온화합물이라고 하더라도, 실제로는 약간 용해한다. 난용성 이온화합물이 용액 중에서 약간 용해되는 양은 약한 전해질로 작용하는 데는 충분한 양이다. 표 11.5에 강한 전해질과 약한 전해질의 예를 보였다.

**표 11.5 강한 전해질과 약한 전해질**

| 강한 전해질 | 약한 전해질 |
|---|---|
| **강한 산** | **약한 산** |
| 염산, $HCl(aq)$ | 플루오르산, $HF(aq)$ |
| 질산, $HNO_3(aq)$ | 아질산, $HNO_2(aq)$ |
| 황산, $H_2SO_4(aq)$ | 아황산, $H_2SO_3(aq)$ |
| 과염소산, $HClO_4(aq)$ | 아세트산, $HC_2H_3O_2(aq)$ |
| | 탄산, $H_2CO_3(aq)$ |
| | 인산, $H_3PO_4(aq)$ |
| | 대부분의 다른 산 |
| **강한 염기** | **약한 염기** |
| 수산화 나트륨, $NaOH(aq)$ | 수산화 암모늄, $NH_4OH(aq)$ |
| 수산화 칼륨, $KOH(aq)$ | $Mg(OH)_2(s)$, $Al(OH)_3(s)$, |
| 수산화 칼슘, $LiOH(aq)$ | $Fe(OH)_3(s)$ 들과 같은 |
| 수산화 스트론튬, $Ca(OH)_2(aq)$ | 대부분의 다른 염기 |
| 수산화 바륨, $Ba(OH)_2(aq)$ | |
| **가용성 염** | **난용성 염*** |
| 염화 나트륨, $NaCl(aq)$ | 염화 은, $AgCl(s)$ |
| 탄산 칼륨, $K_2CO_3(aq)$ | 탄산 칼슘, $CaCO_3(s)$ |
| 황산 아연, $ZnSO_4(aq)$ | 황산 바륨, $BaSO_4(s)$ |

* 난용성 염은 물에 극히 일부가 녹아서 해리되는데, 이때 생성되는 이온은 약한 전해질 용액으로는 충분한 양이다.

전기전도도 실험으로부터, 용액의 이온화도를 결정할 수 있다. 즉 많이 이온화되는 강한 전해질과 조금 이온화되는 약한 전해질로 구분할 수 있다. 강한 전해질은 수용액에서 거의 완전히 이온화된다. 예를 들면, 염화나트륨이나 염화칼슘은 다음과 같이 이온으로 해리된다.

$$NaCl(aq) \rightarrow Na^{+}(aq) + Cl^{-}(aq)$$
$$CaCl_2(aq) \rightarrow Ca^{2+}(aq) + 2Cl^{-}(aq)$$

전해질 수용액의 세기가 주어지면, 이온화되는 양을 알 수 있다. 강한 전해질은 거의 완전히 이온화되므로, 수용액에서의 화학식을 이온 형태로 표현한다. 약한 전해질은 극히 일부만 이온화되기 때문에, 비 이온 형태로 표현한다. 비 이온 형태를 보통 분자 형태라고 한다. 그러나 이온화합물은 화학식 단위로 존재하고, 분자로 존재하는 것이 아니기 때문에 아주 정확한 표현이라고 할 수는 없다.

### 예제 11-14

전해질 수용액의 세기가 다음과 같이 주어질 때, 수용액 중에 존재하는 이온이나 비 이온형태의 물질을 써라.

(a) $HNO_3(aq)$, 강 (b) $NH_4OH(aq)$, 약 (c) $K_2CO_3(aq)$, 강

**해답** (a) 질산 용액은 강한 전해질이므로 거의 완전히 이온화된다. 따라서 $H^{+}(aq)$와 $NO_3^{-}(aq)$의 이온화 형태로 쓴다.

(b) 수산화암모늄 용액은 약한 전해질이므로 극히 일부 이온화된다. 따라서 $NH_4OH(aq)$의 비 이온화 형태로 쓴다.

(c) 탄산칼륨 용액은 강한 전해질이므로 거의 모두 이온화된다. 따라서, $2K^{+}(aq)$와 $CO_3^{2-}(aq)$로 쓴다.

**물음** 전해질 수용액의 세기가 다음과 같이 주어질 때, 수용액 중의 이온이나 비 이온형태의 물질을 써라.

(a) $HF(aq)$, 약 (b) $Ba(OH)_2(aq)$, 강 (c) $CaCO_3(s)$, 약

**해답** (a) $HF(aq)$ (b) $Ba^{2+}(aq)$와 $2OH^{-}(aq)$ (c) $CaCO_3(s)$

참고 예제에서, 수용액이 강한 전해질인지 약한 전해질인지를 생각해 보았다. 그런데 어떤 물질들은 비전해질이다. 즉, 비전해질은 전기를 전혀 전도하지 않는다. 예를 들면, 알코올과 같은 유기액체가 여기에 속한다.

## 11-11 | 알짜 이온 반응식

제 11장 10절에서, 수용액 중의 이온이나 비 이온 물질을 어떻게 쓰는지를 배웠다. 이온화 개념에 따라 이온 용액을 보다 정확하게 나타낼 수 있다. 이제, 강한 전해질을 이온형태로 표시하여 보다 정확한 화학반응식으로 쓸 수 있다.

염산과 수산화나트륨의 중화반응을 생각해 보자. 이 반응에 대한 비 이온 형태의 반응식은 다음과 같다.

$$HCl(aq) + NaOH(aq) \rightarrow NaCl(aq) + H_2O(l)$$

강한 산, 강한 염기 그리고 가용성 염은 이온 형태로 써서 반응을 더 정확하게 나타낼 수 있다. 전체 이온반응식(total ionic equation)에는 용액 중에 주로 존재하는 물질이 모두 나타난다. 거의 모두 이온화되는 물질을 표 11.5에서 볼 수 있다. HCl, NaOH 그리고 NaCl은 강한 전해질에 속한다. 따라서 반응식은 다음과 같다.

$$H^+(aq) + Cl^-(aq) + Na^+(aq) + OH^-(aq) \rightarrow Na^+(aq) + Cl^-(aq) + H_2O(l)$$

$Na^+(aq)$과 $Cl^-(aq)$은 반응식 양쪽에 모두 나타남을 주목하자. 이러한 이온들을 구경꾼이온(spectator ion)이라 한다. 이들은 용액 중에 존재하지만 반응에는 참여하지 않는다. 전체 이온 반응식에서 구경꾼 이온을 제거하여 반응식을 간단히 할 수 있다. 그 결과는 반응에 참여하는 물질만 나타나는 반응식이 **알짜 이온 반응식**(net ionic equation)이다. 위 반응의 알짜 이온 반응식은 다음과 같다.

$$H^+(aq) + OH^-(aq) \rightarrow H_2O(l)$$

실제로 중화되는 산과 염기를 볼 수 없다는 것에 주목하자. 이 알짜 이온반응식은 강한 산과 강한 염기가 반응하여 물이 된다는 것을 나타낸다. 사실, 강한 산과 강한 염기가 반응하여 가용성 염이 만들어지는 반응의 알짜 이온 반응식은 모두 이와 동일하다.

알짜 이온 반응식을 표시하는 일반적인 과정을 살펴보자. 알짜 이온 반응식이 우리에게 반응에 참여하는 물질의 명확한 상황을 보여준다는 사실을 명심하라. 즉, 알짜 이온 반응식은 반응에 참여하는 물질에만 주목할 수 있도록 도와준다.

다음 예제는 알짜 이온 반응식을 완결하는 과정에 대한 설명이다.

### 알짜 이온 반응식 쓰기에 대한 일반적 지침

1. 비 이온형태의 균형 화학 반응식을 완결한다.
2. 비 이온반응식을 전체이온 반응식으로 바꾼다. 강한 전해질은 이온 형태로 쓰고 약한 전해질은 비 이온형태로 쓴다. 물과 용해된 기체는 비 이온형태로 쓴다. 화합물의 가용성 또는 난용성은 표 6.2에 따라 결정한다.
3. 구경꾼 이온을 제거하여 알짜 이온 반응식을 얻는다.
   (a) 만약 구경꾼 이온을 제거했을 때 반응식의 모든 물질종이 사라지면, 그러한 반응은 일어나지 않는 반응이다.
   (b) 계수를 간단히 할 수 있으면, 최대공약수로 약분하여 간단히 한다.
4. 반응식 양쪽의 이온과 원자를 대조한다. 반응물의 전체 전하(양 또는 음)는 생성물의 전체 전하와 일치하여야 한다.

### 예제 11-15

질산과 탄산수소칼륨 수용액 반응에 대한 알짜 이온 반응식을 써라.

$$HNO_3(aq) + KHCO_3(aq) \rightarrow KNO_3(aq) + H_2O(l) + CO_2(g)$$

**해답** 첫째, 화학반응식의 균형이 맞는지 확인한다. 위 반응의 경우, 계수가 모두 1이면 반응식의 균형이 맞다. 두 번째, 강하게 이온화되는 화학종을 결정한다. 표 11.5에서, $HNO_3$가 강한 전해질임을 알 수 있다. 표 6.2에서 보면, $KHCO_3$와 $KNO_3$는 가용성이 강한 전해질이며, $H_2O$와 $CO_2$는 약한 전해질이다. 전체 이온 반응식은 다음과 같다.

$$H^+(aq) + NO_3^-(aq) + K^+(aq) + HCO_3^-(aq)$$
$$\rightarrow K^+(aq) + NO_3^-(aq) + H_2O(l) + CO_2(g)$$

세 번째, 구경꾼 이온을 제거하고 알짜 이온 반응식으로 정리한다. 이 문제의 경우, $K^+$과 $NO_3^-$이 반응에 참여하지 않으면서 수용액 중에 있다. 알짜 이온 반응식은 다음과 같다.

$$H^+(aq) + HCO_3^-(aq) \rightarrow H_2O(l) + CO_2(g)$$

끝으로, 알짜 이온 반응식의 균형이 맞는지 대조하여 확인한다. 이 반응식은 균형을 이루었다. 왜냐하면 (a) 양쪽의 원자수가 일치하고 (b) 양쪽의 전체 전하가 같기 때문이다. 이 경우 알짜 전하는 0이다.

**물음** 수용액에서 황산과 수산화바륨이 반응할 때의 알짜 이온 반응식을 써라.

$$H_2SO_4(aq) + Ba(OH)_2(aq) \rightarrow BaSO_4(s) + 2H_2O(l)$$

**해답** $2H^+(aq) + SO_4^{2-}(aq) + Ba^{2+}(aq) + 2OH^-(aq) \rightarrow BaSO_4(s) + 2H_2O(l)$

### 예제 11-16

수용액에서 질산은과 염화알루미늄이 반응할 때의 알짜 이온 반응식을 써라.

$$AgNO_3(aq) + AlCl_3(aq) \rightarrow AgCl(s) + Al(NO_3)_3(aq)$$

**해답** 1 단계 : 화학 반응식의 균형을 맞춘다.

$$3AgNO_3(aq) + AlCl_3(aq) \rightarrow 3AgCl(s) + Al(NO_3)_3(aq)$$

2 단계 : 어느 화학종이 강한 전해질인지를 정한다. 표 6.2에서 보면, AgCl을 제외하고는 모두 가용성이다. AgCl은 극히 일부만 이온화된다. 따라서 전체 이온 반응식을 쓰면 다음과 같다.

$3Ag^+(aq) + 3NO_3^-(aq) + Al^{3+}(aq) + 3Cl^-(aq) \rightarrow 3AgCl(s) + Al^{3+}(aq) + 3NO_3^-(aq)$

3 단계 : 구경꾼 이온을 제거한다. 이 예제에서는, $Al^{3+}$과 $NO_3^-$이 반응에 참여하지 않는다. 따라서

$3Ag^+(aq) + 3Cl^-(aq) \rightarrow 3AgCl(s)$

4 단계 : 반응의 균형이 맞는지를 확인한다. 이 반응의 계수가 모두 3 임을 주목하라. 알짜 이온 반응식을 간단하게 하여 다시 쓰면 다음과 같다.

$Ag^+(aq) + Cl^-(aq) \rightarrow AgCl(s)$

# 연습문제

## 산과 염기의 성질

**1** 다음에서 산의 일반적 성질을 나타낸 것은?

(a) 신맛 (b) 리트머스 시험지가 붉게 변색

(c) pH가 7보다 크다. (d) 염기를 중화한다.

**2** 다음 수용액을 강한 산성, 약한 산성, 약한 염기성, 강한 염기성, 그리고 중성으로 분류하라.

(a) 진한 황산, pH 1.0 (b) 암모니아, pH 11.0

(c) 샴푸, pH 7.0 (d) 식초, pH 3.0

## 아레니우스 산과 염기

**3** 다음 아레니우스 산을 주어진 이온화도에 따라 강한산, 약한산으로 분류하라.

(a) 염소산, $HClO_3(aq)$, ~100% (b) 하이포아요오드산, $HIO(aq)$, ~1%

(c) 브롬화 수소산, $HBr(aq)$, ~100% (d) 벤조산, $HC_7H_5O_2(aq)$, ~1%

**4** 다음을 아레니우스 산, 아레니우스 염기 또는 염으로 분류해보라.

(a) $HClO(aq)$ (b) $KOH(aq)$

(c) $K_2SO_4(aq)$ (d) $Sr(OH)_2(aq)$

**5** 다음 중화 반응에서 아레니우스 산과 아레니우스 염기를 확인하라.

(a) $HI(aq) + NaOH(aq) \rightarrow NaI(aq) + H_2O(l)$

(b) $HC_2H_3O_2(aq) + LiOH(aq) \rightarrow LiC_2H_3O_2(aq) + H_2O(l)$

**6** 중화되어 다음의 염을 생성하는 산과 염기를 말하라.

(a) 플루오르화 나트륨, $NaF(aq)$ (b) 요오드화 마그네슘, $MgI_2(aq)$

(c) 질산 칼슘, $Ca(NO_3)_2(aq)$ (d) 탄산 리튬, $Li_2CO_3(aq)$

**7** 다음 중화반응을 완결하라.

(a) $HNO_3(aq) + Ca(OH)_2(aq) \rightarrow$

(b) $H_2CO_3(aq) + Ba(OH)_2(aq) \rightarrow$

### 브뢴스테드-로우리 산과 염기

**8** 다음 중화반응에서 브뢴스테드-로우리 산과 염기를 확인하라.

(a) $HC_2H_3O_2(aq) + LiOH(aq) \rightarrow LiC_2H_3O_2(aq) + H_2O(l)$

(b) $NaCN(aq) + HBr(aq) \rightarrow NaBr(aq) + HCN(aq)$

**9** 다음 중화반응에서 브뢴스테드-로우리 산과 염기를 확인하라.

(a) $HI(aq) + H_2O(l) \rightarrow H_3O^+(aq) + I^-(aq)$

(b) $HC_2H_3O_2(aq) + HS^-(aq) \rightarrow H_2S(aq) + C_2H_3O_2^-(aq)$

**10** 다음 브뢴스테드-로우리의 중화반응을 완결하라.

(a) $HF(aq) + NaHS(aq) \rightarrow$

(b) $HNO_2(aq) + NaC_2H_3O_2(aq) \rightarrow$

### 산-염기 지시약

**11** 다음과 같은 pH값의 용액에 지시약 메틸레드를 한 방울 가했을 때, 지시약의 색을 말하라.

(a) pH 3 (b) pH 7

**12** 다음 pH값의 용액에 페놀프탈레인 지시약 한 방울을 가했을 때, 지시약의 색을 말하라.

(a) pH 7 (b) pH 11

**13** pH 5 용액에서 메틸레드 지시약은 무슨 색인가?

## 산-염기 적정

**14** 염산 시료 25.0 mL를 적정하는 데 0.155 M 수산화나트륨 22.15 mL가 필요하다면, 이 산의 몰 농도는 얼마인가?

$$HCl(aq) + NaOH(aq) \rightarrow NaCl(aq) + H_2O(l)$$

**15** 인산 50.0 mL를 중화하는 데 0.210 M NaOH 34.45 mL가 필요하다면, 이 산의 몰 농도는 얼마인가?

$$H_3PO_4(aq) + 3NaOH(aq) \rightarrow Na_3PO_4(aq) + 3H_2O(l)$$

**16** 0.165 M KOH 41.05 mL를 완전히 중화하는 데 필요한 0.122 M 황산의 부피(mL)는 얼마인가?

$$H_2SO_4(aq) + 2KOH(aq) \rightarrow K_2SO_4(aq) + 2H_2O(l)$$

**17** 산의 몰 농도와 밀도가 다음과 같을 때, 질량/질량 퍼센트 농도를 계산하라.

(a) 6.00 M HCl(d = 1.10 g/mL)　　(b) 1.00 M $HC_2H_3O_2$(d = 1.01 g/mL)

(c) 0.500 M $HNO_3$(d = 1.01 g/mL)　　(d) 3.00 M $H_2SO_4$(d = 1.18 g/mL)

## 산-염기 표준화

**18** 탄산나트륨 0.689 g을 중화하는데 $HNO_3$ 41.25 mL가 필요하다면, 질산의 몰 농도는 얼마인가?

$$2HNO_3(aq) + Na2CO_3(aq) \rightarrow 2NaNO_3(aq) + H_2O(l) + CO_2(g)$$

**19** 옥살산 나트륨, $Na_2C_2O_4$, 1.550 g을 중화하는데 HCl 20.95 mL가 필요하다면, 이 염산(염화수소산)의 몰 농도는 얼마인가?

$$2HCl(aq) + Na_2C_2O_4(aq) \rightarrow H_2C_2O_4(aq) + 2NaCl(aq)$$

**20** 옥살산, $H_2C_2O_4$, 0.627g을 중화하는데 필요한 0.479 M 수산화 리튬의 부피는 얼마인가?

$$H_2C_2O_4(aq) + 2LiOH(aq) \rightarrow Li_2C_2O_4(aq) + 2H_2O(l)$$

**21** 비타민C의 화학명은 아스코르브산, HAsc이다. 0.959 g의 비타민C를 중화하는데 0.176 M NaOH 30.95 mL가 필요하다면, 이 아스코브산의 몰 질량은 얼마인가?

$$HAsc(aq) + NaOH(aq) \rightarrow NaAsc(aq) + H_2O(l)$$

**22** 알라닌은 아미노산이다. 알라닌 0.272g을 중화하는데 0.145 M NaOH 21.05 mL가 필요하다면, 이 아미노산의 몰 질량은 얼마인가? (주 : 알라닌 1 mol은 염기 1 mol을 중화한다.)

## 물의 이온화

**23** 순수한 물의 이온화에 대한 다음 물음에 답하라.

(a) 간단한 이온화 반응식 (b) 이온화상수, Kw

(c) 25℃에서의 이온화상수 값

**24** 수소 이온의 몰 농도가 다음과 같을 때, 수산화이온의 농도를 계산하라.

(a) $[H^+] = 0.025$ (b) $[H^+] = 0.000\,017$

**25** 수산화이온의 몰 농도가 다음과 같을 때, 수소이온의 농도를 계산하라.

(a) $[OH^-] = 0.0016$ (b) $[OH^-] = 0.000\,29$

## pH 개념

**26** 수소이온의 몰 농도가 다음과 같이 주어졌을 때, 각각의 pH를 계산하라.

(a) 소다수, $[H^+] = 0.001$ M (b) 커피, $[H^+] = 0.000\,01$ M

**27** pH가 다음과 같이 주어졌을 때, 각각의 수소이온 몰 농도를 계산하라.

(a) 샴푸, pH = 6 (b) pH가 조절된 샴푸, pH = 8

## 고급 pH 계산

**28** 다음 수소이온 몰 농도에 해당하는 pH를 각각 계산하라.

(a) 홍당무, $[H^+]$ = 0.000 007 9 M (b) 완두콩, $[H^+]$ = 0.000 000 39 M

**29** 다음 생리용액의 pH에 해당하는 수소이온 몰 농도를 각각 계산하라.

(a) 위산, pH = 1.80 (b) 오줌, pH = 4.75

**30** 다음 수산화이온의 몰 농도에 해당하는 pH를 각각 계산하라.

(a) $[OH^-]$=0.11 M (b) $[OH^-]$ = 0.000 55 M

**31** 다음 pH값을 갖는 용액에 해당하는 수산화이온의 몰 농도를 각각 계산하라.

(a) pH = 0.90 (b) pH = 1.62

## 강한 전해질과 약한 전해질

**32** 수용액 중에서 다음 물질이 거의 모두 이온화하는지 또는 아주 조금 이온화하는지 말하라.

(a) 강한 산 (b) 강한 염기

(c) 가용성 이온화합물

**33** 다음 산을 강한 전해질과 약한 전해질로 구분하라.

(a) $H_2CO_3(aq)$ (b) $H_2SO_4(aq)$

(c) $HI(aq)$ (d) $HNO_2(aq)$

**34** 다음 수용액을 강한 전해질과 약한 전해질로 구분하라.

(a) $ZnCO_3(s)$ (b) $Sr(NO_3)_2(aq)$

(c) $K_2SO_4(aq)$ (d) $PbI_2(s)$

**35** 수용액에서 다음 산의 존재 형태를 이온 또는 비 이온형태로 써라.

(a) $HF(aq)$ (b) $HBr(aq)$

(c) $HNO_3(aq)$ (d) $HNO_2(aq)$

**36** 수용액에서 다음 염의 존재 형태를 이온 또는 비 이온형태로 써라.

(a) AgF(aq) (b) AgI(s)

(c) $Hg_2Cl_2$(s) (d) $NiCl_2$(aq)

### 알짜 이온 반응식

**37** 알짜 이온 반응식을 완결하기 위한 과정을 4단계로 정리해 보라.

**38** 다음 산-염기반응에 대한 균형 알짜 이온 반응식을 완결하라(전해질에 관한, 부록 E와 표 11.5를 참조하라.).

(a) HCl(aq) + KOH(aq) → KCl(aq) + $H_2O$(l)

(b) $HC_2H_3O_2$(aq) + $Ca(OH)_2$(aq) → $Ca(C_2H_3O_2)_2$(aq) + $H_2O$(l)

**39** 다음 용액의 반응에 대한 균형 알짜 이온 반응식을 완결하라(전해질에 관한, 표 11.5와 부록 E를 참조하라.).

(a) $AgNO_3$(aq) + KI(aq) → AgI(s) + $AgNO_3$(aq)

(b) $BaCl_2$(aq) + $K_2CrO_4$(aq) → $BaCrO_4$(s) + KCl(aq)

## 심화 연습문제

**40** 지시약 메틸레드와 페놀프탈레인을 각각 한 방울씩 두 가지 모두 물에 가했다. 물의 색은 어떻게 될까?

**41** 산－염기 지시약 메틸오렌지의 변색 범위는 pH 3.2～4.4 이다. 이 지시약의 색깔은 강한 산 용액에서 붉은색, 염기 용액에서 노랑색이다. pH 3.8에서 이 지시약의 색깔을 말하라.

**42** 다음 반응을 보고 양쪽성 물질을 확인하라.

$$HCl(aq) + NaH_2PO_4(aq) \rightarrow H_3PO_4(aq) + NaCl(aq)$$
$$NaOH(aq) + NaH_2PO_4(aq) \rightarrow Na_2HPO_4(aq) + H_2O(l)$$

**43** 베이킹파우더에 주석영(酒石英, cream of tartar)이 들어있다. 0.791g의 주석영을 중화하는데 0.100 M $Ba(OH)_2$가 42.10 mL 필요하다면, 주석영의 몰 질량은 얼마인가? (주 : 주석영 1 mol은 염기 1 mol을 중화한다.)

**44** 0.50 M HCl 용액의 pH는 얼마인가?

**45** 약한 전해질인, 아세트산과 수산화암모늄이 반응할 때 이 반응의 알짜 이온 반응식을 써라.

chapter 12

# 산화와 환원

전자가 한 물질에서 다른 물질로 이동되었을 때 한 물질은 산화되었고, 다른 물질은 환원되었다고 말한다. 이 장에서 전자가 한 물질로부터 다른 물질로 이동되는 반응, 즉, 산화-환원 반응을 공부할 것이다.

산화-환원이란 용어를 아직까지 사용하진 않았지만 전자들이 이동하는 많은 반응들을 이미 학습하였다. 실제로 어떤 금속이 어떤 비금속과 반응할 때마다 전자가 이동된다. 예를 들면, 철 금속은 자연에서 원소들에 노출되면 녹슨다(그림 12.1a). 즉, 철이 공기 중의 산소와 반응하여 산화 철(Ⅱ)이 된다. 이 반응식은 다음과 같다.

$$4Fe(s) + 3O_2(g) \rightarrow 2Fe_2O_3(s)$$

산화 철(Ⅱ)은 이온화합물이므로 $Fe_2O_3$를 $Fe^{3+}$와 $O^{2-}$로 쓸 수 있다. 철 원자가 이온으로 되는 과정에서는 전자 3개를 잃는다. 이 예에서 철 금속은 산소 기체에 전자를 잃었기 때문에 산화되었다고 한다.

$$Fe \rightarrow Fe^{3+} + 3e^-$$

(a)

(b)

▲ **그림 12.1 산화-환원 반응**

(a) 강철 파이프가 녹슬어 있는 철, (b) 은으로 만든 주전자가 변색되는 것은 산화환원 반응의 예이다.

반응이 진행되면 산소는 철 금속으로부터 전자를 얻었기 때문에 환원되었다고 한다. 이 예에서 산소 분자당 4개의 전자를 얻어 2개의 산화이온으로 된다.

$$O_2 + 4e^- \rightarrow 2O^{2-}$$

다른 예로, 은 금속이 공기 중에서 적은 양의 황화수소에 노출되면 은의 변색이 일어난다(그림 12.(b)). 이 반응식은 다음과 같다.

$$2Ag(s) + H_2S(g) \rightarrow Ag_2S(s) + H_2(g)$$

황화은은 이온화합물이기 때문에 $Ag^+$와 $S^{2-}$처럼 이온들을 표시할 수 있다. 이온이 되는 과정에서 은 원자는 전자를 잃는다. 은 금속은 황화수소 기체에 의해서 산화되었다고 한다.

$$Ag \rightarrow Ag^+ + e^-$$

은이 산화되는 동시에 황화수소는 환원된다. 황화수소는 2개의 전자를 얻어 수소분자를 생한다.

$$H_2S + 2e^- \rightarrow H_2 + S^{2-}$$

한 물질이 산화되면 다른 물질이 환원되는 전체 과정을 산화-환원반응 이라고 한다.

## 12-1 | 산화수

철과 은의 산화환원 반응에서 한 원자가 잃거나 얻을 수 있는 전자수는 다르다는 것을 보았다. 한 원자가 잃거나 얻는 전자수를 설명하기 위해서 **산화수**(oxidation number)가 어떤 일련의 규칙에 따라 정해진다(표 12.1). 유리 상태(원소 단독으로의 상태)에서 모든 원소들은 전기적으로 중성이다. 따라서 그들의 산화수는 값이 0이다. 예로, Al, Cu, Fe, S 및 P의 산화수는 0이다. $O_2$ 및 $Cl_2$와 같은 비금속 분자까지도 산화수는 0이다. 단원자 이온의 산화수는 이온 전하량과 동일하다. 예를 들면, $Ca^{2+}$의 산화수는 +2이고 $Cl^-$의 산화수는 -1이다. 이온의 전하량과 산화수 사이에 차이를 주목하면, 이온의 전하량은 원소 기호 우측 상단에 숫자 다음에 기호로 표시하고, 산화수는 숫자 앞에 기호로 표시한다. 예를 들면, $Fe^{2+}$와 $Fe^{3+}$의 산화수는 각각 +2와 +3이다.

화합물에 있는 원소들의 산화수는 어떻게 정하는지 생각해 보자. 전기적으로 중성인 화합물에서 각 원자들의 산화수의 합은 0이다. 하나의 금속과 하나의 비금속을 포함하는 이성분 이온화합물에서 금속과 비금속의 산화수는 그들 이온의 전하량과 같다. 예를 들면, NaCl에서 $Na^+$의 산화수는 +1이고 $Cl^-$은 -1이다. $AlF_3$에서 $Al^{3+}$의 산화수는 +3이고 $F^-$는 -1이다. 적어도 하나의 금속을 포함하며 세 원소를 포함하는 3성분 이온화합물은 약간 복잡하지만 산화수의 합은 0이다.

두 개의 비금속으로 된 이성분 분자화합물에서 전기음성도가 더 큰 원소의 산화수는 그 원소의 이온일 때의 전하량과 같도록 정한다. 산소의 산화수는 일반적으로 -2이고 수소는 +1이다. 산소와 수소의 산화수를 정하면 이성분 분자 화합물에서 다른 비금속 원소의 산화수를 정할 수 있다. 예를 들면, NO에서 산소의 산화수가 -2 이므로 질소의 산화수는 +2이고 $NO_2$에서 질소의 산화수는 +4로 정해진다. 산화수를 정하는 일반적인 규칙이 표 12.1에 기술되었다.

### 표 12.1 산화수를 정하는 규칙

| | |
|---|---|
| 1 | 유리상태의 금속과 비금속의 산화수는 0이다. |
| 2 | 단원자 이온의 산화수는 그 이온의 전하량과 같다. |
| 3 | 일반적으로 수소 원자의 산화수는 +1이다. |
| 4 | 일반적으로 산소 원자의 산화수는 -2이다. |
| 5 | 분자 화합물에서는 전기 음성도가 큰 원소가 음의 산화수를 갖고, 그 전하량은 음이온과 같다. 산화수의 합은 0이다. |
| 6 | 이온 화합물에서 각 원자들의 산화수의 합는 0이다. |
| 7 | 다원자 이온에서 각 원자들의 산화수의 합는 다원자 이온의 이온 전하량과 같다. |
| 8 | 화합물에서 각 원자의 산화수는 원자가 이온이 되었을 때 전하량과 같다. |

몇 개의 예를 들어 산화수를 정하는 법칙을 설명할 수 있다. 표 12.2를 참고하면 유리상태의 원소, 단원자 이온, 이온 화합물, 분자 화합물 및 다원자 이온들의 산화수를 알 수 있다.

**표 12.2 산화수를 정하는 규칙**

| 예 | 산화수 |
|---|---|
| 마그네슘 금속, Mg | Mg = 0 (제1규칙) |
| 브롬 액체, $Br_2$ | Br = 0 (제1규칙) |
| 칼륨 이온, $K^+$ | K = +1 (제2규칙) |
| 황화 이온, $S^{2-}$ | S = −2 (제2규칙) |
| 물, $H_2O$ | H = +1 (제3규칙) |
| | O = −2 (제4규칙) |
| 사염화 탄소, $CCl_4$ | Cl = −1 (제5규칙) |
| | C = +4 (제5규칙) |
| 염화 바륨, $BaCl_2$ | Ba = +2 (제6규칙) |
| | Cl = −1 (제6규칙) |
| 질산 이온, $NO_3^-$ | O = −2 (제4규칙) |
| | N = +5 (제7규칙) |

## 화합물에서 산화수

화합물에서 원소의 산화수를 결정하자. 옥살산, $H_2C_2O_4$는 보석을 깨끗하게 하는데 사용된다. $H_2C_2O_4$에서 탄소의 산화수를 계산하기 위해서 첫째, 수소의 산화수는 +1로 하고, 둘째, 화합물에서 전기음성도가 제일 큰 산소의 산화수는 -2로 한다. 화합물은 전기적으로 중성이기 때문에 산화수의 합은 0이다.

$$2(\text{H의 산화수}) + 2(\text{C의 산화수}) + 4(\text{O의 산화수}) = 0$$

H와 O의 산화수를 대입하면

$$2(+1) + 2(\text{C의 산화수}) + 4(-2) = 0$$

$$+2 + 2(\text{C의 산화수}) - 8 = 0$$

$$2(\text{C의 산화수}) = +6$$

$$\text{C의 산화수} = +3$$

$H_2C_2O_4$에서 탄소의 산화수는 +3이다.

### 예제 12-1

다음 화합물들에서 탄소의 산화수를 계산하라.

(a) 다이아몬드, C

(b) 드라이 아이스, $CO_2$

(c) 탄산 칼슘, $CaCO_3$

(d) 탄산 수소 칼슘, $Ca(HCO_3)_2$

**해답** (a) 유리 상태에서 탄소의 산화수는 0이다.

(b) C의 산화수 + 2(O의 산화수) = 0

C의 산화수 + 2(−2) = 0

C의 산화수 = +4

(c) Ca의 산화수 + C의 산화수 + 3(O의 산화수) = 0

(+2) + (C의 산화수) + 3(−2) = 0

C의 산화수 = +4

(d) $Ca(HCO_3)_2$에서 탄소는 다원자 이온을 가진 이온 화합물이다. $Ca(HCO_3)_2$에서 $Ca^{2+}$의 산화수가 +2이고, 수소와 산소의 산화수가 각각 +1, −2이므로

Ca의 산화수 + 2[H의 산화수 + C의 산화수 + 3(O의 산화수)] = 0

(+2) + 2[+1 + C의 산화수 + 3(−2)] = 0

(+2) + (+2) + 2(C의 산화수) − 12] = 0

2(C의 산화수) = +8

C의 산화수 = +4

**물음** 다음 화합물에서 요오드의 산화수를 계산하라.

(a) 요오드, $I_2$

(b) 요오드화칼륨, KI

(c) 과요오드산 은, $AgIO_4$

(d) 요오드산 아연, $Zn(IO_3)_2$

**해답** (a) 0 (b) −1 (c) +7 (d) +5

## 다원자 이온에서 산화수

많은 화합물은 다원자 이온을 포함하므로 다원자 이온에서 원소의 산화수를 결정하자. 중크롬산이온, $Cr_2O_7^{2-}$ 은 물고기 수족관의 물을 소독하는 데 사용된다. 화합물과 달리 다원자  이온은 중성이 아니다. $Cr_2O_7^{2-}$ 에서 크롬의 산화수를 구하기 위해 산소의 산화수를 –2로 하고, $Cr_2O_7^{2-}$ 의 전체 전하량이 –2이므로 아래와 같이 식을 쓸 수 있다.

$$2(\text{Cr의 산화수}) + 7(\text{O의 산화수}) = -2$$

산소의 산화수로 –2를 대입하면

$$2(\text{Cr의 산화수}) + 7(-2) = -2$$
$$2(\text{Cr의 산화수}) = +12$$
$$\text{Cr의 산화수} = +6$$

**예제 12-2**

다음 각 이온들 중에서 황의 산화수를 계산하라.

(a) 황화 이온, $S^{2-}$
(b) 아황산 이온, $SO_3^{2-}$
(c) 황산 이온, $SO_4^{2-}$
(d) 티오황산 이온, $S_2O_3^{2-}$

**해답** 이온의 전하량은 각 산화수의 합이다.

(a) $S^{2-}$에서 황의 산화수는 –2이다.

(b) $SO3^{2-}$에서 다원자 음이온의 전하량은 2–이고 산소의 산화수가 –2이다.

$$\text{S의 산화수} + 3(\text{O의 산화수}) = -2$$
$$\text{S의 산화수} + 3(-2) = -2$$
$$\text{S의 산화수} = +4$$

(c) $SO_4^{2-}$에서 다원자 음이온의 전하량은 2–이고 산소의 산화수는 –2이다.

$$\text{S의 산화수} + 4(\text{O의 산화수}) = -2$$
$$\text{S의 산화수} + 4(-2) = -2$$
$$\text{S의 산화수} = +6$$

(d) $S_2O_3^{2-}$에서 다원자 음이온의 전하량은 2-이고 산소의 산화수가 -2이다.

$$2(\text{S의 산화수}) + 3(\text{O의 산화수}) = -2$$
$$2(\text{S의 산화수}) + 3(-2) = -2$$
$$2(\text{S의 산화수}) = +4$$
$$\text{S의 산화수} = +2$$

**물음** 다음 각 이온들 중에서 염소의 산화수를 계산하여라.

(a) 하이포아염소산 이온, $ClO^-$ (b) 아염소산 이온, $ClO_2^-$

(c) 염소산 이온, $ClO_3^-$ (d) 과염소산 이온, $ClO_4^-$

**해답** (a) +1 (b) +3 (c) +5 (d) +7

## 12-2 | 산화-환원 반응

숯을 태우거나 마그네슘을 연소시킬 때 공통으로 존재하는 것은 무엇인가? 답은 두 반응 모두 산소 기체가 관여하고 전자의 이동이 있다는 것이다. 숯은 이산화탄소로, 금속 마그네슘은 산화마그네슘으로 산화된다. 우리는 전자의 이동이 있는 화학변화를 **산화-환원 반응**(oxidation - reduction)이라고 한다.

예를 들어, 황 분말과 철 금속을 함께 가열하면 다음과 같은 산화 환원 반응이 일어난다.

$$Fe(s) + S(s) \xrightarrow{\triangle} FeS(s)$$

반응을 다음과 같이 분석하자. 철의 산화수는 0에서 +2로 변화하기 때문에 각각의 철 원자는 2개씩의 전자를 잃었고, 동시에 황의 산화수는 0에서 -2로 변화하기 때문에 각각의 황 원자는 2개씩의 전자를 얻는다. 그 과정을 도식하면 다음과 같다.

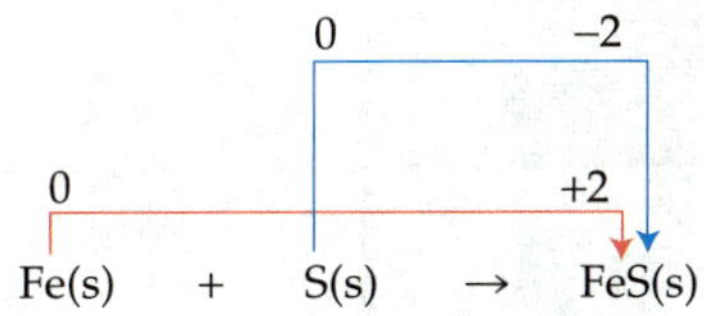


화학 변화가 일어나는 동안에 전자들의 이동이 있고, 이는 산화환원 반응의 한 예이다. 철과 황은 모두 산화수의 변화가 있다는 것을 확인하라.

## 산화제와 환원제

정의에 의하면, **산화**(oxidation)란 전자를 잃는 것이고 **환원**(reduction)은 전자를 얻는 것으로 특징지어진다. 위의 예로, 철은 2개의 전자를 잃고 산화되며, 황은 2개의 전자를 얻음으로 환원이 일어난다.

**산화제**(oxidation agent)란 산화환원 반응에서 이동된 전자를 받음으로써 산화를 일으키는 물질이다. 황이 철과 반응할 때, 황은 철을 0에서 +2로 산화시킨다. 따라서 황은 산화제이며 전자를 얻는다. **환원제**(reducing agent)란 전자를 이동시킴으로써 환원시키는 물질로 철이 황과 반응할 때, 철은 황을 0에서 −2로 환원시키기 때문에 철은 환원제이다. 산화환원의 반응과정은 다음과 같다.

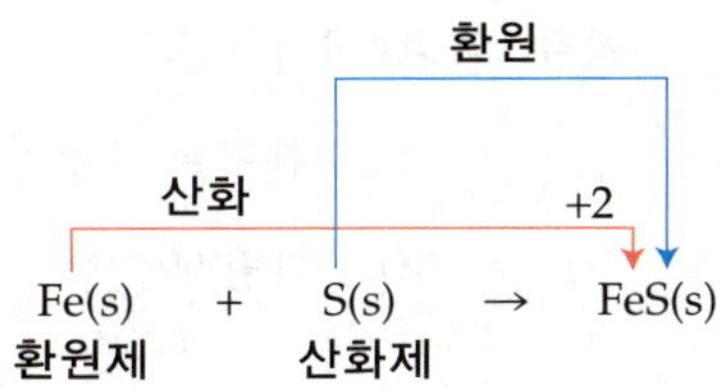


이 반응에서 철은 산화되므로 환원제라 부르고 황은 환원되므로 산화제라 한다. 대부분의 경우에서, 최대의 양(positive) 산화수는 +7이고 최소의 음(negative)의 산화수는 −4이다. 그림 12.2는 산화환원 반응과 산화수와의 관계를 나타낸다.

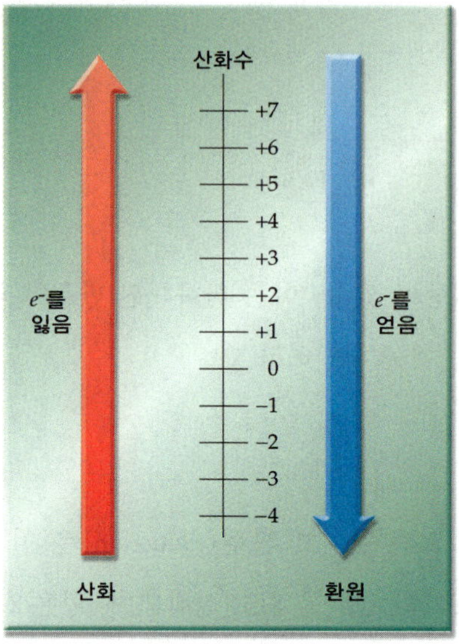


◀ **그림 12.2 산화와 환원**
산화 과정은 전자를 잃는 것(산화수 증가).
환원은 전자를 얻는것(산화수 감소)

**예제 12-3**

뜨거운 황화구리(Ⅱ)에 수소 증기를 통과시키면 산화 환원 반응이 일어난다.

$$CuS(s) + H_2(g) \xrightarrow{\triangle} Cu(s) + H_2S(g)$$

위의 산화환원 반응에서 다음 각각을 나타내어라.

(a) 산화된 물질 (b) 환원된 물질

(c) 산화제 (d) 환원제

**해답** 정의에 의해서, 산화되는 물질은 전자를 잃고 그의 산화수는 증가된다. 환원되는 물질은 전자를 얻고 그의 산화수는 감소된다. 각 원자에 산화수를 쓰면 다음과 같다.

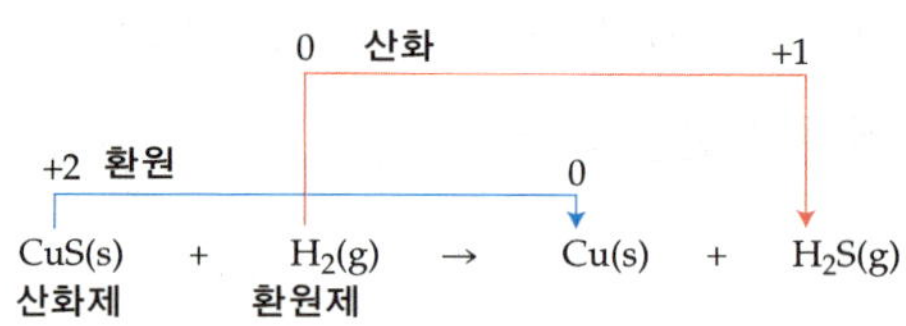


수소의 산화수는 0에서 +1로 증가하였으므로 $H_2$는 산화되었다. 구리의 산화수는 +2에서 0으로 감소하였으므로 CuS는 환원되었다. 황의 산화수는 −2로 일정함에 유의하라.

수소가 0에서 +1로 산화되었기 때문에 산화제는 CuS이다. 구리가 +2에서 0으로 환원되었기 때문에 환원제는 $H_2$이다.

**물음** 용융 상태의 알루미늄이 산화철(Ⅲ)과 반응할 때 산화환원 반응이 일어난다.

$$Fe_2O_3(l) + 2Al(l) \xrightarrow{\triangle} 2Fe(l) + Al_2O_3(l)$$

위의 산화환원 반응식에서 다음 각각을 표시하라.

(a) 산화된 물질 (b) 환원된 물질

(c) 산화제 (d) 환원제

**해답** (a) Al (b) $Fe_2O_3$ (c) $Fe_2O_3$ (d) Al

## 이온 반응식

11장 11절에서 이온 반응식을 쓰는 방법을 공부하였다. 수용액 중에서 일어나는 산화환원 반응들은 대부분 이온형태로 기술하는데, 그 이유는 이온 반응식이 산화수의 변화를 우리에게 쉽게 보여주기 때문이다. 한 예로, 철의 분석은 보통 산화환원방법으로 수행되는데, 특별히 과망간산칼륨 용액을 사용하는 반응은 아래와 같다.

$$5Fe^{2+}(aq) + MnO_4^-(aq) + 8H^+(aq) \rightarrow 5Fe^{3+}(aq) + Mn^{2+}(aq) + 4H_2O(l)$$

이 반응식이 복잡한 것처럼 보이지만, 산화 혹은 환원된 물질의 반응식을 체계적으로 잘 학습할 수 있다. 첫째, 철의 산화수가 +2에서 +3으로 변화된 것을 주목하라. $Fe^{2+}$는 전자를 잃고 산화되었기 때문에 이 반응식에서 환원제이다.

다음은 환원되는 물질에 대해서 알아보자. 과망간산 이온($MnO_4^-$)에서 망간의 산화수를 계산하면 +7이고, 반면에 반응식의 생성 물질이 있는 쪽에서 $Mn^{2+}$의 망간의 산화수는 +2이다. 이는 과망간산 칼륨이온이 전자를 잃어 환원되었으므로 이 반응식에서 산화제이다. 산화환원 반응에서 산화환원 과정은 다음과 같이 표시된다.

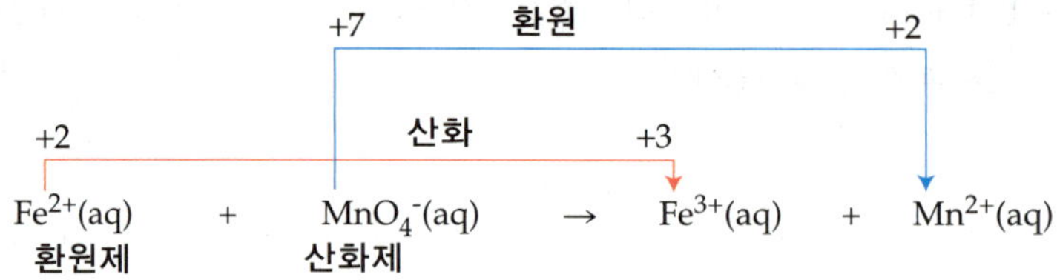


## 예제 12-4

용액 속에서 요오드의 양은 아황산 용액을 사용하여 산화환원 방법으로 측정할 수 있는데 반응식은 다음과 같다.

$$I_2(s) + SO_3^{2-}(aq) + H_2O(l) \rightarrow 2I^-(aq) + SO_4^{2-}(aq) + 2H^+(aq)$$

위의 반응식에서 다음 각각을 표시하라.

(a) 산화된 물질 (b) 환원된 물질

(c) 산화제 (d) 환원제

**해답** 먼저 요오드가 요오드화 이온으로 변화됨을 주목하자. 요오드는 유리 상태에서 음이온으로 변화되기 때문에 전자를 얻는다. 따라서 $I_2$는 환원되며 산화제이다.
환원제는 한눈에 확인할 수 없지만 만약 $SO_3^{2-}$와 $SO4^{2-}$에서 황의 산화수를 계산하면 +4에서 +6으로 변화되었고 이는 전자를 잃은 것이다. 따라서, $SO_3^{2-}$는 산화되었고 환원제 임을 알 수 있다. 산화환원 반응에서 산화와 환원되는 과정은 다음과 같다.

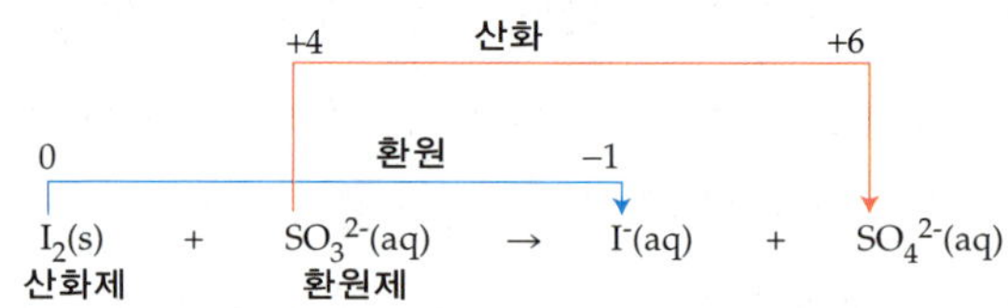


**물음** $Sn^{2+}$이 요오드산 이온과 반응하는 산화환원 반응은 다음과 같다.

$$6H^+(aq) + 3Sn^{2+}(aq) + IO3^-(aq) \rightarrow 3Sn4^+(aq) + I^-(aq) + 3H_2O(l)$$

위의 산화 환원 반응식에서 다음 각각을 표시하라.

(a) 산화된 물질　　　　(b) 환원된 물질

(c) 산화제　　　　(d) 환원제

해답 (a) $Sn^{2+}$ (b) $IO_3^-$ (c) $IO_3^-$ (d) $Sn^{2+}$

## 12-3 | 산화환원 반응식 계수 맞추기 : 산화수법

단순한 산화환원 반응은 검산에 의해서 계수를 맞출 수 있지만, 복잡한 산화환원 반응식의 계수를 맞추기는 어렵다. 따라서 산화수법을 사용하여 산화환원 반응의 계수 맞추는 다음의 일반적 지침을 이용할 것이다.

### 산화환원 반응식의 계수를 맞추는 기준 : 산화수법

**1.** 반응 물질과 생성 물질 중에서 산화수의 변화가 있는지 검사한다. 경우에 따라서는 명확하지 않아서 산화수를 계산하는 경우도 있다.
   (a) 산화되거나 환원된 원소 위에 산화수를 기록한다.
   (b) 산화된 물질이 잃은 전자의 개수와 환원된 물질이 얻은 전자의 개수를 도식화한다.

**2.** 계수를 사용하여 반응식 내의 원소의 숫자를 맞춘다. 산화 혹은 환원 과정에서 잃거나 얻은 전자의 개수의 합은 각각 같음을 기억하라.
   (a) 산화된 물질 앞에 환원된 물질이 얻은 전자의 개수와 같은 계수를 쓴다.
   (b) 환원된 물질 앞에 산화된 물질이 잃은 전자의 개수와 같은 계수를 쓴다.
   (c) 나머지 원소들의 계수를 맞춘다.

**3.** 반응식의 계수를 맞춘 후 계수들이 맞는지 확인한다.
   (a) 반응 물질과 생성 물질에 있는 각 원자의 개수가 같으면 원소기호 위에 (∨) 표시를 한다.
   (b) 이온 반응식인 경우에는 반응식 좌우편에 전체 전하량이 같은가 확인한다.

## 산화환원 반응식

산화환원 반응식에는 다음의 기준을 이용하라. 특별히 수용액 중에서 금속의 반응, 예를 들면, 질산은 용액과 구리 금속이 반응하는 식은 아래와 같다.

$$Cu(s) + AgNO_3(aq) \rightarrow Cu(NO_3)_2(aq) + Ag(s)$$

이 반응식에서 구리의 산화수는 0에서 +2로 증가되었고, 동시에 은의 산화수는 +1에서 0으로 감소되었다. 따라서 구리는 2개의 전자를 잃고 은은 1개의 전자를 얻었다. 얻고 잃은 전자를 도식화하면 다음과 같다.

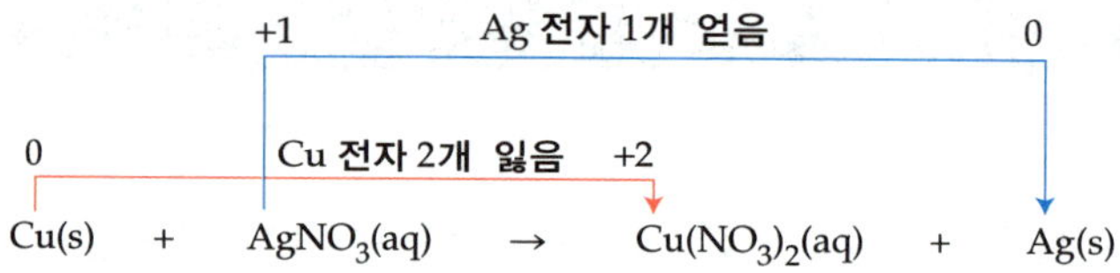


구리는 2개의 전자를 잃고 은은 단지 1개의 전자를 얻기 때문에 전자의 이동한 계수를 맞추기 위해서 은 원자 2개가 필요하다. 따라서 각각의 은 앞에 계수 2를 쓴다. 계수를 맞춘 균형 화학 반응식은 다음과 같다.

$$Cu(s) + 2AgNO_3(aq) \rightarrow Cu(NO_3)_2(aq) + 2Ag(s)$$

계수를 쓴 후에는 반응식 안의 각 원소에 (✓)표를 하면서 반응식의 숫자를 맞춘다. 질산이온은 전하량이 변하지 않았기 때문에 다원자이온을 한 개의 단위로 간주한다. 따라서 모든 원소의 숫자가 같기 때문에 이 반응식은 균형 화학반응식이라고 확인할 수 있다.

**예제 12-5**

공업용 용광로에서 철광석($Fe_2O_3$)은 용융상태의 철로 환원된다. 산화수법을 사용하여 다음 산화환원 반응의 계수를 완결하여라.

$$Fe_2O_3(l) + CO(g) \rightarrow Fe(l) + CO_2(g)$$

**해답** 이 반응식에서 철의 산화수는 $Fe_2O_3$에서 +3으로부터 Fe의 0으로 감소된다. 동시에 탄소의 산화수는 +2에서 +4로 증가된다. 따라서 철 1개당 3개의 전자를 얻고 탄소는 2개의 전자를 잃는다. 다음과 같이 산화환원 과정을 도식화할 수 있다.

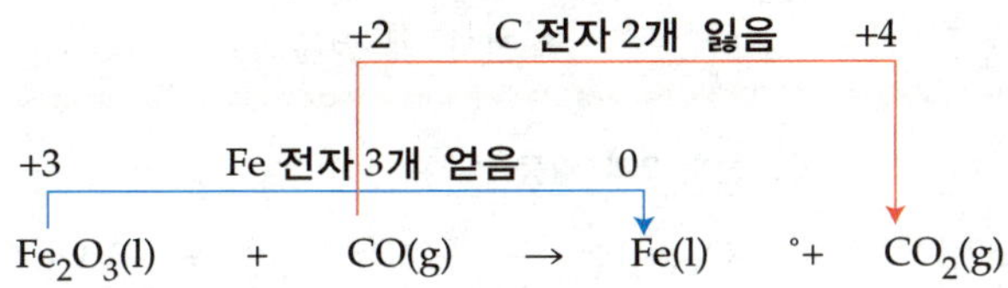


잃고 얻은 전자의 개수가 같아야 하기 때문에 최소공배수를 구해야 한다. 여기서는 최소공배수가 6이다. 철은 3개의 전자를 얻었기 때문에 CO와 $CO_2$ 앞에는 계수 3을 아래와 같이 써야 한다.

$$Fe_2O_3(l) + 3CO(g) \rightarrow Fe(l) + 3CO_2(g)$$

탄소는 원자 당 2개의 전자를 잃었기 때문에, 철 원자 앞에 계수 2를 쓴다. $Fe_2O_3$는 2개의 철 원자가 있으므로 계수 2를 쓸 필요가 없다. 따라서

$$Fe_2O_3(l) + 3CO(g) \rightarrow 2Fe(l) + 3CO_2(g)$$

마지막으로, 반응식의 계수를 확인하고 각각의 원소수를 체크한다. 모든 원소들의 개수가 같기 때문에 산화환원 반응식의 계수가 완결되었다.

**물음** 산화수법을 사용하여 다음 산화환원 반응식의 계수를 완결하라.

$$Cl_2O_5(g) + CO(g) \rightarrow Cl_2(g) + CO_2(g)$$

**해답** $Cl_2O_5(g) + 5CO(g) \rightarrow Cl_2(g) + 5CO_2(g)$

## 이온 반응식

이온 반응식으로 기록된 산화환원 반응식의 계수를 완결하자. 예를 들면, 구리 동전은 질산과 다음 반응식과 같이 반응한다.

$$Cu(s) + H^+(aq) + NO_3^-(aq) \rightarrow Cu^{2+}(aq) + NO_2(g) + H_2O(l)$$

이 이온 반응식에서, 구리의 산화수는 0에서 +2로 증가한다. 질소의 산화수는 +5에서 +4로 산화수가 감소되었다. 구리는 2개의 전자를 잃은 반면에 질소는 전자 1개를 얻었다. 잃고 얻은 전자들을 도식화하면 다음과 같다.

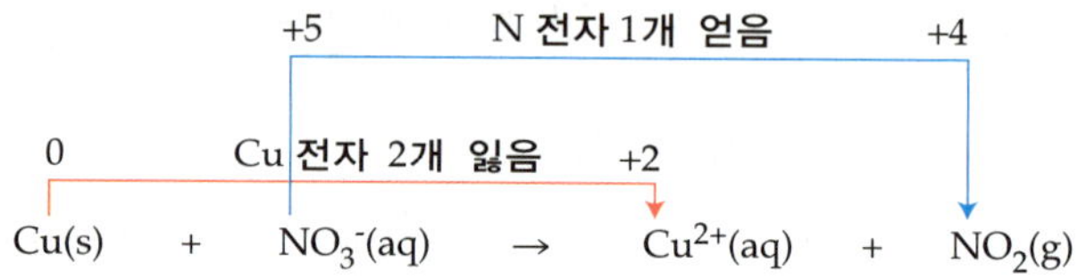


각각의 질소 화합물 앞에 계수 2를 쓰면 잃고 얻은 전자의 개수를 완결할 수 있다. 여기서 구리의 계수는 1이다.

$$Cu(s) + H^+(aq) + 2NO_3^-(aq) \rightarrow Cu^{2+}(aq) + 2NO_2(g) + H_2O(l)$$

여기에는 $H^+$와 $H_2O$가 반응식에 참여하기 때문에 이들도 계수가 맞아야 한다. 반응물질 중에 산소 원자가 모두 6개 있기 때문에 생성 물질 속에 산소 원자는 6개가 되어야 한다. 이는 검산에 의해서 반응식의 계수를 완결할 수 있다. 따라서 $H_2O$ 앞에 계수 2를 쓴 후 반응식에 남아 있는 수소 원자의 계수를 완결한다.

$$Cu(s) + 4H^+(aq) + 2NO_3^-(aq) \rightarrow Cu^{2+}(aq) + 2NO_2(g) + 2H_2O(l)$$

이제 산화 환원 반응식에서 각 원소를 체크(✓)하여 계수를 확인한다. 마지막으로, 반응물질과 생성 물질의 전하량이 각각 같은지 확인한다. 반응식 왼편에는 (+4)+(−2)= +2이고, 오른편에는 +2이다. 양편에 이온 전하량이 모두 +2이므로 반응식은 완결되었다. 다음 예제는 이온 산화환원 반응에서 계수를 완결하는 추가 문제이다.

### 예제 12-6

요오드화나트륨 수용액은 중크롬산칼륨 용액과 반응한다. 다음 산화 환원 반응식의 계수를 완결하라.

$$H^+(aq) + I^-(aq) + Cr_2O_7^{2-}(aq) \rightarrow I_2(s) + Cr_3+(aq) + H_2O(l)$$

해답 $Cr_2O_7^{2-}$와 $I_2$는 전자의 이동에 영향을 미치는 아래 첨자를 갖고 있기 때문에 먼저 요오드와 크롬의 계수를 맞추면 다음과 같다.

$$H^+(aq) + 2I^-(aq) + Cr_2O_7^{2-}(aq) \rightarrow I_2(s) + 2Cr^{3+}(aq) + H_2O(l)$$

이 반응에서 요오드의 산화수는 -1에서 0으로 증가되고, 크롬의 산화수는 +6에서 +3으로 감소되어 전자의 잃고 얻음은 아래와 같이 나타낼 수 있다.

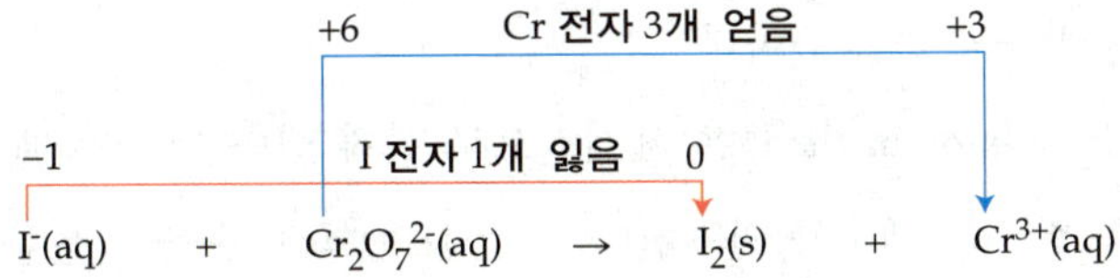


크롬 원자가 2개 있기 때문에 전체로는 6개의 전자를 얻었다. 따라서 잃어버린 전자수도 6개이어야 한다. 2개의 요오드 원자가 있기 때문에, 다음과 같이 계수를 완결할 수 있다.

$$H^+(aq) + 6I^-(aq) + Cr_2O_7^{2-}(aq) \rightarrow 3I_2(s) + 2Cr^{3+}(aq) + H_2O(l)$$

다음으로, 수소와 산소 원자의 계수를 완결한다. 반응 물질에 7개의 산소 원자가 있기 때문에 $H_2O$ 앞에 계수 7을 쓴다. 이는 수소가 14개가 되므로 $H^+$ 앞에 계수 14를 쓴다.

$$14H^+(aq) + 6I^-(aq) + Cr_2O_7^{2-}(aq) \rightarrow 3I_2(s) + 2Cr^{3+}(aq) + 7H_2O(l)$$

각 원소에 체크를 하며 반응의 계수를 확인할 수 있다. 마지막으로, 이온의 전하량을 확인하면 반응식의 왼편은 $(+14) + (-6) + (-2) = +6$이고 오른쪽은 +6이다. 따라서 양편의 전하량은 +6이며 반응식은 완결되었다.

물음 다음 산화 환원 반응식의 계수를 완결하라.

$$H^+(aq) + MnO_4^-(aq) + NO_2^-(aq) \rightarrow Mn^{2+}(aq) + NO_3^-(aq) + H_2O(l)$$

해답 $6H^+(aq) + 2MnO_4^-(aq) + 5NO_2^-(aq) \rightarrow 2Mn^{2+}(aq) + 5NO_3^-(aq) + 3H_2O(l)$

주의 때로는 산화환원 반응의 생성물질을 예측하기가 어렵기 때문에 균형을 맞추기 전에는 반응식을 완결할 수 없다. 대부분은 산화환원 반응식의 반응물질과 생성물질이 주어진다.

## 12-4 | 산화환원 반응식의 균형 맞추기 : 반쪽 반응법

앞 절에서는 산화수를 이용해서 산화환원 반응식의 계수를 완결하는 방법을 공부하였다. 이 절에서는 다른 과정으로 산화환원 반응의 계수를 완결하려고 한다. 이 다른 방법을 반쪽반응법이라고 하는데 이는 산화 반응 과정과 환원 반응 과정을 각각 따로 표시하는 산화 환원 반응의 한 종류이다.

**반쪽 반응법**(half-reaction method)은 체계적으로 산화 반쪽 반응의 계수를 완결하고 다음에 환원 반쪽 반응의 계수를 완결한다. 다음은 반쪽 반응을 이용한 산화 환원 반응의 계수를 맞추는 일반적인 지침이다.

### 산성 용액에서 산화환원 반응식의 균형 맞추기

다음의 지침을 이용하여 산성 수용액에서 산화환원 반응의 계수를 완결하자. 예로, 아연은 묽은 질산과 반응하여 일산화질소 기체를 생성한다. 산화환원 반응인 이 이온 반응식은 다음과 같다.

$$Zn(s) + NO_3^-(aq) \rightarrow Zn^{2+}(aq) + NO(g)$$

**제1단계** : 산화와 환원 반쪽 반응을 기록한다. 아연의 산화수는 증가하였으므로 Zn은 산화되었고, 질소의 산화수는 감소하였기 때문에 $NO^{3-}$는 환원되었다. 따라서

$$산화 : Zn \rightarrow Zn^{2+}$$

$$환원 : NO_3^- \rightarrow NO$$

**제2단계** : 각각의 반쪽 반응의 원자와 전하량을 맞춘다. 반쪽 반응식을 완결하면 다음과 같다.

$$Zn \rightarrow Zn^{2+} + 2e^-$$

$$3e^- + 4H^+ + NO_3^- \rightarrow NO + 2H_2O$$

**제3단계** : Zn은 전자 2개를 잃고 $NO_3^-$는 전자 3개를 얻었다. 잃고 얻은 전자의 개수가 같아야 하므로 아연의 반쪽 반응에 3배를 하고 $NO_3^-$에는 2배를 하면

$$3Zn \longrightarrow 3Zn^{2+} + 6e^-$$
$$6e^- + 8H^+ + 2NO_3^- \longrightarrow 2NO + 4H_2O$$

**제4단계** : 이제 두 반쪽 반응을 더하고 전자 6개를 삭제한다.

$$\begin{array}{r} 3Zn \longrightarrow 3Zn^{2+} + 6e^- \\ 6e^- + 8H^+ + 2NO_3^- \longrightarrow 2NO + 4H_2O \\ \hline 3Zn + 8H^+ + 2NO_3^- \longrightarrow 3Zn^{2+} + 2NO + 4H_2O \end{array}$$

**제5단계** : 마지막으로, 반응식이 맞는지 확인하기 위해서 원자의 개수와 이온의 전하량을 검산하면

$$\begin{aligned} \text{원자} &: 3Zn,\ 8H,\ 2N,\ 6O = 3Zn,\ 2N,\ 6O,\ 8H \\ \text{전하량} &: 8(+1) + 2(-1) = 3(+2) \\ & \qquad +6 = +6 \end{aligned}$$

원자의 개수와 전하량이 같기 때문에 산화환원 반응식은 완결되었다. 예제 12.7은 반쪽 반응법을 사용해서 산화환원 반응식의 계수를 맞추는 것을 더 설명한 것이다.

### 산화환원 반응의 계수를 맞추는 지침–반쪽 반응법

1. 산화와 환원의 반쪽 반응을 모두 쓴다.
   (a) 산화된 반응 물질과 그의 생성 물질을 확인한다.
   (b) 환원된 반응 물질과 그의 생성 물질을 확인한다.
2. 계수를 써서 각 반쪽 반응에 원자의 개수를 맞춘다.
   (a) 산소와 수소를 제외한 모든 원소의 개수를 맞춘다.
   (b) $H_2O$를 이용하여 산소의 개수를 맞춘다.
   (c) $H^+$을 이용하여 수소의 개수를 맞춘다.

주의 염기성 용액의 반응식에서는 $OH^-$를 넣어 $H^+$을 중화시킨다. 예를 들면, $2OH^-$가 $2H^+$와 중화하여 $2H_2O$를 생성한다.

(d) $e^-$를 이용해 이온의 전하량을 맞춘다.

3. 산화로 잃은 전자의 숫자와 환원으로 얻은 전자의 숫자가 같도록 각각의 반쪽 반응에 정수배 한다.
4. 반응식의 양편에 전자를 포함해서 같은 종류의 물질을 소거하고 두 반쪽 반응을 합한다.
5. 반응식의 개수를 맞추고, 계수가 정확한지 확인한다.

(a) 반응물질과 생성물질에 같은 원자의 개수가 같으면 각 원소 위에 체크(3)를 한다.

(b) 이온 반응식에서는, 반응 좌우편에 전체 전하량이 같은가를 확인한다.

### 예제 12-7

산성 용액에서 황산철(Ⅱ)과 과망간산칼륨이 반응하는 이온 반응식의 계수를 완결하라. 이온 반응식은 다음과 같다.

$$Fe^{2+}(aq) + MnO_4^-(aq) \rightarrow Fe^{3+}(aq) + Mn^{2+}(aq)$$

**해답** 다음과 같이 반쪽 반응법으로 산화환원 반응의 계수를 완결하면

제1단계 : $Fe^{2+}$는 +2에서 +3으로 산화되기 때문에 $MnO_4^-$는 환원되어야 한다. 2개의 반쪽 반응은 아래와 같다.

산화 : $Fe^{2+} \rightarrow Fe^{3+}$

환원 : $MnO_4^- \rightarrow Mn^{2+}$

제2단계 : 다음과 같이 두 반쪽 반응의 균형을 맞추면

$$Fe^{2+} \rightarrow Fe^{3+} + e^-$$

$$5e^- + 8H^+ + MnO_4^- \rightarrow Mn^{2+} + 4H_2O$$

제3단계 : $Fe^{2+}$는 전자 1개를 잃고, MnO4⁻는 전자 5개를 얻었기 때문에 $Fe^{2+}$ 반쪽 반응에 5를 곱하면

$$5Fe^{2+} \rightarrow 5Fe^{3+} + 5e^-$$

$$5e^- + 8H^+ + MnO_4^- \rightarrow Mn^{3+} + 4H_2O$$

제4단계 : 이제 두 반쪽 반응을 서로 합해서 전자를 소거하면

$$5Fe^{2+} \rightarrow 5Fe^{2+} + 5e^-$$

$$5e^- + 8H^+ + MnO_4^- \rightarrow Mn^{2+} + 4H_2O$$

$$5Fe^{2+} + 8H^+ + MnO_4^- \rightarrow 5Fe^{3+} + Mn^{2+} + 4H_2O$$

제5단계 : 마지막으로, 반응식의 계수를 맞추기 위해서 원자와 이온의 전하량을 검산하면

원자 : 5Fe, 8H, 1Mn, 4O = 5Fe, 1Mn, 8H, 4O

전하량 : 5(+2) +8(+1) +(-1) = 5(+3) +(+2)

+17 = +17

반응물질과 생성물질의 원자와 이온의 전하량이 같기 때문에 산화환원 반응은 완결되었다.

**물음** 산성 용액에서 아질산나트륨과 과망간산칼륨이 반응하는 이온 반응식의 계수를 완결하라. 이온반응식은

$$MnO_4^-(aq) + NO_2^-(aq) \rightarrow Mn^{2+}(aq) + NO_3^-(aq)$$

**해답** $6H^+ + 2MnO_4^- + 5NO_2^- \rightarrow 2Mn^{2+} + 5NO_3^- + 3H_2O$

## 염기성 용액에서 산화환원 반응식의 균형 맞추기

이제, 염기성 수용액에서 일어나는 산화환원 반응의 계수를 완결하자. 예를 들면, 염기성 용액에서 요오드화나트륨과 과망간산칼륨이 반응하면 요오드와 이산화망간을 생성한다. 이 이온 반응식은 다음과 같다.

$$I^-(aq) + MnO_4^-(aq) \rightarrow I_2(aq) + MnO_2(s)$$

염기성 용액에서 산화환원 반응식의 계수를 맞추는 과정은 산성 용액에서 산화 환원 반응식의 계수를 맞추는 과정과 같다.

**제1단계** : 먼저 산화와 환원 반쪽반응을 쓴다. 요오드가 −1에서 0으로 산화되고, 동시에 망간이 +7에서 +4로 환원되었다.

$$산화 : I^- \rightarrow I_2$$
$$환원 : MnO_4^- \rightarrow MnO_2$$

**제2단계** : 각각의 반쪽 반응에 원자와 전하량을 맞춘다. 산화 반쪽 반응에서 $I^-$ 앞에 계수 2를 놓고 생성물 쪽에 2개의 전자를 첨가한다. 환원 반쪽 반응은 다음과 같이 균형을 맞춘다. O원자의 균형을 맞추기 위하여 $H_2O$를 첨가하고 H원자의 균형을 맞추기 위하여 $H^+$를 첨가한다. 전하의 균형을 맞추기 위하여 $e^-$를 첨가하면 균형을 맞춘 반쪽 반응식은

$$2I^- \rightarrow I_2 + 2e^-$$
$$3e^- + 4H^+ + MnO_4^- \rightarrow MnO_2 + 2H_2O$$

이 산화환원 반응식은 산성 용액에서 일어나지 않고 염기성 용액에서 일어나는 점에 유의하면, 지침 2(c)에 의하여 $H^+$은 $OH^-$로 중화되어야 한다. 예를 들면, 양변에 4개의 $OH^-$를 가하고 반응식을 정리하면

$$3e^- + 4H^+ + 4OH^- + MnO_4^- \rightarrow MnO_2 + 2H_2O + 4OH^-$$
$$3e^- + 4H_2O + MnO_4^- \rightarrow MnO_2 + 2H_2O + 4OH^-$$
$$3e^- + 2H_2O + MnO_4^- \rightarrow MnO_2 + 4OH^-$$

**제3단계** : $2I^-$는 전자 2개를 잃고 $MnO_4^-$는 전자 3개를 얻었음에 유념하라. 잃고 얻은 전자의 개수를 같게 하기 위해서 $I^-$ 반쪽 반응에 3배하고 $MnO_4^-$에 2배를 한다.

$$6I^- \rightarrow 3I_2 + 6e^-$$
$$6e^- + 4H_2O + 2MnO_4^- \rightarrow 2MnO_2 + 8OH^-$$

**제4단계** : 두 개의 반쪽 반응을 합하고 전자 6개를 소거한다.

$$6I^- \rightarrow 3I_2 + 6e^-$$
$$6e^- + 4H_2O + 2MnO_4^- \rightarrow 2MnO_2 + 8OH^-$$
$$\overline{6I^- + 4H_2O + 2MnO_4^- \rightarrow 3I_2 + 2MnO_2 + 8OH^-}$$

**제5단계** : 마지막으로, 반응식의 균형이 맞았는지 확인한다.

원　자 : 6I, 8H, 12O, 2Mn = 6I, 2Mn, 12O, 8H

전하량 : $6(-1) + 2(-1) = 8(-1)$

$$-8 = -8$$

원자와 전하량이 같기 때문에 산화환원 반응식은 완결되었다.

## 12-5 | 자발적 산화환원 반응의 예측

어떤 에너지의 출입이 없어도 일어나는 화학 반응을 자발적 반응이라 부른다. 수용액 중에서 금속이 자발적 반응하는 예로, 황산구리 수용액에서 아연 금속이 반응하는 알짜 이온 반응식은 아래와 같다.

$$Zn(s) + Cu^{2+}(aq) \rightarrow Zn^{2+}(aq) + Cu(s)$$

아연 금속이 황산구리(Ⅱ) 수용액 중에서 자발적으로 반응이 진행됨이 실험적으로 관찰되었다. 두 환원 반쪽반응을 비교해 보면

$$Cu^{2+}(aq) + 2e^- \rightarrow Cu(s)$$
$$Zn^{2+}(aq) + 2e^- \rightarrow Zn(s)$$

황산구리(Ⅱ) 수용액에서 아연의 전체 산화환원반응에 의하면 Zn(s)은 산화되고 $Cu^{2+}$(aq)는 환원된다. 따라서 $Cu^{2+}$(aq)이 환원되려는 경향은 $Zn^{2+}$(aq)이 환원되려는 경향보다 더 크다. 다른 말로하면, $Cu^{2+}$는 $Zn^{2+}$보다 전자를 얻으려는 경향이 더 크다. 수용액 중에서 여러 종류의 금속과 반응시키면 전자를 얻으려는 금속의 능력에 따라 원소들의 순서를 나열할 수 있다. 가장 강력한 산화제는 가장 쉽게 환원되는 물질이다. 즉, 전자를 얻으려는 경향이 더 큰 물질이다. 반대로, 가장 강력한 환원제는 가장 쉽게 산화되는 물질이며 전자를 잃으려는 경향이 더 크다.

어떤 물질이 전자를 얻어 환원이 일어나는 경향을 **환원전위**(reduction potential)라고 부른다. 다른 표현으로는 물질의 환원전위는 산화제로서의 상대적인 세기, 즉 전자를 자신에게 잡아당기려는 자신의 상대적 세기를 의미한다. 표 12.3에는 환원 반응이 일어나는 능력에 따라 몇 개 물질의 환원 전위가 나열되었다. 표의 위쪽에 있는 물질은 강한 환원 전위를 가지며 전자를 강하게 끌므로, 쉽게 환원된다. 표의 낮은 곳에 있는 물질은 약한 환원 전위를 가지며 전자를 강하게 끌지 못하므로 쉽게 환원되지 않는다.

## 자발적 반응

아래와 같이 표 12.3에 주어진 내용을 해석할 수 있다. 표의 상단에서 하단으로 내려갈수록 물질의 환원되는 정도는 감소한다. 가장 강력한 산화제는 표의 우측 상단에 있다. 따라서 $F_2$는 가장 큰 환원 전위를 갖기 때문에 가장 강력한 산화제이다. 반대로, 가장 강력한 환원제는 표의 우측 하단에 있다. 따라서 Li이 가장 큰 산화 전위를 갖고 가장 강력한 환원제이다.

금속이온은 표에서 그 금속보다 아래에 있는 어떤 환원제에 의해서 환원된다. 그 예로, $Sn^{2+}$은 Li이나 Fe로는 환원되지만 Pb에 의해서는 환원되지 않는다. 표에서 $H_2$ 보다 밑에 있는 금속은 산과 반응하지만 위에 있는 금속은 산과 반응하지 않는다. 예를

들면, Pb, Sn 및 Ni 금속은 산과 반응하지만 Cu와 Ag은 산과 반응하지 않는다.

비금속은 표에서 밑에 있는 어떤 환원제를 산화할 수 있다. 예를 들면, $Cl_2$는 $Br^-$이나 Ag을 산화할 수 있으나 $F^-$를 산화할 수 없다. 표 12.3에서 $F_2$는 가장 강력한 산화제이며 Li은 가장 강력한 환원제이다. 그러나, $H_2$는 가장 강력한 비금속 환원제로 기록되어 있다.

표 12.3으로부터 $Cu^{2+}(aq)$는 $Zn^{2+}(aq)$보다 더 강한 산화제이며 Zn 금속은 Cu 금속보다 더 강력한 환원제임을 알 수 있다. 따라서 다음과 같이 위의 반응을 아래와 같이 쓸 수 있다.

**표 12.3 몇 가지 선택된 산화 및 환원제의 환원 전위**

강한 산화제 ↑ / 약한 환원제 ↓

| 산화제 | | 환원제 |
|---|---|---|
| $F_2(g)$ | $+ 2\,e^- \rightarrow$ | $2\,F^-(aq)$ |
| $Cl_2(g)$ | $+ 2\,e^- \rightarrow$ | $2\,Cl^-(aq)$ |
| $Br_2(l)$ | $+ 2\,e^- \rightarrow$ | $2\,Br^-(aq)$ |
| $Ag^+(aq)$ | $+ e^- \rightarrow$ | $Ag(s)$ |
| $Fe^{3+}(aq)$ | $+ e^- \rightarrow$ | $Fe^{2+}(aq)$ |
| $I_2(s)$ | $+ 2\,e^- \rightarrow$ | $2\,I^-(aq)$ |
| $Cu^{2+}(aq)$ | $+ 2\,e^- \rightarrow$ | $Cu(s)$ |
| **$2\,H^+(aq)$** | **$+ 2\,e^- \rightarrow$** | **$H_2(g)$** |
| $Pb^{2+}(aq)$ | $+ 2\,e^- \rightarrow$ | $Pb(s)$ |
| $Sn^{2+}(aq)$ | $+ 2\,e^- \rightarrow$ | $Sn(s)$ |
| $Ni^{2+}(aq)$ | $+ 2\,e^- \rightarrow$ | $Ni(s)$ |
| $Fe^{2+}(aq)$ | $+ 2\,e^- \rightarrow$ | $Fe(s)$ |
| $Cr^{3+}(aq)$ | $+ 3\,e^- \rightarrow$ | $Cr(s)$ |
| $Zn^{2+}(aq)$ | $+ 2\,e^- \rightarrow$ | $Zn(s)$ |
| $Mn^{2+}(aq)$ | $+ 2\,e^- \rightarrow$ | $Mn(s)$ |
| $Al^{3+}(aq)$ | $+ 3\,e^- \rightarrow$ | $Al(s)$ |
| $Mg^{2+}(aq)$ | $+ 2\,e^- \rightarrow$ | $Mg(s)$ |
| $Na^+(aq)$ | $+ e^- \rightarrow$ | $Na(s)$ |
| $Ca^{2+}(aq)$ | $+ 2\,e^- \rightarrow$ | $Ca(s)$ |
| $K^+(aq)$ | $+ e^- \rightarrow$ | $K(s)$ |
| $Li^+(aq)$ | $+ e^- \rightarrow$ | $Li(s)$ |

약한 산화제 / 강한 환원제

| $Cu^{2+}(aq)$ | + | $Zn(s)$ | → | $Cu(s)$ | + | $Zn^{2+}(aq)$ |
|---|---|---|---|---|---|---|
| 더 강한 산화제 | | 더 강한 환원제 | | 더 약한 환원제 | | 약한 산화제 |

더욱이 역반응은 잘 일어나지 않는 경향이 있기에 비자발적 반응임을 볼 수 있다. 따라서 아연 이온과 구리 금속 사이에는 반응이 일어나지 않음을 알 수 있다.

| $Zn^{2+}(aq)$ | + | $Cu(s)$ | → | $Zn(s)$ | + | $Cu^{2+}(aq)$ |
|---|---|---|---|---|---|---|
| 더 약한 산화제 | | 더 약한 환원제 | | 더 강한 환원제 | | 더 강한 산화제 |

이제, 수용액 중에서 비금속 반응을 생각해 보자. 예를 들면, 브롬화나트륨 수용액에 염소 기체를 방울방울 통과시키면 어떻게 되는지 생각해 보자. 이에 가능한 알짜이온 반응식은

$$Cl_2(g) + 2Br^-(aq) \rightarrow 2Cl^-(aq) + Br_2(l)$$

표 12.3으로부터 $Cl_2(g)$는 $Br_2(l)$보다 더 강한 산화제이고, $Br^-(aq)$는 $Cl^-(aq)$보다 더 강한 환원제임을 알 수 있다. 따라서 위의 반응을 아래와 같이 쓸 수 있다.

| $Cl_2(g)$ | + | $2Br^-(aq)$ | → | $2Cl^-(aq)$ | + | $Br_2(l)$ |
|---|---|---|---|---|---|---|
| 더 강한 산화제 | | 더 강한 환원제 | | 더 약한 환원제 | | 더 약한 산화제 |

반응 물질에는 더 강한 산화제와 환원제가 있기 때문에 자발적으로 반응이 일어난다. 역반응이 자발적으로 일어날까? 염화 이온과 브롬 액체는 각각 더 약한 환원제와 산화제이기 때문에 역반응은 비자발적 반응이다. 만일 산화 환원 반응이 자발적으로 일어나지 않으면, 일반적으로 반응이 일어나지 않는다고 한다. 즉

| $2Cl^-(aq)$ | + | $Br_2(l)$ | → | $Cl_2(g)$ | + | $2Br^-(aq)$ |
|---|---|---|---|---|---|---|
| 더 약한 환원제 | | 더 약한 산화제 | | 더 강한 산화제 | | 더 강한 환원제 |

## 예제 12-8

다음 반응은 자발적인 반응인가 비자발적인 반응인가 예측하라.

$$Ni^{2+}(aq) + Sn(s) \rightarrow Ni(s) + Sn^{2+}(aq)$$

**해답** 자발적 반응인가 아닌가를 예측하기 위해서 환원전위표를 참고하라. 표 12.3에서는 $Ni^{2+}(aq)$가 $Sn^{2+}(aq)$보다 더욱 약한 산화제일뿐만 아니라 $Sn(s)$은 $Ni(s)$보다도 더욱 약한 환원제로 되어있다. 따라서

| $Ni^{2+}(aq)$ | + | $Sn(s)$ | $\rightarrow$ | $Ni(s)$ | + | $Sn^{2+}(aq)$ |
|---|---|---|---|---|---|---|
| 더 약한 산화제 | | 더 약한 환원제 | | 더 강한 환원제 | | 더 강한 산화제 |

반응 물질들은 더 약한 산화제와 환원제로 되어 있으므로 이 반응은 비자발적 반응이다. 반대로 역반응은 생성 물질들이 더 강한 산화제와 환원제이기 때문에 자발적 반응이다.

**물음** 다음 반응은 자발적 반응인가 비자발적 반응인가를 예측하라.

$$Ni^{2+}(aq) + Al(s) \rightarrow Ni(s) + Al^{3+}(aq)$$

**해답** 자발적 반응

# 12-6 | 볼타 전지

배터리는 우리의 일상생활에서 중요한 역할을 한다. 이는 스위치만 돌리면 간단히 자동차가 출발하게도 하고, 코드가 없는 전기 기구를 사용할 수 있게도 한다. 심장병 환자에게 페이스 메이커(pacemaker)를 통해 주기적으로 전기 충격을 가하여 생명을 연장시킨다. 이런 모든 장치들은 배터리에서 제공되는 전기 에너지를 사용한다. 장치들

은 다른 형태의 배터리를 사용하지만 모든 배터리들은 자발적 산화환원 반응을 일으켜서 전기 에너지와 전류를 생성한다.

## 볼타 전지에서의 산화환원 반응

산화환원 반응을 통하여 화학에너지를 전기에너지로 변환시키는 것을 **전기화학**(electrochemistry)이라고 한다. 예를 들면, 황산구리(Ⅱ) 용액 속에 아연 금속의 반응을 생각해 보자.

$$Zn(s) + CuSO_4(aq) \rightarrow Cu(s) + ZnSO_4(aq)$$

실험적으로, 우리는 환원 반쪽 반응으로부터 산화 반쪽 반응을 물리적으로 분리할 수 있다. 용기나 칸막이로 분리해서 첫째 용기에 황산아연 용액을, 둘째 용기에 황산구리(Ⅱ) 용액을 각각 넣고 첫째 용기에는 아연 금속 전극, 두 번째 용기에 구리 금속 전극을 넣는다. 두 용기 사이에서 전자가 자유롭게 이동하도록 철사로 두 극을 연결한다. 한쪽 용기를 반쪽전지(half-cell)라고 부르고, 전체 장치를 **전기화학 전지**(electrochemical cell)(그림 12.3)라고 부른다.

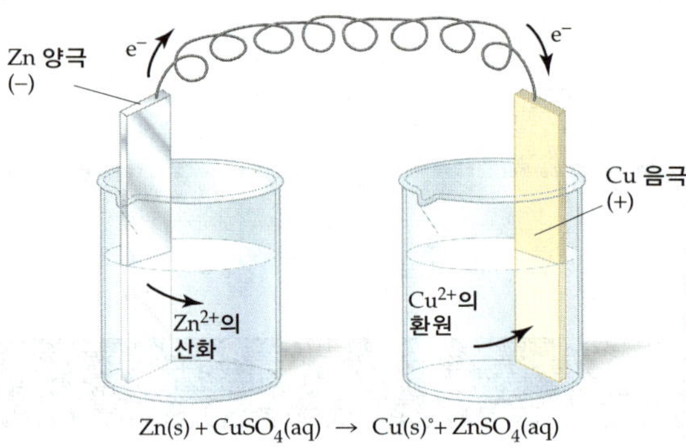


◀ **그림 12.3 반쪽 전지에서 산화 환원 반응** 왼편에서는 아연 금속에 산화가 일어나고, 오른편에서는 구리 이온이 환원된다. 산화환원 과정에서 전자들은 아연 전극에서 구리 전극으로 이동한다. 반응이 진행되면, 왼편 반쪽 전지에서는 아연 이온의 수가 증가하고, 오른편 반쪽 전지에서는 구리 이온이 감소된다.

반응이 진행되면, 왼편 용기 속에 있는 $Zn^{2+}$의 농도는 증가되고, 오른편 용기 속에 있는 $Cu^{2+}$의 농도는 감소된다. 양쪽 용기에 있는 $SO_4^{2-}$의 농도는 일정하게 유지된다. 결과적으로, 왼편 반쪽전지는 알짜 양전하로 오른편 반쪽전지는 알짜 음전하로 된다.

반응이 계속되면 각각의 용기에 전하량이 증가하여 산화 환원 반응이 중지하게 되지만 염다리(salt bridge)로 연결해서 증가된 전하량을 제거시킬 수 있다. 두 용기를 염다리로 연결하여 두 개의 반쪽전지들 사이에 이온이 이동하게 한다. 구리 용액 속에 있는 과량의 황산 음이온은 $Zn^{2+}$가 과량으로 들어있는 아연 용액 속으로 염다리를 통하여 이동한다. 염다리는 전하의 축적을 제거하기 때문에 반응은 자발적으로 계속 일어날 수 있다. 자발적인 반응은 전기 에너지를 생성하기 때문에 이런 전지를 **볼타전지**(voltaic cell, 또는 갈바니전지)라고 말한다. 그림 12.4는 $CuSO_4$ 수용액에서 Zn이 반응하는 볼타전지이다.

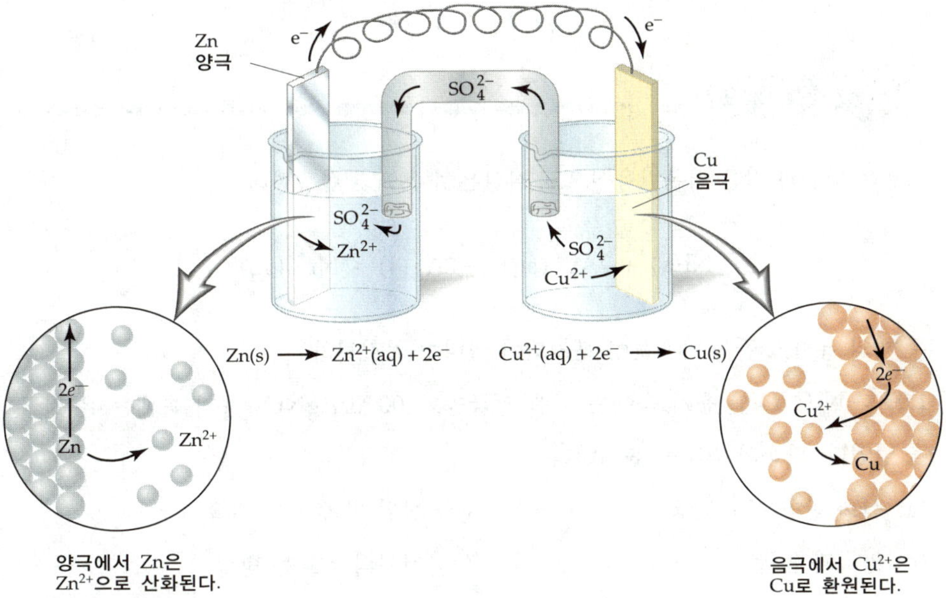


▲ **그림 12.4 볼타 전지**
만일 두 개의 반쪽 전지를 염다리로 연결하면 황산 음이온은 오른편 반쪽 전지에서 왼편 반쪽 전지로 이동한다. 염다리는 왼편 반쪽 전지에 축적된 양 전하와 오른편 반쪽 전지에 축적된 음전하를 감소시킨다. 따라서 반응이 자발적으로 계속 일어난다.

전기화학 전지에서 산화가 일어나는 전극을 양극(anode)이라고 하고 환원이 일어나는 전극을 음극(cathode)이라고 한다. 그림 12.4의 볼타 전지에서, 아연 전극은 양극이고 Zn은 산화되고 있으며 구리 전극은 음극이며 Cu는 환원되고 있다. 예제 12.9는 자발적 전기화학 전지에서 일어나는 산화환원 과정을 더 설명하였다.

규약에 의해서, 전기화학 전지의 양극은 일반적으로 왼쪽에 반쪽전지를 표시한다. 만일 양극이 왼편에 있다면, 전자는 왼쪽의 반쪽전지에서 오른쪽 반쪽전지로 흐른다. 오른쪽 반쪽 전지에 음전하의 축적을 피하기 위해서 오른쪽 반쪽전지에 있었던 음이온은 염다리를 통해서 왼쪽 반쪽전지로 이동한다.

염다리 속에는 또한 양 이온이 존재한다는 사실을 알아야 한다. 결과적으로, 왼쪽 반쪽전지에 있는 양이온은 염다리를 통해서 오른쪽 반쪽전지로 이동한다. 요약하면, 음이온들은 전자들이 존재하는(양극) 반쪽전지 용기 쪽으로 이동하며 양이온들은 전자들이 들어가는(음극) 반쪽전지 용기 쪽으로 이동한다.

**예제 12-9**

니켈은 다음과 같은 이온반응식으로 질산은 수용액과 반응한다.

$$Ni(s) + 2Ag^{+}(aq) \rightarrow 2Ag(s) + Ni^{2+}(aq)$$

두 개의 용기로 반쪽 반응들이 분리되어 있다고 가정하라.

1.00 M $Ni(NO_3)_2$ 용기 속에는 니켈 전극을, 1.00 M $AgNO_3$ 용기 속에는 은 전극을 넣었다. 다음의 각각을 표시하라.

(a) 산화 반쪽 전지 반응
(b) 환원 반쪽 전지 반응
(c) 양극과 음극
(d) 전자의 흐르는 방향
(e) 염다리에서 $NO_3^-$의 방향

**해답** (a) 산화 : $Ni \rightarrow Ni^{2+} + 2e^-$
(b) 환원 : $Ag^+ + e^- \rightarrow Ag$
(c) 니켈은 양극, 은은 음극이다.
(d) 전류는 니켈 양극에서 은 음극으로 흐른다.(전자는 음극으로 흐른다.)
(e) $NO_3^-$이온이 은 용기 쪽에서 니켈용기 쪽으로 이동한다.

**물음** 철은 황산 주석(Ⅱ) 수용액에서 다음과 같은 이온 반응식으로 반응한다.

$$Fe(s) + Sn^{2+}(aq) \rightarrow Sn(s) + Fe^{2+}(aq)$$

철 전극은 1.00 M $FeSO_4$ 용액이 들어있는 용기에, 주석 전극은 1.00 M $SnSO_4$ 용액이 들어 있는 용기에 각각 넣었을 때 다음을 나타내어라.

(a) 산화 반쪽전지 반응　　(b) 환원 반쪽전지 반응

(c) 양극과 음극　　(d) 전자의 흐르는 방향

(e) 염다리에서 $NO_3^-$의 흐르는 방향

**해답** (a) 산화 : $Fe \rightarrow Fe^{2+} + 2e^-$ : (b) 환원 : $Sn^{2+} + 2e^- \rightarrow Sn$

(c) Fe양극, Sn음극 (d) 전자는 철(양극)에서 주석(음극)으로 흐른다.

(e) $SO_4^{2-}$는 염다리를 통해서 주석 용액이 들어있는 용기 쪽에서 철 양극 쪽으로 이동한다.

## 배터리

자발적으로 전기 에너지를 생성하는 전기화학 전지를 일반적으로 **배터리**(battery)라고 한다. 배터리는 볼트로 측정된 전기 에너지를 생성할 수 있는 화학에너지를 저장하고 있다. 배터리는 볼타전지 1개 혹은 2개 이상으로 구성되어 있다. 예를 들면, 자동차에 있는 일반적인 납축전지는 각각 2볼트씩 생성하는 전지 6개가 직렬로 연결되어 있다. 함께 작동시키면 6개의 전지는 12볼트를 생성한다.

플래쉬라이트(섬광등, 회전등), 전기 완구, 휴대용 라디오에 사용되는 배터리는 전해질 용액에 전극이 담겨져 있지 않고, 오히려 전극들은 전기를 보낼 수 있는 고체상으로 연결되어 있다. 전해질 용액을 사용하지 않은 배터리를 건전지(dry cell)라고 부른다. 가장 일반적인 알칼리 건전지는 지금으로부터 100년 전 불란서 화학자 르클랑셰(George Leclanche)에 의해서 발명되었는데 그림 12.5와 같다.

좀 더 압축된 형태의 건전지로 수은 건전지가 있는데, 이는 전도성 반죽 형태의 HgO와 KOH로 채워진 작은 아연 컵 모양으로 되어있다. 양극인 아연에서는 산화가 일어나고, 음극의 강철에서는 환원이 일어난다. 수은 건전지는 전자 손목시계와 보청기 같

**▲ 그림 12.5 보통 배터리들**
배터리는 자발적으로 전기 에너지를 제공한다. 앞에 있는 것들은 재충전할 수 있는 니카드 전지, 알칼리 건전지 및 수은 건전지이며, 뒤에 있는 것은 납축 전지이다.

은 작은 장치에 전류를 보내는데 이용된다.
일반적인 건전지는 재충전할 수 없지만, 건전지의 특별한 형태인 니카드 배터리(nicad battery)는 거의 무한정으로 재충전할 수 있다. 즉, 전기는 자발적 반응을 비자발적 반응으로 하는데 이용될 수 있다. 원래 반응물과 생성물이 재형성된다. 니카드 배터리는 니켈과 카드뮴이 산화환원 반응이 일어난다는 사실로부터 그 이름이 유래한다. 이 니카드 배터리는 계산기나 휴대용 전자 기구를 재충전하는 데 사용된다. 그림 12.5는 보통 전지들을 보여 주고 있다.

## 12-7 | 전해 전지

지금까지 우리는 자발적으로 작용하는 전기화학 전지를 논의해 왔다. 자발적으로 작용하지 않는 전기화학 전지도 역시 중요하다. 비록 산화환원 반응이 비자발적이라 하더라도 전기를 공급할 수 있고 반응이 일어나게 할 수 있다. 이 과정을 **전해**(electrolysis)라 한다. 전화기의 전지가 방전되었을 때, 전기를 이용하여 재충전시켜 비자발적 반응을 자발적 반응이 되도록 한다. 이것은 전화기를 작동할 때 산화-환원력이 생기도록 하여 자발적으로 반응할 수 있는 반응물을 만드는 것이다.
보통 전해 과정으로 철에 크롬 금속을 도금하는 것은 일반적인 방법이다. 표 12.3에서와 같이 크롬 수용액에서 철의 반응이 비자발적 반응이지만, 반응을 일어나게 할 수 있다. 이 과정에서는 철이나 합금 강철 물체가 크롬 수용액에 놓여있고 비자발적 반응을 극복하기 위해서 직류를 통해준다.

나트륨이나 염소와 같이 많은 중요 원소들이 전기분해로 이들의 화합물로부터 생성된다. 나트륨 금속과 염소 기체의 제법에서 바닷물을 증발시켜 NaCl을 얻고, 다음에 결정성 NaCl를 도가니 속에 넣어 녹을 때까지 가열한다. 다음에 두 개의 비활성 백금전극을 용융 상태의 염화나트륨 용액 속에 넣고 전류를 걸어 준다. 전기는 전해전지(electrolytic cell)를 형성한다. 전해전지는 직류 전기를 통해주어 비자발적 반응이 일어나도록 한다. 전류는 비자발적 반응이 일어나도록 하며 NaCl은 분해하여 다음과 같이 원소들로 된다.

음극 반응(환원) $2Na^+ + 2e^- \rightarrow 2Na$

양극 반응(산화) $2Cl^- \rightarrow Cl_2 + 2e^-$

두 반쪽 반응을 합해서 전체 반응을 쓸 수 있다. 반응식 양쪽에 있는 두 개의 전자를 소거하여 비자발적 산화 환원 반응식을 얻는다.

$$2Na^+ + 2Cl^- \rightarrow 2Na + Cl_2$$

### 예제 12-10

용융 상태인 광물성 빙정석에 녹아 있는 보오크사이트($Al_2O_3$)에 전류를 통해주면 알루미늄 금속이 생긴다. 흑연 막대가 전극으로 사용되고 산화환원 반응식을 아래와 같이 쓸 수 있다.

$$3C(s) + 2Al_2O_3(l) \xrightarrow{\text{전기}} 4Al(l) + 3CO_2(g)$$

비자발적 과정에서 다음 각각을 나타내어라.

(a) 산화 반쪽전지 반응 (b) 환원 반쪽전지 반응

(c) 양극과 음극 (d) 전자의 흐르는 방향

**해답** (a) 산화 : $C + 2O^{2-} \rightarrow CO_2 + 4e^-$

(b) 환원 : $Al^{3+} + 3e^- \rightarrow Al$

(c) 양극은 이산화탄소 기체가 발생하는 탄소 전극이며, 알루미늄 금속이 생성되는 탄소전극이 음극이다.

(d) 전자는 이산화탄소 기체가 발생하는 양극에서 알루미늄 금속이 생성되는 음극으로 흐른다.

**물음** 바닷물을 증발시켜 얻은 용융 상태의 염화마그네슘에 전류를 통해주면 금속 마그네슘을 얻는다. 탄소와 백금 막대기를 전극으로 사용하고, 다음과 같이 산화환원 반응을 쓸 수 있다.

$$C(s) + 2MgCl_5(l) \xrightarrow{\text{전기}} 2Mg(l) + CCl_4(g)$$

비자발적 과정에서 다음 각각을 나타내어라.

(a) 산화 반쪽전지 반응 (b) 환원 반쪽전지 반응

(c) 양극과 음극 (d) 전자의 흐르는 방향

**해답** (a) 산화 : $C + 4Cl^- \rightarrow CCl_4 + 4e^-$

(b) 환원 : $Mg^{2+} + 2e^- \rightarrow Mg$

(c) 탄소전극은 양극이고, 백금전극은 음극이다.

(d) 전자는 양극인 탄소전극에서 음극인 백금전극으로 흐른다.

## 화학의 세계 _ 전기 자동차

오염물질이 방출되는 것이 없는 자동차를 만들기 위해서 자동차 회사들은 여러 가지 기술을 개발하고 있다. 독일의 제조사는 수소와 산소 기체를 직접 반응시켜 전기 에너지와 물만 생기는 연료를 개발하고, 일본의 제조사는 전기 에너지를 생성하는 저 중량의 볼타 전지를 이용하는 공정을 연구하고 있다. 최근 미국의 제조사는 최초로 상업용 전기 자동차 EV1을 내놓았다.

EV1은 보통 사용하는 가솔린 연소 엔진이 없고 방출되는 것이 없기 때문에 배출 시스템이 없다. EV1은 26개의 볼타 전지들이 포함된 축전지에 의해서 동력을 얻는다. 납축전지는 다음과 같은 산화환원 반응으로부터 전기 에너지가 생성된다.

$$Pb(s) + PbO_2(s) + 2H^+(aq) + 2HSO_4^-(aq) \rightarrow 2PbSO_4(s) + 2H_2O(l)$$

자동차는 바람을 헤치고 움직이는데 대부분의 연료를 사용하기 때문에 EV1은 물방울 모양으로 설계되었다. 가능한 공기의 역학을 이용해서 자동차 뒤편을 더 좁게, 밑바닥은 막고 높이는 5인치로 낮추었다. 뿐만 아니라, 차체는 매끄러운 합성물질을 사용해서 저항을 감소시켰다.

EV1은 가동부는 거의 사용하지 않고 100% 재사용된다. EVI은 단단한 알루미늄틀로 되어 있고, 그의 무게는 겨우 290파운드이며, 총 중량은 2970파운드이고 그 중 베터리의 무게가 1175파운드이다. 마찰시에 에너지 손실을 최소로 하기 위하여 EV1은 낮은 굴림 저항에 견디는 특수 타이어가 장착되었다. 타이어 펑크가 자동으로 막혀지기 때문에 잭과 예비 타이어가 없어 무게가 경감된다.

EV1은 183 mph까지 기록을 낼 수 있지만 전자제어로 80 mph로 하여 생산한다. EVI은 9초 이내에 0에서 60 mph의 가속을 낼 수 있다. 한번 충전하면 운전 환경에 따라 많은 변화가 있지만 대략 79마일을 간다. 에어컨과 기타 부속품을 사용하면 거리가 많이 차이가 날 수 있다. 배터리는 3시간 내에 충분히 충전할 수 있다. 가격은 1달러이다.

# 연습문제

## 산화수

1 다음 각각의 금속들이 유리 상태로 있을 때의 각각의 산화수를 말하라.

(a) Mg (b) Mn

(c) K (d) Zn

2 다음 단원자 양이온인 각 금속의 산화수를 말하라.

(a) $Sr^{2+}$ (b) $Sc^{3+}$

(c) $Ti^{4+}$ (d) $Ag^{+}$

3 다음 각각의 화합물 속에 있는 규소의 산화수를 계산하라.

(a) $SiO_2$ (b) $Si_2H_6$

(c) $Si_3N_4$ (d) $CaSiO_3$

4 다음 다원자 이온에 있는 탄소의 산화수를 계산하라.

(a) $CO_3^{2-}$ (b) $HCO_3^{-}$

(c) $CN^{-}$ (d) $CNO^{-}$

## 산화–환원 반응

5 다음 사항에 일치하는 용어를 써라.

(a) 전자를 잃는 산화환원 과정

(b) 전자를 얻는 산화환원 과정

6 다음 산화–환원 반응에서 산화와 환원이 일어나는 물질들을 표시하라.

(a) $Mn(s) + O_2(g) \longrightarrow MnO_2(s)$ (b) $S(s) + O_2(g) \longrightarrow SO_2(g)$

7 다음 산화–환원 반응에서 산화제와 환원제를 표시하라.

(a) $CuO(s) + H_2(g) \longrightarrow Cu(s) + H_2O(l)$

(b) $PbO(s) + CO(g) \longrightarrow Pb(s) + CO_2(g)$

**8** 다음 이온 산화–환원 반응에서 산화와 환원이 일어나는 물질들을 표시하라.

(a) $Al(s) + Cr^{3+}(aq) \rightarrow Al^{3+}(aq) + Cr(s)$

(b) $F_2(g) + 2Cl^-(aq) \rightarrow 2F^-(aq) + Cl_2(g)$

**9** 다음 산화–환원 반응에서 산화제와 환원제를 표시하라.

(a) $Cr^{2+}(aq) + AgI(s) \rightarrow Cr^{3+}(aq) + Ag(s) + I^-(aq)$

(b) $Sn^{2+}(aq) + Hg^{2+}(aq) \rightarrow Sn^{4+}(aq) + Hg_2^{2+}(aq)$

### 산화–환원 반응식의 균형 맞추기 : 산화수법

**10** 균형이 맞추어진 산화–환원 반응식에서 환원으로 얻어진 전자의 개수가 산화로 잃은 전자의 개수와 항상 같다는 것은 사실인가?

**11** 산화수법을 사용하여 다음 산화–환원 반응의 계수를 완결하라.

(a) $Br_2(g) + NaI(aq) \rightarrow I_2(s) + NaBr(aq)$

(b) $PbS(s) + O_2(g) \rightarrow PbO(aq) + SO_2(g)$

**12** 산화수법을 사용하여 다음 산화–환원 반응의 계수를 완결하라.

(a) $MnO_4^-(aq) + I^-(aq) + H^+(aq) \rightarrow Mn^{2+}(aq) + I_2(s) + H_2O(l)$

(b) $Cu(s) + H^+(aq) + SO_4^{2-}(aq) \rightarrow Cu^{2+}(aq) + SO_2(g) + H_2O(l)$

### 산화–환원 반응식의 균형 맞추기 : 반쪽 반응법

**13** 산성 용액에서 다음 반쪽 반응의 계수를 완결하라.

(a) $SO_2(g) \rightarrow SO_4^{2-}(aq)$ (b) $AsO_3^{3-}(aq) \rightarrow AsO_3^-(aq)$

**14** 염기성 용액에서 다음 반쪽 반응의 계수를 완결하라.

(a) $ClO^-(aq) \rightarrow Cl^-(aq)$ (b) $MnO_4^-(aq) \rightarrow MnO_2(s)$

**15** 반쪽 반응법을 이용하여 산성 용액에서 다음 산화–환원 반응식의 계수를 완결하라.

(a) $Zn(s) + NO_3^-(aq) \rightarrow Zn^{2+}(aq) + NO(g)$

(b) $Mn^{2+}(aq) + BiO_3^-(aq) \rightarrow MnO_4^-(aq) + Bi^{3+}(aq)$

**16** 반쪽 반응법을 이용하여 염기성 용액에서 다음 산화-환원 반응식의 계수를 완결하라.

(a) $MnO_4^-(aq) + S^{2-}(aq) \rightarrow MnO_2(s) + S(s)$

(b) $Cu(s) + ClO^-(aq) \rightarrow Cu^{2+}(aq) + Cl^-(aq)$

**17** 염소는 동시에 산화도 일어나고 환원도 일어나는 산화-환원 반응이 일어난다. 산성 용액에서 다음 반응식의 계수를 완결하라.

$$Cl_2(aq) \rightarrow Cl^-(aq) + HOCl(aq)$$

**18** 염소는 동시에 산화도 일어나고 환원도 일어나는 산화-환원 반응이 일어난다. 염기성 용액에서 다음 반응식의 계수를 완결하라.

$$Cl_2(aq) \rightarrow ClO_2^-(aq) + Cl^-(aq)$$

### 자발적 산화환원 반응의 예측

**19** 표 12.3을 참고하여 다음 각 쌍 중에서 환원되는 경향이 더 큰 것을 표시하라.

(a) $Pb^{2+}(aq)$ 또는 $Zn^{2+}(aq)$

(b) $Fe^{3+}(aq)$ 또는 $Al^{3+}(aq)$

(c) $Ag^+(aq)$ 또는 $I_2(s)$

(d) $Cu^{2+}(aq)$ 또는 $Br_2(l)$

**20** 표 12.3를 참고하여 다음 각 쌍 중에서 더 강한 산화제를 표시하라.

(a) $F_2(g)$ 또는 $Cl_2(g)$

(b) $Ag^+(aq)$ 또는 $Br_2(l)$

(c) $Cu^{2+}(aq)$ 또는 $H^+(aq)$

(d) $Mg^{2+}(aq)$ 또는 $Mn^{2+}(aq)$

**21** 표 12.3을 참고하여 다음 반응들이 자발적인가 비자발적인가를 말하라.

(a) $Br_2(g) + LiF(aq) \rightarrow F_2(s) + LiBr(aq)$

(b) $Al(NO_3)_2(aq) + Mn(s) \rightarrow Mn(NO_3)_2(aq) + Al(s)$

**22** 표 12.3을 참고하여 다음 이온의 산화환원 반응들이 자발적인가 비자발적인지를 말하라.

(a) $Mg(s) + Sn^{2+}(aq) \rightarrow Mg^{2+}(aq) + Sn(s)$

(b) $H^{+}(aq) + Ni(s) \rightarrow H_2(g) + Ni^{2+}(aq)$

**23** 주어진 다음 산화-환원 반응들에서 환원 전위표의 위쪽에 있는 것부터 A, B및 C를 나열하라.

$$A(s) + B^{+}(aq) \rightarrow B(s) + A^{+}(aq)$$

$$B(s) + C^{+}(aq) \rightarrow C(s) + B^{+}(aq)$$

### 볼타 전지

**24** 양극과 음극 두 개의 전극을 도선으로 연결하고, 염다리가 있고, 두 구역으로 나눠진 다음의 볼타 전지를 그려라.

$$Ni(s) + 2AgNO_3(aq) \rightarrow 2Ag(s) + Ni(NO_3)_2(aq)$$

**25** 문제 24에서 두 개의 반쪽 전지를 연결한 전지에서 전자의 이동 방향과, 염다리 내에서 질산 이온의 이동 방향을 그림으로 그려라.

**26** 주석과 황산구리(Ⅱ) 용액의 자발적 산화-환원 반응은 다음과 같은 이온식으로 일어난다.

$$Sn(s) + Cu^{2+}(aq) \rightarrow Cu(s) + Sn^{2+}(aq)$$

반쪽 반응들은 두 구역으로 나눠졌다고 가정하고, 주석 전극은 1.00 M $SnSO_4$ 용액에, 구리 전극은 1.00 M $CuSO_4$ 용액에 각각 넣었다. 이 볼타 전지에서 다음 각 사항을 표시하라.

(a) 산화 반쪽 전지 반응 (b) 환원 반쪽 전지 반응

(c) 양극과 음극 (d) 전자가 흐르는 방향

(e) 염다리 내에서 $SO_4^{2-}$의 이동 방향

**27** 마그네슘과 질산망간(Ⅱ) 용액의 자발적 산화환원 반응이 다음과 같이 일어난다.

$$Mg(s) + Mn(NO_3)_2(aq) \rightarrow Mn(s) + Mg(NO_3)_2(aq)$$

반쪽 반응들은 두 구역으로 나눠졌다고 가정하고, 마그네슘전극은 1.00 M $Mg(NO_3)_2$ 용액에, 망간 전극은 1.00 M $Mn(NO_3)_2$ 용액에 각각 넣었다. 이 볼타 전지에서 다음 각각을 표시하라.

(a) 산화 반쪽 전지 반응 (b) 환원 반쪽 전지 반응

(c) 양극과 음극 (d) 전자가 흐르는 방향

(e) 염다리 내에서 $NO_3^-$의 이동 방향

## 전해 전지

**28** 양극과 음극 두 개의 전극을 도선으로 연결하고, 염다리가 있고, 두 구역으로 나눠진 다음의 전해 전지를 그리시오.

$$Ni(s) + Cd(NO_3)_2(aq) \rightarrow Cd(s) + Ni(NO_3)_2(aq)$$

**29** 문제 28에서 두 개의 반쪽 전지를 연결한 전지에서 전자의 이동 방향과, 염다리 내에서 질산 이온의 이동 방향을 그림으로 그려라.

**30** 니켈과 황산철(Ⅱ) 용액 사이의 비자발적 산화-환원 반응은 다음과 같이 일어난다.

$$Ni(s) + Fe^{2+}(aq) \rightarrow Fe(s) + Ni^{2+}(aq)$$

반쪽 반응들이 두 구역으로 나눠졌다고 가정하고, 니켈 전극은 1.00 M $NiSO_4$ 용액에, 철 전극은 1.00 M $FeSO_4$ 용액에 각각 넣었다면 이 전해 전지에서 다음 각각을 표시하라.

(a) 산화 반쪽 전지 반응　　　　(b) 환원 반쪽 전지 반응

(c) 양극과 음극　　　　(d) 전자가 흐르는 방향

(e) 염다리 내에서 $SO_4^{2-}$의 흐르는 방향

**31** 크롬과 아세트산알루미늄 용액 사이의 비자발적 산화-환원 반응은 다음과 같이 일어난다.

$$Cr(s) + Al(C_2H_3O_2)_3(aq) \rightarrow Al(s) + Cr(C_2H_3O_2)_3(aq)$$

반쪽 반응들이 두 구역으로 나눠졌다고 가정하고, 알루미늄전극은 1.00M $Al(C_2H_3O_2)_3$용액에, 크롬 전극은 1.00 M $Cr(C_2H_3O_2)_3$ 용액에 각각 넣었다면 이 전해 전지에서 다음 각각을 표시하라.

(a) 산화 반쪽 전지 반응　　　　(b) 환원 반쪽 전지 반응

(c) 양극과 음극　　　　(d) 전자가 흐르는 방향

(e) 염다리 내에서 $C_2H_3O_2^-$의 이동 방향

## 심화 연습문제

**32** 티오황산나트륨($Na_2S_2O_3$)에 있는 황의 산화수를 계산하라.

**33** 코발트 금속와 질산수은(Ⅱ) 수용액 사이에 산화-환원 반응은 질산코발트(Ⅱ)와 액체 수은 금속의 방울이 생긴다. 이 반응의 알짜 이온 반응식을 써라.

**34** 아연 금속과 황산 사이에 산화-환원 반응은 황산아연과 수소 기체를 생성한다. 이 반응의 알짜 이온 반응식을 써라.

**35** 구리 동전과 묽은 질산 용액 사이에 일어나는 반응식의 계수를 완결하라.

$$Cu(s) + NO_3^-(aq) \rightarrow Cu^{2+}(aq) + NO(g)$$

chapter 13

# 유기 화학

1800년대 초, 화학자들은 무기 화합물과 유기 화합물은 서로 다르다고 믿었다. 무기화합물은 암석과 지구에서 얻어진 광물과 같은 무생물에서 나오고, 유기 화합물은 식물이나 동물과 같은 생물체에서 나온다고 믿고 있었다. 유기 화합물은 살아있는 유기체에서 얻어졌기 때문에, 생명의 힘을 가지고 있다고 생각하였다.

1828년에, 독일 화학자인 뵐러(Wöhler)는 시안산 암모늄을 무산소 상태에서 가열하여 예측하지 못한 요소 화합물을 얻었다. 이 결과는 놀라운 것이었다. 왜냐하면 시안산 암모늄은 무기(inorganic) 화합물로 간주되고 있었고, 요소는 동물의 오줌으로부터 얻을 수 있는 유기(organic) 화합물이었기 때문이다.

현대 생활의 많은 물질과 약품들은 유기 화학의 연구 결과에서 나온 것이다. 플라스틱, 고무와 섬유, 인공 관절에서 약품에 이르는 의약 생성물, 자동차와 비행기의 모든 부품 등은 유기 화학이 만들어낸 산물이다. 이에 더하여 우리 생활에 관련되는 대부분의 분자들은 유기 분자이다.

## 13-1 | 탄화수소

**유기화학**(organic chemistry)의 현대적 정의는 탄소와 그 화합물을 연구하는 것이다. 탄소의 주요 자원은 화석 연료로 분류되는 석유, 천연가스 그리고 석탄이다. 이는 지금까지, 알려진 물질의 약 90%인 7백만여 개의 유기화합물이 차지하고 있다. 더구나, 매년 50,000개 이상의 새로운 유기화합물이 합성되고 있다. 이렇게 유기화합물의 수가 많은 이유는 탄소 원자가 길고 복잡한 사슬로 결합할 수 있는 능력을 가지고 있기 때문이다.

유기화학의 방대한 분야를 이해하기 위해서, 화학자들은 엄청난 양의 정보를 몇 가지 화합물의 계열로 나누었다. 첫 분류는 탄화수소와 그 유도체를 구별하는 것이다. **탄화수소**(hydrocarbon)는 오직 탄소와 수소 원소만을 포함하고, 주로 석유에서 얻어진다. 탄화수소 유도체(hydrocarbon derivative)는 탄화수소에서 유도된 유기화합물이다. 탄화수소 유도체들은 수소와 탄소 이외에 산소, 질소, 할로겐(F, Cl, Br, I) 등이 포함되어 있다.

탄화수소는 포화와 불포화로 분류될 수 있다. **포화 탄화수소**(saturated hydrocarbon)는 각각의 탄소 원자 사이에 단일결합을 가진다. 탄소 원자는 4개의 원자가전자를 가지기 때문에 그것은 다른 네 개의 원자와 결합할 수 있다. 즉, 탄소 원자는 네 개의 단일 공유결합을 형성할 수 있다. 만약 모든 탄화수소 화합물이 단일결합을 가지고 있다면 그것은 **알칸**(알케인, alkane)계열에 속한다.

**불포화 탄화수소**(unsaturated hydrocarbon)는 두 탄소 원자 사이에 이중 혹은 삼중결합을 가지고 있다. 만약 화합물이 이중결합을 가지고 있다면 그것은 **알켄**(alkene)계열이다. 만약 삼중결합을 가지고 있다면 그것은 **알킨**(알카인, alkyne)계열에 속한다. **방향족 탄화수소**(aromatic hydrocarbon)는 화합물의 구조식이 벤젠 고리로 특성화되어 있다. 벤젠 고리는 여섯 개의 탄소 원자가 결합하여 육각형을 이루고 있다. 만약 화합물이 벤젠 고리를 가지고 있다면, 그것은 **아렌**(arene)계열에 속한다. 그림 13.1은 탄화수소의 분류를 보여 주고 있다.

우리는 탄화수소의 삼차원적인 구조를 인식하기 위해 분자 모형을 만들어 볼 수 있다.

공과 막대기 모형은 분자에서 원자의 배열을 보여주기 위하여 주로 사용되어진다. 그림 13.2는 화합물의 네 계열의 분자 모형을 사진으로 보여준 것이다.

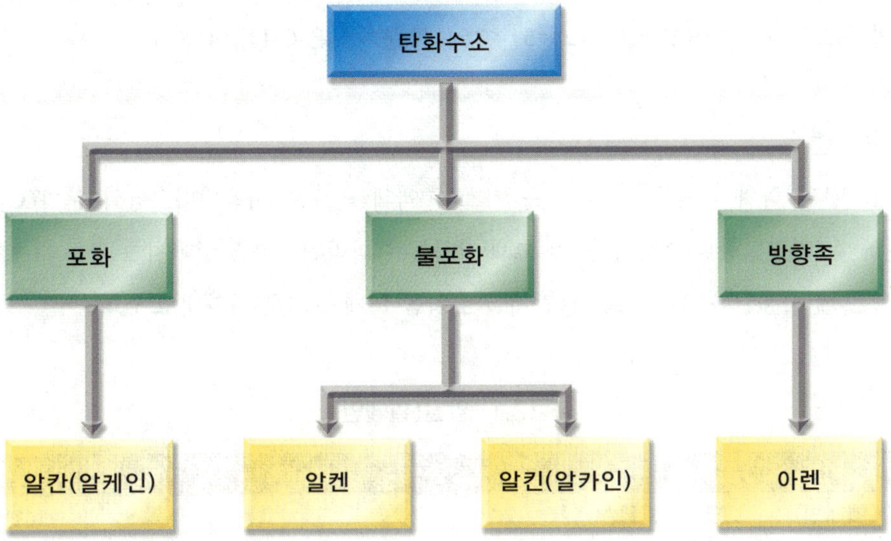


**▲ 그림 13.1 탄화수소의 분류**
탄화수소는 (a)알칸(알케인), (b)알켄, (c) 알킨(알카인) 및 (d) 아렌으로 분류한다.

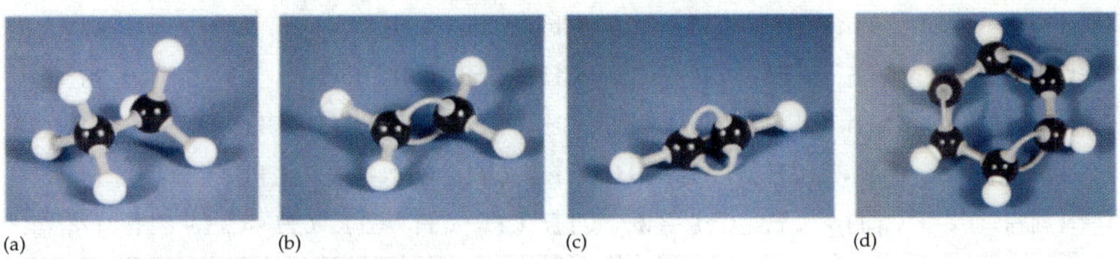


**▲ 그림 13.2 탄화수소의 분자 모형**
사진은 (a) 알칸(알케인, 포화), (b) 알켄(불포화), (c) 알킨(알카인, 불포화), (d)아렌(방향족 탄화수소)의 분

## 13-2 | 알칸

알칸(알케인, alkane)은 이름 끝에 접미사 -ane를 가지는 화합물 계열이다. 알칸은 포

화 탄화수소이고 이 계열의 분자들은 동일한 일반 분자식, $C_nH_{2n+2}$을 갖는다. 즉, 여기에서 n은 탄소원자의 수이다. 그림 13.2(a)에서 알칸은 두 개의 탄소원자(n=2)와 여섯 개의 수소원자(2n+2=6)을 갖는다. 예를 들면, 알칸의 다섯 번째 화합물은 12개의 수소원자를 가지고 있고[(2×5)+2=12] 분자식은 $C_5H_{12}$이다.

## 알칸계열

알칸계열의 하위 분자들($C_1$-$C_{10}$)은 가스와 액체 연료로 사용된다. 상위 분자($C_{20}$-$C_{40}$)들은 말랑말랑한 고체이다. 이 고체 알칸들은 파라핀이라 일컬어지고 왁스와 초를 만드는 데 사용된다. 표 13.1은 알칸계열의 처음 10개 분자를 나타내고 있다.

**표 13.1 알칸(알케인)**

| IUPAC 이름 | 분자식 | 구조식 | 끓는점 |
|---|---|---|---|
| 메탄(메테인) | $CH_4$ | $CH_4$ | -161°C |
| 에탄(에테인) | $C_2H_6$ | $CH_3-CH_3$ | -89°C |
| 프로판(프로페인) | $C_3H_8$ | $CH_3-CH_2-CH_3$ | -44°C |
| 부탄(뷰테인) | $C_4H_{10}$ | $CH_3-CH_2-CH_2-CH_3$ | -1°C |
| 펜탄(펜테인) | $C_5H_{12}$ | $CH_3-CH_2-CH_2-CH_2-CH_3$ | 36°C |
| 헥산(헥세인) | $C_6H_{14}$ | $CH_3-CH_2-CH_2-CH_2-CH_2-CH_3$ | 68°C |
| 헵탄(헵테인) | $C_7H_{16}$ | $CH_3-CH_2-CH_2-CH_2-CH_2-CH_2-CH_3$ | 98°C |
| 옥탄(옥테인) | $C_8H_{18}$ | $CH_3-CH_2-CH_2-CH_2-CH_2-CH_2-CH_2-CH_3$ | 125°C |
| 노난(노네인) | $C_9H_{20}$ | $CH_3-CH_2-CH_2-CH_2-CH_2-CH_2-CH_2-CH_2-CH_3$ | 151°C |
| 데칸(데케인) | $C_{10}H_{22}$ | $CH_3-CH_2-CH_2-CH_2-CH_2-CH_2-CH_2-CH_2-CH_2-CH_3$ | 174°C |

* 이미 배운 그리스 접두어(penta-, hexa-, hepta-, octa-, mona-, deca-)는 알칸인 $C_5H_{12}$에서 $C_{10}H_{12}$ 까지 이름을 만드는데 사용되었다.

알칸의 분자와 구조식을 표 13.1에 보여 주었다. 예를 들면, 프로판의 분자식은 $C_3H_8$이다. 축소 구조식(structural formula)은 $CH_3$-$CH_2$-$CH_3$이다. 구조를 명확히 보기 위하여, 확장 구조식을 쓸 수 있다. 간단히, 수소원자를 생략하고 골격구조식을 쓸 수도 있다. 다음에 주어진 화학식의 각각은 모두 프로판, $C_3H_8$을 나타내는 데 사용된다.

$CH_3-CH_2-CH_3$

축소 구조식

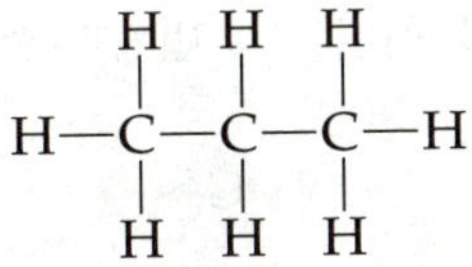

확장 구조식

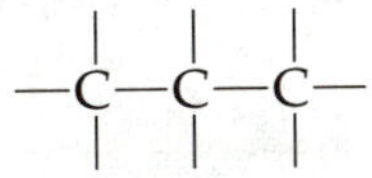

골격 구조식

## 구조 이성질체

표 13.1에 있는 각각의 구조식은 가지를 가지지 않는 직선 분자식을 나타내었다. 그러나 많은 탄소 사슬이 가지를 가지고 있다. 가지가 있을 때, 다른 화합물이 얻어진다. 같은 분자식을 가졌으나 서로 다른 구조식을 가지는 두 화합물을 **이성질체**(isomers)라고 부른다.

부탄의 분자식은 $C_4H_{10}$이다. 이 예에서, 부탄과 아이소부탄 두 이성질체의 구조식을 아래와 같이 그릴 수 있다. 이성질체들은 구조식이 다르며, 또한 물리적 성질이 다르다는 것을 주목하자.

$CH_3-CH_2-CH_2-CH_3$

**부탄(뷰테인)**

Mp = –138°C, Bp = –0.5°C

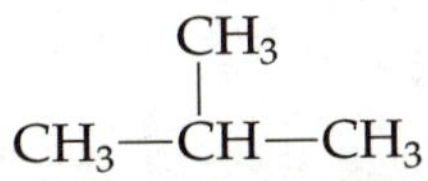

**아이소부탄(아이소뷰테인)**

Mp = –159°C, Bp = –12°C

분자 안의 탄소수가 증가함에 따라 이성질체의 수도 증가한다. 예를 들어 $C_5H_{12}$은 3개의 이성질체를, $C_6H_{14}$는 5개의 이성질체를, $C_{10}H_{22}$는 75개의 이성질체를 갖는다. 분자식에 따른 구조 이성질체를 그리기 위하여, 아래의 지침을 이용할 수 있다.

### 탄화수소 이성질체 그리기 지침

1. 탄소 원자의 연속된 사슬을 그린다. 예를 들면 $C_5H_{12}$의 경우, 사슬은 다섯 개의 탄소원자로 구성되어 있다. 간단히 하기 위하여 수소 원자는 생략하고 골격 구조식을 나타낸다.

$$C-C-C-C-C$$

2. 다른 이성질체를 만들기 위하여 연속 사슬(어미 사슬)에는 네 개의 탄소 원자로

배치하고 다섯 번째의 탄소 원자를 두 번째 탄소 원자에 붙이면 아래와 같다.

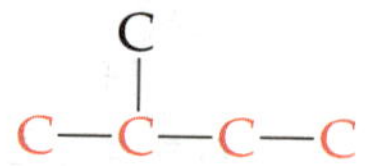

이번에는 다섯 번째 탄소 원자를 세 번째 탄소 원자에 붙이면 아래와 같다. 그런데 탄소 원자를 두 번째 또는 세 번째 어느 쪽에 붙이든 차이는 없다. 분자는 회전하므로, 결국 만들어지는 구조는 동일하므로 같은 구조식으로 인정한다.

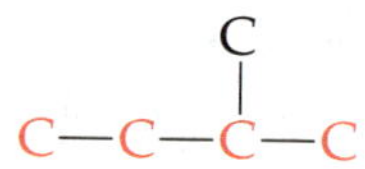

3. 또 다른 이성질체를 만들기 위하여 연속 사슬에 세 개의 탄소만 남겨 둔다. 네 번째와 다섯 번째의 탄소 원자를 중앙의 탄소 원자에 붙이면 아래와 같다.

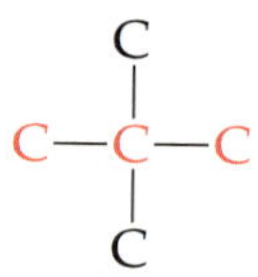

4. 다섯 개의 탄소 원자보다 더 많은 탄소 원자를 가지는 상위의 알칸계열 분자에도, 동일한 과정을 적용한다. 비록 과정은 복잡하지만, 이 방법은 매우 효과적이다.

## 알킬과 아릴기

하나의 수소 원자가 알칸에서 제거되었을 때, **알킬기**(alkyl group, 기호 R-)가 만들어진다. 알킬기는 수소 원자를 잃어버렸으므로 다른 원자 또는 다른 분자에 연결될 수 있다. 알킬기의 이름은 알칸의 접미사 -ane를 접미사 -yl로 바뀐다. 예를 들면, 메탄은 메틸기가 된다.

$$\underset{\text{메탄(메테인)}}{CH_4} \rightarrow \underset{\text{메틸}}{CH_3-}$$

똑같이, 에탄에서 수소 원자를 제거하면 에틸기가 된다.

$$CH_3 - CH_3 \rightarrow CH_3 - CH_2 -$$

에탄　　　　　　에틸

프로판의 구조식, $CH_3—CH_2—CH_3$ 에서 3개의 탄소에서 수소 하나를 제거하는 방법은 3가지가 가능하다. 그러나 왼쪽 끝의 수소를 제거한 구조나 오른쪽 끝의 수소를 제거한 구조는 동일하다. 왜냐하면 180° 회전하면 동일한 구조가 되기 때문이다. 결국 아래와 같이 2가지 방법이 있다

$$CH_3 - CH_2 - CH_3 \rightarrow CH_3 - CH_2 - CH_2 -$$

프로판　　　　　　프로필

$$CH_3 - CH_2 - CH_3 \rightarrow CH_3 - CH - CH_3 -$$

프로판　　　　　　아이소프로필

여기에서, 우리는 프로판분자의 두 다른 위치에 염소 원자(치환기)를 치환할 수 있음을 쉽게 알 수 있다. 만약 염소 원자가 끝의 탄소에 붙는다면, 염화프로필, $CH_3—CH_2—CH_2—Cl$ 이된다. 만약 염소 원자가 중앙의 탄소에 붙는다면, 염화아이소프로필, $CH_3—CH(Cl)—CH_3$ 이 된다. 염화 프로필과 염화 아이소프로필은 구조 이성질체이며 각각 다른 성질을 갖는다.

방향족 탄화수소에서 하나의 수소원자가 제거되면, **아릴기**(aryl group, 기호 Ar—)가 된다. 가장 일반적인 아릴기는 벤젠 고리에서 하나의 수소 원자가 제거되었을 때 얻어진다. 이렇게 얻어진 아릴기의 이름은 페닐기(phenyl group)이다. 즉

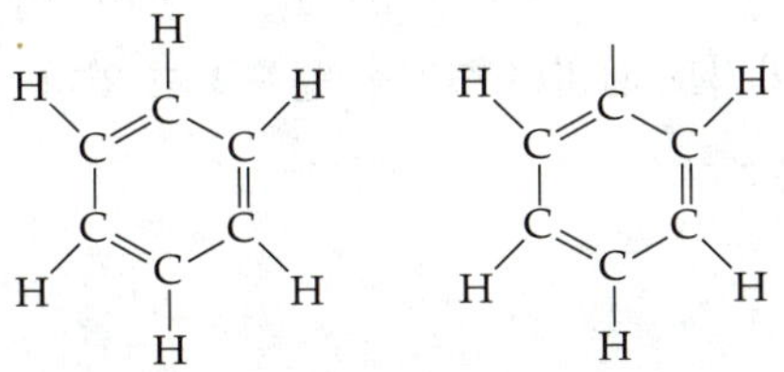

**벤젠**, $C_6H_6$　　　**페닐**, $C_6H_5$ —

이제 치환기의 구조를 요약해 보자. 선택된 알킬과 아릴기의 이름과 화학식을 표 13.2에 나타내었다

**표 13.2 알킬 및 아릴기**

| 이름 | 분자식 | 구조식 | 예 |
|---|---|---|---|
| 메틸 | $CH_3$— | $CH_3$— | $CH_3$—Cl<br>"염화 메틸" |
| 에틸 | $C_2H_5$— | $CH_3$—$CH_2$— | $CH_3$—$CH_2$—Cl<br>"염화 에틸" |
| 프로필 | $C_3H_7$ | $CH_3$—$CH_2$—$CH_2$— | $CH_3$—$CH_2$—$CH_2$—Cl<br>"염화 프로필" |
| 아이소프로필 | $C_3H_7$— | $CH_3$—CH—<br>\|<br>$CH_3$ | $CH_3$—CH—Cl<br>\|<br>$CH_3$<br>"염화 아이소프로필" |
| 페닐 | $C_6H_5$— | 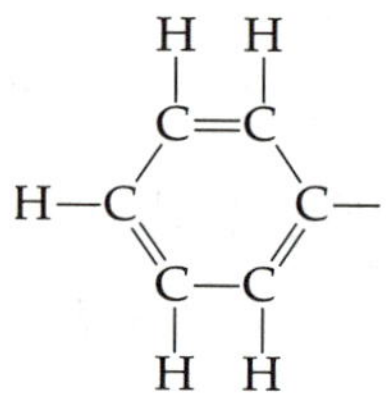 | 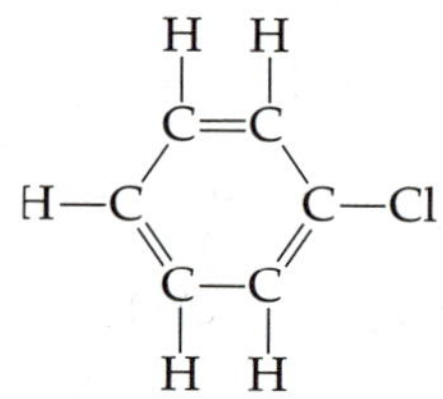<br>"염화 페닐" |

## 알칸의 명명법

1892년, 스위스의 제네바에서 국제 화학 연맹(International Union of Chemistry)이 회의를 갖고, 유기 화합물의 명명 규칙에 관한 체계적인 명명법을 발표하였다. 비록 규칙들이 IUPAC에 의해 정기적으로 개정되기는 하지만, 유기 화합물의 이름을 짓는 이 기본적인 방법들은 아직도 제네바 협정을 준수하고 있다. 알칸을 명명하기 위하여, 아래의 규칙들을 적용하겠다.

## 알칸의 명명규칙

1. 가장 긴 탄소사슬에 있는 탄소의 수에 기준하여 알칸계열의 이름을 정한다. 예를 들면 아래의 구조식에서 탄소가 여섯 개이지만 가장 긴 사슬의 탄소 원자수가 다섯 개이므로 어미 사슬의 이름은 펜탄(pentane)이 된다.

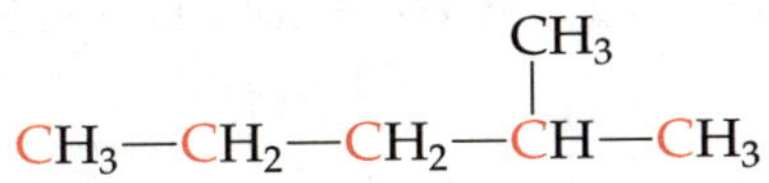

2. 가지 사슬의 이름은 가지가 있는 가장 가까운 끝에서 시작하여 어미 사슬에 번호를 부여한다. 위의 예에서는 메틸기가 오른쪽 끝에 가까우므로 오른쪽에서 왼쪽으로 번호를 부여하면 아래와 같다. 즉

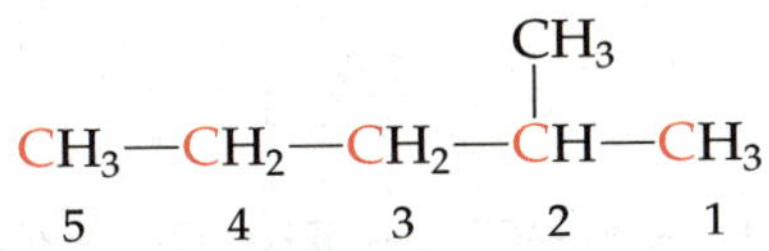

3. 이름과 번호로 알킬기의 위치를 나타낸다. 위의 예에서, 메틸기가 두 번째 탄소원자에 붙어 있으므로 이름은 2-메틸이 되고 어미사슬 이름과 같이 연결하면 2-메틸 펜탄(2-메틸펜테인) (2-methylpentane) 이 된다.

4. 만약 둘 혹은 그 이상의 같은 기가 사슬에 붙어 있으면, 둘을 나타내기 위하여 접두사 다이, 셋을 나타내기 위하여 트라이, 넷을 나타내기 위하여 테트라를 쓴다. 예를 들면,

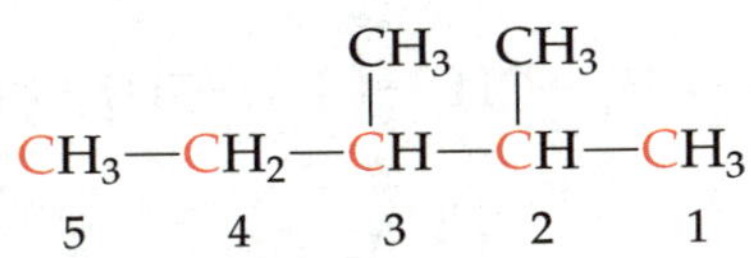

위의 구조식에서 두 개의 메틸기가 두 번째와 세 번째의 탄소 원자에 붙어 있으므로, 이 탄화수소의 이름은 2, 3-다이메틸펜탄(2, 3-다이메틸펜테인, 2, 3-dimethylpentane) 이다.

## 예제 13-1

아래의 구조식을 보고 IUPAC 이름으로 명명하라.

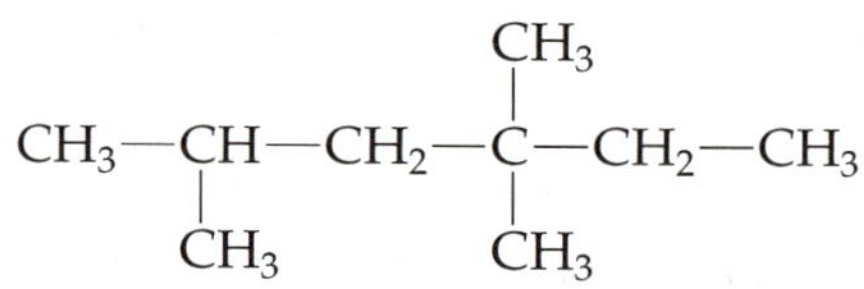

**해답** 알칸(알케인) 명명에 대한 체계적인 규칙을 적용하여 보자.

1. 어미사슬의 탄소수가 여섯이므로, 이 화합물은 헥산(헥세인)이다.
2. 처음의 가지가 사슬의 왼쪽 끝에 가장 가까이 있으므로, 왼쪽에서 오른쪽으로 번호를 부여한다.

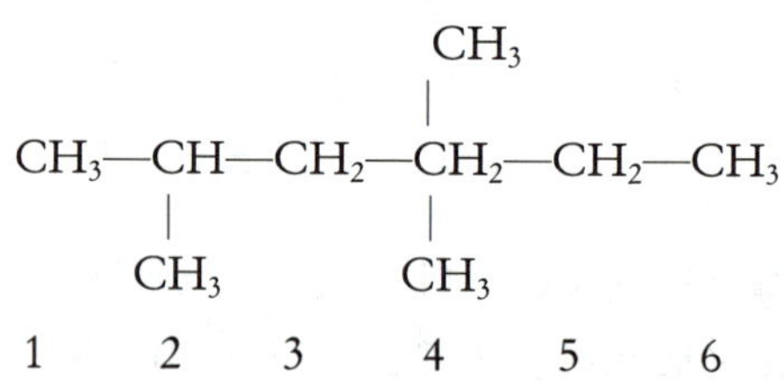

3. 각 치환기의 위치를 나타내기 위하여 접두사 2, 4, 4를 붙이고 메틸기가 3개이므로 트라이를 붙이면 가지 사슬의 이름은 2, 4, 4-trimethyl 이 되고 어미사슬의 이름과 합치면 2,4,4-트라이메틸헥산(2, 4, 4-trimethylhexane)이다.

**물음** 2, 3-다이메틸데칸(2, 3-dimethyldecane)의 축소된 구조식을 그려라.

**해답** 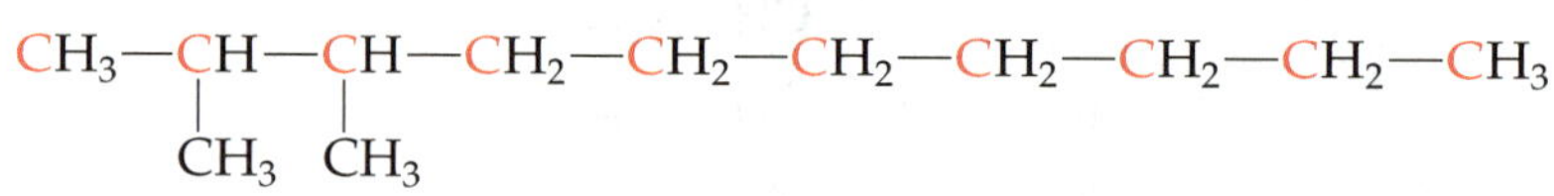

### 알칸의 반응

알칸은 반응성이 낮고 실온에서는 산, 염기 및 산화제와 반응하지 않는다. 그러나 알칸은 공기 중에서는 급격히 연소한다. 이것을 연소 반응(combustion reaction)이라 부르고, 가연성 알칸은 우리가 사용하는 에너지의 대부분을 공급한다.

알칸의 완전 연소로 얻어지는 생성물은 이산화탄소와 물이다. 만약 산소가 부족하면, 일산화탄소가 생길 수도 있다. 예로써 메탄 기체의 완전 연소식은 다음과 같다.

$$CH_4(g) + 2O_2(g) \xrightarrow{\text{불꽃}} CO_2(g) + 2H_2O(g)$$

## 13-3 | 알켄과 알킨

알켄(alkenes)은 이중 결합이 있는 불포화 탄화수소 화합물의 계열이다. 하나의 이중 결합을 가지는 알켄의 일반 분자식은 $C_nH_{2n}$이다. 그림 13.2(b)에서 알켄은 두개의 탄소원자(n=2)와 4개의 수소원자(n=4)를 갖고 있다. 그러므로 다섯 개의 탄소 원자를 가진 알켄의 화학식은 $C_5H_{10}$이다.

알킨(알카인, alkynes)은 삼중 결합이 있는 불포화 탄화수소 화합물의 계열이다. 하나의 삼중 결합을 가지는 알킨의 일반 분자식은 $C_nH_{2n-2}$이다. 그림 13.2(c)에서 알킨은 두개의 탄소 원자(n=2)와 두개의 수소 원자(2n-2=2)를 갖고 있다. 그러므로 다섯 개의 탄소 원자를 가지는 알킨(알카인)의 분자식은 $C_5H_8$이다.

### 알켄 계열

알켄 계열의 처음 분자는 $CH_2=CH_2$이다. 이것의 IUPAC 이름은 에텐이나 흔히 에틸렌이라고 불린다. 알켄 계열의 두 번째 분자는 $CH_2=CH—CH_3$이다. 이것의 IUPAC 이름은 프로펜이나 흔히 프로필렌이라고 불린다. 에틸렌과 프로필렌은 각각 폴리에틸렌과 폴리프로필렌 같은 플라스틱을 만드는데 사용된다.

프로펜의 다음 분자는 부텐, $C_4H_8$이다. 부텐은 이중 결합의 위치가 둘 있기 때문에 두 개의 구조 이성질체를 가진다. $CH_2=CH—CH_2—CH_3$ 와 같이 이중 결합이 처음과 두 번째의 탄소 원자 사이에 존재할 수 있거나 또는 $CH_3—CH=CH—CH_3$ 와 같이 두 번째와 세 번째 사이에 있을 수 있다. 처음 이성질체의 이름은 1-부텐이고 두 번째의 이름은 2-부텐이다. 표 13.3에 알켄의 분자 중 일부를 수록하였다.

**표 13.3 알켄**

| IUPAC 이름 | 보통이름 | 분자식 | 구조식 | 끓는점 |
|---|---|---|---|---|
| 에텐 | "에틸렌" | $C_2H_4$ | $CH_2=CH_2$ | -104℃ |
| 프로펜 | "프로필렌" | $C_3H_6$ | $CH_2=CH—CH_3$ | -47℃ |
| 1-부텐 | "부틸렌" | $C_4H_8$ | $CH_2=CH—CH_2—CH_3$ | -6℃ |
| 2-부텐 | - | $C_4H_8$ | $CH_3—CH=CH—CH_3$ | - |

## 알켄의 명명법

알켄의 이름은 대응하는 알칸의 이름에 따라 주어진다. 즉 알켄의 이름은 알칸의 접미사 -ane을 접미사 -ene으로 바꾸면 된다. 예를 들어, 에탄은 에텐으로 바뀐다. 알켄의 명명 규칙은 알칸의 명명 규칙과 비슷하므로 다음의 명명 지침을 이용하기로 한다.

### 알켄의 명명지침

1. 이중 결합을 포함한 가장 긴 탄소사슬 즉, 어미 사슬을 모체로 알켄을 명명한다. 예로서 다음의 알켄을 보면

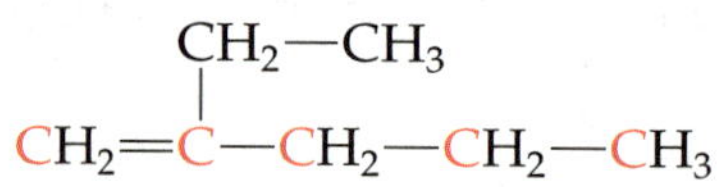

가장 긴 사슬이 다섯 개의 탄소원자로 되어 있고 이중결합 사슬을 가지고 있으므로 어미 사슬의 이름은 펜텐(pentene)이다.

2. 이중 결합과 가장 가까운 쪽 끝으로부터 출발하여 가장 긴 연결 사슬에 번호를 부여한다. 그러므로 왼쪽에서 오른쪽으로 번호를 부여하여 1—펜텐(pentene)이라 한다.

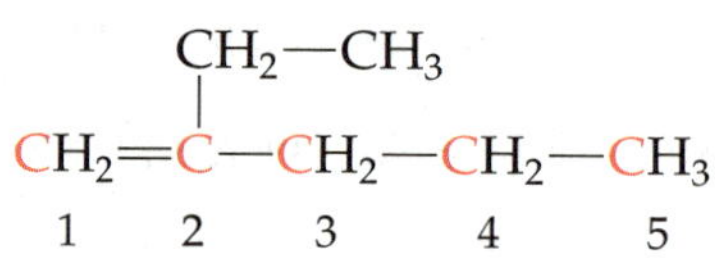

3. 어미 사슬의 가지에 부착된 알킬기의 위치는 어미 사슬의 두 번째의 탄소에 에틸기, $CH_3$-$CH_2$-가 있으므로, 이 화합물은 2-에틸-1-펜텐(2-ethyl-1-pentene)으로 이름지어진다.

4. 만약 사슬 안에 둘이나 그 이상의 같은 기가 있다면, 둘을 나타내기 위하여 접두사 다이, 셋을 나타내기 위하여 트라이, 넷을 나타내기 위하여 테트라를 쓴다. 이 경우, 에틸기가 하나뿐이므로 이름은 2-에틸-1-펜텐(2-ethyl-1-pentene)이 된다. 만약 2번 위치에 에틸기가 2개 있으면 2, 2-다이에틸-1-펜텐으로 부른다.

### 예제 13-2

아래의 구조를 IUPAC이름으로 명명하라.

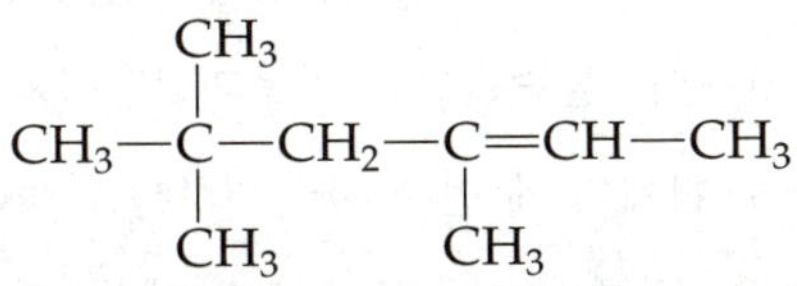

**해답** 1. 이중 결합을 포함한 가장 긴 어미 사슬의 탄소수는 여섯이다. 그러므로 이 화합물은 헥센(hexene)이다.

2. 이중 결합이 오른쪽 끝에 가까우므로 오른쪽으로부터 번호를 부여하면 어미 사슬의 이름은 2-헥센(2-hexene)이 된다.

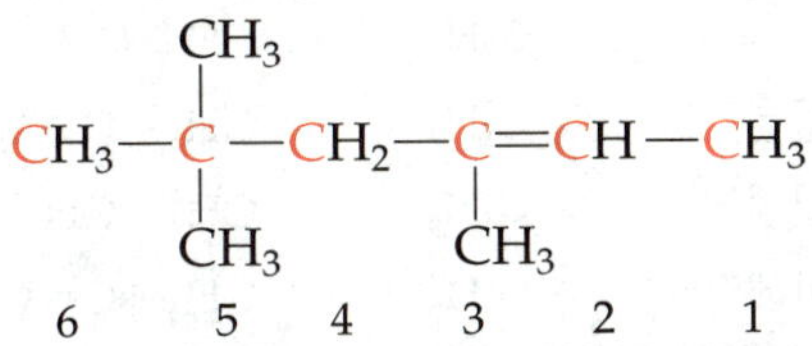

3. 가지 사슬을 보면 어미 사슬 3번에 메틸기가 하나 5번에 메틸기가 2개 있으므로 가지 사슬의 이름은 3, 5, 5-트라이메틸이 된다. 가지 사슬과 어미사슬의 이름을 합하면 3, 5, 5-트라이메틸-2-헥센(3, 5, 5-trimethyl-2-hexene)이 된다.

**물음** 2-메틸-2-펜텐(2-methyl-2-pentene)의 축소 구조식을 그려라.

**해답**

$$\begin{array}{l} CH_3-\underset{\displaystyle CH_3}{\underset{|}{C}}=CH-CH_2-CH_3 \end{array}$$

## 알킨 계열

알킨의 첫 번째 최소수의 분자는 CH≡CH이다. 이것의 IUPAC이름은 에틴이나, 흔히 "아세틸렌"이라고 불린다. 산소와 아세틸렌 기체는 산소아세틸렌 용접에 쓰인다. 산소와 아세틸렌 기체가 불이 붙으면, 온도는 3000℃에 달한다. 알킨족의 두 번째 분자는 CH≡C-$CH_3$이다. 이것의 IUPAC 이름은 프로핀이나 흔히 "메틸 아세틸렌"이라고 불려진다.

프로핀의 다음 분자는 부틴($C_4H_6$)이다. 부틴은 삼중결합의 위치가 두 곳이기 때문에 두 개의 구조 이성질체를 가진다. 삼중결합은 처음과 두 번째의 탄소 원자 사이, CH≡C-$CH_2$-$CH_3$에 있거나 두 번째와 세 번째 사이, $CH_3$-C≡C-$CH_3$에 있다. 첫 이성질체의 이름은 1-부틴이고 두 번째의 이름은 2-부틴이다. 표 13.4에 알킨의 처음 몇 가지 분자를 보여 주고 있다.

**표 13.4 알킨**

| IUPAC 이름 | "보통이름 | 분자식 | 구조식 | 끓는점 |
|---|---|---|---|---|
| 에틴 | "아세틸렌" | $C_2H_2$ | CH≡CH | -84℃ |
| 프로틴 | "메틸아세틸렌" | $C_3H_4$ | $CH_3$—C≡CH | -23℃ |
| 1-부틴 | "에틸아세틸렌" | $C_4H_6$ | $CH_3$—$CH_2$—C≡CH | 8℃ |
| 2-부틴 | "다이메틸아세틸렌" | $C_4H_6$ | $CH_3$—C≡C—$CH_3$ | 27℃ |

## 알킨의 명명법

알킨의 이름은 대응하는 알칸의 이름에 따라서 지어진다. 즉 접두어는 그대로 사용하고 알칸의 접미사 -ane을 -yne로 바꾼다. 예를 들어, 에탄의 이름은 에틴의 이름으로 바뀐다. 알킨의 명명법은 알켄의 이름을 짓는 일반적인 규칙과 매우 흡사하다. 다음의 예제에서 살펴보자.

**예제 13-3**

다음의 구조를 IUPAC이름으로 명명하라.

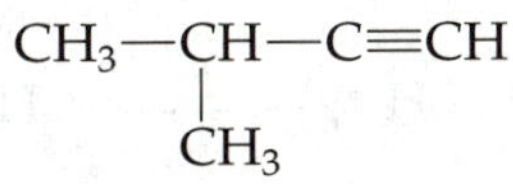

**해답** 1. 삼중 결합을 포함하는 가장 긴 탄소사슬이 넷이므로 이 화합물은 부틴(butyne)이다.

2. 삼중 결합이 오른쪽 끝에 가까우므로 오른쪽으로부터 번호를 시작하면 이 화합물의 어미 사슬 이름은 1-부틴(1-뷰타인, 1-butyne)이라 한다.

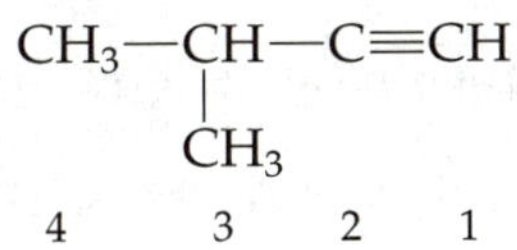

3. 메틸기가 세 번째 탄소에 붙어 있으므로, 이 화합물의 가지 사슬의 이름은 3-메틸이 되고 완전한 이름은 3-메틸-1-부틴(3-methyl-1-butyne)이다.

**물음** 1-펜틴(1-pentyne)의 축소 구조식을 그려라.

**해답** $CH\equiv C-CH_2-CH_2-CH_3$

## 알켄과 알킨의 반응

알칸이 에너지를 방출하면서 타는 것처럼, 알켄과 알킨도 그러하다. 예를 들어, 아세틸렌($C_2H_2$)과 산소는 아래의 연소 반응을 하며 용접에 쓰인다.

$$2C_2H_2(g) + 5O_2(g) \xrightarrow{\text{불꽃}} 4CO_2(g) + 2H_2O(g)$$

이중 결합과 삼중 결합 때문에 알칸보다 더 반응성이 크다. 알칸과는 달리, 알켄과 알킨은 쉽게 첨가 반응(addition reaction)을 일으킬 수 있다. 즉 알켄과 알킨은 불포화 결합에 원자들을 첨가시킬 수 있다. 수소 원자가 첨가될 때, 그 반응을 **수소화 반응**(수소 첨가 반응, hydrogenation reaction)이라 한다. 비록 니켈이나 백금 같은 금속 촉매가 필요하기는 하지만, 이 반응은 실온과 대기압 하에서 쉽게 일어날 수 있다. 아세틸렌에 수소 기체가 더해지는 다음의 단계적 첨가반응을 보자. 우선, 에틴은 에텐으로 바뀐다. 그리고 나서 에텐은 에탄으로 바뀌어 진다.

$$\underset{\text{에틴}}{CH \equiv CH(g)} + H_2(g) \xrightarrow{Ni} \underset{\text{에텐}}{CH_2 = CH_2(g)}$$

$$\underset{\text{에텐}}{CH_2 = CH_2(g)} + H_2(g) \xrightarrow{Ni} \underset{\text{에탄}}{CH_3-CH_3(g)}$$

알켄과 알킨은 할로겐과도 첨가반응을 할 수 있다. 그러한 반응을 **할로겐화 반응**(halogenation)이라 한다. 예를 들어, 알켄과 알킨에 브롬을 첨가 할 수 있다. 보통의 경우, 촉매는 필요치 않다. 브롬을 에틴에 첨가하는 다음의 단계적 첨가 반응을 보자.

$$\underset{\text{에틴}}{CH \equiv CH(g)} + Br_2(l) \longrightarrow \underset{\text{1, 2-다이브로모에텐}}{CHBr = CHBr(l)}$$

$$\underset{\text{1, 2-다이브로모에텐}}{CHBr = CHBr(l)} + Br_2(l) \longrightarrow \underset{\text{1, 1, 2, 2-테트라브로모에탄}}{CHBr_2-CHBr_2(l)}$$

## 알켄의 중합 반응

고분자(polymer)는 긴 사슬에 많은 작은 분자(단위체)들이 붙어 만들어진 거대분자이다. 고분자는 한 개의 알켄 분자가 두 번째 알켄 분자와 반응하고, 세 번째 분자와 순차적으로 반응하여 만들어진다. 예를 들어 에틸렌($CH_2 = CH_2$)은 서로 반응하여 폴리에틸렌이라 불리는 거대한 분자를 만들어 낸다. 이 고분자를 $[-CH_2-CH_2-]n$으로 표시하는데 여기에서 n은 반복되는 에틸렌 단위의 숫자를 나타낸다. 중합 반응을 하는 동안 이중 결합이 깨지고 다른 에틸렌 분자와 다음과 같이 연결된다.

| 단위체 | + | 단위체 | + …… | → | 고분자 |
|---|---|---|---|---|---|
| $—CH_2—CH_2—$ | + | $—CH_2—CH_2—$ | + …… | → | $[—CH_2—CH_2—]n$ |
| 에틸렌 | + | 에틸렌 | + …… | → | 폴리에틸렌 |

## 13-4 | 방향족 탄화수소

1825년, 영국의 과학자인 파러데이(Michael Faraday)는 가스 라이터에서 쓰던 연료유(fuel oil)로부터 하나의 물질을 분리해 냈다. 그 물질을 분석한 결과 화합물의 화학식이 $C_6H_6$라는 것을 알게 되었다. 몇 년 뒤, 같은 화합물이 방부제였던 천연물 벤조인에서도 분리되었다. 이 화합물($C_6H_6$)은 처음에 벤진(benzin)이라 불렸으나 이름이 벤자인(benzine)으로 바뀌었다가 결국 벤젠(benzene)으로 바뀌었다.

다른 유기 화합물들이 분리되고 확인되면서, 화학자들은 벤젠 구조를 가지고 있는 물질들이 흔히 방향성의 향을 가지고 있음을 관찰하였다. 그러므로 이 화합물들은 이들의 기분 좋은 향기 때문에 방향족이라고 이름 지어졌다. 더 정밀한 분석으로 벤젠 구조와 향기는 아무관계가 없음이 밝혀졌으나 이름은 존속되었고 오늘날 방향족 탄화수소는 벤젠 구조를 포함한 것들이다. 아렌(arenes)은 벤젠 고리를 포함한 방향족 탄화수소의 화합물계열이다.

1865년에, 독일의 화학자 케쿨레(August Kekulé)는 벤젠, $C_6H_6$이 세 개의 이중결합을 가진 고리 구조라고 제안하였다. 그는 여섯 개의 탄소 원자가 단일 결합과 이중 결합으로 번갈아 가면서 고리로 이어져 있다고 하였다. 이 구조를 벤젠의 Kekulé구조라고 부른다. 이중 결합이 탄소 원자 간 이동으로 일정한 곳에 고정되어있지 않기 때문에 이 전자를 비편재화 되었다고 한다. 간단히, 이러한 현상 때문에 벤젠 고리는 보통 비편재화된 이중결합을 나타내기 위해서 육각형 안에 원을 그려 넣어 표시한다.

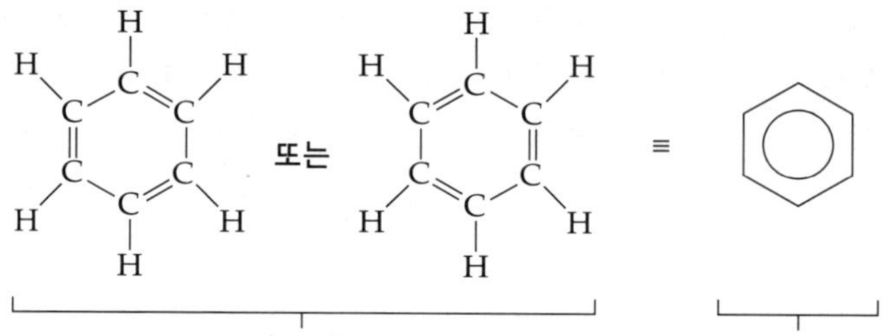


Kekulē 모형 구조

비편재화된
전자모형 구조

## 치환된 벤젠의 이성질체

벤젠의 비편재화된 전자 모형을 이용하여, 다이클로로벤젠(dichloro-benzene)의 구조를 아래와 같이 나타낼 수 있다.

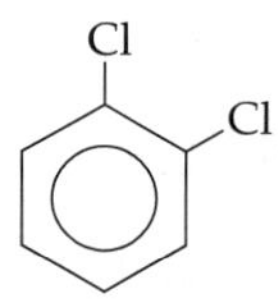


두개의 염소 원자가 벤젠 고리에서 바로 옆에 있음에 주목하라. 벤젠 고리에서 두 치환기가 바로 인접해있다면, 이들의 위치는 접두사 오쏘(ortho)로 표기된다. 만약 치환기가 탄소 원자에 의하여 한 칸 분리되었다면, 이들의 위치는 접두사 메타(meta)로 표기된다. 만약 치환기가 벤젠 고리의 반대편에 각각 위치한다면, 이들의 위치는 접두사 파라(para)로 표기된다.

오쏘(ortho), 메타(meta) 및 파라(para)화합물들은 동일한 분자식을 가지지만 구조가 다르기 때문에, 이들은 구조 이성질체이다. 이성질체들은 서로 다른 물리적 성질을 가짐을 기억하라. 이성질체를 다음과 같이 묘사할 수 있다.

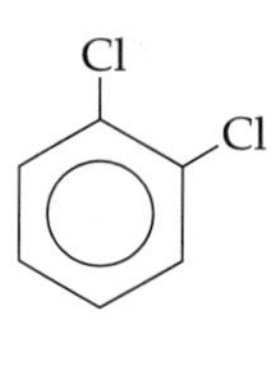


오쏘-다이클로로벤젠
Mp = –17°C, Bp = 181°C

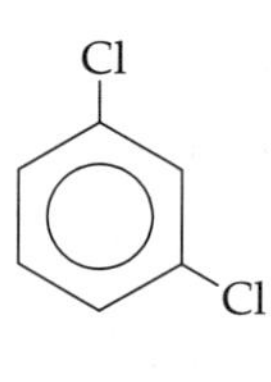


메타-다이클로로벤젠
Mp = –25°C, Bp = 174°C

파라-다이클로로벤젠
Mp = 53°C, Bp = 175°C

**예제 13-4**

메타-다이메틸벤젠(meta-dimethylbenzene)의 구조식을 그려라.

**해답** 이 화합물은 벤젠을 포함하기 때문에 방향족 고리를 가진다. 또한 벤젠 고리의 메타(meta) 위치에 두 개의 $-CH_3$기를 갖는다. 따라서

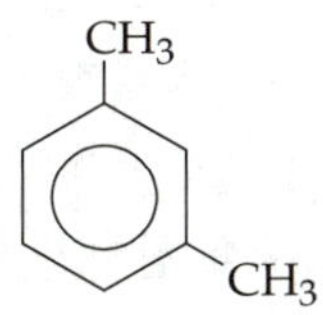


**물음** 아래의 구조식을 IUPAC 이름으로 명명하라.

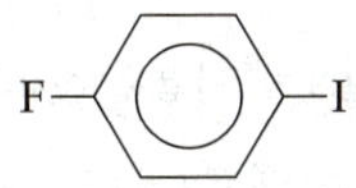


**해답** 파라-플루오로요오도벤젠(para-fluoroiodobenzene)

## 13-5 | 탄화수소 유도체

1800년대에, 화학자들은 유기 화합물의 수가 아주 많다는 것을 깨닫기 시작하였다. 더 많은 화합물이 확인되고 이들의 성질이 알려지면서, 이 문제는 상상을 초월하였다. 독일의 화학자 뵐러에 의하면, 유기 화학은 "굉장히 무서운 끝없는 정글(dreadful endless jungle)"처럼 보였다는 것이다. 차츰, 화학자들은 모든 유기 화합물들을 단지 몇 개의 구조적인 특징으로 나눌 수 있음을 깨닫기 시작하였다. 그 결과, 수백만 개의 유기화합물이 몇 개의 항목으로 나누어지게 되었다. 이들 각각의 항목들은 화합물의 부류(class of compounds)라고 불리게 되었다. 그리고 한 부류에 속하는 모든 화합물은 비

슷한 화학적 성질을 가진다.

화합물의 부류는 일반식에 의하여 나타내어진다. 일반식은 주어진 화합물의 부류를 특징지울 수 있는 유일한 구조적 특징을 나타낸다. 예를 들어, 알코올 화합물류의 일반식은 R—OH이다. 부호 R은 메틸, $CH_3$— 또는 에틸 $C_2H_5$—같은 어떤 알킬기를 나타낸다. 모든 알코올 화합물은 —OH기를 가지고 있기 때문에 유사한 화학적 성질을 가진다.

## 탄화수소 유도체

탄화수소 유도체는 탄화수소에 있는 수소 원자가 다른 원소로 치환된 유기 화합물이다. 탄화수소 유도체는 수소, 탄소 외에도 산소, 질소 또는 할로겐 같은 추가적인 원소들을 포함한다는 것을 기억하자. 결과적으로, 탄화수소 유도체는 많은 부류가 있다. 각 부류에 있는 구성 분자들은 이름과 성질에서 유사성을 갖는다. 공부하게 될 탄화수소 유도체의 10가지 부류는 유기 할로겐화물(organic halides, R-X), 알코올(alcohols, R-OH), 페놀(phenols, Ar-OH), 에테르(에터, ethers R-O-R'), 아민(amines, R-$NH_2$), 알데하이드(aldehydes, R-CHO), 케톤(ketones, R-COR'), 카복실산(carboxylic acids, R-COOH), 에스터(에스테르 esters, R-COOR')와 아마이드(amides, R-$CONH_2$)이다.

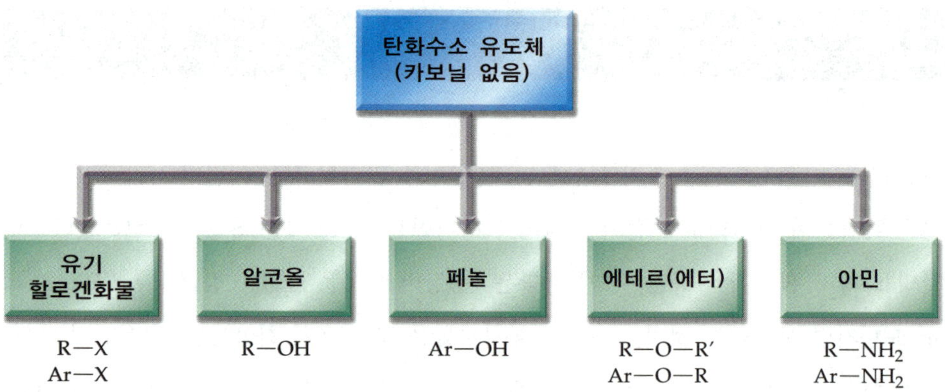


▲ **그림 13.3 탄화수소유도체-카보닐기 없음**

유기 할로겐화물에서 X는 F, Cl, Br 및 I이다. R은 어떤 알킬기이며 방향족 (Ar)이 아니다. 페놀에서 -OH기는 반드시 벤젠고리에 직접 붙어야만 한다.

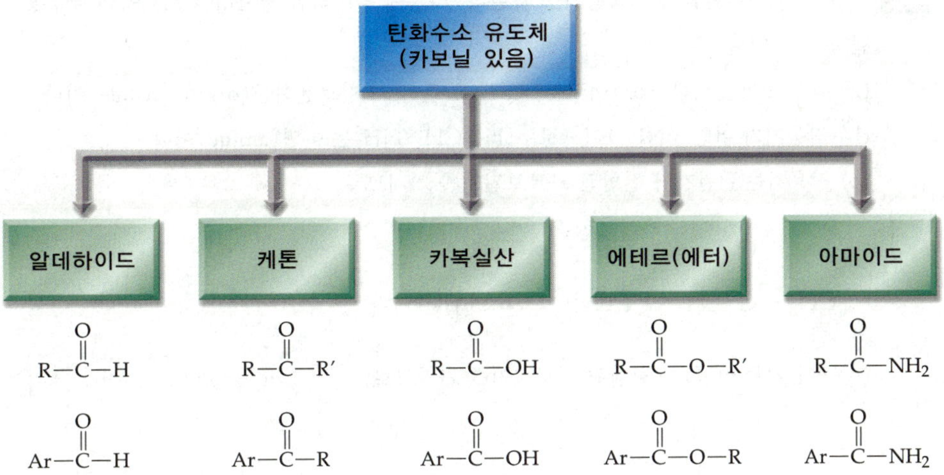


▲ **그림 13.4 탄화수소유도체-카보닐기 있음**

알데하이드, 케톤, 카복실산, 에스터(에스테르), 및 아마이드는 다른 부착된 기와 함께 카보닐기가 있다. 기호 R과 R′는 어떤 알킬 또는 아릴 치환기이다. 또한 R이 수소원자일 수도 있으나 케톤에서만은 제외된다.

화합물의 부류를 특징지울 수 있는 분자의 구조적 특징을 **작용기**(functional group)라 불린다. 예를 들면, 알코올(R–OH)의 경우, 작용기는 탄소 원자에 붙어 있는 –OH이다. 에테르(에터, R–O–R′)의 경우, 작용기는 두 탄소원자 사이에 있는 산소 원자이다. 10개의 탄화수소 유도체 중, 5개는 산소 원자와 이중 결합된 탄소 원자(C=O)를 가지고 있고, 나머지 5개는 그렇지 못하다(그림 13.3과 13.4). 산소 원자와 이중 결합된 탄소 원자는 카보닐기(carbonyl group)라고 불린다.

## 예제 13-5

주어진 화합물에서 탄화수소 유도체의 부류를 말하여라.

(a) $CH_3—Br$

(b) $CH_3—CH_2—NH_2$

(c) 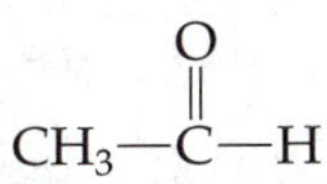

(c) 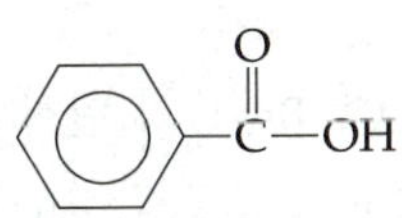

**해답** 우선 각각의 화합물에서 작용기를 찾는다. 다음에 일반식을 참고하여 화합물의 부류를 결정할 수 있다.

(a) 작용기가 할로겐(–Br)이므로, $CH_3$–Br은 유기 할로겐화물(organic halide)이다.

(b) 작용기가 아민(–$NH_2$)이므로, $CH_3$–$CH_2$–$NH_2$는 아민(amine)이다.

(c) 작용기는 H원자가 결합된 카르보닐기를 가지므로,

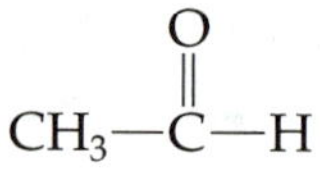
는 알데하이드(aldehyde)이다.

(d) 작용기는 –OH가 결합된 카보닐기를 가지므로,

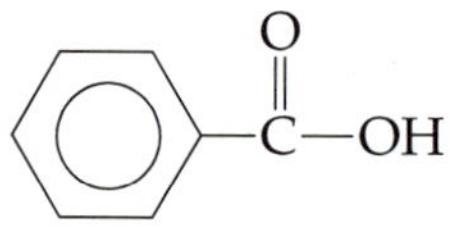
는 카복실산(carboxylic acid)이다.

**물음** 다음의 화합물에서 탄화수소 유도체의 부류를 말하여라.

(a) $(CH_3)_2CH$–OH

(b)
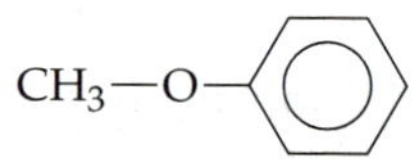

(c)
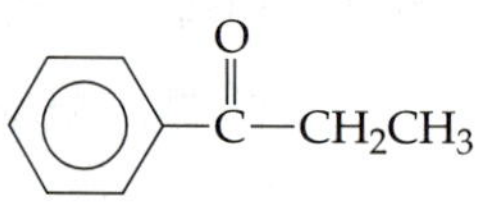

(d)
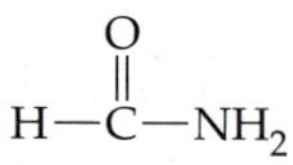

**해답** (a) 알코올 (b) 에테르(에터) (c) 케톤 (d) 아마이드

## 13-6 | 유기 할로겐화물

만약 할로겐 원자(F, Cl, Br, I)가 탄화수소에서 수소 원자를 대체한다면, 그것은 유기 할로겐화물(organic halides, R–X)이라는 화합물의 부류가 된다 (그림 13.5). 이러한 화합물의 부류는 R–X, Ar–X이다. 예를 들면, 다음과 같다.

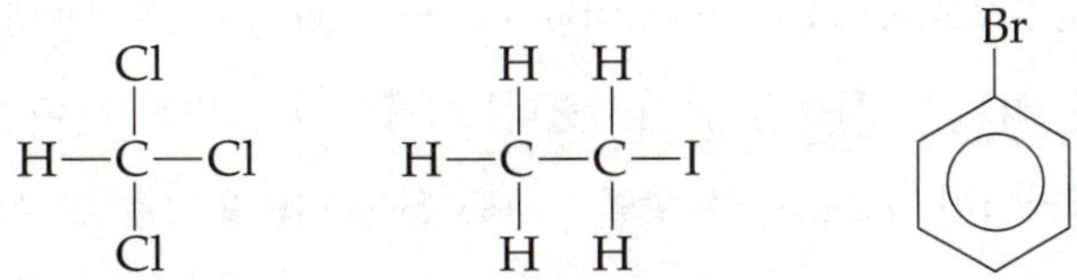

(a) **클로로폼** (b) **요오드화에틸** (c) **브롬화페닐**

**▲ 그림 13.5 유기 할로겐화물의 분자 모형**
사진은 (a) 클로로폼(chloroform, $CHCl_3$), (b) 요오드화에틸(에틸요오드, ethyl iodide, $C_2H_5I$)(c) 브롬화 페닐(페닐브로마이드, phenyl bromide, $C_6H_5Br$)의 모형 구조.

유기 할로겐화물은 주로 산업용과 가정용의 용매로 쓰인다. 사염화탄소, $CCl_4$가 드라이크리닝과 얼룩 지움에 널리 사용되었지만 그 독성 때문에 이제는 트라이클로로에탄(trichloroethane), $C_2H_3Cl_3$ 같은 덜 독한 용매가 드라이크리닝에 사용되고 있다.

클로로포름(클로로폼), $CHCl_3$은 원래 마취에 주로 쓰이던 주요한 용매이다. 그 증기가 호흡기에 해롭다는 사실이 밝혀지자, 다른 안전한 마취제, 주로 할로탄(halothane), $CF_3CHClBr$이라는 것으로 바뀌었다. 염화에틸, $CH_3CH_2Cl$는 독하지 않은 국소 마취제로 사용된다. 이것을 피부에 뿌리면, 재빨리 증발하고 차겁게 하여 피부를 마비시켜 감각을 둔화시킨다.

염소화된 플루오로탄소(CFCs)는 염소, 플루오르 및 탄소로 이루어진 유기할로겐화물이다. 가장 잘 알려진 예는 에어로졸 추진제와 냉매 기체로 사용되는 프레온-12(Freon-12), $CF_2Cl_2$ 이다. 이산화탄소가 프레온-12를 대체하고 있다. 냉장과 냉방 조절장치에서 사용되어온 CFCs가 근래에 들어서 하이드로플루오로탄소(hydrofluorocarbon, HFCs)에 의하여 대체되고 있다. 이러한 변화는 CFCs가 성층권의 오존층을 얇게 한다고 알려졌기 때문이다.

유기 할로겐화물은 알드린(aldrin)과 클로르데인(chlordane)과 같은 살충제에 많이 이용된다. 1972년에 환경보호국(environmental protection agency)은 야생 생물에 대한 위협 때문에 살충제인 DDT의 사용을 금지시켰다. 사용이 금지되기 전에 DDT는 농업 수확량의 증가와 말라리아(malaria)와 황열(yellow fever)을 옮기는 곤충의 수를 줄인다고 하여 각광 받고 있었다.

IUPAC 명명법에 따르면, 유기 할로겐화물은 모체 알칸에 할로겐 치환기를 나타내 줌으로써 이름이 결정된다. 예를 들어, $CH_3CH_2Br$은 브로모에탄(bromoethane)이라고 명명된다. 또한 브롬이 붙은 알킬기를 제시하여 화합물의 보통 이름을 나타낼 수도 있다. 즉 $CH_3CH_2Br$을 "에틸 브로마이드(브롬화에틸, ethyl bromide)"라고 부르기도 한다.

비록 몇 가지의 유기 할로겐화물이 약한 극성을 갖는다 하여도 대부분의 유기 할로겐화물은 무극성이다. 일반적으로, 유기 할로겐화물은 알칸과 비슷한 물리적 성질을 가진다. 즉 이들은 낮은 끓는점을 가지며 탄화수소 용매에 녹고 물에는 녹지 않는다. 표 13.5에 간단히 유기 할로겐화물의 성질을 나타내었다.

**표 13.5 유기 할로겐화물***

| IUPAC 이름 | 보통이름 | 분자식 | 끓는점 | 물에서의 용해 |
|---|---|---|---|---|
| 클로로메탄 | "염화 메틸" | $CH_3-C$ | -24℃ | 불용성 |
| 클로로에탄 | "염화 에틸' | $CH_3-CH_2-Cl$ | 12℃ | 불용성 |
| 1-클로로프로판 | "염화 프로필" | $CH_3-CH_2-CH_2-Cl$ | 47℃ | 불용성 |
| 2-클로로프로판 | "염화아이소프로필" | $CH_3-CH(Cl)-CH_3$ | 36℃ | 불용성 |
| 클로로벤젠 | "염화 페닐" | $C_6H_5-Cl$ | 132℃ | 불용성 |

* 대부분의 저분자량 유기 할로겐화물은 실온에서 액체이다.

## 13-7 | 알코올, 페놀 및 에테르

알코올과 페놀, 에테르는 모두 산소를 가지고 있다. 알코올과 페놀은 -OH기를 가지고 있으므로 일반적으로 극성이다. 그러나 에테르(에터)는 C-O-C 작용기를 가지고 있고 대부분 무극성이다.

## 알코올과 페놀

알코올과 페놀의 -OH기는 하이드록실기(hydroxyl group, 그림 13.6)라고 불린다. 예를 들면, 다음과 같다.

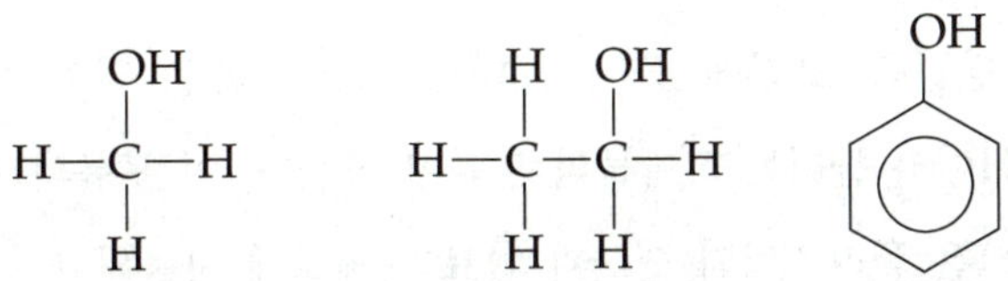

(a) **메틸알코올** (b) **에틸알코올** (c) **페놀**

(a) (b) (c)

**▲ 그림 13.6 알코올과 페놀의 분자 모형**

(a) 메틸알코올(methyl alcohol, $CH_3OH$), (b) 에틸알코올(ethyl alcohol, $C_3H_5OH$), (c) 페놀(phenol, $C_6H_5OH$)의 모형 구조.

알코올은 많은 실용적인 용도로 사용된다. 메틸알코올, $CH_3OH$은 용매와 연료로 쓰인다. 에틸알코올, $CH_3CH_2OH$은 가솔린과 섞어서 가소홀(gasohol)을 만들어 연료로 사용한다. 에틸알코올은 옥수수, 호밀 및 보리 같은 다양한 곡식에서 얻어지는 탄수화물을 발효시켜서 만들기 때문에 종종 곡주(grain alcohol)라고 불리어진다. 아이소프로필 알코올(isopropyl alcohol), $CH_3CH(OH)CH_3$은 소독용 알코올과 의료기구들을 소독하는 데 사용된다.

에틸렌글라이콜, $HOCH_2CH_2OH$은 자동차의 부동액의 중요 성분이다. 또한 글리세린(glycerin)이라고도 불리는, 글리세롤 $HOCH_2CH(OH)CH_2OH$은 화장품과 사탕의 습기를 유지하기 위하여 사용되는 달콤하고 끈적끈적한 액체이다.

IUPAC 명명법에 의하면, 알코올의 이름은 모체 알칸에서 유도된다. 이름은 접미사 -ane를 접미사 -ol로 바꿈으로 이루어진다. 예를 들어, $CH_3OH$는 메탄분자에 -OH기가 있으므로, IUPAC 이름은 메탄올(methanol)이고, 이것의 보통 이름은 "메틸알코올"이다. $CH_3CH_2OH$의 경우, -OH기가 에탄분자에 붙어 있어서, 체계적인 이름은 에탄올이고, 보통 이름은 "에틸알코올"이다.

만약 -OH기가 방향족 고리에 붙어 있다면, 그 결과로 얻어진 알코올은 페놀(phenol), Ar-OH이라 불리는 화합물의 부류에 속한다. 이 부류의 가장 단순한 분자인 페놀, $C_6H_5OH$은 플라스틱의 생산과 염료의 제조에 사용된다. 페놀은 약간의 산성이며, "석탄산(carbolic acid)"으로 알려져 있다. 페놀은 살균 작용을 하므로 병원, 치과 및 화장품에서 방부제로 사용된다. 대부분의 알코올이 -OH기 때문에 아주 극성이다. 마치 물처럼 알코올은 산소 원자와 수소 원자 사이에 수소결합을 이룰 수 있다. 그림 13.7은 알코올 분자 사이의 수소결합을 보여 준다.

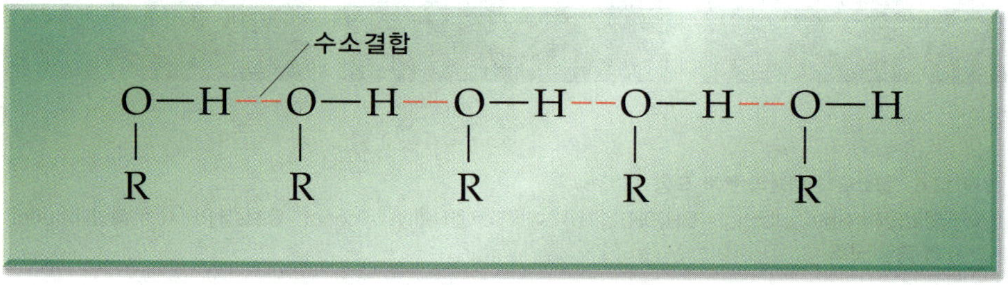


▲ **그림 13.7 알코올에서의 수소결합**
수소결합이 긴 사슬에서 알코올 분자들을 함께 연결한다는 것을 주목하라.

### 표 13.6 알코올과 페놀

| IUPAC 이름 | 보통이름 | 분자식 | 끓는점 | 물에서의 용해도 |
|---|---|---|---|---|
| 메탄올 | "메틸알코올" | $CH_3—OH$ | 65℃ | 가용성 |
| 에탄올 | "에틸알코올' | $CH_3—CH_2—OH$ | 78℃ | 가용성 |
| 1-프로판올 | "프로필알코올" | $CH_3—CH_2—CH_2—OH$ | 97℃ | 가용성 |
| 2-프로판올 | "아이소프로필 알코올" | $CH_3—CH(OH)—CH_3$ | 82℃ | 가용성 |
| 페놀 | "석탄산" | $C_6H_5—OH$ | 182℃ | ~7%* |

* 저분자량의 알코올은 대부분 상온에서 액체이며 페놀은 고체이다.

수소결합 때문에, 알코올의 물리적 성질은 평범하지 않다. 즉 알코올은 높은 끓는점을 가지며 극성 용매에 녹는다. 표 13.6에 페놀을 포함한 몇 가지 단순한 알코올을 나타내었다.

## 에테르

이 부류의 가장 중요한 분자는 다이에틸에테르(diethyl ether), $CH_3CH_2–O–CH_2CH_3$이다. 이것은 흔히 에틸에테르 또는 간단히 에테르라고 불린다. 에틸에테르는 유기 반응을 위하여 실험실에서 흔히 쓰이는 용매이다. 에테르는 일반적인 수술 마취제였으나, 높은 인화성과 환자에게 구역질을 일으키는 작용 때문에 대체되어졌다.

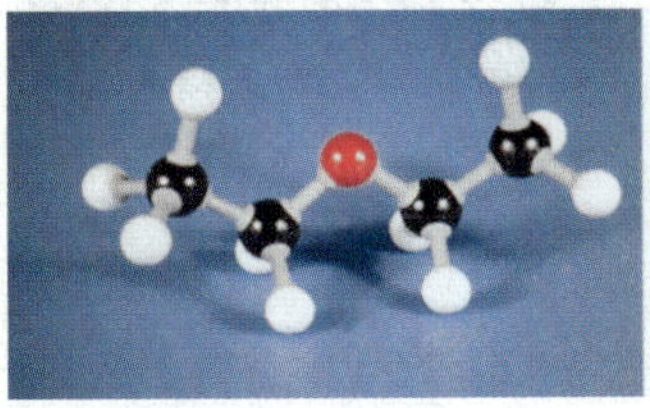
(a)

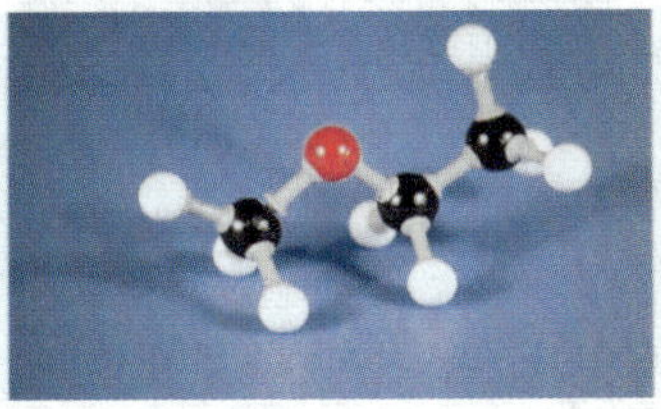
(b)

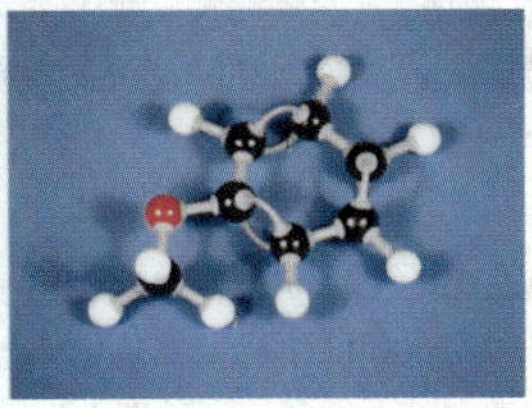
(c)

**▲ 그림 13.8 에테르(에터)의 분자 모형**
(a) 다이에틸에테르(diethyl ether, $C_2H_5–O–C_2H_5$), (b) 메틸에틸에테르(methyl ethyl ether, $CH_3–O–C_2H_5$), (c) 메틸페닐에테르(methyl phenyl ether, $CH_3–O–C_6H_5$)의 모형 구조.

일반적으로, 에테르의 물리적 성질은 분자량이 비슷한 무극성 탄화수소와 극성 알코올의 중간에 놓인다. 에테르는 비교적 무극성이고 수소결합을 형성하지 않는다.

# 13-8 | 아민

만약 암모니아, $NH_3$에서 하나의 수소 원자를 하나의 알킬로 치환한다면, 그 유도체는 아민(amine), $R–NH_2$라고 불린다(그림 13.9). 더 많은 치환 반응으로 둘 또는 세 개의 알킬 치환기를 갖는 아민, $R_2–NH$ 또는 $R_3–N$을 만들 수 있다. 이 화합물의 부류에서, 탄화수소기는 알킬이나 방향족일 수 있다. 예를 들면, 다음과 같다.

(a) **에틸아민**

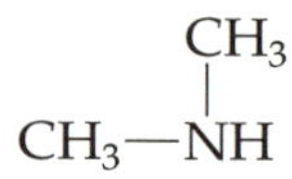

(b) **다이메틸아민**

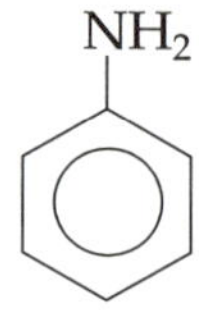

(c) **페닐아민**

(a) (b) (c)

▲ **그림 13.9 아민의 분자 모형**
(a) 에틸아민(ethyl amine, $C_2H_5NH_2$), (b) 다이메틸아민(dimethyl amine, $(CH_3)_2NH$), (c) 페닐아민(phenyl amine, $C_6H_5NH_2$)의 모형 구조.

아민기는 생물학적 활성을 가지는 많은 화합물에 존재한다. 아민은 B-복합비타민, 호르몬인 아피네프린, 치과용 마취제인 노보카인, 니코틴, 각성제인 암페타민, 코카인 속에서 발견된다. 페닐아민, $C_6H_5NH_2$은 염료 제조에 사용되는 중요한 화학 약품의 하나이다.

아민의 IUPAC 이름은 흔히 사용되지 않는다. 그러므로 우리는 아민을 보통 이름으로 부르고, 그에 붙어 있는 알킬이나 아릴기를 나타내 준다. $CH_3NH_2$의 보통 이름은 "메틸아민"이고, $CH_3CH_2NH_2$의 이름은 "에틸아민"이다. 동일한 원리로, $C_6H_5NH_2$의 보통 이름은 "페닐아민"이다.

대부분의 아민은 $-NH_2$기 때문에 극성이다. 사실, 아민은 분자 간의 수소결합을 만들 수 있다는 점에서 알코올과 비슷하다. 그리고 우리가 예상하였듯이, 아민과 알코올의 물리적 성질은 비교될 만하다. 즉, 이들 둘은 끓는점이 높으며, 물에 녹기 때문이다.

# 13-9 | 알데하이드와 케톤

많은 알데하이드와 케톤은 독특한 향과 특이한 맛을 가지고 있다. 그러므로 이들은 흔히 음식과 사탕의 맛을 내거나 흡입제와 향료의 향을 내는 데 사용된다. 또한 이들은 용매와 유기합성에 있어서 출발 물질로 사용된다.

## 알데하이드

알데하이드는 카보닐기(C=O)를 가지고 있고, 일반적으로 극성이다. 알데하이드(aldehyde), RCHO에서 카보닐기는 수소 원자 그리고 알킬 또는 아릴기에 붙어 있다(그림 13.10). 예를 들어, 다음과 같다.

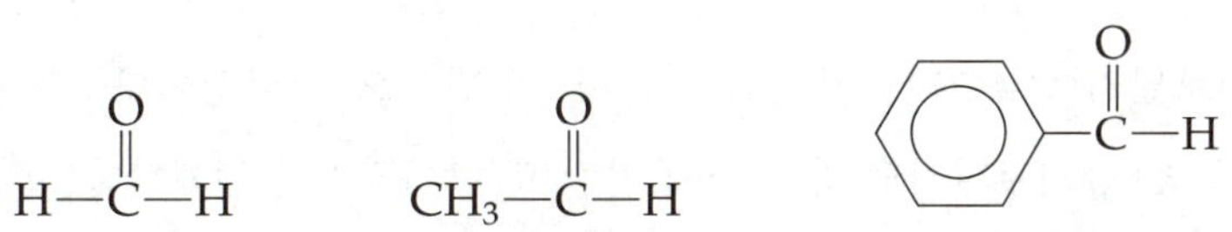

(a) **폼알데하이드** (b) **아세트알데하이드** (c) **벤즈 알데하이드**

(a) (b) (c)

**▲ 그림 13.10 알데하이드의 분자 모형**
(a) 폼알데하이드(formaldehyde, HCHO), (b) 아세트알데하이드(acetaldehyde, $CH_3CHO$) 및 (c) 벤즈알데하이드(benzaldehyde, $C_6H_5CHO$)의 모형 구조.

포름(폼)알데하이드, HCHO는 공업용 화학물질의 상위 50위권 중의 하나이다. 포름알데하이드는 생물 교실에서 표본을 그대로 보존하고 부패를 방지하는 용액으로 가장 잘 알려져 있다. 사실 방부제는 포름알데하이드의 수용액인 포르말린(formalin)이다.

포름알데하이드는 다양한 금속 촉매를 이용한 메탄올의 산화반응에 의하여 제조된다. IUPAC의 명명법에 따르면, 알데하이드의 이름은 모체 알칸의 이름으로부터 유도된다. 이 이름은 알칸의 이름 마지막 문자 e 를 없애고 접미사 –al을 첨가한다. 예를 들어, HCHO의 IUPAC 이름은 메타날(methanal)이고 $CH_3CHO$의 이름은 에타날(ethanal)이다. 또한 $CH_3CHO$는 보통 이름으로 "아세트알데하이드(acetaldehyde)"라고도 불린다.

저분자량 알데하이드는 카보닐기 때문에 약간 극성이다. 이들은 알코올처럼 강한 극성은 아니고, 수소결합도 형성하지 않는다. 따라서 알데하이드의 물리적 성질은 극성 알코올과 무극성 탄화수소의 중간쯤이다. 일반적으로, 알데하이드는 비슷한 알코올에 비해 물에 잘 녹지 않고 끓는점도 낮다.

## 케톤

케톤은 카보닐기(C=O)를 가지고 있으며, 일반적으로 극성이다. 케톤(ketones), RCOR' 의 경우, 카보닐기의 양쪽 편에 알킬 또는 아릴기가 존재한다(그림 13.11). 예를 들면, 다음과 같다.

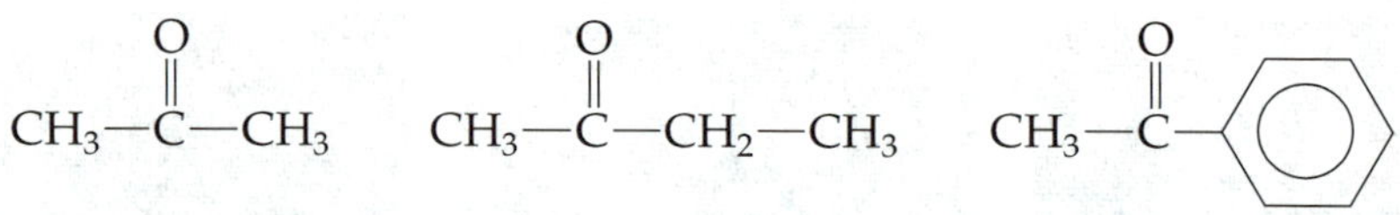

(a) **다이메틸 케톤 또는 아세톤** (b) **메틸에틸 케톤** (c) **메틸페닐 케톤**

(a) (b) (c)

▲ **그림 13.11 케톤의 분자 모형**

(a) 아세톤(acetone, $CH_3COCH_3$), (b) 뷰타논(butanone, $CH_3COC_2H_5$), (c) 아세토페논(acetophenone, $CH_3COC_6H_5$)의 모형 구조.

아세톤, $CH_3COCH_3$은 공업용 화학 약품 중 상위 50위 중에 하나이다. 아세톤은 휘발성 액체이고 이의 증기는 불이 잘 붙는다. 비록 아세톤이 물에 잘 녹는다 하여도, 이것은 넓은 범위의 극성과 무극성 화합물을 녹일 수 있다. 메틸에틸케톤, $CH_3COCH_2CH_3$은 페인트와 니스 공업에서 용매로 사용된다. 케톤은 알코올의 산화에 의하여 얻어진다. 예를 들면, 많은 양의 아세톤은 아이소프로필 알코올의 산화에 의하여 얻어진다.

IUPAC의 명명법에 따르면, 케톤의 이름은 모체 알칸의 이름으로부터 유도된다. 알칸의 이름 마지막 문자 e를 없애고 접미사 –one 을 첨가한다. 예를 들면, $CH_3COCH_3$의 IUPAC이름은 프로파논(propanone)이고, $CH_3COCH_2CH_3$의 이름은 뷰타논(butanone)이다. 또한 $CH_3COCH_3$는 보통 이름에 의하여 "다이메틸 케톤(dimethyl ketone)" 또는 "아세톤"으로 부를 수 있다.

저분자량 케톤은 카보닐기 때문에 약간 극성이다. 이들은 알코올처럼 강한 극성은 아니며 수소결합을 가지고 있지 않다. 일반적으로, 탄소수가 적은 케톤은 물에 녹지만 탄소수가 5개 이상이면 물에 잘 녹지 않는다.

## 13-10 | 카복실산, 에스터(에스테르)

### 카복실산

카복실산(carboxylic acid), RCOOH의 경우, 카보닐기와 하이드록실기가 함께 결합하면 카복실기(carboxyl group), –COOH를 형성한다(그림 13.12). 이 화합물 부류의 경우, 탄화수소기는 알킬이나 방향족이다. 예를 들면, 다음과 같다.

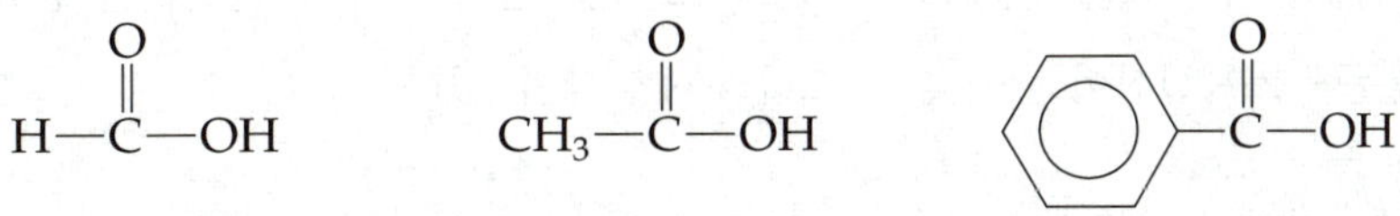

(a) 폼산 (b) 아세트산 (c) 벤조산

(a)

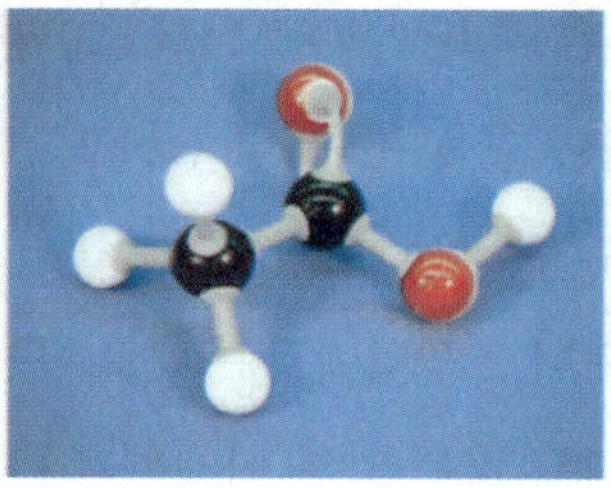

(b)

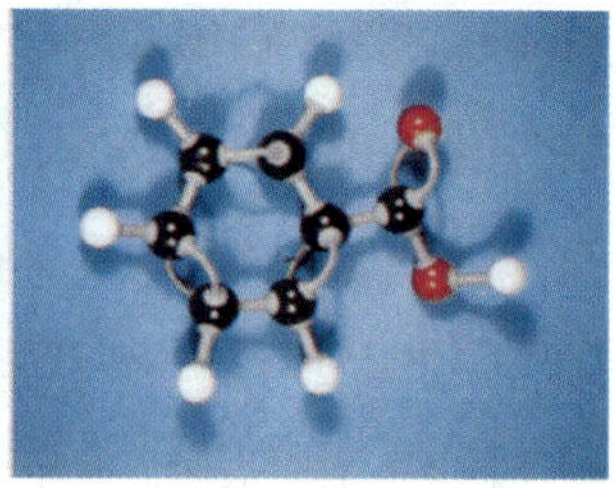

(c)

**▲ 그림 13.12 카복실산의 분자 모형**

(a) 폼산 또는 개미산(formic acid, HCOOH), (b) 아세트산(zcetic acid, $CH_3COOH$), (c) 벤조산(benzoic acid, $C_6H_5COOH$)의 모형 구조.

가장 간단한 카복실산은 포름산, HCOOH이다. 포름(폼)산은 처음 개미에게서 추출되었다. 사실, 이것의 이름은 "개미"를 뜻하는 라틴어 formica로부터 유래되었다. 포름산은 불개미가 물었을 때 쏘는 느낌의 원인이다. 이것은 공업에서 가죽의 무두질과 고무 라텍스의 응고에 사용된다.

가정의 식초로 사용되는 아세트산, $CH_3COOH$의 이름은 신맛을 의미하는 라틴어인 acetum에서 유래되었다. 아세트산은 식초에 신맛을 내며 가장 흔한 카복실산이다. 이것은 다른 화학 약품의 생산이나 오이절임, 마요네즈 및 샐러드드레싱을 만들 때 사용된다.

IUPAC 명명법에 따르면, 카복실산의 이름은 모체 알칸으로부터 유도되었다. 이름은 알칸의 이름 마지막 문자 e를 없애고 접미사 −oic acid을 첨가한다. 예를 들면, HCOOH의 IUPAC 이름은 메탄산(methanoic acid)이고, $CH_3COOH$의 이름은 에탄산(ethanoic acid)이다. 또한 $CH_3COOH$는 보통 이름으로 "아세트산(acetic acid)"이라고 부른다.

카복실산이 극성 −COOH기를 가지고 있으므로, 이들은 분자간 수소결합을 이룰 수 있다. 카복실산의 성질은 알코올과 비슷하고, 끓는점이 높다. 카복실기가 상당히 극성이기 때문에 카복실산이 물에 잘 녹으리라 예상할 수 있다.

## 에스테르

에스테르(에스터), RCOOR' 의 경우, 카르보닐은 −R과 −OR' 기에 붙어 있다(그림

13.13). 이 화합물의 부류에서, 탄화수소기는 알킬이나 아릴이다. 예를 들면, 다음과 같다.

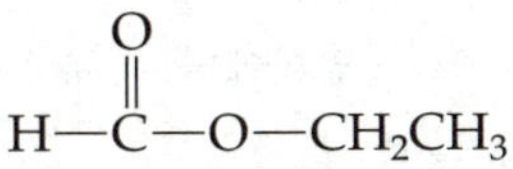

(a) **에틸 폼에이트 (폼산 에틸)**

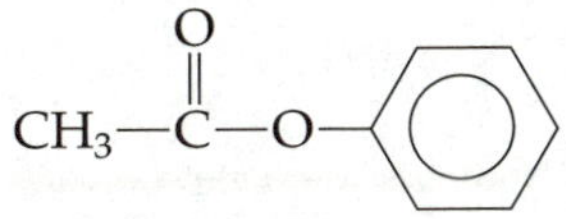

(b) **페닐 아세테이트 (아세트산 페닐)**

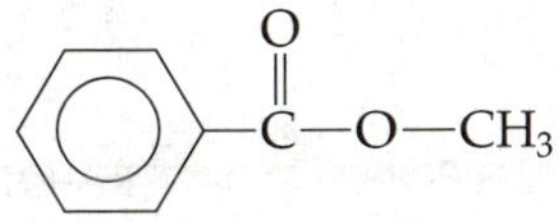

(c) **메틸 벤조에이트 (벤조산 메틸)**

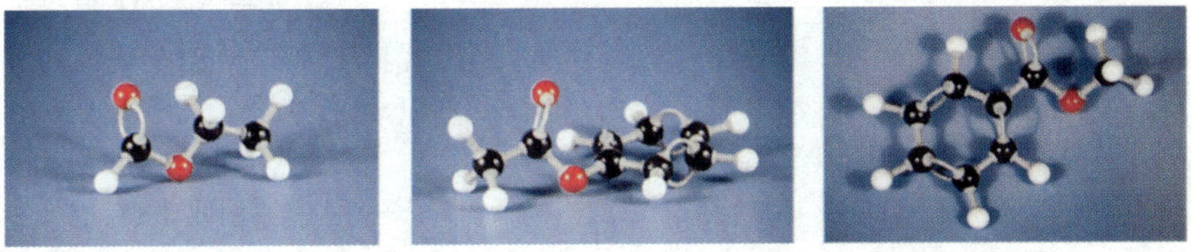

(a) (b) (c)

**▲ 그림 13.13 에스테르(에스터)의 분자 모형**
사진은 (a) 에틸 폼에이트(폼산 에틸, ethyl formate, $HCOOC_2H_5$), (b) 페닐 아세테이트(아세트산 페닐, phenyl acetate, $CH_3COOC_6H_5$) 및 (c) 메틸 벤조에이트(벤조산 메틸, methyl benzoate, $C_6H_5COOCH_3$)의 모형 구조.

에스테르는 흔히 기분 좋은 과일 향을 가지고 있다. 예를 들어, 뷰틸아세테이트(butyl acetate)는 바나나의 향을 가지고 있고, 에틸뷰티레이트(뷰탄산에틸, ethyl butyrate)는 파인애플 향을, 그리고 에틸폼에이트(폼산에틸, ethyl formate)는 럼(rum)의 향을 가진다.

IUPAC 명명법에 따르면, 에스테르 이름은 모체 알코올과 모체 산 그리고 접미사 -oate를 붙여서 이루어진다. 예를 들면, 모체 알코올 에탄올($C_2H_5OH$)과 모체산 에탄산($CH_3COOH$)으로 만들어진 $CH_3COOC_2H_5$의 이름은 접미사 -oic acid를 -oate로 바꾸어 에틸에타노에이트(ethyl ethanoate)라 한다. 다음 에스테르, $CH_3COOCH_3$의 이름은 메틸에타노에이트 이며 보통 이름은 "메틸아세테이트(아세트산메틸, methyl acetate)"이다.

에스테르는 카보닐기 때문에 약간 극성이다. 이들은 알코올만큼 극성이지도 않고 수소결합을 가지고 있지도 않다. 결과적으로, 물리적 성질은 극성 알코올과 무극성 탄화수소의 사이이다.

## 표 13.7 탄화수소 유도체 요약

| 계열명 | 일반식 | 작용기 | 예 |
|---|---|---|---|
| 유기할로겐화물 | R—X | —X | $CH_3$—$CH_2$—Cl<br>"염화에틸" |
| 알코올 | R—OH | —OH | $CH_3$—$CH_2$—OH<br>"에틸알코올" |
| 페놀 | Ar—OH | —OH | 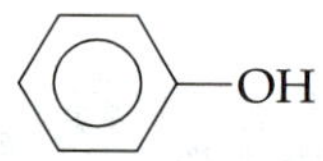<br>페놀 |
| 에터(에테르) | R—O—R' | —O— | $CH_3$—O—$CH_3$<br>"다이메틸에터" |
| 아민 | R—$NH_2$ | —$NH_2$ | $CH_3$—$CH_2$—$NH_2$<br>"에틸아민" |
| 알데하이드 | R—C(=O)—H | —C(=O)—H | $CH_3$—C(=O)—H<br>"아세트알데하이드" |
| 케톤 | R—C(=O)—R′ | —C(=O)— | $CH_3$—C(=O)—$CH_3$<br>"아세톤" |
| 카복실산 | R—C(=O)—OH | —C(=O)—OH | $CH_3$—C(=O)—OH<br>"아세트산" |
| 에스테르(에스터) | R—C(=O)—O—R′ | —C(=O)—O— | $CH_3$—C(=O)—O—$CH_3$<br>"아세트산메틸" |
| 아마이드(아미드) | R—C(=O)—$NH_2$ | —C(=O)—$NH_2$ | $CH_3$—C(=O)—$NH_2$<br>"아세트아마이드" |

# 연습문제

## 알칸

**1** 아래 알칸 화합물을 명명하라.

(a) $CH_3{-}CH_2{-}CH_2{-}CH_3$

(b) $CH_3{-}CH_2{-}CH_2{-}CH_2{-}CH_2{-}CH_3$

(c) $CH_3{-}CH_2{-}CH_2{-}CH_2{-}CH_2{-}CH_2{-}CH_2{-}CH_3$

(d) $CH_3{-}CH_2{-}CH_2{-}CH_2{-}CH_2{-}CH_2{-}CH_2{-}CH_2{-}CH_2{-}CH_3$

**2** 헥산, $C_6H_{14}$의 5개 이성질체에 대한 축소 구조식을 그려라.

**3** 브로모프로판, $C_3H_7Br$의 두 가지 이성질체를 그려라.

**4** 아래 구조식의 각각에 대하여 IUPAC 이름으로 명명하라.

(a) 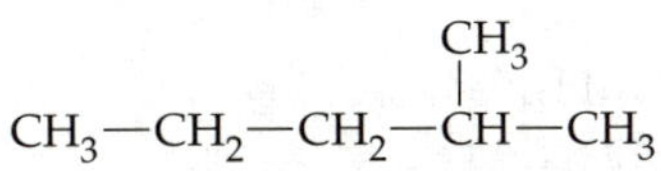

(b) 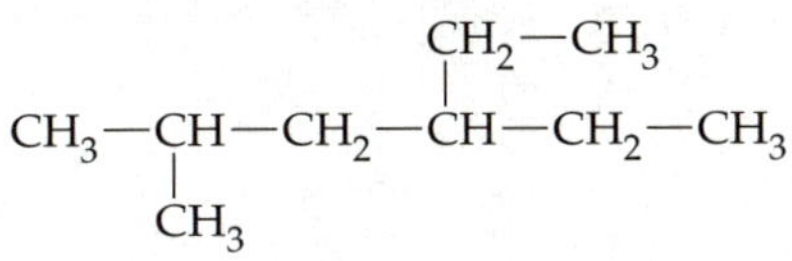

(c) 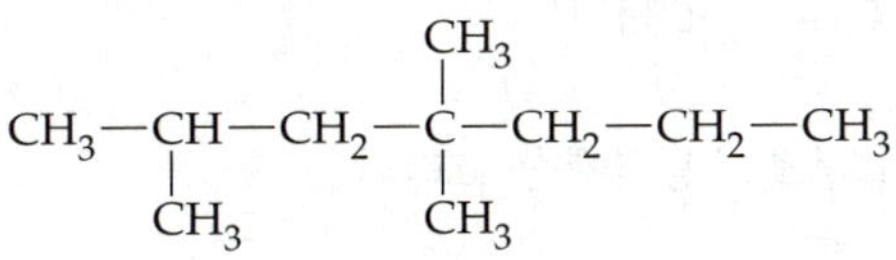

(d) 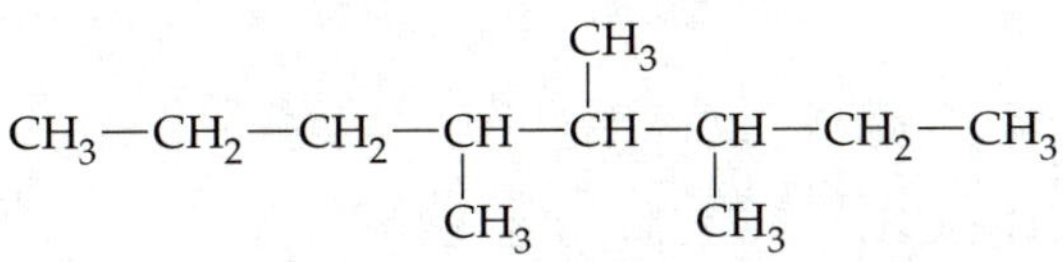

**5** 아래 화합물의 완전 연소에 대한 균형 화학 반응식을 기술하라.

(a) $CH_4$　　(b) $C_5H_{12}$

(c) $C_3H_8$　　(d) $C_7H_{16}$

## 알켄과 알킨

**6** 아래의 분자식에서 알켄은 어느 것인가?

(a) $C_{10}H_{22}$　　(b) $C_{14}H_{28}$

**7** 아래의 알켄 화합물을 명명하라.

(a) $CH_2{=}CH{-}CH_2{-}CH_3$

(b) $CH_2{=}CH{-}CH_2{-}CH_2{-}CH_3$

(c) $CH_3{-}CH{=}CH{-}CH_2{-}CH_2{-}CH_3$

(d) $CH_3{-}CH_2{-}CH_2{-}CH{=}CH{-}CH_2{-}CH_2{-}CH_3$

**8** 아래의 분자식에서 알킨은 어느 것인가?

(a) $C_{10}H_{18}$　　(b) $C_{14}H_{24}$

**9** 아래의 알킨 화합물을 명명하라.

(a) $CH_3{-}C{\equiv}C{-}CH_2{-}CH_3$

(b) $CH{\equiv}C{-}CH_2{-}CH_2{-}CH_3$

(c) $CH_3{-}CH_2{-}C{\equiv}C{-}CH_2{-}CH_3$

(d) $CH_3{-}CH_2{-}CH_2{-}CH_2{-}C{\equiv}C{-}CH_3$

**10** 곧은 사슬 펜텐, $C_5H_{10}$의 두 가지 구조이성질체를 그려라.

**11** 아래 구조식의 각각에 대하여 IUPAC 이름으로 명명하라.

(a) 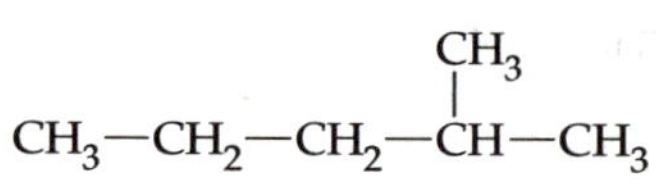

(b) 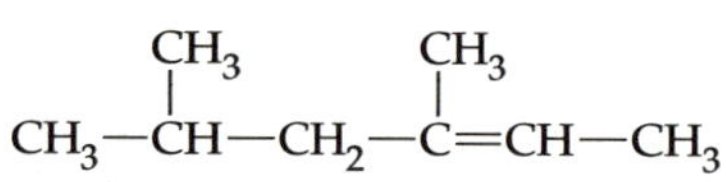

**12** 아래 구조식의 각각에 대하여 IUPAC 이름으로 명명하라.

(a) 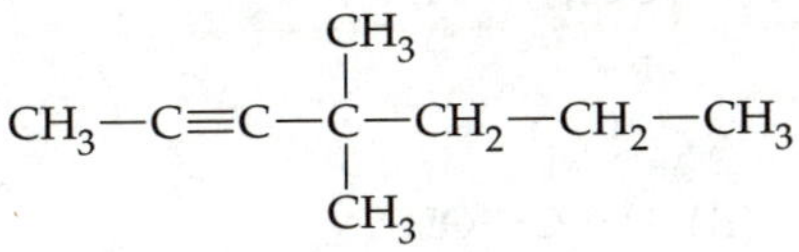

(b) 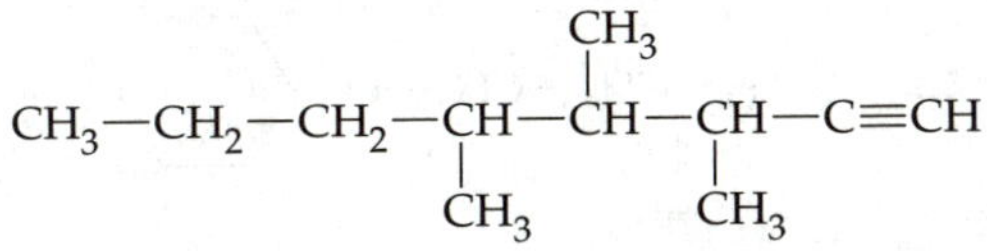

**13** 아래의 반응에 대하여 균형 화학 반응식을 기술하라.

(a) $CH_2=CH_2 + O_2 \rightarrow$

(b) $CH_3-CH=CH_2 + H_2 \rightarrow$

(c) $CH_3-CH=CH-CH_3 + Br_2 \rightarrow$

### 방향족 탄화수소

**14** 벤젠의 두 Kekulé구조를 그려라.

**15** 용매 자일렌[xylene, $C_6H_4(CH_3)_2$]의 세 가지 이성질체를 그려라.

### 탄화수소 유도체

**16** 아래 탄화수소 유도체의 구조식을 보고 화합물의 부류를 기술하라.

(a) $R-O-R'$ (b) $R-X$

(c) $Ar-OH$ (d) $R-NH_2$

**17** 아래 탄화수소 유도체에 대하여 화합물의 부류를 나타내어라.

(a) $CH_3-NH_2$

(b) $CH_3-CH_2-F$

(c) 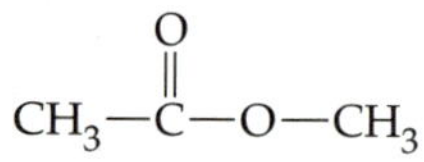

(d) 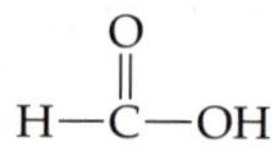

(e) 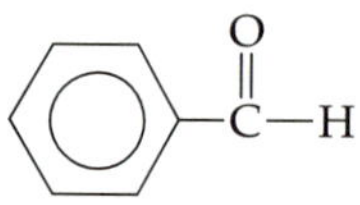

(f) 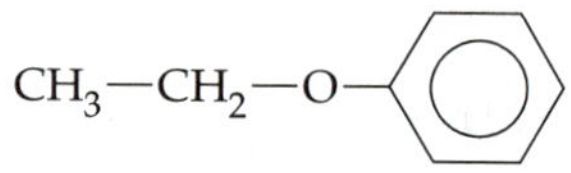

(g) 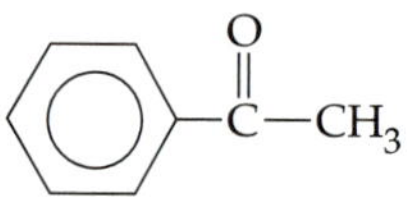

(h) 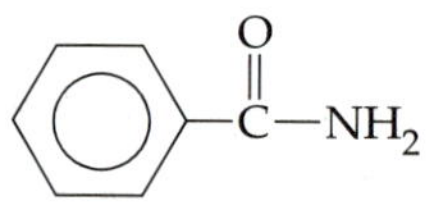

## 유기 할로겐화물

**18** 아래 유기 할로겐화물의 보통 이름을 기술하라.

(a) $CH_3-I$

(b) $CH_3-CH_2-Br$

(c) $CH_3-CH_2-CH_2-F$

(d) $(CH_3)_2-CH-Cl$

**19** 보통 드라이크리닝 용매인 1, 1, 1-트라이클로로에탄(1, 1, 1-trichloroethane)의 구조식을 그려라.

**20** 아래의 용매 중에서 유기 할로겐화물을 녹일 수 있는 것은 어느 것인가?

(a) 물

(b) 탄화수소

## 알코올, 페놀 및 에테르

**21** 아래의 알코올에 대하여 IUPAC 이름으로 명명하라.

(a) $CH_3-CH_2-CH_2-CH_2-OH$

(b) $CH_3-CH_2-CH(OH)-CH_3$

(c) $CH_2(OH)-CH_2-CH_2-CH_3$

(d) $CH_3-CH(OH)-CH_2-CH_3$

**22** 아래의 페놀에 대하여 가능한 이름을 기술하라.

(a) 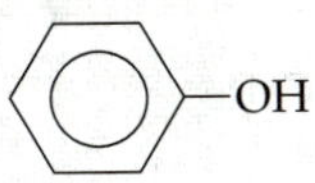

(b) 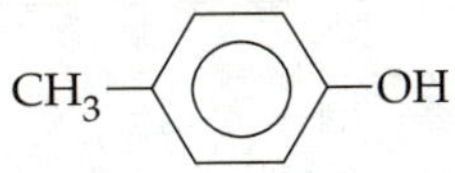

**23** 아래의 에테르를 보통 이름으로 기술하라.

(a) $CH_3-O-CH_3$

(b) $CH_3-O-CH_2CH_3$

(c) $CH_3CH_2CH_2-O-CH_2CH_2CH_3$

(d) 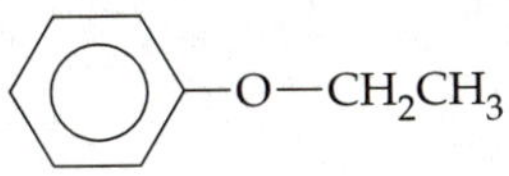

**24** 에틸알코올과 다이메틸에테르는 분자량이 같다. 알코올의 끓는점은 78℃로 다이메틸에테르의 끓는점 -25℃보다 매우 높다. 그 이유를 설명하라.

**25** 분자식 $C_2H_6O$를 갖는 두 가지 화합물이 있다. 각 이성질체의 구조를 그리고, 어떠한 탄화수소 유도체인지 구별하라.

## 아민

**26** 아래의 아민을 보통 이름으로 명명하라.

(a) $CH_3CH_2NH_2$

(b) $CH_3CH_2CH_2NH_2$

**27** 에틸아민과 프로판은 거의 같은 분자량을 갖는다. 에틸아민의 끓는점은 17℃로 프로판의 -44℃보다 훨씬 높은 끓는점을 갖는다. 그 이유를 설명하라.

## 알데하이드와 케톤

**28** 아래의 알데하이드를 IUPAC 이름으로 명명하라.

(a) 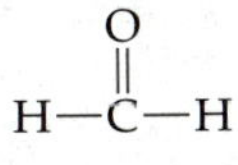

(b) 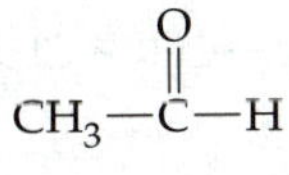

(c) 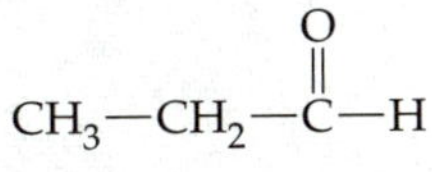

(d) 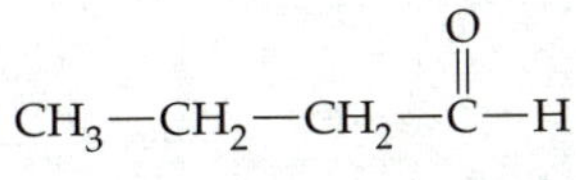

**29** 아래의 케톤을 IUPAC 이름으로 명명하라.

(a) 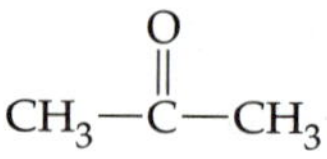

(b) 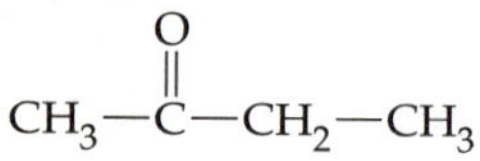

(c) 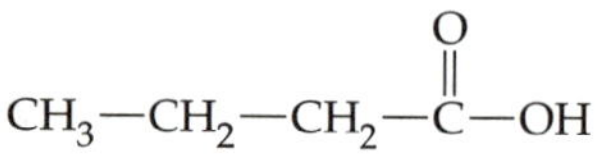

(d) 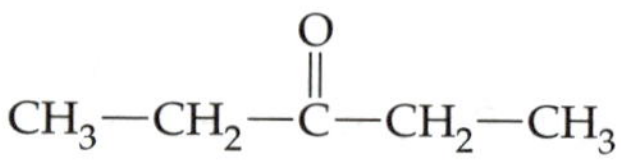

**30** 아래의 화합물들은 대응하는 분자량의 탄화수소보다 높거나 낮은 끓는점을 가질 것인데 일반적으로 어떠한지 밝혀라.

(a) 알데하이드

(b) 케톤

**31** 알데하이드와 케톤 각각이 분자식 $C_3H_6O$를 갖는다. 각 이성질체의 구조를 그려라.

## 카복실산, 에스테르 및 아마이드

**32** 아래의 카복실산을 IUPAC 이름으로 명명하라.

(a) 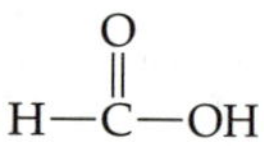

(b) 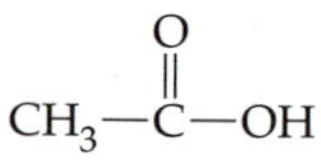

(c) 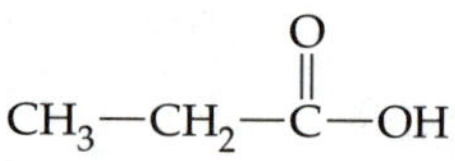

(d) 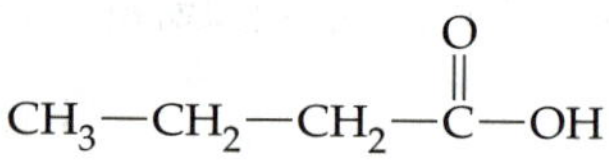

**33** 아래의 에스터(에스테르)를 IUPAC 이름으로 명명하라.

(a) 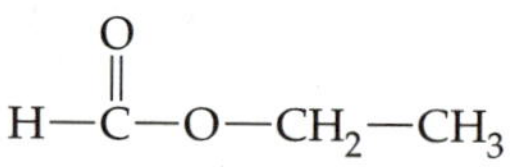

(b) 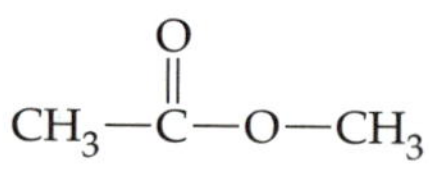

(c) 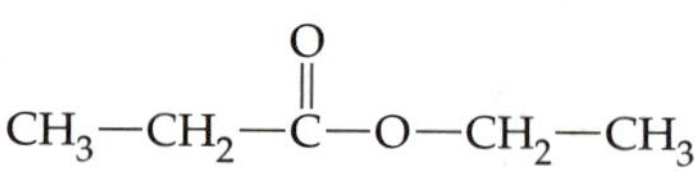

(d) 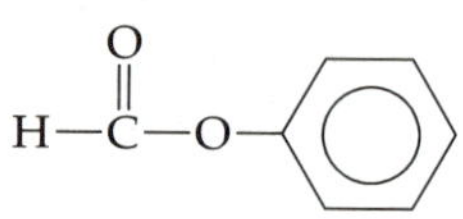

**34** 아래의 화합물에서 수소결합을 할 수 있는 부류는 어느 것인가?

(a) 카복실산 (b) 에스터(에스테르)

(c) 아마이드

# 부록

A

부록

# 과학적 계산기

포켓용 계산기는 이 책에 있는 많은 계산에 필수적이다. 계산기를 선택할 때는 사무용 계산기보다는 과학적 계산기를 골라라. 대부분의 과학적 계산기는 다음과 같이 전형적인 화학 계산을 할 때 도움을 주는 키(key)가 있다.

## 셈 연산

• 기본 작용키 : [+] [−] [×] [÷] [=]

| 예 | 입력 | | | | 디스 플레이 |
|---|---|---|---|---|---|
| (a) 85.8 + 6.43 | 85.8 | [+] | 6.43 | [=] | 92.23 |
| (b) 297 − 11.04 | 297 | [−] | 11.04 | [=] | 285.96 |
| (c) 0.882 × 6.02 | .882 | [×] | 60.2 | [=] | 5.30964 |
| (d) 768 ÷ 0.16 | 768 | [÷] | .16 | [=] | 4800 |

• 두 번째 작동키 : [2nd] 또는 [SHIFT] 또는 [INV]

과학적 계산기는 키들보다 사전에 프로그램된 기능이 더 많이 있다. 따라서 하나의 키는 둘 또는 그 이상의 기능을 가지고 있다. 키의 첫 번째 기능은 키패드(keypad) 위에 직접 프린트되어 있다. 키의 두 번째 기능은 보통 키패드 위쪽에 프린트되어 있다. 두 번째 기능을 이용하기 위해서 먼저 2nd 키를 손가락으로 가볍게 눌러라. 그 다음 기능키를 눌러라. 2nd 기능키는 SHIFT 키 또는 INV 키에 표시되어 있다.

• 역수 키 : [1/X] 또는 [$X^{-1}$]

어떤 수의 역수는 1을 그 수로 나눈 것이다. 예를 들면, 4의 역수는 1/4이다. 이것은 디스 플레이에 0.25로 나타난다. 100의 역수는 1/100 또는 0.01이다. 어떤 수의 역수를 얻기 위해서는 간단히 그 수를 누른 다음 1/X 키를 눌러라.

• 부호 변환키 : [+/−]

이 키는 어떤 수의 부호를 반대 부호로 바꾸는 데 이용한다. 어떤 수가 양(+)이라면 부호 변환키는 그 수를 음(-)으로 만들 것이며, 하나의 대쉬(-)가 나타난다. 그 수가 음이라면 이 키는 그 수를 양의 수로 변환시킬 것이고 대쉬는 없어진다.

## 지수 연산

• 지수 키 : EXP 또는 EEX 또는 EE

지수의 이용은 매우 큰 값과 매우 작은 값을 나타내는 지름길이다. 양의 지수는 10 또는 그 보다 큰 값을 나타낸다. 한편 음의 지수는 1보다 작은 값을 나타낸다.

지수의 수를 입력시키기 위해서는 먼저 지수 앞에 있는 수를 누른 후 EXP 키를 누르고 지수의 수를 누른다. 만약 지수가 음이면 부호 변환키를 누른다. 다음에는 지수의 수를 누르는 방법과 과학적 계산기에 나올 수 있는 디스 플레이를 설명한 것이다.

| 예 | 입력 | | | | 디스 플레이 |
|---|---|---|---|---|---|
| (a) $1.29 \times 10^2$ | 1.29 | EXP | 2 | | $1.29^{02}$ |
| (b) $6.02 \times 10^{23}$ | 6.02 | EXP | 23 | | $6.02^{23}$ |
| (c) $5.87 \times 10^{-7}$ | 5.87 | EXP | 7 | +/− | $5.87^{-07}$ |
| (d) $1.00 \times 10^{-14}$ | 1.00 | EXP | 14 | +/− | $1.00^{-14}$ |

**주의** 지수 수의 ×10 부분은 입력시키지 말아라. EXP 키를 누르는 것은 자동으로 10의 지수를 고려한 것이다.

**주의** 지수가 작은 수라면 그 값은 자동적으로 숫자형태로 나타난다. 예를 들면, 계산기는 $1.29^{02}$보다는 129로 써 $1.29 \times 10^2$이 나타난다.

여러분의 계산기가 SCI 또는 MODE Key를 가졌다면 언제나 과학적 표시를 나타내는 디스 플레이가 나오도록 계산기에 프로그램을 넣어주는 것이 가능하다. 실제로 디스 플레이에 나타나는 유효 숫자의 수를 고정시킬 수 있다.

여러분의 계산기가 FSE Key라면 고정된 십진 기수법(F), 과학적 기수법(S), 또는 공학 기수법(E)을 선택할 수 있다. 계산기에 대하여 자세히 알기 위해서는 계산기 안내서를 참조하여라.

예제

여러분의 계산기로 다음 문제를 풀어 과학적 기수법으로 답하라.

(a) $5.76 \times 10^2 \times 3.15 \times 10^{-4}$

(b) $1.02 \times 10^5 \div 3.13 \times 10^2$

(c) $9.53 \times 10^3 \times \dfrac{1.02 \times 10^2}{4.95 \times 10^9}$

(d) $1.98 \times 10^2 \times \dfrac{2.34 \times 10^5}{8.67 \times 10^{-1}}$

해답

| 입력 | 디스 플레이 |
|---|---|
| (a) 5.76 [EXP] 2 [×] 3.15 [EXP] 4 [+/−] [=] | $1.81^{-01}$ |
| (b) 1.02 [EXP] 5 [÷] 3.13 [EXP] 2 [=] | $3.26^{-02}$ |
| (c) 9.53 [EXP] 3 [×] 1.02 [EXP] 2 [÷] 4.95 [EXP] 9 [=] | $1.96^{-04}$ |
| (d) 1.98 [EXP] 2 [×] 2.34 [EXP] 5 [÷] 8.67 [EXP] 1 [+/−] [=] | $5.34^{07}$ |

과학적 기수법으로 나타낸 계산의 답은 다음과 같다.

(a) $1.81 \times 10^{-1}$

(b) $3.26 \times 10^2$

(c) $1.96 \times 10^{-4}$

(d) $5.34 \times 10^7$

물음 여러분의 계산기로 다음 문제를 과학적 기수법으로 풀어 답하라.

(a) $9.41 \times 10^{-1} \times 6.98 \times 105$

(b) $1.67 \times 10^3 \div 2.32 \times 10^{-6}$

(c) $8.59 \times 10^{-7} \times \dfrac{7.36 \times 10^{27}}{6.32 \times 10^{21}}$

(d) $2.75 \times 10^5 \times \dfrac{5.92 \times 10^5}{1.45 \times 10^{20}}$

해답 (a) $6.57 \times 10^5$ (b) $7.20 \times 10^8$ (c) 1.00 (d) $1.12 \times 10^{-9}$

## 로그 계산

• 밑이 10인 로그 Key : [LOG] 또는 [$LOG_{10}$]

어떤 수의 밑이 10인 로그는 10의 지수가 그 수와 같은 차수이어야 한다. 이 책에서는 용액의 pH를 계산하기 위해서 로그를 이용할 것이다. 다음 예는 [$H^+$]를 pH로,

즉 $-\log[H^+]$로 바꾸는 것을 보인 것이다.

| 예 | 입력 | 디스 플레이 |
|---|---|---|
| (a) $[H^+]=3.8\times10^{-5}$ | 3.8 [EXP] 5 [+/−] [LOG] [+/−] | 4.42 |
| (b) $[H^+]=1.6\times10^{-3}$ | 1.6 [EXP] 3 [+/−] [LOG] [+/−] | 2.80 |

**해답** (a) pH=4.42 (b) pH=2.80

• 밑수가 10인 역로그 Key : [2nd] 또는 [LOG] 또는 [$10^X$]

역로그는 어떤 수의 대수를 역으로 계산하는 것을 구한 것이다. 이 책에서는 pH를 산 용액의 수소이온 몰농도로 바꿀 때 이 계산을 이용할 것이다. 다음 예는 pH를 $[H^+]$로 바꾸는 것을 보인 것이다.

| 예 | 입력 | 디스 플레이 |
|---|---|---|
| (a) pH=8.15 | 8.15 [+/−] [2nd] [LOG] | $7.1^{-09}$ |
| (b) pH=1.55 | 1.55 [+/−] [2nd] [LOG] | $2.8^{-02}$ |

**해답** (a) $[H^+]=7.1\times10^{-9}$ M (b) $[H^+]=2.8\times10^{-2}$ M=0.028 M

B 부록

# 무게와 측정

## 미터계의 정확한 양

| | | | |
|---|---|---|---|
| 길이 | 1 meter (m) | = | 100 centimeters (cm) |
| | 1 meter (m) | = | 1,000 millimeters (mm) |
| | 1 kilometer (km) | = | 1,000 meters (m) |
| 질량 | 1 gram (g) | = | 1,000 milligrams (mg) |
| | 1 kilogram(kg) | = | 1,000 gram (g) |
| | 1 metric ton (m ton) | = | 1,000 kilograms (kg) |
| 부피 | 1 liter (L) | = | 1,000 milliliters (mL) |
| | 1 liter (L) | = | 10 deciliters (dL) |
| | 1 milliliter (mL) | = | 1 cubic centimeter (cm3) |

## 영국계의 정확한 양

| | | | |
|---|---|---|---|
| 길이 | 1 foot (ft) | = | 12 inches (in.) |
| | 1 mile (mi) | = | 1,760 yards (yd) |
| | 1 mile (mi) | = | 5,280 feet ( ft) |
| 질량 | 1 troy pound (t lb) | = | 12 troy ounces (t oz) |
| | 1 pound (lb) | = | 16 ounces (oz) |
| | 1 ton | = | 2,000 pounds (lb) |
| 부피 | 1 quart (qt) | = | 32 fluid ounces (fl oz) |
| | 1 quart ( qt) | = | 2 pints (pt) |
| | 1 gallon (gal) | = | 4 quart (qt) |

**미터 – 영국계의 대략 같은 양**

| | | | |
|---|---|---|---|
| 길이 | 1 inch (in.) | = | 2.54 centimters (cm) |
| 질량 | 1 pound (lb) | = | 454 grams (g) |
| 부피 | 1 quart (qt) | = | 946 milliliters (mL) |
| 시간 | 1 second (sec) | = | 1.00 second (s) |

**온도의 같은 양**

$$\frac{9}{5}°C + 32 = °F$$

$$\frac{9}{5}(°F - 32) = °C$$

$$°C + 273 = K$$

**에너지의 양**

| | | |
|---|---|---|
| 1 calorie(cal) | = | 4.184 joules(J) |
| 1 kilocalorie(kcal) | = | 1,000 calories(cal) |
| 1 kilocalorie(kcal) | = | 4.184 kilojoules(kJ) |

C 부록

# 물리적 상수

| | | |
|---|---|---|
| Avogadro 수 | = | $6.02 \times 10^{23}$ |
| 절대 온도 | | |
| Kelvin 척도 | = | 0 k |
| 섭씨 척도 | = | -273.15℃ |
| | | |
| 표준 온도와 압력(STP) | | |
| 표준 온도 | = | 0 ℃(273k) |
| 표준 대기압 | = | atm |
| | = | 760 mm Hg (760 torr) |
| | = | 76 cm Hg |
| | = | 29.9 in. Hg |
| | = | 14.7psi |
| | = | 101 kpa |
| | | |
| 기체의 몰 부피(STP) | = | 22.4 L / mol |
| 이상 기체상수, R | = | 0.0821 L · atm / mol · K |
| 몰의 이온화상수, Kw | = | $1.00 \times 10^{-14}$ |
| 양성자의 질량 | = | 1.0073 amu |
| 중성자의 질량 | = | 1.0087 amu |
| 전자의 질량 | = | 0.00055 amu |
| 빛의 속도 | = | $3.00 \times 10^{8}$ m /s |

D 부록

# 물의 증기압

| 온도 (℃) | 증기압 (mmHg) | 온도 (℃) | 증기압 (mmHg) | 온도 (℃) | 증기압 (mmHg) |
|---|---|---|---|---|---|
| 0 | 4.6 | 21 | 18.7 | 35 | 42.2 |
| 5 | 3.5 | 22 | 19.8 | 40 | 55.3 |
| 10 | 9.2 | 23 | 21.1 | 45 | 71.9 |
| 12 | 10.5 | 24 | 22.4 | 50 | 92.5 |
| 14 | 12.0 | 25 | 23.8 | 55 | 118.0 |
| 16 | 13.6 | 26 | 25.2 | 60 | 149.4 |
| 17 | 14.5 | 27 | 26.7 | 70 | 233.7 |
| 18 | 15.5 | 28 | 28.4 | 80 | 355.1 |
| 19 | 16.5 | 29 | 30.0 | 90 | 525.8 |
| 20 | 17.5 | 30 | 31.8 | 100 | 760.0 |

## 물의 성질

| | |
|---|---|
| 물의 밀도 | 0°C에서 0.99987 g/mL |
| | 4°C에서 1.00000 g/mL |
| | 25°C에서 0.99707 g/mL |
| 0℃에서 용해열 | 80.0 cal/g (335 J/g) |
| 0℃에서 응고열 | 80.0 cal/g (335 J/g) |
| 100℃에서 기화열 | 540 cal/g (2260 J/g) |
| 100℃에서 응축열 | 540 cal/g (2260 J/g) |

| | |
|---|---|
| 얼음의 비열 | 0.50 cal/(g× ℃) [2.1 J/(g× ℃)] |
| 물의 비열 | 1.00 cal/(g× ℃) [4.18 J/(g× ℃)] |
| 증기의 비열 | 0.48 cal/(g× ℃) [2.0 J/(g× ℃)] |

이온화상수 Kw 25℃에서 $1.00 \times 10^{-14}$

부록 E

# 문제의 답

## 1장 | 화학과 측정

1. (a) 질량 (b) 부피 (c) 길이 (d) 시간
2. (a) 3.40 cm, 3.30 cm (b) 1.551 g, 1.549 g (c) 15.10 mL, 15.00 mL
   (d) 60.01 s, 59.59 s
3. (a) 3 (b) 4 (c) 1 (d) 5
4. (a) 2 (b) 2 (c)1 (d) 1
5. (a) 3 (b) 1 (c) 4 (d) 2
6. (a) 10.5 (b) 11,600 (c) 1.16 (d) 77.5
7. (a) 61.2 (b) 362 (c) 2160 (d) 0.367
8. (a) 72.15 cm (b) 49.7 cm
9. (a) 1.3 g (b) 23.1 g
10. (a) 67 g (b) 13.01 g
11. (a) 7.67 $cm^2$ (b) 10.1 $cm^2$ (c) 28 $cm^2$ (d) 400 $cm^2$
12. (a) 8.8 g/mL (b) 3.0 g/mL (c) 4.26 g/mL (d) 9.124 g/mL
13. (a) $8.0916 \times 10^7$ (b) $1.5 \times 10^{-8}$ (c) $3.356 \times 10^{14}$ (d) $9.27 \times 10^{-13}$
14. $2.69 \times 10^{22}$ 네온 원자
15. (a) 2 니켈 = 1 다임 (b) 1 니켈 = 5 페니
16. (a) 1 마일 = 5280 피트 (b) 1 톤 = 2000 파운드
17. (a) $\frac{2\text{ 니켈}}{1\text{ 다임}}$ 과 $\frac{1\text{ 다임}}{2\text{ 니켈}}$ (b) $\frac{1\text{ 니켈}}{5\text{ 페니}}$ 와 $\frac{5\text{ 페니}}{1\text{ 니켈}}$
18. (a) $\frac{1\text{ 마일}}{5280\text{ 피트}}$ 와 $\frac{5280\text{ 피트}}{1\text{ 마일}}$ (b) $\frac{2000\text{ 파운드}}{1\text{ 톤}}$ 과 $\frac{1\text{ 톤}}{2000\text{ 파운드}}$

19. (a) 1 마일 = 5280 피트 (b) 1 주일 = 7 일

20. 24 킬로미터

21. 39.0 달

22. $1.08 \times 10^{12}$ meters

23. 10.0 mL

24. 23.0 amu

25. 258.1 g

26. (a) $3.52 \times 10^{6}$ (b) $1.91 \times 10^{-6}$

27. $1.67356 \times 10^{-24}$ g

28. $3.5 \times 10^{13}$ 시간

29. 454 g 깃털

## 2장 | 물질과 에너지

1. (a), (c)
2. (a), (c)
3. (a) 융해 (b) 증발 (c) 석출(승화)
4. (a) 흡수 (b) 흡수 (c) 방출
5. 순물질은 하나의 성분으로 되어있고 주어진 시료의 조성이 일정하다.(원소는 하나 또는 2개 이상이다.)

   균일 혼합물은 여러 개의 성분이 균일하게 혼합되어 있으나 시료에 따라 조성이 다를 수 있다.

   불균일 혼합물은 여러 개의 성분이 불균일하게 혼합되어있다. 상이 서로 다른 물질이 혼합되어있어도 불균일 혼합물이다.
6. (a) 불균일 혼합물 (b) 균일 혼합물 (c) 균일 혼합물 (d) 균일 혼합물
7. (a) 원소 (b) 불균일 혼합물 (c) 화합물 (d) 균일 혼합물
8. 산소, 규소, 알루미늄
9. (a) 인 (b) 황 (c) 크립톤 (d) 철 (e) 코발트 (f) 라듐 (g) 크롬 (h) 텔루륨

10. (a) 금속 (b) 비금속 (c) 금속 (d) 비금속

11. (a) 금속 (b) 비금속 (c) 비금속 (d) 금속

12. (a) 금속 (b) 반금속 (c) 금속 (d) 비금속

13. (a) 금속 (b) 반금속 (c) 비금속 (d) 비금속

14. (a) 고체 (b) 기체 (c)액체 (d) 기체

15. (a) 고체 (b) 액체 (c)기체 (d) 고체

16. 합성한 비타민 C 의 질량비도 9 : 1 : 12 이다

17. (a) $C_{20}H_{30}O$ (b) $C_{12}H_{18}Cl_2N_4OS$

18. (a) 21개 원자 (b) 12개 원자

19. (a) 물리 (b) 화학 (c) 화학 (d) 물리

20. (a) 물리 (b) 화학 (c) 물리 (d) 화학

21. (a) 화학 (b) 물리 (c) 물리 (d) 화학

22. (a) 화학 (b) 물리 (c) 화학 (d) 물리

23. 14.9 g 황화아연

24. 0.055 g

25. 그네가 가장 아래에 올 때 위치에너지는 가장 낮고 운동 에너지는 가장 높다.

26. 기체상태

27. 증가한다

28. 1500 Kcal

29. 807 cal

30. 48.0 Kcal

31. 열, 빛, 화학, 전기, 기계, 핵

32. (a) 핵 → 열 (b) 열 → 기계 (c) 기계 → 기계 (d) 기계 → 전기

33. (a) 화학 → 전기 (b) 전기 → 기계 (c) 기계 → 기계 (d) 화학 → 열

34. E = 에너지, m = 질량, c = 빛의 속도

35. 균일 혼합물

36. 게르마늄

## 3장 | 원자모형

1. (c)

2. (1) 질량보존의 법칙 (2) 일정성분비의 법칙

3. 양성자와 중성자는 원자의 중심에 있고 전자는 핵 주위에 있다.

4. 전자 : 1- , 양성자 : 1+ , 중성자 : 0

5. (a) $2n^{\circ}$ (b) $16n^{\circ}$ (c) $5n^{\circ}$ (d) $24n^{\circ}$

6. (a) $4n^{\circ}$ (b) $21n^{\circ}$ (c) $50n^{\circ}$ (d) $117n^{\circ}$

7.

| 원자기호 | 질량수 | 양자수 | 중성자수 | 전자수 |
|---|---|---|---|---|
| $^{4}_{2}He$ | 4 | 2 | 2 | 2 |
| $^{21}_{10}Ne$ | 21 | 10 | 11 | 10 |
| $^{50}_{22}Ti$ | 50 | 22 | 28 | 22 |
| $^{197}_{79}Au$ | 197 | 79 | 118 | 79 |

8. 탄소 - 12

9. 55.85 amu

10. Cl - 35

11. 보라색 광선

12. 오랜지색 광선

13. 450 nm

14. 450 nm

15. 광자

16. (a) 연속 (b) 양자화

17.

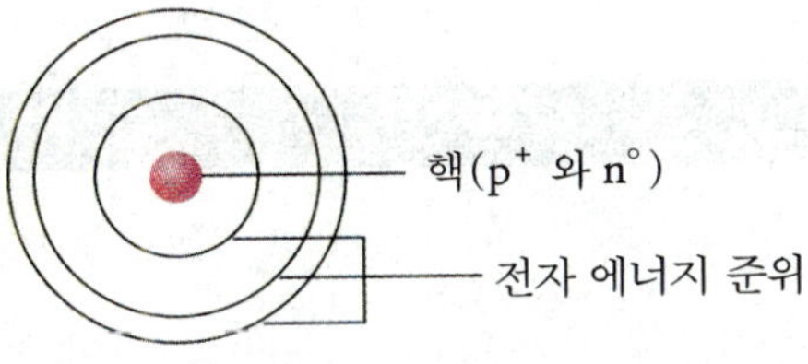

18. 5 → 2

19. 청록색

20. 5 → 1

21. 보라색

22. (a) 자외선 (b) 붉은색 (c) 적외선

23. (a) 1s (b) 2s 2p (c) 3s 3p 3d (d) 4s 4p 4s 4f

24. (a) $2e^-$ (b) $6e^-$ (c) $10e^-$ (d) $14e^-$

25. $8e^-$

26. 1s 2s 2p 3s 3p 4s 3d 4p 5s 4d 5p

27. (a) $1s^2$ (b) $1s^22s^2$ (c) $1s^22s^22p^63s^23p^64s^23d^7$ (d) $1s^22s^22p^63s^23p^64s^23d^{10}4p^65s^24d^{10}$

28. (a) Li (b) Si (c) Ti (d) Sr

29. 궤도는 핵 주위의 전자가 어떤 주어진 에너지 준위의 위치에서 핵을 중심으로 선회하는 길이다. 궤도함수는 어떤 주어진 에너지준위에서 전자가 발견될 수 있는 영역을 확률로서 나타낸 것이다.

30 (a) 3s (b) $3p_x$ (c) 동일 (d) 동일

31. (a) 5s (b) 4p

32. (a) $2e^-$ (b) $6e^-$ (c) $10e^-$ (d) $14e^-$

33. $9.09 \times 10^{-28}$ g

34. 70.93 amu

35. 불안정한 동위원소

36. (a) 자외선 (b) 가시광선 (c) 적외선

37. 3d 준위에 전자들이 거의 꽉 차있어 4s 전자들보다 안정하기 때문이다.

## 4장 | 주기율표

1. 주기

2. 주족원소(전형원소)

3. 내부 전이원소

4. 비금속

5. (a) Ⅰ A/1 (b) Ⅱ A/2 (c) ⅦA/17 (d) ⅧA/18

6. 란탄계열

7. 희토류 원소

8. (a) 1 (b) 11 (c) 13 (d) 3 (e) 15 (f) 5 (g) 17 (h) 7

9. (a) Ge (b) Na (c) I (d) Pm

10. (a) Sb (b) Mg (c) Br (d) Th

11. (a) Na (b) P (c) Ca (d) Kr

12. (a) Al (b) K (c) Ba (d) Fe

13. 1824℃ , 0.131 nm, 13.42 g/mL

14. -197℃, 0.195 nm, 5.70 g/L

15. (a) $Li_2O$ (b) CaO (c) $Ga_2O_3$ (d) $SnO_2$

16. (a) CdO (b) ZnS (c) HgS (d) CdSe

17. (a) $SO_3$ (b) $TeO_3$ (c) $SeS_3$ (d) $TeS_3$

18. s 부준위

19. d 부준위

20. 4f 부준위

21. (a) 1s (b) 3s (c) 4f (d) 4p (e) 5s (f) 2p (g) 5p (h) 6s

22. (a) $1s^2 2s^1$

(b) $1s^2 2s^2 2p^5$

(c) $1s^2 2s^2 2p^6 3s^2$

(d) $1s^2 2s^2 2p^6 3s^2 3p^3$

(e) $1s^2 2s^2 2p^6 3s^2 3p^6 4s^2$

(f) $1s^2 2s^2 2p^6 3s^2 3p^6 4s^2 3d^5$

(g) $1s^2 2s^2 2p^6 3s^2 3p^6 4s^2 3d^{10} 4p^1$

(h) $1s^2 2s^2 2p^6 3s^2 3p^6 4s^2 3d^{10} 4p^6 5s^1$

23. (a) 1 (b) 3 (c) 5 (d) 7 (e) 2 (f) 4 (g) 6 (h) 8

24. H· , ·B· , ·N: , :F: ,

Ca· , ·Si· , ·O: , :Ar:

25. (a) Mg (b) S (c) Sn (d) N

26. (a) Cs (b) Ar (c) Al (d) I

27. (a) 1+ (b) 3+ (c) 2- (d) 1-

28. (b) $Ca^{2+}$ (c) $S^{2-}$

29. (a) [Ne] (b) [Ar] (c) [Ar] $3d^6$ (d) [Kr] $4d^2$

30. (a) [He] $2s^22p^6$ or [Ne]
    (b) [Ne] $3s^23p^6$ or [Ar]
    (c) [He] $2s^22p^6$ or [Ne]
    (d) [Kr] $5s^24d^{10}5p^6$ or [Xe]

31. 스칸듐(Sc)

32. (a) ⅠA 족 (b) ⅠB 족 (c) ⅢB 족 (d) ⅢA 족

33. 0.219 nm, 4.67 g/mL, 681℃

34. (a) [Kr] $5s^2$ (b) [Kr] $5s^24d^6$ (c) [kr] $5s^24d^{10}5p^3$ (d) [Xe] $6s^1$

35. 첫째는 알카리 토금속이 알카리 금속보다 양자수가 많다. 둘째는 알카리 금속은 전자 하나만 잃으면 안정화되지만 알카리 토금속은 두 개를 잃어야 하므로 어렵다.

36. 수소와 1A족 원소 모두 최외각에 전자를 하나만 가 지고 있다. 그런데 수소의 전자(1s)가 1A족의 최외각 (2s, 3s, --)에 있는 다른 전자들보다 핵에 가장 가깝게 있기 때문이다 .

## 5장 | 화학의 언어

1. (a) 이성분 이온화합물 (b) 이성분 분자화합물 (c) 삼성분 이온화합물
   (d) 삼성분 산소산

2. (a) 단원자 양이온 (b) 단원자 음이온 (c) 다원자 양이온 (d) 다원자 음이온

3. (a) 수은(Ⅱ) 이온 (b) 구리(Ⅱ) 이온

(c) 철(Ⅱ) 이온 (d) 코발트(Ⅲ) 이온

4. (a) $Li^{+}$ (b) $Al^{3+}$ (c) $Sn^{4+}$ (d) $Mn^{2+}$

5. (a) fluoride ion (b) iodide ion (c) oxide ion (d) phosphide ion

6. (a) sulfate ion (b) mitrate ion (c) chromate ion (d) hydrogen sulfate ion

7. (a) $OH^{-}$ (b) $NO_2^{-}$ (c) $Cr_2O_7^{2-}$ (d) $HCO_3^{-}$

8. (a) $AlBr_3$ (b) CdS (c) $Mg_3P_2$ (d) $PbS_2$

9. (a) $KNO_3$ (b) $(NH_4)_2Cr_2O_7$ (c) $Al_2(So_3)_3$ (d) $Cr(ClO)_3$

10. (a) $Sr(NO_2)_2$ (b) $Zn(MnO_4)_2$ (c) $CaCrO_4$ (d) $Cr(ClO_4)_3$

11 (a) magnesium oxide (b) zinc oxide (c) cadmium oxide (d) barium oxide

12. (a) copper(Ⅱ) oxide (b) iron(Ⅱ) oxide (c) mercury(Ⅱ) oxide

(d) tin(Ⅱ) oxide

13. (a) $Cu_2O$ (b) FeN (c) $HgCl_2$ (d) $PbS_2$

14. (a) RbCl (b) NaBr

15. (a) GaN (b) AlAs

16. (a) lithium permanganate (b) strontium perchlorate (c) calcium chromate

(d) cadmium cyanide

17. (a) copper(Ⅱ) sulfate (b) iron(Ⅱ) chromate (c) mercury(Ⅱ) nitrite

(d) lead(Ⅱ) acetate

18. (a) cuprous sulfate (b) ferric chromate (c) mercurous nitrite

(d) plumbic acetate

19. (a) $Fr_2SO_4$ (b) $Na_2SO_3$

20. (a) $Ra(ClO_3)_2$ (b) $Ba(BrO_3)_2$

21. (a) sulfur trioxide (b) diphosphorus trioxide (c) dinitrogen oxide

(d) tricarbon dioxide

22. (a) $N_2O_5$ (b) $CCl_4$ (c) IBr (d) $H_2S$

23. (a) hydrobromic acid (b) hydroiodic acid

24. (a) chlorous acid (b) phosphoric acid

25. (a) $HC_2H_3O_2(aq)$ (b) $HNO_3(aq)$

26. (a) HIO(aq) (b) HBrO(aq)

27. (a) 0 (b) 2+ (c) 3+ (d) 0

28. $SiO_3^{2-}$

29.

| 이온 | 플루오린화 이온 | 산화이온 | 질소화 이온 |
|---|---|---|---|
| 리튬이온 | LiF, lithium fluoride<br>플루오린화 리튬 | $Li_2O$, lithium oxide<br>산화 리튬 | $Li_3N$, lithium nitride<br>질소화 리튬 |
| 칼슘이온 | $CaF_2$, calcium fluoride<br>플루오린화 칼슘 | CaO, calcium oxide<br>산화 칼슘 | $Ca_3N_2$, calcium nitride<br>질소화 칼슘 |
| 알루미늄 이온 | $AlF_3$, alumium fluoride<br>플루오린화 알루미늄 | $Al_2O_3$, alumium oxide<br>산화 알루미늄 | AlN, alumium nitride<br>질소화 알루미늄 |

30.

| 이온 | 수산화 이온 | 아황산이온 | 인산 이온 |
|---|---|---|---|
| 칼륨이온 | KOH<br>potasium hydroxide<br>수산화칼륨 | $K_2SO_3$<br>potasium sulfide<br>아황산칼륨 | $K_3PO_4$<br>potasium phophate<br>인산칼륨 |
| 카드뮴 이온 | $Cd(OH)_2$<br>cadmium hydroxide<br>수산화카드뮴 | $CdSO_3$<br>cadmium sulfide<br>아황산카드뮴 | $Cd_3(PO_4)_2$<br>cadmium phophate<br>인산카드뮴 |
| 크롬 이온 | $Cr(OH)_3$<br>chromium(Ⅲ)<br>hydroxide<br>수산화크롬 | $Cr_2(SO_3)_3$<br>chomium(Ⅲ) sulfide<br>아황산크롬 | $CrPO_4$<br>chomium(Ⅲ)<br>phophate<br>인산크롬 |

31. (a) $H_2O$ (b) NaClO (c) NaOH (d) $NaHCO_3$

32. (a) boron trifluoride ( 삼풀루오린화 보론 )

(b) silicon tetrachloride ( 사염화 규소 )

(c) diarsenic pentaoxide ( 오산화 비소 )

(d) diantimony trioxide ( 삼산화 이안티몬)

## 6장 | 화학반응

1. $H_2$, $N_2$, $O_2$, $F_2$, $Cl_2$, $Br_2$ 와 $I_2$

2. $2Fe(s) + 3Cl_2(g) \rightarrow 2FeCl_3(s)$

3. $ZnCO_3(s) \rightarrow ZnO(s) + CO_2(g)$

4. $Mg(s) + Co(NO_3)_2(aq) \rightarrow Mg(NO_3)_2(aq) + Co(s)$

5. $LiBr(aq) + AgNO_3(aq) \rightarrow AgBr(s) + LiNO_3(aq)$

6. $HC_2H_3O_2(aq) + KOH(aq) \rightarrow KC_2H_3O_2(aq) + HOH(l)$

7. (e) 화학식의 첨자를 바꾸면 안된다.

8. (a) $4\ Co(s) + 3O_2(g) \rightarrow 2Co_2O_3(s)$

   (b) $2LiClO_3(s) \rightarrow 2\ LiCl(s) + 3O_2(g)$

   (c) $Cu(s) + 2AgC_2H_3O_2(aq) \rightarrow Cu(C_2H_3O_2)_2(aq) + 2\ Ag(s)$

   (d) $Pb(NO_3)_2(aq) + 2\ LiCl(aq) \rightarrow PbCl_2(s) + 2LiNO_3(aq)$

   (e) $3H_2SO_4(aq) + 2\ Al(OH)_3(aq) \rightarrow Al_2(SO_4)_3(aq) + 6\ HOH(l)$

9. (a) $H_2CO_3(aq) + 2\ NH_4OH(aq) \rightarrow (NH_4)_2CO_3(aq) + 2HOH(l)$

   (b) $Hg_2(NO_3)_2(aq) + 2NaBr(aq) \rightarrow Hg_2Br_2(s) + 2NaNO_3(aq)$

   (c) $Mg(s) + 2HC_2H_3O_2(aq) \rightarrow Mg(C_2H_3O_2)_2(aq) + H_2(g)$

   (d) $2\ LiNO_3(s) \rightarrow 2\ LiNO_2(s) + O_2(g)$

   (e) $2\ Pb(s) + O_2(g) \rightarrow 2\ PbO(s)$

10. (a) $4\ Fe(s) + 3\ O_2(g) \rightarrow 2\ Fe_2O_3(s)$

    (b) $2\ Sn(s) + O_2(g) \rightarrow 2\ SnO(s)$

11. (a) $2\ C(s) + O_2(g) \rightarrow 2\ CO(g)$

    (b) $4\ P(s) + 5\ O_2(g) \rightarrow 2\ P_2O_5(s)$

12. (a) $2\ Cu(s) + Cl_2(g) \rightarrow 2\ CuCl(s)$

    (b) $Co(s) + S(s) \rightarrow CoS(s)$

13. (a) $4\ Cr(s) + 3\ O_2(g)) \rightarrow 2\ Cr_2O_3(s)$

    (b) $2\ Cr(s)\ N_2(g)) \rightarrow 2\ CrN(s)$

14. (a) $4\ Li + O_2 \rightarrow 2\ Li_2O$

(b) $2\ Ca + O_2 \rightarrow 2\ CaO$

15. (a) $2\ Na + I_2 \rightarrow 2\ NaI$

(b) $3\ Ba + N_2 \rightarrow Ba_3N_2$

16. (a) $2\ AgHCO_3(s) \rightarrow Ag_2CO_3(s) + H_2O(g) + CO_2(g)$

(b) $Ba(HCO_3)_2(s) \rightarrow BaCO_3(s) + H_2O(g) + CO_2(g)$

17. (a) $K_2CO_3(s) \rightarrow K_2O(s) + CO_2(g)$

(b) $MnCO_3(s) \rightarrow MnO(s) + CO_2(g)$

18. (a) $Ca(NO_3)_2(s) \rightarrow Ca(NO_2)_2(s) + O_2(g)$

(b) $2\ Ag_2SO_4(s) \rightarrow 2\ Ag_2SO_3(s) + O_2(g)$

19. (a) $2\ KHCO_3(s) \rightarrow K_2CO_3(s) + H_2O(g) + CO_2(g)$

(b) $Zn(HCO_3)_2(s) \rightarrow ZnCO_3(s) + H_2O(g) + CO_2(g)$

20. (a) $2NaClO_3(s) \rightarrow 2\ NaCl(s) + 3O_2(g)$

(b) $Ca(NO_3)_2(s) \rightarrow Ca(NO_2)_2(s) + O_2(g)$

21. (b) Zn (d) Mg

22. (a) Ni (b) Zn (d) Al

23. (a) Li (b) Ca

24. (a) $Cu(s) + Al(NO_3)_3(aq) \rightarrow NR$

(b) $2\ Al(s) + 3\ Cu(NO_3)_2(aq) \rightarrow 3\ Cu(s) + 2\ Al(NO_3)_3(aq)$

25. (a) $Ni(s) + Pb(C_2H_3O_2)_2(aq) \rightarrow Pb(s) + Ni(C_2H_3O_2)_2(aq)$

(b) $Pb(s) + Ni(C_2H_3O_2)_2(aq) \rightarrow NR$

26. (a) $Mg(s) + 2HCl(aq) \rightarrow MgCl_2(s) + H_2(g)$

(b) $Mn(s) + 2HNO_3(aq) \rightarrow Mn(NO_3)_2(aq) + H_2(g)$

27. (a) $2\ Li(s) + 2H_2O(l) \rightarrow 2\ LiOH(aq) + H_2(g)$

(b) $Ba(s) + 2\ H_2O(l) \rightarrow Ba(OH)_2(aq) + H_2(g)$

28. (a) $Zn(s) + Pb(NO_3)_2(aq) \rightarrow Pb(s) + Zn(NO_3)_2(aq)$

(b) $Cd(s) + Fe(NO_3)_2(aq) \rightarrow NR$

29. (a) $Zn(s) + 2HNO_3(aq) \rightarrow Zn(NO_3)_2(aq) + H_2(g)$

(b) $Cd(s) + 2HNO_3(aq) \rightarrow Cd(NO_3)_2(aq) + H_2(g)$

30. (a) $2K(s) + 2H_2O(l) \rightarrow 2KOH(aq) + H_2(g)$

(b) $Ba(s) + 2H_2O(l) \rightarrow Ba(OH)_2(aq) + H_2(g)$

31. (b) soluble (d) soluble

32. (a) insoluble (c) insoluble (d) insoluble

33. (a) $ZnCl_2(aq) + 2NH_4OH(aq) \rightarrow Zn(OH)_2(s) + 2NH_4Cl(aq)$

(b) $NiSO_4(aq) + Hg_2(NO_3)_2(aq) \rightarrow Hg_2SO_4(s) + Ni(NO_3)_2(aq)$

34. (a) $MgSO_4(aq)\ BaCl_2(aq) \rightarrow BaSO_4(s) + MgCl_2(aq)$

(b) $2AlBr_3(aq) + 3Na_2CO_3(aq) \rightarrow Al_2(CO_3)_3(s) + 6NaBr(aq)$

35. (a) $HNO_3(aq) + NaOH(aq) \rightarrow NaNO_3(aq) + HOH(l)$

(b) $2H_3PO_4(aq) + 3Ba(OH)_2(aq) \rightarrow Ba_3(PO_4)_2(s) + 6HOH(l)$

36. (a) $2HF(aq) + Ca(OH)_2(aq) \rightarrow CaF_2(aq) + 2HOH(l)$

(b) $H_2SO_4(aq) + 2LiOH(aq) \rightarrow Li_2SO_4(aq) + 2HOH(l)$

37. (a) $3Fe(s) + 4H_2O(g) \rightarrow Fe_3O_4(s) + 4H_2(g)$

(b) $4FeS(s) + 7O_2(g) \rightarrow 2Fe_2O_3(s) + 4SO_2(g)$

38. (a) $F_2(g) + 2NaBr(aq) \rightarrow Br_2(l) + 2NaF(aq)$

(b) $Sb_2S_3(s) + 6HCl(aq) \rightarrow 2SbCl_3(aq) + 3H_2S(g)$

39. (a) $CH_4(g) + 2O_2(g) \rightarrow CO_2(g) + 2H_2O(g)$

(b) $C_3H_8(g) + 5O_2(g) \rightarrow 3CO_2(g) + 4H_2O(g)$

40. $4HCl(g) + O_2(g) \rightarrow 2Cl_2(g) + 2H_2O(g)$

## 7장 | 몰의 개념

1. (a) $2.02 \times 10^{23}$ atoms Ti (b) $6.74 \times 10^{22}$ molecules $CO_2$

(c) $1.16 \times 10^{24}$ formula units $ZnCl_2$

2. (a) 0.0689 mol Fe (b) 0.00550 mol $Br_2$ (c) $6.96 \times 10^{-4}$ mol $Cd(NO_3)_2$

3. (a) 200.59 g/mol (b) 28.09 g/mol (c) 159.80 g/mol (d) 123.88 g/mol

4. (a) 175.33 g/mol (b) 110.27 g/mol (c) 233.00 g/mol (d) 452.80 g/mol

5. (a) 98.3 g Hg (b) 0.540 g $N_2$ (c) 1.75 g $BaCl_2$

6. (a) $2.31 \times 10^{22}$ atoms K (b) $8.84 \times 10^{21}$ molecules $O_2$

(c) $1.75 \times 10^{21}$ formula units $AgClO_3$

7. (a) $1.50 \times 10^{-23}$ g/atom (b) $3.82 \times 10^{-23}$ g/atom

(c) $9.79 \times 10^{-23}$ g/atom (d) $1.24 \times 10^{-22}$ g/atom

8. (a) 0.901 g/L (b) 3.17 g/L (c) 2.05 g/L (d) 5.71 g/L

9. (a) 30.0 g/mol (b) 27.6 g/mol (c) 121 g/mol (d) 45.9 g/mol

10. (a) 1.40 L He (b) 4.04 L $N_2$

11. (a) 1.60 g $H_2S$ (b) 18.1 g $N_2O_3$

12. (a) $2.69 \times 10^{21}$ molecules $H_2$ (b) $1.89 \times 10^{21}$ molecules $NH_3$

13.

| 기체 | 분자수 | 질량 | 부피(STP에서) |
|---|---|---|---|
| $N_2$ | $1.35 \times 10^{23}$ | 6.28 g | 5.02 L |
| NO | $1.35 \times 10^{23}$ | 6.73 g | 5.02 L |
| $NO_2$ | $1.35 \times 10^{23}$ | 10.3 g | 5.02 L |

14. (a) 0.257 M NaCl (b) 0.0510 M $K_2Cr_2O_7$

(c) 0.400 M $CaCl_2$ (d) 0.313 M $Na_2SO_4$

15. (a) $\dfrac{0.100 \text{ mol LiI}}{1 \text{ L solution}}$ 와 $\dfrac{1 \text{ L solution}}{0.100 \text{ mol LiI}}$

$\dfrac{0.100 \text{ mol LiI}}{1000 \text{ mL solution}}$ 와 $\dfrac{1000 \text{ mL solution}}{0.100 \text{ mol LiI}}$

(b) $\dfrac{0.100 \text{ mol NaNO}_3}{1 \text{ L solution}}$ 와 $\dfrac{1 \text{ L solution}}{0.100 \text{ mol NaNO}_3}$

$\dfrac{0.100 \text{ mol NaNO}_3}{1000 \text{ mL solution}}$ 와 $\dfrac{1000 \text{ mL solution}}{0.100 \text{ mol NaNO}_3}$

(c) $\frac{0.500 \text{ mol } K_2CrO_4}{1 \text{ L solution}}$ 와 $\frac{1 \text{ L solution}}{0.500 \text{ mol } K_2CrO_4}$

$\frac{0.500 \text{ mol } K_2CrO_4}{1000 \text{ mL solution}}$ 와 $\frac{1000 \text{ mL solution}}{0.500 \text{ mol } K_2CrO_4}$

(d) $\frac{0.500 \text{ mol } ZnSO_4}{1 \text{ L solution}}$ 와 $\frac{1 \text{ L solution}}{0.500 \text{ mol } ZnSO_4}$

$\frac{0.500 \text{ mol } ZnSO_4}{1000 \text{ mL solution}}$ 와 $\frac{1000 \text{ mL solution}}{0.500 \text{ mol } ZnSO_4}$

16. (a) 0.866 L solution (b) 0.198 L solution
    (c) 0.177 L solution (d) 0.0800 L solution
17. (a) 4.00 g NaOH (b) 6.80 g $LiHCO_3$ (c) 1.68 g $CuCl_2$ (d) 1.98 g $KMnO_4$
18. 0.0154 M $CaSO_4$
19. (a) 5.00% (b) 0.291 M $C_6H_{12}O_6$
20. 0.34 M $HC_2H_3O_2$
21. 0.719 M $AgNO_3$, 1.88 g, AgBr
22. $SnO_2$
23. HgO
24. $Co_2S_3$
25. (a) $MnF_2$ (b) CuCl (c) $SnBr_2$
26. $C_2HCl_3$
27. $C_9H_8O_4$
28. $C_6H_{10}O_4$
29. $CH_3O$, $C_2H_6O_2$
30. CHCl, $C_6H_6Cl_6$
31. $C_5H_7N$, $C_{10}H_{14}N_2$
32. $6.02 \times 10^{23}$ electrons
33. 5 - g nickel coin
34. $Ga_2O_3$

35. $2.99 \times 10^{-23}$ $cm^3$ $H_2O$

36. $2.11 \times 10^{22}$ atoms C

37. 11 atoms C

38. $6.04 \times 10^{23}$ atoms Cu / mol

## 8장 | 기체법칙

1. (a) 73.5 psi (b) 380 cm Hg

2. (a) 104 kpa (b) 783 mm Hg

3. 부피, 온도, 분자수

4. (a) 분자의 충돌회수가 줄어들므로 압력이 감소한다.

   (b) 분자의 충돌회수가 증가하므로 에너지도 증가하고 압력도 증가한다.

   (c) 분자의 충돌회수가 증가하므로 압력이 증가한다.

5. (a) 압력이 감소한다 (b) 압력이 증가한다 (c) 압력이 감소한다

6. 0.286 atm

7. 17.0 psi

8. 363 mL $O_2$

9. 109 $cm^3$ $F_2$

10. 1230 torr

11. 104 cm Hg

12. 94.3 mL $H_2$

13. 5.31 L air

14. 7820 torr

15. 1290 mm Hg

16. 880 K (607 ℃)

17. 교과서의 8.10절을 참조

18. 높은 온도와 낮은 압력

19 (a) 모든 기체가 동일하다 (b) 모든 기체가 동일하다

(c) He 원자 (d) Ar 원자

20. 0 mm Hg

21. 245 atm

22. 2.78 mol $N_2O$

23. 저압에서는 HF의 수소결합으로 인하여 분자간 인력이 매우 강하여 반대로 기체의 압력은 낮다. 그러나 온도가 올라가면 수소결합이 끊어져 분자의 충돌회수가 증가하므로 압력이 이상기체보다 높아진다.

24. (a) 1.63, 1.62 atm (b) 48.9, 38.9 atm (c) 489, $1.88 \times 10^3$ atm

저압에서는 이상기체 법칙이나 van der waals 식의 값이 거의 비슷하다. 그러나 고압에서는 현격한 차이가 남을 알 수 있다.

25. 37,000 lb

26. 15 psi

27. 38.5 mL $O_2$

28. 12.3 atm

29. 5.11 L NO

30. 48.0 g/mol

31. 12.5 g/mol

32. 3.92 g $Cl_2$

33. 62.4 torr · L/mol · K

## 9장 | 이온결합과 공유결합

1. 칼슘원자 : 2개, 염소원자 : 7개

2. $Ca^{2-}$( 칼슘이온 ) : 8개, $Cl^-$ ( 염화이온 ) : 8개

3. (a) 공유결합 (b) 이온결합 (c) 공유결합 (d) 이온결합

4. (a) 분자 (b) 분자 (c) 화학식 단위 (d) 화학식 단위

5. (a) 분자 (b)원자 (c) 화학식 단위 (d) 분자

6. (a) 1+ (b) 2+ (c) 4+ (d) 3+

7. (a) 1- (b) 1- (c) 2- (d) 3-

8. (a) $1s^2$

   (b) $1s^2\ 2s^2\ 2p^6$

   (c) $1s^2\ 2s^2\ 2p^6\ 3s^2\ 3p^6$

   (d) $1s^2\ 2s^2\ 2p^6$

9. (a) $1s^2\ 2s^2\ 2p^6\ 3s^2\ 3p^6$

   (b) $1s^2\ 2s^2\ 2p^6\ 3s^2\ 3p^6\ 4s^2\ 3d^{10}\ 4p^6\ 5s^2\ 4d^{10}\ 5p^6$

   (c) $1s^2\ 2s^2\ 2p^6\ 3s^2\ 3p^6$

   (d) $1s^2\ 2s^2\ 2p^6\ 3s^2\ 3p^6$

10. (a) He (b) Ar (c) Ar (d) Rn

11. (a) He (b) Ne (c) Ar (d) Ne

12. (a) Ar (b) Xe (c) Ar (d) Ar

13. (a) Li atom (b) Mg atom (c) F ion (d) O ion

14. (a)

15. (a) 원자 반지름의 합 (b) 원자 반지름의 합

16. 모두 틀렸다.

17. (a) 

   (b) 

   (c) 

   (d) 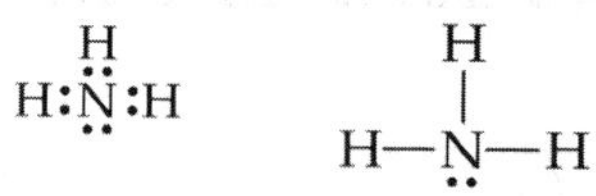

18. (a) 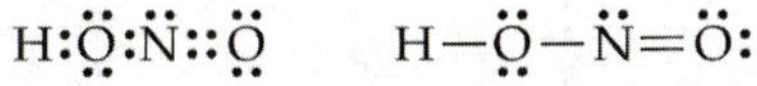

(b) 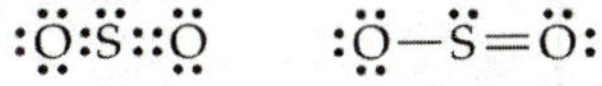

(c) 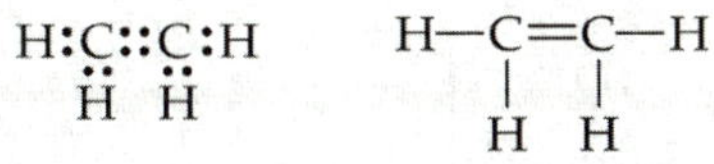

(d) 

19. (a) 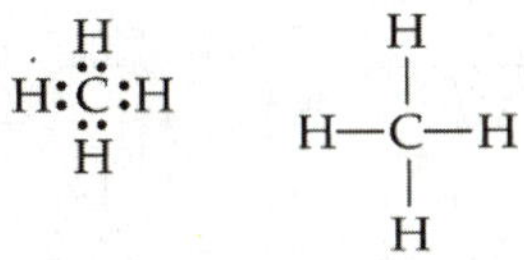

(b) 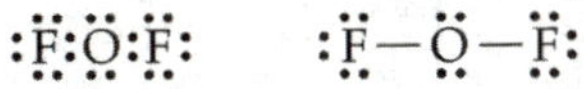

(c) 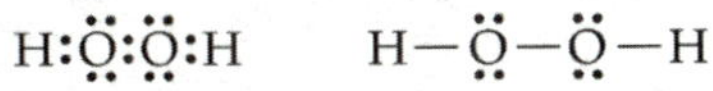

(d) 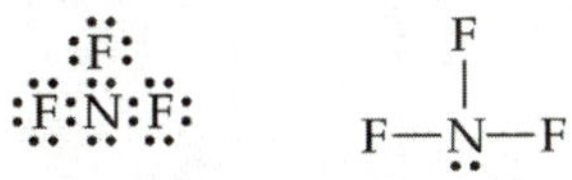

20. (a) 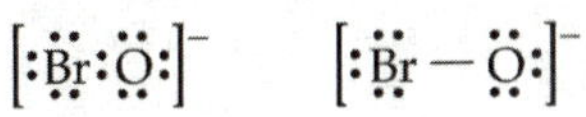

(b) 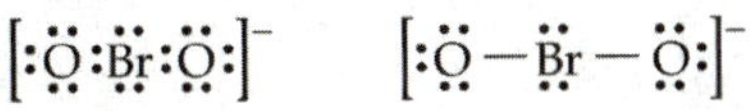

(c) 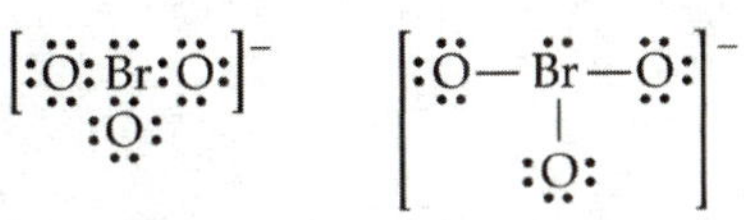

(d) 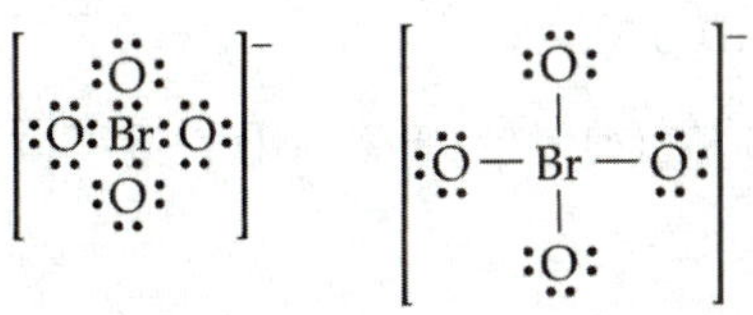

21. (a)

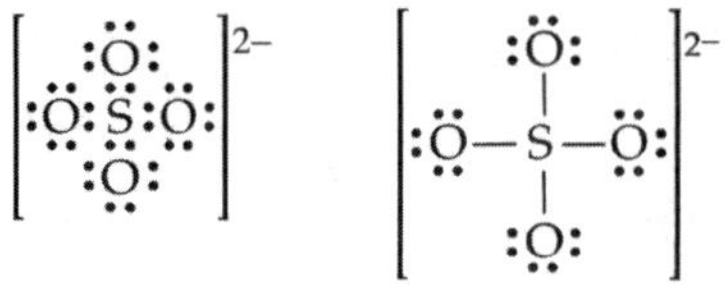

(b)

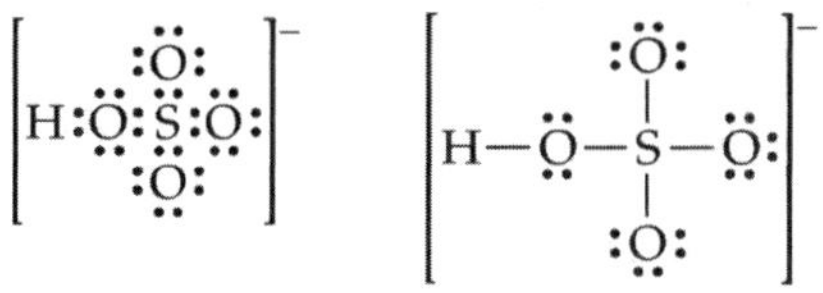

(c)

(d)

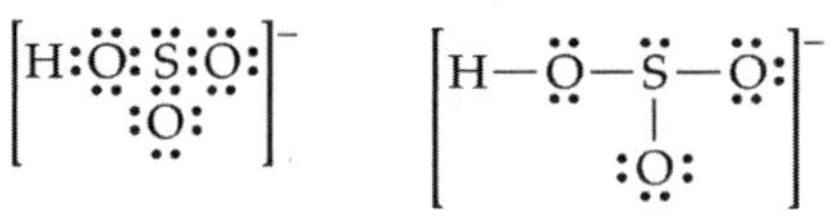

22. (a)

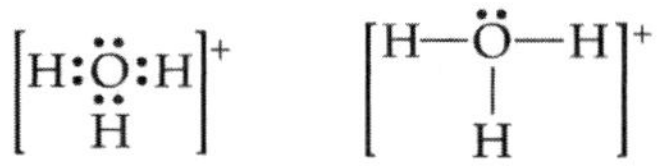

(b)

(c)

(d) $[:C:::N:]^-$ $[:C\equiv N:]^-$

23. decreases

24. nonmetals

25. (a) Cl (b) O (c) Se (d) F

26. (a) 0.2 (b) 1.2 (c) 0.5 (d) 0.3

27. (a) $\delta^+$H–S$\delta^-$ (b) $\delta^-$O–S$\delta^+$ (c) $\delta^+$N–F$\delta^-$ (d) $\delta^+$S–Cl$\delta^-$

28. (a), (b) and (d)

29. $H_2$, $N_2$, and $O_2$

30.

31. 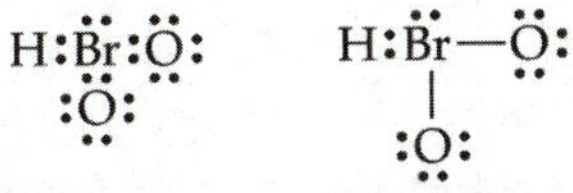

32. 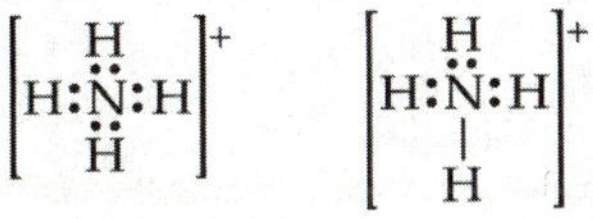

33. 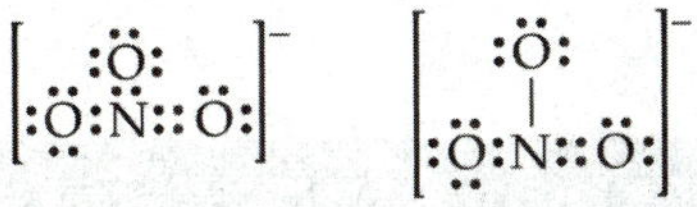

34. tetrahedral, tetrahedral, 109.5°

35. tetrahedral, trigonal pyramidal, 107°

36. tetrahedral, bent, 104.5°

37. 각각의 C - F 결합은 극성이다. 그러나 4면체 구조를 가지므로 각 방향에서 끌어당기는 인력이 상쇄되어 비극성이다.

38. (a) 원자 (b) 분자 (c) 화학식 단위

39. (a) $Sr_3As_2$ (b) RaO (c) $Al_2(CO_3)_3$ (d) $Cd(OH)_2$

40. 3s 에너지 준위가 없어지기 때문이다.

41. 1.0 (polar)

42. 0(nonpolar)

43. $\delta^+$ Ge - Cl $\delta^-$

44. 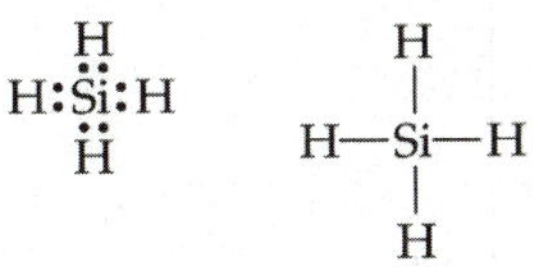

45. 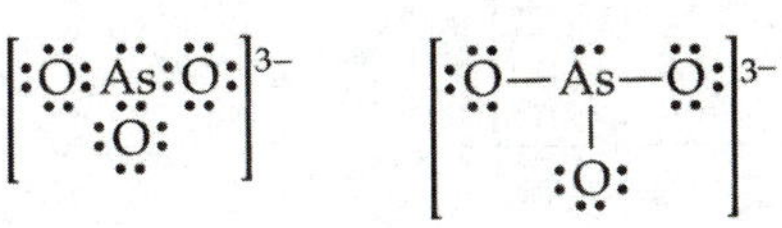

46. O = S - O, O - S = O

47. linear, linear, 180°

48. trigonal planar, trigonal planar, 120°

49. 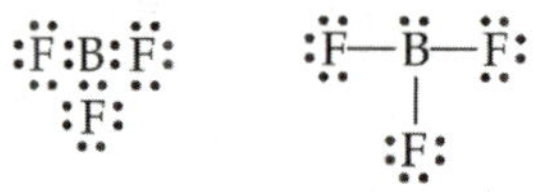

50. 

51. $H_3O^+$의 분자형태는 삼각뿔 모양이고 $H_2O$는 굽은 모양 이다.

## 10장 | 액체와 고체

1. (a) dispersion forces (b) dispersion forces, hydrogen bonds
   (c) dispersion forces, dipole forces (d) dispersion forces, dipole forces
2. (a) $C_2H_5Cl$ (b) $CH_3OCH_3$
3. (a) $CH_3COOH$ (b) $C_2H_6OH$
4. (b), (c) and (d)
5. (a) ~70 mm Hg (b) ~300 mm Hg
6. 56 ℃
7. (a) 고체 (b) 액체 (c) 고체 (d) 고체 (e) 액체 (f) 액체
8. (a) ions (b) molecules (c) atoms
9. (a) metalic (b) ionic (c) molecular (d) molecular
10. 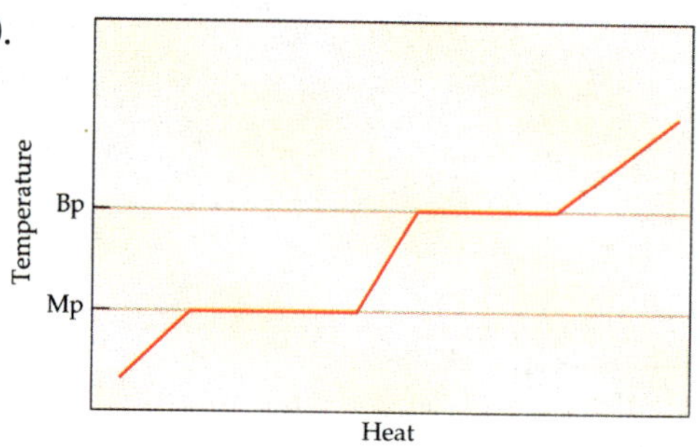

11. 82,800 cal (82.8 kcal)
12. 28,100 cal (28.1 kcal)
13. 75,200 cal (75.2 kcal)
14. 두 개의 결합 전자쌍, 두 개의 비결합 전자쌍

15. 104.5°

16. 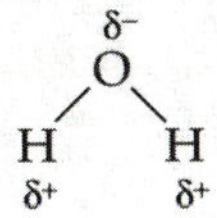


17. H—F ········ H—F
↑
H 결합

18. 뜬다

19. (a) $H_2O$ (b) $H_2Se$

20. (a) $H_2O$ (b) $H_2Se$

21. (a) 증가 (b) 증가 (c) 증가 (d) 증가

22. $2H_2O(l) \rightarrow 2H_2(g) + O_2(g)$

23. (a) $2Li(s) + 2H_2O(l) \rightarrow 2LiOH(aq) + H_2(g)$

(b) $Na_2O(s) + H_2O(l) \rightarrow 2NaOH(aq)$

(c) $CO_2(g) + H_2O(l) \rightarrow H_2CO_3(aq)$

24. (a) $Ba(s) + 2H_2O(l) \rightarrow Ba(OH)_2(aq) + H_2(g)$

(b) $N_2O_3(g) + H_2O(l) \rightarrow 2HNO_2(aq)$

(c) $CaO(S) + H_2O(l) \rightarrow Ca(OH)(aq)$

25. (a) $2C_3H_6(g) + 9O_2(g) \rightarrow 6CO_2(g) + 6H_2O(g)$

(b) $Na_2Cr_2O_7(g) \cdot 2H_2O(s) \rightarrow Na_2Cr_2O_7(s) + 2H_2O(g)$

(c) $2HF(aq) + Ca(OH)_2(aq) \rightarrow CaF_2(aq) + 2HOH(l)$

26. (a) $2C_4H_{10}(g) + 13O_2(g) \rightarrow 8CO_2(g) + 10H_2O(g)$

(b) $Co(C_2H_3O_2)_2 \cdot 4H_2O(s) \rightarrow Co(C_2H_3O_2)_2(s) + 4H_2O(g)$

(c) $2HNO_3(aq) + Ba(OH)_2(aq) \rightarrow Ba(NO_3)_2(aq) + 2HOH(l)$

27. (a) magnesium sulfate heptahydrate (b) cobalt(Ⅲ) cyanide trihydrate

(c) manganese(Ⅱ) sulfate monohydrate (d) sodium dichromate dihydrate

28. (a) $NaC_2H_3O_2 \cdot 3H_2O$ (b) $CaSO_4 \cdot 2H_2O$

(c) $K_2CrO_4 \cdot 4H_2O$ (d) $ZnSO_4 \cdot 7H_2O$

29. (a) 극성 (b) 비극성 (c) 극성 (d) 비극성

30. (a) 불용해 (b) 용해 (c) 용해 (d) 불용해

31. 주어진 시료에 물을 몇 방울 떨어뜨려 물과 잘 혼합되면 극성이고 물과 혼합되지 않으면 비극성이다.

32. (a) 가용성 (b) 불용성 (c) 가용성

33. (a) 불용성 (b) 가용성 (c) 가용성 (d) 불용성 (e) 가용성 (f) 가용성

34. (a) 수용성 (b) 수용성 (c) 수용성 (d) 수용성 (e) 지용성 (f) 지용성

35.

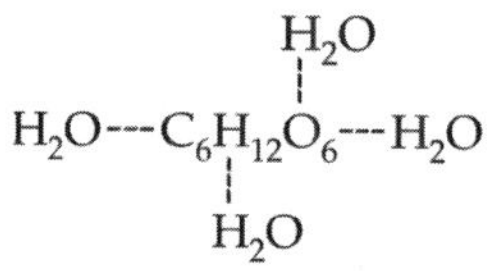

36. (a)

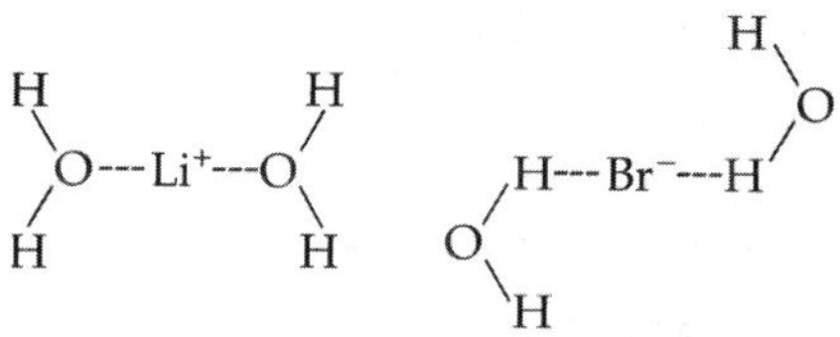

(b)

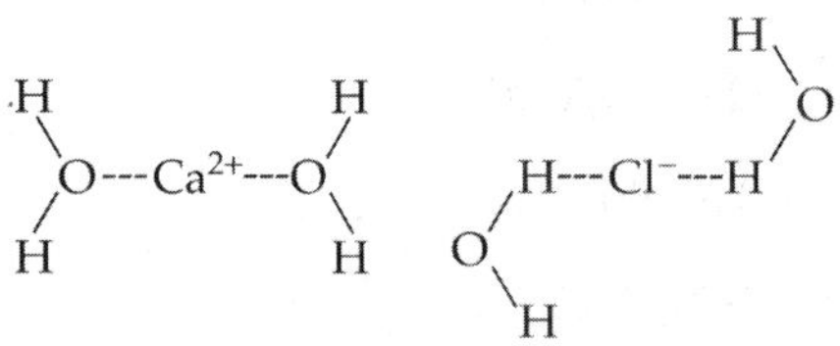

37. (a) 용액을 가열 (b) 용액을 교반 (c) 용질을 분쇄

38. (a) ~35 g NaCl (b) ~35 g KCl

39. (a) ~36 g NaCl/100 g $H_2O$ (b) ~41 g KCl/100 g $H_2O$

40. (a) ~0℃ (b) ~70℃

41. (a) ~100℃ (b) ~35℃

42. (a) supersaturated (b) saturated (c) unsaturated

43. (a) supersaturated (b) saturated (c) unsaturated

44. saturated

45. (a) ~80 g solute (b) ~20 g solute

## 11장 | 산과 염기

1. (a), (b), (d)

2. (a) 강산 (b) 약염기 (c)중성 (d) 약산

3. (a) 강산 (b) 약산 (c)강산 (d) 약산

4. (a) 아레니우스 산 (b) 아레니우스 염기 (c) 염 (d) 아레니우스 염기

5. (a) $HI(aq)$, $NaOH(aq)$ (b) $HC_2H_3O_2(aq)$, $LiOH(aq)$

6. (a) $HF(aq)$, $NaOH(aq)$ (b) $HI(aq)$, $Mg(OH)_2(aq)$

   (c) $HNO_3(aq)$, $Ca(OH)_2(aq)$ (d) $H_2CO_3(aq)$, $LiOH(aq)$

7. (a) $2HNO_3(aq) + Ca(OH)_2(aq) \rightarrow Ca(NO_3)_2(aq) + 2H_2O(l)$

   (b) $H_2CO_3(aq) + Ba(OH)_2(aq) \rightarrow BaCO_3(aq) + 2H_2O(l)$

8. (a) $HC_2H_3O_2(aq)$, $LiOH(aq)$ (b) $HBr(aq)$, $NaCN(aq)$

9. (a) $HI(aq)$, $H_2O(l)$ (b) $HC_2H_3O_2(aq)$, $HS^-(aq)$

10. (a) $HF(aq) + NaHS(aq) \rightarrow H_2S(aq) + NaF(aq)$

    (b) $HNO_2(aq) + NaC_2H_3O_2(aq) \rightarrow NaNO_2(aq) + HC_2H_3O_2(aq)$

11. (a) 붉은색 (b) 노란색

12. (a) 무색 (b) 분홍색

13. 오렌지색

14. 0.137 M HCl

15. 0.0482 M $H_3PO_4$

16. 27.8 mL $H_2SO_4$

17. (a) 19.9% HCl (b) 5.95% $HC_2H_3O_2$ (c) 3.12% $HNO_3$ (d) 24.9% $H_2SO_4$

18. 0.315 M $HNO_3$

19. 1.104 M HCl

20. 29.0 mL LiOH

21. 176 g/mol

22. 89.2 g/mol

23. (a) $H_2O(l) \rightarrow H^+(aq) + OH^-(aq)$ (b) $Kw = [H^+][OH^-]$ (c) $Kw = 1.0 \times 10^{-14}$

24. (a) $[OH^-]=4.0 \times 10^{-13}$ M (b) $[OH^-]=5.9 \times 10^{-10}$ M

25. (a) $[H^+]=6.3 \times 10^{-12}$ M (b) $[H^+]=3.4 \times 10^{-11}$ M

26. (a) pH=3 (b) pH=5

27. (a) $[H^+]$=0.000 001 M (b) $[H^+]$=0.000 000 01 M

28. (a) pH=5.10 (b) pH=6.41

29. (a) $[H^+]$=0.016 M (b) $[H^+]$=0.000018 M

30. (a) pH=13.04 (b) pH=10.74

31. (a) $[OH^-]=7.7 \times 10^{-14}$ M (b) $[OH^-]=4.2 \times 10^{-13}$ M

32. (a) highly ionized (b) highly ionized (c) highly ionized

33. (a) 약 (b) 강 (c) 강 (d) 약

34. (a) 약 (b) 강 (c) 강 (d) 약

35. (a) $HF(aq)$ (b) $H^+(aq)$ and $Br^-(aq)$

(c) $H^+(aq)$ and $NO_3^-(aq)$ (d) $HNO_2(aq)$

36. (a) $Ag^+(aq)$ and $F^-(aq)$ (b) $AgI(s)$

(c) $Hg_2Cl_2(s)$ (d) $Ni^{2+}(aq)$ and $2Cl^-(aq)$

37. 교과서 11.11절 참조

38. (a) $H^+(aq)+OH^-(aq) \rightarrow H_2O(l)$

(b) $HC_2H_3O_2(aq)+OH^-(aq) \rightarrow C_2H_3O_2^-(aq)+H_2O(l)$

39. (a) $Ag^+(aq)+I^-(aq) \rightarrow AgI(s)$

(b) $Ba^{2+}(aq)+CrO_4^{2-}(aq) \rightarrow BaCrO_4(s)$

40. 노란색

41. 오렌지색

42. $NaH_2PO_4$

43. 188 g/mol

44. pH=0.30

45. $NH_4OH(aq)+HC_2H_3O_2(aq) \rightarrow NH_4^+(aq)+C_2H_3O_2^-(aq)+H_2O(l)$

## 12장 | 산화와 환원

1. (a) 0 (b) 0 (c) 0 (d) 0

2. (a) +2 (b) +3 (c) +4 (d) +1

3. (a) +4 (b) +3 (c) +4 (d) +4

4. (a) +4 (b) +4 (c) +2 (d) +4

5. (a) oxidation (b) reduction

6. (a) Mn : 산화, $O_2$ : 환원

   (b) S : 산화, $O_2$ : 환원

7. (a) CuO : 산화제, $H_2$ : 환원제 (b) PbO : 산화제, CO : 환원제

8. (a) Al : 산화, $Cr^{3+}$ : 환원 (b) $Cl^-$ : 산화, $F_2$ : 환원

9. (a) AgI : 산화제, $Cr^{2+}$ : 환원제 (b) $Hg^{2+}$ : 산화제, $Sn^{2+}$ : 환원제

10. yes

11. (a) $Br_2(l) + 2\,NaI(aq) \rightarrow 2NaBr(aq) + I_2(S)$

    (b) $2PbS(s) + 3O_2(g) \rightarrow 2PbO(s) + 2SO_2(g)$

12. (a) $2MnO_4^-(aq) + 10\,I^-(aq) + 16H^+(aq) \rightarrow 2Mn^{2+}(aq) + 5I_2(s) + 8H_2O(l)$

    (b) $Cu(s) + SO_4^{2-}(aq) + 4H^+ = (aq) \rightarrow Cu^{2+}(aq) + SO_2(g) + 2H_2O(l)$

13. (a) $SO_2(g) + 2H_2O(l) \rightarrow SO_4^{2-}(aq) + 4H^+(aq) + 2e^-$

    (b) $AsO_3^{3-}(aq) \rightarrow AsO_3^-(aq) + 2e^-$

14. (a) $ClO^-(aq) + H_2O(l) + 2e \rightarrow Cl^-(aq) + 2OH^-(aq)$

    (b) $MnO_4^-(aq) + 2H_2O(l) + 3e^- \rightarrow MnO_2(s) + 4OH^-(aq)$

15. (a) $3Zn(s) + 2NO_3^-(aq)\ 8H^+(aq) \rightarrow 3Zn^{2+}(aq) + 2NO(g) + 4H_2O(l)$

    (b) $2Mn^{2+}(aq) + 5BiO_3^-(aq) + 14H^+(aq) \rightarrow 2MnO_4^-(aq) + 5Bi^{3+}(aq) + 7H_2O(l)$

16. (a) $3S^{2-}(aq) + 2MnO_4^-(aq) + 4H_2O(l) \rightarrow 3S(s) + 2MnO2(s) + 8OH^-(aq)$

    (b) $Cu(s) + ClO^-(aq) + H_2O(l) \rightarrow Cu^{2+}(aq) + Cl^-(aq) + 2OH^-(aq)$

17. $Cl_2(g) + H_2O(l) \rightarrow Cl^-(aq) + HOCl(aq) + H^+(aq)$

18. $4Cl_2(g) + 8OH^-(aq) \rightarrow 2ClO_2^-(aq) + 6Cl^-(aq) + 4H_2O(l)$

19. (a) $Pb^{2+}(aq)$ (b) $Fe^{3+}(aq)$ (c) $Ag^+(aq)$ (d) $Br_2(l)$

20. (a) $F_2(g)$ (b) $Br_2(l)$ (c) $Cu^{2+}(aq)$ (d) $Mn^{2+}(aq)$

21. (a) nonspontaneous (b) spontaneous

22. (a) spontaneous (b) spontaneous

23. C > B > A

24.

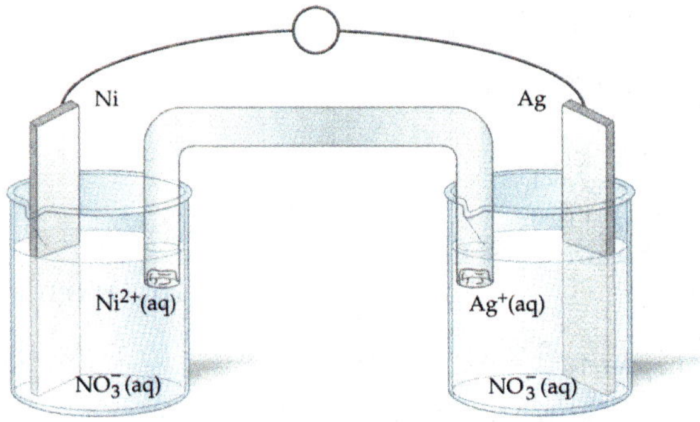


25.

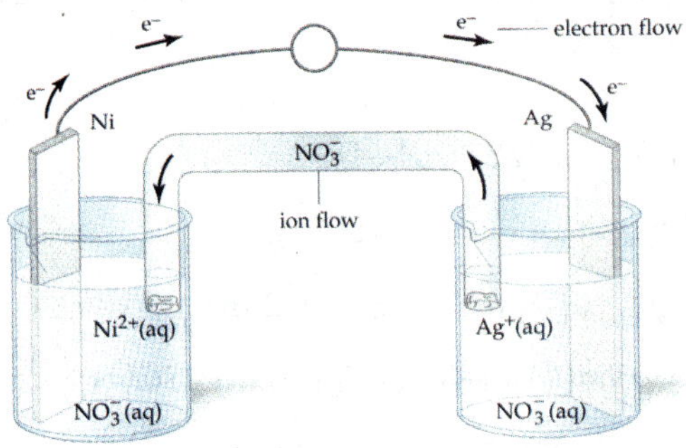


26. (a) $Sn(s) \rightarrow Sn^{2+}(aq) + 2e^-$

(b) $Cu^{2+}(aq) + 2e^- \rightarrow Cu(s)$

(c) Sn anode, Cu cathode

(d) Sn anode → Cu cathode

(e) Cu Half - cell → Sn half-cell

27. (a) $Mg(s) \rightarrow Mg^{2+}(aq) + 2e^-$

(b) $Mn^{2+}(aq) + 2e^- \rightarrow Mn(s)$

(c) Mg anode, Mn cathode

(d) Mg anode → Mn cathode

(e) Mn half- cell → Mg half-cell

28.

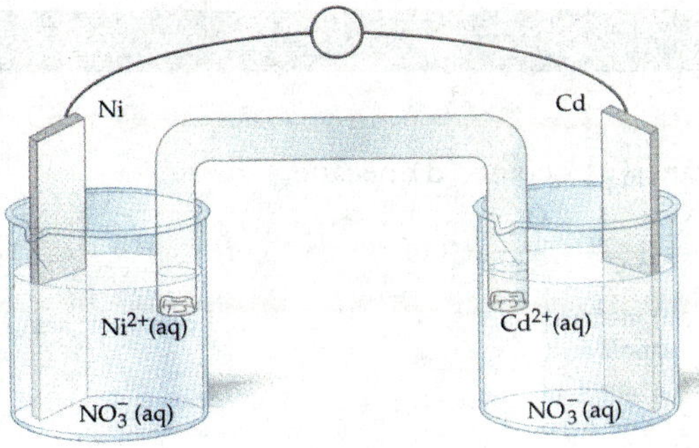


29.

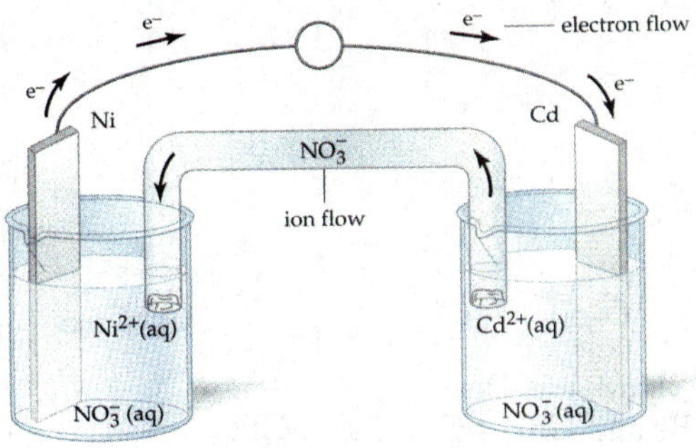


30. (a) $Ni(s) \rightarrow Ni^{2+} + 2e^{-}$

(b) $Fe^{2+} + (aq) + 2e^{-} \rightarrow Fe(s)$

(c) Ni anode, Fe cathode

(d) Ni anode → Fe cathode

(e) Fe half- cell → Ni half- cell

31. (a) $Cr(s) \rightarrow Cr^{3+}(aq) + 3e^{-}$

(b) $Al^{3+}(aq) + 3e^{-} \rightarrow Al(S)$

(c) Cr anode, Al cathode

(d) Cr anode → Al cathode

(e) Al half-cell → Cr half- cell

32. +2

33. $Co(s) + H^{2+}(aq) \rightarrow Co^{2+}(aq) + Hg(l)$

34. $Zn(s) + 2H^{+}(aq) \rightarrow Zn^{2+}(aq) H_2(g)$

35. $Cu(s) + 4H^{+}(aq) + 2NO_3^{-}(aq) \rightarrow Cu^{2+}(aq) + 2NO_2(g) + 2H_2O(l)$

## 13장 | 유기화학

1. (a) butane (b) hexane (c) octane (d) decane

2. $CH_3-CH_2-CH_2-CH_2-CH_2-CH_3$

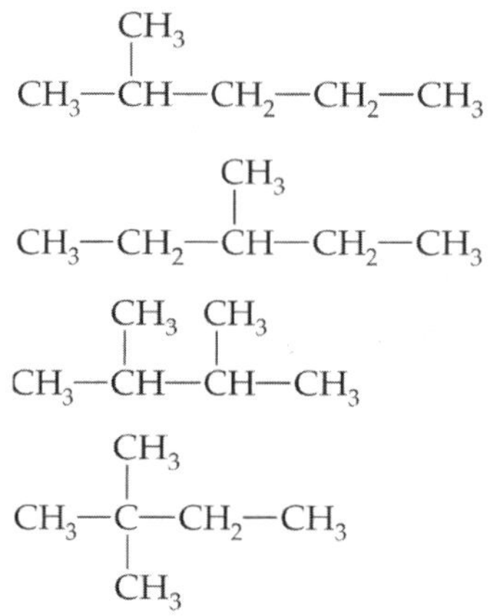

3. $CH_3-CH_2-CH_2-Br$ and $CH_3-CH(Br)-CH_3$

4. (a) 2-methylpentance (b) 4-ethyl-2-methylhexane

   (c) 2, 4, 4-trimethylheptane (d) 3, 4,5-trimethyloctane

5. (a) $CH_4+2O_2 \rightarrow CO_2+2H_2O$

   (b) $C_5H_{12}+8O_2 \rightarrow 5CO_2+6H_2O$

   (c) $C_3H_8+5O_2 \rightarrow 3CO_2+4H_2O$

   (d) $C_7H_{16}+11O_2 \rightarrow 7CO_2+8H_2O$

6. (b) $C_{14}H_{28}$

7. (a) 1-butene (b) 1-pentene (c) 2-hexene (d) 4-octene

8. $C_{10}H_{18}$

9. (a) 2-pentyne (b) 1-pentyne (c) 3-hexyene (d) 2-heptyne

10. $CH_2=CH-CH_2-CH_2-CH_3$ and $CH_3-CH=CH-CH_2-CH_3$

11. (a) 4-methyl-2-pentene (b) 3,5-dimethyl-2-hexene

12. (a) 4, 4-dimethyl-2-heptyne (b) 3, 4, 5-trimethyl-1-octyne

13. (a) $CH_2=CH_2+3O_2 \rightarrow 2CO_2+2H_2O$

(b) $CH_3\text{-}CH=CH_2+H_2 \rightarrow CH_3\text{-}CH_2\text{-}CH_3$

(C) $CH_3\text{-}CH=CH\text{-}CH_3+Br_2 \rightarrow CH_3\text{-}CHBr\text{-}CHBr\text{-}CH_3$

14. 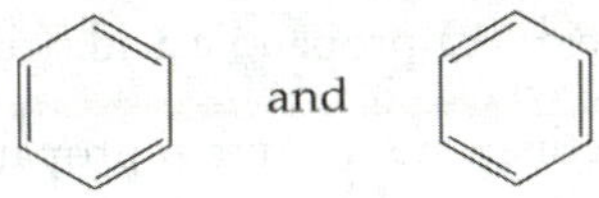

15. 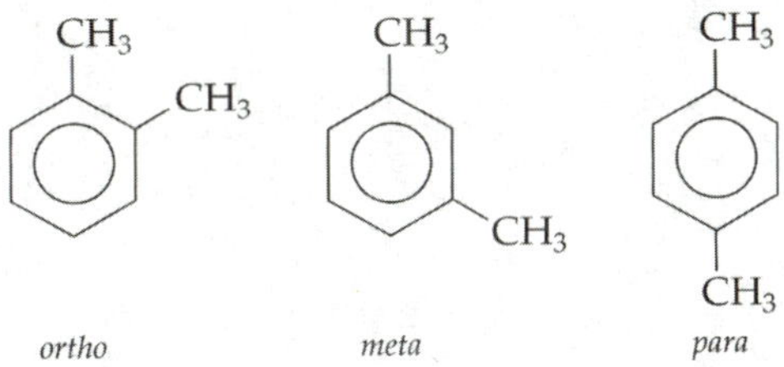

16. (a) ether (b) organic halide (c) phenol (d) amine

17. (a) amine (b) organic halide (c) ester (d) carboxylic acid (e) aldehyde

(f) ether (g) ketone (h) amide

18. (a) "methyl iodide" (b) "ethyl bromide" (c) "propyl fluoride"

(d) "isopropyl chloride"

19. $CH_3 - CCl_3$

20. (a) insoluble (b) soluble

21. (a) 1-butanol (b) 2-butanol (c) 1-butanol (d) 2-butanol

22. (a) phenol (b) para-methylphenol

23. (a) "dimethyl ether" (b) "methyl ethyl ether"

(c) "dipropyl ether" (d) "phenyl ethyl ether"

24. Ethyl alcohol molecules can hydrogen bond.

25. $Ch_3 - CH_2 - OH$ and $CH_3 - O - CH_3$

26. (a) "ethyl amine" (b) "propyl amine"

27 Ethyl amine molecules can hydrogen bond.

28. (a) methanal (b) ethanal (c) propanal (d) butanal

29. (a) 2-propanone (b) 2-butanone (c) 2-pentanone (d) 3-pentanone

30. (a) 더 높은 끓는 점 (b) 더 높은 끓는 점

31.

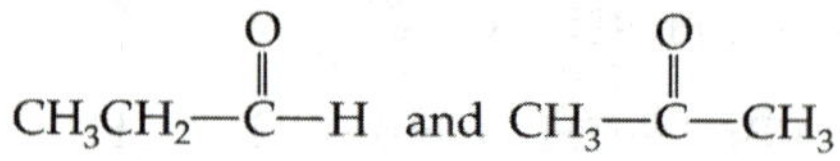

32. (a) methanoic acid (b) ethanoic acid (c) propanoic acid (d) butanoic acid

33. (a) ethyl methanoate (b) methyl ethanoate (c) ethyl propanoate

(d) phenyl methanoate

34. (a), (c)

# INDEX 찾아보기

# 기초일반화학

초판인쇄 2009년 2월 10일
초판발행 2009년 2월 20일

저자 Charles H. Corwin
역자 화학교재편찬회
편저자 김 종 현
펴낸이 홍 영 수
펴낸곳 탐 구 당
출판등록 1950. 11. 1 서울 제 03-00993호
140-011 서울특별시 용산구 한강로1가 158
전화 (02)3785-2211 | 팩스 (02)3785-2272
E-mail : tamgudang@tamgudang.co.kr
http://www.tamgudang.co.kr

값 23,000 원
ISBN 978-89-87314-70-9

파본은 바꿔드립니다.

## 물리상수

| | | |
|---|---|---|
| 빛의 속도 | $c$ | $3.00 \times 10^8 m/s$ |
| 중력 상수 | $G$ | $6.67 \times 10^{-11} N \cdot m^2/kg^2$ |
| Avogadro 상수 | $N_A$ | $6.02 \times 10^{23} mol^{-1}$ |
| 기체 상수 | $R$ | $8.31 J/mol \cdot K$ |
| 질량-에너지 관계 | $c^2$ | $8.99 \times 10^{16} J/kg$ |
| | | $931.5 MeV/u$ |
| 유전 상수 | $\varepsilon_0$ | $8.85 \times 10^{-12} F/m$ |
| 투과 상수 | $\mu_0$ | $1.26 \times 10^{-6} H/m$ |
| Planck 상수 | $h$ | $6.63 \times 10^{-34} J \cdot s$ |
| | | $4.14 \times 10^{-15} eV \cdot s$ |
| Boltzmann 상수 | $k$ | $1.38 \times 10^{-23} J/K$ |
| | | $8.62 \times 10^{-5} eV/K$ |
| 기본 전하량 | $e$ | $1.60 \times 10^{-19} C$ |
| 전자의 질량 | $m_e$ | $9.11 \times 10^{-31} kg$ |
| 양성자의 질량 | $m_p$ | $1.67 \times 10^{-27} kg$ |
| Bohr 반지름 | $r_B$ | $5.29 \times 10^{-11} m$ |

## 희랍 문자

| | | | | | | | | |
|---|---|---|---|---|---|---|---|---|
| 알 파 | $A$ | $\alpha$ | 이요타 | $I$ | $\iota$ | 로 | $P$ | $\rho$ |
| 베 타 | $B$ | $\beta$ | 카 파 | $K$ | $\kappa$ | 시그마 | $\Sigma$ | $\sigma$ |
| 감 마 | $\Gamma$ | $\gamma$ | 람 다 | $I$ | $\lambda$ | 타 우 | $T$ | $\tau$ |
| 델 타 | $\Delta$ | $\delta$ | 무 | $M$ | $\mu$ | 윱실론 | $\Upsilon$ | $\upsilon$ |
| 엡실론 | $E$ | $\varepsilon$ | 뉴 | $N$ | $\nu$ | 파 이 | $\Phi$ | $\phi$ |
| 제 타 | $Z$ | $\zeta$ | 크 시 | $\Xi$ | $\xi$ | 카 이 | $X$ | $\chi$ |
| 에 타 | $H$ | $\eta$ | 오미크론 | $O$ | $o$ | 프사이 | $\Psi$ | $\psi$ |
| 세 타 | $\Theta$ | $\theta$ | 파 이 | $\Pi$ | $\pi$ | 오메가 | $\Omega$ | $\omega$ |

## 유용한 변환인자

**길이**

*SI unit: meter(m)*

1 km = 0.621 37 mi
1 mi = 5280 ft
= 1.6093 km
1 m = 1.0936 yd
1 in. = 2.54 cm(exactly)
1 cm = 0.393 70 in.
1 Å = $10^{-10}$ m
1 nm = $10^{-9}$ m

**질량**

*SI unit: kilogram(kg)*

1 kg = $10^3$ g = 2.2046 lb
1 oz = 28.345 g
1 lb = 16 oz = 453.6 g
1 amu = $1.661 \times 10^{-24}$ g

**온도**

*SI unit: Kelvin(K)*

0 K = −273.15℃
= −459.67°F
K = ℃ + 273.15
$℃ = \frac{5}{9}(°F - 32)$
$°F = \frac{9}{5}(℃) + 32$

**에너지**

*SI unit: Joule(J)*

1 J = 0.239 01 cal
1 kJ = 0.239 kcal
1 cal = 4.184 J

**압력**

*SI unit: Pascal(Pa)*

1 atm = 101,325 Pa
= 760 mmHg(torr)
= 29.9 in. Hg
= 14.696 lb/in.$^2$

**부피**

*SI unit: cubic meter($m^3$)*

1 L = $10^{-3}$ $m^3$
= 1 $dm^3$
= $10^3$ $cm^3$
= 1.057 qt
1 gal = 4 qt
= 3.7845 L
1mL = 0.0339floz
1 $cm^3$ = 1 mL
= $10^{-6}$ $m^3$
1 in.$^3$ = 16.4 $cm^3$

## SI 접두어

| 인 자 | 접두어 | 기호 | 인 자 | 접두어 | 기호 |
|---|---|---|---|---|---|
| $10^{15}$ | 페타 | P | $10^{-1}$ | 데시 | d |
| $10^{12}$ | 테라 | T | $10^{-2}$ | 센티 | c |
| $10^{9}$ | 기가 | G | $10^{-3}$ | 밀리 | m |
| $10^{6}$ | 메가 | M | $10^{-6}$ | 마이크로 | $\mu$ |
| $10^{3}$ | 킬로 | k | $10^{-9}$ | 나노 | n |
| $10^{2}$ | 헥토 | h | $10^{-12}$ | 피코 | p |
| $10^{1}$ | 데카 | da | $10^{-15}$ | 펨토 | f |